热泵技术应用理论基础与实践

马最良 姚杨 姜益强 倪龙 等著

中国建筑工业出版社

图书在版编目（CIP）数据

热泵技术应用理论基础与实践/马最良等著. —北京：中国建筑工业出版社，2010
ISBN 978-7-112-11913-4

Ⅰ.热… Ⅱ.马… Ⅲ.热泵-空气调节器 Ⅳ.TU831.3

中国版本图书馆 CIP 数据核字（2010）第 044375 号

本书是一本热泵技术应用基础的著作，系统地介绍了哈尔滨工业大学热泵空调技术研究所在近十年中有关热泵理论、系统创新、实验研究、产品开发、工程应用诸方面的创新性研究成果。其主要内容包括：空气源热泵结霜、除霜特性研究以及应用实践，地下水源热泵系统应用理论基础，同井回灌地下水源热泵、土壤蓄冷与土壤耦合热泵集成系统、新型处理后污水源热泵的应用基础研究和空调冷凝废热的回收与利用等方面的研究成果。该书可供高校相关专业的教师、学生以及工程技术人员和研究人员等参考。

* * *

责任编辑：石枫华　姚荣华
责任设计：姜小莲
责任校对：赵　颖

热泵技术应用理论基础与实践

马最良　姚杨　姜益强　倪龙　等著

*

中国建筑工业出版社出版、发行（北京西郊百万庄）
各地新华书店、建筑书店经销
北京红光制版公司制版
北京云浩印刷有限责任公司印刷

*

开本：787×1092 毫米　1/16　印张：26　字数：649 千字
2010 年 6 月第一版　2010 年 6 月第一次印刷
印数：1—3000 册　　定价：**68.00** 元
ISBN 978-7-112-11913-4
（19167）

版权所有　翻印必究
如有印装质量问题，可寄本社退换
（邮政编码 100037）

《热泵技术应用理论基础与实践》
编委会

主　　编：马最良

副 主 编：姚　杨　姜益强　倪　龙

编著人员：马最良　姚　杨　姜益强　倪　龙　余延顺

　　　　　王　伟　范　蕊　江辉民　王　洋　韩志涛

　　　　　宋　艳　程卫红　沈　朝

前 言

在资源紧缺的当今年代，人们愈来愈关注如何通过一定的技术，将贮存在土壤、地下水、地表水或空气中的太阳能之类的自然能源以及生活和生产排出的废热，用于建筑物采暖和热水供应。基于这种理念，随着热泵技术的进步与发展，人们充分认识到热泵技术是应用低位可再生能源的重要技术措施之一。

进入 21 世纪后，热泵的快速发展不仅是为了解决能源问题，而更重要的是为了改善环境问题。如果将热泵从 20 世纪 70 年代末到 90 年代初的发展作为热泵发展的第一次兴旺期，那么，进入 21 世纪后，由于人们要求减少温室效应，使能源效率再次变得更为重要。出于环境原因，热泵技术将经历第二次兴旺的可持续发展，实现暖通空调的生态化和绿色化。

正因为如此，近年来，热泵技术在我国的应用获得了快速的发展。但在快速的发展中表现出一些不同于其他国家与地区的新特点。例如：

（1）热泵空调系统在我国民用建筑中的使用量急剧上升。据统计，现阶段，我国地源热泵服务面积超过 1 亿 m^2，80% 的项目集中在华北和东北地区，其中沈阳 3300 万 m^2，北京近 1300 万 m^2，而且其项目数量每年以 20%～25% 的速度增长。

（2）热泵空调系统应用规模由中小单体建筑（1 万 m^2 以下）转向大型建筑群住宅小区。几十万 m^2 的地埋管地源热泵工程实例时有介绍。

（3）我国地源热泵的研究是基于实际工程应用的基础上，在应用中摸索规律解决问题，但缺乏基础性的研究，自主创新能力不足。

（4）有人认为浅层地能是一种资源，地源热泵是以"浅层地温资源"为低温热源，且"浅层地热能资源"在我国应用的区域非常广泛。基于此，在我国过分乐观地发展地源热泵。

如此等等新特点、新问题将会为热泵技术在中国应用带来不确定性与未知性。为此，我国热泵的快速发展亟需热泵技术应用基础理论的支持，亟需在不断实践中勇于创新，更好地走出一条有中国特色的热泵技术新兴发展道路，寻求我国发展热泵技术最优或较优的发展路径。

基于此，我们在国家自然科学资金（双级耦合式热泵供暖的应用基础研究和系统创新（50278021）、土壤蓄冷与土壤耦合热泵集成系统的应用基础研究（50378024）、空气源热泵除霜系统创新及其机理研究（50606007））、"十一五"国家科技支撑计划重大项目课题"水源地源热泵高效应用关键技术研究与示范"（2006BAJ01A06）等的资助下，近十年来，开展了热泵技术在我国应用的基础研究工作。其研究成果已在不同学术期刊上和硕士、博士学位论文以学术论文发表。但是，由于论文较多、各有侧重，观点散见在不同刊物和硕士、博士学位论文中，查找很不方便，所以为了消除这个困难，现将研究成果加以总结与汇总，撰写此书以便于同行参阅，更以此作为抛砖引玉之用，以引出国内同行对热泵技术应用基础的研究与实践的热潮，避免今后我国热泵快速发展中出现类似于世界各国热泵发展过程中曾多次出现热泵发展停滞、热泵市场下跌等问题。

本书成稿的基础是我的博士生研究生（本书编著者）的博士学位论文，在此还要感谢国内著名学者吴元炜、田胜元、彦启森、江亿、陈沛霖、龙惟定、张旭、陈再康、张国强、涂光备、朱能、由世俊、李安桂、郎四维、张小松、廉乐明、陆亚俊、何钟怡、高甫生等教授对这些博士学位论文的评审。由于他们的评审使得论文更加完善。

本书由马最良、姚杨、姜益强、余延顺、王伟、江辉民、范蕊、倪龙、王洋、韩志涛、宋艳、程卫红、沈朝编著，马最良担任主编，姚杨、姜益强、倪龙担任副主编。全书由马最良、姚杨统稿。本著作的出版凝聚了姚荣华、石枫华编辑的辛勤工作，在此表示敬意和感谢。

学生们也以此书献给辛勤耕耘了近50载、即将步入古稀之年的马最良教授。先生渊博的学识、谦和坦荡的襟怀、一丝不苟的治学态度、孜孜不倦的敬业精神，以及对学科前沿的敏锐洞察力，是学生们学习的楷模。先生通过言传身教教给我们的不仅是知识，更是一种学习、工作和为人处世的方法，这将使我们受益终生。

由于编著者的水平有限，难免有错误和不妥之处，敬请读者批评指正。

符 号 表

a ——热扩散率，m^2/s；
A ——面积，m^2；
ADF ——日平均释冷率；
A_{min} ——空气侧最小流通面积，m^2；
B ——含水层的厚度，m；标煤耗量，kJ/a；
b_s ——井过滤器的长度，m；
c, c_p ——比热，J/(kg·K)；
C ——逐日冷凝热能力系数；
COP ——性能系数；
D ——直径或水力直径，m；井间距，m；
d_a ——空气的含湿量，kg/kg；
d_p ——液滴直径，m；
d^* ——液柱截面直径，m；
D_f ——结霜除霜损失系数；
D_{le} ——结霜量指标；
D_{fm} ——平均结霜除霜损失系数；
D_S ——霜表面水蒸气的扩散系数，m^2/s；
E ——次能源利用系数；平均误差；
EER ——能效比；
f ——摩擦因子；
F ——摩擦力，N/m^3；
F_r ——平均温差修正系数；
f_S ——过热区摩擦阻力系数；固相率；
g ——质量流速，kg/($m^2 \cdot s$)；自由落体加速度，m/s^2；
G ——体积力，N；喷淋液量，kg/h；
h ——拉梅系数；
H ——水头，mH_2O；
$HSPF$ ——热泵供热季节性能系数；
h ——焓值，J/kg；
i_{SV} ——水蒸气的升华潜热，J/kg；
K ——传热系数，W/($m^2 \cdot K$)；渗透系数，又称水力热导率，m/s；
K_h ——综合渗透系数，m/s；
K_r ——水平渗透系数，m/s；
K_z ——竖直渗透系数，m/s；

l_c ——液膜定性尺度，m；
L_p ——埋管间距，m；
$L_{w,p}, L_{w,r}$ ——热源井的抽水流量、回水流量，m^3/s；
m ——管列数；
M ——质量，kg；含水层厚度，m；
$\dot{m}$ ——质量流量，kg/s；
$\dot{m}_{fr}$ ——霜的积累速率，kg/s；
$\dot{m}_\delta$ ——用于霜厚度变化的结霜量变化率，kg/s；
$\dot{m}_p$ ——用于霜密度变化的结霜量变化率，kg/s；
n ——实验指数；管排数；孔隙率，%；
N ——热源井的井数；
p ——压力，Pa；
Δp ——压力降，Pa；
q ——渗流速度，又称Darcy速度，m/s；
$\dot{q}$ ——热流量，W/m^2；
q_a ——地下水渗流速度，m/s；
q_l ——单位埋深盘管的换热率，W/m；
$\dot{Q}$ ——热量，W 或 kW；
Q ——热量，kJ；
Q_b ——盘管在蓄冷、释冷过程的总冷量传递损失，J；
Q_c ——冷凝热量或热负荷，W 或 kW；
Q_e ——制冷量或冷负荷，W 或 kW；
Q_H ——热水供应耗热量，W 或 kW；
Q_s, Q_r ——盘管的蓄冷与释冷量，J；
r ——半径，m；
r_d ——污垢系数，($m^2 \cdot K$)/W；
r_{ei} ——当量盘管内半径，m；
r_{eo} ——当量盘管外半径，m；
r_K ——渗透系数比（水平/竖直）；
$r_{o,L}$ ——原水交换负荷比，%；
$r_{o,w}$ ——循环单井的原水交换比，%；

R —— 水蒸气气体常数，J/（kg·K）；热阻，m²·K/W；
R_{th} —— 水力影响半径，m；
s —— 水位降深，mH₂O；
S_0 —— 含水层单位储水系数，m⁻¹；
S_1 —— 管间距，m；
S_2 —— 管排距，m；
S_f —— 翅片间距，mm；
t —— 温度，℃；时间坐标，s；
t_B —— 热贯通时间，h；
t_g —— 供水温度，℃；
t_h —— 回水温度，℃；
T —— 温度，K；时间，h；
T_b —— 平衡点温度，℃；
T_{ml} —— 土壤开始解冻温度，℃；
T_{ms} —— 土壤开始冻结温度，℃；
T_S —— 霜表面的温度，K；
u —— 流速，m/s；
v —— 比容，m³/kg；迎面风速，m/s；
W —— 功率，W 或 kW；土壤的质量含水量，kg/kg；泰斯井函数；
$\dot{w}_a$ —— 水蒸气的流量，kg/（m²·s）；
x —— 干度；
x_d —— 蒸干点干度；
X_{tt} —— Lockhart—Martinelli 参数；
α —— 换热系数，W/（m²·K）；热弥散度，m；
$\bar{\alpha}$ —— 孔隙率；
δ —— 厚度，m 或 mm；
δ' —— 量纲一液膜厚度；
$\bar{\delta}$ —— 平均液膜厚度，m 或 mm；
ε —— 传热系数修正系数；
Γ —— 淋激密度，kg/（m·s）；
Δt —— 时间步长；温差，℃；
Δz —— 制冷剂流动方向步长，m；
η —— 效率；
θ —— 圆周角度，°或弧度；
θ_{sc} —— 井的完整度，无因次；
λ —— 热导率，W/（m·K）；
λ_a —— 含水层滞止热导率，W/（m·K）；

μ —— 动力黏度，Pa·s；
μ_s —— 含水层储水系数，m⁻¹；
ν —— 运动黏度系数，m²/s；
ρ —— 密度，kg/m³；
σ —— 液体表面张力；热容比；
τ —— 切应力，N/m²；结霜时间，min；
φ —— 相对湿度，%；
ψ —— 流函数；
ψ_l —— 热贯通系数；
ψ_s —— 储能比；

下标符号
a —— 空气；大气；
c —— 冷凝；
cvt —— 对流；
com —— 压缩机；
e, vap —— 蒸发；
evr —— 环境；
f —— 肋片；
fr —— 霜；
i —— 入口，冰，内部；
L —— 液相；
o —— 出口，外部；
P —— 管子；
pcm —— 相变材料；
PW —— 管壁；
r —— 制冷剂；
S —— 蓄能；过热气体，显热；
sc —— 过冷；
sh —— 过热；
sys —— 系统；
t, tot —— 总的；
tp —— 两相的；
V —— 气相，水蒸气；
w —— 水侧；室外；地表水；

准则数
Re —— 雷诺数；
Pr —— 普朗特数；
Nu —— 努塞尔数；
Ar —— 阿基米得数；

目 录

第1章 绪论 …… 1
1.1 在我国热泵技术发展进步中应关注的几个问题 …… 1
1.2 改善热泵空调系统性能的途径 …… 5
1.3 热泵研究工作的回顾 …… 11

第2章 空气源热泵结霜特性研究 …… 17
2.1 概述 …… 17
2.2 国内外研究进展与分析 …… 18
2.3 结霜模型 …… 21
2.4 空气侧换热器传热模型 …… 24
2.5 空气源热泵结霜稳态模型求解及模拟结果分析 …… 27
2.6 空气源热泵结霜动态模型求解及模拟结果分析 …… 32
2.7 空气侧换热器结构参数对结霜特性的影响 …… 36
2.8 增加蒸发器面积对延缓空气源热泵结霜的实验研究 …… 40

第3章 空气源热泵除霜特性研究 …… 45
3.1 国内外研究进展与分析 …… 45
3.2 空气源热泵热气除霜的实验研究 …… 51
3.3 空气源热泵热气除霜能耗特性研究 …… 60
3.4 空气源热泵蓄能热气除霜的实验研究 …… 62
3.5 空气源热泵蓄能热气除霜能耗特性研究 …… 72
3.6 空气源热泵误除霜的实验研究 …… 76

第4章 空气源热泵的应用实践 …… 81
4.1 概述 …… 81
4.2 空气源热泵在我国应用的研究 …… 81
4.3 空气源热泵在低温工况下应用存在的问题与对策 …… 89
4.4 单、双级耦合热泵供暖系统 …… 94
4.5 双级耦合热泵供暖系统在我国应用前景分析 …… 97
4.6 单、双级耦合热泵系统中空气源热泵冷热水机组的实验研究 …… 103
4.7 单、双级耦合热泵应用实例 …… 107
4.8 空气源热泵故障分析与诊断 …… 118

第5章 地下水源热泵系统应用理论基础 …… 121
5.1 概述 …… 121

5.2　地下水源热泵的研究现状与进展 ·· 125
　　5.3　地下水源热泵热源井数学模型 ·· 127
　　5.4　热源井引起的地下水渗流理论研究 ······································ 135
　　5.5　地下水源热泵回灌研究与分析 ·· 141
　　5.6　地下水源热泵适应性分区研究 ·· 147

第6章　同井回灌地下水源热泵 ·· 153
　　6.1　填砾抽灌同井的现场实验研究 ·· 153
　　6.2　热源井数学模型的实验验证 ·· 164
　　6.3　水力特性分析 ··· 177
　　6.4　热力特性分析 ··· 181
　　6.5　热贯通定量研究 ··· 185
　　6.6　季节性蓄能分析 ··· 190
　　6.7　水文地质条件的影响 ··· 194
　　6.8　井参数的影响 ··· 198
　　6.9　取热负荷的影响 ··· 201
　　6.10　排放策略的影响 ··· 203

第7章　水源热泵系统的应用实践 ·· 207
　　7.1　水源热泵系统的应用 ··· 207
　　7.2　地下水源热泵热源井设计方法 ·· 216
　　7.3　地表水源热泵塑料螺旋管换热器设计 ··································· 222
　　7.4　带辅助热源的水源热泵设计负荷比分析 ······························· 229

第8章　新型处理后污水源热泵的应用基础研究 ······························· 235
　　8.1　概述 ·· 235
　　8.2　处理后污水/原生污水热泵 ·· 235
　　8.3　淋激式换热器水平管降膜换热模型 ······································ 237
　　8.4　水平管管间流动形态及液膜厚度的研究 ······························· 244
　　8.5　水平管降膜膜状流的流动特性、传热特性及稳定特性 ········ 249
　　8.6　淋激式换热器管束模型及热泵系统模型 ······························· 257
　　8.7　干式自除污壳管式污水热泵 ·· 263

第9章　地埋管换热器的热渗耦合理论与实验研究 ··························· 277
　　9.1　地埋管换热器的传热模型研究现状与进展 ··························· 277
　　9.2　热渗耦合作用下地埋管换热器的传热分析 ··························· 280
　　9.3　热渗耦合模型的实验验证 ·· 284
　　9.4　地埋管在热渗耦合作用下土壤温度场的实验研究 ················ 289
　　9.5　单井地埋管换热器的模拟与分析[36] ······································ 298

第10章　土壤蓄冷与土壤耦合热泵集成系统 ···································· 302
　　10.1　概述 ·· 302
　　10.2　集成系统的流程与特点 ·· 304

10.3　集成系统地埋管换热器传热过程分析 …………………………………… 308
10.4　集成系统地埋管换热器传热过程的物理模型 …………………………… 309
10.5　土壤蓄冷、释冷过程的数学模型 ………………………………………… 312
10.6　求解相变问题的固相增量法模型 ………………………………………… 314
10.7　土壤蓄冷与释冷过程实验研究 …………………………………………… 315
10.8　集成系统土壤蓄冷与释冷过程的模拟分析[21~23] ………………………… 324
10.9　集成系统冷量损失的模拟分析 …………………………………………… 337
10.10　地下水渗流对集成系统运行特性的影响[29] ……………………………… 342
10.11　集成系统全年运行特性模拟分析[32] ……………………………………… 349

第11章　空调冷凝废热的回收与利用 …………………………………………… 356
11.1　概述 ………………………………………………………………………… 356
11.2　应用辅助冷凝器作为恒温恒湿机组的二次加热器[2] …………………… 356
11.3　带热水供应的节能型空调器[3~6] ………………………………………… 362
11.4　中高档旅馆免费热水供应系统[12] ………………………………………… 375

参考文献 …………………………………………………………………………… 383

第1章 绪 论

众所周知，利用低位再生能的热泵技术在暖通空调领域的应用中充分显示出如下的特点[1]：

（1）热泵空调系统用能遵循了能量的循环利用原则，避免了常规空调系统用能的单向性。所谓用能的单向性是指"热源消耗高位能（电、燃气、油与煤等）——向建筑物内提供低温的热量——向环境排放废物（废热、废气、废渣等）"的单向性用能模式。热泵空调系统用能是一种仿效自然生态过程物质循环模式的部分热量循环使用的用能模式，实现热能的级别提升。

（2）热泵空调系统是合理利用高位能的模范。热泵空调系统利用高位能作为驱动能源，推动动力机（如电机、燃气机、燃油机等），然后再由动力机驱动工作机（如制冷机、喷射器）运行。工作机像泵一样，把低位热能输送至高位以向用户供暖，实现了科学配置能源。

（3）热泵空调系统用大量的低温再生能源替代常规空调中的高位能。通过热泵技术，将贮存在土壤、地下水、地表水或空气中的自然低品位能源，以及生活和生产排放的废热，用于建筑物的采暖和热水供应。

（4）暖通空调用热一般来说都是低温热源。如风机盘管只需要 50～60℃ 热水，地板辐射采暖一般要求提供的热水温度低于 50℃。这为使用热泵创造了提高性能系数的条件。也就是说，在暖通空调工程中采用热泵，有利于提高它的制热性能系数。因此，暖通空调是热泵应用的理想用户之一。

基于上述特点，热泵技术注定会在我国暖通空调中兴盛，热泵在我国的应用与发展也充分证明了这一点[2]。正因为坚信上述理念，我们才能从 20 世纪 60 年代开始研究热泵技术，一直坚持到现在。

1.1 在我国热泵技术发展进步中应关注的几个问题

进入 21 世纪后，热泵空调系统在我国的发展十分迅速，其应用日益广泛，已在热泵理论、系统创新、实验研究、产品开发、工程应用诸方面取得可喜成果，在建筑节能中起到了积极的推动作用，为建筑节能提供了新的思路与技术，为节能减排做出了积极的贡献。近年来，在政府及相关部门的鼓励和支持下，热泵空调系统进入了快速发展时期。在北京、沈阳、天津、山东、河南、湖北、广东、江苏等地从上到下都大力推广与应用热泵空调系统。如 2007 年沈阳应用地源热泵空调系统的工程建筑面积为 $1500 \times 10^4 m^2$ [3]，2008 年达到 3300 多万 m^2，2009 年上半年已达 4000 多万 m^2 [4]；2005 年北京水源/地源热泵机组销售额达 2 亿元，2006 年销售额上升为 2.5 亿元[5]，2008 年北京地源热泵服务面积达 1300 万 m^2 左右；2006 年天津地源热泵工程项目达 130 多项，空调面积达 200×

$10^4 m^2$。这些项目显示出：热泵空调系统比常规空调系统具有更好的节能效果和环保效益。但是，在激烈的市场竞争中也暴露出一些技术、设计、施工和运行中的问题。如：不做工程场区调查与水文地质勘察，就盲目上马地源热泵工程；地下水回灌井堵塞，不能100％回灌地下水；视浅层地温能为分布普遍、埋藏浅、可持续利用，可以作为化石能源的替代资源，基于此发展地源热泵；井水泵、循环泵等功耗过高；对水井的运行缺乏科学的维护管理等。因此，为了热泵技术在我国的健康发展，有必要对各地区正在运行的空调系统的运行现状与效果作全面调查研究，给出正确的评价。在世界各国热泵发展过程中也曾多次出现热泵发展停滞，热泵市场下跌等问题。我们应很好地吸取各国发展热泵的经验与教训，关注在我国热泵技术发展中可能出现的问题，以避免在今后我国热泵快速发展中出现类似的热泵发展停滞现象。

1.1.1 改善和提高空气源热泵的低温适应性问题

近年来，各国学者、生产厂商对改善和提高空气源热泵低温适应性的研究都十分关注，2002年美国能源部将寒冷气候条件下工作的热泵（0℃热泵）列为商业建筑暖通空调系统最具节能潜力的15项技术措施之一[6]。2008年欧盟指令认可空气源热泵和水源热泵（不只是地源）技术为可再生能源技术，这将会推进空气源热泵在寒冷地区应用的显著增长。我国从20世纪90年代中期开始将空气源热泵冷热水机组的应用范围由长江流域开始扩展到黄河流域和华北等地区，在我国北方一些城市开始应用。如：在京津地区、山东胶东地区、济南、西安等地区都开始选用空气源热泵机组作空调系统的冷热源[7~9]，试图以此来解决或部分解决这些地区供暖的能源与环境问题。几年的实际应用情况表明，从技术与经济方面看，空气源热泵的应用扩展到我国黄河以南地区是可行的，而在黄河以北的寒冷地区应用空气源热泵却有一些特殊性。在黄河以北以空气源热泵作为过渡季的空调冷热源用，其效果良好。若全年使用，其系统的安全性、可靠性等均存在一些特殊的问题。这主要是因为空气源热泵受室外环境的影响较大，这些地区室外气温过低，引起空气源热泵供热量不足、压缩机的高压缩比、排气温度过高、能效比下降、制冷剂的冷迁移、润滑油的润滑效果变差、机组的热损失加大等问题。

因此，为了解决空气源热泵在寒冷地区应用问题，我们要关注以下几个问题：

(1) 空气源热泵在寒冷地区应用存在的问题；
(2) 改善空气源热泵低温运行特性的技术措施；
(3) 几种适用于寒冷地区气候特点的热泵循环；
(4) 适用于寒冷地区的空气源热泵机组；
(5) 双级耦合热泵系统。

1.1.2 我国地下水超采现象严重，已引起一些重大地质灾害问题[10]

地下水超采包括两部分：一是浅层地下水超采，即地下水多年平均开采量超过相应的总补给量，并造成地下水位持续下降的现象；二是深层承压水超采，由于补给十分困难，其大规模开采即视为超采。

由于地下水开采过于集中，我国一些城市地下水位持续下降，降落漏斗面积不断扩大；地面下降。上海早在20世纪20年代开始，由于大量超采地下水导致地面下沉，从1921年到1967年，最严重的地区下降$2.37m$[11]。至今，全国已有50多个大中城市出现了区域性地面沉降，80％分布在沿海地区，较严重的是上海、天津、沧州、苏州、宁波等地；沿海地区，特别是山东半岛、辽东半岛和渤海湾由于地下水超采造成不同程度的海水入侵；在我国北方、云贵高原和两广等开采岩溶地下水的地区，由于超采，岩溶塌陷现象也比较普遍。

我国由于地下水超采引发的地质灾害问题已越来越严重，因此，在推广和应用地下水源热泵时，首要任务是保护地下水资源。地下水源热泵只能通过地下水采集浅层低温（热）能和季节蓄存的热能，而不得对地下水资源造成浪费和污染，基本实现采补平衡，不能引发地下水超采现象。

1.1.3 地下水源热泵的回灌问题[12]

评价一个运行的地下水源热泵系统的优劣，应该首先看它能否100%的回灌地下水。必须符合《地源热泵系统工程技术规范》（GB 50366—2005）中5.1.1的规定。要有完善的回灌系统，在整个运行寿命周期内，保证100%回灌地下水。然后才能看它的运行经济性、可靠性和安全性等。

地下水源热泵应用于工程实际已有60多年的历史，在这60多年中时常暴露出回灌失效问题。回灌井堵塞造成井水量越灌越少，甚至灌而不下。这已是制约地下水源热泵应用的一个瓶颈。引起空调制冷业内人员的关注[13~15]。为此，建议：

（1）对各地区正在运行的地下水源热泵的回灌措施与回灌效果作全面调查研究，杜绝抽水多、回灌少的现象存在，坚决贯彻《地源热泵系统工程技术规范》（GB 50366—2005）中关于抽取地下水全部回灌到同一含水层的强制性条文规定。对违反者，坚决停止运行，进行技术改造，直到合格为止。

（2）加强对地下水源热泵回灌技术的研究力度。开展地下水源热泵源、汇井运行特性、由于抽水和回灌引起地下水运移特性（水力、热力特性）等方面的理论与实验研究。

（3）积极寻求易于回灌的地下水源热泵形式与回灌技术，学习其他专业的回灌经验与技术。

（4）政府有关部门对地下水源热泵的回灌问题应进行长期有效的管理与监督。

1.1.4 地源热泵的热贯通问题

热贯通（亦称"热突破"）定义为热泵运行期间抽水温度发生改变的现象。对于地源热泵，热贯通现象时有发生。土壤耦合热泵当埋管换热面积不够，回水换热不充分，或者由于抽回水支管之间的换热，抽水温度会发生改变，可以视为产生热贯通现象。当地表水源热泵充当热源或者热汇的水体体积较小时，热泵运行一段时间，水体的温度会发生改变，从而改变抽水温度，发生热贯通现象。对于有回灌的地下水源热泵，热贯通产生的原因是温度不同的回水通过与含水层骨架的对流换热、自身的热对流和含水层骨架之间的导热等将热量（冷量）从回水口传到抽水口，从而引起抽水温度的变化。如加拿大1990年建成的一个地下水源热泵系统，冬季运行末期，由于热贯通严重，地下水温度低，机组出现了过冷保护；天津的两个地下水源热泵系统出现了热贯通，一个采暖季，地下水温度降低值均超过4℃。

1.1.5 浅层地能的提出与认识

地源热泵技术是随着全球性的能源危机和环境问题的出现而逐渐兴起的一门热泵技术。它是一个广义的术语，包括了使用土壤、地下水和地表水作为低位热源（或热汇）的热泵空调技术。因此为了便于使热源（或热汇）与地源热泵相呼应，国内提出了"浅层地能"的概念化的术语，它是将土壤、地下水和地表水汇聚在同一术语中，统称为浅层地能。其研究仍沿用以往的从一个个工程视角出发，对小尺度的浅层岩土、地下水和地表水进行研究，一方面，研究浅层地能的特征，其特征对地源热泵产生什么影响，地源热泵又如何适应它的特点；另一方面，研究地源热泵的长期运行对浅层地能会产生什么样变化，如何解决等等。但是，在研究中注意到对"浅层地能"有不同看法[16]。

近年来地源热泵在我国的应用日益广泛，工程实例的规模越来越大，几十万平方米的地源热泵工程实例时有介绍。因此，打井、埋管所涉及的土地面积也越来越大，甚至可能发展到城市一个区域或几个区，对于大面积土地下的地埋管，再像以往设计地源热泵系统时，将地下岩土的远端温度 t_∞ 作为未受干扰的情况的岩土温度，其设计结果与实际情况相差较大。另一方面，人们开始从宏观的角度，对大尺度的浅层岩土层进行研究，甚至对整个浅层岩土进行研究，提出"浅层地温能资源"的概念。文献中认为，"浅层地温能是指地表以下一定深度范围内（一般为恒温带至200m埋深），温度低于25℃，在当前技术经济条件下具备开发利用价值的地热能"；"浅层地温能是地热资源的一部分"；"浅层地能是赋存在地球的表面岩土体中的低温地热资源"；"分布普遍、埋藏浅、可持续利用，可以作为化石能源替代资源，减少温室气体的排放"等等。对此，应注意以下几个问题：

（1）地球是一个大热库，但处于工程场区内的浅层地温能相对要小很多。

（2）水平埋管和大口井由于位于变温带，其热能的来源为太阳能与地热能；U形管和深井位于恒温带，其热能的来源主要为大地热流（其值平均为几十 mW/m^2）和浅层地温能。而大地热流与建筑物的热负荷（$30\sim40W/m^2$）相差甚远，又如何可以持续利用，正如文献 [12] 认为把恒温带地层看作"取之不尽，可不断再生的低温地热资源"是犯原则性的错误。此问题值得研究和分析。

（3）热泵实践过程中也发现热量来源不足的问题。如法国224户住宅利用地源热泵供暖，经10～20年的运行后，地下水温会下降好几摄氏度，水温的利用变得越来越困难[17]，类似的例子很多。为此，作为一种资源，应分析清楚可开采的价值。

（4）目前我国热泵空调系统在空调中所占比例还很小（2007年占2%）。由于它分布的分散性，系统大多是冬、夏均运行，投入运行的时间还短等原因，目前还没凸显出浅层地温能的枯竭现象。但要注意国内地源热泵规模大的特点，在局部地区会出现什么问题。

通过上述分析，我们认为"浅层岩土储能+浅层地温能"才是地源热泵可持续利用的低温热源[18]。通过蓄能技术将夏季热能转移到浅层岩土中储存起来，冬季再通过热泵技术将浅层岩土层中的热能取出向用户供暖。在此过程中，浅层地温能作为一种辅助性的调节用能，它是地源热泵安全用能的一种保障。但是多年取热量和储热量的严重不平衡，会使浅层岩土层富积或亏损部分热量，不利于地源热泵的高效而健康的运行，也会对浅层岩土层带来一些新的问题。应杜绝此问题的发生。

地源热泵系统采用浅层岩土层储能技术后，不仅解决了能量的来源问题，而且避免了人们常担心的地源热泵长期运行可能引起的区域性热污染和地面沉降的地质灾害问题。

1.1.6 浅层岩土层储能

在含水层储能技术基础上，发展与研究浅层岩土层储能技术，事关地源热泵的快速发展和健康运行。含水层储能是一种利用地下含水层作为介质的储能系统，是一项世界知名的储能技术，现已有几十年的发展史。早在1958年上海开始采用深井回灌技术，以减缓地面沉降，与此同时，提出"冬灌夏用"含水层储能的思想，并于1965年开始大规模采用"冬灌夏用"、"夏灌冬用"技术，为纺织行业供冷、供暖。随后该技术在北京、杭州、西安、南昌等十几个城市推广使用。20世纪80年代初期，国内已有20多个城市推广含水层储能技术。20世纪80年代末和90年代初该技术凸显出一些问题，已难于继续大力发展。从上海看，地下储能井数目从1984年的近400口减少到现在的100口。而在国外，由于能源危机的出现，于1973年才提出含水层储能的思想，虽然晚于我国，但其发展很快而应用效果显著。如荷兰仅有20年的发展历史，已完成200多个大型地下储能和地下水源热泵项目，成为世界上地下储能和地下水源热泵成功应用的典范，目前，已进入商业化阶段。

为什么国内外发展含水层储能技术有如此的不同和差距。这主要是因为国内外采取的技术路线和研究问题的不同[19]。国内研究是基于实际工程应用的基础，在应用中摸索规律，解决问题；国外研究侧重于机理，摸索不同条件下含水层储能思想的可行性，可能出现的问题等，在大量实验基础上开展应用。如1976~1977年法国在Bonnaud附近进行10次小型的承压含水层储能实验；1976~1982年美国Auburn大学在美国能源部的资助下深入开展了6次承压含水层储能实验研究[19]。在实验研究支撑下，再用于工程。

为地源热泵技术的发展，再次提出浅层岩土层储能的思想。浅层岩土层储能的发展需要科技先行。只有通过持续的实验和理论研究，不断的技术创新，才能不断发展此项技术，支撑地源热泵技术的进步。因此，在今后希望：

（1）在含水层储能技术的基础上，开展浅层岩土层（干土、湿土、饱和土层和有渗流的含水层）储能机理、储能地质条件、应用技术等方面的应用基础研究；

（2）在土壤蓄冷与土壤耦合热泵集成系统设想基础上，研发适用于寒冷地区的土壤蓄热与地源热泵集成系统；

（3）结合地源热泵技术，提高低温浅层岩土层储能的利用效率等问题。

未来能源与环境的问题将是人类面临的重大挑战，也是促进科学技术发展的良好机遇。正因为这样，热泵技术将会在能源与环境问题的推动下，获得进步与发展。为此，关注我国热泵技术发展进步中的问题，其目的是更好地走出一条有中国特色的热泵技术新型发展道路，寻求我国发展热泵技术最优或较优的发展路径。在建筑用能的节能减排中做出应有的贡献。

1.2 改善热泵空调系统性能的途径

热泵空调系统是由热泵机组、驱动能输配系统、低位能采集系统和暖通空调用户系统4大部分组成的，也是热泵系统中应用最为广泛的一种系统。电动热泵空调系统的制热性能系数只要大于3，则从能源利用观点看热泵就会比热效率为80%的区域锅炉房用能要节省[20]。但是要注意其节能效果与效益的大小取决于负荷特性、系统特性、地区气候特性、低温热源特性、燃料与电力价格等因素。因此，同样的热泵空调系统在全国不同地区使用时，其节能效果与效益是不一样的。为了使热泵空调系统比常规空调系统更具有节能效果和环保效益。就应该从热泵空调系统的各组成部分着手研究改善其性能的途径。

1.2.1 低温热源种类的优化选取

目前,热泵空调系统常选用的低温热源有空气、地下水、地表水(江水、河水、湖水、水库水、海水等)、生活污水和工业废水、土壤和太阳能等。选用何种低温热源将会对热泵空调系统的工作特性和其经济性有重大的影响。

众所周知[21],热泵的工作特性及其经济性很大程度上取决于热汇温度(供热温度)和热源温度。保证热泵经济运行的条件为:

(1) 供热温度与可获取的热源温度间的温差要小。

(2) 热源温度尽可能高。

为此,在选择低温热源时,既要充分考虑上述原则,又要考虑下列各项要求:

(1) 热源任何时候在可能的最高供热温度下,都能满足供热的要求。

(2) 用作热源时应该没有任何或者有极少的附加费用,文献[21]中提到热源附加投资不超过供热设备投资的10%~15%。

(3) 输送热量的载热(冷)介质的动力能耗要尽可能的小,以减少输送费用和提高系统的总制热性能系数。

(4) 载热(冷)介质对换热设备与管路无物理和化学作用(腐蚀、污染、冻结等)。

(5) 热源温度的时间特性与供热的时间特性应尽量一致。

(6) 应该便于把低位热源的介质与批量生产的系列化热泵产品连接起来。

在热泵系统设计中,还应注意下述问题:

(1) 热源与热汇的蓄热问题。由于热源(如空气、太阳能等)往往具有周期性变化和间歇性,难以稳定地向热泵供给低温热量,故可设置热源的蓄热装置,以解决热源供热的不平衡性问题;热用户用热与热泵供热之间在时间上也可能存在不平衡性,或为解决电力供应的峰谷差较大的问题,常在高温端设置热汇的蓄热装置;采用季节性蓄能技术改善热泵运行特性也是目前正在研究的重要课题。

(2) 低温热源与附加热源的匹配问题。一般来说,对于大型空气源热泵(地表水源热泵),使其在室外空气气温最低时也能满足建筑最大供热量要求的做法往往是不经济的,而应该将热泵设计成保证在特别冷的天气里启动辅助热源,来补充热泵供热量不足部分。

(3) 热源多元化。热源的种类很多,其特性各不相同,如何将其集成,充分发挥各自特点,组成热泵的组合热源,这有利于改善热泵的运行特性和提高其经济性。如室内余热源与空气源、室内余热源与水源、土壤源和太阳能等作为热泵的组合低位热源,这对提高整个系统的节能效果与环保效益十分有利,应该说,这种组合热源的选择是一种理想的选择。

1.2.2 驱动能源的合理选取

热泵的驱动能源是指热泵驱动装置所使用的高位能源。目前,热泵常使用的驱动能源有一次能源(如天然气,水电等)和二次能源(火电、城市燃气、燃油、柴油等)。其中,电能是主要的驱动能源。因此,单相或三相交流电动机是热泵中用得最普遍的驱动装置,从最小的旋转式压缩机到最大的离心式压缩机都采用电动机驱动。只要电动机选配恰当,它就能平稳地、可靠地和高效率地运转。因此,在可预见的一段时间内,电能将继续是各类热泵的主要动力。对此,我们应该注意到:

(1) 在发电中相当一部分一次能在电站以废热形式损失掉了,因此从能量观点看,使用燃料动力发动机来驱动热泵更好,它可以将发动机损失的大部分热量通过热回收系统输入供热系统,这样就可以大大提高热泵系统一次能源的利用率,更好地展现热泵的节能效果与环保效益。

(2) 对于我国大型热泵站(如海水源热泵站、污水源热泵站),可考虑采用燃气轮机驱动和汽轮机驱动,从能量利用的观点看,他们将优于电能驱动的热泵站,但是燃气、煤和电的价格不同,三种驱动装置、热泵机组等设备也是不一样的。因此在实施过程中还应该从经济角度进行评价。

(3) 核电技术和水电技术是一种不排放 CO_2 的发电技术。因此,在核电和水电比例大的国家,大型热泵站采用电动热泵机组有利于减少温室气体的排放。

(4) 热泵中选用变速电动机(二速电机、三速电机和变频电机等),以便调节负荷、改善热泵部分负荷特点、减小启动电流等,从而提高热泵的节能效果。

(5) 内燃机—发电机—热泵、发电机—内燃机—热泵三种组合方式应引起业内的关注与研究,这种组合形式对于同时需要供热和供电小区,或远离城市或无电的区域,或医院建筑等场合适用[8]。

1.2.3 热泵机组的高效化

在工程中,常以热泵机组的能效比(EER)大小来描述热泵机组的耗功的多少,也就是说热泵机组的 EER 值愈大,热泵机组在供同样热量情况下,其耗功愈少。目前,各类热泵机组能效比(EER)差异很大,即使同一类型的热泵机组,不同厂家生产的机组能效比也相差很大,图 1-1 和图 1-2 给出了部分水/空气热泵机组和空气/水热泵机组制热能效比(EER)分布图[20]。由图可见,其 EER 值相差很大,这给我们两点启示:

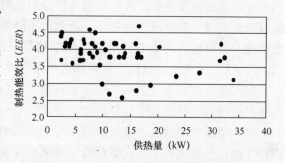

图 1-1 水/空气热泵机组的制热能效比

(1) 在设计选用机组时应进行比较,从中选优;
(2) 提高热泵机组性能的空间还很大,应引起业内的关注与研究。

现以空气源热泵为例,说明改善和提高空气源热泵能效比的途径与措施:

(1) 改善热泵机组的能量调节特性是提高机组能效比的重要途径。文献 [21] 中明确

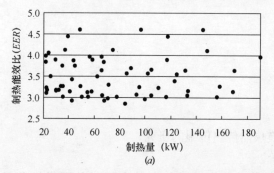
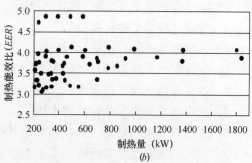

图 1-2 空气/水热泵机组的制热能效比

(a) 全封闭、活塞式、涡旋式压缩机;(b) 半封闭、螺杆式压缩机

指出，无能量调节的空气/空气热泵性能系数（COP 值）约为 3，有 50％能量调节的空气/空气热泵 COP 值约为 4（比无能量调节的热泵机组 COP 值提高约 30％），实现连续能量调节的空气/空气热泵 COP 可以高达到 6～7。由此可见，在热泵机组设计中，设有安全、可靠的能量调节装置是十分必要的。目前常用的能量调节方法有：

1) 小型往复式、滚动转子式、涡旋式压缩机常采用停/开的双位控制进行能量调节；

2) 多缸往复式压缩机可通过自动控制汽缸卸载实现能量调节；

3) 螺杆式压缩机通常是由自动控制滑阀或柱塞阀来实现自动能量调节；

4) 离心式压缩机大多采用叶轮入口导阀开度调节能量；

5) 热泵机组可用多台压缩机并联的方式或变级电动机分级调节能量；

6) 热泵机组采用变速技术进行能量调节，使制热量与系统负荷协调变化，实现无级变速调节，常用的变速调节方法有交流变频调节和直流无刷电动机调速，采用直流无刷电动机调速压缩机的能效比比变频调节高 10％～20％；

7) 热泵机组采用数码涡旋式压缩机的能量调节，数码涡旋式压缩机是定频变容系统中常选用的压缩机，等等。

(2) 空气源热泵冷热水机组采用分体结构形式有利于提高机组在低温工况下运行的可靠性和能效比。目前，国内空气源热泵冷热水机组通常采用整体结构形式。整体式空气源热泵冷热水机组设置在室外，当室外气温过低时，引起空气源热泵热损失加大、润滑油的润滑效果变差、制冷剂的冷迁移、能效比下降等问题。为此，在热泵用的压缩机的曲轴箱或机壳中装设适当功率的润滑油的电加热器，以避免出现上述问题。但这势必要多耗电能，使 EER 值变小。我们在双级耦合热泵集成系统的研究中，将整体式空气源热泵冷热水机组改为分体式空气源热泵冷热水机组，避免了压缩机在低温下运行出现上述问题，经几年的运行看，其效果十分好。

(3) 用于寒冷地区的空气源热泵冷热水机组，宜选用闪喷系统设计、两次节流准二级螺杆压缩机热泵循环、一次节流准二级涡旋压缩机热泵循环、带中间冷却器的两级压缩循环、带有经济器的两级热泵循环、单双级耦合热泵循环等系统形式，以提高空气源热泵机组在大压缩比工况下的能效比。

(4) 结霜使空气源热泵的应用和发展受到了一定的限制，因此目前国内外开展了一些空气源热泵结霜与融霜特性的研究工作。其研究内容主要有：

1) 霜的形成机理；

2) 空气源热泵室外换热器结霜特性；

3) 结霜过程的实验研究；

4) 融霜时各部件与系统运行特性；

5) 空气源热泵除霜的自动控制；

6) 空气源热泵除霜新系统；

7) 延缓空气源热泵结霜的技术措施；

8) 无霜空气源热泵系统的创新及室外换热器传热传湿的研究；

9) 空气源热泵误除霜特性的实验研究等。

其研究的目的在于改善空气源热泵运行特性，提高空气源热泵运行的可靠性和经济性。

(5) 不断改进空气源热泵各组成部件的性能和优化匹配。例如：用双向储液器替代高压储液器和汽液分离器等；用电子膨胀阀替代毛细管或热力膨胀阀；高效换热器的应用和改进蒸发器、冷凝器的结构形式；选用大一些的供热泵专用压缩机等。通过上述措施改善和提高机组的能效比也是值得关注的途径。

1.2.4 热用户用热的低温化

众所周知，热泵空调系统向用户提供的热水温度愈低，其热泵机组的能效比愈高。因此，热用户用热的低温化对提高热泵机组的能效比十分有利。为说明此问题，先分别计算：当低温热源温度为10℃、5℃、0℃时，用户用热温度为65℃、55℃、45℃、40℃时，热泵机组的 COP 理论值和实际值，其结果列入表1-1中。

热用户不同用热温度下热泵的 COP 值   表1-1

低温热源温度℃	项 目	热用户用水温度（℃）			
		65	55	45	40
10	COP 理论值	5.35	6.15	7.29	8.08
	热泵效率	0.5	0.5	0.5	0.5
	COP 实际值	2.68	3.07	3.64	4.04
5	COP 理论值	4.97	5.63	6.56	7.18
	热泵效率	0.5	0.5	0.5	0.5
	COP 实际值	2.485	2.82	3.28	3.59
0	COP 理论值	4.64	5.2	5.96	4.46
	热泵效率	0.5	0.5	0.5	0.5
	COP 实际值	2.32	2.62	2.98	3.23

注：1. COP 理论值为逆卡诺循环 COP 值；
2. 热泵效率为 0.5～0.6；
3. COP 实际值为热泵效率与 COP 理论值的乘积。

表1-1明确说明，在实际工程中，热用户必须选用低温的热分配系统，以便在尽可能低的供热水温度下，将热量送给热用户，这对提高热泵空调系统的能效比是十分有利的。

基于此，在工程设计中，首先应选用低温辐射采暖系统（如辐射式顶板，毛细管席、地板或墙埋管作为辐射板的辐射采暖系统）、或风机盘管空调系统。而在既有建筑节能改造中，由于建筑物基本上采用传统的热水供暖系统，供水温度为95℃，回水温度为75℃，室内主要使用散热器，无法直接使用低温水（如60℃/50℃）。但是，如果建筑物围护结构采取较好的保温措施，减少房间的热损失，使其成为节能建筑，对此，也可以毫无困难地在室内采用现有各种散热器的条件，借助于低温供水（供水温度为60℃，回水温度为50℃）进行采暖，散热器散热量的变化见表1-2。

散热器偏离标准使用条件时的换热系数[22]   表1-2

供水温度（℃）	回水温度（℃）	散热器平均温度（℃）	室温（℃）为下列值时的换算系数 [W/(m²·K)]				
			15	18	20	22	24
45	40	42.50	0.36	0.31	0.28	0.25	0.22
50	45	47.50	0.45	0.40	0.36	0.33	0.30
55	45	50.00	0.50	0.44	0.41	0.37	0.33

续表

供水温度 (℃)	回水温度 (℃)	散热器平均 温度(℃)	室温(℃)为下列值时的换算系数[W/(m²·K)]				
			15	18	20	22	24
60	50	55.00	0.59	0.53	0.50	0.46	0.42
65	55	60.00	0.69	0.63	0.59	0.55	0.51
70	55	62.50	0.74	0.68	0.64	0.59	0.55
75	55	65.00	0.77	0.71	0.67	0.63	0.59
80	60	70.00	0.87	0.81	0.77	0.74	0.69
90	70	80.00	1.11	1.04	1.00	0.96	0.91

注：换热公式 $q_实 = q_标 (\Delta t_实/\Delta t_标)^n$，其中 n 为实验确定的指数，本表取 $n=1.3$。

1.2.5 热泵空调系统的集成化

以新技术改造传统的热泵空调系统，整合集成热泵空调系统和新技术要素和成果，提出高效的热泵空调系统与新技术的集成系统，其集成系统各取所长，互补其短，并要避免两者机械式的装配在一起，而是两者有机的整合集成，创新出高效的全新热泵空调系统。现举几例说明之。

（1）文献[20]针对传统水环热泵空调系统中辅助加热用能的不合理性，指出其违背了按质用能的原则，为解决此问题归纳总结出可再生能源水环热泵空调系统。此系统由建筑物外部引进可再生能源替代原辅助加热装置所用的高位能（电、燃气、燃油等），用热泵机组替代原辅助加热装置。这个称谓的提出，将为水环热泵空调系统注入新的活力，使其应用更加广泛、更加合理、更加经济。

（2）土壤耦合热泵系统初投资高，已是人们的广泛共识。为了降低初投资，推广土壤耦合热泵系统，国内外技术人员想了很多办法，其中一个有效办法是：采用混合土壤耦合热泵（hybrid ground-source heat pump：HGSHP）系统，即地埋管系统+冷却塔或地埋管系统+锅炉等。在夏热冬冷地区和夏热冬暖地区的办公及商业建筑中，年度供冷负荷远大于供暖负荷，土壤吸排热不平衡，单一采用地埋管系统初投资巨大，造成资源的浪费；而且逐年累积，地温升高不利于系统正常运行。在这种情况下，选用地埋管系统+冷却塔的混合热泵系统是合适的。尽管混合地埋管系统的运行费用略高，但与其节约的初投资相比，所占比重相当小。因此，在夏热冬暖地区和夏热冬冷地区，采用混合地埋管系统更具有实用性和经济性。同样在寒冷地区，当年度供暖负荷远大于供冷负荷时，可以采用地埋管系统加锅炉的混合式热泵系统，而地埋管按夏季负荷设计，采用锅炉为系统补充冬季不足负荷，其系统同样具有经济和实用性。

（3）在对国内外关于土壤耦合热泵系统及冰蓄冷技术的发展和应用充分了解的基础上，我们提出了一种适合于以空调负荷为主，采暖负荷为辅地区的土壤蓄冷与土壤耦合热泵集成系统。该系统充分利用了冻土蓄冷技术和土壤耦合热泵系统的优点，将土壤耦合热泵系统中的地埋管换热器兼做夏季蓄冷空调中的蓄冷装置，使土壤耦合热泵系统的地埋管换热器和蓄冷装置合二为一，免了传统冰蓄冷系统中占地面积大、耗资较多的蓄冷装置（如蓄冰筒或蓄冰槽等），解决了蓄冷装置的占地面积和配置问题。

土壤源耦合热泵系统在我国南部亚热带地区长期运行，由于冬夏负荷的不平衡性，使得土壤的温度逐年升高，最终导致夏季制冷工况运行时，冷凝温度过高，使土壤耦合热泵系统制冷量下降，COP 值减小，甚至导致夏季停车无法运行，但将土壤蓄冷与土壤耦合热泵系统有机地结合起来，可以人为地通过不同的土壤蓄冷方案来调节和控制土壤的温度，因此该系统也解决了土壤耦合热泵系统长期运行导致土壤温度场不能有效的恢复，使土壤耦合热泵出现出力不足的问题。

（4）为了解决空气源热泵系统在寒冷地区使用时存在的问题，可以选用单、双级耦合热泵系统。所谓双级耦合热泵供暖系统是指，用水循环管路将两套单级热泵循环系统耦合起来，组成一套适合于寒冷地区应用的双级热泵供暖系统。考虑到空气源热泵的优越性，第一级常选用空气/水热泵，那么第二级应为水/空气热泵或水/水热泵。在寒冷地区，利用空气/水热泵制备 10～20℃的温水作为水源热泵（水/空气或水/水热泵）的低温热源，第二级水/空气热泵再从水中吸取热量加热室内空气，或第二级水/水热泵再制备成 45～55℃热水，由风机盘管或辐射采暖系统加热室内空气。

（5）三套管蓄能型太阳能与空气源热泵集成系统[23]。集成系统由三套管蓄能换热器将太阳能热泵与空气源热泵集成为新系统。三套管蓄能换热器内管为制冷剂，中间管为蓄能材料，外管为水，它在热泵系统中总是作为蒸发器用。在夏季，通过空气源热泵在夜间用电低谷时期内的运行，将冷量储存在三套管蓄能换热器的中间相变蓄冷介质中（直接蓄冷），而在白天用电高峰时，水流经三套管蓄能换热器外管，将冷量取出供给用户。这样不仅达到电力移峰填谷的目的，而且充分利用自然界中的日较差来提高空气源热泵的能效比；在冬季，三套管蓄能换热器一方面作为太阳能的蓄热装置，以解决太阳能的间歇性、不稳定问题；另一方面它又作为太阳能热泵的蒸发器，即白天通过水侧将太阳能储存在中间套管的相变介质中进行蓄热，又可以通过制冷剂将储存的热量取出，通过热泵向用户供暖。这样，在冬季三套管蓄能换热器在蓄热释热过程中，把太阳能蓄能与热泵有机地结合起来。同时该集成系统通过两个三通阀将空气与太阳能结合起来变为多源综合利用的热泵系统。

1.3　热泵研究工作的回顾

本节结合哈尔滨工业大学（原哈尔滨建筑工程学院），多年来热泵研究工作，对热泵研究工作作一简要回顾。

原哈尔滨建筑工程学院（现哈尔滨工业大学）早在 20 世纪 60 年代中期，在徐邦裕教授和吴元炜教授的带领下，开始了热泵研究工作的征程。在 20 世纪里，大致分为 3 个阶段：80 年代以前为起步阶段，其特点是起步较早，起点高，研究成果具有世界先进水平，但发展缓慢；1980～1990 年，研究工作进入兴旺发展阶段，其特点是以空气/空气热泵为主，开展一些基础性的实验研究工作，在短短 10 年里，做出许多成绩，其发展速度很快；90 年代里，由于科研经费等问题，哈尔滨工业大学的热泵研究工作进入艰难的发展阶段，其特点是以模拟预测分析为主，评价热泵空调系统在我国的应用，以期推动热泵技术在我国的暖通空调中的应用。

现将哈尔滨工业大学过去几十年的热泵研究成果归纳如下。

1.3.1　热泵设备的开发与研究

1. 热泵式恒温恒湿空调机组

1965 年，由徐邦裕教授、吴元炜教授领导的科研小组，根据热泵理论提出应用辅助冷凝器作为恒温恒湿空调机组的二次加热器的新流程[24]，经理论分析和流程实验研究表明，其流程可行而先进，此流程在国际上是首次提出的。1966年由哈尔滨空调机厂生产出第一台样机，被命名为LHR-20A型热泵式恒温恒湿空调机组，1969年通过鉴定。该机组的特点是：1）夏季恒温用的二次加热采用制冷系统的部分冷凝热，代替了传统的电加热，这不仅大大节省了电加热的电能，而且也节省了冷凝器冷却水的消耗。实际运行证明，机组可达到±1℃的恒温要求。2）机组的流程是热泵型，冬季恒温所需的供热量利用制冷系统的冷凝热，即为具有节能和环保意义的水/空气热泵。1979年哈尔滨建筑工程学院与哈尔滨制氧机厂在保持LHR-20机组原有特点的基础上，共同研制出新的HR-20机组[25]，HR-20机组空气侧换热器是铜管串整体铝片，管孔采用双翻边。水侧换热器是低肋片铜管的壳管式换热器。风机是整体冲片式叶轮的双进风风机。经测试表明，HR-20机组的主要技术经济指标达到了国内比较先进的水平，尤其是噪声指标接近了国际先进水平。

2. 热泵式冷藏柜的实验研究[26~27]

众所周知，国产冷藏柜的冷凝热白白地废弃掉了。若利用这部分冷凝热制备生活热水，既节省了能量，又避免了冷凝热量排入室内引起的室温过高的弊病。为此，我们于1989年提出了一种带热水供应的节能型冷藏柜新流程。新流程考虑了如下原则：

（1）保证正常制冷功能的前提下，可提供40~45℃的热水。

（2）应较好地解决热水制备和使用在数量和时间上不一致的矛盾。

（3）系统简单，能量回收率高，安全可靠。

对新流程和其运行特性进行了实验研究，通过实验寻求最佳流程和验证流程的合理性、经济性和可靠性。

3. 燃气水/水热泵机组的实验研究[28]

近年来，我国城市煤气、天然气的发展十分迅速。而燃气热泵又是一种节能效果良好的热泵，因此，燃气热泵的研究已引起国内热泵工作者的注意。1986年天津大学首次进行了燃气热泵实验研究工作；北京市公用事业研究所进行了燃气吸收式热泵供热、制冷的可行性研究。但是，燃气热泵在我国实现商品化、实用化的道路上，还有大量的问题急需解决。为此，哈尔滨建筑工程学院于1991年提出了燃气水/水热泵研究课题，其目的是通过实验验证利用国产制冷机及部件设计和研制燃气热泵机组的可行性，以及研究样机的热工性能。

我们主要做了以下几项工作：

（1）设计和制造了实验样机。选一台长江750D型摩托车汽油发动机。这样，改装成燃气机容易，只需将汽化器换成带调节机构的燃气与空气的混合装置并修正点火时间，火花塞仍保持不变。实验研究表明，由汽油机改装成燃气机方法简单，且改装后的燃气热泵运行平稳、可靠、调节方便。对燃气水/水热泵机组来说，燃气机缸体冷却方式应为水冷才合理。

（2）通过实验得出了燃气水/水热泵样机的运行特性。即低位热源对供热量、一次能源利用系数、燃气耗量的影响；燃气消耗量、一次能源利用系数与燃气消耗量的关系等。

1.3.2 空气/空气热泵空调器的研究工作

20世纪80年代，空气/空气热泵空调器很多都是由进口件组装的，或仿制国外样机，这些产品是否适合我国的气象条件,在我国气象条件下是否先进,亟待研究解决。为此,我们在 1980～1990 的 10 年间里开始进行空气/空气热泵空调器的研究。

1. 空气/空气热泵实验装置的研究

当时国内测定空气/空气热泵制热量的方法主要是焓差法。焓差法在测量微风速下的风量时,测量的误差较大,同时,焓差(即温度)的测量参数的波动还会带来一些误差,致使焓差法在测量小型空气/空气热泵的测试精度较差。而工业发达国家均采用房间热平衡法实验装置测试空气/空气热泵性能,该方法被国际标准化组织(ISO)列为推荐标准。国际上公认,这种测试方法是小型空气/空气热泵性能测试最精确的方法。然而,当时各研究单位和空调设备生产厂家均无房间热平衡实验装置。为了推动我国热泵的发展,有必要研究和建造房间热平衡实验装置。

哈尔滨建筑工程学院于 1978 年开始着手房间热平衡法实验方法的资料准备,1979 年设计并开始建造"标定型房间热平衡法实验装置",于 1980 年 5 月建成了我国第一台标定型房间热平衡法实验装置,经调试和应用,于 1981 年 5 月通过鉴定[29]。

建成实验台后,我们开展了下述各项工作:

(1) 为我国商检部门标定进口空调器性能,把好质量关。
(2) 为开发空气/空气热泵新产品,对进口样机进行详细的实验研究[30～31]。
(3) 标定国产空调器的性能。
(4) 我国空气/空气热泵季节性能系数的实验研究[32]。
(5) 小型空气/空气热泵除霜问题的研究[33]。
(6) 开拓房间热平衡法实验装置用途的研究[34-36]。
(7) 探索提高标定型房间量热计的测试精度的技术措施[37]。

2. 我国小型热泵空调器供热季节性能系数的研究

为了确定空气/空气热泵季节性能系数($HSPF$),我们采用美国 ARI 和标准局(NBS)所给出的数学模型。为进一步验证计算方法能否适合我国的具体情况,对国产FKL-30RD 分体式空调器进行标定。由于计算某一空气/空气热泵的 $HSPF$ 值是以供热容量为基础,而对一定供热容量的热泵的 $HSPF$ 与供热负荷有一定的函数关系,回归出函数曲线,然后用"枚举法"寻优,最后给出了空气/空气热泵在我国 7 个采暖区域的热泵性能系数值的分布,并给出 FKL-30RD 空调器在我国 16 个城市中,在不同的设计供热负荷系数下的采暖房间的热耗量、用电量、辅助加热量、工作平衡点温度及供热季节性能系数等,可供选择热泵时经济运行的参考[32]。

3. 小型空气/空气热泵室外换热器的优化

室外温度的变化和室外侧换热器的结霜将会直接影响空气/空气热泵的制热性能系数,所以,对室外换热器的优化选择是一个重要课题。我们利用中国建筑科学研究院空调研究所移植的美国开发的空气/空气热泵和空调器稳态性能电算程序模型(简称 DRNL 程序),预测室外侧肋片管簇的结构和排列对性能系数的影响。优化后选出室内侧换热器和室外侧换热器面积之比,又优化出通过室外换热器的风速等。按上海气候条件,其季节性能系数提高 36%,而且还能大幅度减少结霜的周期。通过对改进后换热器的实验证明,其分析结果是正确的[38]。我们还对双向开槽肋片管簇换热器作为空气/空气室外换热器进行了优化分析,确定了合理的肋片间距、纵向管排数、室内侧换热器和室外侧换热器面积之比、空气通过室外换热器的流速等。据此设计了新的换热器，使 KTQ-3RB 型热泵的室外侧换热器造价较原有的降低了 19.5％，而季节性能系数在上海提高了 39％[39]。

4. 小型空气/空气热泵空调器除霜问题的研究

当小型空气/空气热泵室外换热器表面结霜严重时，一方面使换热器的传热热阻增大，另一方面使通过蒸发器的风量减少，二者的结果使热泵的性能降低。若不及时除霜，将会导致热泵不能正常供热，甚至使热泵发生事故。小型空气/空气热泵在我国高湿度地区使用时，在室外温度 12℃ 以上时就可能出现结霜现象，因此，我们对空气/空气热泵的除霜进行了实验研究。

我们特别注意到室外的湿球温度是影响空气/空气热泵结霜的主要因素，它在很大程度上决定热泵的定期除霜的频率和周期。于是提出按不同的湿球温度来制定除霜的时间[33]。我们还提出了一个要求型和定时型的自动除霜控制程序。

除上述除霜方式外，还可以在热泵换热器的结构形式和面积大小上加以改进，以避免或推迟除霜，而达到节约能源的目的。因此，我们对 KTQ 型热泵作了下列改进：

（1）根据优化结果，室外换热器面积增加到室内侧换热器的 1.24 倍；改变制冷剂通路，使过热区面积减小（由过热区面积占总传热面积的 20％ 减小到 5％）。改进后的热泵在室外温度 3℃、相对湿度 75％ 情况下运行，始终未发现结霜现象[38~39]。

（2）采用同类型的室外换热器，仅将其肋片型改为双面开槽时，在温度为 2℃、相对湿度为 75％ 的情况下，仍未发现结霜现象[40]。

（3）通过对室外换热器空气流速的优化，也可避免结霜的可能。

（4）找出了合适的目标函数，可对片型、片距、管排数、盘管走向等进行优化，并对数学模型数值求解，可以预测除霜的频率和周期[41]。

1.3.3　水环热泵空调系统在我国应用的预测分析与评价

所谓水环热泵空调系统是指小型的水/空气热泵的一种应用形式，即用水环路将小型的水/空气热泵机组并联在一起；构成一个以回收建筑物内余热为主要特点的热泵供热、供冷的空调系统。20 世纪 80 年代，我国开始采用这种系统。90 年代，水环热泵空调系统在我国得到广泛的应用。但是，应用中仍存在一定的盲目性。这除了设计经验不足之外，更重要的是缺乏对该系统的深入了解。因此，为了在我国更好地推广和应用水环热泵空调系统，哈尔滨建筑工程学院从 1993 年开始进行水环热泵空调系统在我国应用的预测分析与评价研究。主要工作有：

（1）水环热泵空调系统在我国应用的评价与分析[42-46]

水环热泵空调系统能在短时间内在美国的许多地方获得推广应用，计算机的模拟分析起到了推动作用。如果没有系统模拟预测分析的支持，便没有人愿意首先尝试一种新的空调方式。为了更好地推动和应用水环热泵空调系统，我们对水环热泵空调系统在我国各地区运行能耗进行了计算机模拟分析。模拟分析中充分考虑我国地域辽阔，南北气候条件相差很大，建筑物的形式和功能又各不相同的特点，预测在全国各地采用水环热泵空调系统时，其气象条件、建筑物形式、规模、建筑物内部负荷等因素对运行能耗的影响。在本项研究工作中，我们对水环热泵空调系统运行能耗提出了三种评价方法：1）系统运行能耗的静态分析法；2）系统运行能耗的计算机动态分析；3）系统运行能耗参数的评价法。据此，我们对水环热泵空调系统在我国哈尔滨、北京、上海、广州四个城市气象条件下及不同负荷特点的建筑物中的运行能耗进行了综合分析,初步得出了水环热泵空调系统在我国的应用评价。

(2) 太阳能水环热泵空调系统在我国应用的预测分析[47~48]

众所周知,只有建筑物内有大量余热时,通过水环热泵空调系统将建筑物内的余热转移到需要热量的区域,才能收到良好的节能效果。但是,目前我国各类建筑物内部负荷不大,建筑物的内区面积又小。而且,常规空调热源又常为燃煤锅炉。由于这种情况制约了水环热泵空调系统在我国的应用范围。解决这个问题的途径,就是由建筑的外部引进新的外部热源。我国太阳能资源非常丰富,它是水环热泵空调系统的理想外部热源。因此,从1995年开始进行太阳能水环热泵空调系统在我国应用的预测分析课题的研究工作。研究结果表明,太阳能水环热泵空调系统是一种节能系统,应用前景广阔,节能潜力大。该系统以建筑物的消防水池为蓄热水池,以解决太阳能的间歇性和不稳定性。此系统拓宽了水环热泵空调系统在我国的应用范围,使目前内部余热量小或无余热的建筑物也可以采用水环热泵空调系统。

1.3.4 大型热泵站在我国应用的预测分析

用于建筑物区域供热(供冷)的由大型热泵装置组成的集中热源冷源,称之为热泵站。热泵站设想的提出始于20世纪70年代末80年代初,首先是在瑞典、前苏联等供热较发达的国家将热泵站用于区域供热,主要采用技术成熟的压缩式热泵装置。那么,在我国应用热泵站作为集中供热的热源,其经济评价如何呢?为了回答这些问题,哈尔滨建筑工程学院于1991年开展了电动热泵站在我国应用的可行性研究;于1994年开展了吸收式热泵站在我国应用的分析与评价的课题。

我们假设一个供热量为20MW的小区,采用热泵站供热(冷),冬季供60℃的热水,夏季供7℃冷水。据此建立了热泵站综合评价模型,对我国各地建立热泵站进行节能效果和经济效益的预测分析。为了使评价更为直观、明了,我们将热泵站与同供热量的区域锅炉房进行分析比较。

1. 在我国应用电动热泵站的经济评价[49~51]

(1) 通过建立电动热泵站的节能效果评价数学模型与求解,来评价在我国21个城市中建立热泵站的节能效果。结果表明,在我国各地区建立以水为低位热源,冬季供60℃热水的电动热泵站是节能的。与目前的常规区域锅炉房相比,以河水(5~6.6℃)为低位热源时,年节煤率为12.68%~14.08%;采用海水(12~13.6℃)为低位热源时,年节煤率为21.59%~23.58%;以工业废水(18~20℃)为低位热源时,其年节煤率高达39.00%~39.98%。虽然我国各地区的节煤率基本一样,但是全国各地节煤量却不一样,差异很大。

(2) 采用费用现值法建立了热泵站的经济效益评价模型,并将煤价、电价作为变量,在供热锅炉房使用寿命期内的费用年值等于热泵站使用寿命期内的费用现值的前提下,研究全国主要城市在不同低位热源、不同设备价格条件下煤价和电价的关系。以此关系绘制出各主要城市的热泵站临界经济曲线。我们可以十分方便地判断每个地区建立热泵站的经济效益。

2. 在我国建立吸收式热泵站的经济评价[52~53]

(1) 利用吸收式热泵站综合评价模型,对我国20个城市建立的吸收式热泵站进行能耗分析，预测了 20 个城市建立吸收式热泵站的运行能耗，相对于传统的锅炉房供热，热泵站的节煤量与节煤率，并对影响吸收式热泵站运行能耗的因素进行了分析。

（2）根据吸收式热泵站方案的性质与特点，选用费用年值法进行经济评价。据此，建立了吸收式热泵站的经济效益模型。在目前的设备、能源价格条件下，吸收式热泵站同传统的供热方式相比竞争力不强。但在南方城市建立吸收式热泵站同传统的供热方式的竞争力要比北方强。

进入 21 世纪，随着空调技术的发展，为热泵空调的发展与应用创造了良好的机遇，我们迎来了热泵空调新的兴旺发展期，并成立了哈尔滨工业大学热泵空调技术研究所。在国家自然科学基金、"十一五"国家科技支撑计划重大项目课题等的资助下，开展了空气源热泵、地源热泵等的应用基础研究，其研究更加深入，更富有创新性。本书将介绍的主要内容，即为哈尔滨工业大学热泵空调技术研究所在 21 世纪前 10 年（2000~2009 年）所取得的一些研究成果与体会。

第 2 章 空气源热泵结霜特性研究

2.1 概 述

尽管空气源热泵有很多优点，但是，目前空气源热泵在应用中仍存在一些问题。主要表现为：

(1) 设计中缺少对空气源热泵实际运行中的供热量和性能系数的修正值

众所周知，空气的温度、相对湿度和结霜与除霜控制方式对空气源热泵的供热量和性能系数有非常大的影响。而目前标准和厂家产品样本提供的数据资料，既没有考虑在全国各地的结霜情况，也未考虑除霜的合理控制方式。因此设计人员无法根据现有的产品性能数据资料正确地确定机组实际运行的供热量和性能系数，也无法准确地进行设计选型。为此，应该确定出在全国各地由于结霜和除霜引起的供热量和性能系数的修正系数，以期获得机组运行的实际供热量和性能系数，作为设计和运行调节的依据。

(2) 如何防止或延缓空气侧换热器结霜以及如何选取有效的除霜方式

空气源热泵在冬季运行时，当空气侧换热器表面结霜时，会降低换热器的传热系数，增加空气侧的流动阻力，减小机组的供热能力。如何防止或延缓空气侧换热器结霜以及如何选取有效的除霜控制方式是人们普遍关心的问题。为此，应深入地研究机组在结霜与除霜工况下的运行规律与性能。

(3) 机组运行的不稳定性

室外温度在 5~0℃之间，有雾或雨雪天气时是空气源热泵最恶劣的运行工况。此时，由于机组结霜严重，蒸发压力过低，常使机组停止运行；机组结霜严重时，制冷剂蒸发量急剧减少，回液过多造成液击的可能性大大增加。这些常造成机组运行的不稳定，使机组运行中常发生故障，甚至于停机。

(4) 空气源热泵除霜过程的可靠性差

目前，空气源热泵在除霜过程中，常出现一些影响正常除霜运行的问题，主要有：吸气、排气压力变化剧烈，对压缩机冲击大，系统制冷剂回液量大；蒸发器和冷凝器频繁转换，破坏机组的正常运行，因此每次除霜时均需一个很长的过程才能使机组恢复到正常的运行；四通换向阀动作频繁，影响其寿命；除霜开始阶段有个压力衰减过程，有的系统会因衰减到低压保护值而造成停机；除霜过程对室内温度影响很大等。这些问题严重影响了机组除霜运行的可靠性。

上述问题的存在主要取决于机组的结霜与除霜工况，取决于机组的性能。因此必须对空气源热泵的性能进行深入地研究，尤其要研究机组在冬季结霜工况下的性能。对于空气源热泵，在供热运行时空气侧换热器结霜是影响机组冬季运行的一个重要问题。尽管少量的结霜会使换热器表面变得粗糙，在短时间内可能改善热泵的性能，但这种情况对热泵性能的影响是微不足道的，很快由于结霜量的增多而使换热器传热热阻和空气流通阻力增加，机组的供热量明显降低。如不及时除霜，有可能使换热器的空气通道完全堵塞，导致机组完全停止供热。

研究空气源热泵的性能可采用实验方法和计算机模拟方法。实验方法受到实验条件以及人力、物力的限制，不可能全面地分析空气源热泵冷热水机组全年的实际运行工况，但可以得到一些有参考价值的数据。计算机模拟技术经过几十年的发展，已成为进行科学研究并替代实验的一种有效方法。本章拟采用计算机模拟的方法建立空气源热泵的数学模型，并采用实验数据验证所建模型的可靠性，在此基础上重点分析空气源热泵在冬季结霜工况下的运行规律与性能。

2.2 国内外研究进展与分析

结霜使空气源热泵的应用和发展受到了一定的限制，目前国内外对结霜问题开展了一些研究工作，归纳起来主要有以下几方面。

2.2.1 霜形成机理方面的研究

孙玉清等[1~2]对于结霜这一非定常、有相变、移动边界的复杂的传热传质问题（即所谓的 Stefan 问题），引进成核理论、晶体动力学理论和气象学有关理论，建立了较为精确的物理与数学模型，进行了抑制结霜方面的研究。理论研究和实验均表明，对换热器表面喷镀高疏水性镀层，降低其与水蒸气之间表面能，增大接触角，对抑制结霜是有效的。此外，为抑制结霜，可对流入换热器的湿空气进行净化处理，有条件时可增大风速，使气相中形成的冰晶或过冷水滴尽快地通过换热器壁面。

赵兰萍等[3]对结霜机理的研究进行了回顾，并就霜层物性、霜层生长规律、结霜过程传热传质等方面的问题进行了分析和探讨，指出虽然结霜机理方面的研究已取得很大进展，但在许多方面需进一步研究。

蔡亮等[4]分析了实验观察到的霜晶体结构，提出了不同阶段的霜层生长模型，并采用计算机进行模拟。以模拟所得的霜晶体结构为基础，对每个节点列出了能量平衡方程，进而求得了霜层的导热系数。

Na B. 等[5~7]通过对冷表面结霜成核过程的理论分析，提出冷壁面上空气应达到过饱和状态才能形成霜核的观点，而过饱和度取决于与水滴接触角有关的表面能。用边界层分析法建立了计算霜层表面上过饱和度的简化方程，并与实验结果进行了对比。在此基础上，提出了新的预测霜沉积及生长率的过饱和模型。同时与他人的实验数据进行比较，结果表明过饱和模型比饱和模型要好。

2.2.2 换热器结霜特性的模拟

F. R. Ameen[8]从理论和实验两方面研究了结霜对蒸发器传热特性及热泵性能的影响。但该模型只是模拟了一个特定蒸发器在结霜条件下的特性，而且假定换热器表面霜层的厚度是均匀的。J. Martinez-Frias 等[9]对空气-空气热泵的蒸发器在结霜工况下的性能进行了模拟分析。

王剑峰等[10~11]采用全年性气候空气源热泵冷热水机组计算模拟软件对制冷工况和供热工况进行了模拟。分析了环境温度和进水温度对机组性能的影响，研究了冬季供热工况空气侧换热器表面的湿空气结霜、结露及干冷却转变特性，得出了不同迎面风速下的结霜曲线，为机组的设计和选用提供了参考。

黄虎等[12~13]采用动态集总参数与分布参数相结合的方法建立了空气源热泵冷热水机组结霜工况下工作过程的仿真模型，并从改进空气侧换热器的设计、提高机组的除霜性能及除霜控制技术等方面讨论了提高机组在结霜工况下工作性能的途径。但该模型只适用于某一特定型号的压缩机和换热器，使模型的应用受到一定的限制。

夏清等[14]将结霜过程视为准稳态过程，建立了肋片管式蒸发器结霜工况下的数学模型，并分析了结霜对蒸发器性能的影响。但该模型只是空气侧的模型，没有考虑制冷剂侧的性能。

张绍志等[15]建立了肋片式蒸发器的分布参数模型，并考虑了温度滑移对空气源热泵冬季运行时蒸发器结霜特性的影响。

刘志强等[16]假设结霜过程是在恒定的制冷剂侧温度和压力下进行的，将霜层的生长过程看成是具有移动边界的多孔介质一维动态相变传热传质过程，模型中耦合了肋片的二维热传导及风机性能特性，数值模拟了结霜速率、肋片上霜层分布、霜层密度及换热量随结霜时间的变化规律，并与实验结果进行了比较。

罗超等[17]建立了结霜条件下肋片管蒸发器空气侧流动和换热的分布参数仿真模型，模型考虑了蒸发器结构、霜层厚度以及湿空气状态等参数在气流方向的沿程变化。对冰箱冷冻室蒸发器结霜条件下的动态性能进行了实验研究和数值模拟。

张哲等[18]从理论上研究了肋片管式蒸发器结构变化对空气源热泵室外侧蒸发器结霜特性及其对蒸发器性能的影响，并编制计算机程序进行求解，得到了不同蒸发器结构情况下的结霜规律。

S. N. Kondepudi 等[19~20]将结霜模型和传热特性相结合进行了讨论，建立了较为详细的肋片管换热器结霜模型。利用该模型分析了相对湿度、肋片密度、迎面风速等对霜增长、能量传递系数以及空气侧压降的影响。对平肋片盘管进行了实验研究，并将实验数据与模拟结果进行了比较。比较显示模拟结果比实验数据低 15%~20%，主要原因是模型中没有考虑湿工况下空气侧的热传递系数的增加使得整个传热量增加以及结霜增加了换热器表面的粗糙使得空气侧的传热量增加。

T. Senshu 等[21]给出了结霜时叉排肋片管换热器性能的预测方法。通过实验观察分析了结霜条件下换热器的性能，分析了空气侧温度、湿度、气流速度和制冷剂温度等对霜积累速度及空气侧换热系数的影响，并在一定假设条件下对肋片管换热器上霜的形成进行了理论分析，得到了与实验结果相符的计算结果。

H. Yasuda 等[22]对结霜状况下热泵的循环特性进行了模拟。该模型由制冷机模拟模型、霜形成模拟模型和风机特性模拟模型组成。通过对某一个热泵空调器的实验研究，证明了模拟结果的可靠性。但该研究忽略了霜层对空气侧换热系数的影响，且认为结霜只是增加了霜的厚度，没有考虑结霜引起的霜层密度的变化。

S. P. Oskarssor 等[23~24]建立了热泵蒸发器在干、湿或结霜工况下的 3 种模型，即有限单元模型、三区模型和参数模型。详细描述了热传递系数、质传递系数、压力损失系数的确定方法，且考虑了制冷剂侧的压降，所得模拟结果与实验结果误差很小。但该热传递方程将蒸发器的换热表达为空气侧和制冷剂侧温差的函数，没有考虑潜热的传递。

C. P. Tso 等[25]将此前预测非结霜工况下蒸发器工作性能的分布参数模型扩展到结霜

工况，发展了预测蒸发器动态特性的通用模型。该模型将制冷剂侧两相流分布参数模型与结霜模型结合在一起，并模拟了结霜量及其对能量传递、管外空气温度、管内制冷剂干点位置及结霜量沿盘管的分布。结果显示，肋片管蒸发器几何形状和流动的复杂性导致壁面及空气温度分布不均匀，这影响霜层沿盘管深度方向的生长速度。随后，C. P. Tso 等[26]进一步改进这一比较，结果发现二者吻合很好。

D. K. Yang 等[27]将肋片管换热器分成换热管和肋片两部分，分别计算其显热和潜热交换，将结霜简化为准稳态过程；将从湿空气中析出的水蒸气分成增加霜层厚度和密度两部分，并用霜层内水蒸气的扩散方程计算。模拟结果与实验霜层厚度、结霜量及换热量进行了比较，二者一致。

2.2.3 结霜过程的实验研究

对于简单几何形状的换热器，霜的性质和增长规律以及对传热的影响国内外研究资料较多[28~33]，但对于复杂几何形状的肋片管式换热器，由于影响霜层增长及霜特性的因素很多，且换热器表面形状非常复杂，目前对于这种换热器结霜过程的研究多为实验性的。

S. N. Kondepudi 等[34]通过实验研究了不同的肋片结构（平直、波纹状、百叶窗式）对换热器结霜状态下性能的影响。确定了不同空气湿度和肋片密度下霜的积累量、空气侧压降、显热换热系数等。R. W. Rite 等[35]通过实验研究了霜形成对家用电冰箱肋片管蒸发器平均全热换热系数和空气侧压降的影响。

S. N. Kondepudi 等[36]通过实验研究了结霜对百叶肋片管式换热器性能的影响。指出肋片几何形状和环境状况对结霜的影响较大，主要因素包括空气湿度、空气流量和肋片间距，其中湿度是决定霜增长的主要因素之一。由于结霜包括显能和潜能两种传递过程，作者定义了基于对数平均焓差的能量传递系数 E_0，湿度增大，迎面风速增大以及肋片间距减小，都将使能量传递系数增加。开始结霜时，E_0 增加，但随着结霜的增加，E_0 趋于以更快的速率下降。

Y. Xia 等[37]以乙二醇水溶液作为冷却介质在开式风洞中实验研究了折弯式百叶窗肋片微通道换热器在初始结霜及除霜循环后再结霜工况条件下的传热及阻力特性。实验结果表明，经过3~4个结霜/除霜循环后，结霜工况下的换热器性能才能稳定下来。结霜循环周期、除霜时间取决于试件的肋片参数，肋片深度越大则总换热系数越小。将光纤内窥镜放入肋片间观察肋片上霜层生长情况，发现空气流量的减小以及霜堵塞百叶窗的缝隙是造成总换热系数减小的主要原因。

罗超等[38]在低温工况下对一小型间冷式制冷装置的变间距肋片管蒸发器结霜工况下的动态性能进行了实验研究，考察了进口空气温度、相对湿度和风速对蒸发器性能的影响，给出了换热量、空气侧压降、结霜量和总传热系数在结霜过程中的动态变化规律。实验结果表明在低温工况下，不同的环境参数对结霜的影响差别较大。

田津津等[39]对一台空气源热泵进行了结霜工况下的实验测试，实验研究了空气源热泵在规定的环境温度下制热能力、出风温度以及热泵制热性能的变化。实验结果表明热泵结霜严重地影响了其制热能力。

郭宪民[40]针对空气源热泵结霜问题，总结了近十几年来简单几何表面霜层的基本特性及其生长的数学模型、肋片管换热器表面结霜规律的实验研究及数值预测研究的现状，并对其发展趋势进行总结。

综上所述，通过研究目前对于空气源热泵供热运行时结霜特性的文献，得到以下结论：

(1) 在结霜特性方面，对小型空气-空气热泵的研究较多，而对空气源热泵冷热水机组的研究较少，目前仍处于起步阶段。

(2) 对空气源热泵冷热水机组结霜特性的研究分为实验研究和计算机模拟研究，其中实验研究居多，且多为针对某一特定型号的机组。

(3) 随着计算机的普及，计算速度的不断提高，采用计算机模拟方法进行设备与系统的优化，可以减少对实验的依赖，并有效地预测产品的性能，无疑会节省大量的人力、物力和财力。但目前还没有人采用动态分布参数模型对中、大型空气源热泵冷热水机组的工作过程进行动态模拟。

(4) 对于空气源热泵冷热水机组的模拟，可以借鉴小型空调制冷系统的模拟方法，即先建立系统各部件的模型，再在质量守恒、动量守恒、能量守恒的基础上建立整个系统的模型。但建模中要充分考虑空气源热泵冷热水机组（空气-水热泵）的特点。

2.3 结霜模型

2.3.1 霜的形成机理

1. 霜层的形成

空气源热泵冬季运行时，当空气侧换热器表面温度低于0℃且低于空气的露点温度时，换热器表面就会结霜。影响结霜的因素很多，如空气的温度、相对湿度、流速、换热器表面的温度等。

结霜过程是很复杂的，特别是对复杂几何形状的肋片管式换热器。但霜的形成大致可分为3个时期，即结晶生长期、霜层生长期和霜层充分生长期[1]。

(1) 结晶生长期

当空气接触到低于其露点温度的冷壁面时，空气中的水分就会凝结成彼此相隔一定距离的结晶胚胎。水蒸气进一步凝结后，会形成沿壁面均匀分布的针状或柱状的霜的晶体。这个时期霜层高度的增长最快，而霜的密度有减小的趋势。

(2) 霜层生长期

当柱状晶体的顶部开始分枝时，就进入霜层生长期。由于枝状结晶的相互作用，逐渐形成网状的霜层，霜层表面趋向平坦。这个时期霜层高度增长缓慢，而密度增加较快。

(3) 霜层充分生长期

当霜层表面几乎成为平面时，进入霜层充分生长期。这以后，霜层的形状基本不变。

2. 霜层的结构

霜层是由冰的结晶和结晶之间的空气组成，这就决定了霜层的一大特点，即霜是由冰晶构成的多孔性松散物质。

对霜层结构的研究，国外学者提出了各种各样的霜层模型，主要有霜的多孔模型、冰柱模型、多孔-冰柱混合模型等，每种模型各有其特点和局限性。

2.3.2 建模时的假设

结霜工况下空气侧换热器的模型包括结霜模型和换热器传热模型，建立模型时假设：

(1) 制冷剂气体和液体不可压缩并处于热平衡；
(2) 制冷剂沿水平管作一维流动；
(3) 同一截面上气相和液相的压力相等；
(4) 能量方程中忽略动能的影响；
(5) 忽略空气与霜之间的辐射换热；
(6) 结霜过程为准稳态过程，即在某一很短的时间步长 Δt 内，结霜过程是稳态的；
(7) 霜是逐层形成的，每一层霜的密度与导热系数由于其凝结时的空气-霜交界面温度不同而不同。

2.3.3 结霜模型

霜的积累速率 $\dot{m}_{fr}$ 是由进出空气侧换热器空气含湿量的变化决定的：

$$\dot{m}_{fr} = \dot{m}_a (d_{a,i} - d_{a,o}) \tag{2-1}$$

式中　$\dot{m}_{fr}$——霜的积累速率，kg/s；

$\dot{m}_a$——空气的质量流量，kg/s；

$d_{a,i}$——换热器入口空气的含湿量，kg/kg；

$d_{a,o}$——换热器出口空气的含湿量，kg/kg。

由于霜的多孔性和分子扩散作用，在表面温度低于 0℃ 的换热器上沉降为霜的水分一部分用以提高霜层的厚度，一部分用以增加霜的密度[9,19]，即

$$\dot{m}_{fr} = \dot{m}_\delta + \dot{m}_\rho \tag{2-2}$$

式中　$\dot{m}_\delta$——用于霜厚度变化的结霜量变化率，kg/s；

$\dot{m}_\rho$——用于霜密度变化的结霜量变化率，kg/s。

目前，计算用于霜密度变化的结霜量变化率 $\dot{m}_\rho$ 均采用文献 [19] 中推荐的公式，即

$$\dot{m}_\rho = \dot{Q}_t [b/(\lambda_{fr} + i_{sv} b)] \tag{2-3}$$

其中

$$b = A_t D_s \frac{[1 - (\rho_{fr}/\rho_i)][(i_{sv}/RT_s) - 1]}{1 + (\rho_{fr}/\rho_i)^{0.5}} \tag{2-4}$$

式中　$\dot{Q}_t$——换热器的全热交换量，W；

λ_{fr}——霜的导热系数，W/(m·K)；

i_{sv}——水蒸气的升华潜热，J/kg；

D_s——霜表面水蒸气的扩散系数，m²/s；

ρ_{fr}, ρ_i——霜、冰的密度，kg/m³；

T_s——霜表面的温度，K；

R——水蒸气的气体常数，461.9J/(kg·K)；

A_t——换热面积，m²。

按公式（2-4），物理量 b 的单位应为 m⁴/s，但代入到公式（2-3）中时，由于 $i_{sv}b$ 的单位是 W·m⁴/kg，而 λ_{fr} 的单位是 W/(m·K)，两者不统一，使得该公式两端的

物理量单位不统一，且物理意义不明确，而且采用该公式计算时会得到 $\dot{m}_\rho > \dot{m}_{fr}$ 的错误结论。

为此，我们采用理想气体状态方程和 Clapeyron-Clausius 方程推导出了用于计算霜密度变化的结霜量变化率 $\dot{m}_\rho$ 的公式，推导过程如下[41~42]。

结霜量中用于霜密度变化的结霜量变化率采用文献 [19] 推荐的公式：

$$\dot{m}_\rho = A_t D_S \frac{1-(\rho_{fr}/\rho_i)}{1+(\rho_{fr}/\rho_i)^{0.5}} \frac{d\rho_V}{dy} \qquad (2\text{-}5)$$

式中 ρ_V 为水蒸气的密度（kg/m³）；霜表面水蒸气的扩散系数 D_S 由文献 [43] 给出的如下公式进行计算：

$$D_S = 2.302(0.98 \times 10^5/p_a)(T_S/256)^{1.81} \times 10^{-5} \qquad (2\text{-}6)$$

式中 p_a 为大气压力，Pa。

由于水蒸气分压力较低，故可采用理想气体状态方程 $p_V = \rho_V R T_S$ 进行描述。因此可得

$$\frac{d\rho_V}{dy} = \frac{1}{RT_S}\left(\frac{dp_V}{dT_S} - \frac{p_V}{T_S}\right)\frac{dT_S}{dy} \qquad (2\text{-}7)$$

式中 p_V 为水蒸气分压力，Pa。

根据 Clapeyron-Clausius 方程

$$\frac{dp_V}{dT_S} = \frac{i_{SV}}{T_S(v_V - v_i)} \qquad (2\text{-}8)$$

式中 v_V，v_i——水蒸气、冰的比容，m³/kg。

将 (2-7)、(2-8) 式代入 (2-5) 式，得

$$\dot{m}_\rho = A_t D_S \frac{1-(\rho_{fr}/\rho_i)}{1+(\rho_{fr}/\rho_i)^{0.5}} \frac{1}{RT_S}\left[\frac{i_{SV}}{T_S(v_V - v_i)} - \frac{p_V}{T_S}\right]\frac{dT_S}{dy} \qquad (2\text{-}9)$$

由结霜终了时霜表面的能量平衡可得：

$$\dot{Q}_t = A_t \lambda_{fr} \frac{dT_S}{dy} + \dot{m}_\rho i_{SV} \qquad (2\text{-}10)$$

由公式 (2-9)、(2-10) 可得到计算用于霜密度变化的结霜量变化率 $\dot{m}_\rho$ 的公式

$$\dot{m}_\rho = \frac{\dot{Q}_t}{i_{SV} + \dfrac{\lambda_{fr} R T_S^2 (v_V - v_i)}{D_S[i_{SV} - p_V(v_V - v_i)]\left(1 - \dfrac{\rho_{fr}}{\rho_i}\right)\Big/\left[1 + \left(\dfrac{\rho_{fr}}{\rho_i}\right)^{0.5}\right]}} \qquad (2\text{-}11)$$

霜的密度 ρ_{fr} 与换热器表面的温度、空气的温度、相对湿度、流速和结霜的时间等有关，结霜时间越长，霜的密度越大，而且随时间呈抛物线规律变化。结霜开始时，霜的厚度增加很快，而密度变化很小。随着时间的推移，霜的厚度增加缓慢，而密度变化增加。因此计算时，可先假设一个初始密度，由下式计算霜的导热系数[29]，再计算霜密度和厚度的变化。

$$\lambda_{fr} = 0.001202 \rho_{fr}^{0.963} \qquad (2\text{-}12)$$

对于每一个时间步长 Δt，霜密度和厚度的变化为

$$\Delta \rho_{fr} = (\dot{m}_\rho / A_t \delta_{fr}) \Delta t \tag{2-13}$$

$$\Delta \delta_{fr} = (\dot{m}_\delta / A_t \rho_{fr}) \Delta t \tag{2-14}$$

2.4 空气侧换热器传热模型

空气侧换热器传热模型包括管内制冷剂侧、管壁及管外空气侧 3 部分。这 3 部分的特性与结霜特性紧密结合在一起[41~42]。

2.4.1 制冷剂侧

制冷剂在空气侧换热器中的流动可分为两个阶段，即两相区和过热区。在两相区，当质量流量较高（>200kg/（s·m²））时，环状流一直存在，直到干度 $x>0.95$ 以上。而从节流装置来的换热器入口制冷剂干度一般在 0.2 左右，因此空气侧换热器中制冷剂两相区主要呈环状流动。

环状流动的主要特征是气相流在管内流动，而液膜以不同的速度环绕于管内壁上，同时有少许的液滴被夹带到气流中（见图 2-1）。随着制冷剂干度的增加，液膜的厚度逐渐减小，而气相流动截面积逐渐增加。

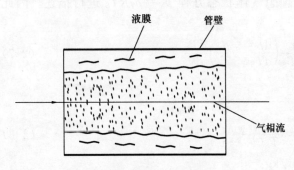

图 2-1 空气侧换热器管中的环状流

（1）两相区

1）质量守恒方程

$$\frac{\partial}{\partial t}\left[\bar{\alpha}\rho_V + (1-\bar{\alpha})\rho_L\right] + \frac{\partial}{\partial z}\left[\bar{\alpha}\rho_V u_V + (1-\bar{\alpha})\rho_L u_L\right] = 0 \tag{2-15}$$

式中 $\bar{\alpha}$——孔隙率；

ρ_V, ρ_L——制冷剂气相、液相密度（kg/m³）；

u_V, u_L——制冷剂气相、液相流速（m/s）。

2）能量守恒方程

$$\frac{\partial}{\partial t}\left[\bar{\alpha}\rho_V i_V + (1-\bar{\alpha})\rho_L i_L\right] + \frac{\partial}{\partial z}\left[\bar{\alpha}\rho_V u_V i_V + (1-\bar{\alpha})\rho_L u_L i_L\right] = \frac{4}{D_i}\dot{q}_{tp} \tag{2-16}$$

其中

$$\dot{q}_{tp} = \alpha_{tp}(t_{PW,i} - t_e) \tag{2-17}$$

式中 i_V, i_L——制冷剂气相、液相焓值，J/kg；

$\dot{q}_{tp}$——两相区的热流量，W/m²；

α_{tp}——两相区的换热系数，W/(m²·K)；

D_i——管内径，m；

$t_{PW.i}$, t_e——管壁内温度、蒸发温度，℃。

两相区的热传递过程是很复杂的，因此换热系数 α_{tp} 可以通过理论和实验相结合的方法得到。关于制冷剂的沸腾换热系数，文献 [44～49] 分别给出了一些研究者的研究成果。由于在湿壁区 ($0<x\leqslant x_d$) 和蒸干区 ($x>x_d$) 换热系数的变化规律不同（见图 2-2），本文采用 Lockhart-Martinelli 参数，在两个区分别计算局部换热系数[44]。

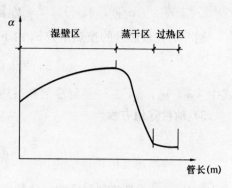

图 2-2 两相区换热系数的变化规律

$$\alpha_{tp} = \begin{cases} \alpha_r(x), 0<x\leqslant x_d(湿壁区) \\ \alpha_r(x_d) - [(x-x_d)/(1-x_d)]^2[\alpha_r(x_d)-\alpha_S], x>x_d(蒸干区) \end{cases} \quad (2-18)$$

$$\alpha_r(x) = 3.4\left(\frac{1}{X_{tt}}\right)^{0.45}\alpha_L \quad (2-19)$$

$$\alpha_L = 0.023(\lambda_L/D_i)Re_L^{0.8}Pr_L^{0.3} \quad (2-20)$$

式中 x——干度；

x_d——蒸干点干度；

α_S, α_L——制冷剂过热区、液相区的换热系数，W/(m²·K)；

λ_L——制冷剂液体的导热系数，W/(m·K)；

X_{tt}——Lockhart-Martinelli 参数，由下式确定：

$$X_{tt} = \left(\frac{1-x}{x}\right)^{0.9}\left(\frac{\mu_L}{\mu_V}\right)^{0.1}\left(\frac{\rho_V}{\rho_L}\right)^{0.5} \quad (2-21)$$

式中 μ_V, μ_L——制冷剂气相、液相的动力黏度，Pa·s。

蒸干区干度 x_d 由下式计算：

$$x_d = 7.943[Re_V(2.03\times 10^4 Re_V^{-0.8}(t_{PW.i}-t_e)-1)]^{-0.161} \quad (2-22)$$

3) 动量守恒方程

由于动量传递平衡过程非常快，动量方程将建成不受时间约束的方程。

$$\frac{\partial}{\partial z}[\bar{\alpha}\rho_V u_V^2 + (1-\bar{\alpha})\rho_L u_L^2] = -\frac{\partial p}{\partial z} - F_{PW.L} \quad (2-23)$$

式中 $F_{PW.L}$——管壁到制冷剂液体的摩擦力，N/m³。

(2) 过热区

1) 质量守恒方程

$$\frac{\partial \rho_S}{\partial t} + \frac{\partial}{\partial z}(\rho_S u_S) = 0 \quad (2-24)$$

2) 能量守恒方程

$$\frac{\partial}{\partial t}(\rho_S i_S) + \frac{\partial}{\partial z}(\rho_S u_S i_S) = \frac{4}{D_i}\dot{q}_S \quad (2-25)$$

其中

$$\dot{q}_S = \alpha_S(t_{PW.i} - t_e) \tag{2-26}$$

制冷剂在过热区的换热系数 α_S 由下面的 Dittus-Boelter 关系式确定：

$$\alpha_S = 0.023\, Re_S^{0.8}\, Pr_S^{0.4} \lambda_S / D_i \tag{2-27}$$

式中　ρ_S, u_S, i_S, λ_S——制冷剂在过热区的密度、流速、焓和导热系数。

3) 动量守恒方程

$$\frac{\partial}{\partial z}(\rho_S u_S^2) = -\frac{\partial p}{\partial z} - F_{PW.S} \tag{2-28}$$

式中　$F_{PW.S}$——管壁到制冷剂气体的摩擦力，N/m^3。

2.4.2 管壁部分

能量守恒方程

$$c_{p.PW} M_{PW} \frac{\partial t_{PW}}{\partial t} = \dot{Q}_a - \dot{Q}_r \tag{2-29}$$

考虑到管子与肋片材质的不同，采用平均比热容

$$c_{p.PW} = \frac{c_{p.P} M_P + c_{p.f} M_f}{M_P + M_f} \tag{2-30}$$

式中　$c_{p.PW}$, $c_{p.P}$, $c_{p.f}$——管壁平均、管子、肋片材料的比热容，$J/(kg \cdot K)$；

　　　M_{PW}, M_P, M_f——管壁、管子、肋片的质量，kg；

　　　$\dot{Q}_a$, $\dot{Q}_r$——空气侧、制冷剂侧换热量，W。

2.4.3 空气侧

(1) 质量守恒方程

$$\frac{d(\dot{m}_a d_a)}{dz} = (\pi D_o)\dot{w}_a \tag{2-31}$$

(2) 能量守恒方程

$$\frac{d(\dot{m}_a i_a)}{dz} = (\pi D_o)\dot{q}_{a.t} \tag{2-32}$$

式中　$\dot{w}_a$——水蒸气的流量，$kg/(m^2 \cdot s)$；

　　　D_o——管外径，m；

　　　$\dot{q}_{a.t}$——空气侧的全热换热量（W/m^2），该项换热与结霜模型耦合在一起，使得求解过程变得更加复杂。

2.4.4 空气侧的压力降

空气侧的压力降按式 (2-33) 计算[47]

$$\Delta p_a = f \frac{(\dot{m}_a/A_{min})^2}{2\rho_a} \frac{A_t}{A_{min}} \tag{2-33}$$

式中　A_{min}——空气侧最小流通面积，m^2；

　　　f——摩擦因子，$f = 0.129 \left(\dfrac{\dot{m}_a D_o}{A_{min} \mu_a}\right)^{-0.227}$。

2.4.5 制冷剂侧的压力降

制冷剂侧的压力降可采用动量守恒方程求解或采用下列方程求解。

(1) 过热区

制冷剂在过热区的压力降采用如下公式进行计算[44]：

$$\Delta p_S = f_S \frac{\rho_S u_S^2}{2D_i} \Delta z \tag{2-34}$$

摩擦阻力系数的计算采用如下公式：

$$f_S = \begin{cases} 64/Re_S, Re_S < 2320 \\ 0.3164 Re_S^{-0.25}, 2320 \leqslant Re_S \leqslant 8 \times 10^4 \\ 0.0054 + 0.3964 Re_S^{-0.3}, Re_S > 8 \times 10^4 \end{cases} \tag{2-35}$$

(2) 两相区

关于制冷剂在两相区的压力降，很多学者进行了深入的研究。D. S. Jung[50]将制冷剂在两相区的压力降归纳成 Lockhart-Martinelli 参数的函数，M. Turaga 等[45]总结了各种计算制冷剂在两相区压力降的方法，并与实验数据进行了对比。

综合以上各种方法，考虑到我们是采用分布参数法建立换热器的模型，因此将制冷剂在两相区总的压力降归纳成与气、液单相压力降及干度有关的表达式。该表达式非常适合于采用分布参数法建模的制冷剂微元管段的压力降计算，其形式如下：

$$\Delta p_{tp} = [\Delta p_L + 2(\Delta p_V - \Delta p_L)x](1-x)^{1/3} + \Delta p_V x^3 \tag{2-36}$$

式中 Δp_L 和 Δp_V 分别表示制冷剂全部以液相和气相流动时的压力降。

2.4.6 孔隙率模型

目前，常用的孔隙率模型有：均相模型、滑动比修正模型、X_{tt}修正模型和考虑质流率的模型（Tandon 模型、Hughmark 模型）[51]。

孔隙率计算的准确与否，将直接影响到整个模型的计算精度。我们采用 X_{tt} 修正模型、Tandon 模型、Hughmark 模型分别对孔隙率进行了计算，并与 H. Wang[44]采用 PHOENICS 软件计算的结果进行了比较，认为在本模型中孔隙率可由 X_{tt} 修正模型进行计算，X_{tt} 修正模型如下：

$$\begin{cases} \bar{\alpha} = (1 + X_{tt}^{0.8})^{-0.378}, X_{tt} \leqslant 10 \\ \bar{\alpha} = 0.823 - 0.157 \ln X_{tt}, X_{tt} > 10 \end{cases} \tag{2-37}$$

方程式（2-1）～方程式（2-37）为空气源热泵空气侧换热器结霜工况下的数学模型。对上述偏微分方程进行离散求解，便可以对空气源热泵冷热水机组空气侧换热器的结霜过程进行分析。求解过程中涉及的制冷剂的热力性质，我们采用 C. Y. Chan 等[52~54]推荐的方法进行计算。

2.5 空气源热泵结霜稳态模型求解及模拟结果分析

2.5.1 模拟条件

结合霜的特性，对方程（2-1）～（2-37）进行求解，便可以对机组的性能进行分析[55~57]。

所模拟的空气侧换热器由 16 个图 2-3 所示的换热器组成,每个换热器的分液路数为 10,每路管长为 16m。每个换热单元的结构如图 2-4 所示。

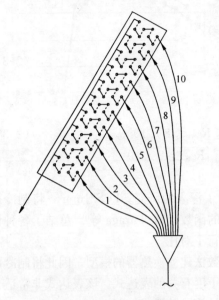

图 2-3 换热器管路布置　　　　图 2-4 换热器单元示意图

空气侧换热器单元的结构参数见表 2-1。

换热器单元的结构参数　　　　表 2-1

管　材	铜	管　径	$\phi 10 \times 0.5$mm	风向管排数	4
迎风管排数	20	管间距 S_1	25.4 mm	管排距 S_2	22mm
肋片材料	铝	片型	波纹片	片厚	0.2mm
片间距	2.0 mm	肋化系数	17.8	单根管长	16m
分液路数	10				

2.5.2 模拟结果及分析

空气侧换热器应先进行稳态工况的求解,以确定初始条件,然后再进行动态工况的求解。模拟计算工况见表 2-2,空气侧换热器稳态工况求解结果见图 2-5 至图 2-12。

计　算　工　况　　　　表 2-2

工况编号		空气温度(℃)	相对湿度(%)	风量(m³/h)	蒸发温度(℃)	过热后温度(℃)	冷凝温度(℃)	过冷后温度(℃)	制冷剂流量(kg/s)
1	A	0	65	1062	−13	−8	50	45	0.0096
	B	0	75	1062	−13	−8	50	45	0.0096
	C	0	85	1062	−13	−8	50	45	0.0096
2	D	−4	65	1062	−17	−12	50	45	0.00816
	E	−4	75	1062	−17	−12	50	45	0.00816
	F	−4	85	1062	−17	−12	50	45	0.00816

2.5 空气源热泵结霜稳态模型求解及模拟结果分析

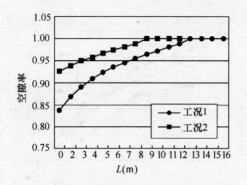

图 2-5 孔隙率沿管长的变化

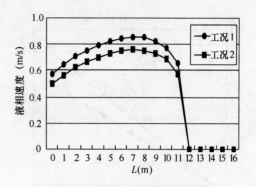

图 2-6 液相速度沿管长的变化

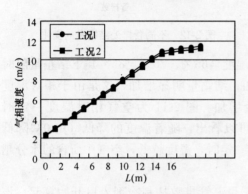

图 2-7 气相速度沿管长的变化

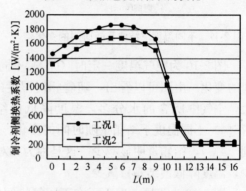

图 2-8 制冷剂换热系数沿管长的变化

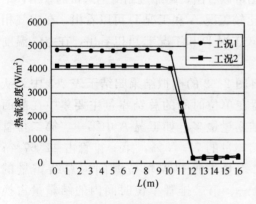

图 2-9 热流密度沿管长的变化

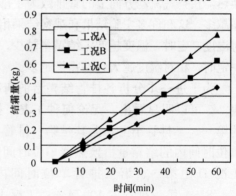

图 2-10 不同相对湿度下结霜量随时间的变化

图 2-5~图 2-9 分别给出了孔隙率、液相速度、气相速度、制冷剂侧换热系数、热流密度沿管长的变化。由图可见,在 16m 长的管子中,两相区的长度约为 12m,之后为过热区。在不同的区域中,各参数的变化是不同的。孔隙率沿管长方向逐渐增加,而且是非线性的关系,该结果与文献 [51] 采用 PHOENICS 软件计算的结果相符。两相区液相速度沿管长方向开始是增加的,而后又降低,接近过热区时急剧降低,这是由制冷剂在两相区汽化的性质决定的。两相区气相速度是逐渐增加的,而且近似为线性关系,而在过热区是略有增加的。两相区中制冷剂侧的换热系数开始时是增加的,在蒸干点(干度≥0.8)后又降低,而在过热区是略有增加的。热流密度在两相区蒸干区前是基本不变的,而在蒸干区后急剧降低,在过热区略有增加。

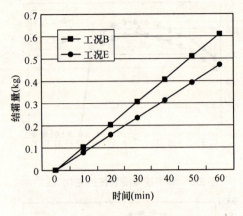
图 2-11 不同温度下结霜量随时间的变化

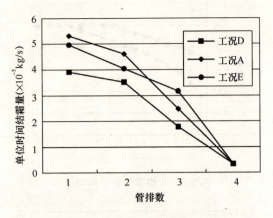
图 2-12 不同管排处结霜量的变化

图 2-10 为空气温度一定时（0℃）不同相对湿度（65%、75%、85%）下结霜量随时间的变化。由图可以看出，随着相对湿度的增加，结霜量明显增加，这是由于相对湿度大，空气中所含的水分多，温度降低使结霜量增加。图 2-11 为空气相对湿度一定时（75%）不同温度下结霜量随时间的变化。由图可以看出，随着温度的降低（由 0℃ 降低到 −4℃），结霜量明显减少。这是因为相对湿度一定时，温度越低，空气中所含的水分越少，温度降低使结霜量减少。

图 2-12 为不同工况下霜在不同管排间的积累量，管排数从制冷剂入口开始算起，该换热器在空气流动方向上的管排数为 4 排。由图可以看出，越靠近制冷剂入口的管子，结霜越多，这和许多实验结果和观察结果相符。比较工况 A 和工况 D 可以看出，在空气相对湿度一定时，温度越低，结霜量越少；而比较工况 D 和工况 E 可以看出，在空气温度一定时，相对湿度越大，结霜量越多。

为了进一步分析各排管结霜量的情况，将图 2-12 的模拟结果归结于表 2-3 中。从表 2-3 可以明显看出，无论何种工况，换热器在单位时间的总结霜量主要集中在前面的第一、二排管子上，尤其是第一排管上的结霜量最多。如工况 A 中第一、第二排单位时间内的结霜量占换热器单位时间内总结霜量的 77.78%，第一排管占 41.67%；工况 D 中第一、第二排管单位时间内的结霜量占换热器单位时间内总结霜量的 77.78%，第一排管占 40.74%；工况 E 中第一、第二排管单位时间内的结霜量占换热器单位时间内总结霜量的 71.82%，第一排管占 39.47%。而后两排管（第三和第四排管）的结霜量很少，约占总结霜量的 1/4（22.22%～28.18%）。第四排管几乎不结霜，其结霜量仅占总结霜量的 2.78%～3.70%。由此可见，空气源热泵冷热水机组冬季运行时，空气侧换热器前面管子的结霜比后面的管子严重得多。因此，目前设计的空气侧换热器等片距结构形式与其结霜规律不符，会造成除霜频率过大，除霜次数增多。

目前，关于迎面风速对空气侧换热器结霜的影响，学术界有两种截然不同的观点。一种观点认为随着迎面风速的增加，结霜量减少[21,58]，这是因为换热器表面的温度随着迎面风速的增加而增加。而另一种观点则认为随着迎面风速的增加，换热器的热质传递会增加，结霜量也增加[19,36]。

2.5 空气源热泵结霜稳态模型求解及模拟结果分析

每排管单位时间内的结霜量占总结霜量的百分比　　　　表2-3

排数 工况	第一排	第二排	第三排	第四排
工况 A	41.67%	36.11%	19.44%	2.78%
工况 D	40.74%	37.04%	18.52%	3.70%
工况 E	39.47%	32.35%	25.36%	2.82%

对于所选择的空气侧换热器单元，我们计算了在不同迎面风速下结霜量的变化。图2-13为空气温度、相对湿度一定（0℃、85%）时，不同迎面风速（0.75～4.0m/s）下结霜量随时间的变化。由图可以看出，随着迎面风速的增加，结霜量明显减少。如同样经历60min后，迎面风速0.75m/s时，结霜量为1kg；迎面风速1.5m/s时，结霜量为0.81kg；迎面风速2.5m/s时，结霜量为0.756kg；迎面风速3.5m/s时，结霜量

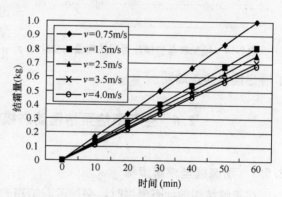

图2-13　不同迎面风速下结霜量随时间的变化

为0.702kg；迎面风速4.0m/s时，结霜量为0.68kg。但是随着迎面风速的增加，结霜量减小的速度却越来越慢，如迎面风速由0.75m/s增加到1.5m/s时，结霜量减少0.19kg；迎面风速由1.5m/s增加到2.5m/s时，结霜量减少0.054kg；迎面风速由2.5m/s增加到3.5m/s时，结霜量减少0.054kg；迎面风速由3.5m/s增加到4.0m/s时，结霜量减少0.0216kg。此时迎面风速的增加对于减少结霜量的作用已不大，但却使阻力增加很大。因此，对于冬季运行的空气源热泵，可考虑采用适当增加空气侧换热器风量的方法以延缓结霜。但应注意选择最佳迎面风速，方能收到既可延缓结霜的效果，又不会过大地增加空气流动阻力。

2.5.3 模拟结果与实验数据的比较

为验证所建模型的正确性，将模拟结果与实验数据进行了比较，采用文献[21]中的实验数据。实验是在日本工业标准（Japanese Industrial Standard）的结霜条件下进行的，我们找出最接近实验工况的模拟工况（即工况C）进行比较，实验工况与模拟工况见表2-4，实验换热器与模拟换热器的结构参数基本相同。

实验工况与模拟工况　　　　表2-4

	空气温度 （℃）	相对湿度 （%）	制冷剂温度 （℃）	迎面风速 （m/s）
实验工况	1.5	85	−7.5	3.3
模拟工况	0	85	−13	2.5

由于实验工况与模拟工况换热器的换热面积不同，因此单纯地比较结霜量的变化是没有实际意义的。为此提出了单位换热面积结霜量的概念，即结霜量与总换热面积

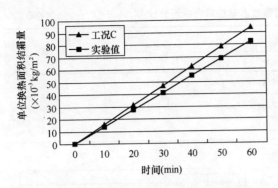

图 2-14 换热器单位换热面积结霜量的变化

之比。实验工况与模拟工况的单位换热面积的结霜量变化见图 2-14。由图可见，模拟值与实验值的变化规律是一致的，且模拟值略大于实验值（相差 13.89%）。这主要是因为模拟工况与实验工况的条件略有差异造成的，因为模拟工况的蒸发温度比实验工况低，且迎面风速小，而蒸发温度越低，结霜量越多；迎面风速越低，结霜量也越多。这两方面的因素造成了模拟值略大于实验值。通过比较进一步验证了所建模型的正确性。

2.6 空气源热泵结霜动态模型求解及模拟结果分析

2.6.1 动态模型求解步骤

在求解结霜的动态模型时，必须考虑结霜的密度和厚度随时间的变化，但在以往的结霜量计算中，均未同时考虑结霜的密度和厚度随时间的变化。如 Л. А. Чиренко[59] 建立了空气冷却器上结霜的数学模型，并将模拟结果与实验数据进行了比较。由于假设霜层均匀分布，且霜的厚度随时间线性增加，而霜的密度不随时间变化，使得模拟霜的厚度比实验值大 20%～30%。

我们根据一些实验数据和结霜密度的变化规律，首次提出了结霜密度随时间的变化关系式（2-11），并认为在刚开始结霜时，结霜量主要是增加霜的厚度，而密度变化很小。随着时间的推移，霜厚度的增加变缓，而密度变化增加，而且霜的密度随时间呈抛物线规律变化。

由稳态模型和公式（2-11），可以计算出用于霜密度变化的结霜量变化率，并把这一值认为是结霜终了时霜密度的变化。根据霜的密度随时间呈抛物线的变化规律以及一些实验数据，拟合出了霜的密度随时间的变化关系。对于表 2-4 中所列的工况 1，用于霜密度变化的结霜量变化率随时间的变化关系如下[60]：

$$\begin{cases} \dot{m}_\rho = (-1.2285 + 1.6052\tau - 0.00579\tau^2) \times 10^{-6} (\varphi = 65\%) \\ \dot{m}_\rho = (-1.7999 + 1.7433\tau - 0.00611\tau^2) \times 10^{-6} (\varphi = 75\%) \\ \dot{m}_\rho = (-2.2856 + 1.8557\tau - 0.00627\tau^2) \times 10^{-6} (\varphi = 85\%) \end{cases} \quad (2\text{-}38)$$

式中 τ 为结霜的时间，min。

计算从换热器表面刚开始结霜时开始，先假定一个霜的初始厚度、密度和计算的时间步长，并划分制冷剂侧和空气侧的计算单元，nj 为制冷剂侧计算单元数。输入换热器的结构参数和某一时刻的蒸发温度、制冷剂的质量流量，输入空气侧的初始参数和空气的质量流量，并从换热器的出口开始进行计算。动态模型计算的程序框图见图 2-15。

2.6 空气源热泵结霜动态模型求解及模拟结果分析

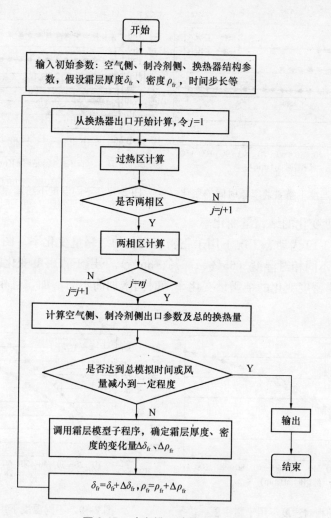

图 2-15 动态模型计算程序框图

2.6.2 模拟结果及分析

1. 结霜速率随时间的变化

图 2-16 和图 2-17 为动态工况下结霜速率随时间的变化。图 2-16 为空气温度一定（0℃）时，不同相对湿度（65%、75%、85%）下结霜速率随时间的变化。由图可见，相对湿度越高，结霜速率越大。结霜速率越大，融霜的时间间隔越短。目前，空气源热泵冷热水机组的融霜普遍采用时间-温度控制法，此方法是当空气侧换热器肋片温度达到设计值并且与上一次融霜的时间间隔也达到设计值时，融霜开始。因此研究结霜速率随时间的变化，以正确地确定融霜的时间间隔，才能提高时间-温度控制法的融霜效果。

图 2-17 为相对湿度一定（75%）时，不同室外空气温度（0℃、-4℃）下结霜速率随时间的变化。由图可见，0℃时（工况 B）的结霜速率要高于-4℃时（工况 E）的结霜速率。

从图 2-16、图 2-17 还可以看出，在开始的几 min 内，结霜速率急剧升高，而在 5min 以后的运行时间里，其结霜速率变化缓慢，几乎不变。

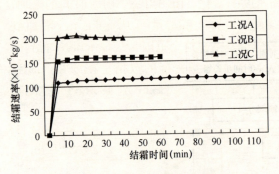

图 2-16 不同相对湿度下结霜速率随时间的变化

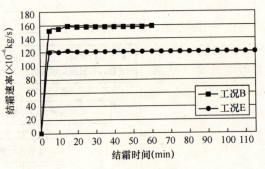

图 2-17 不同温度下结霜速率随时间的变化

2. 用于霜密度变化的结霜量变化率

图 2-18 和图 2-19 为动态工况下用于霜密度变化的结霜量变化率。图 2-18 为空气温度一定（0℃）时，不同相对湿度（65%、75%、85%）下用于霜密度变化的结霜量变化率。由图可见，用于霜密度变化的结霜量变化率随时间增加而不断增加，且相对湿度增加，变化率略有增加。

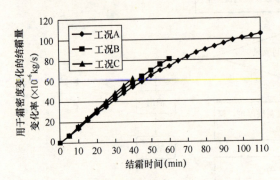

图 2-18 不同相对湿度下用于霜密度变化的结霜量变化率

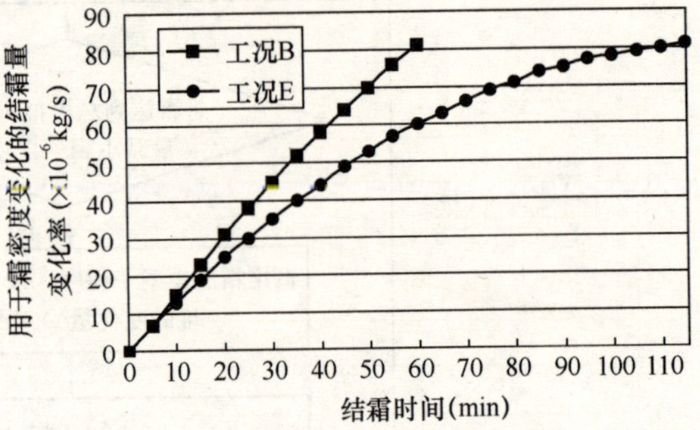

图 2-19 不同温度下用于霜密度变化的结霜量变化率

图 2-19 为相对湿度一定（75%）时，不同空气温度（0℃、−4℃）下用于霜密度变化的结霜量变化率。由图可见，0℃时（工况 B）用于霜密度变化的结霜量变化率较大。

3. 用于霜厚度变化的结霜量变化率

图 2-20 和图 2-21 为动态工况下用于霜厚度变化的结霜量变化率。图 2-20 为空气温度一定（0℃）时，不同相对湿度（65%、75%、85%）下用于霜厚度变化的结霜量变化率。由图可见，用于霜厚度变化的结霜量变化率随时间的增加逐渐减小，且相对湿度越高，变化率越大。但几个工况用于霜厚度变化的结霜量变化率随时间的变化规律基本一样，在前 35min 内，三条线的斜率基本相同。

图 2-21 为相对湿度一定（75%）时，不同空气温度（0℃、−4℃）下用于霜厚度变化的结霜量变化率。由图可见，0℃时（工况 B）用于霜厚度变化的结霜量变化率大于 −4℃（工况 E）的变化率。

4. 霜密度随时间的变化

图 2-22 和图 2-23 为动态工况下霜密度随时间的变化。图 2-22 为空气温度一定（0℃）

2.6 空气源热泵结霜动态模型求解及模拟结果分析

时,不同相对湿度(65%、75%、85%)下霜密度的变化。由图可见,随着时间的增加,霜密度不断增加,在工况 A 的条件下,结霜 2h 后,霜密度可从 50kg/m³ 增加到 300kg/m³。一些研究者进行实验研究得出的数值也基本在这个范围[61]。Gatchilov 得到的霜密度的数据是从 20kg/m³ 到 250kg/m³。Loze 得到的霜密度的数据是在 20kg/m³ 到 400kg/m³ 之间。Biguria 和 Wensl 得到的霜密度的数据是在 30kg/m³ 到 480kg/m³ 之间。

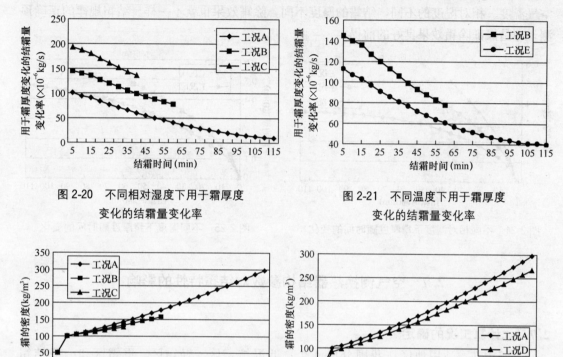

图 2-20 不同相对湿度下用于霜厚度变化的结霜量变化率

图 2-21 不同温度下用于霜厚度变化的结霜量变化率

图 2-22 不同相对湿度下霜密度随时间的变化

图 2-23 不同温度下霜密度随时间的变化

图 2-23 为相对湿度一定(65%)时,不同空气温度(0℃、-4℃)下霜密度的变化。由图可见,0℃时(工况 A)霜密度的变化略大于-4℃时(工况 D)霜密度的变化。

霜的密度对于空气侧换热器的传热与空气动力计算是一个十分重要的参数。因为对于已知的结霜量而言,霜层的厚度是其密度的函数,霜的密度又是随时间而变化的。因此,以往的结霜量计算中,不同时考虑结霜的密度和厚度随时间的变化,将会为空气侧换热器结霜工况的传热与空气动力计算结果带来较大的误差,也会为融霜提供错误的信息。

5. 霜厚度随时间的变化

图 2-24 和图 2-25 为动态工况下霜厚度随时间的变化。图 2-24 为空气温度一定(0℃)时,不同相对湿度(65%、75%、85%)下霜厚度的变化。由图可见,随着时间的增加,霜的厚度迅速增加,而且相对湿度越大,霜厚度增加越快。在该计算工况下,霜厚度达到 0.5mm 左右时,应开始融霜。

图 2-25 为相对湿度一定(75%)时,不同空气温度(0℃、-4℃)下霜厚度的变化。由图可见,0℃、75%工况(工况 B)下,运行 60min 左右就需要融霜,而-4℃、75%工

况（工况 E）下，则运行 115min 时才需融霜。

显然，空气源热泵冷热水机组除霜控制方法常用的时间控制法和时间-温度控制法是不符合霜厚度随时间的变化规律的。如当机组设定的固定除霜时间按工况 C 确定时，那么工况 B 和工况 A 将会出现不必要的除霜，从而影响了机组的效率。同样，许多生产厂家虽采用时间-温度控制法，但还是采用统一固定的除霜启动值和除霜时间值，因此由于空气温度、相对湿度的不同，结霜的厚度不同，除霜效果也就不一样。结霜规律的正确预测，才是保证除霜效果良好的前提。

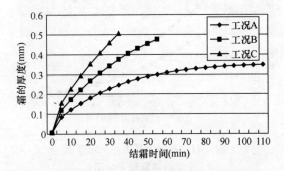

图 2-24 不同相对湿度下霜厚度随时间的变化　　图 2-25 不同温度下霜厚度随时间的变化

2.7 空气侧换热器结构参数对结霜特性的影响

2.7.1 计算工况的确定

空气源热泵适用地区在我国分成 4 个：低温结霜区、轻霜区、重霜区和一般结霜区[62]。本文在不同结霜区分别取计算工况 A～C（见表 2-5），模拟计算空气侧换热器结构参数对结霜特性的影响[63]。根据冬季设计工况，机组空气侧换热量为 263.3～306.5kW。

计算工况　　　　表 2-5

工况编号	空气温度 (℃)	相对湿度 (%)	风量 (m³/h)	蒸发温度 (℃)	过热后温度 (℃)	冷凝温度 (℃)	过冷后温度 (℃)	制冷剂流量 (kg/s)
A	0	65	1062	−13	−8	50	45	0.0096
B	0	85	1062	−13	−8	50	45	0.0096
C	−4	75	1062	−17	−12	50	45	0.0082

低温结霜区：济南、北京、郑州、西安、兰州等，这些地区属于寒冷地区，冬季气温低于−10℃，相对湿度也比较低，不易结霜。

轻霜区：桂林（对应工况 A）等，这些地区使用热泵时，结霜不明显或不会对供热性能造成大的影响。

重霜区：成都（对应工况 B）等，该地区相对湿度过大，温度也处于易结霜的范围内。

一般结霜区：上海、杭州（对应工况 C）等。

2.7.2 肋片间距对结霜特性的影响

在实际应用中,常用增大肋片间距来延缓结霜对肋片的堵塞,延长除霜周期。但是,变片距的原则往往依靠经验,缺少理论计算的指导,不合理的片距设计使设备紧凑性差,增大整个装置的质量和体积,使产品成本增加,因此研究肋片间距对结霜特性的影响很重要[64]。

图 2-26 和图 2-27 分别表示工况 A（0℃，65%）在肋片间距分别取 2mm、2.5mm 时空气侧换热量、空气侧压降随时间的变化。由图可见,随着结霜时间的增加,空气侧压降逐渐增加,空气侧换热量逐渐减少,但肋片间距稍微变大,空气侧压降基本不变,空气侧换热量反而减少。由此可见,工况 A 的相对湿度（65%）较低,空气中水分较少,因此,肋片间距稍微变大对于延缓结霜,减少结霜量的意义不大。

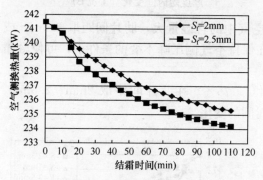

图 2-26　不同肋片间距下空气侧换热量随时间变化（工况 A）

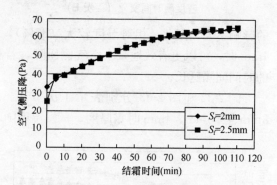

图 2-27　不同肋片间距下空气侧压降随时间变化（工况 A）

图 2-28～图 2-31 分别表示工况 B（0℃，85%）在肋片间距取 2mm、2.5mm、3mm、3.5mm、4mm 时空气侧压降、空气侧换热量、霜密度和霜厚度随时间的变化。由图可见,随着肋片间距的增加,霜的厚度也略有增加。由于霜的厚度增加量相对于肋片间距的增加量小,肋片间距增加 0.5mm,霜厚度的增加是肋片间距增加的 28%;肋片间距增加 1mm,霜厚度增加 30%;肋片间距增加 1.5mm,霜厚度增加 32%;肋片间距增加 2mm,霜厚度增加 32.5%。因此,肋片间距越大,霜层厚度的增加对肋片通风面积的影响越小,在相同的结霜时间下,其空气侧压降会有减小;而肋片间距的变化,对空气侧换热量

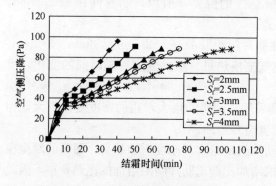

图 2-28　不同肋片间距下空气侧压降随时间变化（工况 B）

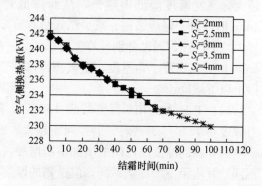

图 2-29　不同肋片间距下空气侧换热量随时间变化（工况 B）

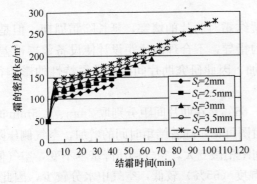
图2-30 不同肋片间距下霜
密度随时间变化（工况B）

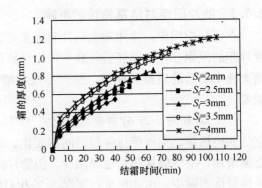
图2-31 不同肋片间距下霜
厚度随时间变化（工况B）

的影响不大。因此，相对湿度较大（85%），空气中的含湿量大，肋片间距取3.5mm或4mm时，可以更有效地减小空气侧压降，若在保持空气侧压降不变的条件下，可使融霜的时间间隔延长。

图2-32和图2-33分别表示工况C（－4℃，75%）在肋片间距取2mm、2.5mm、3mm、3.5mm、4mm时霜厚度、蒸发温度随时间的变化。

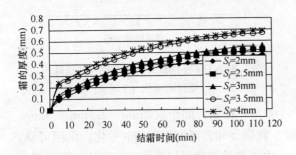
图2-32 不同肋片间距下霜厚度
随时间的变化（工况C）

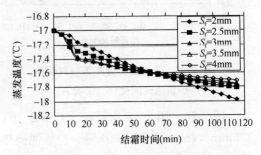
图2-33 不同肋片间距下蒸发
温度随时间变化（工况C）

由图可见，随着肋片间距的增加，霜的厚度也略有增加，由于霜的厚度增加量相对于肋片间距的增加量小，因此空气流通的净断面随着肋片间距的增大而增加，而且肋片间距越大，蒸发温度降低得越慢，从而降低管壁空气的温差，所以，肋片间距取2.5mm、3mm时，对于延缓结霜、减少结霜量有重要意义。

综上所述，通过分别计算工况A～C，在肋片间距取2mm、2.5mm、3mm、3.5mm、4mm时，霜密度、霜厚度、空气侧压降、空气侧换热量、蒸发温度等随时间的变化，可得出以下结论：

（1）工况A的相对湿度较低（65%），随着肋片间距的增大，霜的密度变化不大，相对湿度在75%和85%时，肋片间距越大，密度略有增加。

（2）霜的厚度随时间的增加不断增加，肋片间距越大其厚度增加越高，即霜的厚度在不同肋片间距下增加量不同。但是霜的厚度的增加比例比肋片间距增加的比例要小，因此随着肋片间距的增加，霜层厚度虽增加，但空气流通的净断面面积却变大，这使压降也随之降低，强化了空气侧换热器的换热。

(3) 肋片间距越大,蒸发温度降低得越慢。

(4) 由于霜的厚度随着相对湿度增加而增加,因此对于相对湿度为75%的工况,肋片间距取2.5mm、3mm,对于相对湿度为85%的工况,肋片间距取3.5mm、4mm,对于延缓结霜,减少结霜量,延长融霜的时间间隔具有重要意义。对于相对湿度为65%的肋片间距仍然取2mm。

2.7.3 肋片管管径对结霜特性的影响

现取肋片管管径分别为8mm、10mm,通过模拟,分析其对结霜特性的影响。模拟结果列入图2-34和图2-35中。

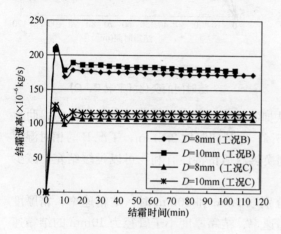

图2-34 不同管径下结霜速率
随时间变化(工况B,C)

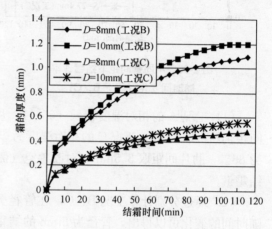

图2-35 不同管径下霜厚度
随时间变化(工况B,C)

图2-34和图2-35为工况B(0℃,85%),肋片间距为4mm;工况C(-4℃,75%),肋片间距为3mm,管径分别为8mm、10mm时,肋片管换热器结霜速率、霜厚度随时间的变化。由图可以看出,管径为8mm时的结霜速率和结霜厚度均小于管径为10mm时的结霜速率和结霜厚度。这是由于虽然管径减小了,但是肋片间距并未减小,使换热器内的空气流通净断面面积相对增加。因此,为了减少结霜量,延缓结霜时间,肋片管管径取8mm将会优于管径取10mm。

2.7.4 管间距对结霜特性的影响

管间距是指肋片管换热器同一排管中,管与管之间的距离。增大管间距,就增大了空气流过整个肋片管换热器的流动空间,使空气扰动改变,流动畅通,减小换热热阻。

图2-36和图2-37为工况B(0℃,85%)在肋片间距为4mm;工况C(-4℃,75%)在肋片间距为3mm,管径为8mm,分液路数为10,管间距分别为25.4mm和27.4mm时,肋片管换热器结霜速率、霜厚度随时间的变化。由图可见,随着管间距的增加,结霜速率、霜厚度明显减少。

综上得出结论:在不同工况B(0℃,85%)、C(-4℃,75%)下,肋片间距分别取4mm、3mm,管间距为27.4mm时的结霜量少于管间距为25.4mm时的结霜量。因为,增大管间距,会使空气发生扰动,对空气侧换热起到了积极促进的作用。

通过以上分析,我们可以看出:

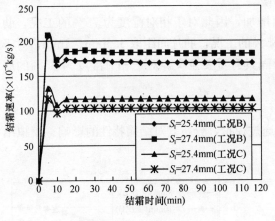

图 2-36 不同管间距下结霜速率
随时间变化（工况 B，C）

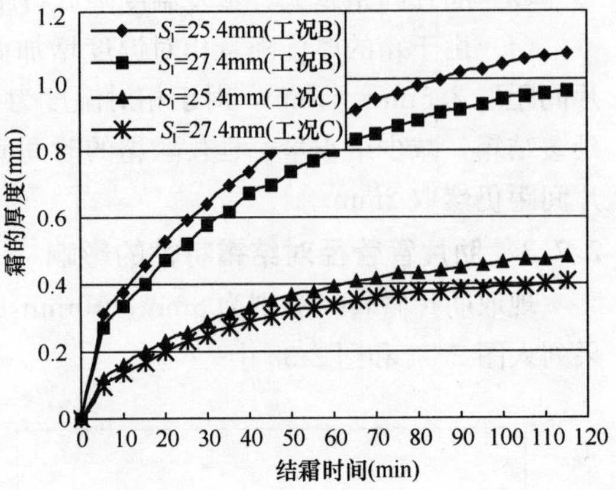

图 2-37 不同管间距下霜厚度
随时间的变化（工况 B，C）

（1）工况 A 的相对湿度较低（65%），从抑制结霜和设备紧凑性角度综合考虑，肋片间距仍然可取 2mm；工况 C 的相对湿度为 75%，肋片间距取 2.5mm，工况 B 的相对湿度为 85%，肋片间距取 3.5mm，对改善空气侧换热器结霜特性有利，可以延缓结霜，减少结霜量。

（2）通过分别计算工况 B、C，在管径分别取 8mm 和 10mm 时，结霜速率、霜厚度随时间的变化可以得出，管径为 8mm 的结霜速率、结霜厚度小于管径为 10mm 的结霜速率、结霜厚度。

（3）通过分别计算工况 B、C，管间距分别取 25.4mm 和 27.4mm 时，结霜速率、霜厚度随时间的变化可以得出，管间距为 27.4mm 时优于管间距为 25.4mm 时。

因此，建议厂家应根据不同地区结霜情况的不同，生产不同结构参数的空气侧换热器，使用户可根据本地区的气象条件，选用适合本地区结构参数的空气侧换热器，这对抑制空气源热泵结霜是有利的。

2.8 增加蒸发器面积对延缓空气源热泵结霜的实验研究

2.8.1 实验台简介

采用按照 GB/T 17758—1999 规定建造的焓差法实验台进行延缓结霜的实验，由恶劣工况室模拟室外气象条件，将室外换热器置于恶劣工况室内，实验装置见图 2-38、图 2-39。实验工况如下。

机组运行模式：1 台压缩机＋1 个室外蒸发器（简称 1＋1 模式）和 1 台压缩机＋2 个室外蒸发器（简称 1＋2 模式，与前者相比，相当于将室外蒸发器面积增大 1 倍）；室外环境温度：10℃、5℃、0℃、−5℃；供水温度：45℃；供回水温差：5℃。实验样机流程如图 2-40 所示，在设计的空气源热泵冷热水机组样机中采用了 1 台 ZR34 K3 PFJ 型涡旋压缩机和 2 个室外蒸发器。本实验中通过对电磁阀的开闭分别实现 1＋1 和 1＋2 两种模式，并以此来研究两种运行模式下机组的运行特性[65]。

2.8 增加蒸发器面积对延缓空气源热泵结霜的实验研究

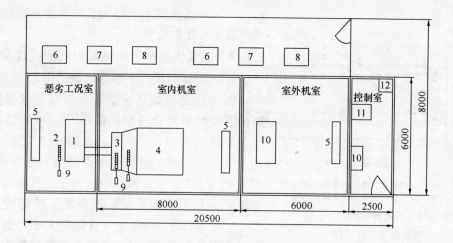

图 2-38 实验装置平面布置图

1—被测机；2—取样器；3—标准风机盘管；4—风量测量装置；5—空气再调节机组；6—水冷式制冷机组；7—加湿、加热器；8—补水装置；9—干湿球测量装置；10—控制台；11—动力柜；12—稳压电源和电器柜

图 2-39 实验室外景照片图

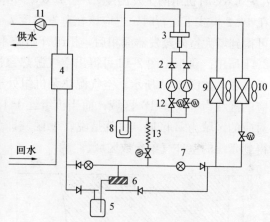

图 2-40 空气源热泵实验样机流程

1—压缩机；2—单向阀；3—四通换向阀；4—水/制冷剂换热器；5—高压贮液器；6—干燥过滤器；7—节流装置；8—气液分离器；9—空气/制冷剂换热器；10—室外风机；11—水泵；12—电磁阀；13—毛细管

2.8.2 实验结果及分析

由于空气源热泵室外蒸发器表面结霜与否与其蒸发温度关系密切，因此在本实验中，分别测得机组在 1＋1 模式和 1＋2 模式下运行时的蒸发温度，实验数据经整理后列于图 2-41 中。

由图 2-41 可以看出，由于室外换热器面积的增大，空气源热泵的蒸发温度有所升高，这将有利于延缓空气源热泵机组的结霜，减少热泵除霜次数和结霜融霜的热损失。在本实验中，当室外蒸发器面积增大 1 倍后，即实验样机由 1＋1 运行模式变为 1＋2 运行模式时，机组的蒸发温度平均升高了约 2.5℃，意味着室外蒸发器的表面温度也将随着升高

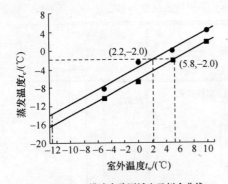

图 2-41 不同运行模式下机组蒸发温度变化规律

约 2.5℃，这充分表明增大室外蒸发器的面积对延缓结霜有一定的效果。

2.8.3 热泵供热季节内结霜时间的统计及分析

1. 不同运行模式下结霜区域的确定

图 2-42 是根据日本学者对不同空气源热泵机组的实验结果拟合得到的曲线[66]，可能结霜的气象参数范围为 $-12.8℃ \leqslant t_w \leqslant 5.8℃$，$\varphi \geqslant 67\%$。当 $t_w > 5.8℃$ 时，可以不考虑结霜对热泵的影响；当 $t_w < 5.8℃$，$\varphi < 67\%$ 时，由于空气露点温度低于室外换热器表面温度，不会发生结霜现象；当 $t_w < -12.8℃$ 时，由于空气含湿量太小，也不会发生结霜现象。由此可见，若室外气象参数落在图中阴影区域，就很可能会发生结霜现象。

由图 2-42 可知，当室外空气参数为 $-12.8℃ \leqslant t_w \leqslant 5.8℃$，$\varphi \geqslant 67\%$ 时，常规的空气源热泵机组（相应于本文中实验样机的 1+1 运行模式）就会结霜。根据图 2-41 可得，当 $t_w = 5.8℃$ 时机组的蒸发温度 $t_e = -2.0℃$。由于两个蒸发器结构形式相同，可以认为机组在 1+2 模式下运行时，也应该在蒸发温度 $t_e = -2.0℃$ 时蒸发器表面具备结霜条件。由此可得到增大室外蒸发器面积后，机组开始结霜时所对应的室外干球温度应为 2.2℃，如图 2-41 所示。再根据图 2-42 可得出空气源热泵冷热水机组处于不同运行模式时所对应的结霜区域，如图 2-43 所示。空气源热泵机组处于 1+1 运行模式时，其蒸发器表面结霜所对应的区域为（A+B）区域；而当机组处于 1+2 运行模式时，其蒸发器表面发生结霜所对应的区域为 B 区域。也就是说，A 区域即为室外蒸发器面积增大 1 倍后，其结霜可以得到延缓的室外气象参数区域。

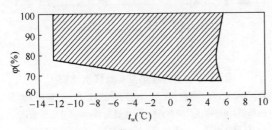

图 2-42 空气源热泵结霜的室外空气参数范围　　图 2-43 不同运行模式下机组的结霜区域

2. 各地区结霜时间统计结果及分析

空气源热泵冷热水机组具有诸多优点，作为集中空调的冷热源，近年来在我国发展很快，目前在我国的长江流域、黄河流域等地区应用十分广泛，甚至天津、西安等地也有应用实例，这表明其应用范围有北扩的趋势[67]。那么当空气源热泵室外蒸发器面积增大时，机组在上述地区冬季运行能减少多少结霜时间、是否有意义呢？为此，从我国可应用空气源热泵的各个地区选取了一些代表城市，根据图 2-43 中的（A+B）区域和 B 区域，对其热泵供热季节内室外气象资料进行统计计算，分别得到 1+1 运行模式和 1+2 运行模式下机组发生结霜现象的时间，如表 2-6 所示。

2.8 增加蒸发器面积对延缓空气源热泵结霜的实验研究

不同地区、不同运行模式下空气源热泵冷热水机组的结霜时间　　　　表2-6

地区	代表城市	统计日期	热泵运行总时间 T_2 (h)	1+1模式 结霜时间 T_1 (h)	1+1模式 所占比例 T_1/T_2 (%)	1+2模式 结霜时间 T_1 (h)	1+2模式 所占比例 T_1/T_2 (%)	减少的结霜时间 (T_2-T_1) (h)	相对变化 $(T_2-T_1)/T_1$ (%)
东北地区	哈尔滨	10-18~04-14	4296	957	22.28	886	20.62	71	7.42
	长春	10-22~04-03	4176	1177	28.18	1085	25.98	92	7.82
	沈阳	11-03~04-03	3650	1248	34.19	1183	32.41	65	5.21
华北地区	北京	11-09~03-17	3096	956	30.88	893	28.84	63	6.59
	太原	11-02~03-25	3456	839	24.28	712	20.60	127	15.14
西北地区	乌鲁木齐	10-24~03-29	3768	1581	41.96	1480	39.28	101	6.39
	西安	10-20~04-02	2424	819	33.79	736	30.36	83	10.13
	西宁	11-21~03-01	3960	1033	26.09	855	21.59	178	17.23
华东地区	上海	12-24~02-23	1488	753	50.60	318	21.37	435	57.77
	杭州	12-25~02-23	1464	765	52.25	225	15.37	540	70.59
	南京	12-08~03-28	2664	913	34.27	544	20.42	369	40.42
	济南	11-22~03-07	2544	479	18.83	383	15.06	96	20.04
中南地区	武汉	12-16~02-20	1608	510	31.72	303	18.84	207	40.59
	长沙	12-25~02-08	1104	734	66.49	127	11.50	607	82.70
	南昌	12-30~02-02	840	354	42.14	128	15.24	226	63.84
西南地区	桂林	12-29~02-06	960	157	16.35	30	3.13	127	80.89
	成都	12-28~02-25	1440	452	31.39	77	5.35	375	82.96

注：计算中采用的各城市气象资料来源于 DeST 软件中的 Medpha 气象模型。

根据表2-6可得出以下结论：

（1）机组按1+1模式运行时，结霜仍然是一个比较严重的问题，结霜时间约占热泵整个运行时间的18.83%~66.49%。在我国的东北地区、华北地区和西北地区，由于冬季气候寒冷，相对湿度较低，空气源热泵结霜时间占整个运行时间的比例并不高，平均约为30%；而在我国的华东地区和中南地区，由于冬季室外空气温度不太低且相对湿度大，空气源热泵机组的结霜时间占总运行时间的比例较高，平均约为46%；在西南地区，由于冬季室外干球温度较高，故结霜时间所占热泵总运行时间的比例也不太高，约为16.35%~31.39%。

（2）机组按1+2模式运行后，对各地区的结霜时间都有一定影响。其中影响较大的是华东地区、华中地区和西南地区，相对于1+1模式，结霜时间减少了约40.42%~82.96%，这主要是因为增大室外蒸发器面积后，空气源热泵机组的结霜条件由室外空气干球温度5.8℃降至2.2℃，而这些地区冬季室外空气温度较高，室外气象参数落入A区域内的时间较长，所以其结霜时间大为减少；而在东北地区、华北地区和西北地区，由于供暖季室外气温较低，其室外气象参数落在A区域内的时间并不长，故这些地区机组结霜时间减少的比例较小，约为5.21%~17.23%。

综上所述，增大室外蒸发器面积后，由于空气源热泵冷热水机组蒸发温度的提高，延缓了其蒸发器表面的结霜，使得热泵机组在运行季节内发生结霜的时间有所减少。但增大蒸发器面积，意味着机组成本和初投资的增加，若为此专门增大1倍蒸发器面积，是否合适，应进行全面综合分析。

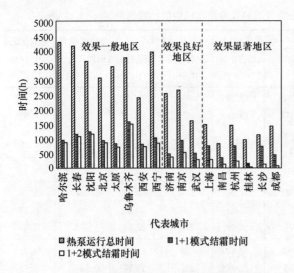

图 2-44 增大蒸发器面积对各地区延缓结霜的效果分区

3. 增大蒸发器面积对各地区延缓结霜的效果分析

根据表 2-6，按增大蒸发器面积后空气源热泵冷热水机组结霜时间的减少程度，即按延缓机组结霜效果将上述地区分为 3 类，如图 2-44 所示。

(1) 效果一般地区：主要指我国的东北、西北和华北的部分地区。这些地区冬季气候寒冷，温度较低，相对湿度也比较低，本来结霜现象就不太严重，增大蒸发器面积对机组的结霜时间影响不大（减少了约 5.21%～17.23%）。在这些地区，用增大蒸发器面积的方法来减少空气源热泵的除霜热损失、提高机组的制热性能效果一般，是否值得采用须作进一步的经济分析。

(2) 效果良好地区：主要是我国的华北、华东和华中的部分地区，代表城市有济南、南京、武汉等。这些地区冬季空气温度较高，相对湿度较大，蒸发器面积增大 1 倍后，空气源热泵的结霜时间减少了约 20.04%～40.59%。在这些地区用增大室外蒸发器面积的方法来延缓空气源热泵的结霜，效果较好。

(3) 效果显著地区：主要是我国的华东、中南和西南的大部分地区，代表城市有上海、南昌、杭州、桂林、长沙和成都等。在这些地区，冬季气候比较温暖又有供暖需要，相对湿度很高，空气源热泵运行结霜时间较长。蒸发器面积增大 1 倍后，结霜时间减少了约 57.77%～82.96%。这些地区采用增大蒸发器面积的方法来延缓空气源热泵结霜，效果显著，应积极采用，以改善机组的结霜特性。

通过以上分析，得到如下结论：

(1) 室外蒸发器面积增大 1 倍后，空气源热泵冷热水机组的蒸发温度平均升高了 2.5 ℃左右，对延缓室外蒸发器表面结霜有一定效果；在运行季节内，机组的结霜时间减少了 5.21%～82.96%，表明不同地区的效果差异很大。

(2) 根据增大蒸发器面积对热泵机组运行季节内结霜时间减少的程度不同，可将我国应用空气源热泵的地区分为效果一般地区、效果良好地区和效果显著地区。

当然，增大室外蒸发器的面积，意味着空气源热泵机组成本和用户初投资的增加。在效果显著地区值得采取；在效果良好地区应进行全面综合分析后方可实施；而在效果一般地区，不宜专门采用。但是，传统的空气源热泵冷热水机组由多台压缩机组成，每台压缩机都各自完成一个独立的制冷回路，在机组运行的大部分时间里，系统都是部分负荷运行。此时，部分压缩机投入运行，而与其余压缩机相匹配的蒸发器均闲置不用，造成了设备的很大浪费。此时若通过对其流程进行改进，使得机组在部分负荷运行时闲置的蒸发器得到充分利用，是很值得研究的一个问题。

第3章 空气源热泵除霜特性研究

3.1 国内外研究进展与分析

空气源热泵的除霜特性是非常复杂的,研究涉及的方面很多,目前主要集中在以下几方面:

(1) 采用实验或计算机仿真的方法研究热泵各部件及整个系统的除霜特性,其中以蒸发器的除霜特性为重点。

(2) 从热泵除霜时系统能量变化的角度出发,对系统除霜时能量的来源与分配、除霜对热泵供热量的影响等问题进行研究。

(3) 热泵除霜自动控制。根据热泵的不同种类与容量、不同工况条件,确定除霜运行的起止点、除霜周期,并研究相应的自动控制方法。

(4) 有利于改进除霜性能的其他辅助方法的研究。

3.1.1 除霜时各部件及系统的运行特性研究

1. 除霜时蒸发器的运行特性研究

较早进行蒸发器除霜实验研究的是 Sanders 和 Niederer,1974 年 Sanders 建立了蒸发器除霜模型,并在实验的基础上详细分析了除霜时能耗的分配情况[1]。1976 年 Niederer 用实验方法测定除霜能耗时发现,80%的除霜耗热用于加热换热器金属结构和周围的空气[2]。

1989 年美国的 O'Neal[3] 对空气源热泵的热气除霜过程进行了实验研究,他将一台热泵的室内侧盘管和室外侧盘管分置于两个人工气候小室内,通过实验分析热泵的功率,制冷剂质量流量、温度,过冷、过热度,压缩机的吸排气压力,室外盘管的表面温度等参数在一次完整的除霜过程中的动态变化。他认为可以采用综合循环 COP、除霜时间、融霜时间、排水时间 4 项特性指标来反映热泵的除霜性能。

相对于除霜实验研究,近些年采用模拟方法研究除霜过程发展较快。这方面的主要研究者是加拿大的 Krakow,他在 1992 年建立了更接近于实际的蒸发器热气除霜分布参数动态模型[4],重点分析了蒸发器表面的霜层在除霜过程中的变化情况。他认为在一个除霜过程中蒸发器表面要经历 4 个阶段:结霜表面的预热阶段;壁温高于 0℃ 的融霜阶段;霜完全融化后的蒸发阶段;表面水蒸发结束后的干热阶段。对于这 4 个不同阶段,从质量守恒、能量守恒定律出发,建立了详尽的除霜数学模型,模型求解过程需要通过实验确定 4 个参数:蒸发器最大表面滞水量,空气/水膜导热系数,空气膜导热系数,表面水蒸发系数与指数。虽然 Krakow 的模型是目前最接近实际工况的模型,但模型的求解依赖于实验测定的参数,而且模型过于复杂,通用性不够。

2005 年美国的 Hoffenbecker 建立了工业用蒸发器热气除霜的动态模型[5],该模型以空气干球温度、相对湿度、盘管几何尺寸、霜层厚度与密度及热气入口温度等为输入参数,以除霜时的显热量、潜热量及霜完全融化的时间等为输出参数。该模型的优点在于可以预测除霜循环产生的附加空间热负荷,包括:除霜时的对流换热量、湿空气的二次蒸发热量、盘管蓄热的散失量。

2. 热泵除霜时节流装置的特性研究

热泵中的节流装置有毛细管、热力膨胀阀及电子膨胀阀,对于小型分体式热泵型房间空调器多采用毛细管,大型热泵冷热水机组则采用热力膨胀阀或电子膨胀阀。热泵除霜时一个关键问题是逆循环开始时,制冷剂大部分贮存在气液分离器或贮液器中,而快速除霜要求迅速增大制冷剂的质量流量和压缩机排气压力。如果节流装置不能根据系统要求控制制冷剂的流量,往往会成为增大制冷剂质量流量的瓶颈。

史建春在实验中对比毛细管和热力膨胀阀在空气源热泵除霜时的作用时发现,开始除霜时,采用膨胀阀机组吸气压力<50kPa的时间大约在30~60s,而采用毛细管的机组吸气压力<50kPa的时间长达3.5min[6]。后者不得不因为低压时间过长而停机。有研究认为相比于热力膨胀阀,毛细管不能根据工况变化调节流量,这对除霜循环不利[7]。

黄东研究了不同节流机构对逆循环除霜时间的影响[8~9]。用一根外径为22mm的旁通铜管及热力膨胀阀分别作为除霜时的节流机构,在一台名义制热量为55kW的空气源热泵冷热水机组上进行了实验研究。结果表明:旁通铜管系统比热力膨胀阀系统的除霜时间缩短1.5min,其中融霜时间缩短1.3min;在融霜阶段开始的一分多钟和整个排水阶段,空气侧换热器出口即节流机构的进口的制冷剂为过热气体或者两相状态,气相的存在使节流机构的流量增加缓慢;旁通铜管系统比热力膨胀阀系统的流通面积大,所以除霜时间短。

D. L. O'Neal也通过实验详细比较了分别采用短管和热力膨胀阀作为节流机构的系统在除霜过程中的动态特性[10~11]。结果表明,采用短管的系统除霜时可得到较大的制冷剂流量,有利于加快除霜,短管尺寸对除霜速度有很大影响,在一定范围内,增大短管尺寸可缩短除霜时间。

仲华在轿车空调蒸发器除霜实验研究时发现,加大电子膨胀阀开度可明显缩短除霜时间[12]。

3. 热泵除霜时系统运行特性模拟与实验研究

对于整个系统而言,除霜过程主要特性是各部件制冷剂的质量迁移和压力变化以及蒸发器表面霜层与肋片管壁和周围空气的热质传递过程。这一过程中系统各部件的运行会相互影响、相互制约,是一个高度复杂的部件耦合过程。到目前为止,国内外学者建立的热泵除霜系统动态模型很少,对此方面的研究还处于起步阶段。

Krakow在1993年建立了理想化热泵除霜系统动态模型[13],成为建立除霜系统模型的先驱。其模型可在一定的精度基础上预测系统运行特性并辨识控制这些特性的主导因素。建模时,将除霜过程分为三个阶段:迅速建立压力平衡阶段——四通阀反向,系统高低压对接,贮液器压力和质量流量短时间内滞止不变;制冷剂迁移阶段——以压缩机排气压力高于贮液器滞止压力为结束标志;连续均匀流动阶段——直到除霜结束为止。时间上以这三个阶段为序,空间上从制冷剂入口开始将除霜盘管划分为若干单元,采用分布参数法对每个单元建立了质量、能量的动态变化方程。同时,根据各部件的特性参数对蒸发器、活塞式压缩机、节流元件(包括结构尺寸可变和不变两种)、四通换向阀、除霜盘管入口排管等建立了质量、能量动态变化方程。同时还建立了系统充注量分析方程和贮液器容量分析方程。求解时采用联立系统各部件上一时刻结构方程和当前制冷剂状态方程同时求解的方法。最后得出结论认为：1) 此模型提供了量化分析除霜特性参数的手段；2) 除霜模式下，除霜盘管内压力的动态变化主要取决于系统中制冷剂质量与能量在各部件中的分配。

Krakow通过实验分析并验证了所建立的系统动态模型[14]，并指出室外侧盘管热传递特性、高压侧容积、压缩机功率以及节流机构的流动特性是影响系统除霜性能的主要因素。在研究系统除霜瞬态反应实验中，许多参数是无法直接或几乎不可测量的，如：制冷剂饱和状态参数（两相流）、各部件中制冷剂的精确滞留量、各部件蓄热量等。同时指出测量系统某点处制冷剂质量流量，更准确反映压缩机瞬态变化的模型，以及考虑压缩机蓄热因素的瞬态变化的模型都是提高模型精度的方向。

从国内文献看，黄虎讨论了热泵除霜系统建模问题[15]。在对空气源热泵冷热水机组除霜过程内部状态变化进行定性分析的基础上，建立机组除霜过程动态仿真数学模型，把除霜过程分为与Krakow类似的三个阶段，采用集总参数法，在每个阶段对机组的高压侧和低压侧的各部件建立了质量和能量守恒方程，并建立了压缩机和热力膨胀阀模型。同时建立了机组除霜时空气侧融霜过程的仿真模型。这个模型与Krakow建立的蒸发器逆循环的模型类似，模型求解时采用质量引导法。

有关研究提出了一个简单的可以用来模拟空气源热泵机组四通阀换向后系统高低压平衡和系统循环重新建立过程的模型[16~17]。该模型的核心部分是除霜开始后短时间内反映两个换热器的质量、能量变化的控制方程，以及高压贮液器的能量和质量守恒方程。目标是求得机组状态转变（即由制热转变到除霜）过程中的平衡压力及状态转变时间，这个平衡压力即是四通阀换向后空气侧换热器内制冷剂压力升高值与水侧换热器内制冷剂压力降低值相等的压力。为了求得这个平衡压力还需要补充制冷剂物性计算程序。

3.1.2 热泵除霜时系统能量变化的研究

热泵除霜从能量转换和传递角度看是在逆循环过程中制冷剂吸收能量并将能量传递到室外侧换热表面的霜层中。因此从能量分析与节能方面优化除霜过程时必须回答以下几个问题：(1) 除霜的能量从哪里得到；(2) 除霜的能量以何种方式得到；(3) 除霜的能量在系统中如何分配与平衡；(4) 如何减少除霜过程中的能量消耗。

较早进行的相关研究是1983年的Stoecker，他分析了工业制冷盘管热气除霜过程中能量传递与转化情况[18]。虽然与热泵逆循环除霜有一定差别，但其本质上是一致的。他认为可从3个方面入手降低热气除霜能耗：(1) 保证除霜效果前提下尽量减小气态制冷剂压力；(2) 采用有效办法尽快排走盘管上融化的冷凝水；(3) 确定在哪一个合理的时间点上结束除霜。他还沿用1976年Niederer定义的除霜效率——实际用于融化霜层、蒸发霜水的能量与整个除霜过程中经气态制冷剂传递的能量之比。指出热气除霜效率约为15%~25%。除霜损失主要是从加热的盘管散失到周围环境中的热量，以及高压制冷剂节流到低压过程的节流损失。

20世纪80年代初，原哈尔滨建筑工程学院（现哈尔滨工业大学）在研制低温空气调节机组时也进行了大量的除霜实验，实验认为除霜的热源主要是压缩机的压缩热和少量的电动机冷却热等外界热量[19]。

Baxter于1985年对一台10kW热泵的实测表明，除霜增加的能耗占整个供热季节总能耗的 10.2%[20]。

在美国 ASHRAE RP-622 项目中，Mutawa 等对工业用冷库冷风机热气除霜时负荷变化情况进行了深入的研究[21~25]，在实验设备、数据采集、测试过程及数据处理、制冷/除霜循环动态过程到最后负荷分析等各方面达到了很高的水平，这对于进行热泵系统的热气除霜实验有很好的借鉴作用。

任乐等认为空气源热泵机组逆循环除霜，制冷剂吸收的能量来自以下几个方面：水侧换热器水温降低所提供的热量，水侧换热器板片降温所提供的热量，压缩机作功，压缩机壳体降温所释放的热量。而除霜能耗主要是：霜层温度升高所需的热量，霜层融解所需的溶解热，空气侧换热器肋片及铜管升温所需的能量，散失到周围环境中的热量。因此建议采用变频压缩机、热气旁通法（不改变机组运行模式）以及蓄热式压缩机等方法来降低除霜能耗[26~27]。

有关研究讨论了空气源热泵热气除霜时除霜总负荷的计算[28]，将除霜负荷分为预热负荷和除霜负荷两部分，对每部分负荷的算法作了介绍。这个模型相比 Krakow 将蒸发器表面除霜过程分为四个阶段的模型来说较简单。

3.1.3 热泵除霜自动控制

除霜控制的最优目标是按需除霜，实现机理是利用各种检测元件和方法直接或间接检测蒸发器表面的结霜状况，判断是否启动除霜循环，在除霜达到预期效果时，及时中止除霜。热泵除霜自动控制是除霜研究中的一个难点，也是除霜研究的一个热点，近年来在这方面发表的文章很多[29~38]。从中可以看出除霜控制方法大概有以下几种。

(1) 定时控制法。早期采用的方法，在设定时间时，往往考虑了最恶劣的环境条件，因此，必然产生不必要的除霜动作。

(2) 时间-温度法。这是目前普遍采用的一种方法。当除霜检测元件感受到蒸发器肋片管表面温度及热泵制热时间均达到设定值时，开始除霜。这种方法虽有进步，但由于检测盘管温度设定为定值，不能兼顾环境温度高低和湿度的变化。在环境温度不低而相对湿度较大时或环境温度低而相对湿度较小时不能准确地把握除霜切入点，容易产生误操作。而且这种方法对温度传感器的安装位置较敏感。常见的中部位置安装，易造成除霜结束的判断不准确，除霜不净[39]。

(3) 自修正除霜控制法[39]。考虑 4 个除霜控制参数：最小热泵工作时间 T_R，最大除霜运行时间 T_{fr}，盘管温度与室外温度的最大差值 Δt，结束除霜盘管温度 t_0。除霜判定：热泵连续运行时间大于 T_R 且盘管温度与室外温度差等于 Δt 时，开始除霜；除霜运行时间等于 T_{fr} 或盘管温度大于 t_0 时结束除霜。自修正是指根据制冷系数、结构参数和运行环境等，结合除霜效果对 Δt 修正。这种除霜方法涉及因素多，检测自控复杂，Δt 修正实际操作困难。

(4) 空气压差除霜控制法。由于蒸发器表面结霜，蒸发器两侧空气压差增大，通过检测蒸发器两侧的空气压差，确定是否需要除霜。这种方法可实现根据需要除霜，但在蒸发器表面有异物或严重积灰时，会出现误操作。

(5) 最大平均供热量法[40]。引入了平均供暖能力的概念，认为对于一定的大气温度，有一机组蒸发温度相对应，此时机组的平均供暖能力最大。以热泵机组能产生的最大供热效果为目标来进行除霜控制。这种除霜方法具有理论意义，但不易得到不同机组在不同气候条件下的最佳蒸发温度，实施有一定的困难。

（6）模糊智能控制除霜法[40]。将模糊控制技术引入空气源热泵机组的除霜控制，整个除霜控制系统由数据采集与 A/D 转换、输入量模化、模糊推理、除霜控制、除霜监控及控制规则调整五个功能模块组成。通过对除霜过程的相应分析，对除霜监控及控制规则进行修正，以使除霜控制自动适应机组工作环境的变化，达到智能除霜的要求。这种控制方法的关键在于怎样得到合适的模糊控制规则和采用什么样的标准对控制规则进行修改，根据一般经验得到的控制规则有局限性和片面性。若根据实验制定控制规则又存在工作量太大的问题。

（7）霜层传感器法。蒸发器的结霜情况可由光电或电容探测器直接检测，这种方法原理简单，但涉及高增益信号放大器及昂贵的传感器，作为实验方法可行，实际应用经济性较差。

（8）室内、室外双传感器除霜法。室外双传感器除霜法——通过检测室外环境温度和蒸发器盘管温度及两者之差作为除霜判断依据，这种方法 20 世纪 90 年代初期在日本松下、东芝、三洋等公司的分体空调器中广泛采用[41]。这种方法未考虑湿度的影响。室内双传感器除霜法——通过检测室内环境温度和冷凝器盘管温度及两者之差作为除霜判断依据。这种方法避开对室外参数的检测，不受室外环境湿度的影响，避免室外恶劣环境对电控装置的影响，提高可靠性，且可直接利用室内机温度传感器，降低成本。目前在这种除霜控制方法为很多厂家采用。

此外还有很多除霜控制方法，如最佳除霜时间控制法[42]，最大周期供热系数法[17]等。

3.1.4 改进热泵除霜性能的其他方法的研究

对于有高压贮液器和气液分离器的热泵系统，人们研究发现这两个部件对除霜有重要影响。Nutter 采用涡旋压缩机的家用热泵作热气除霜实验[43]，该系统在制热和除霜模式下分别采用短管和热力膨胀阀作节流机构。实验发现，从系统中除去吸气管路上的贮液器（即气液分离器）可降低 10% 的除霜时间，而且整个系统综合 COP 只降低了 2%。Nutter 将电热阻放在气液分离器底部，除霜时直接加热液态制冷剂，同时把电阻丝缠绕在气液分离器的外壳上以主动的方式加快贮液器内制冷剂的蒸发[44]。实验结果显示，系统综合 COP 上升了 3.1%，而除霜循环时间缩短了 11%，缩短的除霜时间主要是蒸发器表面冷凝水排水时间减少了 1min。

有关研究设计了一个双蒸发器贮液融霜系统：在贮液器的出液管上分两路由电磁阀控制，供液制冷，同时贮液器上方另外引出两根除霜管，为冷风机提供贮液冲霜。当一台冷风机除霜运行时，另一台仍保持制冷运行，除霜蒸发器所产生的冷凝液与制冷蒸发器的回气一起经气液分离器分离，回气进入压缩机吸气管。贮液器融霜时间与大气温度、冷凝压力有关，当冷凝温度和冷凝压力维持在较高值时，除霜效果好。当需要加快融霜速度时，可以人为地调节，提高冷凝压力。可根据融霜所需热量，充注足够的制冷剂，保证制冷剂存液量，再选用适当的排气管径可有效控制除霜时间。这种贮液器除霜系统虽然针对的是制冷装置，但除霜机理与热泵热气除霜一致，经简单改造可适用于热泵除霜。

有人分析认为热泵机组除霜效果差的主要原因是系统制冷剂充注量不足[45]，通过计算除霜所需的充注量，提出使用制冷剂补偿器代替高压贮液器，更能提高压缩机吸排气压力，缩短除霜时间。

一般情况下，为了减少除霜时热量向周围环境的散失，除霜循环过程中室外风机始终是停机的。Anand 研究了除霜时风机预启动对系统压力瞬态变化的影响[46]。他认为除霜结束系统恢复供热时，要经历一个高压侧和低压侧对接的过程，这一过程对压缩机和制冷剂管路都存在机械冲击，对系统稳定性和寿命都是不利的。在结束除霜前可预先启动室外盘管的风机，加速冷却盘管，降低冷凝压力，可以减轻其后结束除霜时系统压力剧烈振荡对系统的冲击。实验分 20s、40s、60s 3 种时间段预启动风机考察其对系统的作用，得出了提前 20s 启动风机对降低系统压力瞬态振荡最为有利的结论。

1997 年日本的 Toshio 在实验中分析了单根水平结霜盘管位于气固粒子流态床中的热传递及除霜特性[47]。所谓的气固粒子流即温度为 $-7℃$，相对湿度为 80%，夹杂一定霜晶体积比的空气。实验发现气固粒子流可有效改善除霜过程的热传递特性。这与风机预启动对蒸发器表面霜层具有相似的作用机理。

Payne 采用分步除霜法进行了实验[48]。相对于正常的逆循环除霜，分步除霜法分两种情况：(1) 机组正常启动除霜动作，当室外换热器底部盘管的出口温度达到 1.7℃时，机组停机，即关闭压缩机，然后让盘管凝结水自然排放，直到整个除霜时间达到 10min 为止；(2) 机组正常启动除霜时先停机 5min 再启动除霜动作，除霜运行时间为 5min。结果表明，这两种分步除霜法均可降低除霜能耗。前者至少降低 22% 除霜能耗，没有缩短除霜间隔时间；后者降低了 25% 除霜能耗，但两次除霜间隔时间却减少了 5.25%。Payne 指出，这两种分步除霜法是建立在假设——除霜期间机组提供室外盘管的能量可以保证冷凝水从盘管排走并不会重新冻结基础上的。可见，这种除霜方法是有一定条件的，能否满足这种条件与具体热泵有关。

上海交通大学在对蓄能和热水器复合空调器的冬季运行实验研究中采用蓄热除霜方法[49]，热泵制热运行达到除霜条件时，通过控制相应阀门的开关，使从室内换热器出来的制冷剂经节流后进入蓄热槽中的盘管蒸发取热，然后进入室外换热器除霜。这种方法的最大特点是在除霜时四通阀不用换向，仍然是制热方式，同时向室内供热，在低温时能达到较高的制热性能系数。

改善除霜循环性能的方法还有很多，如：改变蒸发器肋片的排列方式[50]；对蒸发器肋片管表面进行亲水性或憎水性处理[51]；比较涡旋式和活塞式压缩机在除霜循环中的性能[52]等。

通过对国内外关于空气源热泵除霜文献的分析可以看出，目前研究还没有很好的解决以下几个方面问题[53]：

(1) 空气源热泵热气除霜是一个涉及固-液、液-气的多相变、时变性强的传热传质过程，其规律还没有完全为人掌握。

(2) 除霜时，室外侧换热器内部制冷剂、肋片管壁、霜层、环境空气之间的热质交换机理尚不完全清楚，全面、真实反映这一热质交换物理过程的蒸发器除霜动态数学模型尚未看到，目前存在的模型多依赖实验测得的参数，且过于复杂，通用性不强。

(3) 对于系统来说，除霜过程是一个制冷剂质量、流速、压力在各部件中重新分配，并建立新的平衡的动态过程，制冷剂质量迁移，部件内压力变化的特性研究还不是很充分，已有的能反映这一瞬态变化的系统动态模型还很不完善。

(4) 节流机构、高压贮液器、气液分离器在除霜过程中的作用机理尚不完全明了，有必要进一步探索这些部件的除霜特性。除霜时节流机构往往成为增大制冷剂质量流量的瓶颈，如何保证节流装置根据系统要求控制制冷剂的流量是节流装置特性的优化方向。

（5）除霜自动控制方法很多，相比而言，较完善、应用较多的是室内侧双传感器控制法，但这种控制方法的结束除霜的判断依据及其理论基础需要深入分析。

（6）除霜的能量来自压缩机耗功、系统本身固有热量传递以及从供热环境空间吸热，这必然造成供热环境空间热舒适性的恶化，是除霜不稳定的内在原因。因此，寻找合适的除霜能量供给方式是保证除霜稳定的一个决定因素。

3.2 空气源热泵热气除霜的实验研究

空气源热泵热气除霜（常规除霜与蓄能除霜）问题的研究始于2002年，在2002~2007年期间，主要开展了空气源热泵热气除霜的实验研究工作，直到目前还在进行理论分析工作。本节先介绍空气源热泵常规热气除霜的实验研究。

3.2.1 空气源热泵常规/蓄能除霜实验台

我们设计和建造了空气源热泵常规/蓄能除霜实验台。实验台原理图如图3-1所示，该实验台既可进行常规热气除霜实验，也可进行蓄能除霜实验。该实验台主要由3大部分构成。

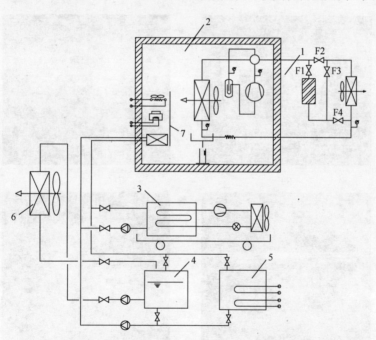

图3-1 空气源热泵常规/蓄能除霜实验原理图

1—空气源热泵蓄能除霜系统实验样机；2—人工气候小室；3—冷水机组（7℃冷水）；
4—低于0℃的乙二醇水溶液水箱；5—热源；6—自然冷源；7—空气处理设备

（1）人工气候小室及小室空气热湿处理系统

人工气候小室可以模拟空调器室外机的实际运行环境，以哈尔滨工业大学市政环境工程学院建筑热能工程系已有的房间热平衡法多功能实验台为基础，该房间长×宽×高为3.2m×3.0m×2.4m，围护结构为160mm厚高密度苯板，外壁为3mm厚纤维板，内壁为

1.5mm厚铝板，外表面刷油漆，小室保温、保湿性能良好[54]。

小室空气处理系统由空气冷却系统、空气加热系统和空气加湿系统组成。空气冷却系统主要由两部分构成：1）冷量为4500W的冷水机组，可以提供7℃冷水，用于小室空气的初步冷却；2）自然冷源部分，以哈尔滨地区冬季室外低温空气为天然冷源，由室外换热器、乙二醇溶液蓄冷水箱及管路构成。在12月至2月可提供0～－12℃的冷水。空气加热系统的组成：1）乙二醇溶液加热水箱，电加热功率为4000W；2）可调功率的红外线加热器，最大功率800W，作为加热微调装置。空气加湿系统主要由两台加湿量为300g/h的超声波加湿器组成，加湿速率可调。小室冷热量供给最终由一台风量为800m^3/h的风机盘管完成。

（2）空气源热泵常规/蓄能热气除霜系统

该系统由一台KFR－23GW/T分体热泵型房间空调器改造而成，该空调器额定制热量为2500W，制冷量为2300W，室外侧换热器采用平片型肋片管，管径9.52mm，分液路数为1。蓄能换热器由耐高温有机玻璃双套筒及内嵌蓄热盘管组成，蓄热器外径260mm，高200mm。F1～F4为手动截止阀，以便实现常规除霜与蓄能除霜、蓄能除霜多种流程等。除霜时产生的化霜水质量由量筒测量。

图3-2给出了除霜实验样机室内、外机及空气热湿处理装置的照片。

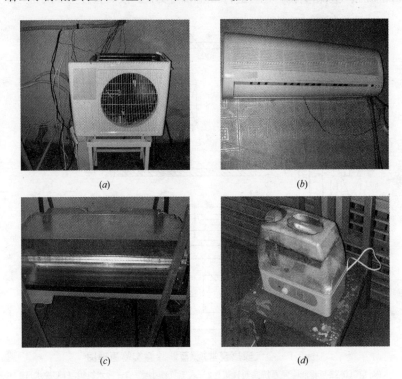

图3-2　除霜实验换热器与冷却加湿装置照片

(a) 室外侧换热器；(b) 室内侧换热器；(c) 冷却小室的风机盘管；(d) 加湿器

（3）实验参数检测记录系统

包括小室内空气温度、湿度检测，湿度检测由TES-1360温湿度计完成。湿度测量精度为±3%。热泵蓄能热气除霜系统中各测点的温度由WJK型多路数据采集记录仪测量，其传感器为铜-康铜热电偶,测温精度为±0.3℃。各测点的压力由0.25级的精密压力表测量。

除霜实验热泵系统各温度与压力测点布置示意图见图3-3。

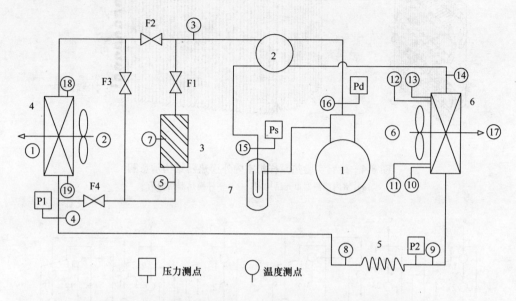

图3-3 除霜实验热泵系统各温度与压力测点布置示意图
1—压缩机;2—四通换向阀;3—蓄能换热器;4—室内侧换器;5—节流机构;6—室外侧换热器;7—气液分离器

该实验台具有以下特点:

(1) 实验台具有多功能化的特点,可开展:1) 空气源热泵常规除霜与蓄能热气除霜实验研究;2) 蓄能热气除霜多种流程实验研究;3) 多种工况(无霜工况、轻度结霜工况、中度结霜工况和重度结霜工况)下的除霜实验研究;4) 误除霜实验研究等。

(2) 为了节能,采用天然冷源(冬季室外空气)作为实验台的低温冷源,其效果很好。

(3) 为了测得机组的总除霜量,小室内壁用铝板制作,铝板间缝隙用玻璃钢贴好,以保证小室严格的隔湿性能,将小室变为一个"量湿计"。

3.2.2 空气源热泵除霜实验样机系统

采用的热泵除霜实验样机为目前应用广泛的分体式热泵型房间空调器,以R22作为制冷剂。制冷与制热模式下采用同一根毛细管作为节流部件。在标准制热工况下COP为2.98,制热性能良好。样机系统的除霜控制采用室内换热器双温度传感器控制方法,常规热气除霜实验时除霜启动与中止均采用机器本身的除霜控制系统进行控制。相变蓄能除霜采用人工控制除霜模式。样机系统经改造引入相变蓄热器后,总的制冷剂充注量为1.12kg。室外侧换热器为L型单个换热器,室内换热器由3个换热器单元组成,即所谓先进的三折蒸发器模式。图3-4给出了室内换热器与室外换热器结构示意图。

图3-5为室内换热器制热及除霜制冷剂流程图。室内侧换热器每个换热器单元包含8根铜管段,3个换热器单元在室内侧轴流风机外围按一定角度排列成扇形。扇形换热器沿空气流动方向管排数为2,每排包含12根铜管。实验时为每根肋片管编号,处于第一排的肋片管编号为1~4,15~18,21~24,处于第二排的肋片管编号为5~14,19,20。室内换热器分

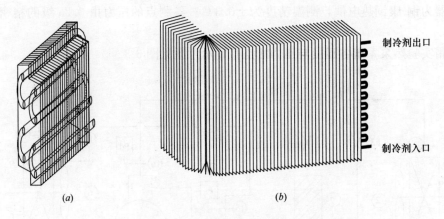

图 3-4 除霜实验热泵样机室内外换热器结构示意图
(a) 室内换热器单元结构图；(b) 室外换热器结构图

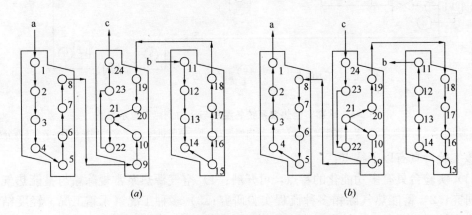

图 3-5 室内换热器制热及除霜制冷剂流程图
(a) 制热流程；(b) 除霜流程

液路数为 2，两路肋片管在第 21 根肋片管入口处汇合成一路。实验中的第 18 测点位于室内侧换热器第 3 根肋片管入口处，第 19 温度测点位于室内侧换热器第 21 根肋片管入口处。热泵在制热工况时，高温高压气态制冷剂由 a、b 两点进入室内换热器，冷凝后高压液态制冷剂由 c 点流出。除霜工况时节流后的低温低压两相流态制冷剂由 c 点进入室内侧换热器蒸发，蒸发后的低压制冷剂由 a、b 点流出室内换热器，再汇合成一根输气管路。

图 3-6 给出了室外换热器排管编号与温度测点位置。

3.2.3 空气源热泵热气除霜实验结果及分析

1. 热气除霜实验方案

考虑到温度为 $-5 \sim 5$℃，相对湿度（ϕ）为 65% 以上为易结霜环境条件，本研究重点考察室外机环境温度为 0℃ 和 -1℃，ϕ 为 85% 时热泵样机的除霜特性。共设计了 6 种工况，其中工况 1~3 为中度结霜工况，工况 4~6 为重度结霜工况。中度结霜工况指化霜水质量在 250~350g 之间，重度结霜工况指化霜水质量在 450g 以上。每个除霜工况室内机环境温度波动控制在 3℃ 以内。除霜控制采用热泵样机本身自带的控制方案：由室内侧换热器双温度传感器间接监测结霜对热泵样机的供热性能的影响，当供热性能下降到一定程

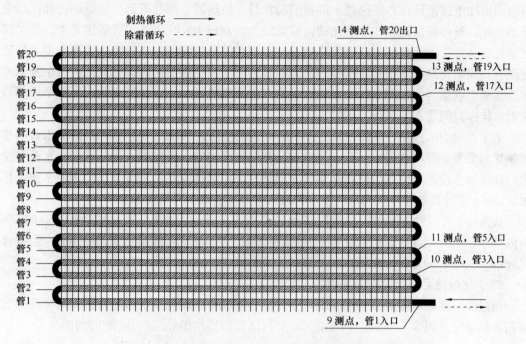

图 3-6 室外换热器排管编号与温度测点位置示意图

度时启动除霜工况。根据结霜量的多少采用不同的除霜时间,通常为 6~8min。表 3-1 给出了热泵样机常规热气除霜工况实验条件及化霜结果。

热泵样机常规热气除霜工况实验条件及化霜结果 表 3-1

工况编号	工况1	工况2	工况3	工况4	工况5	工况6
室外机环境温度(℃)	-1	-1	-3	0	0	-2
室内机环境温度(℃)	15.0~17.0	19.0~21.7	14.7~16.0	18.5~20.9	14.5~16.8	14.8~16.6
结霜时室外环境 ϕ	85%	85%	85%	85%	85%	85%
结霜时间(min)	80	78	91	107	115	89
除霜时间(s)	480	480	480	480	480	480
除霜质量(g)	367	356	308	583	594	568
化霜水量(mL)	312	303	262	496	505	483
表面霜化净时间(s)	78	85	71	102	99	95
表面水排净时间(s)	123	128	119	163	192	168

结霜时室外侧换热器肋片管壁表面温度沿制冷剂流向逐渐降低,这就决定了结霜量在整个肋片管表面的分布状况:由下而上霜层越来越厚,在换热器上部霜层最厚,底部霜层最薄。如图 3-7 中(a)图所示。逆循环热气除霜时制冷剂反向流动,即高温制冷剂从室外侧换热器上部的肋片管进入,流经整个换热器后由底部流出。这表明逆循环热气除霜制冷剂流向是合理的,压缩机排出的高温制冷剂首先进入表面霜层最厚的肋片管内部,换热器表面最严重结霜区域首先融化,有利于提高融霜热量利用效率。

实验观察到,对于中等结霜工况,以工况 1 为例,霜层融化遵循以下规律:首先表面霜层由上往下逐渐融化，换热器上部霜层融化时，换热器下部贴近肋片管壁的内部霜层也开始融化，外部霜层附着在半融化的内部霜层上。直到78s时底部霜层融化完毕。其次霜层融化成肋片管表面水后，在重力作用下，表面水沿肋片管壁向下流动，表面水流动的速度没有霜层融化的速度快，这样换热器表面就形成了霜层在前，表面水在后的两个流动液面。实验中收集到的化霜水就是指表面水流到室外机底部由排水孔排出的水。整个换热器表面水排净时间是123s。

由于黏滞力的作用，表面水流经肋片管表面时要滞留一部分化霜水，这部分水被肋片管加热而蒸发到环境空气中。在霜层没有完全融化之前室外换热器表面几乎没有水蒸气排出，在表面水没有完全排净前，换热器表面只有中上部有少量水蒸气排出。表面水完全排净后20s，室外换热器才向周围蒸发出大量水蒸气，一直到除霜结束。

从表3-1可以看出，中霜度结时表面霜约在1.5min内化净，表面水会在稍后的50s以内排净。重度结霜时表面霜化净时间会增加10~20s，表面水排净时间不会超过3.5min。其余时间均处于表面水蒸干阶段，大约为4~6.5min。

2. 空气源热泵热气除霜效果评价

通过观察除霜后换热器表面状况，空气源热泵在中度结霜工况或轻度结霜时常规热气除霜效果较好。图3-7为工况1结霜70min与除霜后再次供热运行3min时的图片。

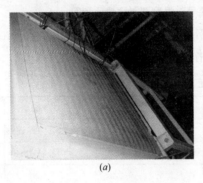 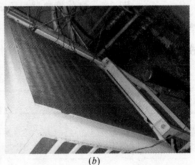

(a)　　　　　　　　　　　(b)

图 3-7　工况1结霜与除霜图片
(a) 结霜70min；(b) 除霜后3min

由图3-7中(b)图可见，除霜效果还是较好的，肋片管表面没有滞留水珠。工况2和工况3除霜后肋片管表面也很干净，说明中度结霜工况除霜时，常规热气除霜能够将滞留在肋片管表面的水基本蒸发完全。

图3-8显示了工况5结霜110min及除霜后重新供热运行3min时室外换热器的图片。图3-9为工况5除霜后1min与再结霜90min时室外换热器的图片。

图3-8(a)图可看出结霜量很大，霜层致密，由图3-8(b)图可见，肋片管夹杂细小冰晶。图3-9(a)图为工况5除霜后1min后肋片管局部图，这个图可更清晰地看到除霜后肋片管中残留大量未蒸发的小水珠，这些残留小水珠在系统重新供热后会迅速发展成细长小冰柱。这表明重度结霜工况下热泵除霜时所提供的热量虽然可以融化肋片管表面的霜层，但不足以完全蒸发掉肋片管表面滞留的水分，重新供热时形成的小冰柱不但使室外换热器有效迎风面积减小，而且会成为再次结霜时优先生成的冰核，加速结霜过程，增大热阻，影响热泵恢复供热的效果。严重结霜后期这些小冰柱会形成如图3-9(b)图中的散

3.2 空气源热泵热气除霜的实验研究

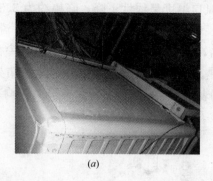 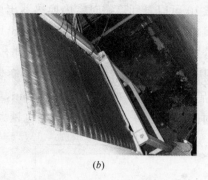

图 3-8　工况 5 结霜与除霜后 3min 图片
(a) 结霜 110min；(b) 除霜后 3min

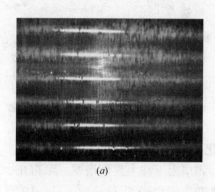 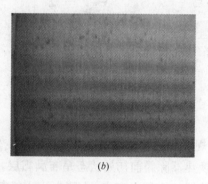

图 3-9　工况 5 除霜后 1min 与再结霜 90min 图片
(a) 除霜后 1min；(b) 再结霜 90min

布的冰柱黑点。常规除霜工况下这些冰柱黑点又会融化成不易排掉的细小水珠，再次供热时又冻结成小冰晶，这样恶性循环，对热泵供热影响很大。

由以上分析，重度结霜工况下除霜效果并不好，热泵常规除霜系统提供的热量不足以完全蒸发掉滞留在肋片管表面的水分，除霜不净问题突出。这点正是目前空气源热泵实际运行中亟待解决的问题。温度在 5～0℃之间、有雾和雨雪天气时是空气源热泵最恶劣的运行工况。此时，由于机组结霜严重，蒸发压力过低，常使机组停止运行。实验找到了问题的原因，为进一步提高空气源热泵运行稳定提供了依据与解决问题的途径。

3.2.4　空气源热泵热气除霜系统状态特性参数分析

空气源热泵热气除霜时系统状态特性参数指系统各测点的温度和压力，主要包括室内外换热器空气进出口温度，室内外换热器肋片各测点管壁温度，节流前后温差、压差，压缩机吸排气温度，吸气过热度，吸排气压力以及压缩输入功率等。这些状态参数的变化可直观地反映热泵系统的除霜规律，是分析除霜性能的必要手段。现以工况 1 为例分析中度结霜工况时系统除霜状态特性参数变化。

1. 常规除霜时室内换热器温度变化分析

常规除霜时室内侧换热器作为蒸发器，虽然其风机停机，但是换热器的肋片管管壁温度高于其内部制冷剂的蒸发温度，随着制冷剂的蒸发，肋片管与供热环境空气之间存在自然对流换热。图 3-10 和图 3-11 分别给出了常规除霜时室内换热器出风口和进风口温度变化。由图 3-10 可以看到除霜时室内换热器出风口温度呈线性下降，降幅约为 3.5℃/min。除霜前出风口温度为 32.2℃，除霜结束时出风口温度下降为 4.2℃。在自然对流换热时，经肋片管冷却后的冷空气下沉，由出风口排出，供热环境空气从进风口处进入室内侧换热器，补充排出的自然下沉冷空气与肋片管换热。从图 3-11 可见，除霜时进风口处空气温度也是不断下降的，平均降幅为 0.4℃/min，表明了除霜过程对室内环境的影响。也就是说，除霜时间越长，对室内环境的影响也越大。

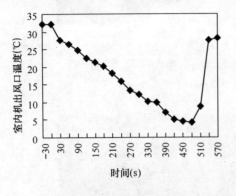

图 3-10　常规除霜室内换热器
出风口温度变化

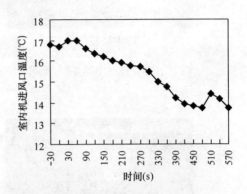

图 3-11　常规除霜室内换热器
进风口温度变化

2. 常规除霜时室外换热器各测点温度变化分析

室外换热器除霜前初始状态是布满霜层，霜层由下往上逐渐增厚。除霜开始后高温制冷剂由换热器的上部入口点 14 测点进入换热器，依次经历 13、12、11、10 测点。其中 13 和 12 测点为换热器上部管 19 和管 17 壁面上的测点，11 和 10 测点为换热器下部管 5 和管 3 壁面上的测点。

图 3-12 为常规除霜时室外换热器肋片管表面温度变化图。这是通过对室外换热器表面水蒸发动态模型进行求解，得到的肋片管位置、时间、温度变化的三维图[53]，全面直观地反映了整个除霜过程室外换热器肋片管表面温度的变化情况。

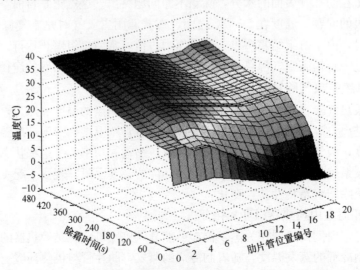

图 3-12　常规除霜时室外换热器肋片管表面温度变化三维图

3. 常规除霜系统压力特性分析

图 3-13 给出了常规除霜时压缩机吸排气压力的变化。由图可见，除霜前压缩机吸排气压力分别是 365kPa 和 1540kPa，除霜开始时刻中间暂态平衡时吸气压力为 770kPa，排气压力为 850kPa。除霜 30s 时系统高低压建立完成，此时吸排气压力分别为 260kPa 和 1095kPa。排气压力很低是因为室外换热器结霜，冷凝压力很低。霜层融化后，室外换热器肋片管温度上升，冷凝压力上升，排气压力也持续上升。图 3-14 给出了常规除霜 30~450s 压缩机吸气压力变化。

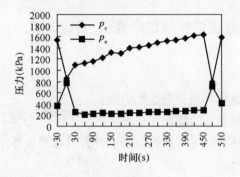 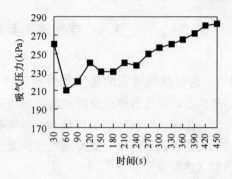

图 3-13　常规除霜压缩机吸、排气压力变化　　图 3-14　常规除霜 30~450s 压缩机吸气压力变化

图 3-14 显示，吸气压力最低点出现在除霜后的 60s，这是因为状态转换时，室内侧高压进气管路对接到压缩机吸气管路，短时间内可以保证较高的吸气压力，但随着压缩机的抽吸作用，室内换热器内气态制冷剂很快被抽吸干净，液态制冷剂由于吸热不足而来不及蒸发，所以蒸发压力迅速下降。另一方面由于室外侧换热器冷凝压力的不断提高，节流后的吸气压力会有所上升，但这种压力上升可以说是"被动"的上升，上升幅度不大。总体上吸气压力还是很低的，整个除霜过程没有超过 300kPa。这样低的吸气压力主要是因为室内机处于自然对流状态，作为蒸发器的室内机吸热不足，制冷剂蒸发不足造成的。这充分表明，外界供给常规除霜所需要的融霜热量不足。

4. 常规除霜压缩机输入功率特性分析

压缩机是热泵系统工作的动力来源，除霜时压缩机的动力特性将直接影响到除霜效果。图 3-15 为常规除霜时压缩机输入功率变化的典型过程。

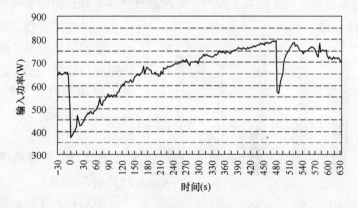

图 3-15　常规除霜压缩机输入功率变化

分析认为，压缩机功率在常规除霜时的变化规律主要取决于室外换热器的工作状态。除霜初始，室外换热器表面完全被霜层覆盖，再加上系统高低压处于暂态平衡阶段，此时压缩机的排气压力很低，这就决定了较低的压缩机功率。随着室外侧换热器霜层的不断融化，压缩机排气压力也快速上升，导致压缩机功率也快速上升。除霜后期室外侧换热器处于蒸发表面水或干热自然对流状态，压缩机排气压力上升速度变缓，功率上升速度也趋于缓和。

压缩机在除霜后期功率消耗量较大是逆循环热气除霜的一个特点，有必要检测室外换热器除霜进行情况，及时中止除霜，以免浪费能量。

3.3 空气源热泵热气除霜能耗特性研究

3.3.1 常规热气除霜能量来源分析与计算

理论上，空气源热泵常规逆循环热气除霜能量来源只有3个方面：

(1) 压缩机对制冷剂做功量 Q_{com}，使制冷剂热力学能增加；

(2) 除霜初始阶段，制冷剂吸收尚处于高热状态的室内换热器肋片管及管路等部件固有热量（热容量）Q_{sys}；

(3) 制冷剂通过室内换热器肋片管与周围空气在自然对流换热工况下，从室内空气中吸收的热量 Q_{evr}。

其中室内换热器及管路等部件的固有热量有限，只是在除霜初期能够提供一定的热量。因此压缩机做功和从供热环境空间吸热是整个除霜过程的热量主要来源。

由文献［55］可以确定热气除霜热泵系统提供的总热量 Q_{tot} 及压缩机功耗 W，见表3-2及图3-16。

常规除霜热泵系统提供的总热量及压缩机功耗（kJ/kW）　　　表3-2

	工况1	工况2	工况3	工况4	工况5	工况6
Q_{tot}	155.80	140.76	145.11	150.53	136.67	148.52
W	126.24	114.08	112.56	107.83	82.72	100.88

注：单位中的kW是指热泵的标准供热量。

从表3-2可以看出，重度结霜工况时，常规热气除霜系统提供的除霜热量并不比中度结霜工况除霜时提供的热量多，反而少。数据分析表明，除霜热量主要和除霜时压缩机的功率成正比，重度结霜工况除霜时室外换热器冷凝压力低，直接导致压缩机吸排气压力低，压缩机功率也低。

3.3.2 常规热气除霜能量耗散的分析与计算

根据对室外换热器除霜时物理过程分析，除霜能量耗散可以分成以下

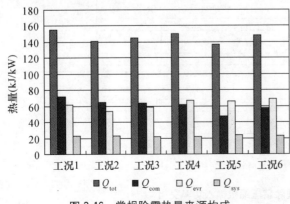

图3-16　常规除霜热量来源构成

几个方面:
(1) 加热室外换热器肋片管的耗热量 Q_{fin}。
(2) 室外换热器肋片管表面霜层融化的耗热量 Q_f。
(3) 室外换热器肋片管表面滞留水分蒸发的耗热量 Q_{vap}。
(4) 蒸干的肋片管与环境空气的自然对流换热的耗热量 Q_{cvt}。

我们关心的是除霜时以上 4 部分能耗的大小及相对比值。为了简化而不失准确性,计算时以实验数据为基础,采用集总参数法计算各部分能耗。以除霜开始和结束时室外换热器及霜层的初、终态为计算依据。需要由实验确定的相关参数采用 Krakow 热气除霜实验确定的参数值。该计算方式虽然针对具体的室外换热器及确定的结构与实验条件,但可提高计算的准确性,以期对除霜能耗分配有全面深入的认识。

1. 加热室外换热器肋片管与霜层升温融化的耗热量

加热室外换热器肋片管的耗热量 Q_{fin} 可以由肋片管除霜初、终态的温度来确定,而不考虑肋片管的具体加热过程。由于除霜开始与结束时肋片管表面温度并不均匀,因此有必要将肋片管按沿制冷剂流动方向根据温度分布分成上、中、下三部分,加热各部分肋片管的耗热量分别表示为 Q_{fin-1}、Q_{fin-2}、Q_{fin-3}。认为每部分在除霜开始和结束时表面温度可以由这部分中段肋片管表面温度代表。其中上、下部分各包括 5 根肋片管,中间部分包括 10 根肋片管。Q_{fin} 为三部分耗热量之和。

根据常规除霜实验数据计算得到 6 个工况加热室外换热器肋片管的耗热量见表 3-3。

常规除霜加热室外换热器肋片管的耗热量(kJ/kW)　　表 3-3

	工况 1	工况 2	工况 3	工况 4	工况 5	工况 6
Q_{fin}	28.76	25.5	35.64	31.20	23.44	31.50

由表 3-3 可见,实验样机($Q_c=2.3kW$)在常规除霜时加热室外换热器肋片管的耗热量大致在 60~80kJ。工况 3 Q_{fin} 偏高是因为除霜量少,除霜后期干热阶段时间较长,肋片管最终温度较高。工况 5 Q_{fin} 偏低是因为其为重度结霜工况除霜,除霜量最大,而且除霜过程中压缩机输入功率较低,导致除霜供热不足,除霜结束时室外换热器肋片管温度较低。

室外换热器表面霜层融化的耗热量 Q_f 包括两部分,一部分热量为霜层升温至融点的显热吸热量 Q_{fs},另一部分为霜层融化过程中的潜热吸热量 Q_{fl}。常规除霜 6 个工况室外换热器表面霜层融化的耗热量见表 3-4[53]。

常规除霜室外换热器表面霜层融化的耗热量(kJ/kW)　　表 3-4

	工况 1	工况 2	工况 3	工况 4	工况 5	工况 6
Q_{fs}	2.92	2.66	5.57	11.10	9.60	13.52
Q_{fl}	50.50	49.05	42.41	80.29	81.75	78.18
Q_f	53.43	51.71	47.98	91.4	91.36	91.71

由表 3-4 可见,重度结霜工况时霜层融化的耗热量是很大的,霜层升温的耗热量绝对值也较大。

2. 室外换热器表面滞留水分蒸发及干热换热的耗热量

采用文献 [53] 建立了室外换热器表面水分蒸发及干热换热的除霜耗热量动态模型。该模型以实验测得的除霜各时刻肋片管表面温度分布参数为基础,虽然普适性不高,但是对于本研究具有较高的准确性和计算精度。

表 3-5 给出了常规除霜室外换热表面水蒸发及干热阶段的耗热量 Q_{vap}、Q_{cvt}。

常规除霜室外换热表面水蒸发及干热阶段的耗热量（kJ/kW）　　表 3-5

	工况 1	工况 2	工况 3	工况 4	工况 5	工况 6
Q_{vap}	49.66	45.27	42.56	32.85	20.88	23.37
Q_{cvt}	21.96	13.95	17.2	0.4	0	0

由表 3-5 可见，常规除霜各工况下的 Q_{vap} 的差异还是较大的，中度结霜时的 Q_{vap} 比重度结霜的 Q_{vap} 大，主要是因为中度结霜除霜时肋片管表面滞留水量少，肋片管温度上升快，较高的肋片管温度又促进了表面水的蒸发。重度结霜时霜层融化已经消耗了大量的除霜热量，融霜结束时肋片管表面温度仍然较低，较低的肋片管表面温度严重影响了表面水的蒸发。这一点对工况 5 来说特别明显。这也充分表明，在工况 5 和 6 时，除霜结束后，室外换热器下部表面仍滞留部分水。

除霜时干热阶段的耗热量与表面水的蒸发状况关系很大。从表 3-5 可以看出，中度结霜时的值平均约为 16kJ/kW。理论上干热阶段对除霜是没有意义的，是能量的浪费。但是由于热气除霜的特点——同一时刻换热器上、中、下部表面不会出现相同的除霜状态，所以要达到理想的除霜效果，部分肋片管表面经历干热阶段是不可避免的。从获得最优综合除霜性能角度考虑，除霜结束时表面水完全蒸发干净也是不合理的。因此存在一个容许除霜结束时表面水滞留量问题。图 3-17 为常规除霜热量耗散的构成图。

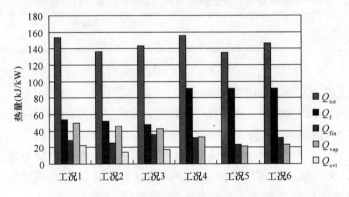

图 3-17　常规除霜热量耗散构成

图 3-17 表明，在除霜总耗热量上，重度结霜工况与中度结霜工况差别不大。但是重度结霜工况时约 60% 以上的热量用于霜层的升温与融化，基本不存在干热耗热量。而中度结霜工况除霜时，用于霜层融化的热量略高于蒸发表面水的耗热量，并且存在干热耗热量，约占总除霜能量的 10%～15%。

3.4　空气源热泵蓄能热气除霜的实验研究

3.4.1　空气源热泵蓄能热气除霜系统

目前改进除霜的技术措施及除霜控制方法虽然很多，但在实际运行中仍很难做到按需除霜，除霜过程的稳定性与可靠性也远没有解决。这是因为目前除霜的能量基本上来自制冷压缩机的耗功，供除霜用的热量不足的根本性问题未解决。由此引发除霜过程中吸气压力过低，甚至出现低压保护停机；除霜时间过长而导致除霜能耗损失过大。文献［20］指出，空气源热泵热气除霜增加的能耗占整个供热季节总能耗的10.2%；除霜效果差，蒸发器表面残留融霜水，导致供热运行开始时，又再次结为薄冰，为下次除霜带来更大的困难，久而久之，出现蒸发器结冰而无法运行；除霜结束后恢复供暖效果差，向室内吹冷风等。面对上述问题，我们要以科学发展观为指导，建立新的理念，并寻求新的思路。要充分研究和掌握空气源热泵除霜机理与规律，在此基础上，构建空气源热泵全新的除霜技术，以提高空气源热泵运行的稳定性和可靠性。按这种指导思想，提出了如图3-18所示的空气源热泵蓄能热气除霜新系统。

蓄能除霜系统的基本运行模式是：当热泵系统处于图3-18中虚线箭头所示的制热运行工况时，由压缩机排出的高温高压气态工质首先进入蓄热器的盘管（若采用并联方式则同时进入蓄热器与室内机的盘管），通过盘管的导热作用与盘管外蓄热介质进行换热，蓄热介质吸收制冷剂工质冷凝过程中释放的热量开始蓄热，蓄热结束后关闭相应阀门，系统恢复到原有热泵模式供热。除霜时，四通换向阀换向，压缩机排出的高温工质按图3-18中实线箭头所示的方向，首先进入室外侧换热器，加热肋片管，融化其表面霜层，达到除霜目的。除霜过程中冷凝后的制冷剂通过节流阀后，变成以低温低压的液态工质为主的两相流，两相流工质再进入蓄热后的蓄热器盘管，此时蓄热后的蓄热介质通过盘管向制冷剂放热，使液态制冷剂加速蒸发，这样以蓄热器中蓄存的热量作为低位热源的主热源，为除霜时提供充足的除霜热量，彻底解决了常规除霜时低位热源供给热量不足的问题。由于系统采用余热蓄热、释热除霜的新技术措施，故定名为"蓄能热气除霜"，简称蓄能除霜。

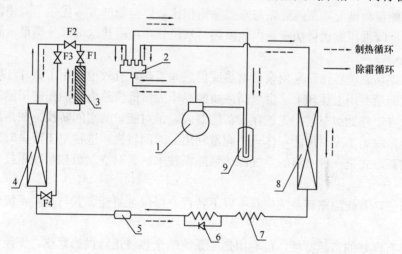

图3-18 空气源热泵蓄能热气除霜新系统原理图

1—压缩机；2—四通换向阀；3—蓄能装置；4—室内侧换热器；5—过滤器；6—单向阀；
7—毛细管；8—室外侧换热器；9—气液分离器；F1~F4 电磁阀（实验样机为手动截止阀）

理论上，蓄能除霜新系统适用于各种类型的空气源热泵，如广泛应用的分体式热泵型房间空调器，大、中型空气源热泵冷热水机组等。蓄能除霜新系统与空气源热泵常规除霜系统相比，在系统部件与除霜自动控制策略两方面都作了较大改变。

（1）系统硬件方面，如图3-18所示，在室内侧换热器管路部件中引入蓄能装置、用于控制系统工质流程的 4 个电磁阀及相应的电控元件、位于蓄能装置内自动检测蓄能介质温度变化的温度传感器等。蓄热器的工作方式与室内换热器类似,其热源构成主体也是室外环境空气。4 个电磁阀的设置是为了便于实现蓄热器与室内换热器的多种串并联组合方式。

(2) 系统软件方面,即除霜自控方面,蓄能除霜对除霜自动控制系统提出了更高层次的要求。与常规除霜系统相比,其控制策略更加复杂,不仅要判断室外换热器的结霜状况,根据相应的除霜规则,控制系统除霜工况的启动与中止,还要动态监测蓄热器的工作状态,实时控制蓄热器的蓄、放热过程。因此,系统控制器需要运用多因素、多目标、多级别的控制方法,综合调控蓄能除霜系统各部件的运行,协调好蓄热与供热、除霜与恢复供热等工况间的关系,从而实现安全、稳定、高效的除霜目的。为此,蓄能除霜自动控制策略的制定必须要处理好以下几个问题:

1) 根据室外环境气象条件、热泵系统的运行状态、供热环境热负荷的变化等因素决定蓄热器蓄热的起止时间、蓄热量。要充分考虑蓄热器的蓄热过程对系统供热性能产生的影响。

2) 根据室外换热器的结霜状况,包括结霜量、霜层的分布特性、盘管表面温度等因素决定蓄热器放热时间、放热量。

3) 蓄热器蓄放热过程中各个阀门的开启与关闭必然导致系统压力与制冷剂质量分布的变化。如何平衡蓄热器与室内换热器的压力,减少蓄、放热过程中的压力振荡,提高系统安全水平,以及保证制冷剂在各部件中的合理分布等问题都是蓄能除霜新系统自动控制设计的关键。

从除霜能量角度看,蓄能除霜与常规除霜相比,以全新的方式优化了除霜能量来源构成,可大幅度降低压缩机做功及室内侧换热器从供热环境吸热这两部分热量占除霜总热量的比值。

蓄能除霜新系统蓄热时采用余热蓄热或供热兼蓄热,有效地利用了室外环境空气的低位热源,在能量利用上体现了"少量高品质能源+大量低位热能"的先进用能思想。除霜主体能量取自室外低温空气,先贮存于蓄能器内,是对能量的空间转换。在热泵系统结霜工况时蓄能,除霜工况时用能,体现了能量利用的时间转换。这种基于能量时空合理利用理念的除霜新方式是一种全新的空气源热泵除霜技术,是对空气源热泵除霜技术的新发展与创新。

综上所述,蓄能除霜新系统应具有以下特性,以保证蓄能装置与热泵系统优良的耦合性能:

(1) 具有良好的蓄热特性。可利用热泵系统的余热或正常供热蓄热,无须增加新的如电热管等供热装置,由于除霜用的热量有限,一般来说,蓄热不影响正常供热或对正常供热影响很小。

(2) 放热速度快,具有与除霜特性相匹配的放热特性。由于除霜过程要求时间越短越好,因此,此系统能够在几 min 内释放大量热量,为除霜提供充足的热量,这完全符合除霜特性要求。

(3) 采用适合的相变材料作为蓄能介质。单位体积贮能密度大,蓄能介质放热前后温差变化小,对热泵系统供热性能干扰作用小。

(4) 可控性好，可与除霜控制系统相结合，实现结霜状态、除霜启动、中止等多项任务的自动控制。控制系统完善、准确、高效。

(5) 系统简单，运行可靠，经济性较好，寿命长，无安全隐患。

(6) 适用范围广。大、中、小型空气源热泵均适用，便于产品化。

除了上述特性外，与常规热气除霜系统相比，蓄能除霜新系统更重要的特点是能够保证热泵系统在恶劣结霜气象条件下能正常运行。这一点非常重要，在恶劣气象条件下空气源热泵如果因为除霜不良而停机，必将无法实现供热的基本功能，从而对供热用户造成严重的损害。实验结果表明，蓄能除霜时压缩机吸气压力可较常规除霜时提高约 100kPa，不存在压缩机低压保护停机问题，使其除霜的可靠性提高。蓄能除霜可彻底清除换热器表面霜层及蒸发掉大部分滞留的化霜水，不会出现室外换热器底部反复除霜不净而结冰的现象，大大改善了除霜效果，同时除霜过程稳定性也随之提高。

3.4.2 空气源热泵蓄能热气除霜系统实验样机

实验样机为一台型号为 KFR-23 GW/T 热泵型房间分体空调器，经改造引入蓄能装置，组成了具有蓄能除霜功能的空气源热泵新系统。样机系统结构简图如图 3-19 所示。为了优化新系统的构成和考核多种工况下的运行状态，所设计出的新系统通过手动截止阀 F1～F4 的开闭可实现蓄能换热器 3 与室内侧换热器 4 之间的串联、并联，并可实现系统制热、制热兼蓄热、余热蓄能、释能除霜、快速恢复制热等多工况之间的转化。

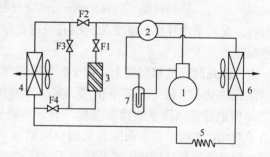

图 3-19 空气源热泵蓄能除霜系统样机结构图
1—压缩机；2—四通换向阀；3—蓄能换热器；4—室内侧换热器；5—毛细管；6—室外侧换热器；7—气液分离器；F1～F4—手动截止阀

为了筛选流程，实验中可按如下模式组合成不同的系统[56]。

(1) 制热兼蓄热

可实现室内换热器和蓄热器的串联或并联两种模式。

串联蓄热：F1、F3 开，F2、F4 关。高温制冷剂首先通过蓄热器，再通过室内换热器。

并联蓄热：F1、F2、F4 开，F3 关。高温制冷剂同时通过蓄热器与室内换热器，并根据二者的阻力关系自动分配在两条管路内的制冷剂质量流量。

(2) 余热蓄热

室内换热器停机，高温制冷剂只流经蓄热器。F1、F4 开，F2、F3 关。

(3) 释热除霜

除霜流程可选择蓄热器除霜、室内机与蓄热器串联除霜、室内机与蓄热器并联除霜三种模式：

1) 蓄热器除霜——F1、F4 开，F2、F3 关。除霜时制冷剂不通过室内换热器，只通过蓄热器。

2) 串联除霜——F1、F3 开，F2、F4 关。除霜时制冷剂先通过室内换热器，再通过蓄热器。

3) 并联除霜——F1、F2、F4 开,F3 关。除霜时制冷剂同时通过室内换热器和蓄热器。

为了进行蓄能除霜与常规除霜的对比实验,在设计实验流程时,考虑关闭 F1、F3、F4,开启 F2,使实验新流程又恢复为常规除霜流程。

3.4.3 实验结果及分析

1. 实验结果

为了分析与常规热气除霜相比热泵蓄能除霜对除霜特性的改进,在设计蓄能除霜实验方案时采用了与常规除霜近似的室内外换热器运行环境条件,使两种实验工况之间具有相近的室内外温度、湿度、结霜时间、结霜量等结霜特性控制因素,目的是尽可能减小运行条件差异对除霜特性的影响。共做了 13 个工况的蓄能除霜实验,这里选取有代表性的 7 个工况进行分析。其中工况 1 为重度结霜,工况 2、5、7 为中度结霜,工况 3、4、6 介于中、重度结霜之间。

总体上,在结霜过程中控制室外侧换热器环境温度在 -2~1℃ 之间,相对湿度在 80%~85%。结霜时间 60~120min,使室外换热器结霜量达到中度至重度结霜量。结霜时各工况间室内环境温度变化范围有一定差异,但对于蓄能除霜来说,除霜效果与室内环境温度关系不大。

在除霜时间控制问题上,由于蓄能除霜过程较常规除霜短,因此须根据室外换热器表面除霜状况人工判定除霜中止点。实验观察发现,即使重度结霜工况,蓄能除霜一般在 300s 时也能达到满意的除霜效果,表现为霜层完全融化,60% 以上的表面水蒸发干净。为了对比,重度结霜工况除霜时间也限制在 300s。实验时采用手动方式中止除霜,除霜后立即启动热泵样机进入恢复供热工况。表 3-6 给出了蓄能除霜实验方案与结果汇总。

蓄能除霜实验方案与结果汇总　　　　表 3-6

工况编号	工况 1	工况 2	工况 3	工况 4	工况 5	工况 6	工况 7
结霜时人工小室环境温度（℃）	-2.0	-1.0	-1.0	-2.0	0.5	-2.0	-1.0
结霜时人工小室相对湿度 ϕ	85%	80%	85%	80%	80%	85%	80%
供热环境平均温度（℃）	18.5	16.0	16.5	16.0	15.5	17.0	16.0
结霜时间（min）	120	90	65	68	59	67	49
放热连接方式	A	A	A	B	B	C	C
除霜时间（s）	300	270	300	300	240	300	270
除霜质量（g）	607	427	489	475	332	464	413
化霜水质量（g）	516	363	416	404	283	395	351
表面霜化净时间（s）	77	63	71	67	57	65	62
表面水排净时间（s）	121	108	118	115	84	106	101
除霜时室内机出风口最低温度（℃）	15.98	15.81	18.52	17.19	17.10	16.5	16.3
蓄热开始时室内机出风温度（℃）	35.70	32.19	31.53	31.18	31.92	32.49	31.4
蓄热时间（min）	18.0	21.0	21.0	21.5	7.5	12.0	12.0
蓄热开始时 PCM 平均温度（℃）	22.92	20.87	21.88	24.75	32.82	26.38	27.40

续表

工况编号	工况1	工况2	工况3	工况4	工况5	工况6	工况7
蓄热结束时PCM平均温度（℃）	40.53	37.66	37.28	36.78	47.17	38.01	38.26
蓄热前后PCM平均温差（℃）	17.61	16.79	15.4	12.03	14.35	11.32	10.86
除霜开始时PCM平均温度（℃）	36.26	35.03	34.51	34.46	39.05	36.67	37.44
除霜结束时PCM平均温度（℃）	25.68	25.93	24.12	23.15	25.44	24.18	24.42
放热前后PCM平均温差（℃）	10.58	9.05	10.38	11.31	13.39	12.49	13.02

注：1. A为蓄热器单独除霜；B为串联除霜；C为并联除霜。
2. 蓄热连接方式均为串联。

2. 蓄热与放热的流程选择

蓄能除霜另一个关键问题是蓄能装置蓄热与放热的流程选择。由图3-19可以看出，通过控制F1～F4阀门的开启或闭合，蓄能装置在蓄热和放热过程中可与室内换热器在制冷剂流程上形成多种组合关系，蓄能除霜实验时对各种组合关系进行了实验研究。表3-7给出了蓄能除霜系统3种蓄热流程特性比较。

蓄能除霜新系统3种蓄热流程特性比较　　　　　表3-7

比较项目	串联蓄热	并联蓄热	余热蓄热
蓄热开始时系统状态	串联除霜已完成，供热1min后，室内机与蓄热器串联	并联除霜已完成，供热1min后，室内机与蓄热器并联	室外机中度结霜工况，供热5min，半关闭室内机
蓄热时间（min）	7.5	9.5	3
蓄热前后PCM温差（℃）	11.63	0.60	12.51
蓄热结束时室内机进出风温差（℃）	16.05	15.27	—
蓄热稳定阶段压缩机功率（W）	740～750	700～710	500～510
蓄热结束时压缩机吸气温度（℃）	−3.04	9.27	−2.67
蓄热结束时压缩机吸气过热度（℃）	4.12	14.93	4.59
蓄热结束时压缩机排气温度（℃）	80.25	109.78	86.78
蓄热过程特征	蓄热良好，对热泵供热性能影响较小，易操作	基本不能蓄热，蓄热后期系统制冷剂质量流量不足	蓄热良好，但在热容量较小时存在与系统部件匹配问题

这3种流程实验是在相似室内外环境条件下进行的：室内环境温度约为20℃，室外环境温度为−2.0℃，ϕ为85%。表3-7数据表明，本实验条件下蓄热器与室内换热器并联蓄热，蓄热前后PCM温度只上升了0.6℃，而且随着并联蓄热过程的进行，热泵系统制冷剂不足的现象越来越严重（吸气温度与过热度变大，排气温度升高）。说明并联蓄热不可行。这也说明，蓄热器放热除霜后采用蓄热器和室内换热器并联，由于室内换热器的换热条件优于蓄热器，使蓄热器的蓄热效果变差。

因此，蓄热器放热除霜后再次供热运行时，必须及时将蓄热器串联入系统中，使蓄热器内大量制冷剂投入到系统循环中，避免出现系统制冷剂不足现象。虽然在恢复供热初期就串联蓄热器会对供热效果有一定影响,但这种影响并不显著。

蓄能除霜时蓄热器与室内换热器可以形成3种流程组合关系:(1)蓄热器单独除霜;(2)串联除霜;(3)并联除霜。

表3-8为3种蓄能除霜系统放热除霜流程特性的比较。其中蓄热器单独除霜采用工况2、工况3的数据,串联除霜采用工况4、5的数据,并联除霜采用工况6、7的数据。

3种蓄能除霜系统放热除霜流程特性的比较 表3-8

比较项目	蓄热器单独除霜	串联除霜	并联除霜
除霜时室内换热器出口最低平均温度(℃)	17.26	17.10	16.40
放热前后PCM平均温差(℃)	10.01	12.35	12.75
除霜时系统低压侧压力降平均值(kPa)	120	150	60
除霜时系统低压侧压力平均值(kPa)	380~390	370~400	350~380
系统恢复供热时间(s)	20~50	30~60	30~60
放热过程特征	半关闭与完全关闭室内机相比,系统压力振荡小	制冷剂主要在蓄热器内蒸发,恢复供热操作方便	制冷剂主要在蓄热器内蒸发,除霜后需转换成串联蓄热

表3-8数据表明,串联或并联放热除霜都具有与蓄热器单独放热除霜相似的良好除霜特性。由表3-6可见,工况4~工况7中室内换热器出风口最低温度一直不低于室内环境温度,说明二者对室内环境温度的影响都不大。这主要是因为蓄热器作为除霜的低位热源,为低压侧制冷剂的蒸发提供了充足的热量,提高了系统吸、排气压力。蒸发温度也大大提高,室内侧换热器肋片管表面温度也随之增高,减少了室内换热器自然对流的传热温差。

并联放热除霜并不与并联蓄热一样存在制冷剂不易通过的问题,低压液态制冷剂更容易通过高温蓄热盘管吸热蒸发。但是串联放热除霜时系统低压侧即系统室内侧部件的制冷剂压力降比并联放热除霜时大1倍以上,串联放热时系统低压侧压力降平均在150kPa以上,而并联放热时系统低压侧的压力降只有60kPa左右。从这一点上看并联放热比串联放热有优势。但串联蓄热的好处是除霜结束后可不必进行阀门操作即可供热兼蓄热。

从以上分析可见,理论上讲这3种蓄热器放热流程都是可行的,具体采用哪种方式,要综合考虑阀门的设置方式,操作的方便、合理性等问题。

3. 蓄能除霜效果评价

空气源热泵蓄能除霜与常规除霜相比其效果要好得多,可以从以下两方面评价蓄能除霜效果:

(1)除霜速度快。具体表现为霜层融化迅速,表面水排净时间短,表面滞留水分蒸发快,单位时间内蒸发量大。表3-9给出了蓄能除霜和常规除霜在除霜速度上的比较。可以看出无论是中度结霜还是重度结霜工况,蓄能除霜的表面霜和表面水离开肋片管表面的时间都比常规除霜时短,整个除霜过程约为常规除霜所用时间的60%。图3-20给出了工况6中度结霜工况蓄能除霜时表面霜与表面水离开肋片管表面及肋片管表面大量逸出水蒸气的实验照片。图3-20(a)显示表面霜未融化完全时,换热器上部已有部分水蒸气开始蒸发逸出肋片管,图3-20(b)显示水蒸气蒸发量加大,图3-20(c)显示表面霜融化完全时水蒸气蒸发量仍然较多。而常规除霜时，一般要等到表面霜完全融化后，换热器表面才有大量水蒸气逸出。

蓄能除霜与常规除霜在除霜速度上的比较   表 3-9

比较项目	中度结霜			重度结霜		
	表面霜化净时间	表面水排净时间	平均除霜时间	表面霜化净时间	表面水排净时间	平均除霜时间
常规除霜（A）	78s	123s	480s	98s	174s	480s
蓄能除霜（B）	63s	105s	270s	72s	118s	300s
B/A×100%	80.77%	85.37%	56.25%	73.47%	68.72%	62.5%

 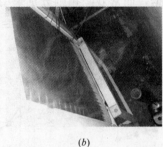 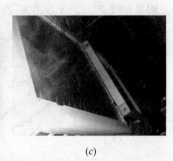

(a) (b) (c)

图 3-20 相变蓄能除霜时室外换热器霜层融化与表面水蒸发
(a) 水分开始蒸发；(b) 蒸发量加大；(c) 霜融化完全

(2) 除霜干净。可为恢复供热提供良好的室外换热器表面状态。蓄能热气除霜时由于低位热源蓄热器的热量贡献，系统可提供的除霜热流密度较常规除霜时大为增加，换热器肋片管升温速度快，在短时间内可以完全融化表面霜层，75%以上的表面滞留水分被蒸发，不会出现重度结霜工况常规除霜完成时表面仍然滞留大量水珠的现象。图 3-21 为工况 1 严重结霜条件下，相变蓄能除霜时室外换热器结霜、除霜后及恢复运行再结霜的图片。

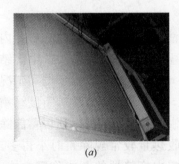 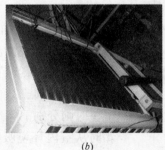 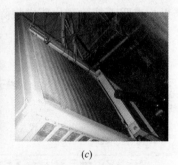

(a) (b) (c)

图 3-21 相变蓄能除霜室外换热器结霜、除霜后及恢复运行再结霜
(a) 除霜前 5min；(b) 蓄能除霜后；(c) 恢复供热后 15min

图 3-21 (a) 为除霜前 5min 时室外换热器表面结霜状况，可以看出结霜量非常大，霜层覆盖了整个换热器表面。图 3-21 (b) 为蓄能除霜后室外换热器照片，可见肋片管表

面很干净，除霜效果显著。图 3-21（c）为恢复供热 15min 后室外换热器再结霜的照片。再次结霜时，换热器上中部首先出现霜层，结霜状况正常。再无出现小冰粒的问题。

从所做的 13 个相变蓄能除霜实验结果看，所有相变蓄能除霜效果都很好。因此蓄能除霜新系统具有优良除霜特性与实际应用的可行性，能够拓宽空气源热泵的应用域：原则上在温度－10～5℃，φ 处于 85% 左右的重度结霜工况气象条件下，我们所提出的空气源热泵蓄能除霜新系统仍然能很好地工作。

4. 相变蓄能除霜与常规热气除霜系统状态参数变化分析

(1) 室内换热器各测点温度变化比较

图 3-22 和图 3-23 分别给出了蓄能除霜与常规除霜在中、重度结霜工况除霜时室内换热器出风口温度及室内换热器 18 测点温度的变化比较图。两图中蓄能除霜的中、重度结霜分别采用工况 3、工况 1 的数据，而常规除霜则分别采用工况 3 和工况 5 的数据。

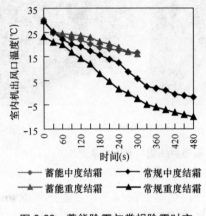

图 3-22　蓄能除霜与常规除霜时室内机出风口温度变化比较

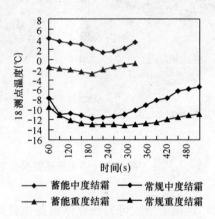

图 3-23　蓄能除霜与常规除霜时室内机 18 测点温度变化比较

由图 3-22 可见，蓄能除霜工况下室内机出风口空气温度下降幅度小，除霜各阶段其数值明显比常规除霜时高，在除霜结束时平均高出 15℃。而且蓄能除霜时间通常约占常规除霜时间的 60%，在室内出风口温度尚未大幅降低时，除霜已结束。这是我们希望的结果，表明蓄能除霜优于常规除霜。

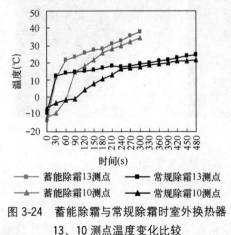

图 3-24　蓄能除霜与常规除霜时室外换热器 13、10 测点温度变化比较

图 3-23 可更加清楚反映两种除霜模式下室内换热器肋片管表面温度状态。蓄能除霜在中等结霜工况时 18 测点平均温度为 3℃，重度结霜工况时也只下降到－2℃，而常规除霜在中、重度结霜工况时则分别下降到－9℃和－13℃。所以蓄能除霜时从室内环境吸收热量较常规除霜时小得多。如果采用完全关闭室内换热器的蓄能除霜方式，则除霜几乎不对室内环境产生影响。

(2) 室外换热器各测点温度变化比较

图 3-24 为蓄能除霜与常规除霜时室外换热器 13、10 测点温度变化比较。

两种除霜模式分别采用了工况1、工况5重度结霜工况除霜数据。通过对比可见，常规除霜时室外换热器表面温度总体上比较低，全程在25℃以下。而蓄能除霜时室外换热器表面温度虽然初始时较常规除霜低，但除霜后上升速度较快，在300s除霜结束时，比同时刻常规除霜要高出20℃。

值得指出的是，虽然蓄能除霜可以在较短时间内加热室外换热器的肋片管，更有利于霜层的融化及表面水的蒸发。但蓄能除霜后期室外侧换热器表面温度过高会导致系统冷凝压力和压缩机输入功率异常增大，出现表面无霜而除霜的误除霜现象，会带来系统安全和能源浪费问题。因此采用蓄能除霜时应该合理设计蓄热器蓄热容量，避免除霜时提供过多的热量，此外还应严格控制除霜中止时间，防止类似误除霜现象发生。

（3）压缩机吸气温度的比较

图3-25给出了蓄能除霜与常规除霜压缩机吸气温度变化的比较。图3-25显示，蓄能除霜时压缩机吸气温度经过最初的冲高与回落后，稳定在-5℃，而常规除霜后期则稳定在-20℃，二者相差15℃之多。此外，由于蓄热器对除霜热量的贡献，蓄能除霜的吸气温度在除霜开始阶段会较长时间地保持高位，在蓄能除霜其他工况中这一现象也很明显。

（4）压缩机吸、排气压力变化的比较

图3-26和图3-27分别为蓄能除霜与常规除霜时压缩机排气、吸气压力变化的比较。

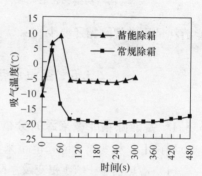

图3-25 蓄能除霜与常规除霜压缩机吸气温度变化的比较

蓄能除霜系统的根本目的是为除霜提供热源，加快系统低压侧制冷剂的蒸发，从而提高系统制冷剂的质量流量，达到更快更好的除霜目的。因此蓄能除霜系统的显著特征是除霜时压缩机吸气压力明显高于常规除霜。由图可见，二者相差100~150kPa。吸气压力的提高促进了排气压力的提高，从图3-26可以看出蓄能除霜时排气压力上升的速度是很快的。

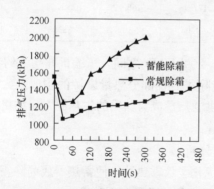

图3-26 蓄能除霜与常规除霜压缩机排气压力变化的比较

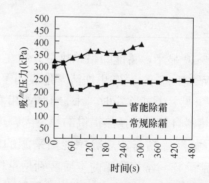

图3-27 蓄能除霜与常规除霜压缩机吸气压力变化的比较

实验数据表明，三种蓄能除霜模式都可以使压缩机吸气压力至少提高100kPa，排气压力和排气温度也显著上升。蓄能除霜压缩机吸气压力特性的明显改善，大大提高了空气

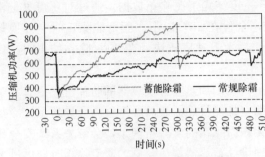

图 3-28 蓄能除霜与常规除霜压缩机输入功率变化的比较

源热泵机组除霜过程的可靠性,克服了由于吸气压力过低,而可能达到机组低压保护值,造成停机的现象出现。

(5) 压缩机输入功率变化的比较

图 3-28 为蓄能除霜与常规除霜压缩机输入功率变化的比较。蓄能除霜和常规除霜分别采用了工况 6 和工况 2 的数据。该图表明在除霜前 300s 内,蓄能除霜在电能消耗上比常规除霜高很多,但是蓄能除霜时间较短,综合来看,蓄能除霜的电能消耗量比常规除霜还要少。

3.5 空气源热泵蓄能热气除霜能耗特性研究

3.5.1 蓄能除霜能量来源的分析与计算

理论上,相变蓄能除霜能量来源由 4 部分构成:

(1) 蓄热器中 PCM 相变及温降提供的热量 Q_{pcm}
(2) 压缩机对制冷剂做功提供的热量 Q_{com_s}
(3) 系统低压侧部件温降提供的热量 Q_{sys_s}
(4) 室内换热器自然对流吸收供热环境的热量 Q_{evr_s}

根据文献 [53] 分析,可得到蓄能除霜系统提供的总热量 Q_{tot_s} 及压缩机耗功 W,见表 3-10。

蓄能除霜系统提供的总热量及压缩机耗功(kJ/kW)　　　　表 3-10

	工况 1	工况 2	工况 3	工况 4	工况 5	工况 6	工况 7
Q_{tot_s}	179.60	162.75	179.02	177.48	166.72	191.54	167.81
W	68.20	66.52	80.34	79.06	60.08	83.83	69.17

表 3-10 显示,蓄能除霜总热量大约在 160~200kJ/kW 之间,压缩机耗功大约在 60~84kJ/kW 之间。图 3-29 更加清楚地表明了蓄能除霜时各部分热量来源的构成及大小。由图 3-29 可见,蓄能除霜时,来自 PCM 相变提供的热量成为除霜的主热源,压缩机做功和室内换热器自然对流换热提供的热量大幅度下降。

3.5.2 蓄能除霜与常规除霜能量来源的对比分析

蓄能除霜与常规除霜的本质区别是重构并优化了除霜热源,使蓄热器成为除霜热源的主体。图 3-30 为蓄能除霜与常规除霜总供热量及压缩机功耗的对比图。

图 3-30 表明,蓄能除霜可在较短除霜时间内提供更多的除霜热量,且压缩机耗功量较常规除霜低 1/3 以上。

图 3-31 和图 3-32 分别给出了中度霜量及重度霜量工况时常规除霜与蓄能除霜各热源组分百分比构成对比图。其中分析常规除霜的中、重度霜量工况时,分别采用了常规除霜

3.5 空气源热泵蓄能热气除霜能耗特性研究

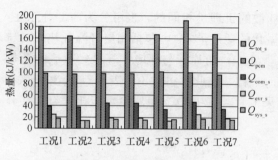

图 3-29 蓄能除霜热量来源构成

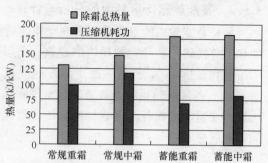

图 3-30 蓄能除霜与常规除霜总供热量及压缩机耗功的对比

工况 1~3 及工况 4~6 数据。蓄能除霜重度霜量工况采用了工况 1 的数据，中度霜量则采用了工况 3，4，6 数据的平均值。这三个工况除霜时间均为 300s，避免了由于除霜时间不一致引起的误差。

从图 3-31，3-32 中可以看到，常规除霜时热源有 3 个，其中压缩机作功 Q_{com} 和室内换热器吸收环境热量 Q_{evr} 大致相同，共同承担了除霜热量的主要来源。而蓄能除霜时热源为 4 个，原常规除霜 3 个热源提供的热量占总热量比例大幅度下降，三者总和降为总热量的 50% 以下。其中 Q_{evr} 下降最为显著，说明蓄能除霜在改善常规除霜从室内环境吸热的问题上有很大进步。蓄热器放热量 Q_{pcm} 成为蓄能除霜的主热源，约占总热量的 54%。这也是蓄能除霜系统优化设计的主要目标——让蓄热器的供热量占总除霜热量的比例尽可能的高，以减少除霜对热泵系统供热的不利影响。同时提高除霜过程的稳定性与可靠性。

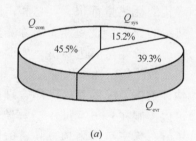

(a)

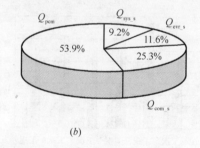

(b)

图 3-31 中度霜量时常规除霜与蓄能除霜热源构成对比图
(a) 常规中度霜量；(b) 蓄能中度霜量

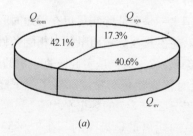

(a)

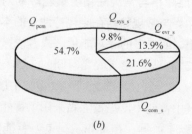

(b)

图 3-32 重度霜量时常规除霜与蓄能除霜热源构成对比图
(a) 常规重度霜量；(b) 蓄能重度霜量

3.5.3 蓄能除霜能量耗散的分析与计算

相变蓄能除霜能量耗散与常规除霜能量耗散的机理是相同的，也可分为四部分能耗：加热室外换热器肋片管的耗热量 Q_{fin_s}；霜层融化的耗热量 Q_{f_s}，包括霜层升温耗热 Q_{fs_s} 与霜层融化耗热 Q_{fl_s}；滞留表面水蒸发的耗热量 Q_{vap_s}；肋片管与环境空气自然对流的耗热量 Q_{cvt_s}。各部分热量的计算方法与常规除霜时一样，在此不再讨论。表 3-11 给出了 7 个工况相变蓄能除霜各部分能量耗散的计算结果汇总，其中 Q_{tot_s} 为总除霜能耗，为四部分除霜能耗之和。

相变蓄能除霜能耗计算结果汇总（kJ/kW） 表 3-11

	工况 1	工况 2	工况 3	工况 4	工况 5	工况 6	工况 7
Q_{fin_s}	38.44	34.47	45.78	41.5	35.55	37.82	35.28
Q_{fs_s}	16.62	6.59	6.70	9.30	2.87	6.47	7.03
Q_{fl_s}	83.53	58.76	67.34	65.4	45.81	63.94	56.82
Q_{f_s}	100.13	65.36	74.04	74.70	48.68	70.41	63.85
Q_{vap_s}	44.47	41.05	61.25	49.45	48.74	51.18	40.95
Q_{cvt_s}	0.10	2.41	8.57	3.22	11.56	5.19	2.63
Q_{tot_s}	183.16	143.30	189.66	168.88	144.55	164.62	142.72

表 3-11 显示，对于除霜量相对少一些的蓄能除霜工况 2，工况 5，工况 7，总的除霜能耗也少。而对于工况 3，工况 4，工况 6 等中等偏重的除霜过程，总除霜能耗都在 165kJ/kW 以上，这是因为霜量的增加使融霜能耗 Q_{f_s} 和表面水蒸发能耗 Q_{vap_s} 增加较多。对于重霜工况 1，蓄能除霜结果显示只存在很少的干热耗热量 Q_{cvt_s}，几乎为 0，这说明在除霜结束时，肋片管表面还是存在部分表面滞留水没有蒸发干净。重霜除霜时霜层升温及融化的耗热量都很大，总和占除霜总耗热量的 55%。此重霜工况除霜时间只有 5min，除霜量高达 606g，实验时为了横向比较除霜特性参数而人为要中止除霜。估计重霜工况的蓄能除霜合理除霜时间可以控制在 6～6.5min，这样除霜效果会更好。为了更清晰地反映蓄能除霜各工况下能量耗散的量值，图 3-33 以柱状图的形式给出了除霜能量耗散的构成。

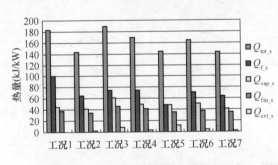

图 3-33 各工况蓄能除霜能量耗散构成

3.5.4 蓄能除霜与常规除霜能量耗散的对比分析

蓄能除霜与常规除霜在能耗特性上的本质差别之一是蓄能除霜可以在较短时间内提供与常规除霜相等或更多的除霜能量。或者说，两种除霜模式在除霜质量基本相同条件下，蓄能除霜时间较短，只占常规除霜时间的 2/3，甚至接近 1/2。这也是实现快速除霜的必要条件。图 3-34 中（a）与（b）图分别为重霜和中度霜量时蓄能除霜与常规除霜工况下能量耗散的对比图。其中蓄能中度霜量除霜采用了蓄能除霜工况 2，5，7 的数据平均值。

由图 3-34 可见，在重霜工况下，蓄能除霜总的耗热量是最大的，在 180kJ/kW 以上。各分项能量耗散值比较可以看出，重霜工况下加热霜层使之融化的热量 Q_f 明显增加。而 Q_f 主要与霜质量和霜初温有关，与除霜模式关系不大。另一方面蓄能除霜时室外换热器

3.5 空气源热泵蓄能热气除霜能耗特性研究

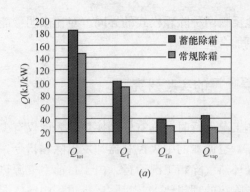
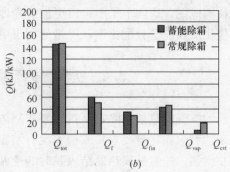

图 3-34 蓄能除霜与常规除霜在重度霜量与中度霜量工况时能量耗散的对比图
(a) 重度结霜工况；(b) 中度结霜工况

肋片管升温较快，除霜结束时肋片管温度也较高，因此蓄能除霜模式下加热肋片管的能耗 Q_{fin} 较常规除霜时要大。蒸发表面水耗热量 Q_{vap} 与肋片管表面温度及加热时间均有关。重霜时蓄能除霜的 Q_{vap} 比常规除霜的大，说明前者的表面水蒸发更充分，除霜效果也更好。中度霜量时蓄能除霜短时间内能提供与常规除霜相当的 Q_{vap} 值，也反映了蓄能除霜的良好性能。

蓄能除霜的不足之处是虽然肋片管加热速度快，但由于除霜时间短，表面水蒸发总量不如常规除霜充分，75%以上的最初表面滞留水会被蒸发。从另一个角度看，常规中度除霜时为了完全蒸发表面水，必然引起 Q_{cvt} 的增大，这是一种能量的浪费。

室外换热器肋片管表面温度在除霜结束时升温较高对系统恢复供热是有利的，因为恢复供热初期系统提供的供热量部分来自室外换热器肋片管温降释放的热量。

图 3-35 与图 3-36 以百分比的形式分别给出了重霜量与中度霜量时常规除霜与蓄能除

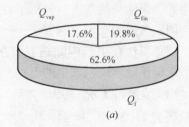
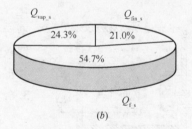

图 3-35 重霜量时常规除霜与蓄能除霜能耗构成百分比图
(a) 常规重度霜量；(b) 蓄能重度霜量

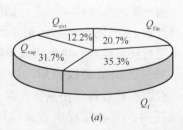
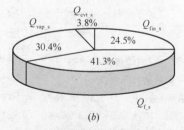

图 3-36 中度霜量时常规除霜与蓄能除霜能耗构成百分比图
(a) 常规中度霜量；(b) 蓄能中度霜量

霜的能耗构成图。这四个子图可以更加清晰地反映两种除霜模式的异同。对比表明蓄能除霜可以优化除霜能量分配比例，能量使用也更加合理。

3.6 空气源热泵误除霜的实验研究

所谓的空气源热泵误除霜是指热泵在制热工况运行时，其室外侧换热器表面仅有少量结霜（未达到除霜霜量要求）或根本没有结霜，空调器的中央控制器却发出除霜指令，使热泵停止供热，按室外换热器结满霜时的逆循环热气除霜工况运行。由于目前空气源热泵的除霜控制系统还不是很完善，没有达到按需除霜的理想要求，实际运行过程中空气源热泵误除霜现象是比较严重的[57]。文献[58]指出，空气源热泵冷热水机组除霜中大约有27%是误除霜。通常人们认为，误除霜导致的后果主要表现在热泵空耗电能，供热效率下降，室内环境热舒适性恶化，仅仅是供热不足与能源浪费问题。其实这种认识是没有看到误除霜本质。我们通过实验发现，误除霜的真正危害是误除霜时系统高压侧压力急剧升高，大大超过系统高压保护阈值，甚至超过高压保护阈值的70%以上而造成压力表损坏；压缩机通过的电流值短时间内猛增，功率也相应急剧上升，若不及时中止误除霜，其功率最终会达到热泵额定功率的2倍以上，往往造成压缩机的烧毁等，同时电能损失也是可观的。因此，误除霜过程是热泵系统各高压部件及其管路受到超高压冲击，压缩机承受过载电流能力接受极限考验的过程。这些损害是热泵系统正常除霜运行过程中不可能出现的，因此，误除霜的频繁发生必然会极大增加系统高压侧部件（如高压压力表、压缩机）的损坏概率，进而严重影响热泵的工作寿命。

我们对一台分体热泵型房间空调器误除霜特性进行了详细的实验研究。通过对比实验，分析误除霜和正常除霜时压缩机轴功率、吸气压力、排气压力等除霜特性参数的变化，以便弄清误除霜的危害。分析了目前分体热泵型房间空调器常用的除霜控制方法——室内侧换热器双温度传感器法在引起误除霜方面存在的缺陷，并提出了避免误除霜现象发生的思路。

3.6.1 实验装置与工况

实验装置如图3-37所示，由3大部分构成：(1) 人工气候小室及小室空气处理系统；(2) 空气源热泵实验样机；(3) 实验参数检测记录系统。

实验时首先对人工气候小室内空气进行降温处理，对于结霜—除霜工况则同时进行加湿处理，保证小室相对湿度在85%～90%；对于无霜—误除霜工况则不进行加湿处理。由此组成不同的实验工况，见表3-12。达到预定数值后，启动温、湿度微调设备，控制实验过程中小室空气温、湿度值在预定精度范围内。实验过程中重点检测压缩机电流，轴功率，吸、排气压力的动态变化值。

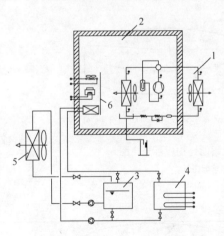

图3-37 空气源热泵误除霜实验装置示意图
1—空气源热泵实验样机；2—人工气候小室；
3—低于0℃的乙二醇水溶液水箱；4—热源；
5—自然冷源；6—空气处理设备

3.6 空气源热泵误除霜的实验研究

表 3-12 空气源热泵误除霜与正常除霜对比实验工况

工况编号	结霜—除霜	无霜—误除霜		
	1	2	3	4
人工小室温度（℃）	0	0	2.0	−2.0
人工小室湿度 ϕ（%）	80~90	≤55	≤55	≤55
室内环境温度（℃）	14~17	14~18	10~15	10~16

3.6.2 实验结果与分析

1. 误除霜和正常除霜时热泵特性参数的对比

主要对人工小室温度为 0℃ 时误除霜（工况 2）和正常除霜（工况 1）特性参数值（压缩机轴功率、吸气压力、排气压力）进行了比较实验，其实验结果见图 3-38~图 3-40。

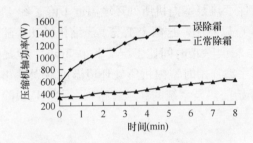

图 3-38 误除霜（工况 2）和正常除霜（工况 1）时压缩机轴功率随时间的变化

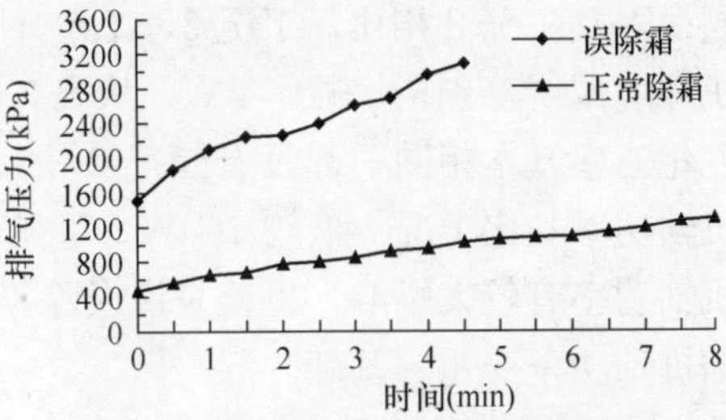

图 3-39 误除霜（工况 2）和正常除霜（工况 1）时压缩机排气压力随时间的变化

由图 3-38 可以看出，正常除霜时压缩机轴功率初始值为 338W，随着除霜的进行其功率值平稳上升，达到除霜预设时间 8min 时最高功率为 611W。而误除霜时压缩机轴功率在 1min 内就升到 921W，超过了压缩机的额定功率（880W），此后以每 1min 平均 142W 的速度上升，在 4.5min 时达到 1443W，此时已超过额定功率 500W 以上。而从图 3-39 可以看出，压缩机排气压力在正常除霜时始终在 1300kPa 以下，而误除霜时压缩机排气压力在 1min 内即达到 2095kPa，在 3min 时已超过高压保护阈值 2450kPa。因此，随着误除霜的进行，压缩机排气压力一直在快速上升，平均每 1min 上升 320kPa，在 4.5min 时达到 3085kPa，超过高压保护阈值 635kPa。此时，为了避免压缩机和高压部件损坏，实验中人为中止了误除霜。如果不中止误除霜，按照中止前压缩机轴功率和排气压力的上升速率，误除霜时间达到通常除霜时间预设值 8min 时，二者将分别为 1940W 和 4200kPa。由此可见，误除霜的危害不仅是能源浪费与供热不足问题，更严重的是它对热泵压缩机和高压部件及管路的损害。误除霜时，尤其长时间误除霜时极易造成压缩机电流过大而烧毁，高压部件管路因压力过大而破裂。同时，频繁的误除霜又会增加热泵疲劳老化速率，降低热泵工作寿命。

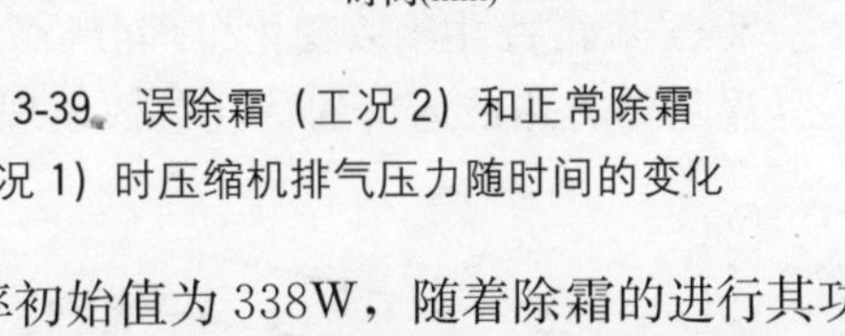

从图 3-40 可见，误除霜时压缩机吸气压力高于正常除霜时的吸气压力，其中误除霜吸气压

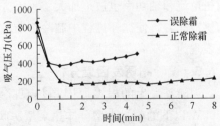

图 3-40 误除霜和正常除霜时压缩机吸气压力随时间的变化

力平均在 400kPa 到 500kPa，是正常除霜的 1 倍左右。

误除霜另一个特性是压缩机压缩比较高，根据实验数据计算，在工况 2 条件下，误除霜开始后 0.5min 时压缩比为 3.85，1.5min 时已升到 5.66，此后压缩比进一步升高并维持在 6.0～6.3 之间。可见，误除霜时压缩机在高吸气压力下仍然保持了较高压缩比，处于超负荷运行状态。

对于工况 3 和工况 4 条件下误除霜实验，给出了压缩机轴功率随时间的变化，见表 3-13。

工况 3 和工况 4 条件下误除霜时压缩机轴功率随时间的变化　　表 3-13

时间（min）	0	1	2	3	4	5
工况 3（W）	402.6	836	897.6	1034.0	1080.2	1183.6
工况 4（W）	382.8	820.6	902.0	1009.8	1179.2	1181.2

同误除霜工况 2 相比，工况 3，工况 4 条件下热泵室内机所处环境温度下降了约 4℃，室外机环境温度分别增、减了 2℃。从表 3-13 可以看出，这两个工况下压缩机轴功率随时间的变化速率基本相同，都没有工况 2 快，虽然误除霜时间比工况 2 长 0.5min，但最终压缩机轴功率却比工况 2 低约 260W。可见误除霜开始时室内机所处环境温度对误除霜时压缩机轴功率有较大影响，也就是说误除霜开始前热泵系统的高压管路压力大小是误除霜时压缩机轴功率变化的基础。

2. 误除霜特性参数变化机理分析

误除霜时热泵运行的特性参数表现为"双高"——压缩机轴功率高、排气压力高。其根本原因有两点：一是室外侧换热器表面无霜，二是除霜时室外风机停机。室外侧换热器表面无霜，进入换热器的气态制冷剂冷凝放热主要用于加热肋片管而不是融霜；室外风机停机，换热器与周围环境热交换量大大减少，又由于肋片管本身热容量小，所以肋片管被加热的直接表现是温度升高。二者共同作用，导致从压缩机排出的高温、高压气态制冷剂在误除霜开始的 1min 内迅速加热室外机肋片管，其表面温度从 -5℃迅速上升到 30℃以上，见图 3-41。此时，冷凝压力也随着肋片管表面温度上升而迅速增大，冷凝压力的提高又迫使压缩机排气压力进一步升高，压缩机电流和轴功率也被迫加大。另一方面，冷凝压力的提高也加大了节流部件——毛细管的供液能力，使循环过程中制冷剂质量流量相应增加。在这些因素综合作用下误除霜时热泵表现为"双高"特性。

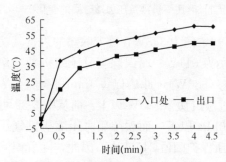

图 3-41 误除霜时室外换热器进出口温度随时间的变化

3.6.3 误除霜诱发因素分析

误除霜发生的根本原因是热泵除霜控制系统的不完善。目前，对于标准制热量在 4000W 以下的中、小型分体热泵型房间空调器普遍没有设置室外机换热器肋片管表面温度传感器，而是采用室内机双温度传感器除霜控制方法。由于这是一种新近发展的除霜控制方法，被很多厂家采用，但还没有形成一种行业统一的除霜判断条件，各个厂家除霜判

3.6 空气源热泵误除霜的实验研究

断条件也有很大差别。其中一种应用较普遍的除霜控制方法的基本原理是：热泵制热运行启动后，其LC（逻辑控制器）以一定频率（如每隔1min）检测室内机换热器肋片管表面温度t_f和室内机进风温度t_n的动态值，并记录二者的差值$\Delta t=t_f-t_n$及Δt的最大值Δt_{max}。随着室外机换热器表面结霜量增大，热泵蒸发温度和蒸发压力下降，制热效率下降，其外在表现是t_f下降较快，引起Δt下降，供热不足进一步导致室内环境温度t_n下降。当Δt下降到Δt_{max}的某一百分比值ε，且保持一定时间时，说明结霜已对热泵供热造成较大影响，此时热泵需要除霜，当其他除霜条件（如压缩机累积运行时间超过50～60min等）同时满足时，LC发出除霜指令，热泵开始除霜。这里ε值与结霜过程中的t_f，t_n，Δt_{max}有关，通常为65%～75%。除霜时间通常为固定值，根据霜量多少，一般5～8min。这是一种相对复杂，但效果较好的除霜控制方法，本实验样机即采用这种除霜控制方法。表3-14给出了结霜—除霜工况1条件下t_f，t_n，Δt随时间的变化，表3-15给出了无霜—误除霜工况2条件下t_f，t_n，Δt随时间的变化。

结霜—除霜工况1条件下t_f，t_n，Δt随时间的变化值（℃）　　表3-14

时间（min）	0	5	10	15	20	25	30	35	40	45	50	55	60	65	70	75	80
t_f	30.3	30.2	30.0	30.4	30.5	29.9	29.7	28.9	28.7	28.7	27.4	27.6	27.2	26.6	26.2	25.7	24.8
t_n	16.8	16.3	16.6	16.6	16.0	14.9	15.2	15.5	15.3	15.0	14.7	15.0	14.7	14.7	14.8	14.5	14.5
Δt	13.5	13.9	13.4	13.8	14.5	15.0	14.5	13.4	13.4	13.7	12.7	12.6	12.5	11.9	11.4	11.2	10.3

无霜—误除霜工况2条件下t_f，t_n，Δt随时间的变化值（℃）　　表3-15

时间（min）	0	5	10	15	20	25	30	35	40	45	50	55
t_f	31.1	32.4	29.4	27.9	29.5	30.0	29.62	29.1	28.4	28.1	28.6	30.0
t_n	20.1	20.3	16.4	13.4	17.4	18.2	17.1	16.8	16.5	15.4	17.1	19.4
Δt	11.0	12.1	13.0	14.5	12.1	11.8	12.52	12.3	11.9	12.6	11.5	10.6

从表3-14可以看出，在结霜工况下，热泵运行20min后室外侧换热器进入稳定结霜期，t_f和t_n随着结霜时间的增加而下降，但t_f比t_n下降速率快。整个结霜期80min内t_f下降了5.7℃，而t_n下降了2.3℃。表3-14也给出了t_f和t_n的差值Δt随结霜时间的变化。Δt的最大值Δt_{max}（15.0℃）出现在25min时，此后随结霜量增大，Δt基本匀速下降，在80minΔt降到最小值10.3℃，ε为69.1%时触发了LC的除霜指令。可以看出，正常结霜除霜工况下室内温度t_n波动不大，Δt降低的主要因素是室外换热器结霜的加剧致使t_f下降较快。

现实情况下，室内环境的温度会由于各种原因出现波动，比如开门窗通风换气，人员大量流动等。对于采用室内双温度传感器除霜控制法的热泵来说，室内环境温度的变化往往成为误除霜的诱因。为了考察这种误除霜因素，实验时采用引入室外冷空气的方法人为造成室内温度波动，此时t_n的变化引起t_f相应变化，t_n成为Δt变化的主导因素。如表3-15所示，在室外换热器表面无霜工况下，t_n和t_f最大值出现在5min，分别为20.3℃和32.4℃。此时，引入冷空气降低室温，t_f和t_n同时下降，但t_n比t_f下降速率快，在15min时t_n降到最低点13.4℃，此时Δt达到最大值Δt_{max}（14.5℃）。此后，保持一定的室内外换气量使室内热负荷基本恒定，则t_n，t_f和Δt基本稳定，直到45min时停止向室内送冷风，室内热负荷减少导致t_n上升较快，t_f作为因变量没有t_n上升快，结果是Δt迅速减小，在 55min 时达到 10.5℃，此时 ε 为 72.4%，压缩机运行时间也达到了 55min 的累计时间，LC 经过逻辑判断误认为室外换热器表面霜量已达到除霜要求，遂发出除霜指令，误除霜开始了。

另外，在北方地区（如北京）使用空气源热泵时，由于空气较干，含湿量很小，根本不存在结霜条件，但由于室外空气温度较低，同样会导致蒸发温度下降，而出现误除霜现象。

由此可见，LC 误将其他因素引起的 Δt 下降当成室外换热器结霜作用的结果是误除霜的真正原因。

解决误除霜问题的基本思路是让 LC 能够识别 Δt 变化的真实原因，是室外换热器结霜造成的还是室内热负荷变化引起的，或是室外温度低而干燥的情况引起的，从而决定是否除霜。

通过以上分析，我们对分体热泵型房间空调器误除霜问题有了基本的认识，可以总结成以下几点[59]：

(1) 空气源热泵误除霜问题涉及因素众多，不同的除霜控制方法导致误除霜的原因不尽相同，分体式热泵型房间空调器往往因为供热环境热负荷的变化引起误除霜，或是室外空气温度低且相对湿度也小，导致室外换热器蒸发温度低引起误除霜。

(2) 误除霜特性表现的根本原因是误除霜时室外换热器表面无霜和室外风机停机。

(3) 空气源热泵误除霜时表现为"双高"特性——压缩机轴功率高、排气压力高，且二者上升速度快，最终轴功率将超过额定功率的 1 倍，排气压力超过高压保护值的 70%。

(4) 空气源热泵误除霜的危害十分严重，一是误除霜会对热泵压缩机和高压部件及管路造成极大的损害，经常性误除霜会严重降低热泵的工作寿命；二是误除霜造成无益地浪费电能；三是误除霜又引起供热的间断，使室内温度波动，影响供热质量。

(5) 目前常用的室内机双温度传感器除霜控制法在消除误除霜方面还不完善，没有形成统一的除霜控制标准。

第4章 空气源热泵的应用实践

4.1 概　　述

由于空气源热泵冷热水机组具有诸多优点,作为集中空调的冷热源,近年来在我国发展很快。生产厂家已由1995年的十几家发展到现在的50多家。产品品牌繁多,机组的冷热量规格齐全。目前,在我国的长江流域、黄河流域等地区的应用十分广泛,甚至天津、西安等地也有应用实例。这表明其应用范围有北扩的趋势。而我国东北、华北、西北、内蒙古等地区冬季室外空气中含水量很少,其结霜问题并不像长沙等地区那么严重。这是否意味着,在这些寒冷地区也可以采用空气源热泵冷热水机组,在冬季为集中空调提供50℃的热水。为寻找答案,我们对空气源热泵冷热水机组的应用情况进行了分析,从解决能源与环境问题出发,提出了一种以能量闭路循环使用为特征的、具有节能和环保意义的、适合寒冷地区特点的双级耦合热泵供暖系统,以及系统的单、双级运行模式,对该系统进行了深入的理论分析和实验研究以及工程实践,以期为寒冷地区推广应用热泵空调系统创一条新路。另外,我们还对空气源热泵在我国长江流域、黄河流域等地区应用中的一些特殊问题进行了研究,如平衡点温度选取问题的研究;结霜除霜损失系数的研究;空气源热泵冷热水机组选择方法的研究;空气源热泵故障分析与诊断等。本章主要介绍上述问题的研究结果,并进行分析。

4.2 空气源热泵在我国应用的研究

4.2.1 平衡点温度

1. 平衡点与平衡点温度

众所周知,当空气源热泵供热运行时,其性能受气候特性影响非常大。随着室外温度的降低,机组的供热量逐渐减少。同时,当室外温度较低而相对湿度又过大时,室外换热器会发生结霜现象,使室外换热器换热恶化,供热量骤减,甚至发生停机现象,严重影响供热效果。另一方面,随着室外温度的降低,建筑物的热负荷逐渐增大,与机组的供热特性恰好相反。在设计中,若按冬季空调室外计算温度选择热泵机组时,势必导致热泵机组过多或过大,使系统初投资过高。同时,在运行中,热泵机组又无法在满负荷下运行,导致热泵机组的能效比下降,使系统运行费用提高。为了避免发生这样的问题,在设计时,通常选择一个优化的室外温度,并按此温度选择热泵机组,如图4-1所示。图中机组所提供的实际供热量曲线 $Q_f = f_3(T)$ 与建筑物热负荷曲线 $Q_l = f_1(T)$ 的交点 O 称为空气源热泵的平衡点,此时,机组所提供的热量与建筑物所需热负荷恰好相等,该点所对应的室外温度称为平衡点温度(图4-1中的温度 T_b)。

设计中,应在平衡点温度工况下,选择热泵机组的大小。由图4-1可见,当室外温度高于平衡点温度时,热泵机组供热有余,需要对机组进行能量调节,使机组所提供的热量尽可能接近建筑物的热负荷,有利于节能。当室外温度低于平衡点温度时,热泵供热量又不足,不足部分由辅助热源提供。辅助热源可为电锅炉、燃油锅炉、燃气锅炉等。平衡点温度选择过低,则选用的辅助热源较小,这样热泵机组相对要大,会导致系统投资大幅度提高,且安装费、电力增容费和运行费较高;而且机组长期在部分负荷下运行,使用效率不高,既不经济,又不节能。平衡点温度选择过高,则所需辅助热源过

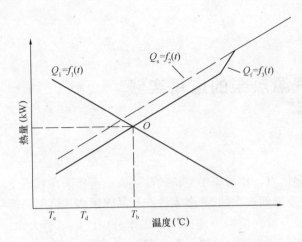

图 4-1 空气源热泵的稳态供热量 Q_s、实际供热量 Q_f、建筑物热负荷 Q_l 随温度的变化示意图

大,不能充分发挥热泵的节能效益,亦不利于节能。因此,合理确定平衡点对于选择热泵机组容量的大小、其运行的经济效益、节能效果都有很大的影响。而平衡点不但与热泵机组本身的机械特性、热工特性有关,而且也与建筑物的围护结构特性、负荷特性有关,同时,还与当地的气候条件等有关。因此,在实际设计中,合理选择机组的平衡点是极其困难的事情。由于空气源热泵机组在供热时有上述特点,因此,评价空气源热泵用于某一地区在整个采暖季节运行的热力经济性时,常采用供热季节性能系数(HSPF)作为评价指标。

2. 空气源热泵机组供热最佳平衡点的确定

由上述分析可知,选择不同的平衡点温度,就会有不同的辅助加热量和不同的热泵容量。空气源热泵平衡点温度的选择完全是一个技术经济比较问题。早在 20 世纪 80 年代,原哈尔滨建筑工程学院(现哈尔滨工业大学)的徐邦裕教授就对空气/空气热泵在我国应用的平衡点温度开展了理论与实践研究。根据气候条件,将我国划分为 7 个不同供热季节性能系数的采暖区域,并首次给出了 7 个区域的不同平衡点温度。但应注意,当时空气/空气热泵的性能不如现在的设备,使其供热季节性能系数偏小[1]。20 世纪 90 年代末,我们对空气源热泵冷热水机组在我国应用的供热最佳平衡点作了研究与分析,现将平衡点温度的确定原则与方法介绍如下。

(1) 最佳能量平衡点[2~3]

通常情况下,为了热泵系统控制简便,空气源热泵系统的辅助热源通常选用电锅炉。在此情况下,所谓最佳能量平衡点,即在该平衡点温度下,所选取的空气源热泵机组的供热季节性能系数最大。供热季节性能系数的定义如下:

$$HSPF = \frac{供热季的总供热量}{供热季的总耗功量}$$
$$= \frac{供暖房间总热负荷}{热泵总耗功量+辅助加热总耗能+曲轴箱加热总耗能} \tag{4-1}$$

供暖系统的功耗除(4-1)式所列 3 项外,还有自控部分的功耗,如今的空气源热泵

机组大部分为微电脑控制,自控部分耗能较少,也不连续。因此本节对此项未做考虑。于是:

$$HSPF = \frac{SQ_l}{SW + SQ_a + SQ_e}$$

$$= \frac{\sum_{j=1}^{m} Q_l(t_j) n_j}{\sum_{j=1}^{m} K(t_j) W(t_j) n_j + \sum_{j=1}^{m} Q_a(t_j) n_j + \sum_{j=1}^{m} K(t_j) Q_e(t_j) n_j} \quad (4-2)$$

式中 SQ_a——整个供暖季节的辅助加热耗电量,kW·h;
SQ_e——整个供暖季节曲轴箱加热总耗电,kW·h;
SW——整个供暖季节的热泵总耗功量,kW·h;
SQ_l——供暖房间季节热负荷,kW·h;
t_j——第 j 个温度区间的代表温度,℃;
$Q_a(t_j)$——第 j 个温度区间的辅助加热量,kW;
$Q_e(t_j)$——第 j 个温度区间的曲轴箱加热量,kW;
$W(t_j)$——第 j 个温度区间空气源热泵消耗的功,kW;
$Q_l(t_j)$——第 j 个温度区间的房间热负荷,kW;
$K(t_j)$——温度为 T_j 时热泵机组的切断系数[4];
j——第 j 个温度区间,$j=1,2,3\cdots\cdots m$;
n_j——第 j 个温度区间的小时数;
m——以1℃为区间,划分供暖季温度区间数。

由以上分析可以看出,针对某一地区,当 BIN 参数、房间围护结构特性、室内设计参数、室外空调设计温度、结霜除霜损失系数、热泵机组的特性等确定后,空气源热泵机组的耗功量、辅助加热量、曲轴箱加热量等只与平衡点有关。因此我们可以说,供热季节性能系数是平衡点的函数,记作:

$$HSPF = f(T_b) \quad (4-3)$$

对式(4-3)求最大值,$HSPF$ 取最大值时所对应的 T_b,即为最佳能量平衡点温度。

(2) 最小能耗平衡点[3]

如果空气源热泵机组的辅助热源为燃煤锅炉、燃气锅炉或燃油锅炉,上面所定义的最佳能量平衡点就不太合适了。为此,我们从一次能源利用角度来考虑,看整个系统如何运行,才能达到最高的一次能源利用率。为此,我们提出了最小能耗平衡点,即寻求在整个运行季节的一次能源利用率最高的温度,作为热泵机组和辅助热源的开停转换点。因此,我们可以提出新的运行模式:室外温度高于该温度,运行热泵机组,低于该温度,关闭热泵机组,辅助热源(电锅炉除外)全部投入运行。最小能耗平衡点温度可用下列条件来约束,即能够使热泵运行时间内的供热能源利用系数和辅助锅炉中最高的能源利用系数(效率)相等。

$$E_{热泵} = E_{锅炉} \quad (4-4)$$

式中

$$E_{热泵} = COP_{yj} \eta_1 \eta_2 \quad (4-5)$$

$$COP_{yj} = \frac{\sum Q_1(t_j) \cdot n_j}{\sum W(t_j) \cdot n_j} \tag{4-6}$$

式中 $E_{热泵}$——热泵的一次能源利用系数；

$E_{锅炉}$——锅炉的一次能源利用系数；

COP_{yj}——热泵运行时所对应的季节性能系数；

η_1——火力发电厂效率；

η_2——输配电效率。

这样，就可以保证热泵在较高的效率下运行，使整个供热季节获得较高的一次能源利用率，从而减少了一次能源的消耗。在供热期中，热泵的能源利用系数永不会低于辅助热源的能源利用系数。

（3）最佳经济平衡点[3]

最佳能量平衡点和最小能耗平衡点是从能量的角度来分析的。通过前面的分析可以看出，热泵空调系统平衡点的选取直接影响系统的初投资和运行费用。良好的平衡点不但意味着整个系统可以减少初投资，降低运用费用，而且可以使整个系统保持良好的运行状态，提供更为舒适的空间环境。另一方面，在市场经济的今天，许多业主所关心的并不是是否节能，而是能否省钱，即让初投资和运行费用较低。为此，这里又提出最佳经济平衡点的概念，即如果按此平衡点来选择机组和辅助热源，能够使整个供热系统（热泵＋辅助热源）的初投资和运行费最少。

研究表明：影响最佳经济平衡点的因素是很多的，如气候特性、负荷特性、能源价格结构、主机设备价格等。其中，气候特性、能源价格是影响最佳经济平衡点的重要因素，在确定最佳经济平衡点时应给予足够的重视。

4.2.2 结霜除霜损失系数

结霜使得空气源热泵的供热量减少，除霜时不但不能提供热量，反而从建筑物内部吸取热量，使得空气或水温度有所下降，严重时有吹冷风的感觉，影响了室内的供热效果。如何描述结霜除霜对热泵稳态性能影响的大小呢？为此我们提出了结霜除霜损失系数的概念[5]，定义：

$$D_f = \frac{COP_f}{COP_s} \tag{4-7}$$

式中 D_f——结霜除霜损失系数；

COP_f——结霜时的性能系数，COP_f＝上次除霜末到下次除霜始热泵供给的总热量/上次除霜末到下次除霜始输入热泵的总功率；

COP_s——室外换热器为干盘管时的热泵稳态性能系数。

结霜除霜损失系数是随室外温度的变化而变化的。这就增加了人们在选用空气源热泵机组时考虑结霜除霜系数的复杂性。为了便于计算，我们考虑了各个温度区间出现的权重，提出了结霜温度区间平均结霜除霜损失系数：

$$D_{fm} = \frac{\sum_{i=1}^{m} D_{fi} N_i}{\sum_{i=1}^{m} N_i} \tag{4-8}$$

式中 D_{fm}——平均结霜除霜损失系数；

D_{fi}——室外温度为 t_{oi} 时的结霜除霜损失系数；

N_i——室外温度为 t_{oi} 时，以 1℃ 为区间所出现的结霜除霜小时数，h。

根据式（4-8），结合北京地区的一班制和三班制以 1℃ 为区间的 BIN 参数，可计算出北京地区的一班制和三班制建筑物的平均结霜除霜损失系数，$D_{fm1}=0.98$，$D_{fm3}=0.965$。

由以上可知，平均结霜除霜损失系数和当地的气候条件有着密切的关系。我国幅员辽阔，气候类型多种多样，这就决定了由实验测试求出各地平均结霜除霜损失系数的复杂性和艰巨性。文献［5］研究了空气源热泵结霜除霜损失系数，给出了结霜量指标（D_{fe}）的定义。D_{fe} 大的地区，说明机组结霜严重，结霜除霜损失大；反之，D_{fe} 小的地区，机组结霜程度轻；$D_{fe}=0$ 的地区，机组不结霜。因此说 D_{fe} 恰好反映了结霜的严重程度，使我国各空气源热泵适用地区的结霜特性有一定的可比性。通过已知的北京地区的平均结霜除霜损失系数和相对结霜量，求得各主要城市相应结霜区间的平均结霜除霜损失系数，见表4-1、表4-2。

各城市相对结霜量（三班制 0:00～24:00 和一班制 8:00～18:00）　　　表4-1

城市	统计日期	频数		平均速率 [mg/(m²·s)]		结霜量指标 D_{fe}		相对结霜量	
		一班制	三班制	一班制	三班制	一班制	三班制	一班制	三班制
北京	11月9日～3月17日	0.174	0.238	0.168	0.183	0.032	0.049	1	1
济南	11月16日～3月17日	0.184	0.248	0.188	0.2	0.034	0.057	1.183	1.14
郑州	11月24日～3月5日	0.195	0.256	0.201	0.221	0.039	0.056	1.34	1.3
西安	11月21日～3月1日	0.233	0.263	0.186	0.212	0.043	0.055	1.48	1.27
兰州	11月1日～3月15日	0.067	0.08	0.038	0.1	0.003	0.008	0.087	0.16
南京	12月8日～3月28日	0.183	0.482	0.448	0.241	0.082	0.116	2.8	2.67
上海	12月24日～2月23日	0.187	0.289	0.335	0.472	0.063	0.136	2.14	3.13
杭州	12月25日～2月23日	0.214	0.218	0.408	0.5	0.087	0.109	2.98	3.19
武汉	12月16日～2月20日	0.248	0.341	0.51	0.685	0.126	0.233	4.32	5.36
宜昌	12月26日～2月6日	0.188	0.237	0.471	0.559	0.09	0.132	3.02	3.04
南昌	12月30日～2月2日	0.175	0.227	0.318	0.478	0.056	0.108	1.93	2.49
长沙	12月25日～2月8日	0.336	0.481	0.531	0.767	0.178	0.37	6.13	8.47
成都	12月28日～2月25日	0.12	0.162	0.14	0.19	0.0108	0.030	0.57	0.7
重庆	12月27日～1月27日	0.08	0.09	0.106	0.11	0.008	0.009	0.3	0.23
桂林	12月29日～2月6日	0.021	0.023	0.07	0.078	0.002	0.002	0.05	0.04

各城市平均结霜除霜损失系数　　　表4-2

城市	一班制	三班制	城市	一班制	三班制
北京	0.98	0.965	武汉	0.913	0.812
济南	0.976	0.96	宜昌	0.94	0.894
郑州	0.973	0.954	南昌	0.96	0.912
西安	0.97	0.955	长沙	0.878	0.703
兰州	0.998	0.994	成都	0.988	0.973
南京	0.944	0.907	重庆	0.994	0.99
上海	0.957	0.89	桂林	0.999	0.998
杭州	0.94	0.888			

表 4-2 是在空气源热泵室外盘管常用迎面风速为 1.5～3.5m/s 的条件下计算得出的，据此，我们可以根据平均结霜除霜损失系数，将我国空气源热泵机组适用地区分成 4 类。

(1) 低温结霜区：济南、北京、郑州、西安、兰州等。这些地区属于寒冷地区，气温比较低，相对湿度也比较小，所以结霜现象不太严重，一般平均结霜除霜损失系数在 0.950 以上。

(2) 轻霜区：成都、重庆、桂林等。其平均结霜除霜损失系数都在 0.97 以上。这表明，在这些地区使用热泵时，结霜不明显或不会对供热造成大的影响，热泵机组特别适合这类地区应用。

(3) 重霜区：长沙。其平均结霜除霜损失系数为 0.703。主要是因为该地区相对湿度过大，而且室外空气状态点恰好处于结霜速率较大区间的缘故。在使用空气源热泵供热时，应充分考虑结霜除霜损失对热泵性能的影响。

(4) 一般结霜区：杭州、武汉、上海、南京、南昌、宜昌等。其平均结霜除霜损失系数在 0.80～0.90 左右。在使用空气源热泵供热时，要考虑结霜除霜损失对热泵性能的影响。

4.2.3 空气源热泵冷热水机组选择方法

空气源热泵冷热水机组作为空调冷热源，担负着一机两用的角色：夏季作为冷源，冬季作为热源，所以在热泵选型时就要同时考虑其制冷和制热性能，使所选用的空气源热泵冷热水机组的制冷量、制热量，既要满足夏季室内空调冷负荷又要满足冬季室内空调热负荷的需要。目前，对于空气源热泵机组的选择，国内学者和广大设计工作者针对某一地区进行了一些研究，提出了一些选择方案。如中南设计院通过对机组的制冷、制热特性及建筑物负荷特性的分析，认为对于武汉地区，夏季冷负荷与冬季热负荷之比等于或略高于 1.5 的用户，如办公楼、写字楼等，根据夏季冷负荷选择的热泵机组，其冬夏利用率均较高，因而相对经济些[6]。但总的来看，空气源热泵冷热水机组选择方法通常有以下 3 种方案：

(1) 根据夏季冷负荷来选择空气源热泵冷热水机组，对冬季热负荷进行校核计算，如果机组的供热量大于冬季设计工况热负荷，则该机组满足冬季供暖要求；如果机组的供热量小于冬季热负荷，可按两种情况进行考虑，当机组供热量小于等于冬季热负荷的50%～60%时，可以增加辅助加热装置，否则应综合考虑初投资和运行费用来确定容量。该种方案存在的问题在于如果夏季冷负荷比冬季热负荷大得多，则在冬季供热时，机组所提供的热量远高于建筑物所需要的热量，只能让机组经常在部分负荷下运行，利用效率不高，且初投资较大。

(2) 根据冬季热负荷来选择空气源热泵冷热水机组，对夏季冷负荷进行校核。如果机组的制冷量大于夏季空调设计冷负荷，则满足要求；如果小于夏季空调设计冷负荷，则应增加单冷机组供冷，以满足负荷要求。这种方案存在的问题在于，如果所选机组的制冷量远大于夏季空调冷负荷，则机组也常在部分负荷下运行，设备利用率不高，初投资过大。

(3) 采用比负荷系数法选择空气源热泵机组[7]。1998 年，南京市市政设计院在对空气源热泵机组的供热、制冷特性的研究及对全国各地的冬夏空调计算温度统计的基础上，提出了比负荷系数法。该方法实质上只体现了机组台数之间冬夏运行的匹配性，而并未考虑这样选择是否经济、是否节能。

如何选择空气源热泵冷热水机组，才能使所选择的空气源热泵冷热水机组的制冷量、制热量在满足室内空调的冷、热负荷的同时，做到经济合理呢？为此，我们在研究空气源热泵冷热水机组最佳平衡点的基础上，提出了基于平衡点选择热泵机组的新方法。

我们已得到了我国适用空气源热泵各地区的最佳能量平衡点、最佳经济平衡点[3]，前者说明以该平衡点选择机组最节能的，后者说明以该平衡点选择机组是最经济的。因此，设计者或业主可根据自己的需要，按照平衡点来选择机组。

基于最佳平衡点选择机组的一般步骤为：

（1）计算最佳平衡点温度下的建筑物热负荷。

（2）把该平衡点温度下的供热量，换算到标准工况下的制热量选择空气源热泵冷热水机组。

（3）机组选出后，再通过查询生产厂家的样本或技术资料，求得该机组在冬季空调设计工况下的制热量，并由设计热负荷求得辅助热源的容量，以此选择辅助热源。

（4）通过查询生产厂家的样本或技术资料，求得该机组在夏季空调设计工况下的制冷量，如果不能满足空调冷负荷的要求，则应补充辅助冷源。至于选择风冷机组还是水冷机组，应根据实际情况而定，水冷机组的能效比高于风冷单冷机组，价格低于风冷单冷机组，但需要单独的制冷机房、冷却塔等。风冷单冷机组不需单独的制冷机房，可和空气源热泵机组统一布置，运行管理方便。

有没有可能按最佳平衡点选择机组，该机组在夏季空调设计工况下，其提供的冷量远大于夏季冷负荷呢？为此，我们对我国适用空气源热泵各地区的负荷特性进行了分析。一般认为，我国最适合使用空气源热泵的地区在东经 $105°\sim125°$，北纬 $27°50'\sim32°50'$ 的范围内，该地区大致包括上海、南京、武汉、重庆、长沙、合肥、南昌等地[8]。但是，随着空气源热泵机组本身性能的提高，作为全年空调冷热源的空气源热泵冷热水机组，已应用于北京、天津等北方地区。以北京地区为例进行分析，通常认为对旅馆、办公楼、商场，其供暖面积热指标分别为 $60\sim70W/m^2$，$60\sim80W/m^2$，$65\sim80W/m^2$；其对应的冷负荷指标一般为 $127.9\sim142.4W/m^2$，$102.4\sim116.9W/m^2$，$184\sim204.7W/m^2$[9]。在此，我们取热负荷指标为 $65W/m^2$，冷负荷指标分别为 $130W/m^2$，$110W/m^2$，$190W/m^2$。北京地区的冬季空调室外计算温度为 $-12℃$，夏季空调室外计算温度为 $33.2℃$，令冬季空调室内设计温度为 $21℃$，以最佳能量平衡点 $-11℃$ 来选择空气源热泵机组，则这些热泵机组在夏季空调设计工况下所提供的冷量比宾馆的空调设计负荷高 5.9%；比办公楼的空调设计负荷高 15%；而比商场的空调设计负荷低 36% 左右。这说明，以最佳能量平衡点来选择热泵机组，就北京地区来说，比较适合于宾馆类建筑。对办公楼来说，根据最佳能量平衡点所选择的热泵机组所提供的冷量比设计工况高 15% 左右，有点偏大，但也可以接受。而对于商场类建筑物来说，根据最佳能量平衡点所选择的热泵机组所提供的冷量比空调设计负荷低 36% 左右，必须加辅助冷源才能满足室内热舒适性要求。对于北京以南地区，其冷负荷指标比北京稍大，而热负荷指标比北京稍低，最佳能量平衡点与最佳经济平衡点比北京地区高，以供热最佳平衡点来选择热泵机组，根本就不会存在夏季空调设计工况下热泵机组所提供的冷量远大于空调设计冷负荷的情况，这从另一个方面说明了上述提出的基于平衡点选择空气源热泵机组的方法，在我国适用空气源热泵的地区是可行的。

第4章 空气源热泵的应用实践

为了让广大设计人员简明地了解我国适用空气源热泵各地区的辅助热源、热泵机组、辅助冷源的容量配比情况，我们在统计各地区冬夏空调室外计算温度、冷热负荷指标和分析空气源热泵机组、风冷单冷机组特性的基础上，针对不同辅助热源，给出了宾馆类、办公楼类、商场类建筑中辅助热源、热泵机组、辅助冷源在设计工况下的配比情况，见表4-3～表4-8。

宾馆类建筑在冬季空调室外计算温度下辅助热源、空气源热泵机组的容量配比情况　　表4-3

城市名称	北京	济南	郑州	南京	武汉	上海	长沙	南昌	成都	重庆	广州
设计温度（℃）	-12	-10	-7	-6	-5	-4	-3	-3	1	2	6
最佳经济平衡点（℃）	-7	-4	-4	-1	2	1	6	6	2	6	6
热泵提供热量（%）	67.1	62.1	64.5	67.5	57.1	67.1	56.9	66.9	92	70.2	0
辅助加热量（%）	32.9	37.9	35.5	32.5	42.9	32.9	43.1	33.1	8	29.8	100

宾馆类建筑在夏季空调室外计算温度下辅助冷源、空气源热泵机组的容量配比情况　　表4-4

城市名称	北京	济南	郑州	南京	武汉	上海	长沙	南昌	成都	重庆	广州
设计温度（℃）	33.2	34.8	35.6	35	35.2	36.4	35.8	35.6	31.6	36.5	32.8
最佳经济平衡点（℃）	-7	-4	-4	-1	2	1	6	6	2	6	6
热泵提供冷量（%）	76.2	60.7	63.2	53.2	41.3	46.6	40.4	30.3	54.1	36.2	0
辅助供冷量（%）	23.8	39.3	36.8	46.8	58.7	53.4	59.6	69.7	45.9	63.8	100

商场类建筑在冬季空调室外计算温度下辅助热源、空气源热泵机组的容量配比情况　　表4-5

城市名称	北京	济南	郑州	南京	武汉	上海	长沙	南昌	成都	重庆	广州
设计温度（℃）	-12	-10	-7	-6	-5	-4	-3	-3	1	2	6
最佳经济平衡点（℃）	4	0	-1	2	3	4	6	7	4	7	6
热泵提供热量（%）	52.5	45.2	48.9	52.8	52.5	52	46.9	42.6	77.5	63.7	0
辅助加热量（%）	47.5	54.8	51.1	47.2	47.5	48	53.1	57.4	22.5	36.3	100

商场类建筑在夏季空调室外计算温度下辅助冷源、空气源热泵机组的容量配比情况　　表4-6

城市名称	北京	济南	郑州	南京	武汉	上海	长沙	南昌	成都	重庆	广州
设计温度（℃）	33.2	34.8	35.6	35	35.2	36.4	35.8	35.6	31.6	36.5	32.8
最佳经济平衡点（℃）	4	0	-1	2	3	4	6	7	4	7	6
热泵提供冷量（%）	40.9	30.5	36	29.1	26.2	23.5	21.7	19.3	33.6	23.1	0
辅助供冷量（%）	59.1	69.5	64	70.9	73.8	76.5	78.3	80.7	66.4	76.9	100

办公楼类建筑在冬季空调室外计算温度下辅助热源、空气源热泵机组的容量配比情况

表4-7

城市名称	北京	济南	郑州	南京	武汉	上海	长沙	南昌	成都	重庆	广州
设计温度（℃）	-12	-10	-7	-6	-5	-4	-3	-3	1	2	6
最佳经济平衡点（℃）	4	0	-1	2	3	4	6	7	4	7	6
热泵提供热量（%）	52.5	45.2	62.3	52.8	52.5	52	46.9	42.6	75	63.7	0
辅助加热量（%）	47.5	54.8	37.7	47.2	47.5	48	53.1	57.4	25	36.3	100

办公楼类建筑在夏季空调室外计算温度下辅助冷源、空气源热泵机组的容量配比情况

表 4-8

城市名称	北京	济南	郑州	南京	武汉	上海	长沙	南昌	成都	重庆	广州
设计温度（℃）	33.2	34.8	35.6	35	35.2	36.4	35.8	35.6	31.6	36.5	32.8
最佳经济平衡点（℃）	4	0	−1	2	3	4	6	7	4	7	6
热泵提供冷量（%）	41.9	55.8	64.7	45	47.6	41.9	40.2	35	60.9	41.2	0
辅助供冷量（%）	51.8	44.2	35.3	55	52.4	58.1	59.8	65	39.1	58.8	100

注：以最佳经济平衡点来选择空气源热泵机组，辅助热源为电锅炉。在计算最佳经济平衡点时，各地区电价和电力增容费为：上海：电价 0.6 元/（kW·h），电力增容费 900 元/kW；北京：电价 0.462 元/（kW·h），电力增容费 5800 元/kW；其他地区：电价 0.55 元/（kW·h）；电力增费为 1000 元/kW。空气源热泵机组价格：3000 元/kW，电锅炉 450 元/kW（均包括安装费和运输费）。

以上只针对辅助热源为电锅炉，按最佳经济平衡点计算得到的数值。以燃气锅炉作辅助热源的情况可参考文献［3］；没有给出按最佳能量平衡点来选择机组的情况，这是因为各地区的最佳能量平衡点温度大部分都等于或接近于相应地区的冬季空调室外计算温度，最佳能量平衡点偏低的缘故。这是由在结霜除霜损失系数小的情况下，热泵机组的制热性能系数始终大于1的客观事实造成的。若按最佳能量平衡点来选择机组，则空气源热泵机组完全负担冬季设计工况下的热负荷，基本不用另加辅助热源，但这样初投资较高，设备利用率偏低，可能不经济。

我们提出的基于最佳平衡点辅助冷热源的选择方法，依据所得的最佳经济平衡点，给出了在不同地区、不同类型建筑物中辅助热源、热泵机组、辅助冷源的容量配比情况，对已决定选用空气源热泵机组做空调冷热源的设计人员提供了参考，但这种配比情况不是绝对的，可因各种设备和能源的价格波动而有所变化。另一方面，在实际设计中，以什么方法更经济合理地实现空调和采暖，应考虑设备的使用寿命、初投资、运行费用、对环境的影响等，并结合实际情况做出决定，切不可盲目照搬。

4.3 空气源热泵在低温工况下应用存在的问题与对策

4.3.1 空气源热泵在低温工况下应用存在的问题

我国寒冷地区冬季气温较低，而气候干燥。采暖室外计算温度基本在 −15～−5℃，最冷月平均室外相对湿度基本在 45%～65% 之间。在这些地区选用空气源热泵，其结霜现象不太严重。因此说，结霜问题不是这些地区冬季使用空气源热泵的最大障碍。但却存在下列一些制约空气源热泵在寒冷地区应用的问题[10-12]：

（1）当需要的热量比较大的时候，空气源热泵的制热量不足。建筑物的热负荷随着室外气温的降低而增加，而空气源热泵的制热量却随着室外气温的降低而减少。这是因为空气源热泵当冷凝温度不变时（如供 50℃ 热水不变），室外气温的降低，使其蒸发温度也降低，引起吸气比容变大；同时，由于压缩比的变大，使压缩机的容积效率降低，因此，空气源热泵在低温工况下运行比在中温工况下运行时的制冷剂质量流量要小。此外，空气源热泵在低温工况下的单位质量制热量也变小。基于上述原因，空气源热泵在寒冷地区应用时，机组的制热量将会急剧下降。

（2）空气源热泵在寒冷地区应用的可靠性差。空气源热泵在寒冷地区应用时可靠性差

主要体现在以下几方面：

1) 空气源热泵在保证供一定温度热水时，由于室外温度低，必然会引起压缩机压缩比变大，使空气源热泵机组无法正常运行。

2) 由于室外气温低，会出现压缩机排气温度过高，而使机组无法正常运行。

3) 会出现失油问题。引起失油问题的具体原因，一是吸气管回油困难；二是在低温工况下，大量的润滑油积存在气液分离器内而造成压缩机的缺油；三是润滑油在低温下黏度增加，引起启动时失油，可能会降低润滑效果。

4) 润滑油在低温下，其黏度变大，会在毛细管等节流装置里形成"蜡"状膜或油"弹"，引起毛细管不畅，而影响空气源热泵的正常运行。

5) 由于蒸发温度越来越低，制冷剂质量流量也会越来越小，这样半封闭压缩机或全封闭压缩机的电动机冷却不好而出现电动机过热，甚至烧毁电动机。

(3) 在低温环境下，空气源热泵的能效比（EER）会急速下降。

4.3.2 改善空气源热泵低温运行特性的技术措施

上述一些问题是制约空气源热泵机组在寒冷地区应用与发展的瓶颈问题。要使空气源热泵机组在寒冷地区具有较好的运行特性和可靠性，在机组设计时，必须考虑寒冷地区的气候特点，在压缩机与部件的选择、热泵系统的配置、热泵循环方式上采取技术措施，以改善空气源热泵性能，提高空气源热泵机组在寒冷地区运行的可靠性、低温适应性。

目前，常采取的主要技术措施有[13]：

(1) 在低温工况下，加大压缩机的容量

热泵机组在低温工况下运行时，通过加大压缩机的容量来提高机组的制热能力是一种十分有效的方法。这是因为在蒸发温度和冷凝温度一定时，系统内工质的质量流量会随着压缩机容量的增加而增大。因此，机组的制热能力也会随着工质质量流量的增加而增大。改善压缩机容量的方法通常有：

1) 多机并联 多机并联是指采用多台压缩机并联运行。在低温工况下，用增加压缩机运行台数的方法，提高机组的供热能力。

2) 变频技术 热泵使用的电动机为感应式异步交流电动机时，其旋转速度取决于电动机的极数和频率。因此，所谓的交流变频热泵机组是指通过变频器的频率控制改变电动机的转速。压缩机的排气量与电动机的转速成正比，若在低温工况下，提高交流电频率，则转速相应加快，从而使压缩机的排气量加大，弥补了空气源热泵在低温工况下制热量的衰减。

3) 变速电动机 热泵驱动装置常用二速电动机、三速电动机，在低温工况下，通过用高速挡提高压缩机转速来加大机组的容量，从而提高机组在低温工况下的制热能力。

(2) 喷液旁通技术

喷液旁通的作用有二：一是热泵在低温工况下运行时，由于最低的蒸发温度、最高的冷凝温度和最大的过热度而引起的排气温度过高，旁通部分液体来冷却吸气温度，从而达到降低排气温度的目的；二是热泵低压较低时，采用旁通部分液体来补偿低压，以保证热泵的正常运行。喷液旁通技术使用于螺杆压缩机和涡旋压缩机上，可将部分液体在压缩机吸入口处喷入，冷却吸气，以使压缩机排气温度降低。也可在螺杆压缩机吸气结束和压缩

4.3 空气源热泵在低温工况下应用存在的问题与对策

开始的临界点的位置喷入,以使压缩机的排气温度和油温都降低。喷液旁通技术扩大了空气源热泵在低温环境下的运行范围,提高了大约15%的制热量,与单级压缩循环相比,性能几乎不受影响。

(3) 加大室外换热器的面积和风量

众所周知,加大室外换热器的面积和风量,可以提高空气源热泵的蒸发温度。在冷凝温度不变的情况下,蒸发温度升高,压缩机的吸气比容变小,热泵工质的质量流量变大,单位质量的制冷量也变大。因此,热泵的制热能力也会提高。

文献[14]的实验表明:当室外蒸发器面积增大一倍后,其机组的蒸发温度平均提高了约2.5℃。文献[15]介绍了室外换热器采用变速风机,在环境温度较低时,风机高速运转,以提高系统制热量。

(4) 适用于寒冷气候的热泵循环

1) 两次节流准二级螺杆压缩机热泵循环

20世纪90年代,郑祖义等人提出一种二次节流准二级压缩带中冷器的热泵循环,如图4-2。热泵循环中增设一个中冷器,在螺杆热泵压缩机的工作过程中,由于引入中冷器之后,增加一个补气-压缩过程。图4-3为该热泵循环过程在压焓图上的表示。该循环经过一次节流4-4'之后,进入中冷器形成一中压区,工质处于两相状态(4'),其中气相工质2″进入压缩机中压吸气腔,液相工质(状态5)再经二次节流(5-6)进入蒸发器,吸收室外空气中的热量而气化(6-1过程)。状态1的气体进入压缩机,在压缩机进行准低压级压缩(1-2'),2'-2和2″-2为中间补气-压缩过程,2-3为准高压级压缩。压缩机排气进入冷凝器进行冷凝放热(3-4过程),完成供热目的。

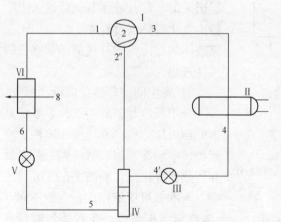

图4-2 两次节流准二级螺杆压缩机热泵系统
Ⅰ—带辅助补气口的螺杆压缩机;Ⅱ—冷凝器;
Ⅲ——次节流;Ⅳ—中冷器;Ⅴ—二次节流;Ⅵ—蒸发器

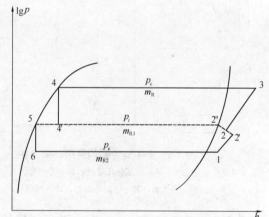

图4-3 两次节流准二级压缩热泵
循环在 $\lg p$-h 图上的表示

2) 一次节流准二级涡旋压缩机热泵循环

21世纪,清华大学经研究,成功利用带辅助进气口的涡旋压缩机实现带经济器的一次节流准二级压缩空气源热泵系统来提高空气源热泵在低温工况下的制热能力,其系统如图4-4所示。一次节流准二级压缩热泵循环表示在图4-5上。

第4章 空气源热泵的应用实践

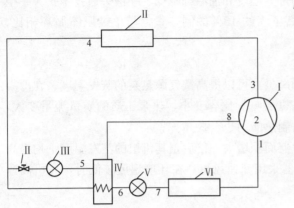

图4-4 一次节流准二级涡旋压缩机热泵系统
Ⅰ—带辅助进气口的涡旋压缩机；Ⅱ—冷凝器；Ⅲ—节流阀A；
Ⅳ—经济器（中冷器）；Ⅴ—节流阀B；Ⅵ—蒸发器

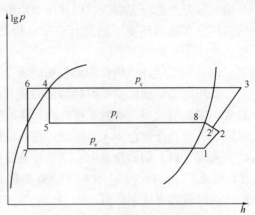

图4-5 一次节流准二级压缩
热泵循环在 $\lg p$-h 图上的表示

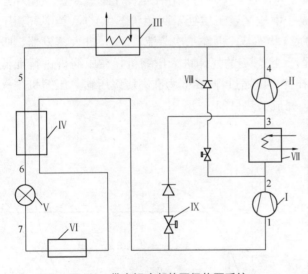

图4-6 带中间冷却的两级热泵系统
Ⅰ—低压级压缩机；Ⅱ—高压级压缩机；Ⅲ—冷凝器；Ⅳ—回热器；
Ⅴ—节流阀；Ⅵ—蒸发器；Ⅶ—中间冷却器；Ⅷ—单向阀；Ⅸ—电磁阀

这个循环与图4-2，4-3相比，不同点是采用盘管式中冷器（经济器）替代闪发式中冷器。由冷凝器去蒸发器的工质液体（主流）先在中冷器中过冷后，再经一次节流到蒸发压力（在 $\lg p$-h 图上过程4-6-7）。冷凝器出来的小部分液体节流后进入中冷器中气化吸热（过程4-5-8），用于主流液体的过冷却和补气前压缩终止的气体过热。

3) 带中间冷却器的两级压缩

带中间冷却器的两级热泵系统是由低压级压缩机、高压级压缩机、冷凝器、中间冷却器、节流阀、蒸发器和回热器等组成，如图4-6所示。

与准二级压缩相比，它的不同点是采用2台单级压缩机，一台为低压级压缩机，一台为高压级压缩机。在室外气温较高时，通过单向阀回路，每台压缩机可独立单级运行，以改变热泵的容量和降低能耗。在室外气温较低时，系统按两级压缩运行。其循环过程在图4-7上用实线表示，虚线为图4-6不带回热器时的循环过程。

4) 带有经济器的两级热泵循环

图4-8给出带有经济器的两级热泵系统图示。与带有中间冷却的两级热泵循环相比，它采用封闭的经济器代替中间冷却器，部分节流后的制冷剂流经经济器与低压级压缩排气混合，进入高压级压缩机，其过程见图4-9。其优点在于能更好地控制中间压力，可使系

4.3 空气源热泵在低温工况下应用存在的问题与对策

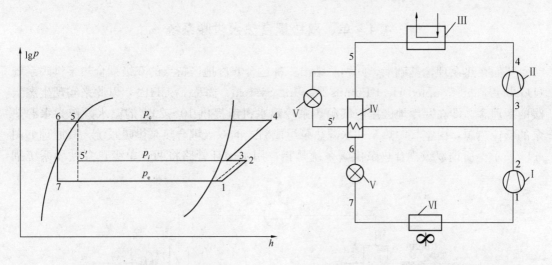

图 4-7 带中间冷却的两级热泵循环在 lg$p$-h 图上的表示

图 4-8 带有经济器的两级热泵系统
Ⅰ—低压级压缩机；Ⅱ—高压级压缩机；Ⅲ—冷凝器；
Ⅳ—经济器；Ⅴ—节流阀；Ⅵ—蒸发器

统在最佳中间压力下运行，保证压缩机排气温度在允许范围内。另外，冷凝器出来的液态制冷剂主流部分在经济器中得以过冷，节流前再冷却有利于提高系统的性能系数 COP 值。

图 4-8 同样可设有单向阀回路，使系统在高温工况下单级运行，在低温工况下双级运行。

5）单、双级耦合热泵循环

哈尔滨工业大学热泵空调技术研究所在深入研究双级耦合热泵的基础上，归纳总结出单、双级耦合热泵系统[13,16]，如图 4-10 所示，详见 4.4 节。

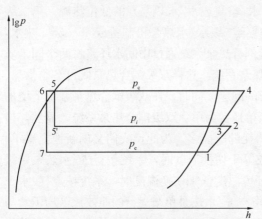

图 4-9 带有经济器的两级热泵循环在 lg$p$-h 图上的表示

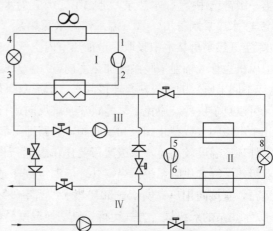

图 4-10 单、双级耦合热泵系统简图
Ⅰ—空气/水热泵（R22）；Ⅱ—水/水热泵；
Ⅲ—中间水回路；Ⅳ—热媒循环回路

93

4.4 单、双级耦合热泵供暖系统

我们在热泵理论基础上,归纳总结出一种适合寒冷地区特点的双级耦合热泵供暖系统(Double-Stage Coupled Heat Pumps Heating System,简称 DSCHP),以此来实现生态供暖的新理念。即在寒冷地区用空气源热泵冷热水机组提供 10~20℃的温水,作为水源热泵的低位热源,由空气源热泵和水源热泵组成新式的双级耦合热泵供暖系统,其原理如图 4-11 所示。所谓双级耦合热泵供暖系统是指,用水循环管路将两套单级热泵循环系统耦

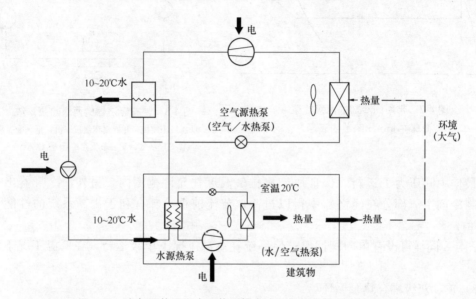

图 4-11 空气源热泵和水源热泵耦合式双级热泵供暖系统原理图

合起来,组成一套适合于寒冷地区应用的双级热泵供暖系统。考虑到空气源热泵的优越性,第一级常选用空气/水热泵,那么第二级应为水/空气热泵或水/水热泵。在寒冷地区,利用空气/水热泵制备 10~20℃温水作为水源热泵(水/空气或水/水热泵)的低位热源,第二级水/空气热泵再从水中吸取热量加热室内空气,或第二级水/水热泵再制备成 45~55℃热水,由风机盘管或辐射采暖系统加热室内空气。双级耦合热泵系统通过中间水环路将两个同工质(或不同工质)的单级热泵连接起来,形成双级热泵系统。这样双级耦合热泵既可冬季供热、又可以夏季供冷,避免了复叠式热泵难反向运行的问题。同时,在双级耦合热泵系统上增加几个电磁阀(或截止阀)和单向阀,管路即可简单地变为单、双级耦合热泵系统。显然,当室外环境温度较高时,双级运行要比单级运行消耗的电能多。为此,我们又创新地提出单、双级热泵混合供暖系统。当室外环境温度高于或等于切换温度时,系统按空气/水热泵单级运行,直接向用户提供 45~50℃热水。当室外环境温度低于切换温度时,系统按空气/水+水/水热泵的双级耦合方式运行。其切换温度是指空气/水热泵单级运行的能效比(EER)与空气/水+水/水的双级耦合热泵运行的能效比相等时,所对应的室外空气温度。通过实验研究得出,可取-3℃作为单、双级混合系统的切换温度[17]。

由图 4-11 可见:

(1)建筑物的热损失散失到室外大气中,又作为空气源热泵的低位热源使用了。这

样，可以使建筑物供暖节约了部分高位能，同时，也不会使城市中的室外大气温度降低得比市郊区的温度还低，从而减轻了建筑物排热对环境的影响。

(2) 空气源热泵冷热水机组由正常提供50℃热水改为向用户提供10～20℃的水，以此来解决机组在寒冷地区运行时压缩比过大的问题。

(3) 通过水/空气热泵直接加热室内空气，以减小热量在输送与转换过程中的热损失。水源热泵通常有二类，一是水/空气热泵，二是水/水热泵。因此，空气源热泵冷热水机组（空气/水热泵）可以分别与水/空气、水/水热泵耦合成双级热泵供暖系统。也就是说空气/水热泵作低压级，水/空气（或水/水）热泵作高压级。通过水将二级耦合成一个完整系统。具体方案有3个：

1) 方案1

利用空气源冷热水机组提供10～20℃水作为水环热泵空调系统的辅助热源。与水/空气热泵组成双级热泵系统，如图4-12所示。冬季，机组从室外空气中吸取热量，再通过水/空气热泵加热室内空气，以达到供暖的目的；夏季，室内的余热通过冷却塔向室外释放。该方案解决了由于目前我国各类建筑物内的余热量小（内部负荷不大，建筑物的内区面积又小）无法使用传统水环热泵空调系统的问题。

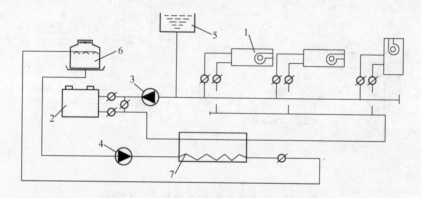

图4-12 作水环热泵空调系统的辅助热源

1—水/空气热泵；2—空气/水热泵（空气源热泵冷热水机组）；3—热泵水环路中的循环水泵；
4—冷却塔水环路中的循环泵；5—膨胀水箱；6—开式冷却塔；7—板式换热器

2) 方案2

利用空气源热泵冷热水机组提供10～20℃水作为户式水/水热泵的低位热源（见图4-13）。与方案1不同的地方是，室内使用的小型热泵机组不是水/空气热泵，而是水/水热泵，即冬季向室内提供40～50℃热水，再通过风机盘管加热室内空气。此方案可以解决目前常用井水作为户式水/水热泵的低位热源时，出现的水井老化、井水回灌困难、寒冷地区地下水水温低等问题，同时也不受地下水资源的限制。

3) 方案3

类似于方案2，只是将分散的户式水/水热泵改为集中式的水/水热泵（见图4-14）。集中制备50℃热水，再通过水系统将热水送至各室内的末端装置（如风机盘管、辐射采暖系统等）通过末端装置加热室内空气，以达到供暖的目的。

双级耦合热泵供暖系统（方案3）冬季运行模式归纳为图4-15，它由一级侧循环（空

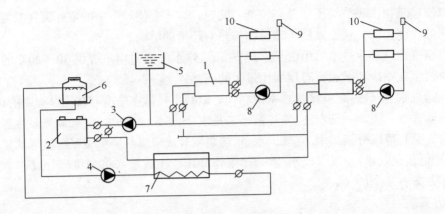

图 4-13 作户式水/水热泵空调系统的低位热源

1—户式水/水热泵；2—空气/水热泵（空气源热泵冷热水机组）；3—热泵水环路中的循环水泵；4—冷却塔水环路中的循环泵；5—膨胀水箱；6—开式冷却塔；7—板式换热器；8—室内风机盘管水系统循环水泵；9—室内水系统膨胀水箱；10—风机盘管

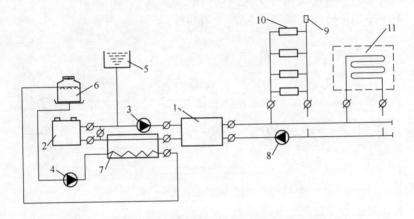

图 4-14 作为集中式水/水热泵的低位热源

1—集中式水/水热泵；2—空气/水热泵（空气源热泵冷热水机组）；3—热泵水环路中的循环水泵；4—冷却塔水环路中的循环泵；5—膨胀水箱；6—开式冷却塔；7—板式换热器；8—末端装置水系统循环水泵；9—膨胀水箱；10—风机盘管；11—辐射板供暖系统

气/水热泵机组 ASHP）和二级侧循环（水/水热泵机组 WSHP）通过中间水环路耦合在一起，再加上末端用户组成单、双级系统。

从图中可以看出，DSCHP 系统可以在单、双级两个运行工况下交替运行。当室外空气温度较高时，ASHP 机组的供热能力可满足室内负荷需求，DSCHP 系统单级运行（SS），由 ASHP 机组单独向末端用户提供 40~50℃ 的热水，此时电磁阀 b，d 开，a，c 关，水泵 1 停机，水泵 2 向末端环路提供循环动力。当室外空气温度逐渐降低，ASHP 机组供热能力不能满足室内负荷需求，DSCHP 系统转为双级运行（DS），电磁阀 a，c 开，b，d 关，水泵 1 提供中间环路循环动力，水泵 2 提供末端环路循环动力。ASHP 机组作为 WSHP 机组的低位热源，向中间水环路提供 10~20℃ 热水，而 WSHP 系统利用此热源，向末端用户提供 40~50℃ 的热水，双级运行工况下，系统供热水的温度逐级提升。可见单、双级交替运行工况，使 DSCHP 系统可以很好地适应室外气温的降低。另外，双

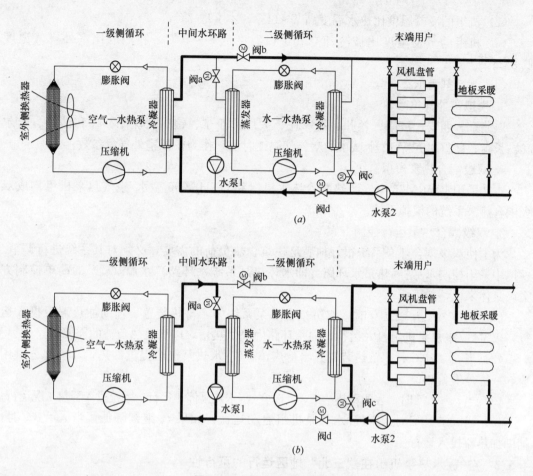

图 4-15 DSCHP 系统原理图
(a) 单级运行；(b) 双级运行

级工况下，ASHP 机组低温运行条件和供暖特性均得以有效改善，而中间水环路又不存在像地下水源热泵常出现的回灌井堵塞、水质污染等问题。可以说，DSCHP 系统是一种适合于寒冷地区应用的新型供暖系统。

4.5 双级耦合热泵供暖系统在我国应用前景分析

为了全面深入地分析双级耦合热泵系统在"三北"地区的应用情况，根据双级耦合热泵的运行模拟数学模型[18]，对系统在"三北"地区主要城市采暖期内逐日运行情况进行了预测，以确定双级耦合热泵系统在"三北"地区运行的可行性、可靠性及其运行效果。

4.5.1 模拟的初始条件

1. 模拟建筑及室温

模拟建筑为某办公楼的中间层，其面积为 2000m^2。白天（6：00～18：00）室温为 18～22℃；晚间（18：00～6：00）为 4～8℃（值班采暖）。

2. 空气/水热泵机组运行参数的确定

（1）供水温度为 10～20℃；

(2) 机组的冷凝温度比热水温度高 7～14℃，本文取 7℃；

(3) 机组的蒸发温度比被冷却空气进口温度低 8～10℃，我们取比室外空气温度低 8℃；

(4) 制冷剂为 R22。

3. 模拟室外气象参数

取北京、西安、济南、兰州、石家庄、太原、西宁、银川、沈阳、呼和浩特、哈尔滨、长春、乌鲁木齐等 13 个城市的室外气温逐时值，作为模拟室外气象参数。

4. 双级耦合热泵模拟系统

本文采用 FWRM20 空气源热泵冷热水机组和 GEHA006 型水/空气热泵机组构成双级耦合热泵系统的模拟系统。

5. 双级耦合热泵运行控制方案

为了使双级耦合热泵系统很好地满足建筑物热负荷的需要，必须对其系统进行调节。模拟中采用控制水/空气热泵水环路（即水环热泵系统水环路）水温（t_w）的简单控制方案。具体来说，如下：

(1) 当 $10℃ \leqslant t_w < 20℃$ 时，双级耦合热泵系统中，蓄热装置、辅助加热器不投入运行，仅空气/水热泵机组投入运行，向水环路中提供热量，以满足热负荷的需要；

(2) 当 $t_w \geqslant 20℃$ 时，蓄热装置开始蓄热，空气/水热泵机组提供的热量，一部分供用户，一部分供蓄热；

(3) 当 $t_w = 22℃$ 时，表明蓄热结束，此时空气/水热泵停止运行，系统投入释热工况运行；

(4) 当 $t_w \leqslant 10℃$ 时，空气/水热泵机组启动运行，如果 t_w 继续降低，当 $t_w = 8℃$ 时，辅助加热器投入运行。

4.5.2 空气/水热泵机组在"三北"地区运行的可行性

双级耦合热泵系统在"三北"地区能可靠运行的关键在于空气/水热泵机组能在"三北"地区可靠的运行。为此，我们模拟了空气/水热泵机组在"三北"地区整个采暖期内逐日运行的状况。由于模拟城市较多，其模拟计算数据又太多。限于篇幅，本书仅将北京、沈阳和哈尔滨采暖期内逐日模拟结果绘于图 4-16～图 4-18 上。其余城市的一些典型数据列入表 4-9 中[19]。

图 4-16 给出了空气/水热泵机组在北京、沈阳和哈尔滨按双级耦合热泵模式运行时排气温度的逐日变化值。从图 4-16 可见，排气温度基本在 40～65℃ 之间，远远小于热泵用压缩机排气温度不超过 120℃ 的要求。其余城市的模拟也有同样的结果。因此说，空气/水热泵机组作为双级耦合热泵系统的第一级，在"三北"地区运行，不会出现压缩机排气温度过高的问题。这既保证了机组的正常运行，又有利于延长机组的使用寿命。

图 4-17 给出空气/水热泵机组在北京、沈阳和哈尔滨按双级耦合热泵模式运行时冷凝压力的逐日变化值。从图 4-17 可见，机组冷凝压力的波动值不大，其冷凝压力在 1.2～1.8MPa 范围内，远小于压缩机的极限压力 2.5MPa。这是因为空气/水热泵机组出水温度恒定在 10～20℃ 之间，而不同于传统的空气/水热泵机组出水温度为 50℃ 的缘故。

图 4-18 给出了空气/水热泵机组在北京、沈阳和哈尔滨按双级耦合热泵模式运行时压缩比的逐日变化值。从图 4-18 可见，机组的压缩比基本上呈余弦变化。在 1 月份和 12 月

4.5 双级耦合热泵供暖系统在我国应用前景分析

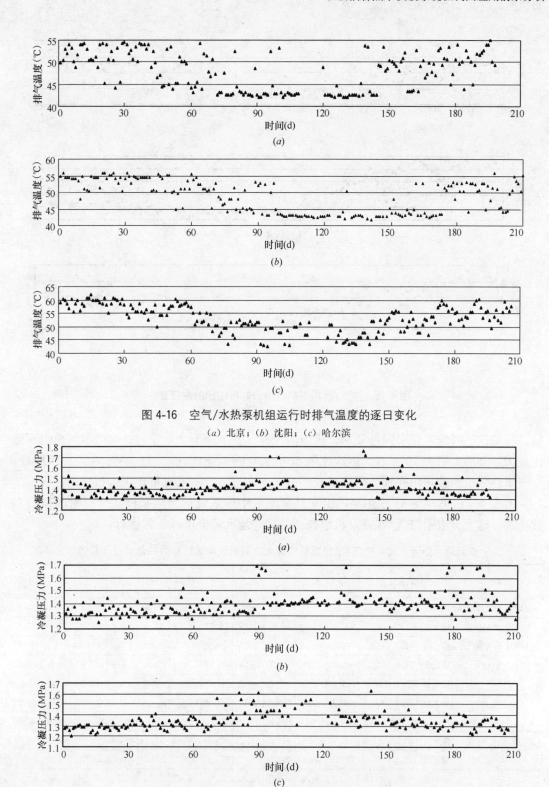

图 4-16 空气/水热泵机组运行时排气温度的逐日变化
(a) 北京；(b) 沈阳；(c) 哈尔滨

图 4-17 空气/水热泵机组运行时冷凝压力的逐日变化
(a) 北京；(b) 沈阳；(c) 哈尔滨

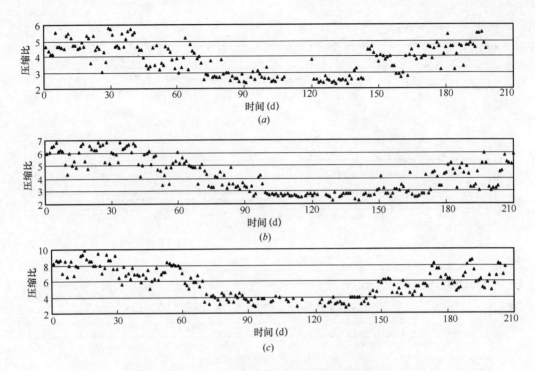

图 4-18 空气/水热泵机组运行时压缩比的逐日变化
(a) 北京；(b) 沈阳；(c) 哈尔滨

份，压缩比达峰值，在中间过渡期，机组的压缩比基本降至 2.0 左右。在哈尔滨机组压缩比最大，其最大值为 10 左右。但这比供 50℃ 水时的压缩比（16.5）小得多[10]。因此说，空气水热泵机组若采用螺杆式压缩机或涡旋式压缩机在哈尔滨也可正常运行。

由表 4-9 可见，空气/水热泵机组在其余城市中按双级耦合热泵模式运行时其运行参数正常。这充分表明空气/水热泵机组在"三北"地区完全可以正常运行。

双级耦合热泵系统中空气/水热泵机组在北方某些城市运行参数的最大（小）值　表 4-9

城　市		北京	长春	哈尔滨	西安	呼和浩特	济南	兰州	沈阳	石家庄	太原	乌鲁木齐	西宁	银川
采暖室外计算温度（℃）		−9	−23	−26	−5	−19	−7	−11	−19	−8	−12	−22	−13	−15
采暖期内逐时室外气温日平均值（℃）	最大值	15.93	19.5	14.26	18.25	9.6	14.7	19.31	18.94	16.8	11.2	20.93	10.7	16.1
	最小值	−11.5	−27.7	−25.79	−5.03	−15.7	−7.2	−8.72	−17.58	−10.3	−11.8	−24.03	−11.0	−11
排气温度[①]（℃）	最大值	54.3	63.3	60.9	52.9	56.7	53.40	54.50	55.90	54.4	52.6	59.1	54.7	55.4
	最小值	42.1	42.9	43.0	42.1	42.7	43.1	41.8	41.8	42.4	42.2	42.3	42.4	42.5
冷凝压力[②]（kPa）	最大值	1753.89	1692.77	1602.13	1598.27	1645.02	1656.87	1753.89	1688.76	1774.62	1725.17	1774.62	1668.77	1708.91
	最小值	1311.13	1220.25	1198.28	1311.13	925.44	1324.51	1311.13	1248.94	1294.55	1274.86	1201.40	1307.80	1307.80
蒸发压力[③]（kPa）	最大值	600.33	481.66	485.18	654.53	449.73	472.23	656.53	646.41	505.84	484.88	600.33	469.12	478.50
	最小值	212.93	99.72	121.05	311.14	155.39	275.55	221.24	169.12	208.01	184.54	127.22	179.65	208.01
压缩比[④]	最大值	5.62	8.22	9.93	4.26	8.07	5.39	5.91	6.87	5.74	5.95	8.19	6.02	6.24
	最小值	2.37	2.75	2.71	2.22	2.25	2.62	1.92	2.24	2.24	2.72	2.59	2.01	2.11

注：①取全天逐时排气温度最大（小）值；　②取全天逐时冷凝压力最大（小）值；
　　③取全天逐时蒸发压力最大（小）值；　④取全天逐时压缩比最大（小）值。

4.5 双级耦合热泵供暖系统在我国应用前景分析

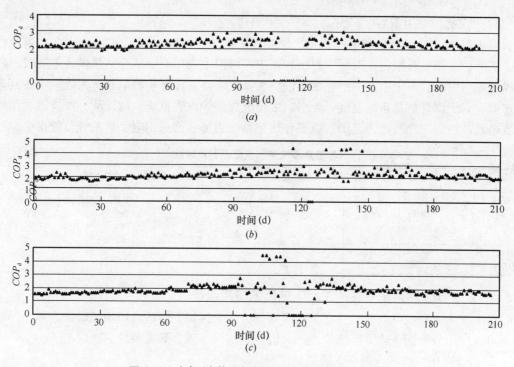

图 4-19 空气/水热泵机组运行时 COP_d 的逐日变化
(a) 北京；(b) 沈阳；(c) 哈尔滨

4.5.3 双级耦合热泵系统在"三北"地区运行的能耗评价

双级耦合热泵系统在"三北"地区运行时的能量消耗是预测分析中的一个重要评价指标。通常用双级耦合热泵系统的日制热性能系数（COP_d 值）、供热季节性能系数（$HSPF$）和一次能源利用系数（E）来综合评价其能源利用效率。

1. 日制热性能系数

为了对整个采暖期内逐日运行情况进行模拟，提出日制热性能系数的概念，即双级耦合热泵系统一天内供给的热量与输入总功的比值。模拟结果绘于图 4-19 上，由图 4-19 可以看出：(1) 双级耦合热泵系统在北京、沈阳和哈尔滨运行时逐日制热性能系数的变化，其日制热性能系数随着室外空气温度的降低而减小。(2) 在北京地区运行，其日制热性能系数基本在 2~3 之间；在沈阳地区运行，其值在 2.0 左右；在哈尔滨地区运行，其值基本小于 2.0。(3) 在同一个城市中，系统的日制热性能系数值在室外气温低的月份（如 1 月、12 月等）明显低于过渡季。应说明一点，在过渡季中，有个别天出现极大值，这表明此天是通过蓄热桶释热来供热水的，即仅第二级水/空气热泵运行。而出现 0 值时，表明该天已停止供暖。

2. 供热季节性能系数

表 4-10 给出双级耦合热泵在采暖期内的供热季节性能系数。由表 4-10 可知，除哈尔滨、长春和乌鲁木齐外，其余城市的 $HSPF$ 值都在 2.0 以上。$HSPF$ 值最大的城市是西安。

各城市的 $HSPF$ 值　　表 4-10

城市	北京	长春	哈尔滨	西安	呼和浩特	济南	兰州	石家庄	太原	乌鲁木齐	沈阳	西宁	银川
$HSPF$	2.22	1.88	1.80	2.40	2.00	2.27	2.21	2.27	2.19	1.95	2.04	2.20	2.17

3. 一次能源利用系数

表4-11列出了各种供暖系统的一次能源利用系数。由表4-11可见：(1) 在北京、西安、济南、兰州、石家庄、太原、西宁和银川等城市中选用双级耦合热泵供暖系统时，其一次能源利用系数高于小、中型燃煤锅炉供暖系统，高者接近于热电联产系统；而在其余城市里，双级耦合热泵系统也接近于小、中型燃煤锅炉供暖系统。(2) 从一次能源利用的角度来看，在"三北"地区选用双级耦合热泵系统远远要比选用电供暖系统节能得多。

各种供热系统的一次能源利用系数　　　　　表4-11

供暖方式	电采暖	小型锅炉房	中型锅炉房		热电联产	双级耦合热泵供暖		
			燃煤	燃气、燃油（中央热水器）		北京、西安、济南、兰州、石家庄、太原、西宁、银川 HSPF=2.2～2.4	沈阳、呼和浩特 HSPF=2.0	哈尔滨、长春、乌鲁木齐 HSPF=1.8～1.95
一次能源利用系数 E	0.33	0.50～0.60	0.65～0.70	0.90	0.88	0.73～0.80	0.66	0.60～0.64

4.5.4 双级耦合热泵系统在"三北"地区的应用范围

综上所述，我们可以把"三北"地区划分为三个区域，即适合应用双级耦合热泵的地区、可以应用双级耦合热泵系统的地区和慎重应用双级耦合热泵系统的地区。

1. 适合应用双级耦合热泵系统的地区

该地区的代表城市为：北京、西安、济南、兰州、石家庄、太原、西宁和银川等城市，这些城市的采暖室外计算温度在-5～-15℃之间。系统中的空气/水热泵机组的排气温度在40～55℃之间，冷凝压力在1.2～1.8MPa之间，压缩比在2～7之间，这些参数表明，空气/水热泵机组完全可以在这些寒冷地区正常运行。另外，双级耦合热泵系统在该地区运行时，其HSPF在2.2～2.4之间。若取火力发电效率 $\eta_1=0.36$，输配电效率 $\eta_2=0.9$，总效率 $\eta_1\eta_2=0.324$，则双级耦合热泵系统在该地区运行时，其一次能源利用系数 E 可达0.73～0.80，基本上与效率较高的燃煤锅炉房供暖的一次能源利用系数相当。

2. 可以应用双级耦合热泵系统的地区

该地区的代表城市有呼和浩特和沈阳等城市。这两个城市的采暖室外计算温度都为-19℃。双级耦合热泵系统运行时，空气/水热泵机组的排气温度为40～60℃，冷凝压力最大值不超过1.8MPa，压缩比最大值小于8，这充分表明空气/水热泵机组可以正常运行。但是，由于室外空气温度低，双级耦合热泵系统的HSPF值也随之减小到2.0。一次能源利用系数降至0.66，一次能源利用率与中型燃煤锅炉房供暖相近。

3. 慎重应用双级耦合热泵系统的地区

该地区的代表城市有哈尔滨、长春和乌鲁木齐。这是我国最冷的几个大城市，其采暖室外计算温度达-22～-26℃。双级耦合热泵运行时，空气/水热泵机组的排气温度为42.3～63.3℃，蒸发压力为99.72～600.33kPa，冷凝压力为1198.28～1774.62kPa，压缩比最大值达9.93，使得活塞式压缩机的空气/水热泵机组在这些地区无法运行。另外，由于室外气温过低，室外气温低的天数也多，因此导致双级耦合热泵系统的HSPF值也很低，仅有1.80～1.95，一次能源利用系数为0.60～0.64，但是比电采暖还是好的。在该地区选用双级耦合热泵机组时，空气/水热泵机组应采用螺杆压缩机或涡旋压缩机。

双级耦合热泵系统是一种以能量闭路循环使用为特征的、具有节能和环保意义的、适合于寒冷地区特点的新型供暖方式。我国北方供暖期很长，开发和应用这种系统，将会比长江流域更具有节能效果和环保效益。

通过研究分析充分表明，我国"三北"地区的大部分区域适合应用或可以应用双级耦合热泵系统，仅哈尔滨、长春和乌鲁木齐地区要慎重应用。

4.6 单、双级耦合热泵系统中空气源热泵冷热水机组的实验研究

本节对供混合式系统应用的空气源热泵冷热水机组进行了实验研究，拟解决空气源热泵冷热水机组运行的可行性与可靠性、运行的特性问题以及运行中的能量调节问题。

4.6.1 实验装置与实验样机

实验样机流程图如图 4-20 所示，选 2 台 ZR34K3-PFJ（2.83 马力）压缩机组成实验样机[20]。

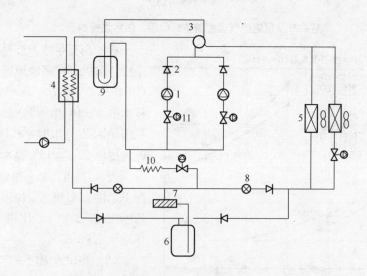

图 4-20 空气源热泵冷热水机组实验样机流程图

1—制冷压缩机；2—单向阀；3—四通换向阀；4—水/制冷剂换热器；5—空气/制冷剂换热器；
6—储液器；7—干燥过滤器；8—热力膨胀阀；9—气液分离器；10—毛细管；11—电磁阀

实验装置为按照国标 GB/717758—1999 规定建造的焓差法实验台，由恶劣工况室模拟室外气象条件，将空气/制冷剂换热器置于恶劣工况室内。实验工况为：室外环境温度 10，5，0，-5，-10，-15℃；供水温度 55，50，45，20，15℃；供、回水温差 5℃。

4.6.2 实验结果与分析

1. 机组的运行参数

图 4-21 给出了机组的排气温度随室外气温 t_w、供水温度 t_g 变化的实验结果[21]。由图 4-21 可见，当室外气温很低时，通过改变供水温度，使得机组的排气温度明显降低。由实验拟合曲线可以看出，机组在室外温度降至 -20℃下供 20℃温水运行时，其排气温度仅仅在 75℃左右，远远低于 120℃的安全极限。

图 4-22 给出了机组的压缩比随室外气温 t_w、供水温度 t_g 变化的实验结果，由图 4-22 可以看出：

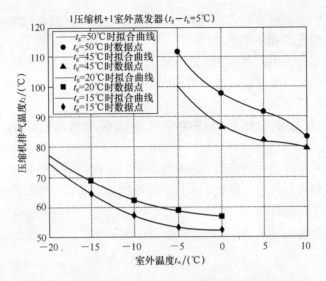

图 4-21 机组排气温度随室外气温、供水温度的变化

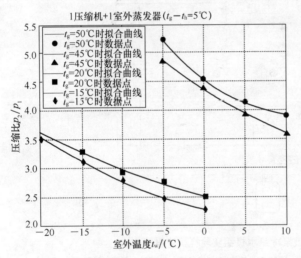

图 4-22 机组压缩比随室外气温、供水温度的变化

(1) 降低供水温度是解决空气源热泵冷热水机组在寒冷地区传统运行方式（供 45~55℃ 热水）压缩比过高的有效技术措施。例如，当室外气温在 -5℃、机组供 45℃ 热水时，其压缩比为 4.81，改为提供 20℃，15℃ 温水时，其压缩比分别为 2.79 和 2.45。也就是说，在此工况下，供 45℃ 热水要比供 20℃ 温水时的压缩比高 72.40%，比供 15℃ 温水时的压缩比高 96.33%。

(2) 当供水温度一定时，机组的压缩比随着室外气温的降低而升高。当机组提供 45℃ 热水，室外气温由 10℃ 降低到 -5℃ 时，机组的压缩比由 3.57 上升到 4.81；而供 50℃ 热水，室外气温由 10℃ 降低到 -5℃ 时，其压缩比由 3.90 上升到 5.21。

2. 机组的运行性能

图 4-23 给出了机组的制热量随运行工况的变化，由图 4-23 可以看出：

(1) 在室外气温较低时，采用降低供水温度技术措施，机组的制热量仅是略有增加，不会大幅度地提高。这是因为：在室外气温很低时，影响制冷剂质量流量的因素主要是吸气比容，由于吸气比容的增大导致了机组制冷剂质量流量的减少，即使降低机组的供水温度，其制热量也不会增加很多，本实验中采用投入 2 台压缩机和 2 个室外蒸发器的办法来增加低温工况下机组的制热量。

(2) 当供水温度一定时，机组的制热量随着室外气温的降低而下降。例如，当供水温度为 15℃，室外气温由 0℃ 降至 -15℃ 时，其制热量由 4.86kW 降至 2.65kW，后者仅是前者的 54.53%。

图 4-24 给出了机组的输入功率随运行工况的变化规律，由图 4-24 可以看出：

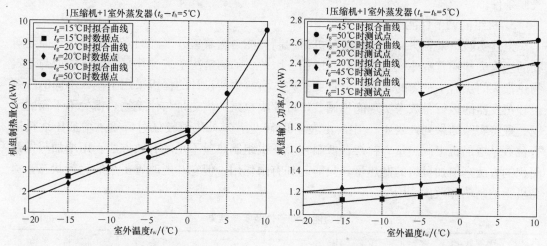

图 4-23　机组制热量随室外
气温、供水温度的变化

图 4-24　机组输入功率随室外
气温、供水温度的变化

(1) 当供水温度一定时，机组的输入功率会随着室外气温的降低而减小。例如，当供15℃温水，室外气温由0℃降低到-15℃时，机组的输入功率由1.221kW降为1.148kW，下降了约5.98%。这是因为室外气温愈低，蒸发压力就会愈低，尽管单位质量制冷剂耗功量略有增加，但由于吸气比容增大导致制冷剂质量流量大为减少，而且其减小速度远大于单位质量制冷剂耗功的变化速度，因而压缩机的输入功率呈现出减小的趋势。

(2) 在同样的室外气温下，提高供水温度，将会使机组的输入功率增加。这是因为当蒸发压力不变，而冷凝压力升高时，机组压缩比的增大对单位质量制冷剂耗功的影响远大于对质量流量的影响，从而导致了压缩机输入功率的增大。

图 4-25 给出了机组制热能效比 EER 的实验结果。由图 4-25 可见，当供水温度为45℃和50℃，室外气温降至0℃以下时，机组的制热能效比 EER 已经降到很低，如室外气温为-5℃，供50℃热水时机组的 EER 已降至1.5，而且当室外温度继续降低时，空气源热泵冷热水机组将难以正常运行。此时，若改为提供10～20℃的温水，不仅使得空气源热泵冷热水机组可以正常应用，而且整个混合式热泵系统的 EER 值也不会太低。当然，空气源热泵冷热水机组 EER 值的提高是以降低所提供热水的品位为代价的，

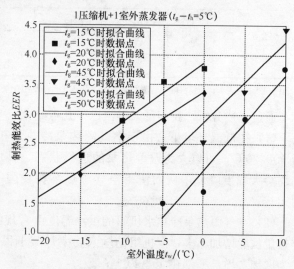

图 4-25　机组制热能效比随室外气温、供水温度的变化

但若不降低供水水温，空气源热泵冷热水机组将难以应用于我国"三北"地区冬季的低温气候条件。

3. 机组的调节性能

上述实验结果表明：空气源热泵机组的制热能力随着室外气温的降低而减小，而建筑物的热损失却随着室外气温的降低而增加。因此，如何解决空气源热泵的制热能力与建筑物热损失间供需不平衡的矛盾十分重要。在本实验中所设计的样机采用了投入不同的压缩机和蒸发器的运行台数来实现能量调节，以解决热泵的供热量与建筑物热损失不平衡的问题。现将实验结果列入表4-12中。由表4-12可见，室外气温较低时，通过增加压缩机运行台数是增加机组制热量、补偿在低温环境下机组制热量不足的有效方法。用增加蒸发器面积的方法来增加机组的制热量，只能起到有限作用，但它却能改善机组的运行状态，提高机组的制热能效比 EER。

机组能量调节性能实验结果　　　　　　　　表4-12

室外气温（℃）		10	5	0	−5	−10	−15
供水温度（℃）		50	50	50	15	15	15
供、回水温差（℃）		5	5	5	5	5	5
机组制热能力（kW）							
组合方式	1+1	11.16	8.07	4.62	4.06	3.38	2.68
	1+2	11.65	6.58	6.20	5.29	3.98	3.34
	2+2	—	—	10.77	9.80	8.75	6.95
机组输入功率（kW）							
组合方式	1+1	2.59	2.586	1.221	1.148	1.368	1.159
	1+2	2.834	2.719	1.226	1.145	1.130	1.243
	2+2	—	—	2.716	2.552	2.644	2.461
机组 EER（制热能效比）							
组合方式	1+1	4.30	3.12	3.78	3.54	2.89	2.31
	1+2	4.11	2.42	5.05	4.61	3.52	2.93
	2+2	—	—	3.97	3.84	3.31	2.83

注：1+1代表1台压缩机配1台蒸发器，1+2代表1台压缩机配2台蒸发器，2+2代表2台压缩机配2台蒸发器。

通过上述分析，我们可以得出以下几点结论：

(1) 在低温环境下，由于空气源热泵冷热水机组的供水温度由常规的45～55℃变为10～20℃，可以大为改善热泵的运行状态，其压缩机的排气温度、排气压力和压缩比均会大幅度降低，从而使得空气源热泵在我国一些寒冷地区可以长期、安全、稳定的运行；

(2) 空气源热泵冷热水机组的供水温度由常规的45～55℃变为10～20℃后，机组的制热量虽然增加不多，但机组的输入功率却减小很多，从而导致机组的制热能效比 EER 大为增加，增长率都在45%以上；

(3) 实验结果表明，空气源热泵冷热水机组在室外气温为0℃（或−5℃）时，通过改变水量,机组可以十分方便地由提供45℃热水转换为提供20℃(或15℃)温水的运行工况。同时,在室外气温较低(−15℃)时,通过增加压缩机的运行台数,可较好地增加机组的供热能力。

4.7 单、双级耦合热泵应用实例

4.7.1 工程案例介绍

该工程为北京市海淀区某办公综合楼,位于北京市凤凰岭自然风景区内,总建筑面积2200m²,主体建筑依山而建,1层为主,局部2层,以铝合金玻璃外廊连接各房间,共有客房17间、办公室12间,另配有会议室、活动室、多媒体演播厅等房间,如图4-26所示。该工程于2003年10月竣工,11月中旬开始供暖。到目前为止,系统已经过多个供暖季。

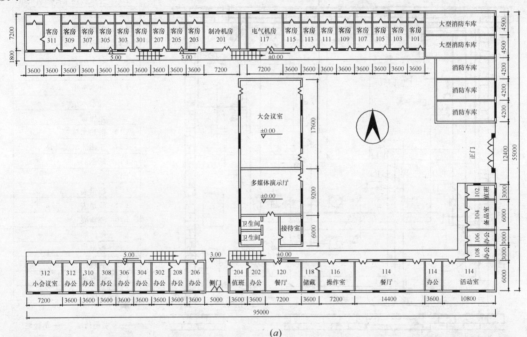

图 4-26 北京市海淀区某办公综合楼
(a) 工程平面布置图;(b) 工程鸟瞰图

该工程冷热源由 1 台空气源热泵冷热水机组（ASHP）和 2 台水源热泵冷热水机组（WSHP）机组构成，均采用 R22 作为制冷剂。ASHP 由两台活塞式压缩机组成，单台额定功率为 37kW，额定供热量 118kW，室外侧换热器总风量 126000m³/h，共 12 台风机，单机风量 10500m³/h，额定功率为 0.75kW；WSHP 机组由 2 台涡旋式压缩机组成，单台额定功率 11kW，额定供热量为 53kW。此外，建筑物热水供应负荷由 ASHP 机组承担，供暖系统末端采用低温辐射地板供暖系统和风机盘管空调系统[22]。

4.7.2 双级耦合热泵机房平面布置

该工程双级耦合热泵设备间及管道布置如图 4-27 所示。

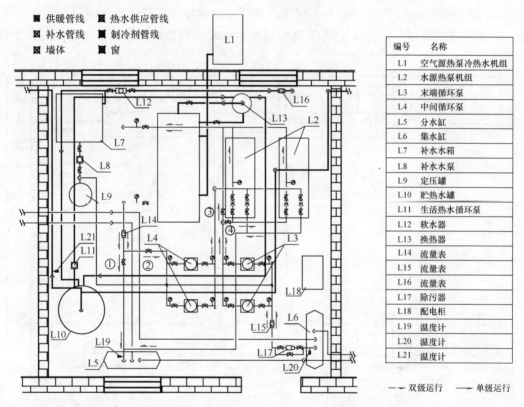

图 4-27 双级耦合热泵设备间及管道布置图

4.7.3 工程测试与分析

1. 测试内容及方法

该工程于 2003 年 10 月竣工，测试时间为 2003 年 12 月 15 日 2004 年 1 月 15 日，历时一个月。为获得双级耦合热泵供暖系统（简称 DSCHP）在实际应用中的供暖性能、供暖效果以及机组运行工况等方面的详细信息，重点测试以下参数：（1）中间环路、末端环路循环水流量以及供、回水温度；（2）压缩机吸、排气温度以及压力；（3）室外空气温度；（4）室内空气温湿度；（5）系统输入功率。部分测点位置如图 4-28 所示。

2. 测试期系统整体供暖效果[23]

4.7 单、双级耦合热泵应用实例

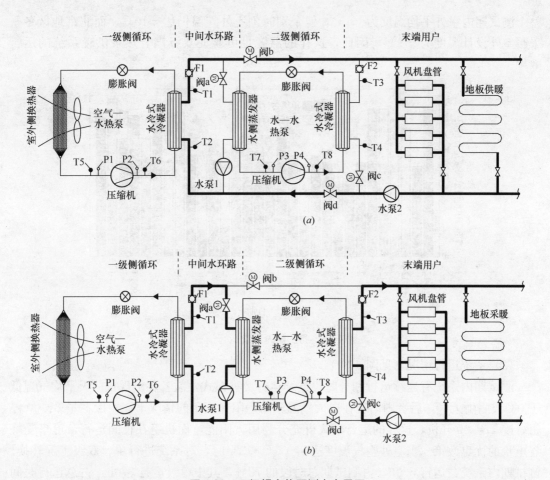

图 4-28 双级耦合热泵测点布置图
(a) 单级运行；(b) 双级运行
F1，F2—流量计；T1～T4—热水温度计；T5～T8—制冷剂温度测点；P1～P4—制冷剂压力测点

（1）室外环境温度

测试期内北京地区气温偏高，如图 4-29 所示，日平均室外温度在 −6～6℃ 之间波动，

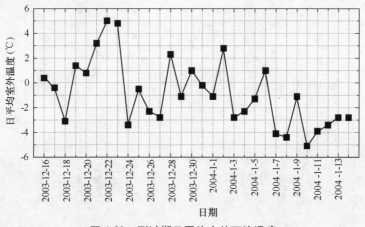

图 4-29 测试期日平均室外环境温度

整个测试期内室外平均温度为-1℃。但个别时刻室外气温仍达-10℃,而北京地区冬季采暖室外设计温度为-9℃,因此,这样的温度足可验证双级耦合热泵供暖系统的运行效果。

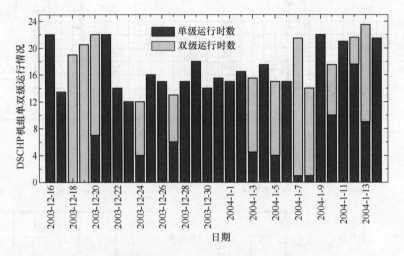

图 4-30 测试期内系统运行情况

(2) 系统运行情况(见图 4-30)

测试期内系统有连续运行和分时段连续运行 2 种模式,前者多出现在白天平均气温低于 0℃或阴雨天气,后者则出现在白天气温较高,阳光充足的情况下。一般在早 8:00 停机,晚 17:00 开机,这样的运行模式可充分利用太阳能,而机组在夜间运行,可享受峰谷电价的优惠政策。当室外空气温度达到-5℃~3℃时,对系统进行单、双级工况转换。测试期内系统共运行 520h,占测试期总时段的 72%,其中单级运行 370h,占总运行时间的 71%,双级运行 150h,占总运行时间的 29%。

(3) 系统供热效果

图 4-31 为测试期日平均室内空气温度,可以看出,测试期日平均室内空气温度为 19.5℃,最低为 18℃,达到了设计要求。另外,由于建筑物刚刚装修完,需要经常性的通风换气,在一定程度上影响了供暖效果,比如 1 月 14 日,建筑物多数房间从 10:00~

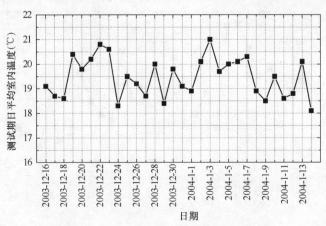

图 4-31 测试期日平均室内空气温度

23：00都处于开窗状态，而这一天的室内平均温度为18.1℃，仍可满足供暖要求。同时，室内相对湿度稳定在45%左右。

(4) 系统供热性能

图4-32～图4-34反映了系统整体供热性能。系统供热量的波动范围在124～186kW之间，平均值为153kW，双级供热时段供热量平均值为146kW，单级为153.6kW。系统能耗主要包括ASHP机组功率、室外侧风机功率，双级运行时外加WSHP机组功率、中间环路循环水泵功率。测试期系统日平均能耗量在33.2～58.2kW之间波动，平均值为49kW，双级运行时段能耗量为52.8kW，单级运行时段能耗量为47.6kW。系统日平均供热能效比EER（指一天内系统总供热量与其总输入功率之比，其中双级运行输入功率包括中间环路循环水泵的功率）均高于2.5，平均值为3.2，最高可达4.4，ASHP机组日平均EER值为3.3，WSHP机组为4.5。以上实测数据显示，双级耦合热泵供暖系统能够适应室外负荷的波动特性，获得良好的供暖效果，即使在低温环境运行时，系统仍可正常工作，且维持较高的能效比。

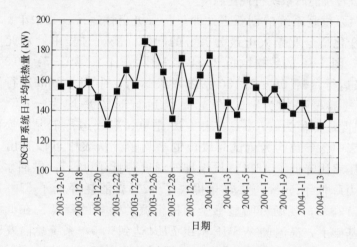

图4-32 测试期系统日平均供热量

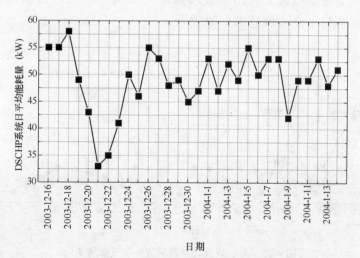

图4-33 测试期系统日平均能耗量

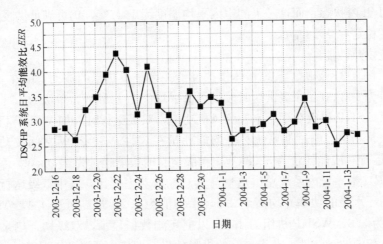

图 4-34 测试期日平均能效比

3. 单、双级转换前后系统特性比较

双级耦合热泵供暖系统的创新之处即单、双级交替运行,其中单、双级转换前后系统供暖特性变化是令业界人士最为关心的问题。测试过程中针对此问题做了大量工作,图 4-35~图 4-40 的数据取自 2004 年 1 月 13 日 4:00~7:30,其中 4:00~5:40 系统单级运行,6:00~7:30 系统双级运行,中间 20min 进行工况转换。测试时段室外空气温度平均为 -6.5℃,单级运行时段平均为 -6℃,双级运行为 -7℃,大气温度最低值为 -7.3℃。表 4-13 是单、双级运行工况转换前后系统特性参数的对比,表中各参数均为测试时段内的平均值。从表中可以看出 ASHP 机组在工况转换后,压缩比降低了 46%,机组排气温度降低了 30%,供回水温度整体下降 37℃,冷凝压力降低了 50%,供热量提高了 12%,能耗降低了 51%,机组能效比 EER 却提高了 128%,现场可明显感受到机组振动噪声的降低。在低温侧 ASHP 机组稳定运行的基础上,高温侧 WSHP 机组 EER 达到 5.6,系统总能效比提高到 2.5,较单级运行增加 20%。应该注意的是,双级运行室外空气温度比单级运行还要低,可以说,双级耦合热泵供暖系统已经成功地改善了 ASHP 机组低温运行工况,扩展了其应用范围,取得了令人满意的供暖效果。

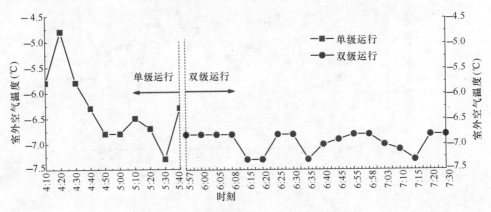

图 4-35 单、双级转换前后室外空气温度变化

4.7 单、双级耦合热泵应用实例

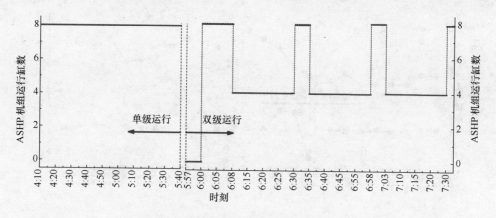

图 4-36 单、双级转换前后机组调节过程

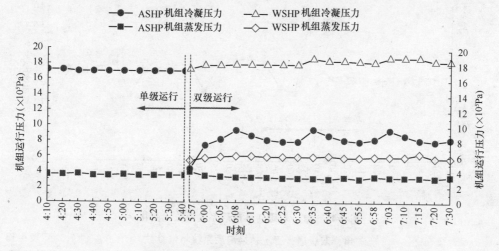

图 4-37 单、双级转换前后机组压力变化

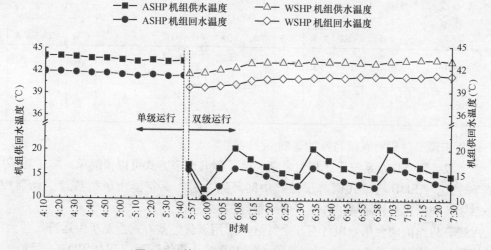

图 4-38 单、双级转换前后机组供回水温度

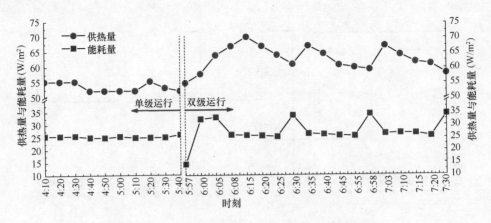

图 4-39 单、双级转换前后系统供热量与耗能量变化

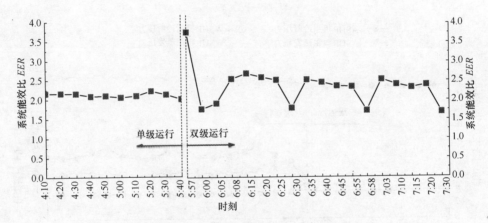

图 4-40 单、双级转换前后系统能效比变化

单、双级运行工况转换前后系统特性参数　　　表 4-13

机组\参数	压缩比		排气温度（℃）		蒸发压力/冷凝压力（kPa）		供/回水温度（℃）		供热量（kW）		耗电量（kW）		能效比 EER	
	单级	双级	单级	双级	单级	双级	单级	双级	单级	双级	单级	双级	单级	双级
ASHP	4.8	2.6	83	58	356/1705	329/854	43.7/41.6	16.7/14.6	107	120	51	25	2.1	4.8
WSHP		3.1				597/1835		42.6/40.6		135		24		5.6

4. 机组调节过程对系统特性的影响

单、双级耦合热泵系统形式相对复杂一些，但其调节方式可以很简单。本工程采用位式调节方式。ASHP 的位式调节仅控制中间环路水温，而室温由风机盘管空调器控制。整个系统控制形式十分简单、方便，效果很好。

ASHP 机组的两台压缩机各有 6 个气缸，采用调载温差方式控制机组运行，两台压缩机轮流调载，当调载温差 Δt 为回归温差 t 的 1/2 时，机组调载过程如图 4-41 所示，分 4 级交替加卸载，即（6+6）缸→（6+4）缸→（4+4）缸→（4+0）缸→停机。图中虚线

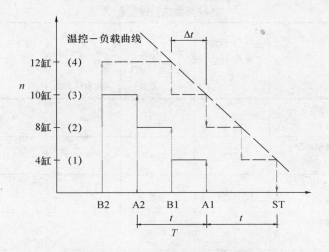

图 4-41 ASHP 机组温控负载曲线

n：级数　T：出水温度　Δt：调载温差　—— B机加卸载
t：回归温差　ST：设定温度　— — A机加卸载

为卸载运行，实线为加载运行。WSHP机组依靠压缩机和机组的启停调节系统的供热量。机组运行调节参数设定见表4-14，实际调节过程如图4-41所示。从图4-38～图4-40中可以看出，双级运行时，系统的供回水温度、供热量、能耗量、供热能效比等特性参数均随ASHP机组的加卸载过程呈周期性波动。ASHP 机组调节周期内，供水温度变化为14.6℃→20.2℃→14.6℃，显示出变化快、波动大的特点。机组加载时，系统的供热量出现谷值，能耗量出现峰值，系统的供热能效比 EER 则呈现明显的谷值，机组卸载前供热量出现峰值，后缓慢回落，能耗量则除开机过程外，均保持稳定，系统的供热能效比波动不大。ASHP 机组这种频繁的调节过程主要是由于中间环路的热惯性较小，环路供回水温度对系统负荷响应较快所致。本次运行，回归温差设定为5℃，以往测试数据显示，若回归温差设定为3℃，则60min内即可完成以上3次启停过程。这种现象对双级耦合热泵供暖系统动态特性的影响较大，尤其是压缩机启动过程，机组能耗大，EER 低。压缩机的频繁启停，还加快了机组的磨损，增加了故障率。

系统运行参数设定　　表 4-14

	单级运行			双级运行		
	设定温度（℃）	回归温差（℃）	调载温差（℃）	设定温度（℃）	回归温差（℃）	调载温差（℃）
ASHP	45	1	0.5	21	5	0.9
WSHP				45	1	0.5

另外机组的供热能力始终处于波动之中。解决此问题的关键是在中间环路设置适当的蓄热装置，或改为以2缸为调节单元的缸数调节，以提高系统的供热稳定性。

4.7.4 双级耦合热泵系统的经济性评价

表4-15为采用熵权层次分析法对包括双级耦合热泵系统在内的多种系统进行的经济性评价（以4.7.1的工程为例）。评价指标包含经济指标（如费用年值、寿命周期成本、投资回收期等）、能耗指标（一次能耗标准煤量、能源利用率）和环境指标（废气、噪声）。

第4章 空气源热泵的应用实践

各种方案综合评价表　　　　　表 4-15

评价项目		空气/水热泵+水/空气热泵系统	空气/水热泵+水/水热泵+风机盘管系统（单、双级）	空气/水热泵+户式水/水热泵+风机盘管系统	地下水源热泵+风机盘管系统	燃油热水锅炉+风机盘管系统
投资	总费用（万元）	53.0	50.4	53.5	60.4	54.6
	单位面积造价（元/m^2）	282	268	284	321	287
运行费	总费用（万元）	1.92	2.38	2.92	2.08	3.06
	单位面积运行费用（元/m^2）	10.2	12.6	15.5	11.0	16.2
经济评价	费用年值（万元）	9.57	9.89	10.80	10.78	14.2
	寿命周期成本（万元）	83.0	84.2	92.0	91.7	87.3
	静态回收期（a）	2.5	3.0	4.8	3.1	23.0
能耗评价	一次能源（吨标准煤）	57.58	40.68	55.87	26.18	43.53
	一次能源利用率	0.65	0.92	0.67	1.43	0.86
环境评价	CO_2 [g/($m^2 \cdot a$)]	22279	24723	33194	19322	24218
	CO [g/($m^2 \cdot a$)]	1.63	1.81	2.42	1.41	1.84
	烟尘 [g/($m^2 \cdot a$)]	128	142	191	111	36
	SO_2 [g/($m^2 \cdot a$)]	47	52	69	40	21
	NO_2 [g/($m^2 \cdot a$)]	8.01	8.89	11.93	6.95	54.33
	噪声	大	中	中	中	中
熵权层次分析法综合评价顺序		③	②	④	①	⑤

由表 4-15 可以看出：

（1）熵权层次分析法的综合评价顺序是：地下水源热泵系统；双级耦合热泵；燃油热水锅炉。

（2）双级耦合热泵系统最好为单、双级混合式系统；第二为空气/水热泵+水/空气热泵系统；第三为空气/水热泵+户式水/水热泵系统。

但是，应该注意到：

（1）评价中，地下水源热泵选用一抽一灌方式，但实践中这种方式难于100％回灌。

（2）评价中，空气/水热泵+水/空气热泵系统未按水环热泵空调系统计算。

4.7.5 工程案例分析与评价

工程案例分析与评价如下:

(1) 本工程位于北京凤凰岭自然风景区,由于燃油锅炉、燃煤锅炉禁止使用,因此热泵几乎成了唯一的选择。单、双级混合式系统是一种以室外空气为低位热源、适合于寒冷地区应用的新型供暖方式,其系统构思巧妙,技术先进,符合暖通空调可持续发展的战略。因此,本工程选用了单、双级混合系统。为确保系统运行的可靠性,本工程开展了一个多月的测试工作。在测试期内,双级耦合热泵供暖系统始终保持较高的供暖能效比(平均值为3.2),室内温度平均值达到19.5℃,系统运行稳定可靠,调节简单可行,说明双级耦合热泵供暖系统在寒冷地区使用能够取得令人满意的供暖效果。

(2) 热泵装置与系统是多种多样的,而空气源热泵仅是热泵家族中的一员。今后空气源热泵将不会因为其他热泵技术的发展而停滞不前,它将会获得更大的发展。这不仅是因为它具有节能与环保效益,而更重要的是它在供暖过程中,可实现部分热量循环使用,是一种以能量闭路循环使用为特征的热泵空调系统。建筑物将室内热量散失到周围大气中,并降低其品位,空气源热泵再将大气中的热量吸收,提高其品位再送回建筑物内,以补充损失掉的热量,从而维持人们生活或工作所需要的室内温度。因此说,空气源热泵供暖应属于生态供暖范畴,是大有发展前途的,也会有广阔的应用前景。

(3) 20世纪90年代中期开始,空气源热泵的应用范围由长江流域开始扩展到黄河流域和华北等地区,在我国北方一些城市开始应用,试图以此来解决或部分解决这些地区供暖的能源与环境问题。几年的应用实践表明,从技术与经济方面看,空气源热泵的应用扩展到黄河以南地区是可行的,而在黄河以北的寒冷地区应用空气源热泵却有一些特殊性。在黄河以北以空气源热泵作为过渡季的冷热源用,其效果良好。若全年使用,其系统的安全性、可靠性均存一些特殊的问题。这主要是因为空气源热泵的性能受室外环境因素的影响较大,这些地区室外气温过低,引起空气源热泵供热量不足、压缩机的压缩比高、排气温度过高、能效比下降、制冷剂的冷迁移、润滑油的润滑效果变差、机组的热损失加大等问题。而本工程的测试结果和几年的运行实践充分表明,单、双级混合热泵系统基本解决了上述问题。特别值得一提的是ASHP采用分体式结构形式,效果十分好。2005年我们为北京良乡金香阁饭店设计安装一套单、双级耦合热泵系统。该项目为建筑面积6500m^{2}的一栋集客房、餐厅、洗浴、娱乐为一体的综合性民用建筑。该建筑采用FHS760双级耦合热泵系统进行供暖、供冷和供热生活热水。自2005年11月投入运行以来,运行效果良好、安全可靠。

(4) 通过本项目的测试和运行实践,我们认为还应注意下述问题的改进与完善:

1) 由于系统中间环路缺乏有效的蓄热手段,造成中间环路的热惯性较小,环路供回水温度对系统负荷响应较快,导致系统调节周期变短,机组的加、卸载调节过程过于频繁。适当加大回归温差仅能在一定程度上解决问题。为此,在今后对系统的设计过程中,应引入蓄热装置,寻求中间环路的最佳供水温度,进一步提高系统的供暖稳定性和能源利用系数。

2) 本工程ASHP机组压缩机启停位式调节仅能完成4级调载,若在此基础上增加两级,使机组实现(6+6)缸→(6+4)缸→(4+4)缸→(4+2)缸→(2+2)缸→(2+0)缸→停机的运行调节模式,可以延长系统的调节周期,有利于稳定系统低温侧的供热能力,另外也可采用变频技术以改善系统的调节特性。

双级耦合热泵供暖系统不仅能够完成供热和供生活热水,而且夏季单级运行能够完成制备空调冷水的过程。但由于该系统较新,设计人员在设计过程要根据专业知识详细计算,选择相匹配的 ASHP 机组和 WSHP 机组进行耦合,才能提高系统的效率和可靠性。

4.8 空气源热泵故障分析与诊断

空气源热泵机组在冬季运行时,由于运行工况的特殊性,所承受的工作状况较为恶劣,使得其运行状况不稳定,且经常发生故障,使其效率下降,甚至于停机、烧机。为此,建立空气源热泵机组的性能预测与故障诊断系统,在故障发生前能预测机组可能发生的故障,采取必要的措施,避免停机事件的发生,对于空气源热泵机组的推广与应用有着重要的意义。近年来,人工神经网络的研究和应用有了很大的发展,人工神经网络以其诸多优点,如并行分布处理、自适应、联想记忆等,在故障诊断领域受到高度的重视,并得到了广泛的研究和应用。为此,基于 BP 模型的神经网络故障诊断推理方法,建立空气源热泵机组的诊断模型,为热泵机组的故障诊断开辟了一条切实可行的崭新途径[24,25]。

4.8.1 热泵机组的故障与征兆之间的关系

空气源热泵机组的故障类型多种多样。通常,故障分为两大类:一类是设备或部件完全失效或突然失效,称之为硬故障,如风机断轴、压缩机液击使汽缸损坏等。另一类是指部件逐渐失效,使得设备运行的效率逐渐降低,直到人们的舒适性受到影响时,才得以发现,造成大量的不必要的能量消耗,如制冷剂泄漏、蒸发器结垢等。一般说来,机组的硬故障比较好检测和判断,而软故障较难发现。为此,我们对热泵机组的常见软故障进行了实验模拟,得出了如表 4-16 所示的故障与征兆之间的关系,从而可以用来进行故障分类。

故障与征兆之间的关系　　　　　表 4-16

故障类型	故障征兆						
	t_e	t_{sh}	t_c	t_{sc}	t_2	Δt_{ca}	Δt_{ea}
1	↓	↑	↓	↓	↑	↓	↓
2	↑	↓	↓	↓	↓	↓	↓
3	↓	↓	↑	↓	↑	↓	↓
4	↓	↓	—	↓	↑	↑	↓
5	↓	↓	↓	↓	↓	↓	↑

注:t_e—蒸发温度;t_{sh}—吸气过热度;t_c—冷凝温度;t_{sc}—液体过冷度;t_2—排气温度;Δt_{ca}—通过冷凝器的水流温差;Δt_{ea}—通过蒸发器的气流温差;↓:下降;↑:升高;1—制冷剂泄漏;2—压缩机排气阀泄漏;3—液体管受阻;4—冷凝器结垢、受阻;5—蒸发器结垢、受阻。

4.8.2 热泵机组诊断模型的建立

把表 4-16 所列的热泵机组故障与征兆之间的关系进行整理,可以得到如表 4-17 所示的训练神经网络的样本。

热泵机组故障的样本　　　　　　　　　　　　表 4-17

故障类型	故障特征值						
	t_e	t_{sh}	t_c	t_{sc}	t_2	Δt_{ca}	Δt_{ea}
1	0	1	0	0	1	0	0
2	1	0	0	0	1	0	0
3	0	1	0	1	1	0	0
4	1	0	1	0	1	1	0
5	0	0	0	0	0	0	1

注：1—制冷剂泄漏；2—压缩机排气阀泄漏；3—液体管受阻；4—冷凝器结垢、受阻；5—蒸发器结垢、受阻。

表 4-17 所示为热泵机组的 5 个实际故障样本，每个故障样本都有 7 个故障特征值，因而网络的输入节点数为 7。将某个故障样本的 7 个故障特征值输入网络输入层节点，网络输出层节点将有对应的输出。如果用每个输出节点的输出代表一个故障类型，共有 5 种故障类型，因而，网络输出节点数为 5。

热泵机组故障诊断的标准训练模式　　　　　　表 4-18

故障类型	标准输出					标准输入						
						t_e	t_{sh}	t_c	t_{sc}	t_2	Δt_{ca}	Δt_{ea}
1	1	0	0	0	0	0	1	0	0	1	0	0
2	0	1	0	0	0	1	0	0	0	1	0	0
3	0	0	1	0	0	0	1	0	1	1	0	0
4	0	0	0	1	0	1	0	1	0	1	1	0
5	0	0	0	0	1	0	0	0	0	0	0	1

注：1—制冷剂泄漏；2—压缩机排气阀泄漏；3—液体管受阻；4—冷凝器结垢、受阻；5—蒸发器结垢、受阻。

由此，可以得到表 4-18 所示的热泵机组故障诊断的标准训练模式。

根据故障诊断的特点，网络输入层、隐层和输出层节点数分别取 7，6 和 5，系统总误差为 0.001，根据表 4-18 所列网络的标准训练模式编制程序，网络训练次数为 25000 多次，得出三层 BP 网络的各个连接权值和阈值。表 4-19 为表 4-18 所列 5 个故障样本的对应网络输出。

故障样本的目标输出　　　　　　　　　　　　表 4-19

故障类型	标准输出				
	y_1	y_2	y_3	y_4	y_5
1	0.9981	0.0007	0.0000	0.0002	0.0001
2	0.0061	0.9891	0.0001	0.0032	0.0017
3	0.0065	0.0037	0.9895	0.0086	0.0073
4	0.0018	0.0024	0.0063	0.9974	0.0054
5	0.0032	0.0047	0.0052	0.0074	0.9912

注：1—制冷剂泄漏；2—压缩机排气阀泄漏；3—液体管受阻；4—冷凝器结垢、受阻；5—蒸发器结垢、受阻。

4.8.3 诊断模型的应用

以上建立了基于人工神经网络的热泵机组诊断模型，下面以例子说明该模型的应用。将表 4-18 中第 1 个故障样本（制冷剂泄漏）的 6 个故障特征值输给网络的输入层节点，则网络输出层节点与其对应的输出为表 4-19 中"制冷剂泄漏"所在行的 5 个输出值,若取判断阈值 $\varphi_k=0.95$,其中只有 $y_1=0.9981>0.95$,其他 4 个输出均远小于 0.95,所以,网络故障诊断的结果为"制冷剂泄漏"。将表 4-18 中第 3 个故障样本(液体管受阻)的 6 个故障特征值输给网络的输入节点,则网络输出层节点与其对应的输出为表 4-19 中"液体管受阻"所在行的 5 个输出值,其中只有 $y_3=0.9895>0.95$,其他 4 个输出均远小于 0.95,所以,网络故障诊断的结果为"液体管受阻"。其他类型的故障诊断以此类推。

通过以上分析,得出结论:

(1) 基于 BP 神经网络的热泵机组故障诊断的结果表明,只要选择足够多的原始故障样本训练 BP 神经网络,网络的容错性和稳定性就较好。在故障诊断过程中,神经网络发挥其联想记忆和分布并行处理功能,对于已学习过的样本知识,网络的输出与希望结果充分相符;当输入数据在一定范围内偏离样本知识时,网络的输出具有接近样本输出的倾向,同时还能满足故障诊断的实时性要求。

(2) 用神经网络进行故障诊断,不仅大大简化了故障诊断的方法,而且还使故障诊断具有人工智能化。人工神经网络为空气源热泵机组的状态监测和故障诊断提供了新的理论方法和技术手段,同时,为在暖通空调领域进一步开展故障诊断积累了经验。

第 5 章 地下水源热泵系统应用理论基础

地下水源热泵系统是以地下水作为低位热源或热汇向建筑物供暖和制冷的一种热泵技术，作为地源热泵的一个分支，被称为是一项以节能和环保为特征的 21 世纪的技术[1]。20 世纪 40 年代，地下水源热泵开始在美国公共建筑中应用[2]，随后得到了广泛的应用。

5.1 概　　述

地下水源热泵系统区别于其他热泵系统的显著标志是其低位热源的不同，地下水源热泵系统的低位热源为地下水。热泵机组冬季从生产井提供的地下水中吸热，提高品位后，对建筑物供暖，取热后的地下水通过回灌井回灌至地下。夏季把建筑物的余热转移给地下水，向建筑物供冷。如果地下水温度较低，可以不开冷冻机直接用地下水冷却或者预冷。对于异井回灌地下水源热泵，若生产井与回灌井均安装有潜水泵，则生产井与回灌井冬夏可以交换。一则可以养井，二则可以利用含水层蓄存冬季的冷量和夏季的热量。因此，这种地下水源热泵系统有时也称为深井蓄热型地下水源热泵系统。计算表明，该系统比常规地下水源热泵节能 20%～30%[3]。

地下水源热泵相对于传统供热、空调方式及空气源热泵具有如下优势：

(1) 地下水属于一种可再生的资源，相对于燃烧矿物燃料的采暖模式更适用于未来可持续发展的要求。

(2) 地下水源热泵不燃用矿物燃料，因此更具环保意义。数据表明[4]，美国地源热泵每年减少温室气体排放量超过 100 万 t。

(3) 地下水源热泵具有较好的节能性。地下水源热泵的低位热源为地下水，地下水温度常年波动很小，冬暖夏凉，机组的供热季节性能系数和能效比较高。同时，在夏季还可以用温度较低的地下水预冷空气而节约冷量。相对于空气源热泵系统，能够节约 23%～44% 的能量[4]。

(4) 地下水源热泵能够减少高峰需电量，对于减小电网峰谷差有积极意义。当室外气温处于极端状态时，用户对能源的需求量亦处于高峰期，而此时空气源热泵的效率最低。地下水源热泵在 20 世纪 80 年代的实测表明：地下水源热泵的效率和出力不受室外气温的影响[5]。因此，相对于空气源热泵，地下水源热泵能够减小系统的高峰需电量，尤其是冬季。

(5) 地下水源热泵具有良好的经济性。经济性是安装地源热泵的主要原因，美国 127 个地源热泵的实测表明，地源热泵相对于传统供热、空调方式，运行费用节约 18%～54%[6]。地下水源热泵的基建费用在地源热泵中是最低的，经济分析结果表明：对于浅井 (60m) 的地源热泵不论容量大小，地下水源热泵是最经济的；而当安装容量大于 528kW 时，井深在 180～240m 范围时，地下水源热泵亦是最经济的[7]，这也是大型地下水源热泵应用较多的原因。地源热泵的维护费用更是逐年降低[8]，地下水源热泵的维护费用虽然高于土壤耦合热泵，但与传统的冷水机组加燃气锅炉相比低很多[9]。

但是，在应用地下水源热泵时，我们更应该关注，地下水属于一种地质资源，大量使用地下水源热泵，如无可靠的回灌，会引发严重的后果。相关问题的重要性已在1.1节中加以陈述。因此，为了节约地下水资源，采用地下水源热泵时，必须采取可靠的回灌手段。回灌是地下水源热泵的关键技术。

目前，国内应用最多的集中式地下水源热泵空调系统如图5-1所示，其系统由地下水换热系统、水源热泵机组、热媒（或冷媒）管路系统和空调末端系统组成。

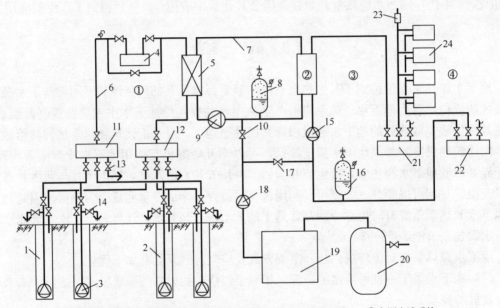

①地下水换热系统；②水源热泵机组；③热媒（或冷媒）管路系统；④空调末端系统

图5-1 典型的集中式地下水源热泵空调系统图示
1—生产井群；2—回灌井群；3—井泵（或潜水泵）；4—除砂设备；5—板式换热器；
6—一次水（地下水）环路系统；7—二次水环路系统；8—二次水管路定压装置；9—二次水循环泵；
10—二次水环路补水阀；11—生产井转换阀门组；12—回水井转换阀门组；13—排污与泄水阀；
14—排污与回扬阀门；15—热媒（或冷媒）循环泵；16—热媒（或冷媒）管路系统定压装置；
17—热媒（或冷媒）管路系统补水阀门；18—补给水泵；19—补给水箱；20—水处理设备；
21—分水缸；22—集水缸；23—放气装置；24—风机盘管

地下水换热系统是地下水源热泵空调系统所特有的系统，其功能是将地下水中的低位能（10～25℃）输送给水源热泵机组，作为机组低位热源（或热汇）。地下水换热系统的形式很多。根据热源井的形式和回灌方式可分为直流式地下水源热泵、异井回灌地下水源热泵、同井回灌地下水源热泵，其中同井回灌地下水源热泵的热源井又包括抽灌同井、填砾抽灌同井和循环单井，如图5-2所示。

直流式地下水源热泵使用后的地下水通过地面水体排放，对于入渗补给不及时的地方会严重损坏地下水资源，除特殊水文地质条件下，现在已很少使用。异井回灌地下水源热泵采用的热源井即为图5-1中所示的地下水的生产和回灌分开的热源井。而同井回灌地下

5.1 概述

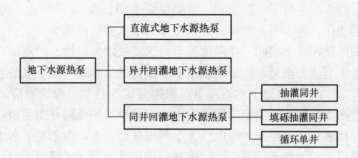

图 5-2　地下水源热泵分类

水源热泵热源井的设计思想是：利用一口水井同时进行抽水和回灌，取代传统地下水源热泵分别设置的抽水井和回灌井。据文献报道，目前共有三种形式：循环单井、抽灌同井和填砾抽灌同井[10]，如图 5-3 所示。它们都是从含水层下部取水，换热后的地下水再回到含水层的上部。从水井构造上来说，循环单井使用的是基岩中的裸井；抽灌同井采用的是过滤器井（井孔直径和井管直径相同）；填砾抽灌同井采用的是填砾井（井孔直径较井管直径大，其孔隙采用分选性较好的砾石回填）。

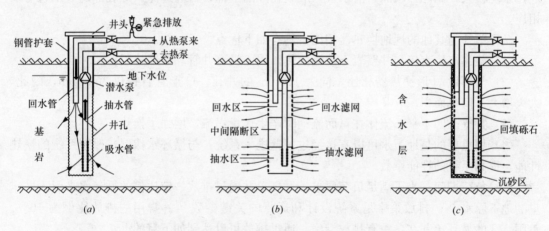

图 5-3　同井回灌地下水源热泵热源井
(a) 循环单井；(b) 抽灌同井；(c) 填砾抽灌同井

循环单井开发于 20 世纪 70 年代中，现全美大约安装有 1000 个循环单井[11]，韩国的地源热泵工程中近 30% 采用了循环单井[12]。抽灌同井的最早报道是 1992 年丹麦技术大学校园内的一个足尺寸的实验井[13]；2000 年我国专利报道了填砾抽灌同井[14]。抽灌同井在丹麦的应用除了丹麦技术大学校园内的实验井外，还未见文献报道。我国填砾抽灌同井于 2001 年在北京某工程上投入运行[15]，到 2008 年已推广应用的建筑面积达 500 多万 m^2。

抽灌同井具有如下特点：

(1) 抽灌同井作为地下水源热泵源汇井的一种，秉承了地下水源热泵节能和环保的所有优点。

(2) 相对于异井回灌地下水源热泵，减少了水井个数，从而减少了场地，节省了初投资。使用抽灌同井的地下水源热泵的初投资是传统地热系统的 1/3~1/4[15]。

(3) 抽灌同井不影响地下水水质。北京市水利局水环境监测中心对某些抽灌同井的井内及周围地下水的水质进行了跟踪监测。监测结果表明，在27项指标中除水温外其余指标均没有明显的变化。这表明：抽灌同井未对地下水水质造成影响[16]。

（4）抽水和回灌在含水层同一径向位置不同深度处发生，抽水的负压有利于回灌。

（5）相对于土壤耦合热泵，由于采用地下水作为低位热源，地下水的容积热容量较土壤容积热容量大2~3倍，且地下水渗流引起强迫对流换热和热弥散效应，使得地下水的换热较土壤的导热更为剧烈，影响的范围更大，因此单口抽灌同井能承担较大的负荷。

（6）抽水和回灌在含水层同一径向位置不同深度处发生，由于地下水水头的差异，回水部分通过渗流进入抽水处不可避免，这就在一定程度上带来了热贯通。

（7）地质条件、出水能力、回灌能力和地下水水温复杂多变，需针对特定的地质条件设计井数、井结构参数、井间距以及运行调节等，使得抽灌同井的设计工作相对复杂。

循环单井是土壤耦合热泵同轴套管换热器的一种变形，在强岩层之下取消了套管外管，水直接在井孔内循环与井壁岩土进行换热[17]。有时称其为一种半开式系统。对于水质较好的地区，在住宅中应用时，抽取的地下水也兼作生活用水。潜水泵根据井的深度可以放在井的下部或上部。对于住宅，循环井较浅，一般放在井的下部；对于商业和公共建筑，系统较大，循环井较深，潜水泵一般放在井的上部，再通过深入井底部的吸水管与泵相连。

循环单井与其他的埋地换热器相比，具有如下优点[18]：

（1）载热流体直接与井壁岩土接触换热，因而没有井管和灰浆热阻。

（2）与埋地U形换热器相比，同为150mm的井孔，U形管直径仅为40mm，因此，大大增大了换热面积。

（3）井壁凸凹不平，流体在里面流动时产生大量涡流，增强了换热。

（4）更重要的是地下水可以直接经过井壁进入系统，与循环水掺混，改善系统的换热性能，提高系统的性能系数。

高峰负荷期间，为了满足负荷要求，循环单井通过排放一定比例的循环水来引入一定量的地下原水[17]。排放策略是系统设计和运行的关键参数[19]。常用的排放比例为10%。美国2/3的循环单井在冬季有排放措施。通过排放可以达到如下目的[17]：

（1）对于给定的负荷条件，可以减少孔深，节省初投资。

（2）保持适中地下水温度，提高热泵机组效率，减少能源消耗。

（3）避免在供热工况下地下水的冻结。

正因为换热的增强，与土壤耦合热泵相比，每1kW热泵容量的井孔深度大为减少[20]。

抽灌同井与循环单井相比，抽灌同井有井壁，为了减轻回水和抽水的热贯通，抽灌同井内设有隔板。循环单井中大部分地下水直接在井孔内循环，虽然热贯通严重，但不存在回灌困难问题。循环单井虽属于地下水源热泵源汇井的一种[19]，但在没有地下水流情况下亦能工作，这样系统设计时不需要实验井和广泛详细的水文地质调查，简化了设计，节省了投资费用[21]。为了防止井孔的坍塌，循环单井需要安装在强岩层中。纽约矿产资源局规定，循环单井的套管应深入基岩21.5m，对于非断裂岩层，最少不低于11m[21]。强岩层离地表过深时，循环单井需要很大的孔深，这样不够经济；当有地下水时，地下水进入系统可能引发腐蚀等，因此，循环单井多用在地下结构为强岩层且距地表较近，地下水质较好的地区[20]。抽灌同井的使用地点需要有合适埋深和回灌条件的含水层,能够提供适度水量和水质的地下水。循环单井典型的井孔直径为 150mm,井深 150～460m[22]。井与井之间理想的间距为 15～23m,460m 深的井孔能够提供 105～140kW 的冷量[21]。典型的抽灌同井井孔直径 800mm,井管直径 500mm,抽回水管直径 100mm[23]。

5.2 地下水源热泵的研究现状与进展

地下水源热泵的研究主要集中在热源井引起的地下水流动和传热[24],是水文地质与暖通空调两个学科之间的交叉。

5.2.1 异井回灌地下水源热泵的理论和实验研究

与地下水源热泵有关的地下水运移方面的研究,包括地下水的流动、传热和相关环境影响因素研究。Andrew 等人建立了地下水源热泵地下水流动和换热的耦合模型,对于没有水力和热力联系的双井进行了模拟,认为地下水源热泵最适宜用在低密度的住宅,这样不会大幅度地改变地下水温度[25]。地下水源热泵应用于住宅时的模拟表明,在冷热负荷相近的条件下,热泵回灌水不会对含水层温度产生大的影响;然而,在空调负荷或供热负荷占优时,含水层发生重大的热改变[26]。Relstad 等人的研究表明,地下水供回水温差是一个重要的参数,接近优化的供回水温差大大提高了系统的效率[27]。对地下水源热泵系统的实测结果也说明了这个现象[28]。辛长征等人利用 HST3D 软件,对一典型双井承压含水层的速度场和温度场进行了模拟,由于程序的限制,采用了全年固定流量和固定温度,模拟结果表明,相距 100m 的两完整井在冬、夏工况期间出现了"热贯通"现象[29]。2004年,北京市水利科学研究所等单位以北京经济开发区内的某一栋商用写字楼的地下水源热泵空调系统为研究对象,观测了监测井中的水位、水温、水质、大肠杆菌数目以及细菌总数,历时 200 余天。并运用 HST3D 软件模拟了地下水的水动力场、温度场,进行了温度场和大肠杆菌容量、细菌容量的长期预测[30,31]。但测试期间并没有测定抽回水温度,抽回水温差和运行时间采用估算值,这是不完整的。根据水文地质条件,将北京应用地下水源热泵的适宜性分为 3 区:A 区(适宜性最好)、B 区(较好)、C 区(一般)[30,32]。张远东亦采用 HST3D 软件对异井回灌地下水源热泵地下水温度进行了数值模拟,分析了水文地质条件、井间距、抽水流量和地下水自然流速对温度场的影响,并对上述北京经济开发区内的商用写字楼的地下水源热泵空调系统进行了实例研究[33~35]。文献 [36] 详细研究了地下水源热泵抽灌两用井的设计和成井工艺,钻井冲洗液和洗井方法。

对于地下水源热泵地上机组部分,亦有学者做过少量的研究。在换热器和井水管设计时,依据技术经济优化准则,以年度费用总额为目标函数,建立系统综合优化数学模型,并编制了计算程序[37]。通过地下水源热泵流程实验,认为地下水源热泵系统采用小流量、大温差是可行的;考虑到冬季供热工况,应选择压缩比大、变工况特性好的制冷压缩机[38]。冷凝器的匹配对系统的影响大于蒸发器,适当增大冷凝器面积既可提高机组性能又可避免在供热工况时冷凝压力过高,保证机组稳定可靠的运行[39]。对于地下水源热泵的双限温度控制进行了研究,考虑到潜水泵每日开启次数的限制,认为当负荷率为 50%时,潜水泵两次开启的时间间隔为最小,并且给出了不同热泵容量时,控制温度范围的最小值[40]。

5.2.2 同井回灌地下水源热泵在国内外的研究现状及分析

丹麦技术大学的研究人员针对其校园内的抽灌同井实验井进行了取热实验，地下水流量为 $1.7 m^3/h$，热泵容量为 10kW。经过 2400h 的运行，出水温度降低了大约 2℃，同时建立了地下水流动和换热简化的稳态数学模型[13]，由于模型过于简化，计算结果与实验结果差别较大。

随着抽灌同井的迅速市场化，我国部分院校和企业对其开展了少量的研究。文献[15] 给出了抽灌同井的原理和近几年的工程应用情况及部分工程能耗实测结果。中国科学院地质与地球物理研究所采用 HST3D 软件，对抽灌同井模式下水文地质参数、井结构参数、抽水流量和地下水天然流场等因素对含水层温度场的影响进行了初步模拟[41]，模拟结果对于定性解释抽灌同井地下水的换热大有益处。

虽然循环单井从产生到现在有近 40 年的时间，但直到 20 世纪 90 年代才受到认可和重视，其研究也随之展开。1993 年，美国宾夕法尼亚州立大学建立了循环单井井孔周围一维无热弥散的传热和流动耦合模型，模型中没有考虑排放，通过引入"地下水因子"（代表对流与导热的比例）简化了模型，求得了数值解；在求得的数值解的基础上，提出了"当量传热系数"的概念，来描述含水层中地下水流动的影响，这种当量传热系数可以在计算竖直埋管换热器的程序中用来计算井深[18]。同时还在校园内开展了现场实验研究[42]，实验循环单井深 320m，直径 150mm，装机容量 70kW。在距实验井 3.65m 的地方设置了 1 个 91m 深的观测井（未回填），用于观测地下岩层的温度。实验从 1992 年 8 月 4 日开始至 1993 年 2 月 19 日结束，经历了制冷运行（48d）、停机（42d）和制热运行（71d）3 个阶段，实验结果反映出运行过程中地下原水进入井孔参与循环。英国的 Orio 一直致力于设计和安装循环单井[43]。1994 年，Orio 采用 Kelvin 线热源模型对循环单井进行了研究，研究结果与工程经验数据吻合较好[44]。由于线热源模型的缺陷，对流传热方式和热弥散效应等并未考虑，特别当系统有排放时，对流是重要的换热方式。美国马萨诸塞州当地电力部门于 1995 年 5 月开始对 Haverhill 公共图书馆循环单井的热泵总功耗、井泵功耗、室外温度、抽回水温度进行监测。

在 ASHRAE RP-119 的资助下，俄克拉荷马州立大学对循环单井进行了深入的研究。建立了循环单井的详细模型[17]，该模型分为两部分：井孔外含水层中的渗流和换热的二维轴对称模型，井孔内的一维模型，通过井孔壁的热流和温度将两部分模型耦合起来求解。模型中没有考虑热弥散效应，用宾夕法尼亚州立大学的无排放循环单井实验数据和 Haverhill 公共图书馆 10% 紧急排放的监测数据验证了模型[45]。在详细模型的基础上通过引入"强化导热系数"的概念简化了模型，建立了适用于工程计算的一维数学模型，该模型也通过了上述两个实验验证[46]，近期约旦研究人员也建立了相似的无因次准则关系式等[47]。

国内山东建筑大学等也建立了循环单井地下水流动和换热问题的二维数学模型[48~50]，丰富了同井回灌地下水源热泵的研究进程。

5.2.3 国内外研究现状总结

从上面的文献综述，可以得出如下的结论：

（1）传统的抽水和回灌引发的地下水渗流和换热的数学模型及计算方法现已比较完善。把含水层作为满足 Darcy 定律的连续体考虑已成为共识。常温下，含水层的换热方式包括导热和对流,且在控制方程应包含热弥散效应。含水层固体骨架和地下水可以采用局部热平衡模型。时间较长或温差较大时还应考虑自然对流和温度对含水层渗透系数的影响。

(2) 由于含水层的复杂性,其物性参数的测量很困难,某些测量参数并不能代表整个含水层物性。因此,在处理有关含水层问题时,多采用参数识别方法。通过现场实验结果采用某种方法识别含水层参数,然后再用这些参数去预测或分析问题。目前,对含水层物性参数的识别方法还很有限,常用的有试估-校正法和单纯形法。

(3) 抽灌同井的推广引起了研究人员的注意,由于时间短暂,现阶段的研究还不够深入,由于模拟软件的限制,含水层的概化和负荷处理过于简单。由于缺乏实测数据,计算结果的可靠性得不到保证。

(4) 近期循环单井受到了广泛的关注,其研究工作也逐渐深入。俄克拉荷马州立大学进行了开创性的工作,建立了循环单井的适用于参数研究的详细模型和适用于工程计算的简化模型,并用以前的测试数据验证了模型。其模型对有无排放均适用。详细模型分为两部分:含水层中轴对称模型、井孔内热阻网络模型;采用分区求解,通过井孔壁的热流和温度将两部分模型耦合起来。遗憾的是模型中地下水渗流速度处理不当,把地下水孔隙平均速度当成了 Darcy 速度。

5.3 地下水源热泵热源井数学模型

地下水源热泵引起的地下水流动和传热是一个整合建筑物负荷和热泵性能的复杂边界条件下流动和传热的强耦合过程,数学模型的建立需要地下水动力学、流体力学、水文地质、暖通空调、工程热物理等多学科的交叉创新。

5.3.1 含水层相关概念

1. 含水层

含水层是地下水运动的载体,是地质学上岩层或岩层的组合,这种岩层一是含有水,二是在一般的野外地质条件下允许有大量的水通过。相反,隔水层可以是含有水(有时相当多)的岩土层,但在一般的野外地质条件下不具有通过大量水的能力。弱透水层是具有弱透水性质的岩土层,它虽然允许水通过,但其速度比一般含水层慢得多。然而,在大面积范围内,它却允许彼此隔离的含水层之间有大量的水通过。不透水层是指既不含水又不允许水流通过的不透水岩土层。根据有无地下水面,可以把含水层分为承压含水层和潜水含水层。越流现象是指抽水层上面或(和)下面顶、底板不是隔水层,而是弱透水层,相连含水层通过弱透水层或弱透水层自身弹性储量的储存、释放与抽水层发生水力联系。这种含水层系统称为越流系统。

2. Darcy 定律及渗透系数

法国水利工程师 Henry Darcy 于 1856 年通过大量渗流实验得到渗流基本定律,后人称之为 Darcy 定律。Darcy 定律形式为:

$$q = -K \mathrm{grad} H \tag{5-1}$$

式中 q——渗流速度,又称 Darcy 速度,m/s;

K——渗透系数,又称水力热导率,m/s;

H——水头（mH_2O）。

渗流是一种假想的水流：它假设多孔介质（包括孔隙和固体骨架部分）是连续体，地下水充满着整个连续体；假想的水流阻力与实际水流在孔隙中所受的阻力相同；任一点的水头和流速矢量等要素与实际水流在该点周围一个小范围内的平均值相等。渗流速度与地下水实际孔隙平均流速 $\bar{u}$ 的关系为：

$$q = n\bar{u} \tag{5-2}$$

式中 n——孔隙率，%。

设初始水头为 H_0，定义水位降深 $s = H_0 - H$，它表示地下水头相对于初始水头的变化值，降低为正，升高为负，简称降深。则式（5-1）变为

$$q = K \mathrm{grad} s \tag{5-3}$$

水井抽水时，含水层中的水头降低，降深为正值；注水（回灌）时，含水层中的水头升高，降深为负值。同时井壁降深的绝对值也从侧面反映了抽水和回灌的压力。事实上，抽水和回灌的压力可以看作井壁降深的绝对值、井损和水在抽回水管内流动阻力的和。

大量的实验表明，Darcy 定律有一定的适用条件，仅当 $Re < 10$ 的层流条件下，渗流才满足线性 Darcy 定律。即使这样，大多数的天然地下水流运动仍服从 Darcy 定律。

渗透系数是一个极其重要的水文地质参数，它表征岩层的透水性能，是和固体骨架、流体两方面特性都有关的量。根据渗透系数随方向和空间的变化可把含水层分为：各向同性和各向异性含水层；均质和非均质含水层。各向异性含水层渗透系数为二阶张量。取坐标轴方向为各向异性含水层渗透系数的主方向，该二阶张量变为对角线张量，即只有对角线上的 3 个分量不为 0，其余 6 个分量均为 0。渗透系数与含水层厚度的乘积称为含水层的导水系数。

近年来的研究证实渗透系数不再是传统意义上的常数，而具有尺度效应。这意味着小范围实验测得的参数与大范围实验在同一地点、同一介质测的参数值不同，后者要大得多[51]。

3. 储水系数

承压含水层单位储水系数 S_0 定义为单位体积含水层中压力下降（或升高）一个单位从储存量中释放（或储存）的水的体积，单位为 m^{-1}。

潜水含水层的储水系数亦可类似定义。但承压含水层和潜水含水层储水的性质却各不相同。承压含水层中的释水由两部分组成：由于地下水压力的减小，地下水体积发生膨胀，释放部分地下水；地下水压力降低，多孔介质固体骨架有效应力相应增加，从而使多孔介质骨架压密，导致含水层厚度变薄、孔隙率变小，使得多孔介质释放出部分地下水。而在潜水含水层中，大部分水是在两个不同位置的上下潜水面间的孔隙排出的。因此，潜水含水层的储水系数有时也用给水度来表示。

5.3.2 水动力模型

水动力模型旨在给出由于热源井的影响，地下水在含水层中运动的合理数学描述，包括模型假设及限定条件、控制方程和相对应的定解条件。

1. 模型假设

在水动力模型中采用如下假设及限定条件：

（1）无越流承压含水层作为越流含水层的一种特殊情况考虑。除了越流量外不考虑其

他垂向补给和排泄。

（2）含水层非均质、各向异性，各亚层产状水平，厚度稳定，分布面积很大，可视为无限延伸。均质或各向同性含水层视为其特例。在热泵运行期间，承压含水层不会被疏干成承压-无压含水层或无压含水层。热泵运行前，水头面水平。水头下降时，水立即从含水层中释放出来。

（3）由水的弹性和含水层骨架的弹性所造成的含水层单位储水系数 S_0 在时间上是常数。

（4）越流量处理为含水层边壁的一个边界条件，认为越流量在主含水层内发生，并认为主含水层的边界是完全不透水的。Hantush 认为这种水流的概化不会明显地对实际的水流模式产生影响[52]。

（5）忽略温度对含水层渗透系数、储水系数及地下水的密度的影响，这对于温度变化不大的系统，不会带来大的误差。

（6）对非均质含水层，认为地下水量在各水平亚层按导水系数的比例分配。实质上是认为地下水位降深在井壁处沿水平方向的偏导数与纵坐标无关，即 $\forall z, \partial s/\partial r |_{r \to r_w} = $ const。事实上如果忽略井筒的过滤网水头损失，井壁过滤网应是等水头面，这样井壁过滤网上渗流速度不会均匀分布，很难预先给定，但对于过滤网处于均质含水层时，这样的假设在离井稍远处不会有过大的误差[53]，且对于处理问题带来方便。这种水量分配方法是井孔-含水系统的常用方法，现阶段也有学者对此方法在多层含水层中的应用提出了异议[54]。

2. 控制方程及定解条件

对多孔介质控制体列质量守恒方程，然后考虑到水和多孔介质的弹性变形，应用 Darcy 定律可以得到地下水运动的基本微分方程，即水动力模型的控制方程。其求解变量为地下水降深。它是渗流连续性方程和运动方程的综合体现，如下式所示：

$$\frac{\partial}{\partial x}\left(K_x \frac{\partial s}{\partial x}\right) + \frac{\partial}{\partial y}\left(K_y \frac{\partial s}{\partial y}\right) + \frac{\partial}{\partial z}\left(K_z \frac{\partial s}{\partial z}\right) - v^2 s = S_0 \frac{\partial s}{\partial t} \tag{5-4}$$

定义为：

式中 s——水位降深，mH_2O；

    t——时间坐标，s；

K_x, K_y, K_z——含水层渗透系数坐标分量。m/s；

    v——越流因子，$(s^{-1/2} \cdot m^{-1/2})$，$v = \sqrt{K'_z/(B'B)}$，当含水层顶、底板隔水时，$v=0$，其中，$K'_z$ 为弱透水层竖直渗透系数（m/s），B, B' 分别为含水层和弱透水层厚度（m）。

在式（5-4）中，前三项分别表示单元体在 x, y, z 方向地下水的净流出量，第四项表示越流补给量，等号右侧表示单位时间单元体水量的减少。

对于单井系统还可以采用柱坐标。

该问题的定解条件为：

（1）初始条件和远边界条件

$$s|_{t=0} = 0, s|_{x,y,z \to \infty} = 0 \tag{5-5}$$

（2）底、顶板边界条件

$$\partial s/\partial z\,|_{z=0}=0,\partial s/\partial z\,|_{z=B}=0 \tag{5-6}$$

(3) 井壁边界条件

井壁边界条件为给定流量的第二类边界条件

$$K_x \frac{\partial s}{\partial x}\bigg|_{w,s} = \begin{cases} -\dfrac{L_{w,p}}{2\pi r_w K_h b_s} & \text{对于抽水井过滤网} \\ \dfrac{L_{w,r}}{2\pi r_w K_h b_s} & \text{对于回水井过滤网} \\ 0 & \text{对于不透水井壁} \end{cases} \tag{5-7}$$

式中 $L_{w,p}$，$L_{w,r}$——热源井的抽水流量或回水流量，m^3/s；

$\qquad K_h$——井孔综合渗透系数，m/s；

$\qquad b_s$——热源井过滤网长度，m；

$\qquad r_w$——过滤网井管半径，m。

无排放时 $L_{w,p}=L_{w,r}$；有排放时 $L_{w,p}>L_{w,r}$。

对于非均质含水层中的热源井，井壁边界条件在抽回水过滤网处如下式所示：

$$K_x \frac{\partial s}{\partial x}\bigg|_{w,s} = \begin{cases} -\dfrac{L_{w,p}}{2\pi r_w \sum_i K_{x,i} b_{s,i}} & \text{对于抽水井过滤网} \\ \dfrac{L_{w,r}}{2\pi r_w \sum_j K_{x,j} b_{s,j}} & \text{对于回水井过滤网} \end{cases} \tag{5-8}$$

式中 $K_{x,i}$，$b_{s,i}$ 分别为抽水过滤网对应的含水层水平亚层的水平渗透系数和厚度；$K_{x,j}$、$b_{s,j}$ 对应于回水过滤网。

上述控制方程和定解条件给出了热源井水动力模型的完整数学描述，求解变量为降深 s，再依据 Darcy 定律可以求出地下水的渗流速度，如下式所示：

$$\begin{cases} q_x = K_x \partial x/\partial r \\ q_y = K_y \partial y/\partial r \\ q_z = K_z \partial s/\partial z \end{cases} \tag{5-9}$$

该渗流速度作为含水层热量运移计算时的已知条件。

5.3.3 换热数学模型

热泵运行时，热源井从含水层中提取热量或向含水层中排放热量，会引起含水层温度的变化。而含水层温度的变化对于热泵的性能系数影响很大；温度变化过大，还会影响含水层自身的特性，带来复杂的环境改变。因此应格外注意含水层温度变化的分析。

1. 地下水在含水层中的换热分析

抽水和回灌水温度的不同，引起地下水和含水层固体骨架温度的变化。地下水与地下水、地下水与固体骨架、固体骨架与固体骨架、含水层与相邻的顶底板岩土层之间发生着复杂的传热作用。

从孔隙尺度上来说，含水层的传热描述包括液相和固相的局部能量守恒方程和液相的 Navier-Stokes 方程。局部能量守恒方程由液相的对流－扩散方程和固体骨架的扩散方程以及相界面上的温度、热流连续性条件组成。这些方程的求解非常复杂，不仅是算法上的困难，更是缺乏对固体骨架微观结构的精确认识。因此，常采用粗化方法（up－scaling method），例如体积平均方法、均质化方法等，将其平均。粗化过程中将复杂的局部条件（孔隙尺度上的对流和扩散作用）采用宏观尺度描述，得到宏观尺度的数学模型。宏观数学模型中用平均物理量：Darcy 速度、平均温度来代替孔隙速度和温度。孔隙速度由于固体骨架的存在，其大小和方向时时刻刻变化，而在粗化过程中，孔隙速度的这种变化由于平均作用在宏观水平上就不能包含在对流项中。因此为了表示粗化过程中被掩盖的孔隙速度的变化在固体骨架周围引起的微尺度对流，需要在热平衡方程中考虑热弥散效应（thermal dispersion）[55]。

由含水层孔隙内速度脉动而产生的热弥散效应，引起热量的平均化，从而导致换热的增强[56]。热弥散传递的热量可能很大，尤其是在近井附近[57]。热弥散效应与流体在孔隙通道内的流速、固体骨架和流体的物性以及多孔通道的结构等因素有关[58]。忽略热弥散效应会导致某些传热计算结果的不准确[59]。

现阶段一般用热弥散系数表示热弥散效应的强弱。然后将热弥散系数和含水层的导热系数组合在一起，称为含水层的有效导热系数。

2. 模型假设及限定条件

从换热机理来说，热源井引发的含水层换热与含水层储能类似。因此换热数学模型的部分假设与含水层储能相似。

（1）由于水-岩土热交换作用的持续时间短，对热量输运的总过程影响小，通常在含水层热量输运计算中可以不考虑这个作用。认为含水层骨架和水的热动平衡是瞬时发生的，含水层骨架和周围流动的水具有相同的温度，即采用局部热平衡模型（local thermal equilibrium model）。忽略由于温差引起的水的密度不同导致的自然对流，这对于温差不大的情形是允许的。

（2）不考虑大气温度的变化对地下水温度的影响。同一介质含水层容积比热容和导热系数均匀，不随时间变化。含水层和顶底板岩土层结合面处温度相同。热泵运行前，含水层及顶、底板岩土层处于热平衡状态。假定在距含水层底、顶板某一距离处岩土层温度保持不变。越流含水层中的弱透水层，地下水流速很小，不考虑对流换热和热弥散效应，只计导热的影响。

（3）不考虑热源井井筒的换热。井筒换热是指抽回水管与井管内水或空气之间以及井管内水或空气与周围含水层之间的换热。

3. 数学模型

对多孔介质控制体分别列固体骨架和流体的能量守恒方程，然后应用局部热平衡假设将固体骨架和流体的能量守恒方程合并，即可得到含水层中换热的一般能量守恒方程，如下式所示：

$$c_a \frac{\partial t_a}{\partial \tau} + \mathbf{div}(c_w T_a q_a) = \mathbf{div}(\lambda_A \mathbf{grad} t_a) \tag{5-10}$$

式中　t_a——含水层温度，℃；

c_a——含水层容积比热容，kJ/(m³·℃)；

c_w——地下水容积比热容，kJ/(m³·℃)；

λ_A——含水层有效导热系数，W/(m·℃)；

q_a——地下水渗流速度，m/s。

对含水层顶、底板岩土层的导热方程，若定义含水层顶、底板渗流速度 $q_e=0$，则含水层和含水层顶、底板岩土层的传热可用统一的数学方程表达[60]，如式（5-10）所示。

式（5-10）中等号右侧为扩散项，表示导热传递的净能量，等号左侧第一项为微元体中储存的能量，第二项为对流项，表示热对流传递的净能量。其中热弥散也包含在等号右侧项中，将热弥散系数和含水层的导热系数组合成含水层的有效导热系数。

含水层顶、底板岩土层边界条件，远边界条件，初始条件如下式所示：

$$\begin{cases} t|_{\tau=0} = t|_{x,y\to\infty} = t_0(z) \\ t|_{z=0} = t_{e1} \\ t|_{z=b_d+B+b_a} = t_{e2} \end{cases} \quad (5\text{-}11)$$

式中 $t_0(z)$——含水层初始温度，满足正常地温梯度，℃；

t_{e1}——下保温层温度，℃；

t_{e2}——上保温层温度，℃。

对于不透水的井壁和抽水过滤网井壁可以认为给定 0 热流的第二类边界条件，而回水过滤网井壁边界定解条件与热泵的运行模式有关。热泵制热工况、制冷工况及停止运行时定解条件不同。对于回水过滤网井壁处的边界条件：

（1）热泵运行

$$t|_{回水过滤网井壁} = t_g - \Delta t_o \quad (5\text{-}12)$$

式中 t_g——抽水平均温度，℃；

Δt_o——抽回水温差，取热为正，排热为负，℃。

这里负荷条件给定的是抽回水温差，而不是回水温度或者抽水温度。这是因为运行过程中，对源汇井而言已知的是源汇井负荷和流量或者流量调节策略，这样总可以知道逐时的流量和抽回水温差，而抽回水温度是未知的，也是需要模型来预测的。然而，在地源热泵的模型中，众多研究者给出的负荷条件却是流体的入口温度[61~66]，这是不完善的。当然给定流体的入口温度会为计算带来方便。

（2）热泵停止运行

$$\partial t / \partial r |_{井壁} = 0 \quad (5\text{-}13)$$

抽水平均温度 t_g 根据抽水口不同纵坐标处温度按质量平均计算，如下式所示：

$$t_g = \int_{z_1}^{z_2} q_r t \mathrm{d}z \Big/ \int_{z_1}^{z_2} q_r \mathrm{d}z \quad (5\text{-}14)$$

式中 z_1 和 z_2 分别表示抽水过滤网起止位置坐标。

相对于抽水平均温度，不同纵坐标下的抽水口温度并不是研究重点，因此，在不至于引起混淆的情况下，将抽水平均温度简称为抽水温度。

式（5-10）至式（5-14）给出了热源井运行时含水层和顶、底板岩土层温度场的完整数学描述。通过数值求解可获得抽水温度和含水层及其顶、底板岩土层温度场。

5.3.4 含水层参数模型

在水动力模型、换热数学模型中涉及很多含水层参数，例如渗透系数 K、单位储水系数 S_0、含水层热容量 c_a、含水层有效导热系数 λ_A、阻力系数准则关联式、对流换热系数准则关联式等。对于不同介质含水层，参数值各不一样；即使对于同一介质含水层，不同地方也有很大的差别；还有些参数与热泵的运行工况有关。因此，为了分析简便，需要给出这些参数的合理计算方法或典型值。

含水层容积比热容可由式（5-15）计算[67]：
$$c_a = nc_w + (1-n)c_s \tag{5-15}$$
式中 c_s——固体骨架的容积比热容量，kJ/（m³·℃）。

含水层有效导热系数由两部分组成[68]：
$$\lambda_A = \lambda_a + \lambda_v \tag{5-16}$$
式中 λ_a——含水层的滞止导热系数，W/（m·℃）；
λ_v——含水层热弥散系数，W/（m·℃）。

含水层滞止导热系数是指地下水不流动时的含水层导热系数。可以由式（5-17）计算：
$$\lambda_a = n\lambda_w + (1-n)\lambda_s \tag{5-17}$$
式中 λ_w——水的导热系数，W/（m·℃）；
λ_s——固体骨架导热系数，W/（m·℃）。

含水层热弥散系数表示含水层中热弥散效应的强弱，现阶段还没有统一的计算式。各种计算式中均含有可调的经验常数，或者缺乏具体物理意义，并且这些经验常数往往因人而异，因实验或数值模拟结果而异。

在多孔介质研究中，文献 [69] 给出了一些热弥散系数计算式的综述。热弥散研究的理论基础也有多种：借鉴湍流混合长度理论[70]，统计平均方法[71]，多孔介质内流动和传热的直接模拟[72]，体积平均方法[67,73]，分形分析[74]等。文献 [58] 根据流体在多孔介质内的渗流特性，也提出了一种新的热弥散模型。文献 [75] 对一些关系式进行了计算对比发现，彼此之间的偏差高达数十倍，关系式中的经验参数大多根据各自的实验参数关联出来。

而在含水层储能中，一般认为 λ_v 与 $|q|^m$（$m=1,2$）成正比[76]，更为常用的是取 $m=1$，如下式所示[57,68,77]：
$$\lambda_v = \alpha c_w |q| \tag{5-18}$$
式中 α——热弥散度，m。

因此，λ_A 可以写成：
$$\lambda_A = \lambda_a + \alpha c_w |q| \tag{5-19}$$

热弥散度还没有广泛认可的计算式或数值，现在多是与溶质弥散来类比，甚至是照搬[78]。通常认为 $\alpha=R_{th}/10$，其中 R_{th} 为储能的影响半径[79]。Bonnaud 含水层储能的实测认为：$\alpha=\beta R$，与计算点距储能井的距离成正比[79]，并且就 $\alpha=1m$ 和 $\alpha=0.18m$ 给出了计算结果。在 Auburn 大学含水层储能实验的模拟中采用 $\lambda_A/\lambda_a=2$[80]。上海季节性储能实验表明[57]，取 $\alpha=3.3m$，模拟结果与实测值非常接近。

文献 [29] 报道的地下水源热泵含水层换热模拟中给定 $\lambda_v=4W/$（m·℃）。

为了后面论述方便，把热弥散归结为两类模型[81]：速度的一次方模型，如式（5-18）所示；滞止导热系数倍数模型，具体表现为在整个含水层中给出热弥散系数的值。

5.3.5 模型的求解

热源井引起的地下水流动和换热数学模型大部分情况下不存在解析解，需要采用数值求解。计算机技术、软件和计算理论的发展，显著降低了地下水流动和换热的数值求解难度。很多商业和科研软件，如 HST3D 等，均能耦合求解复杂条件下的地下水的流动和换热问题。当然特殊条件下，研究者也可以编程求解。编程求解时，其总体流程图见图 5-4。

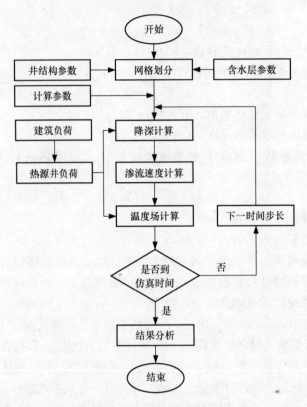

图 5-4　程序总体流程图

换热计算中，式（5-12）给出的负荷条件为抽回水温差，而计算过程中，抽水温度和回水温度并不知道，因此在程序处理时就要在每一时间步长内迭代，直到两次计算回水温度之差在允许范围内。图 5-5 给出了该迭代过程的流程图。

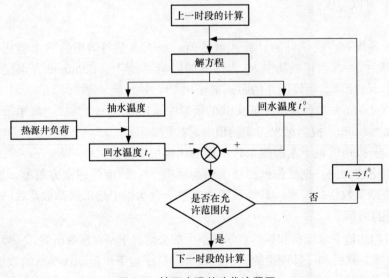

图 5-5　抽回水温差迭代流程图

5.4 热源井引起的地下水渗流理论研究

由于数学模型和物理现象的复杂性，并不是所有热源井引起的地下水渗流场都有理论解。但均一介质含水层中的异井回灌地下水源热泵的传统热源井和抽灌同井是最为简单的情况，其参数单一，渗流规律明确，有解析解。它的研究对于了解地下水源热泵系统地下水运动的一般规律大有裨益。

5.4.1 异井回灌地下水源热泵地下水理论降深解

异井回灌地下水源热泵根据水井的完整度可以分成完整井异井回灌地下水源热泵和非完整井异井回灌地下水源热泵。完整井是指井的过滤器贯穿整个含水层。井的完整程度采用完整度来衡量，其定义为

$$\theta_{sc} = b_s/B \tag{5-20}$$

式中 θ_{sc}——井的完整度，无因次；

B——含水层的厚度，m。

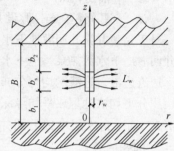

图 5-6 单井示意图

根据定义，$\theta_{sc}=1$ 为完整井，$0<\theta_{sc}<1$ 为非完整井。

图 5-6 为完整度为 θ_{sc} 的单井，图中 b_1 为过滤网下缘距含水层底板距离，m；b_2 为过滤网上缘距含水层顶板距离，m；r_w 为井的半径，m。

其理论降深解为[53]

$$s = \frac{L_w}{4\pi K_r B}\left[W\left(u_r, \frac{r}{B_r}\right) + \frac{4}{\pi \theta_{sc}}\sum_{n=1}^{\infty}\frac{1}{n}\cos\frac{n\pi}{2}(2\theta_2 + \theta_{sc})\sin\frac{n\pi\theta_{sc}}{2}\right.$$
$$\left.\cos(n\pi\theta'_z)W\left(u_r, \sqrt{\left(\frac{r}{B_r}\right)^2 + \left(\frac{n\pi\bar{r}}{B}\right)^2}\right)\right] \tag{5-21}$$

式中 s——降深，m；

L_w——井的流量，抽水为正值，回灌为负值，m^3/s；

K_r——r 方向渗透系数主值，m/s；

r, z——柱坐标的 2 个分量；

$W(u, x)$——第一类越流系统的定流量井函数，$W(u, x) = \int_u^{\infty}\exp[-y-x^2/(4y)]dy/y$；

$u_r = r^2/(4a_r t)$，其中，a_r 为水头扩散系数（m^2/s）；

$a_r = K_r/S_0$，S_0 为单位储水系数（m^{-1}）；

$1/B_r$——越流补给系数，$B_r^2 = K_r/v^2$，其中，$v = \sqrt{K_z/(B'B)}$；

K_z——弱透水层的垂向渗透系数（m/s）；

B'——弱透水层的厚度（m）；$\theta_2 = b_2/B$；$\theta'_z = 1-\theta_z$，其中，$\theta_z = z/B$；$\bar{r} = r\sqrt{K_z/K_r}$，$v = \sqrt{K_z/(B'B)}$，$K_z$ 为 z 方向渗透系数主值（m/s）。

式 (5-21) 解的形式包括了完整井与非完整、有无越流 4 种情况。完整井时 $\theta_{sc}=1$，$\theta_2=0$，方程右边级数的值为 0，水流变为一维，只与 r 有关，此时即变为越流系统中的单承压完整井流，如果还有 $1/B_r=0$，则变为地下水动力学中广为应用的 Theis 解，其中

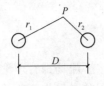

图 5-7 传统抽水井和回灌井

$W(u)$ 称为 Theis 井函数。解的级数部分可以称之为非完整井的附加降深。

理论上异井回灌地下水源热泵引起的地下水渗流可以看作是一相距为 D 的抽水井和回灌井运行引起的地下水渗流的叠加,如图 5-7 所示。这里仅考虑相同含水层中具有相同井结构参数 b_s,b_2,r_w 的两井,由此可以得到 P 点的降深方程:

$$s_P = s_1(r_1,z,t) + s_2(r_2,z,t) \tag{5-22}$$

其中 $s_1(r_1,z,t)$,$s_2(r_2,z,t)$ 均由式 (5-21) 确定。特别的,在井边界上[82]

$$s_w = |s_1(D,z,t) + s_2(r_w,z,t)| \tag{5-23}$$

式中 s_w——灌压,m;

D——井间距,m,假设井间距 $D \gg r_w$。

对于完整井异井回灌地下水源热泵,地下水流是一维的,s_P 与 z 无关。对于非完整井异井回灌地下水源热泵,地下水流是二维的,而在井壁上水头应该是相等的,但由于采用了渗透流速沿着过滤网均匀分布的假设,井壁上各处降深的计算结果并不相等[53],这里采用积分平均法处理成平均降深。

5.4.2 均一含水层中抽灌同井降深理论解

1. 问题的分解

在 5.3 节中已经给出了该问题的一般数学模型。针对抽灌同井,为了叙述问题的方便,把式 (5-4) ~ 式 (5-8) 合并为问题 (Q):

$$(Q)\begin{cases} \dfrac{1}{r}\dfrac{\partial}{\partial r}\left(K_r r \dfrac{\partial s}{\partial r}\right) + \dfrac{\partial}{\partial z}\left(K_z \dfrac{\partial s}{\partial z}\right) - v^2 s = S_0 \dfrac{\partial s}{\partial t} \\ s|_{t=0} = 0, s|_{r\to\infty} = 0 \\ \partial s/\partial z|_{z=0} = 0, \partial s/\partial z|_{z=B} = 0 \\ \lim\limits_{r\to r_w} r\dfrac{\partial s}{\partial r} = \begin{cases} 0 & 0 \leqslant z < b_1 \\ -L_{w,p}/(2\pi K_r b_{s1}) & b_1 \leqslant z \leqslant b_1 + b_{s1} \\ 0 & b_1 + b_{s1} < z < b_1 + b_{s1} + b_0 \\ L_{w,r}/(2\pi K_r b_{s2}) & b_1 + b_{s1} + b_0 \leqslant z \leqslant B - b_2 \\ 0 & B - b_2 < z \leqslant B \end{cases} \end{cases} \tag{5-24}$$

式中,各井结构参数 b_i 如图 5-8 所示。

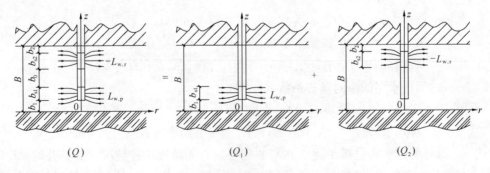

图 5-8 叠加原理示意图

均一含水层中的定流量抽灌同井，参数 K_r，K_z，S_0，$L_{w,p}$，$L_{w,r}$ 对于空间和时间均为常数，因此满足叠加原理。即问题（Q）可以写成（Q）=（Q_1）+（Q_2），问题（Q_1），（Q_2）如式（5-25）和式（5-26）所示[83]，对应的图示如图 5-8。分解之后，抽灌同井的降深可以看作非完整抽水井和非完整注水井所引起的降深的叠加，这样可以充分利用前人的研究成果。

$$(Q_1)\begin{cases} \dfrac{1}{r}\dfrac{\partial}{\partial r}\left(K_r r \dfrac{\partial s}{\partial r}\right)+\dfrac{\partial}{\partial z}\left(K_z \dfrac{\partial s}{\partial z}\right)-v^2 s = S_0 \dfrac{\partial s}{\partial t} \\ s\mid_{t=0}=0, s\mid_{r\to\infty}=0 \\ \partial s/\partial z\mid_{z=0}=0, \partial s/\partial z\mid_{z=B}=0 \\ \lim\limits_{r\to r_w} r\dfrac{\partial s}{\partial r}=\begin{cases} 0 & 0\leqslant z < b_1 \\ -L_{w,p}/(2\pi K_r b_{s1}) & b_1\leqslant z\leqslant b_1+b_{s1} \\ 0 & b_1+b_{s1}<z<B \end{cases} \end{cases} \quad (5\text{-}25)$$

$$(Q_2)\begin{cases} \dfrac{1}{r}\dfrac{\partial}{\partial r}\left(K_r r \dfrac{\partial s}{\partial r}\right)+\dfrac{\partial}{\partial z}\left(K_z \dfrac{\partial s}{\partial z}\right)-v^2 s = S_0 \dfrac{\partial s}{\partial t} \\ s\mid_{t=0}=0, s\mid_{r\to\infty}=0 \\ \partial s/\partial z\mid_{z=0}=0, \partial s/\partial z\mid_{z=B}=0 \\ \lim\limits_{r\to r_w} r\dfrac{\partial s}{\partial r}=\begin{cases} 0 & 0\leqslant z < b_1+b_{s1}+b_0 \\ L_{w,r}/(2\pi K_r b_{s2}) & b_1+b_{s1}+b_0\leqslant z\leqslant B-b_2 \\ 0 & B-b_2<z\leqslant B \end{cases} \end{cases} \quad (5\text{-}26)$$

2. 理论解推导

Hantush 已经推导出了问题（Q_1）的解，如下式所示[53]：

$$s_1 = \dfrac{L_{w,p}}{4\pi K_r B}\left\{W(u_r, r/B_r)+\dfrac{2}{\pi\theta_{s1}}\sum_{n=1}^{\infty}\dfrac{1}{n}\left[\sin n\pi(1-\theta_1)\right.\right. \\ \left.\left.-\sin n\pi(\theta_0+\theta_{s1}+\theta_2)\right]\cos(n\pi\theta_z')W\left(u_r,\sqrt{(r/B_r)^2+(n\pi\bar{r}/B)^2}\right)\right\} \quad (5\text{-}27)$$

其中：$\theta_1 = b_1/B, \theta_{s1}=b_{s1}/B, \theta_0=b_0/B, \theta_{s2}=b_{s2}/B, \theta_2=b_2/B, \theta_z=z/B, \theta_z'=1-\theta_z$，$W(u,\beta)=\int_u^{\infty}\exp[-y-\beta^2/(4y)]dy/y, u_r=r^2/(4a_r t), B_r^2=K_r/v^2, a_r=K_r/S_0, \bar{r}=\sqrt{K_z/K_r}\,r$。

若定义 $\beta_0=r/B_r, \beta_n=\sqrt{(r/B_r)^2+(n\pi\bar{r}/B)^2}$，同时定义抽水井结构函数 $F_p(\theta_i,n)$ 为

$$F_p(\theta_i,n)=\dfrac{2}{\pi\theta_{s1}}\dfrac{1}{n}\left[\sin n\pi(1-\theta_1)-\sin n\pi(\theta_0+\theta_{s1}+\theta_2)\right] \quad (5\text{-}28)$$

则式（5-27）可改写为

$$s_1 = \dfrac{L_{w,p}}{4\pi K_r B}\left[W(u_r,\beta_0)+\sum_{n=1}^{\infty}F_p(\theta_i,n)\cos(n\pi\theta_z')W(u_r,\beta_n)\right] \quad (5\text{-}29)$$

同理问题（Q_2）的解为

$$s_2 = -\dfrac{L_{w,r}}{4\pi K_r B}\left[W(u_r,\beta_0)+\sum_{n=1}^{\infty}F_r(\theta_i,n)\cos(n\pi\theta_z')W(u_r,\beta_n)\right] \quad (5\text{-}30)$$

其中回水井结构函数 $F_r(\theta_i, n)$ 为

$$F_r(\theta_i, n) = \frac{2}{\pi\theta_{s2}} \frac{1}{n} [\sin n\pi(\theta_{s2}+\theta_2) - \sin(n\pi\theta_2)] \tag{5-31}$$

因此，均一含水层中的定流量抽灌同井引起的降深为问题（Q_1）和问题（Q_2）引起的降深的代数和，即 $s=s_1+s_2$。

（1）对于无排放抽灌同井，$L_{w,p}=L_{w,r}$，其降深为 s_{nb}，通过化简后可以表示为

$$s_{nb} = \frac{L_{w,p}}{4\pi K_r B} \sum_{n=1}^{\infty} F(\theta_i,n)\cos(n\pi\theta_z') W(u_r,\beta_n) \tag{5-32}$$

其中井结构函数为

$$F(\theta_i, n) = F_p(\theta_i, n) - F_r(\theta_i, n) \tag{5-33}$$

井结构函数是井结构参数的综合体现，其值在 0 附近振动，逐渐趋近于 0；$n=10$ 以后，井结构函数的值就很小了。图 5-9 给出了某种井结构函数图线[84]。

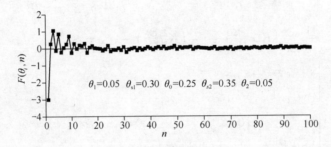

图 5-9 某种井结构函数

（2）对于有排放抽灌同井，其降深为 s_{yb}，定义排放比 $r_b = 1 - L_{w,r}/L_{w,p}$，通过式（5-29）和式（5-30）化简后，降深可以表示为

$$s_{yb} = s_{nb} - \frac{r_b}{1-r_b} s_2 \tag{5-34}$$

3. 抽灌同井降深理论解分析[85]

为深入理解均一含水层中定流量抽灌同井地下水运动的规律，需要对得出的降深理论解作深入分析。理论解是一个含有广义积分的级数解，非常复杂。为了论述简便，对于分析中用到的数学方法，不过多地追究在数学上的严谨性，只对物理现象加以分析。有排放抽灌同井降深理论解可以在无排放抽灌同井降深理论解的基础上获得，且更为复杂，因此把研究重点放在无排放抽灌同井降深理论解上。

（1）稳态时的降深解

当 $t\to\infty$ 时，$u_r\to 0$，此时 $\lim\limits_{u_r\to 0} W(u_r,\beta) = 2K_0(\beta)$，式中 $K_0(\beta)$ 为虚宗量零阶第二类 Bessel 函数，其值如图 5-10 所示（横坐标为对数坐标），当 $\beta \geqslant 4$ 时，$K_0(\beta)$ 近似等于 0。故均一含水层中无排放定流量无回填抽灌同井地下水稳态降深方程为

$$s_{nb,s} = \frac{L_{w,p}}{2\pi K_r B} \sum_{n=1}^{\infty} F(\theta_i,n)\cos(n\pi\theta_z') K_0(\beta_n) \tag{5-35}$$

根据式（5-35），由式（5-8）可求得稳态时的渗流速度。这里需要用到：$dK_0(\beta)/d\beta = -K_1(\beta)$，其中 $K_1(\beta)$ 为虚宗量一阶第二类 Bessel 函数[86]。对应的稳态渗流速度为

5.4 热源井引起的地下水渗流理论研究

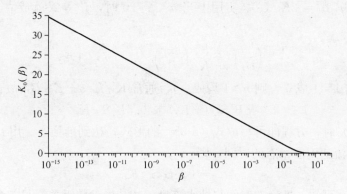

图 5-10 虚宗量零阶第二类 Bessel 函数图线

$$\begin{cases} q_{rs} = -\dfrac{L_{w,p}}{2\pi rB}\sum_{n=1}^{\infty} F(\theta_i,n)\cos(n\pi\theta'_z)\beta_n K_1(\beta_n) \\ q_{zs} = \dfrac{L_{w,p}}{2r_K B^2}\sum_{n=1}^{\infty} nF(\theta_i,n)\sin(n\pi\theta'_z)K_0(\beta_n) \end{cases} \tag{5-36}$$

图 5-11 给出了砂质含水层稳态时的等降深速度矢量图。计算条件为：$B=30$m，$b_1=1.5$m，$b_{s1}=9.0$m，$b_0=7.5$m，$b_{s2}=10.5$m，$r_w=0.25$m，$K_r=K_z=7.3\times10^{-4}$m/s，$S_0=10^{-6}m^{-1}$，$L_{w,p}=180$m³/h，$v=5.77\times10^{-5}$s$^{-1/2}\cdot$m$^{-1/2}$。由图 5-11 可以看出，降深随纵坐标显著变化，越靠近含水层中部，抽水和回水相互补充，降深的绝对值越小。靠近井轴的含水层中，渗流速度在抽水段的上缘、回灌段的下缘以及抽回水间隔断的地方竖向分量很大。水从回灌段流向抽水段对于回灌是有益的，可以减小灌压，有利于回灌。降深和渗流速度随着距井轴的距离变化很快，在距井轴 40m 的地方，降深的绝对值已小于 0.01m。抽回水过滤网处降深随纵坐标变化不大，这说明在均一含水层中过滤网上流速均匀分布的假设不会带来太大的误差，使用该假设，过滤网上的水头近似相等。

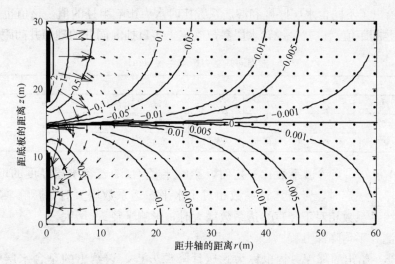

图 5-11 砂质含水层稳态等降深速度矢量图

（2）长时间降深方程

由上面分析可知，当 $t\to\infty$ 时，$s\to s_s$，s_s 为一有限值，而不是无限制地下降或上升，

这时井函数 $W(u,\beta) = 2K_0(\beta)$。实用上当 $u<\beta^2/20$ 时，该等式就成立[52]。将 u_r 和 β_n 代入：

$$u_r < \frac{1}{20}\left[\left(\frac{r}{B_r}\right)^2 + \frac{K_z}{K_r}\left(\frac{n\pi r}{B}\right)^2\right] \quad n=1,2,\cdots\cdots$$

取 $n=1$（因为若 $n=1$ 成立，则 $n>1$ 均成立），通常 $K'/B' \ll \pi^2 K_z/B$，故：

$$t > 5B^2 S_0/(\pi^2 K_z) \approx 0.5B^2 S_0/K_z \tag{5-37}$$

当满足式（5-37）时，方程即可写成式（5-35）的形式，达到准稳态。用 t_{ns} 表示无回填抽灌同井地下水渗流达到准稳态的时间，则：

$$t_{ns} = 0.5B^2 S_0/K_z \tag{5-38}$$

由式（5-38）可知，准稳态时间与抽水流量、井结构参数无关，只与含水层的特性有关。对于图5-11的计算条件，准稳态时间仅为0.6s。一般地，对于较薄含水层在逐时或更长的时间步长计算中，如果抽回水流量不变，根本捕捉不到非稳态过程，可以当作稳态处理，采用式（5-35）和式（5-36）计算。

（3）远离源汇井降深方程

第一类越流系统定流量井函数 $W(u,\beta)$ 有这样的性质[53]：$W(u,\beta)$ 随 β 的增大而减小，当 $\beta \to \infty$ 时，$W(u,\beta)=0$；当 $\beta=4$ 时，$W(u,\beta)$ 已很小。也就是说，当：

$$\sqrt{\left(\frac{r}{B_r}\right)^2 + \frac{K_z}{K_r}\left(\frac{n\pi r}{B}\right)^2} > 4 \quad n=1,2,\cdots\cdots$$

通常 $1/B_r^2 \ll \pi^2/(B^2 r_K)$，即大约在 $r>1.3B\sqrt{r_K}$ 处地下水基本不受抽灌同井的影响。用 R_{th} 表示无回填抽灌同井的水力影响半径，则：

$$R_{th} = 1.3B\sqrt{r_K} \tag{5-39}$$

由式（5-39）可知，R_{th} 的值只与含水层的厚度 B、含水层渗透系数比 r_K 有关，而与抽回水流量、含水层种类、储水系数等无关。

表5-1给出了不同含水层厚度和渗透系数比时水力影响半径的值。该值也是多口抽灌同井的理想井间距值。也就是说含水层参数确定了多口抽灌同井的理想井间距值。

抽灌同井水力影响半径（m）　　　　　　　　　　　　表5-1

r_K	1	2	5	10	30	50	80	100
$B=30m$	39	55	87	123	214	276	349	390
$B=40m$	52	74	116	164	285	368	465	520
$B=50m$	65	92	145	206	356	460	581	650

由表5-1可知，当渗透系数比一定时，影响半径 R_{th} 随着含水层厚度的增加而增大；而当含水层厚度一定时，竖直渗透系数相对于水平渗透系数增大时，影响半径 R_{th} 减小，反之，水平渗透系数相对于竖直渗透系数增大时，影响半径 R_{th} 增大。

（4）观测井平均降深方程

式（5-35）给出的降深方程也称为测压计降深方程，它给出的是含水层中某点的降深。而含水层中由于不同深度处降深不同，可以认为观测井测得的降深是测压管过滤网处降深的某种平均值。Hantush 和前苏联学者 Ф. М. Бочевер 均认为这种平均值就是其几何平均值[53]。因此，对于观测井中的平均降深可以通过测压管过滤网处降深积分平均求得。

特别地，当观测井为完整井时，其平均降深 $\bar{s}$ 为

$$\bar{s} = \frac{L_{w,p}}{4\pi K_r B} \sum_{n=1}^{\infty} F(\theta_i, n) \frac{1}{B} W(u_r, \beta_n) \int_0^1 \cos(n\pi\theta_z') \mathrm{d}z = 0 \qquad (5-40)$$

对于无排放抽灌同井，也即是说不论观测井位置如何，只要它是完整的，其平均降深均为 0。因此，在无回填抽灌同井含水层中用完整型观测井测定地下水位时，地下水位表观上没有变化，但这并不反映含水层中地下水的压力没有变化。

5.5 地下水源热泵回灌研究与分析

回灌效果是使用地下水源热泵普遍关注的问题，也是制约地下水源热泵应用的一个瓶颈。根据上节推导的异井回灌地下水地源热泵和抽灌同井地下水地源热泵的理论降深解，及循环单井的数值计算结果，分析无堵塞和考虑堵塞时异井回灌地下水地源热泵和同井回灌地下水地源热泵的回灌状况。

5.5.1 无堵塞时地下水源热泵回灌分析

无堵塞时，含水层的渗透系数和单位储水系数相对于时间是常数。当热泵的抽水流量不随时间变化时，异井回灌地下水源热泵和抽灌同井引起的地下水渗流在较短时间之后达到稳定状态，地下水的降深不随时间变化。因此无堵塞时地下水源热泵的回灌分析数据均采用稳态值。这里对 4 种热源井作分析，如图 5-12 所示。

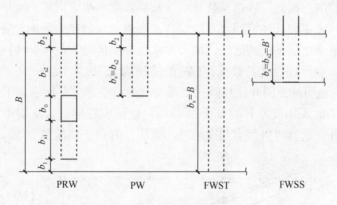

图 5-12 热源井尺寸示意

(1) 抽灌同井，简记为 PRW；

(2) 非完整井异井回灌地下水源热泵，与 PRW 具有相同含水层厚度，相同的过滤器长度（$b_s = b_{s2}$）和 b_2，简记为 PW；

(3) 完整井异井回灌地下水源热泵，与 PRW 具有相同含水层厚度，简记为 FWST；

(4) 完整井异井回灌地下水源热泵，与 PRW 具有相同的过滤器长度，也即在这种情况下的含水层厚度为 $B = b_{s2}$，简记为 FWSS。FWSS 与 FWST 相比，虽都为完整井异井回灌地下水源热泵，但含水层厚度不同。

1. 计算条件

计算条件包括含水层参数和水井参数。含水层参数包括渗透系数、单位储水系数、含水层厚度、越流性等。为了说明问题，仅取几种典型的含水层作为算例。文献中给出的含

水层渗透系数多为宽泛的范围，在使用时取它们的平均值作为典型值。含水层渗透系数的典型值见表 5-2[78]。各向异性含水层，渗透系数比 $r_K=K_r/K_z$ 的范围通常为 2～100，承压含水层单位储水系数取为 $S_0=10^{-6}\text{m}^{-1}$[78]。

含水层渗透系数典型值（单位：m/s） 表 5-2

含水层	细砂	粗砂	细砾石	粗砾石	砂砾	沙丘砂	砂岩	石灰岩
水平渗透系数（×10⁻⁴）	7.3	19	73	26	12	0.94	0.12	47

以下讨论中如无特殊说明，计算参数为细砂含水层，$B=30\text{m}$，$r_K=10$，无越流，$b_1=1.5\text{m}$，抽水滤网 $b_{s1}=9.0\text{m}$，抽回水滤网间隔 $b_0=7.5\text{m}$，回水滤网 $b_{s2}=10.5\text{m}$，井半径 $r_w=0.1\text{m}$，异井回灌地下水源热泵抽水井回灌井间距 $D=100\text{m}$，抽水流量 $L_w=50\text{m}^3/\text{h}$。

2. 不同渗透系数

图 5-13 给出了不同渗透系数时 4 种情况热源井灌压和相对于 PRW 灌压增加百分比（增加为正值，减小为负值，下同）[82]。这里的灌压是指回灌井（或回灌部分）井壁边界上的平均降深的绝对值，它一定程度上反映了回灌的难易程度。由图 5-13 可以看出，灌压随着水平渗透系数的减小而增加，并且变化剧烈。灌压基本与水平渗透系数成双对数分布。当水平渗透系数较小时，灌压对水平渗透系数的变化更为敏感。对于砂岩含水层（水平渗透系数 $0.12\times10^{-4}\text{m/s}$），4 类热源井的灌压分别为 95m，100m，43m 和 123m，这对于回灌来说是困难的。因此，渗透系数是回灌难易程度的决定因素。对于渗透性能不好的含水层中的回灌井，更应该注意回水不能对含水层渗透系数产生影响，要注意避免回灌井的堵塞，否则会显著增加系统的灌压，加大井水循环泵能耗，甚至会使回灌井失效。从图 5-13 还可以看出，在不同渗透系数下，PW 的灌压均较 PRW 大约 6%。FWSS 的灌压较 PRW 大 30%。这说明抽灌同井比相同过滤器长度的完整井异井回灌地下水源热泵有效地减小灌压。FWST 的灌压仅为 PW 灌压的 43%，这说明在同一含水层中，如果经济允许应尽量采用完整井，这样可以很大程度地减小灌压，有利于回灌和节能。

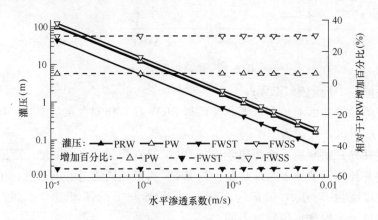

图 5-13 不同渗透系数时的灌压和增加百分比

3. 不同渗透系数比

完整井异井回灌地下水源热泵地下水的运动是一维的（沿 r 方向），因此，其地下水的渗流与渗透系数比无关；而非完整井异井回灌地下水源热泵和抽灌同井地下水的渗流与渗透系数比有关。

图 5-14 给出了细砂含水层不同渗透系数比时 4 类热源井的灌压和相对于 PRW 灌压增加的百分比[82]。PRW 和 PW 的灌压随着渗透系数比的增加而成对数增长。FWST 的灌压比 PRW 小，且随着渗透系数比的增加，其减小的百分比加大，渗透系数比由 1 增加到 100 时，FWST 灌压较 PRW 减小的百分比由 42% 增加到 62%，这也表明在相同含水层中，增加过滤器长度是减小灌压的有效措施之一。FWSS 与 PRW 相比，FWSS 的灌压较 PRW 大很多，尤其是对于较小的渗透系数比。当渗透系数比为 1 时，FWSS 的灌压较 PRW 大 65%，随着渗透系数的增加，这种差别在缩小，当渗透系数比达到 100 时，这种差别仅为 7%。PW 与 PRW 相比，在小的渗透系数比时，PW 的灌压较 PRW 大较多，当渗透系数比为 1 时，PW 的灌压较 PRW 大 17.5%，而当渗透系数比达到 40 左右时，PW 与 PRW 的灌压几乎相等。当渗透系数比再加大，PW 的灌压反而较 PRW 小，当渗透系数比为 100 时，PW 的灌压较 PRW 的灌压小 3%。这是因为当渗透系数比较大时，竖向的渗透系数与横向渗透系数相比很小，水流基本上成水平径向流动。对于抽灌同井水流从井的回灌部分竖直渗透到井的抽水部分的量很小，而非完整井异井回灌地下水源热泵水流从回灌井水平渗透到抽水井的量相对较大。

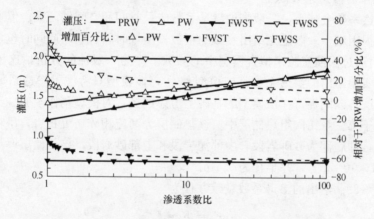

图 5-14 水层不同渗透系数比时的灌压和增加百分比

4. 不同井间距

图 5-15 给出了细砂含水层中异井回灌地下水源热泵不同井间距 D 时的灌压和相对于 PRW 灌压增加的百分比[82]。抽灌同井不存在井间距的问题，可以认为其灌压不随井间距变化。从图 5-15 可以看出，随着井间距的加大，PW，FWST，FWSS 的灌压均有所增大，但基本呈缓慢的线性变化。井间距为 150m 时 PW 的灌压较井间距为 50m 时的灌压增加了 8.4%，而井间距从 50m 变到 150m 时，FWST 和 FWSS 的灌压均增加 18%。这表明井间距的增加会影响异井回灌地下水源热泵的灌压。因此，设计中应综合考虑灌压大小和热贯通程度选择井间距。PW 和 FWSS 的灌压较 PRW 大，FWST 的灌压较 PRW 小。当井间距从 50m 变化到 150m 时，PW 较 PRW 的灌压增加百分比从 0.4% 变为 8.8%；FWSS 的灌压较 PRW 灌压增加百分比由 17% 变化到 38%，变化很显著；而 FWST 的灌压较 PRW 灌压减小的百分比由 59% 下降为 52%。从 FWST 和 FWSS 的比较可知，含水层的厚度是影响完整井异井回灌地下水源热泵灌压的重要因素。

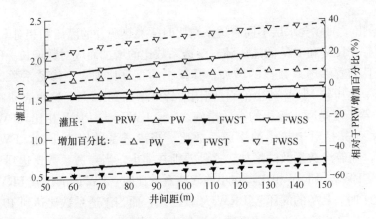

图 5-15 不同井间距时的灌压和增加百分比

5.5.2 堵塞时地下水源热泵回灌分析

地下水井使用时,经常会发生不同程度的堵塞。堵塞会减小含水层的渗透系数,导致出水量减小和回灌困难。

1. 考虑堵塞时渗透系数模型

堵塞时渗透系数会减小,一般来说渗透系数应是时间和空间的函数。但理论分析渗透系数减小模型很困难,一般是先给出衰减的指数模型(时间、空间或同时包含时间和空间的模型),然后通过回灌实验来拟合模型中的参数。作为一般性的分析,这里采用天津市地热单井回灌实验给出的渗透系数衰减模型[87~89],该模型只考虑了渗透系数变化的时间效应,且含水层各向同性。在该模型的基础上考虑回扬,对模型稍作改变。天津市地热单井回灌实验位于第三系馆陶组热储层中,该热储层为河流相碎屑沉积岩,呈粗—细—粗完整的沉积旋回,即底部为砂砾岩段,中部泥岩段和上部砂岩段。该热储层厚76m,单位储水系数为 $9.81 \times 10^{-5} \mathrm{m}^{-1}$,井半径为 0.1m。

文献 [87~89] 给出的渗透系数衰减方程为

$$K = K_0 \mathrm{e}^{-at} \tag{5-41}$$

式中 K 为考虑堵塞时的渗透系数,m/s;K_0 为含水层初始渗透系数,其值为 1.86×10^{-5} m/s;a 为衰减系数,其值为 $0.007\mathrm{h}^{-1}$;t 为时间,h。

在式(5-41)的基础上引入回扬,考虑回扬对于渗透系数的改善,认为回扬结束后渗透系数恢复到 K_0,且回扬持续的时间很短,可以不考虑回扬持续的时间。模型如下:

$$K = K_0 \mathrm{e}^{-a(t-nt_a)} \quad nt_a \leqslant t < (n+1)t_a \tag{5-42}$$

式中 t_a——回扬的时间间隔,取为 24h;

n——回扬周期的个数,取自然数。

由于渗透系数随时间变化,获得解析解很困难,采用数值求解。

2. 堵塞的影响

堵塞导致抽水和回灌的困难,表现在对于相同流量的抽水或回灌,降深绝对值的增加。图 5-16 给出了堵塞(无回扬)对于抽灌同井时含水层中某点降深的影响[82]。计算条件为:$r_K=1$,$L_w=20\mathrm{m}^3/\mathrm{h}$,$r_w=0.1\mathrm{m}$,无越流。研究抽灌同井和非完整井 $r=4.85\mathrm{m}$,

$z=50\mathrm{m}$ 处的降深（绝对值），完整井 $r=4.85\mathrm{m}$ 处的降深（绝对值）。

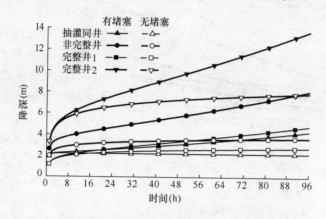

图 5-16 堵塞对含水层中某点降深的影响

抽灌同井：$\theta_1=0.05$，$\theta_{s1}=0.30$，$\theta_0=0.25$，$\theta_{s2}=0.35$，$\theta_2=0.05$，$B=76\mathrm{m}$；
非完整井：$\theta_1=0.60$，$\theta_{sc}=0.35$，$\theta_2=0.05$，$B=76\mathrm{m}$；
完整井 1：$B=76\mathrm{m}$；完整井 2：$B=76\times0.35=26.6\mathrm{m}$

由图 5-16 可知，水井堵塞对于降深的影响很大。在水井运行 96h 时，抽灌同井由于堵塞使其降深较无堵塞时增加了 95%，完整井 1 和完整井 2 增加了 74%，而对于非完整井增加了 120%。从计算点的降深值看，堵塞对于非完整井的影响更为显著，并且随着运行时间的加长，这种影响基本上是与时间呈正比关系。从无堵塞时 4 类井的比较可以看出：抽灌同井计算点的降深很快达到稳定，而其余 3 井计算点降深却一直在上升，不可能达到稳定，尤其是对于较薄的含水层这种趋势更为明显。因此，即使刚开始时，完整井 1 中计算点的降深小于抽灌同井 39%，在运行 16h 后其降深值基本相等，而在 96h 后，完整井 1 降深反而较抽灌同井大 26%。抽灌同井计算点的降深均小于非完整井和完整井 2，由刚开始小 3% 和 75% 增加到 96h 时的 68% 和 260%。由有堵塞时 4 类井的比较可以看出：抽灌同井计算点的降深较非完整井和完整井 2 要小，并且这种差别由于时间的延续而加大，由刚开始的 37% 和 74% 增加到 96h 时的 89% 和 220%，也即是说抽灌同井抗堵塞的能力要强于非完整井和完整井 2。而完整井 1 计算点的降深由刚开始时较抽灌同井小 39%，到 20h 时基本相等，到 96h 时反而较抽灌同井大 12%。这充分说明，随着运行时间的推移，抽灌同井抗堵塞的能力也要强于完整井 1。再从 96h 期间 4 类井的计算点降深变化率看，水井运行 96h 后，抽灌同井降深增加了 124%，而非完整井增加了 208%，完整井 1 和完整井 2 均增加了 311%。这也表明抽灌同井抗堵塞能力优于完整井和非完整井。

图 5-17 给出了堵塞（无回扬）对于 4 类热泵灌压的影响[82]。对于异井回灌地下水源热泵，取井间距 $D=100\mathrm{m}$，其余计算条件均与图 5-16 相同。由图可见：堵塞导致 4 类热泵灌压的增加，并且这种增加对于稍长的时间是线性的。热泵运行 96h 时，PRW 的灌压增加了 8.6m，PW 的灌压增加了 9.8m，而 FWST 和 FWSS 的灌压分别增加了 4.6m 和 13.1m。从这些数据可以看出 PRW 的回灌效果好于 PW 和 FWSS。热泵运行 96h 后 PRW 的灌压相对于 PW 小 3.7m，而相对于 FWSS 小 12.6m，效果更为明显。

无论有无堵塞，对于同一含水层如果采用传统的异井回灌地下水源热泵，从回灌效果

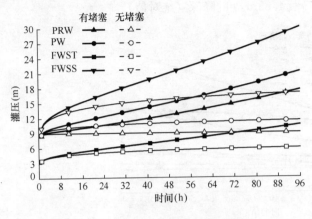

图 5-17 堵塞对于热泵灌压的影响

来说均应优先考虑采用完整井的地下水源热泵。

3. 回扬的影响

图 5-18 给出了水井堵塞时回扬对 4 类热泵灌压的影响[82]。图中计算条件与图 5-17 相同。由图可以看出，回扬时由于渗透系数的恢复，热泵灌压得到有效的降低。热泵运行 96h，PRW 的灌压相对于无回扬降低了 49%，PW 降低了 45%，FWST 和 FWSS 均降低了 42%。对于 PRW 由于其稳定的时间很短，因此，在每个回扬周期内灌压一致，而对于 PW，FWST 和 FWSS 由于其稳定的时间较长，在图示的 4 个周期内，灌压有一定的阶梯上升。热泵运行 96h，有回扬时灌压相对于无回扬时灌压降低值：PRW 为 8.5m，PW 为 9.6m，FWST 为 4.4m，FWSS 为 12.5m。因此越是回灌困难的热泵系统，回扬作用越大。

5.5.3 填砾抽灌同井和循环单井的回灌分析

图 5-19 给出了不同渗透系数时填砾抽灌同井和抽灌同井的灌压的比较[90]。其中，抽灌同井简记为 PRW；填砾抽灌同井简记为 GD-PRW。图 5-19 的计算条件如表 5-3 所示。

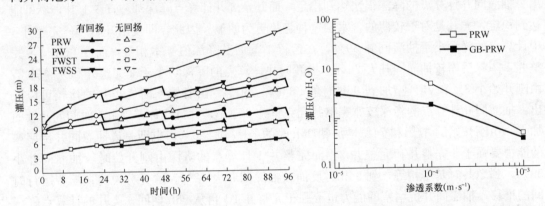

图 5-18 回扬对 4 类热泵灌压的影响　　图 5-19 传统回灌井和抽灌同井的灌压比较

表 5-3　含水层参数和井结构尺寸

	PRW	GB-PRW		PRW	GB-PRW
含水层厚度 (m)	40	40	井孔直径 (mm)	500	800
含水层埋深 (m)	30	30	井管直径 (mm)	500	500
储水系数 ($10^{-6}m^{-1}$)	1	1	抽水滤网长度 (m)	12	12
渗透系数比 (水平/竖直)	1	1	回水过滤网长度 (m)	14	14
回填砾石综合渗透系数 ($m \cdot s^{-1}$)	—	0.1	抽回水过滤网间距 (m)	10	10
抽水流量 $(m^3 \cdot h)^{-1}$ m^3/h	40	40	回水过滤网距顶板距离 (m)	2	2

由图 5-19 可以看出，填砾抽灌同井（GB-PRW）的灌压较 PRW 小很多，尤其是在渗

透系数较小，回灌困难的时候，这种优势体现地更为明显。当渗透系数为 1×10^{-5} m/s 时，GB-PRW 的灌压仅为 3.1m，远远小于 PRW 和 PW 的灌压。事实上，当渗透系数为 1×10^{-5} m/s 时，PRW 会出现回灌困难问题，或者说回灌不了要求的水量（40m³/h），而 GB-PRW 却可以顺畅地回灌。可见砾石回填抽灌同井能够显著地减小抽水和回灌的压力。这是因为回填区为分选性很好的砾石，从而导致回填区的渗透系数很大，回灌的很大一部分地下水直接通过回填层流到了抽水口。大量地下水的短路，一方面有效地降低了抽水和回灌的压力，另一方面也使得抽水温度快速变化，出现明显的热贯通。

图 5-20 给出了循环单井地下水的流动阻力损失（包括抽水地下水的降深、抽水管阻力损失、回灌水降深绝对值）与渗透系数的关系[91]。计算条件为：含水层埋深 30m，厚度 300m，井孔深度 320m，直径 152mm，抽水管深度 318m、直径 DN100，回水管深度 32m、直径 DN32，抽水流量 12m³/h。由图 5-20 可知，流动阻力损失随着渗透系数的减小而增加，但都不大。这是因为，循环单井井孔内没有隔断，大部分地下水直接在井孔内循环，井孔内流动相对于含水层中的渗流阻力要小，因此，总体阻力损失

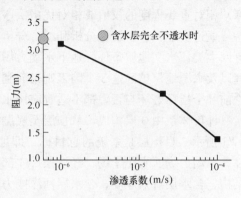

图 5-20 循环单井地下水的流动阻力损失

并不大。但随着渗透系数的减小，含水层中渗流的阻力增加，更多的回水在井孔内流动，从而增加了流动阻力损失。但即使含水层完全不透水（渗透系数为 0），流动阻力损失也仅为 3.2m，可以说不存在回灌问题。

5.6 地下水源热泵适应性分区研究

由于良好的经济性和更为稳定的效率，目前地下水源热泵系统应用面积最大，约占全部市场份额的 1/2 左右[92]。众所周知，地下水源热泵系统的设计、应用与工程场地的水文地质条件紧密相关，需要水文地质工程人员的紧密配合，但由于无序、激烈的市场竞争和缺乏严格的市场准入制度，地源热泵技术往往出现"不该用的地方用了，不会用的人用了，不会运行的人在运行"[93]的现象，人为制造很多地源热泵发展的障碍。

目前，我国地源热泵技术城市级应用高层论坛已成功召开两届，多个地区正在开展地源热泵城市级应用。在地源热泵的城市级应用中，地下水源热泵系统备受开发商的青睐。为了合理、有效、健康地推广地源热泵技术，政府除了从政策上给予保障、资金上给予奖励之外，还应在技术上给予指导。为此，需要政府利用手中的行政资源，详细收集当地的水文地质资料，组织力量研究地下水源热泵的适应性分区，指导地下水源热泵的合理应用，这对地源热泵城市级应用具有重要的科学意义，也是一项基本工作，我国已有少数城市在开展这项工作[94~96]。基于这一思想，以新疆某市为例，介绍地下水源热泵应用进行适宜性分区研究的方法。

5.6.1 评价体系的构建

地下水源热泵适应性分区需要考虑第四系厚度、地下有效含水层累计厚度、浅层地

温、地下水污染、是否位于大型水源地、社会经济条件等。这是一个多指标决策问题,为此可采用层次分析法和综合指数法对地下水源热泵适应性进行分区。

层次分析法是对一些较为复杂、较为模糊的问题做出决策的简易方法,它特别适用于那些难于完全定量分析的问题,是一种简便、灵活而又实用的,定性和定量相结合,系统化、层次化的多准则决策方法。层次分析法根据问题的性质和要达到的总目标,将问题分解成不同的组成因素,按照因素间的相互关系,将因素按不同的层次聚集组合,形成一个多层次分析的结构模型,最终归结为最低层(方案、措施、指标等)相对于最高层(总目标)相对重要程度的权值或相对优劣次序的问题。

通过实地调查、统计分析和综合分析认为,影响地下水源热泵建设和效益的主要因素有四大类:水文地质条件、地下水动力场、水化学场和当地经济条件。而地面沉降、地裂缝以及水源地保护区这3个因素则是起到了决定性作用,某个地区只要出现其中一项,不论前几个指标好坏与否,都不适宜应用水源热泵系统[96]。

评价体系由3层构成,从顶层至底层分别为系统目标层、属性层和要素指标层,如图5-21所示。目标层是系统的总目标,即地下水源热泵适宜性分区。属性层由水文地质条件、水动力场、水化学场、经济条件4部分构成。要素指标层由含水层出水能力、含水层结构、含水层有效厚度、含水层回灌能力、地下水位埋深、地层渗透性、补给能力、多年水位对比、水质分区、矿化度分区、硬度分区、经济条件等12个指标构成。

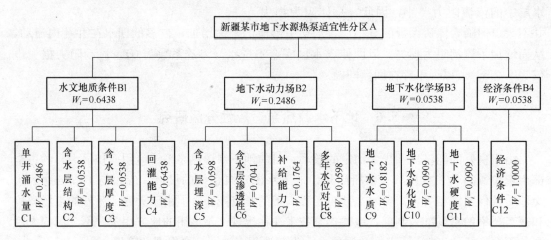

图 5-21 新疆某市地下水源热泵适应性评价体系及指标权重

所采用的层次分析法的具体步骤如下:

(1) 构造两两比较判断矩阵

为了使判断定量化,层次分析法传统的判断评价方法采用19标度方法。但在实际应用中,专家在给出判断矩阵时,可能难以适应和熟悉19标度法,因此,常采用一种简化的方法,目的是使专家更容易和直观地给出判断矩阵。

首先,根据专家知识给出在每一层次上各元素之间重要性程度的三标度比较矩阵 $d=(d_{ij})_{m\times m}$,如表5-4至表5-7所示,其元素意义如下:

$$d_{ij} = \begin{cases} 2; & i \text{ 元素比 } j \text{ 元素重要} \\ 1; & i \text{ 元素和 } j \text{ 元素同样重要} \\ 0; & i \text{ 元素没有 } j \text{ 元素重要} \end{cases} \quad (5\text{-}43)$$

属性层成对比较矩阵及权重　　　　　　　　　　　　表5-4

A	B1	B2	B3	B4	W_i
B1	1	2	2	2	0.6438
B2	0	1	2	2	0.2486
B3	0	0	1	1	0.0538
B4	0	0	1	1	0.0538

B1要素指标层成对比较矩阵及权重　　　　　　　　表5-5

B1	C1	C2	C3	C4	W_i
C1	1	2	2	0	0.2486
C2	0	1	1	0	0.0538
C3	0	1	1	0	0.0538
C4	2	2	2	1	0.6438

B2要素指标层成对比较矩阵及权重　　　　　　　　表5-6

B2	C5	C6	C7	C8	W_i
C5	1	0	1	1	0.0598
C6	2	1	1	2	0.7041
C7	1	1	1	1	0.1764
C8	1	0	1	1	0.0598

B3要素指标层成对比较矩阵及权重　　　　　　　　表5-7

B3	C9	C10	C11	W_i
C9	1	2	2	0.8182
C10	0	1	1	0.0909
C11	0	1	1	0.0909

而后，计算三标度比较矩阵的行要素之和：

$$r_i = \sum_{j=1}^{m} D_{ij} ; i = 1,2,3,\cdots,m \tag{5-44}$$

从 r_i 中找出最大值 r_{max} 和最小值 r_{min}，再对 r_{max} 和 r_{min} 所对应的两个元素进行比较，给出所谓的基点比较标度 b_m。

通过下面的变换式将直接比较矩阵变换成间接的判断矩阵：

$$b_{ij} = \begin{cases} \dfrac{r_i - r_j}{r_{max} - r_{min}}(b_m - 1) + 1 ; r_i - r_j \geqslant 0 \\ 1 / \left[\dfrac{r_j - r_i}{r_{max} - r_{min}}(b_m - 1) + 1 \right] ; r_i - r_j < 0 \end{cases} \tag{5-45}$$

（2）计算各要素的权重

求得由矩阵元素 b_{ij} 构造出的判断矩阵 B_i 的最大特征值 λ_{max}，及其所对应的特征向量，经归一化后即为同一层相应因素对于上一层次某因素相对重要性的排序权重，记作 W，其分量 W_i 表示各要素的相对重要度，即权重，亦于表5-4至表5-7和图5-21所示。

（3）一致性检验

根据层次分析法原理，若判断矩阵具有完全一致性时，$\lambda_{max} = n$（n 为判断矩阵的阶数),且其余特征根均为零。但由于客观事物的复杂性和人们认识上的多样性,要求每一个判断都完全的一致性显然是不可能的,所以在实际过程中,只需判断矩阵具有满意的一致性时,就能保证层次分析法的基本合理性。在层次分析法中经常用 CI 检查决策者判断思维的一致性,CI 的计算式如下:

$$CI = (\lambda_{max} - n)/(n-1) \tag{5-46}$$

用随机一致性比率 $CR=(CI)/(RI)<0.10$ 来检验判断矩阵的满意一致性。当 $CR>0.10$ 时,则需要重新调整判断矩阵的元素取值。RI 为判断矩阵的平均随机一致性指标,可以采用的 3 阶和 4 阶判断矩阵,RI 值分别取 0.58 和 0.90[97]。求得表 5-4 至表 5-7 的随机一致性比率分别为 0.0468,0.0468,0.0424 和 0,均小于 0.10,满足一致性检验要求。

5.6.2 评价方法

适宜性分区是将研究区网格化,计算网格点的适宜性指数,从而得到整个研究区的适宜性分区。考虑到计算精度和计算工作量,对研究区大约 42km² 的范围进行 0.2km×0.2km 的网格剖分,提取网格中心点坐标,并对网格中心点进行编号,生成网格中心点文件。参与计算评价的网格中心点的个数为 1076 个。

要素指标图件是由新疆地矿局某地质工程大队提供的该市水文地质图、地质地貌图、区域水文地质图、水文地质剖面图、等水位线图、开采条件及开采现状图、地下水化学图等。对可定量的指标图形根据取值范围进行赋值,如等水位线图、地下水化学图等。对不能定量获得的指标图形如区域水文地质图,根据含水层岩性对地下水源热泵的适宜程度赋值,如单一砂卵砾石区适合地下水源热泵,则赋以高值 9,从而将定性的图形量化。以上图件在赋值时,根据图件属性,越有利于应用地下水源热泵条件的属性层给分越高。同时,对已经发生比较严重的地面沉降地区,赋值很低;对水源地保护区和地裂缝发育区,赋值为零,禁止采用地下水源热泵。

得到的网格点属性指标值后,结合各指标的权重值,即可采用综合指数法进行计算,从而得到每个网格点的最终地下水源热泵适应性指数值。计算公式如下[96]:

$$R_{i,j} = \sum_{k=1}^{12} \beta_k \alpha_{i,j}^k \tag{5-47}$$

式中 $R_{i,j}$——第 k 个要素在目标层中所占的权重;

β_k——第 k 个要素在第 i 行第 j 列网格上的赋值;

$\alpha_{i,j}^k$——第 i 行第 j 列网格上地下水源热泵适适应性指数。

5.6.3 适宜性分区

目前还没有统一的适应性分区标准,可以根据计算得到的地下水源热泵适应性指数分布情况,结合当地水文地质条件,制定地下水源热泵适宜性分区标准,如表 5-8 所示。

地下水源热泵适宜性分区标准　　　　　　表 5-8

适宜性分区	禁止区	慎重使用区	可使用区	适宜区
分区标准	0	1~3	4~6	7~10

经过等值线划分之后,生成的新疆某市地下水源热泵适宜性分区图如图 5-22 所示。在图 5-22 中,禁止区有 3 块,慎重使用区有 2 块,适宜区分 2 块。

1. 禁止区

共有3块,均为该市供水水源地,为了保护水源地,该处原则上禁止使用地下水源热泵,尤其是开采井。第一水源地主要开采层为浅层承压水和第一层承压水。第二水源地主要开采第一层承压水,上覆潜水矿化度高,多项离子超标,不符合饮用水标准,不是水源地的开采层。第三水源地主要开采浅层承压水和第一层承压水。

2. 慎重使用区

有2块,一块分布在该市老城核心区,一块分布在东北角。老城核心区人口密度大,约4万人/km²,均为土建筑和砖木建筑,安全隐患大,道路狭窄,支巷密布,没有热源井布井位置,管网也很难敷设,虽然水文地质条件良好,但仍划归慎重使用区。

第二块慎重使用区位于东北角,该区地下水类型为多层结构潜水-承压水,潜水单井涌水量1400~2950m³/d,地下水位埋深在30~70m,矿化度为0.69~1.90g/L。含水介质主要为沙砾石,但分选性较差,颗粒密实,孔隙发育较差,透水性差,回灌情况不好,因此将其划归慎重使用区。

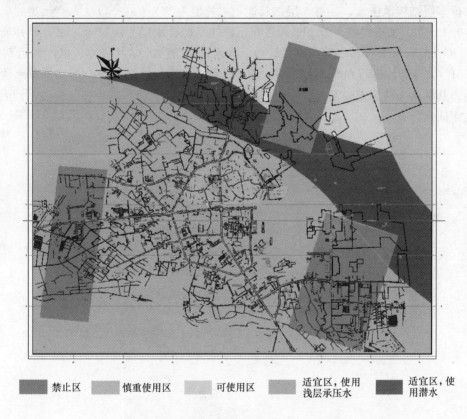

图5-22 新疆某市地下水源热泵适宜性分区

3. 可使用区

位于城区北部,其地下水类型为多层结构潜水-承压水,其中有潜水和两层承压水。如使用地下水源热泵,其目标含水层为潜水含水层。地下水化学类型为SO_4-Ca型,矿化度达1.576g/L,水质较差,不适合生活饮用。潜水单井出水量较大,达3000~5000m³/d,含水介质主要为沙砾石,分选性较好,结构松散,孔隙较为发育,透水性较强,地下水埋深 10～15m，回灌条件较好，主要接受北部阿瓦提渠的入渗补给，但目前阿瓦提渠进行了防渗处理，补给条件较差。因水质较差，矿化度高，地下水有一定的腐蚀性，补给条件差，因此将其划归可使用区。使用地下水源热泵系统时应采用闭式系统，且对换热器的材质予以重视。

4. 适宜区

分为 2 块，一块为潜水适宜区；一块为浅层承压水适宜区。潜水适宜区主要分布在靠近土曼河的窄条内，面积约 10km²。地下水结构为多层潜水-承压水，共有一层潜水，两层承压水。地下水源热泵的目标含水层为浅层潜水。潜水含水层为沙砾石及中粗砂，地下水类型为 SO_4-Ca 型，矿化度较高，达 1.576g/L，水质较差，不适合生活饮用。地下水埋深 10～26m，单井涌水量 3000～5000m³/d，渗透系数 38～53m/d。补给条件为土曼河入渗补给，排泄条件为侧向流出和人工开采。虽然水质较差，但渗透性好，补给充足，且回灌条件好，因此将其划归适宜区。

浅层承压水适宜区主要分布在苏贝希-多来特巴格乡以南的地区，面积约 25km²。其地下水位多层结构承压水，共有 3 层，其地下水类型为 SO_4-Ca，SO_4-Ca·Na 型，矿化度 0.67～0.92g/L，水质较好。地下水源热泵系统的目标含水层为浅层承压水，单井涌水量超过 3000m³/d，水量极其丰富，埋藏较浅，含水层厚度大，钻井成本较低。渗透系数 31～65m/d，岩性为沙砾石和卵砾石，结构松散，孔隙发育，渗透性好，适宜地下水源热泵的使用。其补给条件为土曼河、克孜勒河入渗补给，补给充分。因为埋藏较浅，回灌时应采用加压回灌。

第6章 同井回灌地下水源热泵

同井回灌地下水源热泵热源井利用一口水井同时进行抽水和回灌，取代传统地下水源热泵分别设置的抽水井和回灌井。目前共有3种形式：循环单井、抽灌同井和填砾抽灌同井[1]。它们都是从含水层下部取水，换热后的地下水再回到含水层的上部。由于水井结构的特殊性，使得同井回灌地下水源热泵的热源井引起的地下水流动和换热规律不同于传统的热源井。

6.1 填砾抽灌同井的现场实验研究

地下水的渗流和换热是在一个广大的区域中进行的，实验室中的小尺寸模拟很容易产生边界的影响，再加上填砾抽灌同井抽水和回灌的特殊性，在实验室中实现也较为困难。现场实验研究虽然有很多不可控和不可预见的因素，但却如实反映了现实条件下的事物发展的客观规律，而且填砾抽灌同井现在已有数百个工程实例，具备了现场实验的条件[2]。

6.1.1 工程概况

测试工程位于北京市海淀区四季青乡，西山以东4km处，处于永定河引水渠和南旱河交汇点附近。由一口填砾抽灌同井组成的地下水源热泵系统为附近的某工程师宿舍（连排别墅）和换热器厂办公楼提供空调，总建筑面积约$8000m^2$。该系统2001年开始运行，冬季供暖，夏季空调，日常为工程师宿舍提供生活热水。系统由3个环路组成，地下水环路、中间水环路、用户冷热水环路。在过渡季、初夏和夏末，中间水环路可以旁通进入用户环路提供"免费"供冷。

工程师宿舍共37户，每户独立安装小型水/水热泵；换热器厂办公楼安装一台水/水热泵，由于停止生产，人员迁出，于2005年冬季起办公楼闲置，热泵停机。

填砾抽灌同井终孔深度100m，于2005年11月15日更换井装置。更换井装置前后，填砾抽灌同井各部分尺寸如图6-1所示。更换前，在深58m处设置有隔板，将井分为2部分，回水区和抽水区，潜水泵在井的下部。更换井装置后，在深45m、70m处设置有隔板，将井分为三部分，回水区、抽回水间隔区和抽水区，潜水泵在井的上部，通过滤水管与抽水区连通。这样，更换井装置后回灌段长度为23m（处于地下水位线以上的部分由于泥皮护壁，过滤管孔隙堵塞），抽回水间隔25m，抽水段长度28m。潜水泵选型流量$80m^3/h$，扬程$55mH_2O$，无流量调节措施。

实验地区地势平坦，全为第四系覆盖。区内第四系构成单一砂砾卵石含水层，颗粒粗大，出露地表，入渗能力强[3]。城西部基岩之上由永定河古河道多次演变形成了以西山为界，东至复兴门、北到海淀、南至南苑，面积约$300km^2$，大片沙砾石透水层。第四系松散沉积物厚度达百余米，水平层理发育。岩性表现为砂质黏土层、黏土层、卵砾石层、砂砾石层交替出现。含水层由卵砾石层、砂砾石层组成，单层厚度10~20m。累计厚度60m

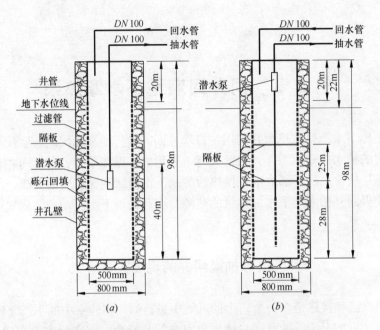

图 6-1 填砾抽灌同井更换井装置前后各部分尺寸
(a) 更换井装置前；(b) 更换井装置后

左右，主要含水层埋深在 100m 以内。其底板为粉质黏土，埋深 110m 左右。含水层渗透性很好，单井涌水量 2000~3000m³/d，渗透系数 20~150m/d。20 世纪 80 年代在南旱河进行的旧河道回灌实验表明，南旱河回灌条件很好，回灌量很大[4]。

区内浅层地下水的补给来源主要包括大气降雨的垂直入渗补给，河流沟渠的入渗补给、绿化水的入渗补给以及西部径流补给。区内地下水自西北向东南方向流动，由于测试区域地势平坦，地下水的水平径流非常缓慢，水力坡度仅为 2‰左右。地下水的排泄方式为人工开采和自然排泄。现场实验工程附近分布着一定量饮用水井、工业用水井和灌溉用井。由于过度开采，地下水位线逐年降低，现地下水静水位大约在 22m 左右。

6.1.2 现场实验方法与仪表

现场实验方案分为 2 个部分：填砾抽灌同井部分和测井温度、测压计水位部分。图 6-2 给出了填砾抽灌同井的现场实验方案，用于测定填砾抽灌同井抽回水温度和水量。在抽水管上设置有玻璃管温度计、温度传感器和冷水表，在回水管上设置有玻璃棒温度计和温度传感器。玻璃棒温度计用于校准温度传感器。抽水流量通过冷水表采用体积法测定。

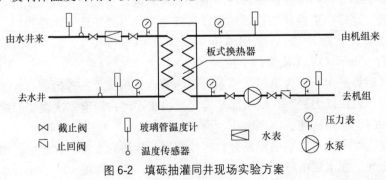

图 6-2 填砾抽灌同井现场实验方案

图 6-3 为填砾抽灌同井机房照片。填砾抽灌同井上部密封，其抽回水管上分别设置有温度传感器和玻璃管温度计，冷水表设置在抽水管上。螺旋板换热器为备用换热器，其连接水管已部分拆除，实验期间采用的是板式换热器。加药罐为示踪实验所用，在温度场的测试中不涉及，其进出口阀门已关闭。

图 6-3 填砾抽灌同井机房照片

现场实验在靠近抽灌同井的东侧设置了 4 个温度测井。图 6-4 给出了 4 个温度测井相对于填砾抽灌同井的具体位置。0 号、1 号、3 号温度测井处于以填砾抽灌同井为中心的半径为 10m 的同一圆弧上，2 号、1 号温度测井和填砾抽灌同井处于同一直线上，2 号温度测井较 1 号温度测井更远离填砾抽灌同井，其间距为 5m。

0 号温度测井于 2005 年 3 月成井，2005 年 6 月由于测温电缆进水损坏。1 号、2 号、3 号温度测井分别于 2005 年 10 月和 11 月成井。考虑到 0 号观测孔测温电缆由于防水性能不佳而导致进水失效，在 1 号、2 号、3 号温度测井测温电缆制造时，考虑了一些特别的保护措施。为了增加测温电缆的防水性能，在厂家提供的测温电缆外面又套了一根交联聚乙烯管，在整个测温电缆长度内，该管无接口。

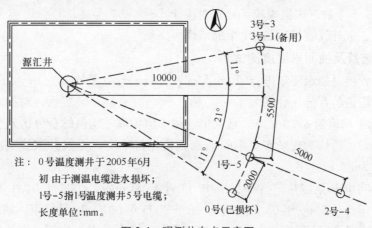

图 6-4 观测井布点示意图

测井中植入测温电缆后采用砾石回填,陆续回填到钻井报告所示的卵砾石层位深度,再在上面回填泥球,快到地面后采用粉质黏土回填。采用泥球是为了克服井孔中泥浆的浮力。温度测井近地面时采用钢管护套保护,然后用钢管将钢管护套连接起来,再将钢管引入室内,套了测温电缆的交联聚乙烯管穿入钢管内进入室内。在观测井位的地方做成检查井,便于日后查勘和通过PVC管测量温度。

采用砾石回填是为了避免由于受热对流的影响而产生的温度跳跃[5,6]。文献[7~9]中对北京某异井回灌地下水源热泵含水层温度场的测试过程中由于观测井具有多种用途(水位、水温、细菌总数)而没有回填,从报道的观测孔温度来看,温度跳跃现象较明显。

表6-1给出了4个温度测井及其测温电缆的特性。0号测井深100m,埋入两根测温电缆,分别测量不同深度处温度;1号、2号测井的深度分别为102m和106m,均植入1根含64个传感器的测温电缆,传感器之间的间距为1.5m;3号测井深111m,植入两根测温电缆,其中3号-1测温电缆备用,每根测温电缆含64个传感器,传感器间距为1.5m。

测井及其测温电缆特性　　　　表6-1

测井		测温电缆		传感器			
编号	深度(m)	数量	编号	个数	间距(m)	最小深度(m)	最大深度(m)
0号	100	2	—	64/50	1/1	37/0	100/39
1号	102	1	5	64	1.5	7.3	101.8
2号	106	1	4	64	1.5	11.5	106
3号	111	2	1/3	64/64	1.5/1.5	16/13	110.5/107.5

测量频率:抽回水温度逐时观测,测井中温度工作日测量。

冷水表型号LXLC-100,接口管径DN100,B级精度。玻璃管温度计为实验室用玻璃管水银温度计,温度范围0~50℃,精度±0.1℃。温度传感器采用Dallas"1-wire bus"数字化传感器DS18B20,测温范围-55~125℃,分辨率0.0625℃,在-10~85℃范围内,精度±0.5℃。该传感器利用晶振振荡频率随温度变化的特性进行测温,能够自动补偿测温过程中的非线性,具有高信噪比、高可靠性和高分辨率的特点[10]。通过组态软件,该传感器可以方便地与计算机进行通讯,实现多测点的实时无人测量。本次共采用了259个温度传感器;5个数据采集模块,分别对应于1号-5、2号-4、3号-1、3号-3测温电缆和抽回水温度、室外气温传感器;1个通讯模块。

6.1.3 抽水流量及抽回水温度测试

更换井装置前对抽水流量进行了26次有效测量,流量平均值为87.5m³/h,最大值、最小值偏离平均值的百分比分别为1.07%和0.50%。更换井装置后,对抽水流量进行了13次测量,其平均值为89.6m³/h,最大值、最小值偏离平均值的百分比分别为2.28%和2.41%。因此,可以认为现场实验期间抽水流量保持不变,更换井装置前为87.5m³/h,更换井装置后为89.6m³/h。

2005~2006年热泵制热运行于2005年11月15日开始,2006年04月27日潜水泵停止运行;制冷运行从2006年06月12日开始至2006年09月30日结束。抽回水温度传感器于2005年12月15日开始工作,2006年07月03日由于雷击损坏;室外气温传感器于

2005年12月20日开始测量,抽回水温度传感器损坏后也停止了室外气温的测量。采暖期间抽回水温度和室外气温逐时测量,但室外气温的测量并没有按规范进行,仅作为参考。

图6-5、图6-6分别给出了2005～2006年热泵制热运行期间抽回水温度和室外气温的变化。测试期间北京室外最低气温-14.13℃,出现在2006年02月04日8:00。根据抽回水温差的大小可以大致把测试分为3个阶段,前期2005年12月15日至2005年12月27日,该阶段换热器厂办公楼热泵机组故障,填砾抽灌同井换热温差很小,仅在0.7℃附近波动;中期2005年12月27日至2006年03月01日,换热器厂办公楼热泵机组部分得以恢复,天气渐冷,换热温差相对较大;后期2006年03月01日至2006年04月27日,处于采暖后期,天气转暖,换热温差很小。从总体上来说,换热温差仍然较小,测试期

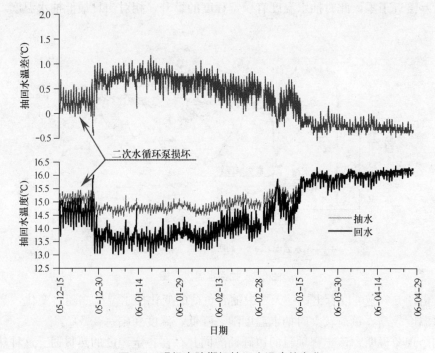

图 6-5　现场实验期间抽回水温度的变化

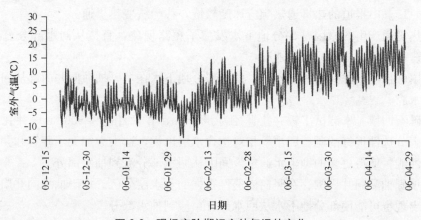

图 6-6　现场实验期间室外气温的变化

间，抽回水温差最大值仅为 1.63℃。本测试过程中，造成地下水小温差、大流量的原因是换热器厂热泵机组故障导致负荷减小，再加上没有地下水量调节措施。这使得潜水泵功耗剧增，大大削弱了地下水源热泵系统节能的优越性。

由图 6-5 可知，抽水温度在整个测试期间总体变化不大，其最大值为 16.13℃，最小值为 14.38℃。但测试期间抽水温度升降频繁，具体表现为以下几个方面：

（1）2005 年 12 月 27 日换热器厂办公楼热泵机组部分启动，负荷有所加大后，抽水温度亦随之降低，大约降低了 0.6℃；

（2）测试后期，由于天气转暖负荷较小，抽水温度回升，测试末期，抽水温度已回升至 16.0℃左右；

（3）如图 6-7 所示，2005 年 12 月 28 日 4：00 至 13：00 时二次水循环泵故障后停转，抽回水温差接近于零，此时抽水温度有一定程度的攀升，相对当日最低抽水温度，大约攀升了 1℃；

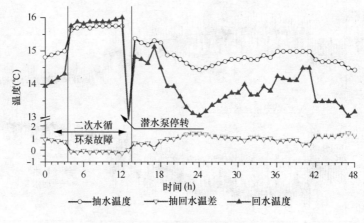

图 6-7 抽回水温度详图

（4）由图 6-7 还可以看出，一天之中随着负荷的变化抽水温度亦随之变化，当负荷较小时抽水温度较高，负荷较大时抽水温度随之降低，温度变幅达 0.5℃。

这四个现象说明，该工程项目的填砾抽灌同井存在一定程度的热贯通。这种热贯通抽水热响应速度很快，不同于文献［11～15］中报道的热贯通。为区别，称为瞬变热贯通，文献［11～15］中报道的热贯通热响应速度较慢，称为缓变热贯通。

瞬变热贯通产生的原因是部分地下水发生了短路现象，直接从回水部分流到抽水部分。造成这种现象的根本原因可能有：

（1）填砾抽灌同井井内隔断不严，使得部分地下水在填砾抽灌同井内部从回水腔直接短路到抽水腔。

（2）砾石回填。本测试工程井孔直径为 800mm，井管直径为 500mm，井孔与井管之间的间隙由分选性很好的砾石回填。相对于含水层来说，这大大加大了井管和井孔间隙空间的渗透性能，使得更多的地下水通过该间隙从回水部分流到抽水部分。

（3）填砾抽灌同井周围存在竖向渗透性很强的含水层分区。填砾抽灌同井周围"岩性天窗"的出现也可能使部分地下水从回水部分窜流到抽水部分。

瞬变热贯通产生时，回水部分与抽水部分之间出现了类似的管流，使得部分地下水迅速从回水部分流到抽水部分。短路的地下水并没有足够的时间参与含水层的换热而直接进入了抽水口。而缓变热贯通地下水从含水层的回水部分流到抽水部分是通过渗流进行的,其速度较缓慢,在流动过程中,地下水的换热很充分,因此可以认为缓变热贯通是由于含水层内回水部分与抽水部分的传热引起的。

这两种热贯通对抽水温度的影响也不尽相同。对于瞬变热贯通,发生短路的这部分地下水的温度会随着负荷的变化而变化。对于取热工况,负荷加大时,这部分地下水的温度很快降低;负荷减小时,短路的地下水温度又很快升高。在天然渗流较小、同为取热的条件下,缓变热贯通的作用使抽水温度出现由高到低的缓慢变化,在采暖末期由于负荷较小,回水温度较高,抽水温度也可能出现由低到高的反弹,但速度会很缓慢,幅值也很小。填砾抽灌同井抽取地下水的温度是短路的地下水和含水层地下水温度依水量的加权平均值。在瞬变热贯通存在时,如果缓变热贯通不显著,含水层地下水温度变化不大,那么抽水温度的变化就与回水温度的变化同向。

如果系统存在瞬变热贯通,将会使抽水温度随回水温度变化,当回水温度较低时,抽水温度相应快速变低,这对填砾抽灌同井是不利的,尤其在承担大负荷时。为了缓解热贯通,可以引入排放策略。排出的地下水可以排放到地面水体,也可以通过单独的回灌井回灌回含水层,图 6-8 给出了排放的地下水通过回灌井回灌回含水层的图示,可以称之为单、双井混合系统。

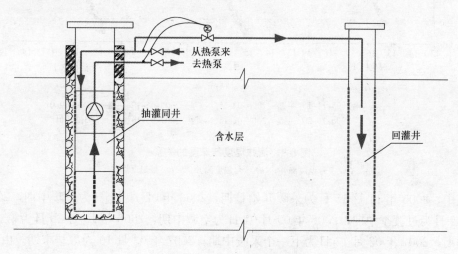

图 6-8 单、双井混合系统

在填砾抽灌同井系统中,排放可以在下列场合起作用:

(1) 当瞬变热贯通严重时,排放可增加系统承担峰值负荷的能力;保持适中的地下水温度,提高热泵机组效率;避免地下水的冻结。

(2) 当热源井采用流量调节时,对于大流量抽水,排放可以减轻回灌压力。

(3) 当回灌堵塞时,通过排放可以降低回灌压力。

根据排放的目的不同可以有不同的控制方式。当排放的目的是为了减轻系统的瞬变热贯通时可以有两种控制方式:死区控制和温差控制。死区控制是指取热工况下,当地下水温度低于某一极限设定值时开始排放,排热工况下,当地下水温度高于某一设定值时开始排放;温差控制是指当抽回水换热温差大于某一设定值时开始排放,当然取热工况和排热工况可以有不同的设定值。当排放的目的是为了缓解回灌困难时可以采用流量控制和回灌压力控制，即根据抽水流量的大小或者回灌压力来开启紧急排放阀。

6.1.4 含水层温度测试

填砾抽灌同井运行时在含水层及其顶底板岩土层中取热或排热，从而引起含水层和顶底板岩土层温度场的变化。含水层温度场的变化反过来又会影响地下水源热泵的抽水温度，进而影响热源井的设计参数和热泵的效率。

图 6-9 给出了 1 号、2 号、3 号测井 7 个时刻不同深度处的温度关系。

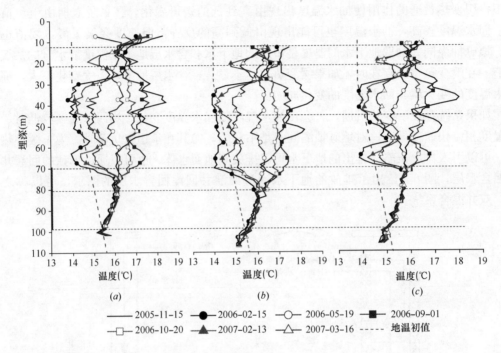

图 6-9 测井温度与深度的关系
(a) 1 号温度测井；(b) 3 号温度测井；(c) 2 号温度测井

其中，2005 年 11 月 15 日为采暖开始日期，2006 年 02 月 15 日为采暖中期，2006 年 05 月 19 日为过渡季中期，2006 年 09 月 01 日为空调中期，2006 年 10 月 20 日为第二个过渡季中期，2007 年 02 月 13 日为下一个采暖中期，2007 年 03 月 16 为采暖末期。由图 6-9 可知：

（1）测温曲线的构形极不规则，出现了较多的波折，这说明含水层在深度方向上极不均匀，甚至存在分层。该地区含水层的竖向分层对填砾抽灌同井是有利的，竖向上出现的含水层弱透水区能够有效阻止回水进入抽水段，从而减小缓变热贯通。1 号和 3 号测井与填砾抽灌同井的距离均相等（10m），处于不同的方位上，其温度曲线极为相似；但方位相同水平距离不同的 1 号与 2 号测井的温度曲线形状不同。

（2）测井的温度变化主要集中在 20～70m 的深度范围内，该深度主要处于填砾抽灌同井的回水段和抽回水过滤器间隔段。在开始时刻 2005 年 11 月 15 日，1 号测井在深度 38.8m 处温度最高为 18.44℃，3 号、2 号测井在深度 37.0m 处温度最高，分别为 18.63℃和 18.69℃。在时段 2005 年 11 月 15 日至 2006 年 02 月 15 日范围内，1 号测井温度降低最大值为4.44℃，发生深度为37.3m，3号、2号测井在深度37.0m处出现了最大的温度降低值，分别为4.69℃和4.50℃。开始时刻温度最高和采暖季温度变化较大的地方均出现在含水层回灌段的末端，这是因为受抽水负压的影响，回水流线向抽水段弯曲，从而导致该处的换热加强。

（3）回灌水由距地面22~45m（共长23m）返回含水层，引起含水层温度的变化。由现场实验结果可以看出，系统运行的一年半中，在距热源井15m远的2号测井处，竖向温度影响到70m处左右，即从回灌过滤器下边缘算起，影响了约25m深度。而距热源井10m远的3号测井，竖向温度影响到80m处，从回灌过滤器下边缘算起，影响了35m。而由于测井较少，暂时还无法判断取热和排热对含水层水平方向温度影响多远。现场实验结果也明确告诉我们：越靠近热源井处，对含水层竖向的热影响范围越大。

（4）从时间序列上来看，3个观测井温度在采暖季开始时刻2005年11月15日相对较高，部分地方温度高于18℃；随着采暖季的进行，温度逐渐降低，初步统计结果表明，大体上在2006年02月15日温度降到最低，低点处温度低于14℃；随之进入采暖后期和过渡季，负荷较小，回水温度较高或者停车，回灌段含水层温度又开始恢复，如图6-9所示，到2006年05月19日，回水部分含水层温度达到16℃；随后进入空调季，热泵向含水层排热，含水层温度继续升高，到空调季中期2006年09月1日，回灌段含水层温度又达到17℃多。由于向含水层回水段内释放热量，使含水层温度逐渐升高，这也意味着向含水层回水段内释放的热量被部分蓄存起来。下一个采暖季开始时，1号、2号、3号测井处的温度曲线均在地温初始线的右方向，并且远远偏离地温初始线，也即含水层内相对于初始状态蓄存着一定量的热量，这为系统在冬季的取热提供了新的热源。实测结果正是这样，2006年10月20日后的温度测试曲线又由右向左不断地移动，到2007年02月13日，测试的温度曲线又移动到地温初始线附近。这表明：季节性储能是填砾抽灌同井的重要低位热能来源之一。

（5）由图6-9中还可以看出，经过一个冬季的运行，测井抽水段测温曲线仍位于大地初始温度曲线的右侧，也即取热后温度仍高于地温初值。如果不存在瞬变热贯通，抽水温度应该高于地下水初始温度。图6-7中采暖季前期和后期抽水温度曲线和图6-5中二次水循环泵故障时抽水温度值正说明了这个设想。采暖季前期、后期和二次水循环泵故障时，抽回水温差很小，瞬变热贯通轻微，抽水温度的大小由含水层抽水段地下水温度决定。当含水层抽水段地下水温度高于地温初值时，抽水温度也会高于地温初值。由图6-5、图6-7可以看出，采暖季前期、后期和二次水循环泵故障时抽水温度均在16℃左右。再者，测温曲线抽水段温度随着深度的增加而减小，这种与大地增温率反向的温度梯度也说明，填砾抽灌同井冬季取热量来源的一个重要组成部分是填砾抽灌同井夏季向含水层中排放的热量。经过一个冬季的运行，回灌段和抽回水过滤器间隔段温度仍然位于初始值附近或高于初始值，这说明，该系统6年内向含水层中排放的热量大于从含水层中提取的热量，这也使得测温曲线抽水段温度出现负向温度梯度。这种放热量和取热量的不平衡会造成含水层富积（亏损）一部分热量，长时间过于严重的富积或亏损热量，不利于地下水源热泵的取热或放热，也对含水层产生不利的影响。因此，应尽量使填砾抽灌同井从含水层中提取的热量和排放的热量在年度内平衡。

图6-10给出了0号和1号测井采暖季末期和初期的温度测试曲线。0号测井与1号测

第6章 同井回灌地下水源热泵

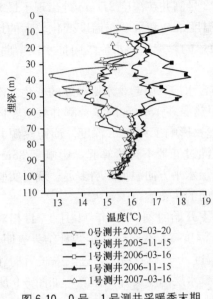

图6-10 0号、1号测井采暖季末期和初期温度与深度的关系

井均处于距热源井10m的圆弧上,而且它们的间距仅有2m。由图6-10可以看出,0号测井2004~2005年度采暖季末期(2005年03月20日)温度部分地方低于13℃,较1号测井2005~2006年度采暖季末期(2006年03月16日)温度低许多;1号测井2005~2006年度采暖季初期(2005年11月15日)温度也明显高于其2006~2007年度采暖季初期(2006年11月15日)温度。这有两方面的原因:一是负荷不同,2005年冬季起换热器厂办公楼闲置,热泵机组停车或仅部分断断续续启动,使得填砾抽灌同井负荷较上一年度小,这样使得0号测井2004~2005年度采暖季末的温度曲线较1号测井2005~2006年度采暖季末温度曲线更靠左,1号测井2005~2006年度采暖季初期温度曲线较其下一年度采暖季初期温度曲线更靠右;二是井结构不同,2005年11月15日以前填砾抽灌同井仅分为两个部分:回水区和抽水区,2005年11月15日更换井装置后,填砾抽灌同井分为3个部分:回水区、抽回水过滤网间隔区和抽水区,由于更换井装置前抽回水区之间没有间隔区,热贯通现象更为严重,使得冬季回水温度更低、夏季回水温度更高,从而导致上一年度冬季含水层温度较下年度低,较夏季高的现象。

图6-11给出了2005~2007年间3个测井某几点温度随时间的变化关系(以2005年11月15日10:00作为0时刻)。其中31m深度位于回水段含水层,51m深度位于抽回水过滤网间隔段含水层,80m位于抽水段含水层。从图6-11中可以得出如下信息:

(1) 埋深80m处,3个测井温度经过2个采暖季和1个空调季近12000h的时间均没有变化,温度维持在16℃。这是由于含水层的竖向分层,抽水过滤网上端存在一弱透水层(详见5.3节),有效地阻止了回水段含水层中地下水向抽水段的渗透。

(2) 埋深31m处测井温度的变化趋势为:采暖季初期至采暖季中期测井温度迅速降低,如1号观测井前1728h内,温度由17.4℃快速降至13.9℃。采暖季中期至采暖季后期,测井温度又开始恢复,前期恢复速度较快,后期较慢,这是因为采暖季中后期,由于负荷减小,瞬变热贯通轻微,回灌水温度又开始升高,而此时含水层温度已降至14℃左右,低于回灌水温度(如2005~2006年度采暖季末期回水温度在16℃左右),这势必引起含水层温度的恢复,随着含水层温度的恢复,回水与含水层之间的传热温差减小,恢复速度有所减慢。而至第一个过渡季,含水层温度已恢复到16℃以上,由于先前回灌水温的影响,靠近热源井的地方温度较高,这时潜水泵停止运行,含水层逐渐向外和向下散热,测井温度有所降低,但由于仅仅是导热传热,测井温度降低缓慢。到了空调季,热源井又向含水层中排热,测井温度又开始升高,空调季末期和第二个过渡季期间,由于负荷减小,回灌水温度降低或者水层向外放热,测井温度又开始降低。进入下一个采暖季,测井温度更是快速降低,如此往复。

(3) 埋深51m处由于抽水段相对低压的引导,地下水流线向下弯曲,使得该处温度

6.1 填砾抽灌同井的现场实验研究

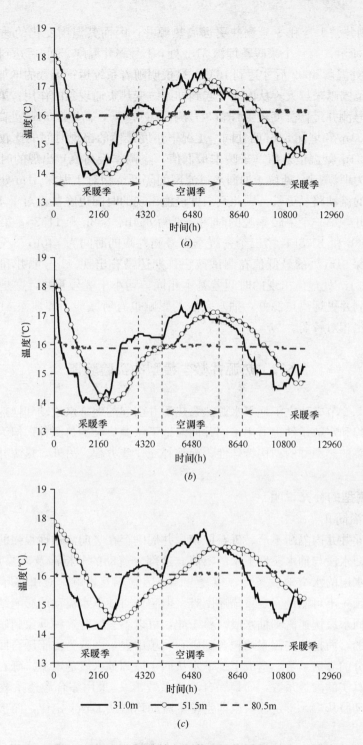

图 6-11 测井某点温度随时间的关系
(a) 1号测井；(b) 3号测井；(c) 2号测井

变化规律与埋深 31m 处含水层相似，只是在采暖季末期该处含水层温度恢复速度相对较慢，致使第一个过渡季期间含水层温度低于其上覆含水层的温度，在过渡季期间该处温度仍在缓慢恢复。

(4) 2号测井较1号和3号测井更远离热源井,因而其温度变化的速率和幅值也小些。如图6-11所示,第一个采暖季埋深31m处,1号测井温度250h后达到16℃,而2号测井埋深31m处温度560h后才达到16℃,这说明随着系统运行天数的增加,产生与释放热量的含水层范围越来越大,从而充分起到抑制缓变热贯通现象的作用;第一个采暖季埋深31m处,2号测井最低温度较1号和3号测井高0.4℃,而埋深51m处高0.6℃。

(5) 埋深31m和埋深51m两处同一工况下温度最值的出现时间的比较结果为:同一工况下,埋深51m处温度最值(采暖季最低值,空调季最高值)出现的时间较埋深31m处晚,这是因为埋深51m处位于抽回水过滤网间隔断,相对于埋深31m处更远离热源和热汇,地下水的流动路径更长,因此其温度最值出现的时间也晚些。对于1号测井、3号测井和2号测井,第一个采暖季晚的时间分别为864h、888h和1152h;第一个空调季分别为624h、648h和1008h;第二个采暖季1号测井晚的时间为840h,3号测井为864h,而2号测井埋深51m处的最低值在测试截止日期还没有出现。1号测井和3号测井埋深51m处和埋深31m处最值出现的时间差基本相同,均小于2号测井,这是因为2号测井较1号和3号测井更远离热源井,抽水负压的影响也有所减弱,其埋深51m处的流动速度更小,换热也相对较弱。

6.2 热源井数学模型的实验验证

在第5章5.3节中建立了地下水源热泵热源井引起的地下水流动和换热的一般数学描述,其控制方程和定解条件也适用于同井回灌地下水源热泵的热源井。但为了描述同井回灌地下水源热泵的热源井的结构特殊性,尚需补充一些方程。另外,热源井的数学模型尚待实验验证。

6.2.1 数学模型的补充说明

1. 填砾抽灌同井

填砾抽灌同井井内隔断不严、砾石回填、井周围存在竖向渗透性很强的含水层分区等因素均能造成回水段与抽水段地下水的窜流。这部分流动的分析涉及热源井的制造工艺、施工状况、含水层的水文地质条件,很复杂。各因素相互影响,对于实际的工程很难区分,很多因素预先不可测量,定量描述困难。但它们对地下水流动的影响结果相同,都造成了地下水从回水段快速流到抽水段。鉴于此,可以不去区分这种现象到底是由哪种或哪几种因素造成的,而把这些因素均包含到砾石回填中去,即认为由于砾石回填增大了井孔与井管空隙部分的渗透系数,造成了地下水从回水段到抽水段的窜流。砾石回填区的渗透系数就不再是真实的渗透系数,而是综合渗透系数K_h。采用综合渗透系数后仍认为这部分地下水的流动服从Darcy定律,也即是整个流动均服从Darcy定律,而参数分区不同。

2. 循环单井[16]

循环单井在基岩层中直接采用井孔,地下水一部分直接在井孔内循环与井壁岩土进行热交换;另一部分进出井孔,与含水层进行质量交换。从流动形式上讲,抽水管、回水管中的流动为管道流动;井孔内的流动可近似为有渗漏的管流,而含水层中的流动为渗流。从流态而言,由于抽水流量较大,抽回水管内和井孔内的流动大多为湍流,井孔内由于与含水层之间有质量交换,其流态可能还会发生变化,而含水层中的渗流为层流。它们以井孔壁为边界，在井孔壁处互相耦合，这是一个复杂的地下水多流态流动问题。

管流和渗流是两种不同形式的流动，它们的控制方程不同。从流动能量的角度而言，管流的宏观控制方程是能量损失方程（Darcy - Weisbach方程），渗流的宏观控制方程是Darcy定律。因此，为统一描述这两种流动现象，引入水平井系统中的渗流-管流耦合模型[17~22]来处理循环单井中复杂的地下水多流态流动问题。各区渗透系数如下式所示：

$$\begin{cases} 抽水井管内:K_r = 0, K_z = 2gd_{h,p}/(fu_{z,p}) \\ 井孔钢管护套部分:K_r = 0, K_z = 2gd_{h,h}/(fu_{z,h}) \\ 井孔剩余部分:K_r = K_z = 2gd_{h,h}/(fu_{z,h}) \\ 含水层:K_r, K_z \end{cases} \quad (6-1)$$

式中 $d_{h,p}$，$d_{h,h}$——抽水管和井孔的水力直径，m；

$u_{z,p}$，$u_{z,h}$——抽水管与井孔内的平均竖向速度，m/s。

在求解管流的有效渗透系数时，需用到沿程阻力系数。而沿程阻力系数与雷诺数和相对粗糙度有关，考虑到井孔粗糙度较大，选用如下沿程阻力系数半经验公式[23,24]：

$$\begin{cases} f = \dfrac{64}{Re} & Re \leqslant 2100 \\ f = 2.82 \times 10^{-7} Re^{1.5} & 2100 < Re \leqslant 5235 \\ \dfrac{1}{\sqrt{f}} = -2\lg\left(\dfrac{\varepsilon/D}{3.70} + \dfrac{95}{Re^{0.983}} - \dfrac{96.82}{Re}\right) & 5235 < Re \leqslant 10^8, \varepsilon/D \text{任意} \end{cases} \quad (6-2)$$

式中 Re——雷诺数（无因次）；

ε——粗糙度，m；

D——水力直径，m。

由于采用渗流-管流耦合模型，管流和渗流共有的井孔壁的流出、流入边界成为求解区域内部，无需单独给出边界条件。而流量边界条件移至井口，成为如下式所示给定流速的第二类边界条件：

$$\begin{cases} u\mid_{z=B,\text{抽水}} = \dfrac{L_{w,p}}{\pi r_p^2} \\ u\mid_{z=B-b_r,\text{回水}} = -\dfrac{L_{w,r}}{\pi(r_h^2 - r_p^2)} \end{cases} \quad (6-3)$$

式中 r_p——抽水管的半径，m；

r_h——井孔半径，m；

$L_{w,p}$，$L_{w,r}$——循环单井的抽水和回水流量，m³/s。

需要说明的是上述模型中并未考虑局部阻力损失，即井损。对于循环单井，井损包括：

（1）水流通过抽水管过滤网的水头损失；

（2）水流通过井孔壁流入（流出）井孔时，由接近水平（竖直）的运动变为竖直（水平）运动，因水流方向偏转产生的水头损失；

（3）水在井孔内流动时，不断有水流流入或流出井孔壁，因流量和流速变化所引起的水头损失。

井损定量描述非常复杂，且循环单井井孔一般很深，达数百米，而流量只有10～

$20\text{m}^3/\text{h}$,单位孔深流量变化很小。因此,井损值较小,暂不考虑。

与传统热源井不同,循环单井由于地下水大部分在井孔内流动,井孔与含水层、井孔与井管(抽水管)之间的换热就不能忽略。而水动力模型中计算出的井管和井孔内地下水的流速为断面平均流速,因此,井孔和井管内的换热在径向方向宜采用集总参数法。这样,把循环单井的换热模型分两部分来描述:井管、井孔换热模型和含水层换热模型。含水层中的换热模型与5.3节相同。井管和井孔换热示意图如图6-12所示。对微元体列能量守恒方程,适当整理后,井管和井孔换热控制方程如下:

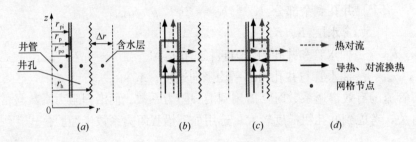

图 6-12 井管和井孔换热示意图
(a) 尺寸示例;(b) 井管;(c) 井孔;(d) 图例

(1) 井管

$$c_w \frac{\partial T_p}{\partial t} = \frac{\partial}{\partial z}\left(\lambda_w \frac{\partial T_p}{\partial z}\right) - \frac{\partial}{\partial z}(c_w T_p u_{z,p}) + \frac{2}{r_p^2}\lambda_p(T_h - T_p) - \frac{2}{r_p}(c_w u_r T)_{ph} \quad (6\text{-}4)$$

(2) 井孔

$$c_w \frac{\partial T_h}{\partial t} = \frac{\partial}{\partial z}\left(\lambda_w \frac{\partial T_h}{\partial z}\right) - \frac{\partial}{\partial z}(c_w T_h u_{z,h}) + \frac{2}{r_h^2 - r_p^2}\lambda_p(T_p - T_h) +$$

$$\frac{2}{r_h^2 - r_p^2}\lambda_h(T_a - T_h) + \frac{2r_p}{r_h^2 - r_p^2}(c_w u_r T)_{ph} - \frac{2r_h}{r_h^2 - r_p^2}(c_w u_r T)_{ha} \quad (6\text{-}5)$$

式中 T——温度,℃;

λ——导热系数,W/(m·℃);

u——地下水速度,m/s;

λ_p——井管导热系数,W/(m·℃);

井管与井孔的传热系数和井孔与含水层的传热系数分别如式(6-6)所示:

$$K_p = \frac{1}{\frac{1}{\alpha_{pi} r_{pi}} + \frac{1}{\lambda_p}\ln\frac{r_{po}}{r_{pi}} + \frac{1}{\alpha_{po} r_{po}}} \quad (6\text{-}6)$$

$$K_h = \frac{1}{\frac{1}{\alpha_h r_h} + \frac{1}{\lambda_A}\ln\frac{r_a}{r_h}} \doteq \frac{1}{\frac{1}{\alpha_h r_h} + \frac{1}{\lambda_A}\frac{\Delta r}{2r_h}} \quad (6\text{-}7)$$

式 (6-6)、式 (6-7) 中 r——管半径,m;

Δr——含水层第一节点边长,m;

α——表面传热系数,W/(m²·℃)。

下标 p 指井管、pi 指井管内表面、po 指井管外表面、h 指井孔、w 指水、z 指竖向、

r 指水平方向、ph 指井管与井孔交界面、ha 指井孔与含水层交界面。

表面传热系数可由 Nusselt 准则关联式求得。抽水井管内外对流换热采用如下准则关联式[10]:

$$Nu = \frac{(Re-1000)Pr(f/8)}{1.0+12.7(Pr^{2/3}-1)\sqrt{f/8}} \tag{6-8}$$

适用范围为 $0.5<Pr<2000$，$2300<Re<5\times10^6$。式中 f 为沿程阻力系数。

井孔粗糙度较大，其对流换热准则关联式为[11]:

$$Nu = \frac{(f/8)(Re-1000)Pr}{1+(f/8)^{0.5}[(17.42-13.77Pr_t^{0.8})Re_\varepsilon^{0.2}Pr^{0.5}-8.48]} \tag{6-9}$$

式中 $Pr_t=1.01-0.09Pr^{0.36}$；$Re_\varepsilon = \dfrac{Re\sqrt{f/8}}{D/\varepsilon}$，其中 ε 为粗糙度，m；D 为水力直径，m。适用于 $Re>2300$。

上述依据能量守恒建立的数学模型在建立过程中和求解时有以下几点说明:

(1) 在井孔和井管换热模型中，并没有单独对井管壁列能量守恒方程，仅考虑了其导热热阻，而忽略了井管壁的热容，即认为井管壁在温度变化过程中很快达到稳定。事实上，井管壁很薄（几个毫米），忽略其内能的变化是允许的。这样做简化了问题，减少了计算量，还能减小由于网格宽度的突然变小而带来的数值误差。

(2) 模型中没有考虑回水管在井孔中的换热，这是因为回水管在水面下的长度很短（几米），甚至直接在水面以上。在水面以上的部分，井孔间隙充满了空气，其换热可以忽略；在水面以下的部分，回水管口至水面部分可以认为地下水并没有流动，其换热也很薄弱。

(3) 井管壁和井孔壁的换热并不是作为边界条件给出的，而是包含于控制方程 (6-4)、(6-5) 中，这样做有利于含水层、井孔、井管温度场进行整体求解，避免耦合边界上的局部热流密度和温度的反复迭代，从而节省计算时间、提高计算精度。

6.2.2 丹麦技术大学抽灌同井实验验证

丹麦技术大学校园内的抽灌同井是文献报道的第一个抽灌同井实例，是一个足尺寸的实验井，采用的是抽灌同井。

1. 实验数据

丹麦技术大学抽灌同井钻孔直径大约 0.4m，孔深 45m，泥浆冲洗钻井。在深度 29~34m 和 38~43m 处安装了过滤网，两个过滤网通过隔断分开，地下水从下端过滤网抽出进入井口换热器，换热后从上端的过滤网回到含水层，潜水泵设置在上端过滤网上 2m 处[25]。实验包括取热实验和恢复实验。取热实验时地下水通过潜水泵抽出后在井口换热器处降温，然后回到含水层中，取热设备为一台容量 10kW 的热泵。取热实验完成后进行地下水水温的恢复实验。恢复实验时抽出的地下水通过一台 24kW 的加热器加热到初始水温后回灌回含水层。然后再进行取热实验，如此反复。地下水的初始温度为 8.8℃，地下水的流量为 1.5~3.0m³/h，取热温差为 2~3℃。共有 4976m³ 的地下水被冷却，5156m³ 的地下水被再加热[25]。

以第一个取热实验作为模型验证的计算期，表 6-2 给出了实验条件[25]。

第6章 同井回灌地下水源热泵

试 验 条 件　　　　　　　　　　　表6-2

项　目	单　位	值	项　目	单　位	值
含水层厚度	m	14.0	含水层水平导水系数	m/s	1×10^{-4}
抽水过滤网长度	m	5.0	含水层导热系数	W/(m·℃)	3.0
回水过滤网长度	m	5.0	地下水初始温度	℃	8.8
过滤网间距	m	4.0	抽回水平均温差	℃	2.2
井半径	m	0.2	地下水流量	m³/h	1.667

2. 模型验证

根据文献[25]可将该地下水流系统的概念模型简化为：含水层水平、侧向无限延伸、均匀、各向异性的轴对称非稳定流承压含水层流动。该概念模型的流动和换热数学描述第5章中已有详细的描述，其中地下水渗流的求解可以采用第5.4节中给出的降深理论解。

模型计算过程中需要的参数除了表6-2给出的外，还需要含水层及其顶底板岩土层的热容量、含水层的储水系数、热弥散度、顶底板岩土层的导热系数等。这些参数的获得需要进行参数识别。因此模型验证的指导思想是：将实验数据分为两部分，前一部分实验数据用于模型参数识别，后一部分用于模型验证。具体操作时，选取前500h的实验数据用于参数识别，而后的数据用于模型验证工作。

参数识别时先就这些参数进行敏感度分析，分析结果表明：含水层储水系数、含水层热弥散度、顶底板岩土层的导热系数和容积比热容的影响较小，输出结果对其不敏感，而含水层渗透系数比和含水层容积比热容对模型的输出结果有重大的影响。因此对含水层储水系数、含水层热弥散度、顶底板岩土层的导热系数和容积比热容等参数采用经验估计值，而对含水层渗透系数比和含水层容积比热容进行自动寻优。

优化方法采用单纯形法。单纯形法的基本思想为[26]：先给出$m+1$组参数（其中m为待求参数的个数，这里$m=2$），分别计算相应的目标函数值，根据这些目标函数值的大小关系，找出目标函数下降的方向。在下降的方向上，再找出一组参数，计算该组参数相应的目标函数值，把这个值与原来计算的目标函数值相比较，从而确定目标函数新的下降方向，如此继续，直至目标函数的大小满足要求。这里由于没有观测孔地下水头和温度的信息，参数识别时采用的输出信息为抽水温度，其目标函数及终止判据为：

$$E=\frac{1}{n}\sum_{i=1}^{n}|T_{e,i}-T_{s,i}|\leqslant 0.1 \tag{6-10}$$

式中　E——平均误差，℃；

　　　n——时段数；

　　　$T_{e,i}$——抽水温度的实测值，℃；

　　　$T_{s,i}$——抽水温度的模拟值，℃。

含水层渗透系数比r_K的优选范围为0.1~10，含水层容积比热容c_a的优选范围为250~25000kJ/(m³·℃)。本算例在给定初值$r_K=0.8$，$c_a=2500$kJ/(m³·℃)情况下，经过27轮迭代，可以使平均误差$E\leqslant 0.1$℃，满足要求。优化后的参数值及其他参数估计值和计算用值列于表6-3中。由表6-3可知，参数估计的结果在合理的参数范围内。

计 算 条 件   表6-3

项　　目	单　位	值	项　　目	单　位	值
含水层单位储水系数	m^{-1}	10^{-5}	寻优参数（单纯形法寻优）		
含水层热弥散度	m	1	含水层渗透系数比	—	1.071
顶底板岩土层容积比热容	$kJ/(m^3 \cdot ℃)$	2500	含水层容积比热容	$kJ/(m^3 \cdot ℃)$	1911
顶底板岩土层导热系数	$W/(m \cdot ℃)$	2			

模型参数识别后用这些参数进行后续的计算。参数识别和模型验证计算结果如图6-13所示。由图6-13可知，计算值与实测值在趋势和大小上均吻合良好，尤其在模型验证的中后期。这表明抽灌同井地下水流动和换热模型总体上是正确的。

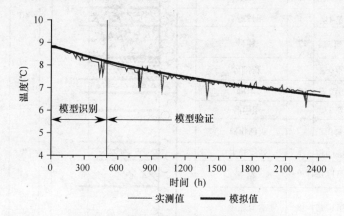

图6-13 抽水温度实测值和模拟值的比较

由图6-13还可以看出，实测值在时间轴上并不特别光滑，几处大的波动（>0.5℃），可能是由于测温元件失真引起的；而一些小的波动（<0.2℃）产生的原因可能有两个：一是测温元件自身的随机波动，二是抽灌同井井管与井孔虽然直径相等，但它们之间仍会存在一些细小的孔隙，这样抽回水温差波动时（文献［25］给出的是平均值），也会使抽水温度出现小的波动。即使这样，从波动的幅值来看，把该实验井作为抽灌同井处理是合适的。

6.2.3 北京填砾抽灌同井现场实验验证

6.1节中已经详细介绍了北京某填砾抽灌同井的现场实验，本节中针对这个现场实验研究进行数值模拟，以期验证填砾抽灌同井地下水渗流和换热的数学模型。

1. 水文地质概念模型

该区域第四系地层垂向上砾、砂、黏性土相间出现，构成孔隙介质非均质含水系统。含水层由卵砾石层、砂砾石层组成，底板为粉质黏土，埋深110m左右。浅层地下水的静水位埋深22m左右，抽灌同井的终孔深度为100m，4个观测井最大终孔深度111m。根据成井钻孔柱状图及各层的岩性资料，可将岩层概化为16个水平亚层，如图6-14所示。含水层底顶板分别用E1，E2表示，中间层用阿拉伯数字表示，WH表示井孔与井管间隙的砾石回填分区。

天然条件下，潜水由于地下水位线的持续下降而逐渐减少。地下水的主要补给来源为降雨。但研究区地面硬化，地表入渗条件较差，大气降水的垂直入渗补给很小。地下水径

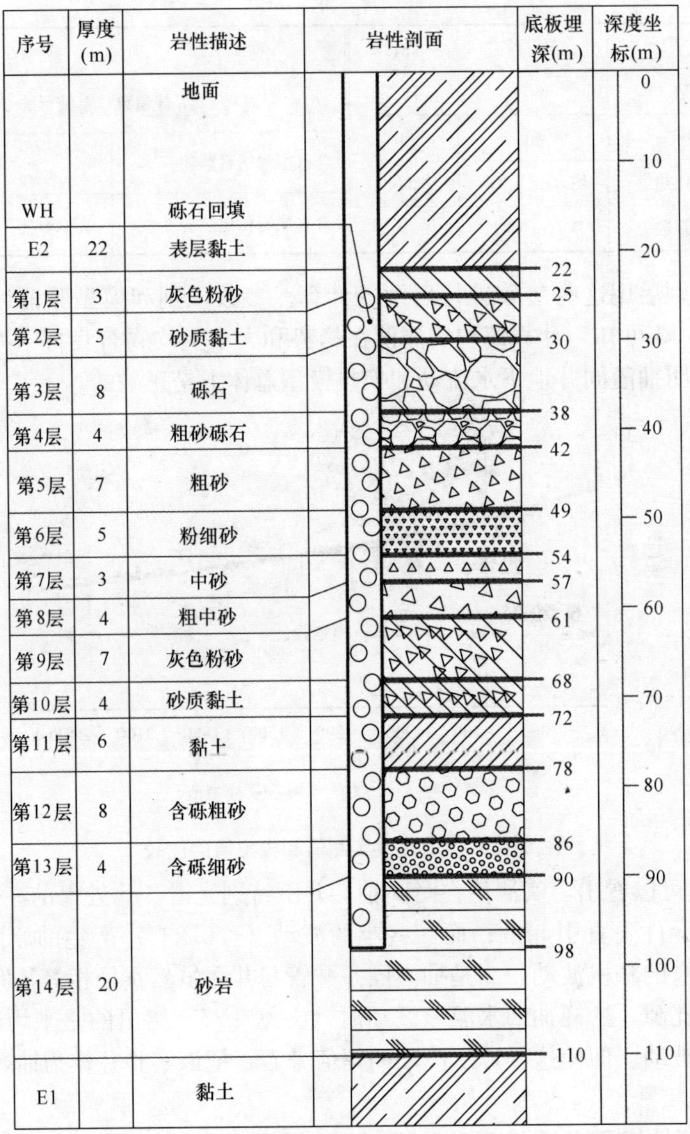

第6章 同井回灌地下水源热泵

序号	厚度(m)	岩性描述	岩性剖面	底板埋深(m)	深度坐标(m)
		地面			0
WH		砾石回填			
E2	22	表层黏土		22	20
第1层	3	灰色粉砂		25	
第2层	5	砂质黏土		30	30
第3层	8	砾石		38	
第4层	4	粗砂砾石		42	40
第5层	7	粗砂		49	50
第6层	5	粉细砂		54	
第7层	3	中砂		57	
第8层	4	粗中砂		61	60
第9层	7	灰色粉砂		68	
第10层	4	砂质黏土		72	70
第11层	6	黏土		78	
第12层	8	含砾粗砂		86	80
第13层	4	含砾细砂		90	90
				98	100
第14层	20	砂岩			
				110	110
E1		黏土			

图 6-14 岩性剖面图

流以水平为主,方向自西北向东南,由于测试区域地势平坦,地下水的水平径流非常缓慢,水力坡度仅为 2‰左右,可以忽略。

历史资料和钻井资料表明该区域无地热异常,符合正常地温梯度。

依上述条件,建立的水文地质概念模型是:水平、侧向无限延伸、非均质、各向异性、轴对称、非稳定性承压含水层流动和换热系统。侧向定水头、定温度边界,顶底板隔水、定温度边界。初始地下水位水平,岩层温度符合正常地温梯度。

2. 验证方法

已知的完整数据(地下水流量、抽回水温度、观测井温度)为 2005 年 12 月 15 日~2006 年 7 月 3 日的数据。而要对这一时段进行数值模拟就需要知道这一时段初始的含水层水头场和温度场。含水层的水头场容易求得,因为抽灌同井经过一个过渡季的停机从

2005年11月15日开始运行,期间并没有进行水量调节。而2005年12月15日的含水层温度场,虽有3个观测孔近200个温度测量值,但由于抽灌同井从2001年夏季就开始投入运行,至2005年12月15日含水层的温度场已不再规整,仅由3个部位的观测孔温度数据来插值求得2005年12月15日的含水层温度场甚是困难。因此,实验不去寻求2005年12月15日的初始温度场,而把计算时间提前至2001年夏季,即从抽灌同井首次开始运行时进行计算,这样含水层的初始温度场符合正常的地温梯度。2001年夏季至2005年12月15日期间的运行数据(抽回水温差未知,地下水流量已知)采用对应运行模式下的平均值,纳入到参数识别中。

实验验证的总体思路如图6-15所示。2001年6月12日~2006年1月15日为模型参

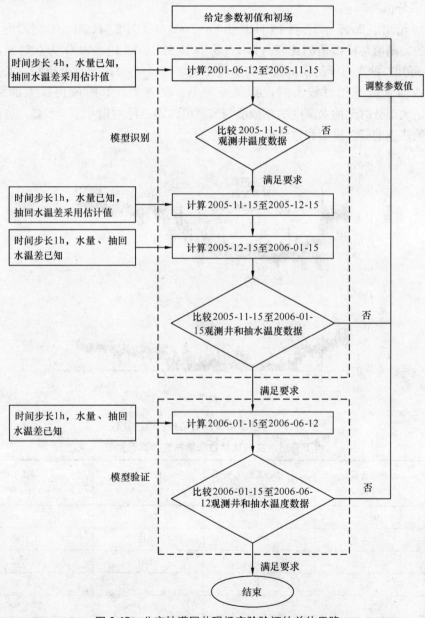

图6-15 北京抽灌同井现场实验验证的总体思路

数识别的计算时段，2006年1月15日~2006年6月12日为模型验证计算时段。由于需要估计的参数较多，模型参数识别方法采用试估-校正法。参数识别时的比较信息为地下水的抽水温度和1号、2号、3号观测井的温度。表6-4给出了识别后的地下岩层的水文地质参数和热物性参数。除此之外，含水层的单位储水系数取$1.0\times10^6 \mathrm{m}^{-1}$，热弥散度取1m。由表6-4可知，水平渗透系数的估计值与图6-14中给出的岩性较为相符。井孔与井管间隙的砾石回填部分的渗透系数较常规值大很多，这是因为砾石回填部分的渗透系数为综合渗透系数，它包含了井内隔断封堵不严或热源井周围"岩性天窗"的影响。含水层的容积比热容、导热系数、热弥散度和储水系数对模型输出结果的影响不大，其估计值也就没有变化。

3. 结果分析

图6-16给出了2005年12月15日10：00~2006年4月27日20：00时段内抽灌同井抽水温度的实测值与模拟值的比较（以2005年11月15日10：00作为0时刻，下同）。由图6-16可知：抽水温度的模拟值与实测值在3200多个小时内均吻合较好，尤其在采暖季中期，抽回水温差相对较大时，其误差更小。在整个计算时段内误差的最大值为0.64℃，绝大部分时刻抽水温度的模拟值与实测值的误差绝对值小于0.5℃。这说明针对该现场实验建立的概念模型和数学模型是可靠的。

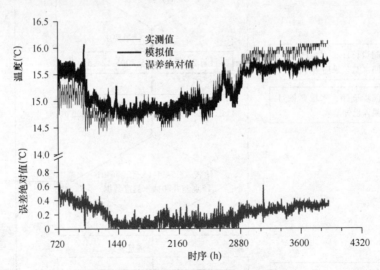

图6-16 抽水温度实测值与模拟值的比较

地下岩层水文地质参数和热物性参数识别值　　　　表6-4

序号	水平渗透系数 (10^{-4}m/s)	渗透系数比 (水平/竖直)	容积比热容 [kJ/(m³·℃)]	导热系数 [W/(m·℃)]
1	0.01	0.01	2600	1.80
2	0.1	1	2600	1.80
3	15		2600	1.80
4	8		2600	1.80
5	2.5	4	2600	1.80

续表

序号	水平渗透系数 (10^{-4} m/s)	渗透系数比 (水平/竖直)	容积比热容 [kJ/(m³·℃)]	导热系数 [W/(m·℃)]
6	0.5	0.15	2600	1.80
7	2	1	2600	1.80
8	3	1	2600	1.80
9	0.15	1	2600	1.80
10	0.05	1	2600	1.80
11	0.0000001	1	2600	1.80
12	8	10	2600	1.80
13	1.2	10	2600	1.80
14	0.5	10	2600	1.80
E1	—	—	2739	1.01
E2	—	—	2607	1.80
WH	6000	1	2345	1.92

图 6-17 和图 6-18 给出了 3 个观测井不同埋深处模拟值和实测值的比较。其中埋深 31m 处于含水层的回水段，埋深 51m 处于含水层抽回水过滤网间隔断。从图可以看出，在不同埋深处，3 个观测井的模拟值不论在变化趋势上还是数值大小上在全时段范围内均与计算值吻合良好。这说明地下岩层水文地质参数和热物性的识别值是可靠的。

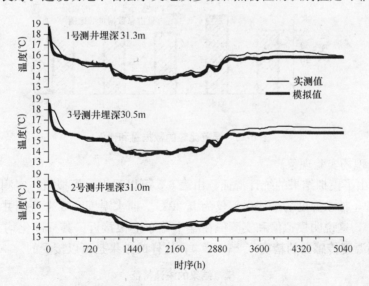

图 6-17　埋深 31m 处 3 个观测井模拟值与实测值的比较

图 6-19 给出了参与误差比较的数据量和模拟值与实测值之误差小于 0.5℃的数据量比例。可以看到，总体上有超过 30000 个数据参与了误差比较，在这 30000 多个数据中，近 80%的数据的模拟值与实测值之误差小于 0.5℃，对于抽水温度，这个比例更高达 99%，3 个观测井误差小于 0.5℃的数据量比例最低也达到了 76%。这充分说明了数学模型恰如

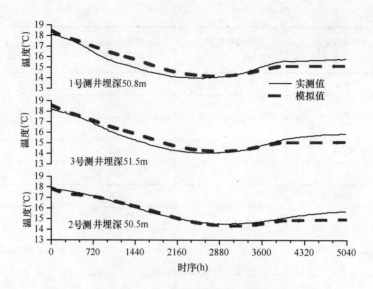

图 6-18 埋深 51m 处 3 个观测井模拟值与实测值的比较

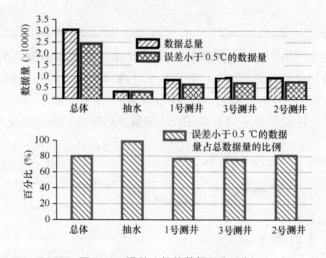

图 6-19 误差比较的数据量和比例

其分地描述了现场实验现象。

表 6-5 给出了模拟结果的统计特征。由表 6-5 可以看出,模拟值与实测值的总体平均误差为 0.36℃,抽水温度的平均误差仅为 0.20℃。抽水温度和 3 个观测井温度的均方差均小于 0.01℃,这说明模拟值和实测值在整个分布上很接近。其标准化均方差均在 15% 以内。考虑到温度传感器的精度(±0.5℃),这样的结果是可以接受的。

模拟结果的统计特征 表 6-5

项目	总体	抽水	1号测井	3号测井	2号测井
平均误差 MSR (℃)	0.36	0.20	0.41	0.43	0.32
均方差 RMS (℃)	0.0034	0.0043	0.0070	0.0071	0.0055
标准化均方差 $NRMS$ (%)	12.22	13.86	13.91	14.24	11.27

抽水温度实测值与模拟值的比较、3个观测井不同埋深处温度的比较和数据的统计结果均说明了针对该现场实验建立的数学模型是可靠的，能够描述填砾抽灌同井地下水的渗流和换热规律。

6.2.4 宾夕法尼亚州立大学循环单井实验验证

1. 实验概况

1992 年，Mikler 等在美国宾夕法尼亚州立大学校园内开展了循环单井的现场实验研究[12]。实验用循环单井为一栋公共建筑服务，装机容量 70kW。实验从 1992 年 8 月 4 日开始，包括制冷、停车、制热 3 个工况，1993 年 2 月 19 日结束。制冷工况下，日负荷变化较大，最大排热负荷 83kW，最小 21kW；制热工况时，负荷在前 10 天波动较大，后面较稳定，取热负荷的变化范围 11.9~24.4kW。实验期间抽水流量和抽回水温差的变化如图 6-20 所示。

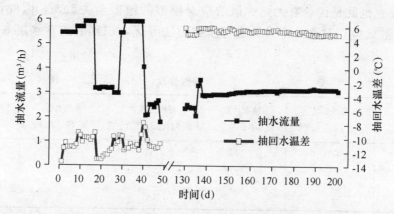

图 6-20 实验期间抽水流量和抽回水温差

该热源井所在含水层岩性为卡斯特灰岩地层。含水层地下水位埋深 5m，初始温度在井的上部为 10.05℃，其下地温梯度为 0.006℃/m。表 6-6 给出了热源井的几何尺寸和物性参数。其中钢管护套长 10m，深入水面下 5m。

热源井的几何尺寸和物性参数　　表 6-6

项　目	深　度 (m)	直　径 (mm)	壁　厚 (mm)	粗糙度 (mm)	导热系数 [W/(m·℃)]
井孔	320	152.4	—	1.5	—
抽水管	318	101.6	6.35	0.01①	0.10
回水管	2	33.4	3.05		4.00

注：取自 PVC 管常见值。

2. 数值方法

流动模拟时空间上的计算范围取 2000m×345m（水平×竖直）；考虑到传热水平方向影响范围较流动小很多，因此，传热模拟时计算范围为 100m×360m。采用非均匀网格划分，靠近井轴的地方网格较密，网格数分别：流动模拟时 150×146，换热时 74×154，时间步长取 2h。

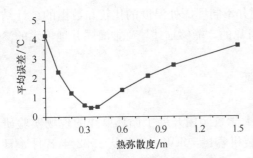

图 6-21 热弥散度对抽水温度
平均误差的影响

模型检验时选取前 30d 的实验数据用于参数识别,而后的数据用于模型验证。由于没有热源井内部的温度分布数据和观测井温度数据,参数识别时的判定信息仅采用抽水温度。参数敏感度分析表明,模型的输出对含水层渗透系数和热弥散度最为敏感,尤其是热弥散度。图 6-21 给出了含水层热弥散度变化时抽水温度的平均误差[16]。由图 6-21 可以看出,含水层热弥散度对模型的输出影响很大。当其他参数不变时,热弥散度取值 0.35m,抽水温度平均误差为 0.48℃,而当热弥散度取值 0 时,抽水温度平均误差高达 4.22℃。也就是说,有无热弥散效应对模型的输出至关重要,因此,应在模型中考虑热弥散效应。对这 2 个参数进行单纯形法寻优,识别后的含水层参数如表 6-7 所示。

含水层物性参数　　表 6-7

项　目	渗透系数 (m/s)	储水系数 (m^{-1})	容积比热容 [$kJ/(m^3 \cdot ℃)$]	导热系数 [$W/(m \cdot ℃)$]	热弥散度 (m)
含水层	$1.0×10^{-5}$	$1.0×10^{-6}$	2700	3.0	0.35
上保温层	—	—	2600	2.5	
下保温层	—	—	2740	2.5	

3. 模拟结果

图 6-22 给出了制冷工况和制热工况下的抽水温度模拟值与实测值的比较。由图 6-22 可知,不论是制冷工况还是制热工况,模拟值与实测值均吻合良好,模拟值完全跟踪了实测值的变化。除了制冷工况初期,误差相对较大外,越到后期误差越小。制热工况下由于负荷变化较小,模拟值与实测值的吻合效果更好。这充分说明了建立的循环单井地下水渗流和换热数学模型是可行和可靠的。

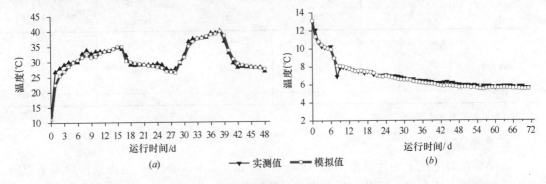

图 6-22 抽水温度模拟值与实测值的比较
(a) 制冷工况;(b) 制热工况

图 6-23 给出了抽水温度模拟值与实测值分布的散点图及 10%的误差限。由图 6-23 可以看出，模拟值均集中在 45°线附近，这说明模拟值与实测值在大小上相差无几。除了个别点外，模拟值均在 10%误差限内。这样的模拟结果是可以接受的。

统计结果表明，在抽水温度变化量高达 35℃的情况下，模拟值与实测值的平均误差仅为 0.48℃，均方差为 0.07℃，标准化均方差仅为 1.77%，相关系数为 0.998。

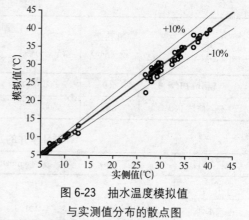

图 6-23 抽水温度模拟值与实测值分布的散点图

从抽水温度实测值与模拟值的比较可以看出，建立的数学模型是可靠的，能够用来描述循环单井地下水流动和换热问题。

6.3 水力特性分析

抽灌同井的渗流特性已在 5.4 节中进行了论述。本节中将着重分析填砾抽灌同井和循环单井的水力特性。在分析之前，先对含水层水文地质和热物性参数、井参数、负荷边界条件等用到的计算条件作说明，在以后的各节中除特殊说明外也将采用该参数值。

6.3.1 计算条件说明

1. 含水层参数

抽灌同井所在的典型含水层为砂砾含水层，循环单井为卡斯特灰岩含水层，无越流。其含水层水文地质和热物性参数均取其常见值[27]，如表 6-8 所示。

含水层水文地质和热物性参数　　　表 6-8

项目	埋深(m)	厚度(m)	水平渗透系数(m/s)	渗透系数比 —	储水系数(m^{-1})	容积比热容[$kJ/(m^3 \cdot ℃)$]	导热系数[$W/(m \cdot ℃)$]	热弥散度(m)
抽灌同井	30	40	1×10^{-4}	1	1×10^{-6}	2600	2.5	1
循环单井	30	300	2×10^{-5}	1	1×10^{-6}	2600	2.5	0.3

含水层顶底板岩土层容积比热容和导热系数分别为 $2600kJ/(m^3 \cdot ℃)$ 和 $1.5W/(m \cdot ℃)$。

2. 井参数

抽灌同井的井结构尺寸如表 6-9 所示。填砾抽灌同井的回填砾石的热物性参数与含水层相同。循环单井的井结构参数和物性参数大多取自美国广泛使用的循环单井[28]，如表 6-10 所示。

3. 负荷边界条件

为了清晰说明同井回灌地下水源热泵热源井的瞬态特性，需要给出瞬时变化的负荷边界条件，为此对一模型建筑进行逐时负荷计算，再通过适当的变换来获得热源井的瞬时负荷。

抽灌同井的井结构尺寸　　　　　　表6-9

项　目	井孔直径（mm）	井管直径（m）	回填砾石综合渗透系数（m/s）	抽水过滤网长度（m）	回水过滤网长度（m）	抽回水过滤网间距（m）	回水过滤网距顶板距离（m）
无回填PRW	500	500	—	12	14	10	2
砾石回填PRW	800	500	0.1	12	14	10	2

循环单井的几何尺寸和物性参数　　　　　　表6-10

项　目	深度（m）	直径（mm）	壁厚（mm）	粗糙度（mm）	导热系数[W/(m·℃)]
井孔	320	152.4	—	1.5	—
抽水管	318（滤水管长2m）	101.6	6.35	0.01[1)]	0.16[1)]
回水管	32	33.4	3.05	—	—
钢管护套	35	150.0	—	0.5	不考虑热阻

注：取自PVC管常见值。

模型建筑为北京某办公类建筑。用于抽灌同井数值模拟的模型建筑共5层，总建筑面积5100m²，用于循环单井数值计算的模型建筑取该模型建筑的第一层，建筑面积1020m²。建筑地点选取4个城市：北京、沈阳、上海和广州。根据水源热泵的停开规律不同得到不同的负荷模式。负荷计算软件采用清华大学开发的建筑环境设计模拟分析软件DeST（DeST-c 商建版）[29]。

抽灌同井的抽水流量为40m³/h，循环单井为12m³/h，无流量调节措施。含水层初始温度对于抽灌同井分别为15℃，无地温梯度；对于循环单井分别为13℃，地温梯度为0.01℃/m，恒温层距地面的距离为30m。

6.3.2 填砾抽灌同井

当填砾抽灌同井井孔直径大于井管直径，中间空隙部位一般用砾石回填。由于回填砾石层的渗透系数远大于含水层渗透系数，再加上中间隔断不严的影响，使得填砾抽灌同井的地下水流动问题较为复杂，很难获得分析解。

图6-24和图6-25分别给出了填砾抽灌同井热泵运行10h和抽灌同井稳态时的等降深

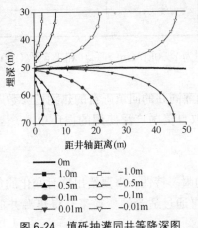

图6-24　填砾抽灌同井等降深图

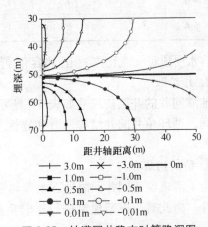

图6-25　抽灌同井稳态时等降深图

图。比较图 6-24 和图 6-25 可知，有抽灌同井含水层中等降深图大体相似，含水层的上半部分均为正压（降深为负值），下半部分为负压。所不同的是，对于某一特定地点填砾抽灌同井所引起的降深的绝对值要小于抽灌同井，表现为抽灌同井等值线要远于填砾抽灌同井相应的等值线。

抽灌同井抽水和回灌的压力也要高于填砾抽灌同井。抽灌同井抽水和回灌降深绝对值分别为 $5.51mH_2O$，$4.83mH_2O$；填砾抽灌同井分别为：$2.14mH_2O$ 和 $1.83mH_2O$，前者是后者的 2.6 倍。可见填砾抽灌同井能够显著地减小抽水和回灌的压力。这是因为砾石回填时，由于回填层的渗透系数很大，回灌的很大一部分地下水直接通过回填层流到了抽水口。如图 6-26 所示[30]，填砾抽灌同井井孔内的竖向分速度是抽灌同井含水层相同地方（距井轴 0.325m）竖向分速度的 885 倍。

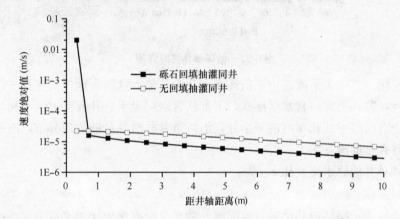

图 6-26　埋深 50m 处地下水的竖向分速度绝对值随径向距离的关系

定义地下水短路比 $r_{s,w}$ 为

$$r_{s,w} = \frac{A_{h,n} |v_{z,min}|}{L_{w,p}} \times 100\% \tag{6-11}$$

式中　$A_{h,n}$——井孔净面积，井孔面积减去井管面积后的值，m^2；

　　　$v_{z,min}$——井孔内竖向分速度最小值，m/s。

它表示抽水流量中有多大比例的地下水是直接通过井孔由回水部分流到抽水部分的。计算表明，该填砾抽灌同井的地下水短路比为 54.7%。大量地下水的短路，一方面有效地降低了抽水和回灌的压力，另一方面也使得抽水温度快速变化，出现明显的热贯通。

6.3.3　循环单井

图 6-27 给出了热泵运行 10h 时含水层中的等降深图。由图 6-27 可知，含水层上部降深为负值，表明井孔中的回水流向含水层，产生回灌效应；含水层下部降深为正值，含水层中的地下水流向井孔，产生抽水效应。即井孔与含水层之间有地下水的交换，这是循环单井不同于土壤源热泵套管换热器的显著特点。但各处降深的绝对值都很小，说明井孔与含水层间地下水的交换量不大，地下水大部分在井孔内循环。但因含水层厚度大，含水层中的水力影响范围也很大，在 $12m^3/h$ 的循环流量下，降深绝对值为 $0.01mH_2O$ 的等值线达到了 190m。

图 6-28 给出了井孔内竖向分速度绝对值和含水层第一节点（$r=0.0934m$，距井孔壁 0.0172m）水平分速度随埋深的关系。从图 6-28 可以看出，井孔内竖向分速度先减小后

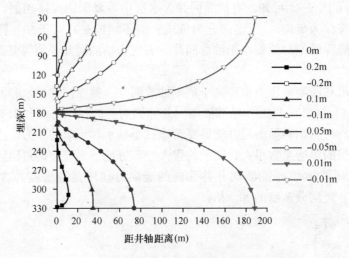

图 6-27 循环单井等降深图

增大,含水层第一节点水平流速由正值逐渐变化为负值,这清晰地说明井孔与含水层之间有地下水交换,井孔上部向含水层注水,下部从含水层吸水。井孔壁上流入和流出的分界点基本上位于含水层中井孔深度的一半处,但流量并非沿井孔壁均匀分布,而是在远离分界点处进出井孔壁的流量更大。

定义循环单井的原水交换比 $r_{o,w}$ 为:

$$r_{o,w} = 1 - r_{s,w} \tag{6-12}$$

原水交换比表示循环单井抽取(或回灌)的水量中有多大比例来自于(或排至)含水层。当然,原水交换比也可通过井孔壁上水平流速分速度分别对流入、流出边界积分求得。对于本算例,原水交换比为 29.6%,可以认为循环单井回水中有近 30% 的水量流向含水层,而抽出的地下水中有近 30% 的水量来自于含水层本身。正是由于 30% 的原水交换比存在,使得循环单井的热交换效率大大高于土壤源热泵套管换热器,承担负荷的能力也显著提高。

图 6-29 给出了抽水管和井孔中的降深分布。由图 6-29 可见,抽水管内的降深分

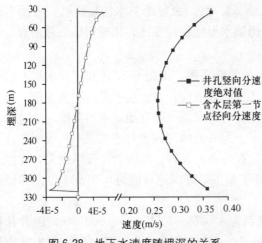

图 6-28 地下水速度随埋深的关系

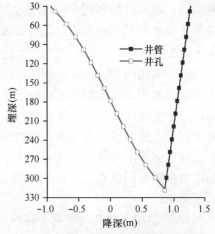

图 6-29 抽水管和井孔内的降深分布

布近似为线性,且沿水流方向逐渐增大,这是因为井管内地下水的流动为管流,降深实质上是流动的沿程阻力,正比于管长。井孔内的降深亦沿水流方向逐渐增加,至井孔末端与抽水管降深相等,这是因为在数学模型中忽略了水流通过抽水滤网进入抽水管的水头损失。由于井孔内地下水流速在流动方向是变化的,因此,井孔内的降深变化并非一直线。含水层顶板处抽水管和井孔的降深差大致反映了水在循环单井内的流动阻力。从图 6-29 可以看出,循环单井的流动阻力不大,仅 2.2mH_2O,没有回灌困难。

6.4 热力特性分析

同井回灌地下水源热泵运行时,回灌的地下水温度不等于抽取的地下水温度,这会导致含水层及其顶底板岩土层温度的改变,从而改变抽水温度。热力特性分析正是要研究含水层、地下水、岩土层和抽水温度随热泵运行工况的变化。

6.4.1 抽灌同井

同一含水层中抽灌同井的回水一部分经过渗透进入抽水口是不可避免的,这样就会出现热贯通,热贯通的强弱决定了系统的成败。因此,在使用抽灌同井时应该关注抽水温度随时间的变化。

图 6-30 给出了抽灌同井抽回水温度随时间的变化[15]。由图 6-30 中可以看到,抽水温度总体上随着热泵运行时间的延长而逐渐降低,出现了热贯通。回水温度由于取热温差逐时变化而上下波动。采暖季初期(0～800h)取热负荷较小,抽水温度变化较慢;中期(800～2200h)由于负荷加大,抽水温度降低的速度也较快;后期(2200～2760h)抽水温度变化的速度又慢下来,采暖季结束时(2760h)甚至出现了一定程度的升高。这是因为,一方面随着热泵运行时间的延长,含水层受影响的岩土体体积扩大,延缓了含水层温度的降低;另一方面,采暖季后期热负荷小,而含水层温度已降低较多,温度相对较高的回水能够补偿含水层温度的降低。运行 115d(2760h)后,抽灌同井的抽水温度降低了 3.04℃,回水的最低温度为 6.99℃,这样的温度变化是允许的,对热泵机组效率的影响不大,地下水也不会有冻结的危险。但是应该看到,采暖季的平均取热温差也不大,仅有 2.09℃。

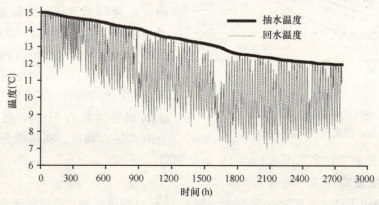

图 6-30 抽灌同井抽回水温度随时间的变化

在采暖工况下，随着热泵的运行，含水层和相连顶底板岩土层的温度会发生变化。图 6-31 给出了距井轴 10m 的含水层中某几点温度的变化。埋深 40m 大约位于回水过滤网中部，埋深 50m 位于抽回水过滤网间隔中部，埋深 60m 位于抽水过滤网偏上处。由图 6-31 可知，回水口和抽回水间隔处温度变化快，负荷较大时温度快速降低，负荷较小时温度变化慢，采暖季后期温度还有所上升，这一现象在北京抽灌同井的测试中也有体现。由于抽水负压的影响，回水向抽水弯曲，使得在距井轴 10m 的地方抽回水间隔处温度与回水口温度相差不多。由于热贯通的影响，抽水口处温度持续降低。

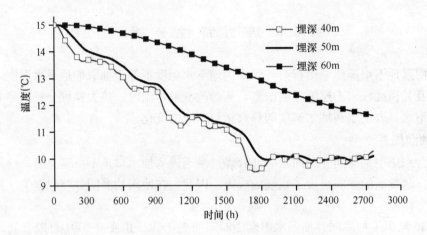

图 6-31　距井轴 10m 的含水层中某几点温度的变化

图 6-32 给出了采暖季结束时含水层温度变化的等值线图。由图 6-32 可以看出，由于地下水的运动，使得抽灌同井含水层温度的热影响范围较土壤耦合热泵土壤的热影响范围（一般为 4~5m）大很多，抽灌同井的热影响范围（定义为含水层和其顶底板温度变化为 0.1℃的最远径向距离）达到 39.8m。正是由于热影响范围的加大，才使得热泵的抽水温度不至于降得过低。从图 6-32 中还可以明显看出，采暖季后期温度受到相对较高的回水注入的影响，例如从图面上看，温度降低 4℃的等温线一部分在温度降低 4.5℃的等温线的左边。总体上等温度变化线为一束近似的椭圆，椭圆的长轴在回水口的方向上。在靠近含水层处的顶、底板岩土层的温度亦发生变化，但影响范围不大，在轴向方向上含水层顶板为 7.0m，底板为 3.3m。在含水层和其顶、底板结合面处温度虽

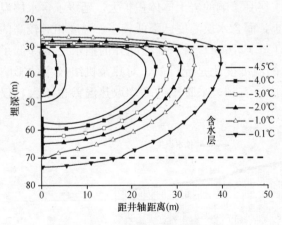

图 6-32　采暖季结束时抽灌同井含水层温度变化的等值线图

然相同，但温度的变化率（相对于轴向）却不相同。

6.4.2　填砾抽灌同井

图 6-33 给出了抽水温度的变化[31]。由图 6-33 可以看出，抽水温度随着负荷的波动而

快速变化，负荷较小时抽水温度较高，负荷较大时抽水温度迅速降低，在6.1节中将其定义为瞬变热贯通。瞬变热贯通的产生是由于回水在井孔中的短路，短路的地下水并没有足够的时间充分参与含水层的换热而直接进入了抽水口。抽灌同井抽取地下水的温度是短路的地下水和含水层地下水的温度依水量的加权平均值。在瞬变热贯通存在时，抽水温度就会随着负荷的变化而快速变化[2]。

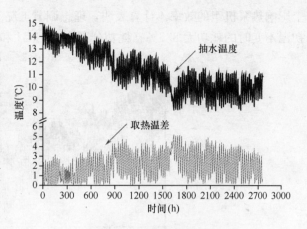

图6-33 填砾抽灌同井抽水温度的变化

瞬变热贯通的存在大大降低了抽水温度，如图6-33所示，抽水温度的最低值为8.13℃，降低了6.87℃，是抽灌同井的2.2倍，回水温度的最低值为2.99℃，如果热泵运行期间出现负荷异常增加，就可能出现热泵机组的保护性停机，甚至出现地下水的冻结。因此，瞬变热贯通的存在降低了系统承担负荷的能力和对突发负荷的适应性。

图6-34给出了采暖季结束时填砾抽灌同井含水层温度变化的等值线图。比较图6-32与图6-34可知，在靠近井轴的地方填砾抽灌同井的含水层温度更低一些，这是由填砾抽灌同井的回水温度更低导致的；而在距井轴较远的地方，如25m，填砾抽灌同井的含水层温度更高一些，这是因为，填砾抽灌同井很大一部分地下水通过井孔短路，含水层中地下水流速较抽灌同井小，换热就不如抽灌同井强烈，因而在径向上温度变化也快，远离井轴的地方温度也就高些。采暖季结束时，填砾抽灌同井的热影响范围为34.0m，较抽灌同井减小5.8m。

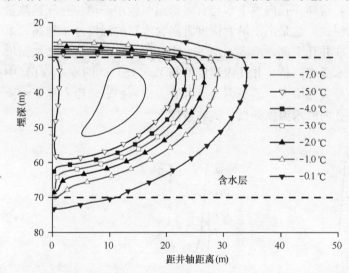

图6-34 采暖季结束时填砾抽灌同井含水层温度变化的等值线图

6.4.3 循环单井

图6-35给出了循环单井抽回水温度随时间的变化[32]。循环单井的抽回水温度变化剧烈，抽水温度总体上随着负荷的变化而变化，当负荷较大时，抽水温度相对较低。这是因为循环单井直接使用裸孔，井孔内并没有隔断，由于流动阻力的不同，大部分地下水均在井孔内循环，形成一定量的地下水短路，这样抽水温度随着负荷的变化而变化。运行期间，最高抽水温度为14.31℃，最低抽水温度为7.35℃（出现在热负荷最大的时刻），变化量达6.96℃，低于9℃的时间为424h，占总时间的15.4%。这可能使热泵机组出现低压保护停车，甚至出现地下水的冻结，降低了系统应对突发负荷的能力，还会在一定程度

上影响热泵机组的效率。计算表明，理想调节工况下，热泵机组的耗功比地下水温度保持初温不变时的耗功大8.7%（耗功分别为97.5GJ和89.7GJ）左右。

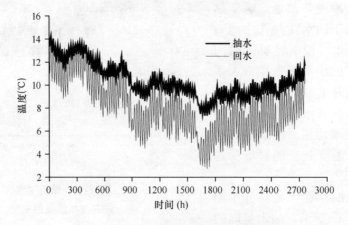

图 6-35　循环单井抽回水温度随时间的变化

图6-36给出了最大负荷时井管和井孔内的温度和单位长度换热量随埋深的变化。单位长度换热量定义为每米管长（或孔深）的热交换量，得热为正值，但不包括流体流入或流出而带入的热量。如图6-36所示，井管内的抽水由于向井孔内的回水放热，温度从井管底端往上逐渐降低，但由于井管的导热系数较小，单位长度换热量不大，整个井管内温度仅降低了0.54℃。井孔内温度沿着深度方向逐渐升高，在井孔上部，地下水从井孔流向含水层，含水层温度相应较低，这样井孔内地下水与含水层温差较小，单位孔深换热量不大；而在井孔下部，温度升高很快，这是由于沿着深度方向含水层的温度越来越高，单位管长换热量越来越大，再加上在井孔下部，流入的地下水水量也是随着深度的增加而增加，从而较快地提高井孔内地下水温度。整个井孔内温度升高了5.15℃。图6-36（b）中井孔上端一小部分单位长度换热量突然增大，这是因为该部分为钢管护套，没有地下水流出，含水层温度相对较高，而井孔内回水温度很低，换热量较大。

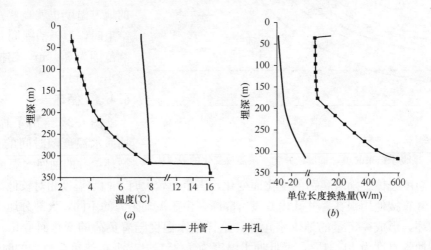

图 6-36　最大负荷时井管和井孔内的温度和单位长度换热量
（a）温度；（b）单位长度换热量

供热工况时，井孔上部温度低，部分回水从井孔流向含水层；含水层下部温度高，一定量的地下水从含水层流向井孔，成为抽水的一部分。对于本算例，循环单井回水中有近30%的水量流向含水层，而抽出的地下水中有近30%的水量来自于含水层本身。这给循环单井带来了热量，承担了部分取热负荷。采用原水交换负荷比来表征这部分负荷的大小，它表示由于井孔和含水层之间的水量交换而承担的负荷占取热负荷的比例。为了表示热量的大小需要给定一个参考温度，取回水温度作为参考温度，这是因为由给定温度变化到回水温度为该时刻所能和所需获得的最大热交换量。原水交换负荷比由下式计算：

$$r_{o,L} = -\frac{\int_{z_1}^{z_2} 2\pi r_h c_w u_{r,ha}(T_{ha} - T_r) \mathrm{d}z}{Q_{w,L}} \times 100\% \tag{6-13}$$

式中 $r_{o,L}$ ——原水交换负荷比，%；

$u_{r,ha}$ ——井孔与含水层结合界面上的地下水径向流速，流出为正，m/s；

T_{ha} ——井孔壁温度，也即是流入和流出地下水的温度，℃；

T_r ——回水温度，℃；

$Q_{w,L}$ ——循环单井取热负荷，kW；

z_1，z_2 ——井孔的起止深度，m。

对于该算例，原水交换负荷比为23.4%，且基本不随时间变化。也即井孔与含水层之间不同温度的地下水质量交换承担了23.4%的取热负荷。

图6-37为采暖季结束时含水层的等温线图。由图6-37所示，由于含水层中地下水渗流速度不大，循环单井的热影响范围并不大，计算表明其热影响范围（定义为含水层和其顶底板温度变化为0.1℃的最远径向距离）为14.2m。温度变化集中在含水层的上部，下部含水层在距井轴稍远的地方，温度基本不变。因此，循环单井井与井之间可以靠得比较近（如15m），而不用担心互相之间的热影响。

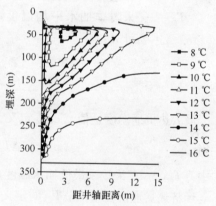

图6-37 采暖季结束时含水层的等温线图

6.5 热贯通定量研究

热贯通定义为热泵运行期间抽水温度发生改变的现象。对于地源热泵，热贯通现象时有发生。土壤耦合热泵当埋管换热面积不够，回水换热不充分，或者由于抽回水支管之间的换热，抽水温度会发生改变，可以视为产生热贯通现象。地表水源热泵当充当热源或者热汇的水体体积较小时，热泵运行一段时间，水体的温度会发生改变，从而改变抽水温度，而发生热贯通现象。对于有回灌的地下水源热泵，热贯通产生的原因是温度不同的回水通过与含水层骨架的对流换热、自身的热对流和含水层骨架之间的导热等将热量（冷量）从回水口传到抽水口，从而引起抽水温度的变化。虽然抽水温度的变化时有发生，但我们关注的是抽水温度改变多少，是否在许可范围内。

6.5.1 负荷能力

抽水温度相对于初始温度的变化量定义为热贯通温度量值。热贯通温度量值的大小影响系统承担负荷的能力，这里的负荷包括累积负荷（取热/排热量对时间的累积值）和高峰负荷（负荷中的最大值）。对于冬季供热工况，直观上来说，当累积负荷较大时，采暖季抽水平均温度较低，热贯通温度量值较大，导致机组的效率降低，从而削弱热泵系统供热的经济性。因而从经济性的角度来说，系统承担的累积负荷不宜过大，根据机组性能可以设定一个经济热贯通温度量值。对于填砾抽灌同井和循环单井，最低抽水温度一般出现在高峰负荷附近，而当高峰负荷较大时，最低抽水温度也较低，最大热贯通温度量值也较大。当抽水温度过低时，热泵机组就可能出现低压保护性停车，取热后的地下水也可能出现冻结或者机组的供热量达不到建筑物要求的供热量，从而出现事故。因而为了避免事故发生，系统承担的高峰负荷也不宜过大，应设定一个允许的最大热贯通温度量值。因此，可以通过热贯通温度量值的大小来描述系统承担负荷的能力。

对于供热工况，定义平均热贯通温度量值为：

$$\Delta T_\mathrm{t} = T_0 - T_\mathrm{g,m} \tag{6-14}$$

式中 ΔT_t——平均热贯通温度量值，℃；

T_0——含水层初始温度，℃；

$T_\mathrm{g,m}$——采暖季抽水平均温度，℃。它是抽水温度随时间的平均值，由式(6-15)计算：

$$T_\mathrm{g,m} = \frac{\sum\limits_{t} L_\mathrm{w,p} T_\mathrm{g}}{\sum\limits_{t} L_\mathrm{w,p}} \tag{6-15}$$

最大热贯通温度量值 $\Delta T_\mathrm{t,max}$ 定义为：

$$\Delta T_\mathrm{t,max} = T_0 - T_\mathrm{g,min} \tag{6-16}$$

式中 $T_\mathrm{g,min}$——采暖季最低抽水温度，℃。

经济热贯通温度量值 $\Delta T_\mathrm{t,e}$ 的定义如下式所示，它表示当平均热贯通温度量值小于或等于该值时不会明显地影响热泵机组的效率。

$$\Delta T_\mathrm{t,e} = T_0 - T_\mathrm{u,m} \tag{6-17}$$

式中 $T_\mathrm{u,m}$——热泵机组的经济进口温度，℃。

同理定义允许热贯通温度量值 $\Delta T_\mathrm{t,p}$ 为：

$$\Delta T_\mathrm{t,p} = T_0 - T_\mathrm{g,p,min} \tag{6-18}$$

式中 $T_\mathrm{g,p,min}$——允许的最低进口温度，℃。

热泵机组的经济进口温度和允许最低进口温度与热泵机组的性能有关。这里热泵机组的经济进口温度是指机组效率相对于名义工况降低10%所对应的蒸发器进水温度。热泵机组的允许最低进口温度是指较热泵机组低压保护所对应的蒸发器进水温度高2℃的温度值。对于本文选择的热泵机组，根据样本数据，机组效率降低10%对应的地下水进口温度大约为10.5℃，低压保护对应的温度为6℃。因此，热泵机组的经济进口温度取为10.5℃，允许最低进口温度为8℃。

累积负荷能力定义为当平均热贯通温度量值达到经济热贯通温度量值时所承担的累积负荷；高峰负荷能力定义为当最大热贯通温度量值达到允许热贯通温度量值时所承担的负荷中的最大值。

图 6-38 给出了抽灌同井、填砾抽灌同井和循环单井抽水平均温度和最低抽水温度随负荷比的变化。这里负荷比 r_L 是指保持地下水流量不变而成比例地改变取热温差，使负荷与基本算例的负荷成一定的比例，达到不同的负荷。由图 6-38 所示，抽水平均温度和最低抽水温度基本上与负荷比呈线性关系，当负荷比加大时，抽水平均温度和最低抽水温度均快速降低。相对于抽灌同井，填砾抽灌同井和循环单井随着负荷比的加大，抽水温度降低得更快些。

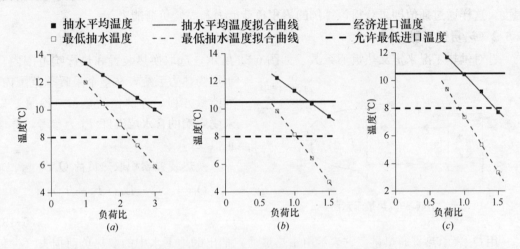

图 6-38 抽水平均温度和最低抽水温度随负荷比的变化
(a) 抽灌同井；(b) 填砾抽灌同井；(c) 循环单井

抽水平均温度和最低抽水温度采用线性拟合（$t=A+Br_L$）后，各系数值如表 6-11 所示。由于不同地方初始温度各异，经济热贯通温度量值和允许热贯通温度量值也就不一样，而经济进口温度和允许最低进口温度仅与热泵机组的性能有关。因此，认为累积负荷能力为抽水平均温度达到经济进口温度时所承担的累积负荷；高峰负荷能力为最低抽水温度达到允许最低进口温度时所承担的负荷中的最大值。这里负荷能力采用相对值来表示，即用与基本算例累积负荷和高峰负荷的比值来表示算例的累积负荷能力和高峰负荷能力。它表示系统所能提供的累计负荷和高峰负荷是基本算例建筑物需要的累积负荷和高峰负荷的比例。

抽水平均温度和抽水最低温度拟合系数　　　　表 6-11

项目	抽灌同井		填砾抽灌同井		循环单井	
	A	B	A	B	A	B
抽水平均温度	15.0018	−1.6680	15.0006	−3.7132	15.6530	−5.2520
最低抽水温度	14.9982	−3.0386	14.9996	−6.8732	15.3790	−8.0240

对应于 6.3 和 6.4 节计算条件的基本算例的累积负荷能力和高峰负荷能力如表 6-12 所示。由表 6-12 可见，由于显著的瞬变热贯通，填砾抽灌同井和循环单井降低了系统承

担累积负荷和高峰负荷的能力。

基本算例的累积负荷能力和高峰负荷能力   表 6-12

项目	抽灌同井	填砾抽灌同井	循环单井
累积负荷能力	2.70	1.21	0.98
高峰负荷能力	2.30	1.02	0.92

如表 6-11 所示,各拟合曲线在 y 轴上的截距(A 值)近似相等,大约等于抽水口的初始温度,此时可以理解为热源井不承担负荷。对于其他参数发生变化的算例,仍假定抽水平均温度和最低抽水温度与负荷比呈线性关系,且其在 y 轴上的截距为抽水口的初始温度,这样通过插值即可获得该算例的累积负荷能力和高峰负荷能力。

6.5.2 热贯通系数

针对供热工况来定义热贯通系数。如图 6-39 所示,选取换热装置和热影响范围内含水层为热力系统,在整个采暖季范围内,列能量方程。各部位的热量(冷量)以未受影响的含水层温度 T_0 为参考,并取正值。

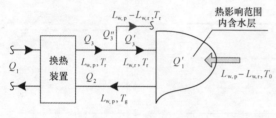

图 6-39 热量示意图

换热装置累积取热负荷 Q_1 为:

$$Q_1 = \sum_t c_w L_{w,p}(T_g - T_r) \tag{6-19}$$

用 Q_2 表示热贯通热量,它表示由于热贯通,抽出的地下水中的取热负荷损失(少包含的热量),如式(6-20)所示:

$$Q_2 = \sum_t c_w L_{w,p}(T_0 - T_g) \tag{6-20}$$

用 Q_3 表示总输入量,它表示由于热贯通和取热使换热装置出水减少的总热量。没有排放时,地下水全部回灌回含水层,此时总输入量 Q_3 也就是含水层输入量 Q'_3,对于含水层来说,相当于输入了一部分冷量。有排放时,地下水部分回灌回含水层,另一部分地下水排放到地面水体或者热影响范围外的含水层中,此时可以定义排放量 Q''_3 为排放掉的那部分地下水中减少的热量。总输入量 Q_3、含水层输入量 Q'_3 和排放量 Q''_3 如式(6-21)~式(6-23)所示:

$$Q_3 = \sum_t c_w L_{w,p}(T_0 - T_r) \tag{6-21}$$

$$Q'_3 = \sum_t c_w L_{w,r}(T_0 - T_r) \tag{6-22}$$

$$Q''_3 = \sum_t c_w (L_{w,p} - L_{w,r})(T_0 - T_r) \tag{6-23}$$

根据换热装置的能量守恒,有 $Q_1 + Q_2 = Q_3$。

设 Q'_1 为含水层负荷,它表示热泵运行期间,热影响范围内的含水层提供的低位热量。当没有排放时,换热装置累积取热负荷均由热影响范围内含水层提供,即 $Q'_1 = Q_1$。有排放时,热影响范围外的含水层向热影响范围内的含水层补充了一部分与排放水量质量相等、温度不同的原水,这也为换热装置提供了一部分热量。根据热影响范围内的含水层的能量守恒，有：

$$Q'_1 = \sum_t c_w L_{w,p} T_g - \sum_t [c_w L_{w,r} T_r + c_w (L_{w,p} - L_{w,r}) T_0] \quad (6-24)$$

Q'_1 整理后可表示为：

$$Q'_1 = Q_1 - \sum_t c_w (L_{w,p} - L_{w,r})(T_0 - T_r) \quad (6-25)$$

由上式可以看出，换热装置的累积取热负荷 Q_1 由两部分提供：含水层负荷 Q'_1 和排放带入的热量。

若设负荷排放率 $\eta_b = \sum_t c_w (L_{w,p} - L_{w,r})(T_0 - T_r)/Q_1$，那么

$$Q'_1 = (1 - \eta_b) Q_1 \quad (6-26)$$

定义热贯通系数 ψ_1 为：

$$\psi_1 = \frac{Q_2}{Q_3} \quad (6-27)$$

它表示换热装置出水减少的总热量中有多少是由热贯通造成的。

用 $T_{r,m}$ 表示换热装置出水平均温度，由下式计算：

$$T_{r,m} = \frac{\sum_t L_{w,p} T_r}{\sum_t L_{w,p}} \quad (6-28)$$

则平均取热温差 $\Delta T_L = T_{g,m} - T_{r,m} = \dfrac{Q_1}{\sum_t c_w L_{w,p}}$。那么热贯通系数可表示为：

$$\psi_1 = \frac{\Delta T_t}{\Delta T_t + \Delta T_L} \quad (6-29)$$

热贯通系数可以近似理解：设总抽水量为 $\sum_t L_{w,p}$，平均温度为 $T_{g,m}$，它由两部分组成，一部分是水量为 $\sum_t W$，温度为 $T_{r,m}$ 的回水，另一部分为水量为 $\sum_t L_{w,p} - \sum_t W$，温度为 T_0 的原水。这样根据能量守恒：

$$\sum_t c_w L_{w,p} (T_0 - T_{g,m}) = \sum_t c_w W (T_0 - T_{r,m})$$

热贯通系数 ψ_1 表示抽出地下水中回水的比例，即

$$\psi_1 = \frac{\sum_t W}{\sum_t L_{w,p}} = \frac{T_0 - T_{g,m}}{T_0 - T_{r,m}} = \frac{\Delta T_t}{\Delta T_t + \Delta T_L} \quad (6-30)$$

基本算例的热贯通系数如表 6-13 所示。由于瞬变热贯通的存在，填砾抽灌同井和循环单井的热贯通系数均大于抽灌同井。正是由于热贯通系数的增大，削弱了填砾抽灌同井和循环单井承担负荷的能力。

基本算例的热贯通系数　　　　　　表 6-13

	抽灌同井	填砾抽灌同井	循环单井
热贯通系数	0.444	0.640	0.641

6.6 季节性蓄能分析

由于同井回灌地下水源热泵热源井抽水和回灌在一口水井内同时进行，含水层同一径向位置、不同深度处同时发生着抽水和回水现象，使得地下水更容易从回水区域流到抽水区，从而发生热贯通现象[15]，当然这也使抽灌同井不需要像传统地下水源热泵交换抽水井和回灌井就可以利用回灌的冷量或热量形成的季节性储能。北京开展的某抽灌同井现场实验也表明，抽灌同井冬夏均运行时，季节性储能是抽灌同井低位热量来源的重要组成部分[2]。目前，研究人员已经开始认识到蓄能将会是地源热泵低位热量的一个重要来源[33~36]。

6.6.1 常年工况分析

本节的计算中，考虑到全年负荷的不平衡，抽灌同井的抽水流量取为 $50m^3/h$，循环单井取 $15m^3/h$，计算时长为 8 年。其余计算条件如 6.3 节所示，并考虑如下运行模式：

(1) 热源井先按冬季取热工况运行，然后是过渡季Ⅰ停车，而后是夏季排热工况，最后是过渡季Ⅱ停车，年复一年，如此反复，简称为冬夏运行模式（WS）。

(2) 夏冬运行模式（SW）：运行先后顺序为夏季排热工况、过渡季Ⅱ停车、冬季取热工况和过渡季Ⅰ停车。

(3) 冬季运行模式（OW）：即没有夏季排热工况，一年中仅仅在冬季取热运行。

(4) 夏季运行模式（OS）：一年中仅仅夏季排热运行，如广州地区，冬天无采暖，地下水源热泵仅用于制冷，或者直接选择地下水水冷冷水机组。

1. 抽灌同井

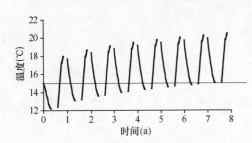

图 6-40 抽灌同井抽水温度随时间的变化

图 6-40 给出了抽灌同井 8 年中抽水温度的变化。采用冬夏运行模式。冬季取热工况时，抽水温度随着热泵的运行而逐渐降低，夏季排热工况抽水温度随着热泵的运行而升高。而且第一年的空调季初始抽水温度仅为 12.4℃，低于含水层原始温度（15℃），排热工况运行 770h 后抽水温度才恢复到含水层初始温度。这是因为排热工况运行之前，含水层经历了冬季取热工况和停车两个阶段。取热工况期间，取热之后的回水携带的大量冷量被转移到含水层中，通过对流、传导等方式将冷量逐渐从回水区传到抽水区，形成季节性储冷，使得抽水区含水层和地下水温度降低，从而导致夏季排热工况初期抽水温度低于含水层原始温度。但随着排热过程的持续，蓄存的冷量逐渐被消耗和中和，抽水温度也随之升高。

由图 6-40 还可以看出，随着运行时间的延长，抽水温度总体上是升高的。这是由于制冷运行的累积排热量要大于制热运行的累积取热量。统计表明，一个空调季热源井的累积排热量为 1321GJ，而一个采暖季热源井的累积取热量仅为 964GJ，前者大约是后者的 1.37 倍。这样含水层就会富积一部分热量，从而导致抽水温度的总体升高。

图 6-41 给出了 8 年中采暖季和空调季的抽水平均温度和温度极值。由于累积排热量

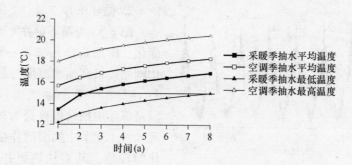

图 6-41 抽灌同井抽水平均温度和极值随时间的变化

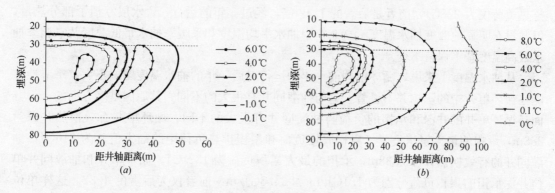

图 6-42 含水层等温度变化图
(a) 1年末；(b) 8年末

大于取热量，不论是抽水平均温度还是温度极值，均随着运行年数的延长而增加。采暖季抽水平均温度在热泵运行的第 3 年就超过了含水层初始温度，而采暖季抽水最低温度在第 8 年也超过了含水层初始温度。当然随着运行年数的增加，受影响的含水层体积逐渐增大，这种增加的趋势有所减弱。热泵运行的 8 年中，采暖季抽水平均温度升高了 3.5℃，空调季抽水平均温度升高了 2.6℃。从本算例的计算结果来看，这样的温度变化对于水源热泵机组的效率影响不大。但含水层中温度变化较为剧烈，对含水层微生态环境的影响还不得而知。

图 6-42 分别给出了热泵运行 1 年末和 8 年末含水层温度相对于初始温度的变化。由图 6-42 (a) 可知，经过 1 年的运行，含水层温度并没有恢复到初始值，而是有升有降。井轴附近含水层温度较高，在距井轴较远的地方含水层温度反而较初始值低，也即是说井轴附近的含水层集中的热量要大于夏季排入的热量和冬季取出的热量之差；并且随着时间的推移，第一个冬季取热的影响会逐渐向远处移动而被削弱。这对于第 2 年冬季的取热大有好处，因此，第 2 年冬季热源井的抽水温度较上一年冬季高。夏季排热工况的存在，很好地改善了下一年冬季热泵的取热，起到了季节性储能的效果。而从图 6-42 (b) 可以看出，经过 8 年的运行，含水层温度基本上全面高于初始温度，0℃等温度变化线已经移到了 95m 处，其右侧温度理论上低于初始温度，但降低很小（小于 0.001℃），可以认为第 1 个冬季对含水层温度的降低已经被夏季排热占优所补偿，第一个冬季产生的蓄冷效应基本消失。此时含水层富积了很大一部分热量。这一方面改善了冬季的取热工况，另一方面也可能恶化后续的制冷工况。

2. 循环单井

图 6-43 为循环单井 8 年中抽水温度的变化。由图 6-43 可知,一年中抽水温度变化剧烈,最高抽水温度与最低抽水温度相差 16℃ 多,夏季抽水温度最高达 26℃。但是每年中抽水温度极为相似,并没有出现 6.6.1.1 节中抽灌同井抽水温度逐年变化的现象。其实从热源井累积负荷上来说,循环单井的取热累积负荷为 316GJ,

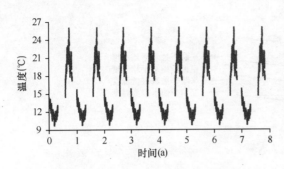

图 6-43 循环单井抽水温度随时间的变化

排热负荷仅为 228GJ,前者是后者的 1.39 倍,经过 8 年的运行,含水层亏损了部分热量,但并没有明显地改变抽水温度。这 8 年中抽水平均温度和采暖季抽水最低温度及空调季抽水最高温度基本保持不变。

从抽水温度上来说,循环单井前一年的运行对后一年的抽水温度影响不大,季节性储能在循环单井中的影响并不显著,这与抽灌同井有很大的不同。其原因是多方面的。一方面是循环单井的井深和承担的负荷与抽灌同井有很大的不同,循环单井有效换热井深为 288m,承担的最大累积负荷(累积取热负荷和累积排热负荷中的最大值)为 316GJ,抽灌同井的有效换热井深为 38m,承担的最大累积负荷为 1321GJ。循环单井和抽灌同井单位井深承担的累积负荷分别为 1.1GJ/m 和 34.8GJ/m,前者仅为后者的 1/32。这样单位厚度含水层亏损或者富积的热量就很小,它们对抽水温度的影响也就有限。

另一方面,循环单井的主要换热方式与抽灌同井也有很大的不同。在循环单井中,含水层中的对流换热不显著,尤其是含水层中地下水的竖向分速度很小,回水段的温度变化很难通过对流的方式传递到抽水段,导热传递的效果亦不显著,再加上抽水段处于来流区,温度变化很小。

经过本节的对比分析可知,抽灌同井夏季排热工况的存在,很好地改善了下一年冬季热泵的取热,冬季提取的热量中很大一部分来自于夏季的排热,起到了季节性储能的效果。取热和排热量的不平衡还会对抽灌同井抽水温度产生总体的升高或降低效应。而循环单井由于单位孔深承担的负荷差异以及主要换热方式与抽灌同井的不同,使得季节性储能在循环单井中的体现不明显,循环单井前一年的运行对后一年的抽水温度影响不大。

6.6.2 季节性储能分析

传统的地下水源热泵通过冬夏生产井和回灌井的交替可以很好地利用季节性储能。而抽灌同井由于自身井结构的特殊性,抽水管和回水管不便于交换,但由于热贯通的原因,季节性储能现象仍会出现。抽灌同井的季节性储能现象是一种自发行为,它是热源井运行过程中的一种热量自动传递现象。由于热贯通,取热时回灌水携带的冷量或者排热时携带的热量会有一部分移动到抽水段,形成季节性储能,从而对后期的抽水温度产生影响。

常规的储能系统,包括含水层储能,大致有两个显著的特点:一是储能和释能均在同一地方进行,例如储能盘管也是释能盘管,储能井亦是生产井;二是储能和释能分别进行,储能和释能在同一地方因此它们只能分别进行,这时就有明确的储能量和释能量。然而抽灌同井的季节性储能是由于热贯通产生的,回灌的冷量或者热量只有通过热贯通传递到抽水段才能形成季节性储能,对下一个运行工况产生影响。热贯通在运行过程中持续发生,提取热量的同时也在回灌冷量,排放热量的同时也在蓄存热量,冷量和热量在含水层中又相互抵消。能量从回水段传递到抽水段也需要时间,从而使回灌能量的影响产生滞后。因此,到底有多少热量或者冷量由于热贯通从回水段传递到抽水段而形成季节性储能很难界定。再加上这是一种自发的行为,伴随着运行过程发生,因此我们不去确定储能量和释能量的大小。我们关心的是前一年的运行对热源井后续的运行有何影响,夏季排热工况(冬季取热工况)的存在对冬季取热工况(夏季排热工况)有何影响,从地下水中提取的低位热源(汇)有多少来自于季节性储能。为此定义一个评价参数——储能比。

储能比定义为从地下水中提取的热源(汇)中有多大比例来自于该取热工况(排热工况)以前的运行而形成的季节性储热(冷)。对于冬季取热工况,储能比指的是低位热源中季节性蓄热的比例;对于夏季排热工况,储能比指的是热汇中季节性蓄冷的比例。这样根据定义,只有冬季运行时,由于不存在夏季工况,没有储热效应,只有因为热贯通造成的储冷效应,取热工况的储能比设为0;只有夏季运行时没有储冷效应,只有储热效应,排热工况的储能比也为0。

现就取热工况定义储能比。当热源井采用冬夏运行模式时,可以认为第一个冬季取热工况的储能比为0,所提取的低位热量全部来自含水层,以此为基础定义冬季取热工况的储能比 ψ_s,如图6-44所示。

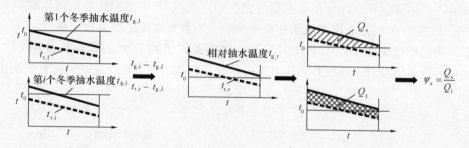

图 6-44 储能比的定义

图 6-44 中,第一个冬季抽水温度和回水温度分别为 $t_{g,1}$,$t_{r,1}$,待求储能比的冬季抽回水温度分别为 $t_{g,i}$,$t_{r,i}$。以第一个冬季抽水温度 $t_{g,1}$ 为基准得到第 i 个冬季的相对抽回水温度 $t_{g,r}=t_{g,i}-t_{g,1}$,$t_{r,r}=t_{r,i}-t_{g,1}$。如果没有储热或储冷效应,第 i 个冬季的相对抽水温度 $t_{g,r}$ 应等于0。正是由于储热或储冷效应使得相对抽水温度不等于0。为此,定义相对抽回水温度与 $t=0$ 围成的面积为储能负荷 Q_s,即由于储能提供的低位热量。当然也可能由于储冷效应过强,相对抽水温度全部在 $t=0$ 的下面,此时取热工况的储能负荷 $Q_s=0$。一般情况下,储能负荷 Q_s 的计算如式(6-31)所示:

$$Q_s = \sum_t c_w L_{w,p} [t_{g,r} - \max(t_{r,r}, 0)] \tag{6-31}$$

则储能比 ψ_s 定义为:

$$\psi_s = \frac{Q_s}{Q_l} \times 100\% \tag{6-32}$$

式中 Q_l——热源井的累积负荷,kJ,可按式(6-33)计算:

$$Q_1 = \sum_t c_w L_{w,p}(t_{g,r} - t_{r,r}) \tag{6-33}$$

类似地，计算夏季排热工况的储能比时，以热源井夏冬运行模式（即先按夏季工况运行，然后是过渡季，再是冬季工况和过渡季）的第一个夏季排热工况的抽水温度为基准，认为第一个夏季排热工况的储能比为0，来计算后续年份夏季排热工况的储能比。

图6-45给出了6.6.1节中北京抽灌同井和循环单井冬夏运行模式算例的储能比。由图6-45可知，抽灌同井冬季取热工况的储能比逐年增加，第8年时高达97.9%，也即是8年累积的季节性储热提供了近98%的低位热量；而其夏季排热工况的储能比逐渐降低，由第1年的45.1%降低到第8年的0，这是由于每年热源井的排热量比取热量大许多，随着时间的推移，冬季储冷效应越来越小，以至于消失。循环单井由于单位孔深承担的负荷差异以及主要换热方式的不同，不论是取热工况还是排热工况的储能比均很小（3%左右），季节性储能效应不明显。

从上面的分析可以看到，对于抽灌同井，由于累积排热负荷和累积取热负荷的不平衡，从而导致某一工况的储能比很高，而另一工况的储能比很低；而当负荷基本保持平衡时，逐年的抽水平均温度和储能比的变化应该较小。图6-46给出了夏冬运行模式且累积取热负荷和排热负荷基本一致时，采暖季、空调季抽水平均温度及储能比。考虑到夏冬运行模式时，排热量会有一部分在含水层外围扩散，图6-46中累积排热负荷是取热负荷的1.05倍。由图6-46可以看出，从第三年起采暖季抽水平均温度基本稳定在15.3℃，空调季抽水平均温度稳定在16.3℃，此时季节性储能提供了约73%的低位热量和24%的热汇。这样的抽水温度对于热源井和热泵机组是极其有利的，可以保证抽灌同井长期稳定的运行。

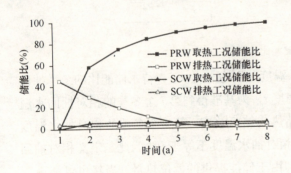

图6-45 北京冬夏运行模式储能比

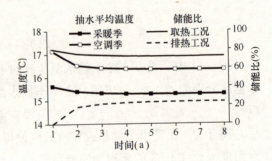

图6-46 负荷基本平衡时的抽水平均温度和储能比

6.7 水文地质条件的影响

同井回灌地下水源热泵地下水流动和换热涉及的参数众多，包括含水层的水文地质和热物性参数、热源井的结构参数、负荷边界条件和运行调节措施等。这些参数对同井回灌地下水源热泵地下水流动和换热的影响不尽相同，影响力也不一样。研究这些参数对同井回灌地下水源热泵的影响对于深入理解同井回灌地下水源热泵的运行特性必不可少，也为实际的工程应用提供理论指导。本节及后续各节中将逐一分析这些参数对同井回灌地下水源热泵的影响。

其研究方法以 6.3 节、6.4 节中给出的抽灌同井和循环单井的基本算例为基础，改变其中的一个或几个参数值，得到一个新的算例，比较该算例与基本算例的计算结果来说明变化的参数对同井回灌地下水源热泵的影响。

6.7.1 渗透系数的影响

水平渗透系数对同井回灌地下水源热泵地下水流动的影响在 6.5 节中已有阐述。这里侧重其对抽水温度的影响。

图 6-47 给出了水平渗透系数变化时，同井回灌地下水源热泵抽水温度的变化情况[37]。由图 6-47 (a) 可知，当渗透系数比不变时，含水层水平渗透系数对抽灌同井的抽水温度没有影响，这是因为抽灌同井运行引起的地下水渗流场与渗透系数的绝对大小无关，仅与渗透系数比有关。因此，相同厚度的含水层只要渗透系数比相同，则地下水渗流场相同。渗透系数数值的大小只是影响抽水和回灌的难易，而对抽灌同井的抽水温度没有影响。

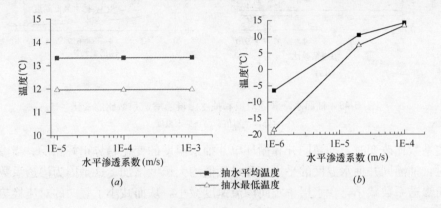

图 6-47 水平渗透系数对抽水温度的影响
(a) 抽灌同井；(b) 循环单井

循环单井则大不相同。由图 6-47 (b) 可见，循环单井抽水平均温度和抽水最低温度随着水平渗透系数的减小而急剧降低。当水平渗透系数很小时，抽水温度很快降低到 0℃ 以下（如渗透系数为 10^{-6}m/s 时，不到 20d 抽水温度就降到 0℃ 以下）。这是因为水平渗透系数很小时，原水交换比和原水交换负荷比相应很小，几乎全部的地下水都在井孔内循环，含水层中主要靠导热传热，传热效果差，热影响范围小，系统承担负荷的能力降低。如水平渗透系数为 10^{-6}m/s，原水交换比仅为 2.5%，原水交换负荷比仅为 2.3%；而水平渗透系数为 10^{-4}m/s，原水交换比高达 64%，承担了近一半的负荷。没有地下水时，循环单井亦能工作，但此时传热效果更差，系统承担负荷的能力更低。当水平渗透系数为 0 时，5d 时抽水温度就降到 0℃ 以下，仅当系统承担原有负荷的 1/5 时，抽水温度才与水平渗透系数为 $2×10^{-5}$m/s 相当（此时抽水平均温度和最低抽水温度分别为 9.42℃ 和 6.50℃）。

循环单井的热影响范围也随着渗透系数的减小而急剧减小。当水平渗透系数为 10^{-4}m/s时，热影响范围为 15.5m，而当含水层不透水时，热影响范围仅为 9.4m。热影响范围的减小，换热的减弱使得循环单井的抽水温度快速降低。

可见，由于循环单井井结构的特殊性，渗透系数的变化虽然对流动阻力的影响不大，但对抽水温度的影响却尤为显著。渗透性好的含水层能够显著地提高抽水温度，加强系统承担负荷的能力，提高热泵机组的效率。循环单井宜用于渗透性能较好的含水层中。

图6-48为渗透系数比变化时的抽回水降深绝对值和抽水温度。由图6-48可知，渗透系数比增大时，不论是抽灌同井还是循环单井抽回水降深绝对值均有所增加，但增加不明显，尤其是循环单井。对抽灌同井，抽回水降深绝对值与渗透系数比的对数基本呈线性关系。也即是渗透系数比的改变不会明显改变抽回水压力。

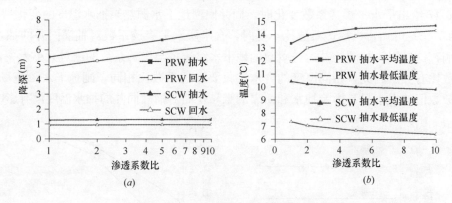

图6-48 抽回水降深绝对值和抽水温度随渗透系数比的变化
(a) 降深绝对值；(b) 抽水温度

渗透系数比改变时，抽灌同井和循环单井抽水温度的变化趋势正好相反。当渗透系数比增加时，抽灌同井抽水温度的平均值和最低值均大幅度增加。这是因为渗透系数比增加时，竖向渗透系数减小，含水层中竖向渗流速度减小，从而减小了竖向的对流换热。渗透系数比为10时，热泵运行一个采暖季抽水温度的最大降低值不到0.7℃，热影响范围和承担负荷的能力显著加大，热影响范围较基本算例增加了39%，承担负荷的能力提高了5倍多，系统的热贯通系数显著减小。因此从热贯通的角度来说，渗透系数比是抽灌同井工程成败的关键。而循环单井抽水温度随着渗透系数比的增加而减小，但变化不大。渗透系数比由1增加到10时，抽水平均温度仅降低了0.6℃，热影响范围也没有变化。

6.7.2 含水层热物性参数的影响

对地源热泵而言，较为关注的是地下岩层的导热系数和热容量。而对于地下水源热泵，由于多孔介质含水层中有渗流，含水层的热物性参数除了导热系数、热容量外，还应包括渗流多孔介质中特有的热弥散度。热弥散效应是为了描述多孔介质能量守恒方程从孔隙尺度向宏观数学模型粗化过程中，被掩盖的孔隙速度脉动在固体骨架周围引起的微尺度对流而导致的传热增强。热弥散传递的热量可能很大，尤其是在近井附近[10]。忽略热弥散效应会导致某些传热计算结果的不准确[11]。

表6-14给出了含水层容积比热容和滞止导热系数的变化对循环单井热力特性的影响。由表6-14可见，容积比热容增加时，循环单井的抽水温度有所提高，但变化不大，然而其热影响范围减小较多。实际含水层的容积比热容的变化范围不大[1800～3000kJ/(m³·℃)]，因此，可以认为容积比热容对循环单井的抽水温度影响不大。

6.7 水文地质条件的影响

含水层容积比热容和滞止导热系数变化对循环单井热力特性的影响　　表 6-14

参　数	值	抽水平均温度 (℃)	抽水最低温度 (℃)	热影响范围 (m)	原水交换负荷比 (%)
容积 比热容 [kJ/(m³·℃)]	1500 2600 4000	10.32 10.43 10.54	6.98 7.35 7.68	18.3 14.2 11.5	23.5 23.4 23.2
滞止 导热系数 [W/(m·℃)]	1.5 2.5 4.0	10.18 10.43 10.81	6.85 7.35 8.07	13.2 14.2 15.2	23.4 23.4 23.3

对含水层滞止导热系数而言，如表 6-14 所示，当渗透系数为 2×10^{-5} m/s 时，循环单井的抽水温度随着含水层滞止导热系数的增加而增加，但变化幅度较小，相对来说对抽水最低温度的影响更为大些。但这并不是说明含水层滞止导热系数对循环单井的影响较小。事实上，对循环单井来说，热量的传递方式为对流和导热。当渗透系数较大时，对流换热较强烈，导热作用被弱化，其影响也就不显著；而当渗透系数较小时，导热作为主要的传热方式，导热系数的影响不可忽视。图 6-49 给出了水平渗透系数为 0、承担 1/5 的负荷，水平渗透系数为 10^{-6} m/s、承担 1/4 的负荷和水平渗透系数为 2×10^{-5} m/s、承担 1 倍的负荷时，循环

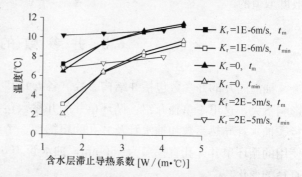

图 6-49　抽水温度随含水层滞止导热系数的变化关系

单井抽水平均温度和最低温度随含水层滞止导热系数的变化关系。图中 K_r，t_m，t_{min} 分别表示水平渗透系数、抽水平均温度和抽水最低温度。由图 6-49 可知，当渗透系数较小时，抽水温度对于滞止导热系数的变化非常敏感。随着滞止导热系数的增加，抽水平均温度和最低温度迅速增加，此时对流换热不显著（原水交换负荷比小于 1% 或等于 0），热弥散效应也较小，导热作为热量传递的主要方式，含水层滞止导热系数起关键作用。而当水平渗透系数较大（如 2×10^{-5} m/s）时，抽水温度虽随着含水层滞止导热系数的增加而增加，但不显著。

与循环单井相同，容积比热容改变时对抽灌同井抽水温度的影响也不大。不同的是，抽灌同井的抽水温度虽然随着含水层滞止导热系数的增加而增加，但不显著。对于抽灌同井来说，热量主要靠对流传递，导热的影响不大。

图 6-50 给出了热弥散度变化时的抽灌同井和循环单井抽水温度[38]。由图 6-50 可知，热源井的抽水温度随着热弥散度的增加而增加。抽灌同井的抽水温度对热弥散度的变化不敏感，热弥散度增加时，含水层热影响范围有所增加。热弥散度对循环单井的影响要大些，尤其是抽水最低温度。热弥散度增加时，靠近热源井的地方含水层的有效导热系数显著加强，热量的平均化作用更强，从而减缓温度的变化。

但正如 5.3 节中所论述的那样，现在对热弥散的描述还很不成熟，参数的取值还与具

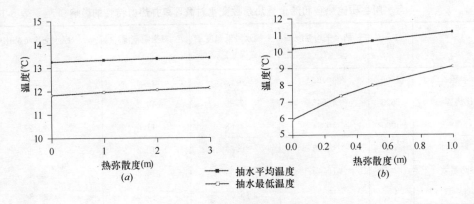

图 6-50 抽水温度随热弥散度的关系
(a) 抽灌同井；(b) 循环单井

体实例有关，因此这里是根据 6.2 节中实验验证结果来分别对抽灌同井和循环单井的热弥散度取值的。

6.8 井参数的影响

抽灌同井的井参数包括井结构参数（各 b_i）和井直径，井直径对地下水的流动和换热影响不大，这里不单独介绍。循环单井的井参数包括井结构参数（各 b_i）、井管和井孔直径、抽水管导热系数和抽水管及井孔的粗糙度。考虑到钻孔成本和安装空间要求，现阶段使用的循环单井井孔直径多为 150mm，抽水管 100mm，因此本节中不考虑抽水管和井孔直径的变化。

6.8.1 井结构参数

抽灌同井和循环单井井结构参数变化情况如表 6-15 所示。计算结果如图 6-51 和图 6-52 所示[39]。各井结构参数意义如图 6-53 所示。

井结构参数变化值   表 6-15

No.	抽灌同井					循环单井					No.
	b_1 (m)	b_{s1} (m)	b_0 (m)	b_{s2} (m)	b_2 (m)	b_2 (m)	b_m (m)	b_s (m)	b_e (m)	b_1 (m)	
BP	2	12	10	14	2	5	281	2	2	10	BS
P1	4	12	8	14	2	30	256	2	2	10	S1
P2	6	12	6	14	2	50	236	2	2	10	S2
P3	5	9	10	14	2	5	273	10	2	10	S3
P4	8	6	10	14	2	5	263	20	2	10	S4
P5	6	12	10	10	2						
P6	10	12	10	6	2						

如图 6-51 和图 6-52 所示，对抽灌同井而言，减小抽回水过滤网间距能够减小抽水和

6.8 井参数的影响

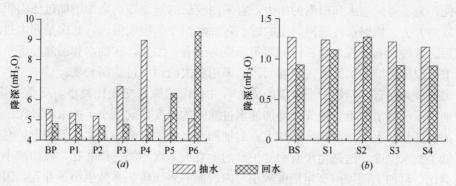

图 6-51 抽回水降深绝对值随井结构参数的变化关系
（a）抽灌同井；（b）循环单井

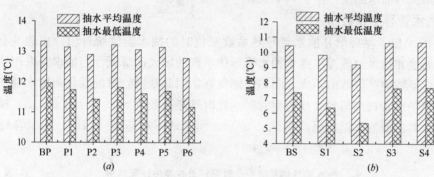

图 6-52 抽水温度随井结构参数的变化关系
（a）抽灌同井；（b）循环单井

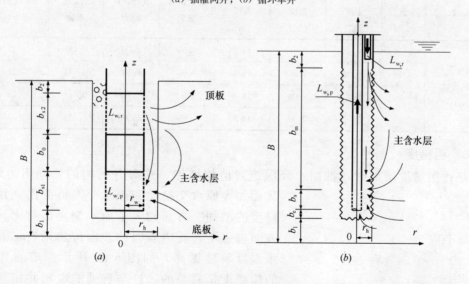

图 6-53 各井结构参数意义
（a）抽灌同井；（b）循环单井

回灌的降深，但降低不明显，同时也降低了抽水温度，这是因为抽回水过滤网间距减小时，地下水从回水口渗流到抽水口更为容易；减小抽水过滤网长度，显著地增加了抽水的降深，对回灌降深影响不大，也降低了抽水温度；对回水过滤网长度的减小也有类似的现象。因此，为了降低抽水和回灌的压力，宜采用较长的过滤器，也即增加过滤面积是一个行之有效的方法。抽回水过滤网间距的减小对抽水温度的影响最大，其次是回水过滤网长度的缩短。这种影响随着自身长度的缩短而更为显著。因此，在抽水和回灌经济条件允许的情况下，应尽量增大抽回水过滤网间距，采用更大的回水过滤网长度。

对循环单井而言，钢管护套长度的加大，井孔内的原水交换比减小，质量流量加大，从而增加了系统回水的阻力损失；增加抽水过滤网的长度，就减小了抽水的降深。但不论是钢管护套还是抽水过滤网长度的加大，对抽回水降深的影响均不大。但钢管护套的加长明显降低了抽水温度，这是由于有钢管护套的地方地下水不能进出井孔，从而减小了原水交换负荷比；再加上钢管护套粗糙度较小，内表面的表面传热系数也小于井孔。因此，钢管护套的长度不宜过长，但也应该满足当地水文地质要求，以防井孔坍塌。抽水过滤网的加长能稍稍提高抽水温度，但影响不大。

6.8.2 抽水管导热系数

表 6-16 给出了循环单井抽水管导热系数变化时的抽水温度统计值。由表 6-16 可知，抽水平均温度和抽水最低温度随着抽水管导热系数的增大而降低。当抽水管采用塑料管材时，其导热系数的总体数值不大，隔热性能良好，因此塑料管材的变化对抽水温度的影响不大；但当抽水管材由塑料管换为钢管时［此时导热系数为 50.0W/(m·℃)］，抽水温度急剧降低，其最低抽水温度已降低到 2.30℃，而使地下水冻结。因此，抽水管材宜采用塑料管。

抽水管导热系数变化时循环单井换热计算结果　　　表 6-16

参　数	值	抽水平均温度（℃）	抽水最低温度（℃）	热影响范围（m）	累积负荷能力	高峰负荷能力	热贯通系数	原水交换负荷比（%）
抽水管导热系数 [W/(m·℃)]	0.10	10.46	7.43	14.1	0.99	0.93	0.639	22.4
	0.16	10.43	7.35	14.2	0.99	0.92	0.641	23.4
	0.40	10.31	7.08	14.2	0.97	0.90	0.648	26.8
	50.0	8.04	2.30	14.8	0.69	0.58	0.739	65.3

6.8.3 粗糙度

井孔粗糙度增加时，抽回水降深绝对值均增加，这时井孔内的流动阻力增加，从而加大原水交换比和原水交换负荷比。井孔粗糙度的增加一方面加大了原水交换负荷比，另一方面增强了井孔内表面的表面传热系数，因而抽水温度明显提高，如图 6-54 所示。增加井孔内的粗糙度是有益的，这与普通的取水井相异。井管内粗糙度的增加，增加了抽水阻力和井管内表面的表面传热系数，但井管与井孔换热的主要热阻为井管的导热热阻，因此，其对抽水温度的影响不大。因而，宜减小井管的粗糙度，使其尽量光滑。

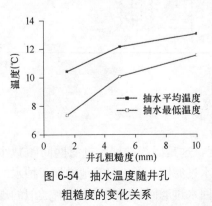

图 6-54 抽水温度随井孔粗糙度的变化关系

6.9 取热负荷的影响

取热负荷对同井回灌地下水源热泵运行特性有至关重要的影响。对于相同的取热负荷可以设计不同的抽水流量和取热温差。当取热负荷变化时,可以通过改变抽水流量或者改变设计温差来满足负荷要求。抽水流量不变而改变取热温差的情况在6.5节中已有论述,即抽水平均温度和最低抽水温度随着负荷比的加大而线性降低,这里不再重复。

6.9.1 抽水流量变化

图6-55和图6-56分别给出了抽水流量变化时,抽回水降深绝对值和抽水温度的变化情况[40]。如图6-55所示,对于抽灌同井,抽水流量增加时,抽回水降深线性增加。因此在实际工程中,在可能的条件下,应尽可能减小抽水流量,利于回灌。循环单井当抽水流量增加时,其抽回水降深亦增加,且随着抽水流量的增加,降深增长速度更快。

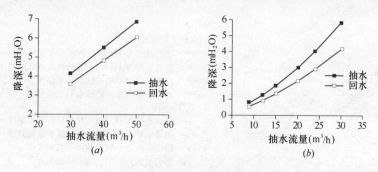

图6-55 抽回水降深绝对值随抽水流量的变化关系
(a) 抽灌同井;(b) 循环单井

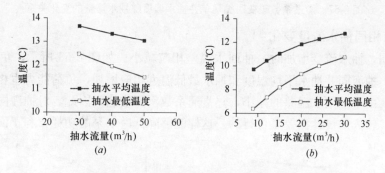

图6-56 抽水温度随抽水流量的变化关系
(a) 抽灌同井;(b) 循环单井

由图6-56可知,抽水流量增加时,抽灌同井抽水平均温度和抽水最低温度均降低,但由于其热影响范围的加大,降低的速度有所减慢,承担负荷的能力也有所加大。因此,抽灌同井能够通过增加抽水量来承担较大的负荷。循环单井当抽水流量加大,而抽回水温差保持不变时,抽水平均温度和抽水最低温度反而升高。这是因为,当抽水流量增加时,水在井孔内流动遇到更大的阻力,这样有更多的地下水流入和流出井孔,地下水的原水交换比增加,热对流和对流换热加强,原水交换负荷比急剧增加,从而使系统承担更大的负荷。当抽水流量为 30m³/h 时，原水交换比为 46.5%，原水交换负荷比高达 85%。井孔与含水层之间水量交换强度的增加，扩大了热影响范围，大大增加了参与换热岩土体体积，提高了循环单井的抽水温度。此时，抽水流量增加导致的累积负荷能力和高峰负荷能力的增加量要大于取热负荷的增加比例。因此，对于渗透性能较好的含水层，通过提高抽水流量来承担更大的负荷是一个好的方法。当然抽水流量也不能过分加大，一方面急剧增加潜水泵的功耗；另一方面流速过快的地下水冲刷井孔壁，对井孔不利，应该进行技术经济分析和安全评价。

但对于渗透性能不好的含水层或隔水层，循环单井通过提高抽水流量，来增加系统承担的负荷未必可行。如图 6-57 所示，当含水层渗透系数为 10^{-6} m/s 或者完全隔水时，取热温差相同而抽水流量加大，循环单井的抽水温度急剧降低，对于隔水层更是线性降低。因此，对于渗透性能差的含水层，通过加大抽水流量来承担更大的负荷是不可行的。含水层渗透性能对循环单井来说是一个关键参数，它对其他很多参数产生重大的影响。

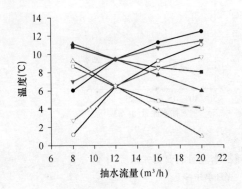

图 6-57 渗透系数改变时循环单井抽水温度随抽水流量的变化关系

6.9.2 负荷相同抽水流量变化

负荷相同，抽水流量增加时，抽回水温差相应减小。如图 6-58 所示，负荷不变抽水流量增加时，抽灌同井抽水平均温度和抽水最低温度相应增加，负荷能力也相应增加，但增加不明显，由于抽回水温差的减小，热贯通系数反而增加。因此，对抽灌同井采用较小的抽水流量、较大的设计温差是可行的。这样能够降低潜水泵的功耗，利于回灌，保护地

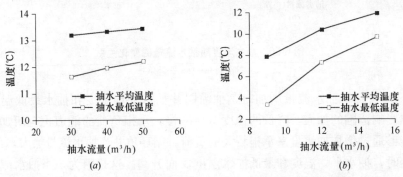

图 6-58 负荷相同时抽水温度随抽水流量的变化关系
(a) 抽灌同井；(b) 循环单井

下水资源，抽水温度也不至于降得过低。

对循环单井而言，抽水流量增加而负荷不变时，抽水平均温度和最低抽水温度均迅速增加，这对于渗透性能不好的含水层也是如此（如图 6-57 所示）。可见抽水流量对循环单井抽水温度的影响很大。综合图 6-38、图 6-56 和图 6-58 可知，小流量、大温差设计对于循环单井很不利。适当增加抽水流量在任何情况下对循环单井都是有益的。

6.10 排放策略的影响

循环单井的排放策略是在高峰负荷期间排放一定比例的地下水，来维持适中的抽水温度。在 6.1 节中我们又把排放策略也引入到了抽灌同井中，除了用于保持适中的抽水温度外，还能降低回灌压力。

6.10.1 常排放对热源井的影响

1. 排放对流动的影响

均匀含水层中抽灌同井排放时的降深理论解如第 5 章式（5-33）所示，它由两部分组成：无排放抽灌同井的降深和排放掉地下水所应产生的降深。由物理意义可知，回灌问题（Q_2）所引起的降深 $s_2 < 0$，这样 $s_{yb} > s_{nb}$，也即是排放会增加抽水压力，而减小回灌压力。同时当含水层没有越流时降深 s_2 不可能达到稳定，其影响范围随着时间的延续逐渐向外扩散，这也使得排放时抽灌同井的流动问题是一个动态过程，当然一定长时间后随着影响范围的外扩，其变化速度就很小了。

图 6-59 为 20% 的排放比时抽灌同井运行 10h 时的等降深图。比较图 6-59 和图 6-25 可知，有排放时降深大于 0 的地方明显向含水层上部移动。无排放时按降深与 0 的关系可以把含水层分为两部分，上部含水层降深小于 0，回水；下部降深大于 0，抽水。有排放时，含水层降深小于 0 的地方仅仅集中在左上角的一小部分区域，其余大部分含水层的降深均大于 0。排放时，含水层整体上处于失水状态，含水层中产生抽水效应。填砾抽灌同井和循环单井排放时也产生类似的现象，这里不再赘述。

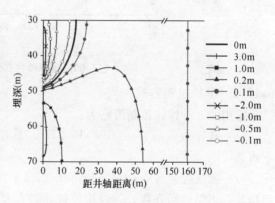

图 6-59 20%排放比时抽灌同井等降深图

同时排放增加了抽水降深，减小了回水降深。抽灌同井、填砾抽灌同井和循环单井抽水降深增加的百分比分别为：5.3%，22.9% 和 7.9%，回水降深减小的百分比分别为：26.1%，46.4% 和 41.9%。可见，排放对回水降深绝对值减小的效果更为明显，因此对于回灌困难的抽灌同井，通过排放可以缓解回灌压力过高的问题。当然，为了保护地下水资源，排放的地下水应通过单独的回灌井回灌回含水层或排放到与含水层有水力联系的地面水体。

2. 排放对温度的影响

排放使地下水流动的区域增大，可以引入一部分远地点的地下水，从而使抽水温度不至于过低或过高。图 6-60 给出了循环单井有无排放时的抽水温度随时间的变化。如图 6-60 所示，排放时热源井的抽水温度较无排放时的抽水温度有明显的提高。无排放时抽水温度的最低值为 7.35℃；而有排放时抽水温度的最低值提高到 9.21℃，提高了 1.86℃。抽水温度近 2℃的提高虽然不能使热泵机组的效率有明显的改善，但却能有效避免热泵机组的低压保护性停机和地下水的冻结，使系统持续正常运行。对抽灌同井也有同样的物理现象。

20%排放时填砾抽灌同井的地下水短路比为 48.9%，较无排放时减小了 5.8%。循环单井的原水交换比和原水交换负荷比分别为 35.8%和 29.5%，较无排放时增大了 6.2%和 6.1%。正是由于地下水短路比的减小，原水交换比和原水交换负荷比的增大，减轻和延缓了抽水温度的变化。当然也应该看到，排放的比例（20%）和起到的效果（略大于 6%）并不对等，一味地提高排放比没有必要，而是应该把排放作为一种紧急措施，来缓解回灌压力和抽水温度的急剧变化。

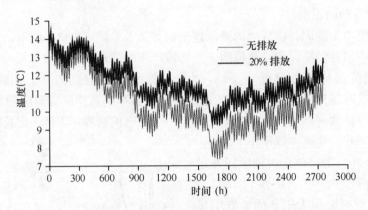

图 6-60 循环单井有无排放时抽水温度

6.10.2 排放控制方式

常用的 3 种排放控制策略为：

（1）常排放（ConstantBleed，CB），是指潜水泵运转时就开始排放一定比例的地下水。

（2）死区控制（Dead Band Control，DB），在冬季抽水温度低于某一下限值 $t_{min,1}$ 时开始排放，当温度回升到 $t_{min,2}$ 时排放停止；在夏季抽水温度高于某一上限值 $t_{max,1}$ 时排放开始，温度下降到 $t_{max,2}$ 时停止排放。本节中仅考虑冬季工况，排放下限值取 9.0℃，温度恢复到 11.0℃停止排放。

（3）温差控制（Temperature-Difference Control，TD），当抽回水温差大于某一设定值时排放开始。当然冬夏可以有不同的设定值。

为了比较各种控制方式，假定温差控制和死区控制有相同时长的排放时间，这样获得温差控制的温差设定值。

图 6-61 给出了常排放时抽水温度随排放比的变化关系。由图 6-61 可知，不论是抽灌同井还是循环单井，随着排放比的增加抽水平均温度和最低抽水温度均增加。但随着排放比的增加，抽水温度增加的速度有所放慢，这是因为随着排放比的增加，抽水温度已上升较多，排放比较大时，再增加排放比对抽水温度提高的效果就不如排放比较小时。排放比

6.10 排放策略的影响

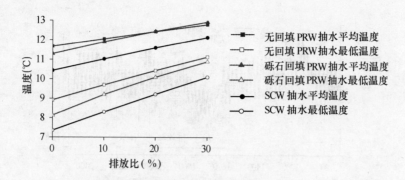

图 6-61 常排放时抽水温度随排放比的变化关系

增加，含水层热影响范围减小，系统承担负荷的能力提高，热贯通系数减小，负荷排放率增加，也即通过排放，引入原水来承担部分负荷。

图 6-62 比较了各种排放控制方式的抽水温度平均值和最低值。由图 6-62 所示，不论何种排放控制方式均提高了抽水温度，尤其是提高了最低抽水温度。常排放对抽水温度提高最多，但其排放的水量也更大。10％的常排放时，一个采暖季填砾抽灌同井排放了 11040m³ 的水，而死区控制和温差控制仅排放 1744m³ 的水，节约了 84％的排水量，对于循环单井，死区控制和温差控制比常排放节约 63％的排水量。当排放的水量相同时，温差控制方式略好于死区控制。但换热温差变化迅速，温差控制时控制阀开闭频繁，对阀件的可靠度要求高，潜水泵工况变化也快，这是其不利之处。图 6-63 给出了循环单井死区控制和温差控制两种排放方式 20％排放时，抽水温度与无排放时的比较及排放时刻。

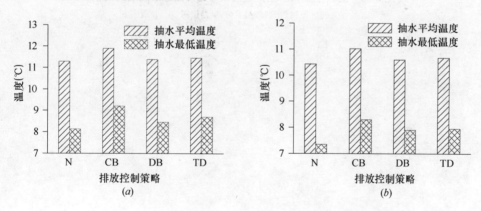

图 6-62 排放控制方式比较（10％排放）
(a) 填砾抽灌同井；(b) 循环单井

由图 6-63 可以直观地看到排放对抽水温度的提高。死区控制和温差控制均有 191 个时间步长的排放（764h），死区控制排放集中在四个时段内，控制阀只需要开闭四次即可，而温差控制（控制温度 3.07℃）排放很零散，控制阀一个采暖季需要开闭 84 次，这会损害控制阀的可靠度。而且死区控制只需要测量抽水温度，而温差控制需要同时测量抽水和回水温度，并对其作差。因此，从自动控制角度来说，排放宜采用死区控制方式，其控制简单，测点少，可靠度高。

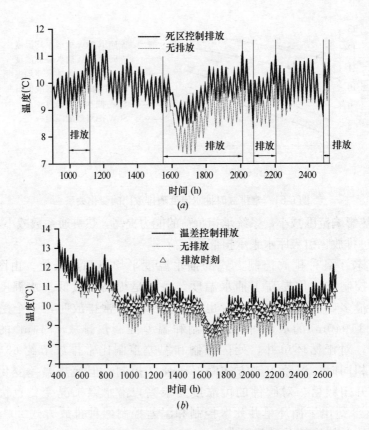

图 6-63 死区控制和温差控制排放与无排放抽水温度的比较
(a) 死区控制 20% 排放；(b) 温差控制 20% 排放

第7章 水源热泵系统的应用实践

水源热泵系统是指以水为低位热源或热汇的热泵空调系统。根据水源形式的不同，还可细分为地下水源热泵系统、地表水源热泵系统、海水源热泵系统、污水源热泵系统等。本章主要陈述地下水源热泵和地表水源热泵的相关设计方法和应用实践。

7.1 水源热泵系统的应用

7.1.1 异井回灌地下水源热泵的应用

地下水源热泵作为地源热泵的一个分支，被称为一项以节能与环保为特征的21世纪的技术。20世纪40年代，地下水源热泵开始在美国公共建筑中应用，最早是1948年的俄勒冈州波特兰市联邦大厦（Commonwealth Building）[1,2]。该系统从设计开始就得到了广泛的关注[3~6]。表7-1给出了该地下水源热泵系统50多年的发展历程[1,2]。随之，掀起了20世纪40~50年代欧洲和美国地源热泵研究的第一次高潮，美国西部乃至全美均开始大量安装地源热泵，之后华盛顿逐渐成为美国地源热泵使用的领头羊[7]。开始安装的大部分都是地下水源热泵系统，由于采用的直接式系统，这些系统在建成的5~15年都由于腐

联邦大厦地下水源热泵系统发展历程　　　　　　　表7-1

时间	状 况
1948	原始系统：4台热泵共1900kW；2口浅井（45.7m），1口深井152.4m。制冷占优时深井抽水，浅井回水；制热占优时浅井抽水，深井回水。地下水与热泵直接连接。
1958	通过壳管式换热器分离井与热泵机组
1964	水井恶化，部分地下水排入下水道
1964	灯光和办公设备负荷增加；替换离心制冷机，装机容量共2605kW
1975	替换离心制冷机，装机容量共2464kW
1975	水井恢复
1980	水井再次恶化
1984	城市排水取费增加，排水费很高，建议再次全面恢复水井
1987	业主易人；计划面恢复水井，钻1口新井，安装变速潜水泵，安装新的砂过滤器
1988	部分完成，几月后重新堵塞，城市排水费剧增
1990	更换控制阀，排水费下降到期望水平
1994	业主易人；保留地下水源热泵作为主要冷热源
1995	地下水源热泵现在仍有效的运行

蚀和生锈失效了[3]，地下水源热泵系统的应用进入低潮期。直到20世纪70年代末，石油危机的出现、能源需求的增长，人们的注意力开始集中到节能、高效利用能源上来。地下水源热泵系统作为一种节能和环保的空调方式引起了暖通界和业主的注意。而且，由于板式换热器的引入[8]，水源热泵机组的性价比提高，地下水源热泵系统尤其是闭式地下水源热泵系统开始大量安装使用。相对于壳管式换热器来说，板式换热器的换热温差小，更适宜于低温地热的应用[3]。1983年地下水源热泵作为一种省钱和节能的采暖空调方式被接受[9]。在其后的几十年中，地下水源热泵系统得到了广泛的应用[10]。

美国地下水源热泵系统的应用一直呈上升趋势。美国在过去的10年内，地源热泵的年增长率为12%，现在大约有50万套（折算成12kW冷量）的地源热泵系统在运行，每年大约有5万套地源热泵在安装，其中开式系统占15%[11]。美国地热直接利用量中59%用于地源热泵[12]。全美最大的地下水源热泵系统安装在肯塔基州的路易维尔市的一幢旅馆办公建筑中，能够提供10MW的冷、热量[13]。1998年华盛顿的地源热泵协会调查表明：业主对地源热泵的满意率大多在90%以上，最低的项目也在84%以上，40%的居民熟悉地源热泵工艺，50%的商业业主熟悉地源热泵工艺。

在欧洲的中部和北部，气候寒冷，地源热泵主要应用于采暖[14]。据1999年的统计，在家用供热装置中，地源热泵的比例为：瑞士96%，奥地利38%，丹麦27%[15]。到2003年，瑞士大约有25000套地源热泵系统，每年增长率为10%，这些系统中地下水源热泵占30%[16]。1995年底德国地热能直接利用达323MW，其中地下水源热泵为190MW[17]，占59%。瑞典政府在地源热泵应用的初期采取了一定的补贴政策。20世纪90年代以来，政府取消补贴，但仍以1000套/年的速度增长。全国已安装了23万套地源热泵系统，其中18万套为地下水源热泵[18]。

为了加强中美两国在再生能源领域的技术交流和合作，改善中国的能源结构，美国能源部和中国科技部于1997年11月签署了中美能源效率及可再生能源合作议定书，其中一项内容是地源热泵的发展战略。1998年10月中美两国确定在中国北部寒冷地带（北京）、中部夏热冬冷地带（杭州）和南部亚热带（广州）三类气候类型区，建立3个地源热泵的示范工程，推广这种"绿色技术"。这3个示范工程采用的均为地下水源热泵系统。图7-1给出了我国地源热泵近10年的发展应用情况[19]。可见，现阶段，我国地源热泵服务面积超过1亿m^2，其中地下水源热泵系统应用面积最大，约占全部市场份额的1/2左右[20]；80%项目集中在华北和东北南部。

截止到2008年6月，北京地源热泵开发利用项目数量为548项，服务面积1225万m^2，其中地下水源热泵项目445项，服务面积883万m^2，占72%[21]。图7-2给出了北京2000年至2008年6月地下水源热泵项目和服务面积的增长。文献报道较多的是北京嘉和公寓[22]，该项目是中美政府地源热泵技术合作项目北方地区示范工程，采用调节水池（500m^3）调节地下水流量，地下水与热泵之间通过板式换热器间接连接，为缓冲回灌困难，设有回灌调节水池（370m^3）。

沈阳2007年应用地源热泵空调系统的工程建筑面积1500万m^2，2008年达到3300多万m^2，2009年上半年已达4000多万$m^{2[23]}$，而且正在以较快的速度发展。2009年8月，住房和城乡建设部、财政部联合开展的"可再生能源建筑应用城市示范"评选中明确把地源热泵作为主要的可再生能源示范技术。由于良好的经济性[24]和更为稳定的效率，目前

7.1 水源热泵系统的应用

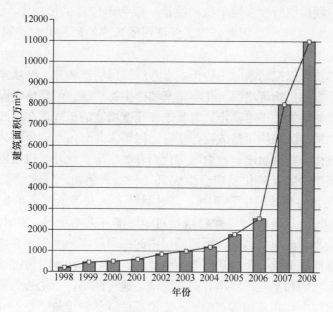

图 7-1 我国地源热泵应用面积近 10 年的发展

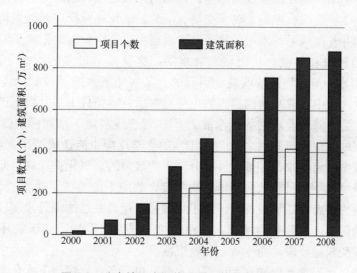

图 7-2 北京地下水源热泵项目数量和服务面积

地下水源热泵系统应用面积最大。众所周知，地下水源热泵系统的设计、应用与工程场地的水文地质条件紧密相关，需要水文地质工程人员的紧密配合，但由于无序、激烈的市场竞争和缺乏严格的市场准入制度，地源热泵技术往往出现"不该用的地方用了，不会用的人用了，不会运行的人在运行"[25]的现象，人为制造很多地源热泵发展的障碍。如沈阳市调查的 60 个地下水源热泵项目中，能够回灌正常的刚到 51%[26]。

地下水源热泵系统出现的问题主要为 5 类[27]：

（1）回灌堵塞问题

已建成的地下水源热泵系统有相当一部分未采用回灌措施，或者回灌失败[28]。回灌井堵塞是大多数地下水源热泵都会出现的问题[10]。回灌经验表明，真空回灌时，对于第四纪松散沉积层，颗粒细的含水层单位回灌量一般为单位开采量的 1/3~1/2，而颗粒粗的含水层则约为 1/2~2/3[29]。因此，为了保证回灌效率，回灌井过滤网速度通常设计为生产井过滤网速度的 1/2[30]。

根据堵塞的部位可以把堵塞分为两类：水井过滤网堵塞和井孔壁堵塞。水井堵塞的机理总的来说有 3 个方面：物理堵塞、化学堵塞和微生物堵塞。但具体情况下，到底是哪种或哪几种原因造成的堵塞还很难确定，尤其是井孔壁堵塞的机理现在还知之甚少。

空气进入和细颗粒沉积均可造成物理堵塞。回灌入井时，水中可能挟带大量气泡，同时水中的溶解性气体可能因温度、压力的变化而释放出来。此外，也可能因生化反应而生成气体物质，最典型的如反硝化反应会生成氮气和氮氧化物。气泡的生成会造成气泡堵塞[31]。颗粒堵塞是水井失效的主要原因[32]，并且随着水井渗透工艺的提高，颗粒堵塞仍然是水井渗透性能的决定因素[33]。颗粒堵塞对于回灌井尤为明显。当水井抽水时，因为井周围的过水断面小，流速相当大，因而岩层中的细颗粒将随水进入井内，这样一定时间后，在水井过滤器周围形成一个渗透性增高的地带。而回灌注水时情况正好相反。注入水中带有细颗粒、有机物和空气，水由井向外流动，速度减小，所携带的细颗粒将在一定的距离内沉淀在含水层中，在井周围产生了一个渗透性降低的地带[34]。

化学和微生物堵塞的外在表现是污垢。污垢的形成由注入水的化学特性、原水的化学特性和井管的化学特性综合控制。离子交换、沉淀、氧化还原反应和微生物的生长均能导致井管过滤网和井孔壁结垢。水中的离子和含水层中黏土颗粒上的阳离子发生交换，这种交换导致黏粒的膨胀和扩散，从而堵塞含水层，这是报道最多的因化学反应产生的堵塞[31]。沉淀是由水中溶解物的浓度变化引起的。某些地下水能通过氧化还原反应腐蚀井筒和过滤网。注入水中的或当地的微生物也可能在适宜的条件下在井周围迅速繁殖，形成生物膜，堵塞孔隙，降低含水层的导水能力[31]。对于浅层地下水回灌，微生物的存在是引起回灌井堵塞的非常重要原因之一[35]。细菌的化学反应也能造成堵塞。在好氧环境下，铁细菌移除溶液中溶解的铁，在细胞外面分泌不能溶解的氢氧化铁产物。此外，在铁细菌区域通常聚集厚厚的一层凝胶状多聚糖。这些聚合物的下面具备了非常适合腐蚀的条件。虽然铁细菌并不直接腐蚀铁质管材，但由于细菌易于流到井过滤网等速度较高的地方。结果由于聚合物的聚集，导致井网堵塞，这比腐蚀问题更严重[36]。在厌氧环境下，硫化菌会与硫酸盐和硫酸氢盐反应，而生成硫化物沉淀。

此外对于跨越多层含水层抽水和回灌的水井，由于各含水层地下水化学性质不同，也会导致堵塞。当回灌井又兼作生产井时，反复的抽水和回灌可能引起井壁周围细颗粒介质的重组，从而堵塞含水层。

水井堵塞的治理现在还很困难。重在预防，防治结合。预防和治理时可以采取以下一些措施：

1) 控制地下水中的颗粒浓度。地下水含有 1/10000 的细砂，时间一长将会堵塞回灌井壁的网眼，使回灌量下降直到报废[37]。在灰岩含水层中，控制悬浮物在 30mg/L 以内是一个普遍认可的标准[31]。可以通过安装过滤器和除砂器来控制地下水中的颗粒浓度。常用的除砂器为旋流除砂器。

2) 避免地下水与空气接触。回灌时回水管应深入回水面以下[36]。采用蓄水池调节地下水流量时水池应密闭。

3) 定期回扬排除回灌井中暂时性堵塞[38]。某工程用深井水回灌技术替代冷却塔，坚持回扬制度时，回灌井正常运行了 12 年，后因运行人员更替，回扬制度未能坚持，致使回灌井很快报废[37]。回扬可以将暂时性堵塞物形成浑浊度排到井外。回扬的时间间隔一般根据回灌水压力变化确定。

4) 堵塞的治理措施有：化学处理、高压水击和压缩风等措施。化学处理会损坏井筒，影响地下水水质，造成地下水污染。高压水击需要大量的水，压力太大还会使含水层发生坍塌，损坏脆硬的井筒。压缩风技术是近几年兴起的技术，对于堵塞的清除有一定的效果。

水井堵塞和防治措施现已引起了水务公司和研究人员的广泛关注，一些新的机理和治理措施正在研究中。

(2) 腐蚀与水质问题

腐蚀和生锈是早期地下水源热泵遇到的普遍问题之一[3]。地下水的水质是引起腐蚀的根源因素。对地下水水质的基本要求是：澄清、水质稳定、不腐蚀、不滋生微生物、不结垢等。地下水对水源热泵机组的有害成分有：铁、锰、钙、镁、二氧化碳、溶解氧、氯离子、酸碱度等[39]。

1) 腐蚀性。溶解氧对金属的腐蚀性随金属而异。对钢铁，溶解氧含量大则腐蚀速率增加；铜在淡水中的腐蚀速率较低，但当水中氧和二氧化碳含量高时，铜的腐蚀速率增加。水中游离二氧化碳的变化，主要影响碳酸盐结垢。但在缺氧的条件下，游离的二氧化碳会引起铜和钢的腐蚀。氯离子会加剧管道的局部腐蚀。

2) 结垢。水中以正盐和碱式盐形式存在的钙、镁离子易在换热面上析出沉积，形成水垢，影响换热效果。地下水中的 Fe^{2+} 以胶体形式存在，Fe^{2+} 易在换热表面上凝聚沉积，促使碳酸钙析出结晶，加剧水垢形成。而且，Fe^{2+} 遇到氧气发生氧化反应，生成 Fe^{3+}，在碱性条件下转化为呈絮状物的氢氧化铁沉积而阻塞管道。结垢会使换热恶化，管道和设备的阻力增大，影响机组的正常运行。研究表明，0.8mm 的垢使热泵系统多耗 19% 的电能[36]。

3) 混浊度与含沙量。地下水的浊度高时，污物会在管道和设备中沉积，形成阻塞，影响正常运行。较高的含沙量会对机组、管道和阀门造成磨损，加快钢材等的腐蚀速度，影响使用寿命。而且浊度和含沙量高还会造成地下水回灌时含水层的堵塞，影响地下水的回灌。

适合于地下水源热泵的地下水水质大致为：含沙量小于 1/200000，浊度小于 20mg/L，如果系统中采用板式换热器，水源中固体颗粒的粒径小于 0.5mm[40]。

常用的处理措施有：

1) 除沙。地下水经过除沙设备后再进入机组，目前多用漩流除沙器，也可用预沉淀池（但采用开式水箱，氧气容易进入，加速设备的腐蚀[41]）。

2) 加装换热器。这种方式较常用，不仅可以避免地下水腐蚀热泵换热器，还可以减少垢的生成[36]。常用铜镍合金板式换热器[42]和钛板换热器。

(3) 热贯通问题

使用地下水源热泵时，热贯通时有发生。如加拿大 1990 年建成的一个地下水源热泵系统，冬季运行末期，由于热贯通严重，地下水温度低，机组出现了过冷保护[43]。天津两地下水源热泵系统均出现了热贯通[44,45],一个采暖季,地下水温度降低值均超过4℃。

轻微的热贯通是可以接受的。但强烈的热贯通会降低系统承担负荷的能力,过大的温度变化会影响热泵机组的效率,严重的还能使地下水冻结,造成事故。热贯通可接受的程度与当地地下水温度、热泵机组的性能有关。

热贯通产生的原因与含水层特性、井的设计、井间距、井的运行方式和负荷特性有关。总的来说,渗透性强的含水层较渗透性差的含水层产生热贯通的可能性大。井的设计对热贯通的产生有一定的影响。研究表明,同等计算条件下,非完整井引起的热贯通程度强于完整井[46]。因此一般情况下应尽量使用完整井。生产井和回灌井之间的间距是影响热贯通程度的最大可控因素。井间距越大,产生热贯通的时间越长,程度也越轻微。一般对渗透性较好的松散砂石层,井间距应在100m左右,且回灌井宜在生产井的下游,对渗透性较差的含水层,井间距一般在50m左右,不宜小于50m[39]。还可以根据设计负荷大致计算[47]:$D=8\sqrt{Q}$,其中D为井间距(m);Q为设计负荷(kW)。冬夏生产井与回灌井调换的水井运行方式不仅有利于利用储存的能量,对于减轻地下水热贯通也有一定的益处。当冬夏负荷中,冷负荷或热负荷严重占优时,长期运行会加速热贯通的形成,因此,设计时应适当加大井间距。

(4) 井水泵功耗过高

井水泵功耗占地下水源热泵系统的能耗比重很大,不好的设计,能够使井泵能耗占总能耗的25%或更多[48],使热泵系统的季节性能系数减少20%[49]。湖南某宾馆地下水源热泵系统实测表明,深井泵的耗电量占整个系统耗电量的24%[50]。ASHRAE和美国能源部的一次调查表明,31个系统只有3个系统水泵运行良好[24]。因此,必须对井水泵的选型和运行控制多加注意。地下水流量通常为0.037~0.055L/(s•kW)[48]。常用的潜水泵的控制方法有:通过调节水池的双位控制、变速控制和多井调节控制。设计时应根据生产井数、系统形式和初投资综合选择。沈阳某地下水源热泵系统实测表明,潜水泵增加变频器的初投资在一个供暖期就得到了回收[51]。

(5) 运行管理

运行管理是任何一个HVAC系统的重要组成部分,对于地下水源热泵更是关键因素,有时候小小的变化会起到严重的破坏作用。文献[52]中提到,一个系统把冷水温度的设定值从10℃降为4.4℃,至使本来用来预冷的地下水被加热,机组在没有冷负荷时,仍满负荷运行。

7.1.2 同井回灌地下水源热泵的应用

1. 抽灌同井

抽灌同井最早的应用是丹麦技术大学校园内的实验井[53]。2001年抽灌同井首次在北京某工程上成功投入运行[54]。随后其推广与应用速度很快。2003年,已有100多个工程项目采用抽灌同井,建筑面积超过100万 m^2 [54];2005年,已有180多个工程项目,建筑面积250多万 m^2 [55];到2006年,达到250多个工程项目采用抽灌同井,建筑面积360多万 m^2 [56]。到2008年已推广应用的建筑面积达500多万 m^2。其中既有200m^2的别墅,也有12万 m^2 的大型单体建筑;建筑类型既包括普通建筑(如宾馆、住宅、购物中心、办公楼、学校和体育馆),又有特殊建筑(如医院、档案馆、厂房)和景观建筑(如中国国家大剧院)等。其应用区域已由北京延伸到上海、天津、河北、黑龙江、山西、山东、四川、青海、西藏、新疆等地。

2003～2004年采暖季，北京市统计局对11栋使用填砾抽灌同井作为热源井的不同类别建筑的126天运行数据进行了分析。数据测定时间为该年度北京规定供暖时间，2003年11月12日到2004年3月17日。表7-2给出了11栋建筑的概况。建筑类别分别属于办公建筑、商业建筑、住宅建筑、宾馆建筑、学校建筑以及大型购物超市建筑。

11栋建筑的概况 表7-2

序号	名称	建筑性质	供暖面积（m²）	系统功能
1	海淀区政府办公楼	节能建筑	57000	供冷、供热、生活热水、新风
2	海淀法院办公楼	节能建筑	21000	供冷、供热、生活热水、新风
3	中关村信息中心	节能建筑	17000	供冷、供热、新风、未装峰谷电表
4	海淀区政府第二办公楼	节能建筑	31000	供冷、供热、新风
5	海淀公安分局	节能建筑	33744	供冷、供热、生活热水、新风
6	海淀商业综合楼	节能建筑	30000	供冷、供热、新风
7	松麓饭店	非节能建筑	10400	供冷、供热、供生活热水
8	金泰阁	节能建筑	14130	供冷、供热、供生活热水
9	海淀外国语学校	非节能建筑	65308	供冷、供热、供生活热水
10	百安居	节能建筑	22044	供冷、供热、供生活热水、新风、未装峰谷电表
11	欧尚	节能建筑	22000	供冷、供热、供生活热水、新风、未装峰谷电表

图7-3和图7-4分别给出了11栋建筑单位供暖面积耗电量和单位供暖面积费用[57,58]。由图7-3中可以看出，11栋建筑单位供暖面积总耗电量和供暖耗电量由于建筑类别和建筑性质不同而不同，范围分别为14.3～53.1kWh/m²和14.2～42.5kWh/m²，对应于面积的平均值分别为35.5kWh/m²和31.2kWh/m²。采暖费用为9.48～28.85元/m²，对应于面积的平均采暖费用为17.39元/m²，略高于2001年北京市物价局（京价（商）字[2001]372号）中规定的燃煤采暖价格的最低价16.50元/m²，低于城市集中采暖价格24～30元/m²，大大低于燃油（气）、电锅炉采暖价格30～35元/m²。被调查的11栋建

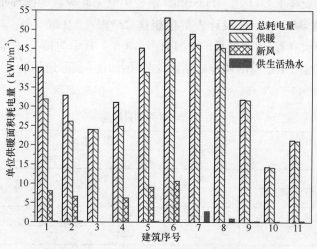

图7-3 11栋建筑单位供暖面积耗电量

筑中，7栋建筑单位面积采暖费用低于燃煤采暖价格的最低值（16.50元/m²），占被调查建筑的70%；被调查建筑100%低于燃油（气）、电锅炉采暖价格。因此，在北京地区，使用填砾抽灌同井不论是耗电量，还是运行费用都十分经济，这也是填砾抽灌同井得以迅速推广的原因。

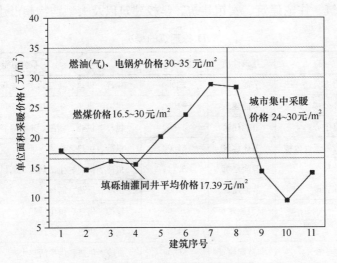

图7-4 11栋建筑单位供暖面积费用

2. 循环单井

循环单井开发于20世纪70年代中，20世纪90年代，循环单井被AEE（Association of Energy Engineers）和ASHRAE提出，开始有自己的商业市场[59]。ASHRAE现在已认可循环单井。现全美大约安装有1000个循环单井[60]，主要集中在美国的东北部、西北太平洋地区和邻近加拿大的部分地区[59,61]，该地方有适合的水文地质条件。报道较多的系统有：1998年竣工的纽约基金大厦（FoundationHouse）[62,63]、麻省的Haverhill公共图书馆和Hastings学校[63,64]。基金大厦1998年竣工，2口457m的热源井[47]。Haverhill公共图书馆1969年建成向公众开放，1995年改造为循环单井，两口热源井各深457m[43]，后由于建筑扩建又安装了2口[63]。Hastings学校由电采暖改造为循环单井，6个457m的单井，1996年节省＄57000，比设计人员预想高22%[63]。文献［61］通过问卷调查了美国新英格兰、纽约和麻省21个项目的34口循环单井，其中包括11个住宅和10栋公共建筑和学校。表7-3给出了汇总的调查数据。此外还给出了实际应用的循环单井的设计、安装和运行策略。

美国循环单井调查数据　　　　　　表7-3

	单 位	住宅建筑		公共建筑	
		范 围	平 均	范 围	平 均
装机容量	kW	17.6~52.8	27.1	35.2~352	200.6
井深	m	73~274	158	183~457	377
单位装机容量井深	m/kW	2.8~7.4	5.1	2.6~5.7	4.2
静止地下水位	m	1~37	15	5~12	6

注：超过90%的住宅建筑也同时用循环单井提供生活用水。

韩国 2000 年至 2008 年 8 月，共有 341 个项目采用地源热泵系统，由于地质条件的优势，其中 29.3%采用了循环单井[65]。表 7-4 给出了循环单井的钻井数据。循环单井项目井数分布情况为：＜2 井占 34.6%、2～4 井占 23.1%、4～6 井占 26.9%、6～8 井占 3.8%、＞8 井占 11.5%。

韩国循环单井钻井数据　　　　　　　　　　表 7-4

井深（m）	项目数	平均深度（m）
≤300	7	184
301～400	10	384
401～500	13	492
＞500	1	600

由于没有井管和灰浆热阻、更大的换热面积、井壁凸凹不平和原水掺混，与土壤耦合热泵相比，每 1kW 热泵容量的井孔深度大为减少[63]。表 7-5 给出了同一负荷和地质条件下，单 U 形管、双 U 形管和套管换热器与循环单井在孔深、初投资和寿命周期费用方面的比较[60,66]。可见，无排放循环单井相对于土壤耦合热泵不论孔深、初投资和寿命周期费用均大大减少。而循环单井采用 10%紧急排放时，需要的孔深更小，只有无排放时的 67%，更大地降低了初投资[60]。

土壤耦合热泵和循环单井的比较　　　　　　　　　　表 7-5

项　目	单 U	双 U	套管	SCW（无排放）	SCW（10%紧急排放）
孔深	1	0.78	0.67	0.60	0.40
初投资	1	0.84	0.90	0.54	0.37
20 年寿命周期费用	1	0.90	0.92	0.78	0.72

7.1.3 地表水源热泵的应用

20 世纪 30 年代，地表水源热泵系统问世，是地源热泵中最早使用的热泵形式之一。欧洲第一台较大的热泵装置是 1938～1939 年间，在瑞士苏黎世市政大厅投入运行的。它是以河水作为热源，供热能力 175kW[67]；日本于 1937 年在大型建筑物内安装了以泉水为热源的热泵空调系统[68]。20 世纪 40～50 年代，瑞士、英国早期使用的热泵装置中大部分是地表水源热泵，见表 7-6[67]。

瑞士和英国早期典型的地表水源热泵系统　　　　　　　　　　表 7-6

施工年份	国别	地　点	热源	供热量(kW)	备　注
1941	瑞士	苏黎世	河水	1500	用于游泳池加热
1941	瑞士	斯凯蒂	湖水	1950	人造药厂工艺用热
1942	瑞士	苏黎世	河水	7000	采暖
1943	瑞士	苏黎世	河水	1750	采暖
1945	瑞士	罗加诺	湖水		采暖
1949	英国	皇家庆典礼堂	河水	2700	采暖
1943	瑞士	Schoncnwerd	河水	250	鞋厂空调
1945	英国	诺里季电力公司	河水	120～240	采暖

欧洲其他一些国家也开始安装地表水源热泵系统,例如:1954年比利时在韦斯德雷的水厂里安装1台地表水源热泵,供热量为465kW,以河水为低位热源,供热性能系数为3.3~3.5;1956年法国在巴黎广播电台大楼安装1台以泉水为低位热源的热泵空调系统,制热量为4.9MW,制冷量为2.8MW;20世纪70年代末80年代初在瑞典和前苏联等区域供热发达的国家开始应用以地表水、地下水、城市污水和工业废水为低位热源的大型热泵站,单机容量达几兆瓦。尔后,在美国、日本、罗马尼亚、丹麦、德国也得到了迅速发展,单机容量甚至达到30MW,总装容量达到160MW。1987年,原苏联的杨图夫斯基等人对热泵站供热与热化电站、区域锅炉房基中供热进行比较,得出可节省燃料29.7%~32%,提出了利用莫斯科河水作低位热源的热泵站区域供热方案。斯德哥尔摩热泵站由6台供热能力为30MW/台的热泵机组组成,1984~1986年调试完成,投入运行。经过8年的运行后,斯德哥尔摩的区域供冷系统被公认为是大型供冷解决方案中近乎完美的工程,具有最高的可利用率、更加环保的效应以及更加经济的运行操作[69]。

随后,大型地表水源、地下水源热泵在欧洲各国开始兴建。目前,北欧地表水源热泵已经实现了规模化应用。

我国在地表水源热泵方面的应用现在也突飞猛进,尤其是长江流域。随着上海2010世博会的工程开工,利用黄浦江水作为冷热源的热泵项目也开始了建设使用[70]。在山东、湖南等地,也有湖水源热泵应用的成功先例[71]。

7.2 地下水源热泵热源井设计方法

现有热源井设计方法包括两类:一类是适合于工程计算的公式化方法[72~75];一类是数值模拟[76,77]。数值模拟虽然功能强大,更容易接近实际,但其从建模到结果的可靠性验证之间耗费的时间之多往往很难被设计人员接纳;再者对设计人员的知识储备和计算条件要求也过高,现阶段主要还是是用于研究。而热源井的简化设计方法基本上还是套用供水管井的设计方法,但地下水源热泵热源井与供水管井有显著的不同:热源井除了抽水之外,还有回灌和温度的变化。因此,热源井的设计方法更复杂。

热源井的设计包含生产井和回灌井的设计,包括井径、过滤网长度、井流量、井间距等。设计过程包括地下水动力学设计和热力学设计。其设计流程为:首先根据地下水源热泵承担的取热量、排热量和设计温差求得地下水的总需水量;而后根据允许降深和当地的含水层参数确定井流量和井数;进而根据GB 50296—99《供水管井技术规范》设计和校核井结构参数;其次,根据允许的热贯通程度设计生产井和回灌井的间距;再次,根据场地情况和当地的地下水流动情况进行井群布置;最后校核布置后的井群降深,若降深绝对值小于允许降深则结束,否则,重新设计井流量和井数。

7.2.1 地下水总需水量的确定

工程项目冬季和夏季所需的地下水总量由水源热泵机组的性能、地下水水温及冷、热负荷等因素决定的。夏季热泵机组按制冷工况运行,地下水总水量为:

$$m_{\text{gw}} = \frac{Q_{\text{e}}}{c_{\text{p}}(t_{\text{gw2}} - t_{\text{gw1}})} \times \frac{EER+1}{EER} \tag{7-1}$$

式中 m_{gw}——热泵机组按制冷工况运行时,所需的地下水总水量,kg/s;
　　t_{gw1}——进入热交换器或热泵机组的地下水温,℃;
　　t_{gw2}——回灌水水温,即离开热交换器或热泵机组的地下水温,℃;
　　c_p——水的比定压热容,通常取 $c_p=4.19$kJ/(kg·℃);
　　Q_e——建筑物空调冷负荷,kW;
　　EER——热泵机组的制冷能效比。

冬季热泵机组按制热工况运行,地下水总水量为:

$$m_{gw} = \frac{Q_c}{c_p(t_{gw1}-t_{gw2})} \times \frac{COP-1}{COP} \tag{7-2}$$

式中 Q_c——建筑物供暖热负荷,kW;
　　COP——热泵机组的制热性能系数。

式(7-1)和式(7-2)中,对于冬夏均运行的地下水源热泵系统,地下水总水量取大值,其已知量包括:建筑物的冷热负荷;对于选定的水源热泵机组,当运行工况确定后,其 COP 值与 EER 值已为定值;地下水水温(t_{gw1})可以通过地下水水文地质勘察获得。由此可见,只要求得离开热交换器或热泵机组的地下水水温 t_{gw2},就可以根据公式(7-1)和式(7-2)求得地下水的总需水量。更为实用的是根据当地地下水温度情况和水量丰富性给定生产井和回灌井的温差。常用的温差范围,冬季供热工况为 4~8℃,夏季制冷工况为 6~12℃。对于地下水温较高的地区,冬季可以取大值;夏季制冷工况的温差宜选的较冬季大。当然选取较大温差,可以减小地下水的总需水量,但要考虑到水源热泵机组的性能和当地地下水温度情况,不至于冬季地下水的冻结。

7.2.2 井流量设计

热源井的井流量设计是为了确定生产井和回灌井的数量。一般来说,地下水源热泵系统的热源井是包含生产井和回灌井的井群,井间抽水和回灌相互干扰,在设计阶段的第一步很难准确计算出在特定允许降深条件下生产井和回灌井的井流量。为此,先进行单井井流量的设计,而后校核井群干扰时生产井和回灌井降深。

对于承压含水层中的单个定流量完整井流,其井流量的计算公式如式(7-3)所示[78]:

$$L_w = \frac{4\pi KMs_p}{W(u)} \times 3600 \tag{7-3}$$

式中 L_w——热源井的井流量,m³/h;
　　K——含水层渗透系数,m/s,对于回灌井,渗透系数的经验值仅相当于正常的 40%[74];
　　M——含水层厚度,m;
　　s_p——长期抽水和回灌允许的降深,m,应根据当地的水文地质条件,经过技术经济比较确定,一般情况下可取 5mH₂O;
　　$W(u)$——泰斯井函数,如式(7-4)所示:

$$W(u) = \int_u^\infty \frac{e^{-x}}{x}dx \tag{7-4}$$

　　u 的计算式为:

$$u = \frac{r_e^2 \mu_s}{4Kt} \tag{7-5}$$

式中 r_e——热源井的有效半径，m。一般来说，对于生产井由于洗井和长期抽水，有效半径会大于实际井径 r_w；而对于回灌井由于涂抹效应和长期回灌，一般小于实际井径 r_w，并且随着井壁堵塞加重而缩小。

μ_s——含水层储水系数，m^{-1}；t 为计算时间，s，可取热源井的寿命 15 年。

对于潜水完整井流，其井流量的计算公式见式（7-6）：

$$L_w = \frac{2\pi K(2h_0 - s_p)s_p}{W(u)} \times 3600 \tag{7-6}$$

式中 h_0——含水层初始厚度，m。

那么所需要的井数可由下式确定：

$$N = \frac{3600 m_{gw}}{\rho_w L_w} \tag{7-7}$$

式中 N——热源井的井数，向上取整；

ρ_w——地下水的密度，kg/m^3。

对于一般的井群设计来说，应留有备用管井，备用管井的数量宜按照设计水量的 10%~20% 设置，并不得少于 1 口。但对于地下水源热泵系统来说，部分负荷出现的时间较长，井群同时工作的时间较短，考虑到经济性，生产井可以不设置备用。

7.2.3　井结构设计

热源井的主要形式有管井、大口井、辐射井等。管井一般指用凿井机械开凿至含水层中，用井壁管保护井壁，垂直地面的直井，是目前地下水源热泵空调系统中最常见的。大口井一般井径大于 1.5m，可作为开采浅层地下水的热源井。辐射井是由集水井与若干呈辐射状铺设的水平集水管（辐射管）组合而成，具有管理集中、占地省，便于卫生防护等优点，但施工技术难度大，成本较高。

管井主要由井室、井壁管、过滤器、沉淀管等部分组成。我国现有管井的直径有 200，300，400，450，500，550，600，650mm 等规格。井室的功能是安装井泵电机、井口阀门、压力表等，保护井口免受污染和提供运行管理维护的场所。井壁管不透水，它主要安装在不需要进水的岩土层段，其功能是加固井壁、隔离不良的含水层。过滤器是带有孔眼或缝隙的管段，与井壁管直接连接，安装在含水层中，其功能是集取地下水和阻挡含水层中的砂粒进入井中。过滤器可分为不填砾和填砾两大类。常用的过滤器结构形式有圆孔、条孔过滤器、缠丝过滤器和包网过滤器等。过滤管长度可按式（7-8）计算[79]：

$$l_j = \frac{L_w}{3600 \times 0.85 \pi n V_g D_g} \tag{7-8}$$

式中 l_j——过滤网长度，m；

n——过滤管进水面层有效孔隙率，宜按过滤管面层孔隙率的 50% 计算；

V_g——允许过滤管进水流速，m/s，不得大于 0.03m/s，当地下水具有腐蚀性和容易结垢时，还应按减少 1/3~1/2 后确定；D_g 为过滤管外径，m。

对于松散层中的管井，还应校核[79]：

$$l_j \geqslant \frac{L_w}{240\pi D_k \sqrt{K}} \tag{7-9}$$

式中 D_k——开采段井径,m。

一般来说,由此确定的是最小过滤管长度,实际选用时还应留有余量,对于地下水源热泵热源井,若含水层埋深较浅,经济允许时应尽量采用完整井。

沉淀管位于管井的底部,用于沉淀进入井内的细小泥沙颗粒和自地下水析出的其他沉淀物。沉淀管的长度视井深和地下水沉砂可能性而定,一般为2~10m。

7.2.4 井间距设计

井间距的大小直接影响地下水源热泵的热贯通程度。热贯通定义为热泵运行期间抽水温度发生改变的现象。轻微的热贯通是可以接受的。但强烈的热贯通会降低系统承担负荷的能力,过大的温度变化会影响热泵机组的效率,严重的还能使地下水冻结,造成事故。热贯通可接受的程度与当地地下水温度、热泵机组的性能有关。热贯通产生的原因与含水层特性、井的设计、井间距、井的运行方式和负荷特性有关,其中生产井和回灌井之间的间距是影响热贯通程度的最大可控因素。井间距越大,产生热贯通的时间越长,程度也越轻微。一般对渗透性较好的松散砂石层,井间距应在100m左右,且回灌井宜在生产井的下游,对渗透性较差的含水层,井间距一般在50m左右,不宜小于50m[39]。但现在随着项目规模的逐渐扩大,时常会减小生产井、回灌井间距,沈阳逐渐采用30m井间距,甚至更小[80]。

热贯通的程度用热贯通系数表示,在第6章6.5节中有详细的论述,详见式(6-29)。根据负荷统计结果,对于公共建筑可取设计取热温差的50%,住宅为40%。

热贯通系数的允许值应根据当地地下水温度、水文地质条件、井群的布置和热泵机组的效率综合确定。对于北京地区,前期的大量计算表明,平均热贯通温度量值 $\Delta t_t \leqslant 3.0℃$ 时,热泵机组的耗功比地下水温度保持初温不变时的耗功增大不超过10%。

热贯通后平均抽水温度的计算非常复杂,Tsang等对含水层储能、地下水作为冷却水等情形进行大量的实验和理论研究之后,得出半理论计算式如下(参数经过重新组合)[81]:

$$\frac{\Delta t_L}{\Delta t_t + \Delta t_L} = 0.338 e^{-0.0023\frac{\tau}{\tau_B}} + 0.337 e^{-0.1093\frac{\tau}{\tau_B}} + 1.368 e^{-1.3343\frac{\tau}{\tau_B}} \tag{7-10}$$

式中 τ_B——热贯通时间,h,当含水层无区域流动时,可由式(7-11)计算:

$$\tau_B = \frac{n}{3} \frac{\pi M D^2}{L_w} \frac{V_A}{V_T} \tag{7-11}$$

式中 n——含水层孔隙率,%;

D——生产井和回灌井之间的距离,m;

V_A/V_T 可由(7-12)式计算:

$$\frac{V_A}{V_T} = \frac{(1-n)c_r + nc_w}{nc_w} \tag{7-12}$$

式中 c_r——干岩石容积比热容,kJ/(m³·℃);

c_w——地下水容积比热容,kJ/(m³·℃),可取4176kJ/(m³·℃)。

对于含水层区域流动方向平行于生产井和回灌井直线时,其热贯通时间可按下式计算:

$$\begin{cases} \tau_B = \dfrac{D}{v_0}\dfrac{V_A}{V_T}\left[1 + \dfrac{A}{\sqrt{1+4A}}\ln\left(\dfrac{1-\sqrt{1+4A}}{1+\sqrt{1+4A}}\right)^2\right] & v_0 > 0 \\ \tau_B = \dfrac{D}{v_0}\dfrac{V_A}{V_T}\left[1 + \dfrac{A}{\sqrt{-1-4A}}\tan^{-1}\left(\dfrac{1}{\sqrt{-1-4A}}\right)\right] & v_0 < 0 \text{ 且 } |v_0| < \dfrac{2L_w}{\pi nMD} \\ \tau_B = \infty & v_0 < 0 \text{ 且 } |v_0| > \dfrac{2L_w}{\pi nMD} \end{cases}$$
(7-13)

式中　v_0——区域地下水流速，m/s，从回灌井指向生产井方向为正。

A 可以由下式计算：

$$A = \dfrac{L_w}{2\pi nMDv_0} \tag{7-14}$$

井间距的计算流程为：先假定井间距，而后根据式（7-11）或式（7-13）计算热贯通时间，再根据式（7-10）计算平均热贯通温度量值，校核平均热贯通温度量值是否等于允许值，若比允许值小较多，则减小井间距，重新计算；若比允许值大较多，则增大井间距，直到其近似等于允许值。此时得到的井间距为最小值，实际布置井群时，场地许可宜适当增加井间距。

7.2.5　井群干扰

确定了生产井和回灌井数量、间距后，应按照工区建筑物和构筑物情况布置生产井和回灌井群。井群的布置原则是尽量将井间干扰控制在最小。井群存在时，地下水的降深由下式计算：

$$s = \sum_{i=1}^{n} s_i = \dfrac{1}{4\times 3600\pi KM}\sum_{i=1}^{n}\left[L_{w,i}W(u_i)\right] \tag{7-15}$$

式中　s_i——某一热源井 i 在计算点产生的降深，m；

$L_{w,i}$——某一热源井 i 的流量，m³/h，抽水为正，回灌为负。

此时降深应满足：

$$|s| \leqslant |s_y| \tag{7-16}$$

若不满足，应重新设计井流量和井数。

7.2.6　设计实例

以新疆某市一住宅小区为例，说明热源井的设计过程和参数取值。该小区为新建的高层、多层和小别墅住宅群。规划总用地面积 8.1 万 m²，总建筑面积 20.7 万 m²，其中高层住宅 10.0 万 m²，多层住宅 10.3 万 m²，小别墅 6 栋，2400m²。建筑密度 30%，绿化率 31%。末端散热设备设计为低温地板辐射，拟采用地下水源热泵供热。其总热负荷为 8911kW。

该住宅小区毗连克孜勒河，其南端离克孜勒河的直线距离为 300m 左右，地层为吐曼河与克孜勒河之间的洪积-冲积平原，沉积了巨厚第四系，厚度可达 600~800m，为地下水的赋存提供了巨大的空间。其所在含水层为多层结构承压水类型。其中浅层承压水涌水量大于 5000m³/d，第一层承压水涌水量 3000~5000m³/d，水质较好，为该市第三水源地的主要开采层。地下水源热泵系统的主要开采层为浅层承压水,水质较差,不适合饮用和工业应用。其周围有城市供水水文地质调查时的详细钻孔资料和抽水实验资料,初步设计时可以采用。热源井计算所需的参数如表7-7所示。

热源井计算所需参数 表7-7

项 目	热负荷(kW)	热泵性能系数	地下水设计取热温差(℃)	平均取热温差(℃)	含水层岩性
值	8911	3.5	6.0	2.5	沙砾石
项 目	含水层孔隙率(%)	含水层渗透系数(m/d)	储水系数(m^{-1})	含水层厚度(m)	干岩石热容量[kJ/(kg·℃)]
值	28	45	1E-6	50	1588
项 目	地下水温度(℃)	抽水井允许降深(m)	回灌井允许降深(m)	总计算时间(a)	采暖期(d)
值	14	5	−6	15	122

计算得到的生产井和回灌井参数如表7-8所示。其中,允许平均热贯通温度量值为2℃,计算井间距为78.3m,圆整为75m,热贯通时间为1296h。井群布置如图7-5所示。校核各井降深如表7-9所示。由表7-9可知,井群干扰后各井降深满足设计要求。

热源井设计参数 表7-8

项 目	单 位	生产井	回灌井
井管直径	mm	300	500
过滤器孔隙率	%	30	30
允许过滤管流速	m/s	0.02	0.015
总水量	m³/h	914.5	914.5
单井出水量	m³/h	185(182.9)	90(91.4)
数量	个	5	10
过滤管长度	m	50(39.8)	50(33.6)
过滤器类型	—	填砾过滤器	填砾过滤器
沉淀管长度	m	5	5
孔深	m	80	80

注:括号内的值为计算实际值。

井群干扰后各井降深值 表7-9

编 号	降 深(m)	编 号	降 深(m)
PW01	3.84	RW04	−3.58
PW02	4.39	RW05	−3.85
PW03	4.15	RW06	−4.29
PW04	3.95	RW07	−4.44
PW05	3.87	RW08	−4.18
RW01	−3.07	RW09	−4.46
RW02	−3.89	RW10	−4.57
RW03	−4.15		

注:PW为生产井;RW为回灌井。

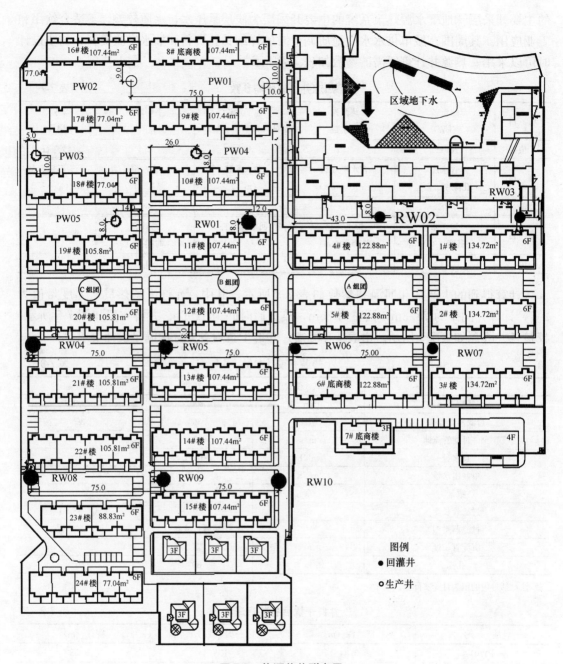

图7-5 热源井井群布置

7.3 地表水源热泵塑料螺旋管换热器设计

我国河流纵横、湖泊分布众多，拥有丰富的地表水地资源，这为我国发展地表水源热泵提供了基本条件。但是，我国对于地表水源热泵的研究起步较晚，可供设计参考的文献资料十分有限，对于闭式地表水源热泵的重要部件——塑料螺旋管换热器（又称松散捆卷盘管）设计计算的研究更加稀少。虽然文献［42，75，82～84］中给出了相关表格和线算图,但过于粗放、缺乏精确性,且大多按国外地表水特点和标准绘制,在实际工程设计中,难以直接采用。

7.3.1 塑料螺旋管换热器研究现状及设计应用中存在的问题

近期我国地表水地源热泵在长江流域的应用突飞猛进,但相关研究,尤其是设计方法的研究才刚刚起步,公开发表的关于地表水地源热泵换热器设计的文献资料较少,其中文献[42,82]是较早将国外闭式地表水源热泵塑料螺旋管换热器的设计计算方法和设计线算图介绍给国内的文献,也是目前国内闭式地表水源热泵系统设计计算的依据和沿用的设计计算方法。国内正式出版的书籍均引用了此设计计算方法和计算依据[75,83,84]。略加分析,可以发现如下问题:

(1) 由文献[82]给出的设计线算图获取的数据略显粗糙,缺乏精确性。其表现在:

1) 设计者可以根据盘管出口温度与水体温度之差确定单位供冷或供热能力的盘管长度,并认为只要流体在盘管内流量大于非层流状态的最小需要流量($Re>3000$),其结果正确。这虽然指明了管内的流动状态,但却忽略了盘管外水体的流动状态,湖泊与急流流动的河流显然对盘管换热的影响是不一样。

2) 一般来说,管内流体流速大于一定值($Re>3000$)时,管内流动状态为非层流,当$Re>10000$时,流态变为湍流。此时若再增大流速,流动对换热的影响变小,但盘管在一定的换热量条件下,随着流体流量的增加,其进出口温差却发生变化,文献[82]对此考虑不足。

3) 文献[82]中线算图应用条件为:盘管为高密度聚乙烯管(HDPE);管内流量为$0.054L/(s \cdot kW)$;流态为非层流($Re>3000$)。实际工程与这些条件不符时,又如何考虑,值得研究。

(2) 文献[42]提供的设计数据条件:

1) 20%乙烯乙二醇水溶液,流量为$0.054L/(s \cdot kW)$,管径为25mm的SDR11聚乙烯管;

2) 分北方与南方河流或湖泊水温;

3) 给出不同长度(三种规格,其规格是按美国聚乙烯盘管的标准规格)地表水交换热器盘管的设计进水温度,这意味着选择不同长度的盘管,会有不同的设计出水温度(热泵机组的进水温度)。

显然,这些条件难以同我国闭式地表水地源热泵系统的实际条件相一致,因此,目前我国闭式地表水地源热泵系统设计,在缺少实测数据积累、缺乏理论与实验研究情况下,只好采用类比方法,进行粗略的估算。

(3) 我国地表水的特点不同于其他国家地表水,河流的径流特征值(水位、流量、流速)更是各不相同。同时,我国地域辽阔,南方与北方地表水的特点差异很大,因此,采用文献[42,82]中的线算图和表格计算的设计值将会比美国采用该文献得出的设计计算数据误差更大。

基于上述情况,本节作了以下3点初步研究:

(1) 从换热器基本原理入手,结合闭式地表水地源热泵塑料螺旋管换热器的特点,建立适合设计计算的简化数学模型;

(2) 经大量数值计算,获得了影响换热器换热能力的显著因素和非显著因素;

(3) 提供了供热、供冷工况的基本线算图，针对显著因素给出了换热器进出口温差修正系数公式、地表水体流速修正系数表。

7.3.2 塑料螺旋管换热器传热数学模型

塑料螺旋管换热器的传热为一圆管束内强迫对流的间壁式换热，当河流有流动时，流体横掠管外。

圆管传热热阻可采用下式计算[85]：

$$R = \frac{1}{KA} = \frac{1}{\pi d_i l}\left(\frac{1}{\alpha}+r_d\right)_1 + \frac{\ln(d_0/d_i)}{2\pi\lambda l} + \frac{1}{\pi d_0 l}\left(\frac{1}{\alpha}+r_d\right)_2 \quad (7-17)$$

式中 K——传热系数，$W/(m^2 \cdot K)$；

d_i，d_0——圆管壁内、外径，m；A 为圆管表面积，m^2；

r_d——污垢系数，$m^2 \cdot K/W$，如表7-10所示；

l——圆管长度，m；下标 1 为与流体 1 接触侧，2 为与流体 2 接触侧。

污垢系数 r_d $[m^2 \cdot k/W]$ 的一般参考值 表7-10

	海 水	河 水	多泥砂的水
水速<1m/s	0.0001	0.0006	0.0006
水速>1m/s	0.0001	0.0004	0.0004

管内流体与圆管壁的对流换热系数为[85]：

$$Nu = 0.023 Re^{0.8} Pr^a \quad (7-18)$$

式中 当流体被加热时，$a=0.4$；流体被冷却时，$a=0.3$。定性温度为管道进出口截面算术平均值；特性尺度对圆形通道取管内径，非圆形通道取当量直径 d_e。

当管外地表水有流动时，横掠圆管管束外的对流换热系数为[85]：

$$Nu = CRe^b Pr^{0.36}\left(\frac{Pr}{Pr_W}\right)^{\frac{1}{4}} \varepsilon_m \varepsilon_\beta \quad (7-19)$$

式中 ε_m——管排修正系数，当管排数目 $m \geqslant 20$ 时，$\varepsilon_m=1$，当 $m<20$ 时，ε_m 值与管排数、Re 数、排列方式有关，详见文献[85]；

ε_β——流体流动方向与管轴线不垂直的修正系数，如表7-11所示；C 和 b 为系数，随 Re 数和管束的排列方式不同而不同，其值详见文献[85]。

修正系数 ε_β 表7-11

	$\beta/(°)$	90～80	70	60	45	30	15
	单圆管和顺排管束	1.0	0.97	0.94	0.83	0.70	0.41
	叉排管束	1.0	0.97	0.94	0.78	0.53	0.41

式（7-19）中的定性温度：Pr_W 为壁面温度，其余均用流体平均温度；特性尺寸取管外径；特征速度取管间最小截面处的最大流速 u_{max}。

一般来说，螺旋管换热器几何形状复杂，不能直接套用现有的流体横掠圆管管束外对流换热系数经验公式，因此，需要根据实际情况进行合理的简化和假设：

7.3 地表水源热泵塑料螺旋管换热器设计

(1) 管束排列方式的简化。塑料螺旋管换热器一般采用高密度聚乙烯盘管,有两种形式:松散捆卷盘管形式和伸展开盘管("slinky"盘管)形式(如图7-6所示)。两种形式都具有较好的换热性能,但松散捆卷盘管形式的换热器应用更为普遍,故本文仅对工程中应用较普遍的松散捆卷盘管形式进行计算。图7-7为松散捆卷盘管形式塑料螺旋管换热器剖面图。结合图7-7可以看出,松散捆卷盘管形式的管束排列方式可近似看作顺排。

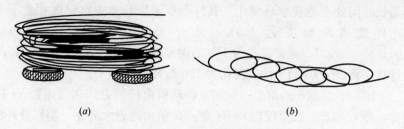

图7-6 常用塑料螺旋管换热器形式
(a) 松散捆卷盘管;(b) 伸展开盘管("slinky"盘管)

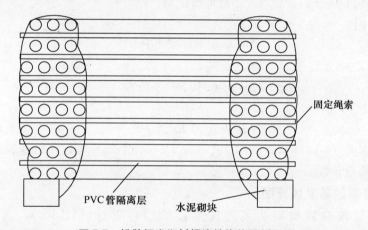

图7-7 松散捆卷塑料螺旋管换热器剖面图

(2) 管排数目的假设。由文献[85]可知,当管排数目大于8时,对于顺排管束,管排修正系数 ε_m 接近于1.0,对于地表水地源热泵换热器系统来说,管排数一般大于8,故在下面的计算中,管排修正系数 ε_m 均取值为1.0。

(3) 流体流动方向与管轴线不垂直的修正系数 ε_β 的简化。对于塑料螺旋管换热器来说,管外流体横掠的换热器外形为圆形,其角度连续变化。为此,ε_β 可采用下式近似计算:

$$\overline{\varepsilon_\beta} = \frac{\pi}{2} \int_0^{\pi/2} \varepsilon_\beta \mathrm{d}\beta \tag{7-20}$$

式中 $\overline{\varepsilon_\beta}$ ——塑料螺旋管换热器流体流动方向与管轴线不垂直的平均修正系数。

这样对表7-11中的数据进行拟合,而后积分平均可得到塑料螺旋管换热器流体流动方向与管轴线不垂直的平均修正系数 $\overline{\varepsilon_\beta}$ 为0.731。

(4) 对式(7-19)中 $(Pr/Pr_w)^{1/4}$ 的简化。对于地表水地源热泵换热器来说,盘管外流体为不同温度下的地表水,计算 Pr_w 时,定性温度为换热器的外壁面温度 t_w,Pr 取地表水温度的对应值。对于换热器来说，管外的地表水和塑料管的外壁面温度相差不大，$(Pr/Pr_w)^{1/4}$可近似取为1.0。即使在最不利情况下，$(Pr/Pr_w)^{1/4}$取1也能满足工程精度。由饱和水的热物理性质可知：当水温处于0～10℃之间时，相同温差下的Pr变化最大，即在相同温差条件下，$(Pr/Pr_w)^{1/4}$越偏离1.0。对于地表水换热器来说，最不利工况出现在冬季，塑料螺旋管换热器外壁面温度极限值为0℃，此时Pr_w值为13.67；由于塑料螺旋管换热器长时间处于地表水环境中，其外壁面温度与地表水温度相差不大，这里取1.0℃温差，即地表水温度为1.0℃，此时Pr值为13.26，则$(Pr/Pr_w)^{1/4}=(13.26/13.67)^{1/4}=0.9924$，将其简化为1.0的误差仅为0.76%，在工程计算的允许误差之内，因此计算中将$(Pr/Pr_w)^{1/4}$的值简化为1.0是合理的。

(5) 式 (7-19) 中C和b的取值。C和b的取值由排列方式和雷诺数Re决定。若排列方式为顺排，则C和b的取值仅与Re有关。Re值由地表水流速、塑料管外径和水的运动黏度决定。当计算条件给定时，即可确定雷诺数Re的取值范围，进而确定C和b的值。

综合假设（1）～（5），式（7-19）可简化为：
当$1<Re<10^2$时，

$$Nu = 0.70 Re^{0.40} Pr^{0.36} \tag{7-21}$$

当$10^2<Re<10^3$时，

$$Nu = 0.40 Re^{0.50} Pr^{0.36} \tag{7-22}$$

当$10^3<Re<2\times10^5$时，

$$Nu = 0.21 Re^{0.63} Pr^{0.36} \tag{7-23}$$

为此，依据式（7-17），（7-18）及式（7-21）～（7-23）可以求得地表水螺旋管换热器传热热阻或传热系数。

7.3.3 设计计算的基准线算图

塑料螺旋管换热器材料为高密度聚乙烯塑料管材（HDPE），其导热系数为0.50W/(m·K)。分别对供热工况和供冷工况进行大量的计算，包括不同的换热介质、地表水流速、换热介质流速、水体温度、换热器进出口温差等，由计算可知：

(1) 换热介质种类及浓度

在其他条件不变的情况下，管内换热介质由水变为质量分数为20%的乙二醇溶液，换热器单位负荷需要盘管长度仅增加了0.01%，在工程计算中，可以认为两者近似相等。因此，水和质量分数不太高的乙二醇溶液的换热能力几乎没有差别，可以采用相同的线算图。但需要说明的是，换热介质的种类和浓度的变化对换热器的流动阻力影响很大，需针对不同情况分别计算。

(2) 换热介质流速

在其他条件不变的情况下，管内换热介质流速由0.3m/s增加到1.8m/s，换热器单位负荷需要盘管长度仅减少3.3%。因此，换热介质流速变化对换热器换热能力影响不大，在工程设计值范围内，可以忽略其对换热器换热能力的影响，而采用相同的线算图。

(3) 换热器进出口温差

不论供热工况还是供冷工况，换热器进出口温差对塑料螺旋管换热器长度的影响都比较大。若换热器出口温度一定，当换热器进出口温差增大时，所需的螺旋管换热器长度显著减小。

(4) 地表水体温度

地表水温度的变化对塑料螺旋管换热器传热能力的影响远小于地表水流速变化对其的影响。对于供冷工况，在其他条件（换热介质种类、换热器进出口温差、地表水体流速等）不变的情况下，地表水体温度由20℃增加为30℃，换热器单位负荷需要盘管长度仅减少2.3%。对供热工况其变化量值相似。因此，地表水体温度变化对换热器换热能力影响不大，在工程计算中可忽略。

(5) 地表水流速

当地表水流速远小于换热介质流速时，换热器管外对流换热热阻比管内对流换热热阻和间壁导热热阻要大得多。如当水体流速为0.0005m/s，换热介质流速为0.3m/s时，管外单位长度对流换热热阻为0.15K·m/W，而管内单位长度对流换热热阻为0.008K·m/W；当水体流速由0.0005m/s增大到0.002m/s时，换热器总热阻减少了32%，而当换热介质流速由0.3m/s增大到1.8m/s时，换热器总热阻仅减少了3.3%。换热器盘管外的对流换热是制约换热器换热能力的主要因素。在此情况下，地表水流速的变化对换热器传热系数的影响远大于换热介质流速对其的影响。

当地表水流速与换热介质流速相当（数值处于相同的数量级）时，换热器管外对流换热热阻与管内对流换热热阻也相当，即地表水流速的变化对换热器传热系数的影响与换热介质流速变化对其的影响相当。此时，若两者在合理范围内变化，换热器传热系数的变化不大。此时，塑料管材的导热热阻对换热系数的影响变大。

(6) 塑料管材壁厚

当地表水体流速很小时，高密度聚乙烯塑料管材壁厚对换热器换热能力的影响很小。当地表水体流速逐渐增大时，塑料管材壁厚对换热器换热能力的影响也增大，特别是小管径的塑料管材。但由于国家对高密度聚乙烯塑料管材的生产有一定的标准，故管材壁厚变化范围基本在1mm左右，由此所产生的换热器单位负荷盘管需要长度的变化也可忽略不计。

(7) 供热工况与供冷工况

将供热工况与供冷工况进行对比，当换热器出口温度与地表水体温度之差的绝对值和地表水流速相同时，由于冬夏水体物性参数差别，冬季供热盘管单位负荷需要长度比夏季供冷盘管单位负荷需要长度要大，两者的比值大约为1.07。

考虑到上述影响因素，为了工程选用方便，这里分别给出供热工况和供冷工况的基本线算图，如图7-8所示，而对某些显著因素的值与基本线算图不符时，可采用修正的方法。图7-8的计算条件为：供热工况水体温度为5℃，供冷工况水体温度为28℃；两种工况的水体流速均为0.0001m/s；换热介质为质量分数20%的乙二醇溶液，流速为0.8m/s；换热器进出口温差5℃。图7-8中横坐标接近温差为换热器出口温度与水体温度之差，供热工况时从地表水体吸热，换热器出口温度低于水体温度，接近温差为负值，供冷工况相反，接近温差为正值；纵坐标为高密度聚乙烯塑料管材塑料螺旋管换热器供热/供冷需要长度，指的是换热器每kW换热量所需的管材长度，不同于冷热负荷。

7.3.4 线算图修正

根据7.3.3节的分析可知，塑料螺旋管换热器换热器进出口温差和地表水体流速的变

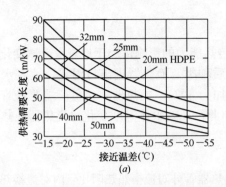 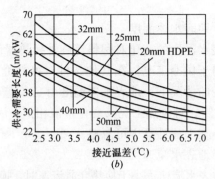

图 7-8 塑料螺旋管换热器需要长度
(a) 供热工况；(b) 供冷工况

化对换热器长度的影响较大，为显著因素，当实际条件与图 7-8 不符时应加以修正。

1. 换热器进出口温差修正

图 7-8 中换热器进出口温差均为 5℃，当进出口温差不满足此设计条件时，可将基本线算图进行修正后再使用。由换热器传热的基本公式得：

$$Q = K_{m1} \Delta t_{m1} A_1 = K_{m2} \Delta t_{m2} A_2 \tag{7-24}$$

式中　Q——换热量；

　　　K——传热系数；

　　　Δt——传热温差；

　　　A——换热面积，与塑料螺旋管换热器长度成正比；

　　　m——平均值；

　　　1，2 分别不同的换热器进出口温差。

在其他条件不变而仅改变换热器进出口温差时，换热介质平均温度变化不大，由此而导致的换热系数的变化微乎其微，可以认为 $K_{m1} \approx K_{m2}$。传热温差可以表示为，

$$\Delta t_m = t_w - (t_{h,o} + t_{h,i})/2 = t_w - t_{h,o} \pm 0.5|\Delta t_h|$$

$$= \Delta t_{w,h} \pm 0.5|\Delta t_h|$$

式中　t_w——地表水体温度；

　　　$t_{h,o}$、$t_{h,i}$——换热器出口和进口温度；

　　　$|\Delta t_h|$——换热器进出口温差，取正值；

　　　$\Delta t_{w,h}$——接近温差。式中的"±"对于供热工况取"+"，供冷工况取"−"。

这样，就可以得到不同换热器进出口温差相对于基准线算图的修正值。具体的修正方法为：

(1) 根据技术经济条件确定合理的换热器进出口温度和接近温差；

(2) 根据接近温差和塑料管管径，在基本线算图中确定换热器进出口温差为 5℃时的单位换热量供冷/供热需要长度值 l_1；

(3) 利用式 (7-25) 求取换热器进出口温差为 $|\Delta t_h|$ 时的单位换热量供冷/供热需要长度值 l_2。

$$l_2 = l_1 \times \frac{接近温差 \pm 2.5}{接近温差 \pm 0.5 |\Delta t_h|} \tag{7-25}$$

式中 供热工况为"+";供冷工况为"-"。

这样,设计人员在换热器设计时可采用更符合实际的换热器进出口温差,而不局限于给定的换热器基本线算图中的进出口温差值。

2. 地表水体流速修正

在大多数情况下,水体流速要远小于换热介质流速,换热器管外对流换热热阻比管内对流换热热阻和间壁导热热阻要大得多,换热器盘管外的对流换热是制约换热器换热能力的主要因素。基准线算图(见图 7-8)中对应的水体流速为 0.0001m/s,可近似看作静止的湖水,以此所需的单位换热量盘管长度为基准,当流速增大时,采用流速修正系数对基准长度进行修正,表 7-12 给出了不同地表水体流速下的修正系数。

地表水体流速修正系数   表 7-12

地表水体流速(m/s)	0.0001	0.0005	0.002	0.01	0.05	≥0.3
供热工况	1.00	0.60	0.42	0.29	0.21	0.18
供冷工况	1.00	0.60	0.42	0.29	0.22	0.17

由表 7-12 可知,地表水体流速对换热器长度的影响很大,尤其是低流速的情况。当地表水体流速大于 0.3m/s 时,地表水流速与换热介质流速相当,此时地表水体侧的对流换热热阻亦与换热介质侧相当,换热器的主要热阻为塑料管材的导热热阻,此时地表水体流速的增加对换热器长度的影响较小,因此地表水体流速修正系数近似取相同值。

7.4 带辅助热源的水源热泵设计负荷比分析

一般来说,地源热泵供暖时,根据不同的地域、气候、资源、环境,其运行费用可比传统空调系统降低 25%~50%[86]。较低的运行费用[24,87]和更为稳定效率,是地源热泵得以快速发展的动力。但地源热泵的初投资一般较高,很多情况下,静态增量投资回收期高达 10a 甚至更高[88,89],这说明地源热泵运行费用的节省并不一定足以补偿其初投资的增加。为了提高地源热泵的经济性,通常在设计地源热泵系统时还选择另外一种初投资较低辅助热源[90~92]或辅助热汇[93]。确定地源热泵和辅助热源各自承担的设计负荷比不仅与设计工况有关,而且与系统采暖季的逐时运行特性密切相关,是一个关系到节能和经济性的问题。这里结合新疆某市的气象资料和当地能源价格分析了地源热泵、燃气锅炉、燃煤锅炉供热的能耗情况,特别是以燃气锅炉为辅助热源的地源热泵供热系统的能耗情况及经济性。

7.4.1 采暖期的动态负荷

设计热负荷基本上是最不利,也即是最冷时刻的负荷。但室外气象条件逐时变化,相应负荷也发生改变,因此为了模拟采暖季总的燃料耗量,必须知道采暖期各时刻的动态负荷。根据《公共建筑节能设计标准》(GB 50189—2005)对新疆某市一典型的南北向 6 层办公建筑进行动态负荷模拟,模拟软件采用 DeST[94]。模拟表明,办公建筑设计负荷热指标为 53.34W/m²,负荷统计结果如图 7-9 所示。

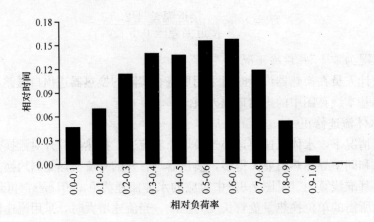

图 7-9 负荷统计结果

注：相对负荷率 0.3~0.4 是指大于等于设计负荷的 30% 而小于 40% 的采暖负荷；相对时间是指满足该特性的负荷出现的时间占采暖期的比例。

由图 7-9 可知，设计热负荷所占的时间很短，绝大多数时间是部分负荷。对于办公建筑来说，30%~70% 设计负荷出现的时间最长，占到总采暖时间的 59%，而最大负荷出现的时间仅有 1h，其平均负荷仅为设计负荷的 47.67%。因此，计算供暖方案燃料耗量时应该采用逐时负荷，而不是设计负荷，否则会出现不真实的结果。

7.4.2 燃料耗量的计算

现设供热系统（热泵和锅炉）每年需向热用户提供热量 Q_1(kJ/a)，分别计算燃煤锅炉、燃气锅炉和地源热泵全年的燃料耗量。

（1）当由燃煤锅炉供热时，锅炉每年的原煤耗量为：

$$B_{bc} = \frac{Q_1}{20934\eta'_{1c} \times \eta'_{2c}} \tag{7-26}$$

式中 B_{bc}——燃煤锅炉的原煤耗量，kg/a；

20934——原煤的低位发热量，kJ/kg；

η'_{1c}——燃煤供热锅炉效率，取 70%；

η'_{2c}——热网效率，取 90%。

（2）燃气锅炉的天然气耗量为：

$$B_{bg} = \frac{Q_1}{35588\eta'_{1g} \times \eta'_{2g}} \tag{7-27}$$

式中 B_{bg}——燃气锅炉的天然气耗量，Nm³/a；

35588——天然气的低位发热量，kJ/Nm³；

η'_{1g}——燃气供热锅炉效率，取 88%；

η'_{2g}——热网效率，取 90%。

锅炉供热系统除了原煤或燃气消耗外，能量消耗还有锅炉辅机的电力消耗，一次网、二次网的水泵电耗等，其总的电力消耗如式（7-28）所示：

$$E_b = k_b Q_1 \tag{7-28}$$

式中 E_b——锅炉供热系统的电力耗量，kJ/a；

k_b——比例系数，对于燃煤锅炉取 0.05；燃气锅炉取 0.04。

(3) 热泵供热系统热泵主机消耗的电能为：

$$E_{pc} = \frac{Q_1}{COP} \quad (7-29)$$

式中 E_{pc}——热泵主机的电力耗量，kJ/a；
COP——热泵性能系数，对于地源热泵取 3.50。

除此之外，还包括水泵或风机的电力消耗：

$$E_{pp} = k_{pp} E_{pc} \quad (7-30)$$

式中 E_{pp}——水泵或风机的电力耗量，kJ/a；
k_{pp}——比例系数，对于地源热泵取 0.15。

为了统一比较标准，将原煤、天然气、电力等统一折算成标准煤，其折算公式为：

$$B = kE \quad (7-31)$$

式中 B——标煤耗量，kJ/a；
E——其他能源耗量；
k——折标系数。

对于原煤折标系数为 0.714kg/kg，燃气的折标系数为 1.214kg/Nm³，电力为 0.404kg/(kW·h)，考虑到该市供应的电力中有 35% 为水电，由于水电消耗的一次能源较火电低很多，假设水电的折标系数为火电的 30%，则该市电力的综合折标系数为 0.305kg/(kW·h)。

7.4.3 单一方案的燃料耗量

对一典型的 10000m² 的办公建筑（全年耗热量为 2680.28 GJ），采用燃煤锅炉，燃气锅炉，地源热泵供热的燃料耗量进行计算，计算结果如表 7-13 所示。

燃料耗量（对应 1 万 m² 建筑面积） 表 7-13

方案	燃料耗量			折算成标煤耗量（t）
	原煤（t）	天然气（kNm³）	电力（MWh）	
燃煤锅炉	203.23	—	37.23	156.46
燃气锅炉	—	95.09	29.78	124.52
地源热泵	—	—	244.63	74.62

由表 7-13 可知：

(1) 若以燃煤锅炉的标煤耗量为 100%，那么燃气锅炉、地源热泵供暖系统的标煤耗量分别为 80.0%，47.7%。其节能特性为：地源热泵＞燃气锅炉＞燃煤锅炉。

(2) 使用热泵供热的显著节能特性，一方面与热泵自身的原理有关，另一方面也与该市的实际情况有关。该市的电力供应中有 35% 为节能环保的水电，这一有利条件显著加大了热泵的节能特性，因此在该市使用热泵供热相对于燃煤锅炉和燃气锅炉是节能的。若该市的电力全部按火电计算，那么燃气锅炉、地源热泵供暖系统的标煤耗量分别为燃煤锅炉的 79.6% 和 61.7%。

7.4.4 带辅助热源方案的燃料耗量

一般来说，热泵供热较锅炉节约原料，但其初投资也相对较高，因此，对于具体工程方案应综合考虑节能和经济性，可采用两种热源同时供热，例如地源热泵＋燃气锅炉。在

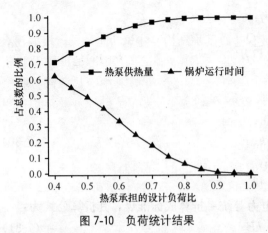

图 7-10 负荷统计结果

这种混合式供热方式中,热泵承担绝大部分负荷,锅炉起调峰作用,充分发挥热泵的节能特性和锅炉较低的初投资,做到节能和经济的最佳组合。在这种供热方式中,热泵为主要的供热热源,锅炉称为辅助热源或者调峰热源。仍然对于 1 万 m^2 的办公建筑,就热泵承担设计负荷的 40%、45%、50%、55%、60%、65%、70%、75%、80%、85%、90%、95%、100%,这 13 种条件进行计算,结果如图 7-10 所示。

由图 7-10 可以看出,随着热泵承担的设计负荷的比例的增加,热泵的供热量逐渐增加,燃气锅炉运行时间逐渐减小,但变化的速率逐渐放缓。对于办公建筑来说,热泵承担的设计负荷比从 40%增加到 60%时,热泵供热量从 71.3%增加到 91.7%,燃气锅炉的运行时间从 62.5%减小到 33.5%,而当热泵承担的设计负荷继续增加时,其供热量增加和燃气锅炉运行时间减少的速度慢了许多。从这些数据还可以看出,当热泵承担的设计负荷为 60%时,其机组的容量可以减少 40%,大大降低了初投资,而燃气锅炉的运行时间仅仅占 33.5%,供热量仅占 8.3%,极大地体现了热泵运行的节能性。

燃料耗量计算结果列入表 7-14 中。由表 7-14 可以看出,随着热泵承担设计负荷比的增加,地源热泵+燃气锅炉混合供暖方式的天然气耗量逐渐减小,耗电量逐渐增加,而标煤耗量逐渐减小,且减小的速度逐渐放缓。对于办公建筑,地源热泵承担设计负荷比从 60%增加到 100%时,其标煤耗量仅仅降低了 5.35%(以热泵承担 100%设计负荷为基准)。

综合图 7-10 和表 7-14 的分析结果,对于办公建筑,热泵+燃气锅炉承担设计负荷的比例为 60%+40%,是可以接受的。

带辅助热源的热泵供热方案燃料耗量($10000m^2$)　　　　表 7-14

方　案	燃　料　耗　量		标煤耗量(t)
	天然气(kNm^3)	电力(MWh)	
40%+60%	27.24	183.07	88.34
45%+55%	21.41	196.26	85.40
50%+50%	16.22	207.98	82.79
55%+45%	11.69	218.22	80.51
60%+40%	7.93	226.72	78.61
65%+45%	5.04	233.23	77.16
70%+30%	2.93	238.00	76.10
75%+25%	1.51	241.22	75.38
80%+20%	0.68	243.09	74.96
85%+15%	0.24	244.09	74.74
90%+10%	0.07	244.47	74.65
95%+5%	0.01	244.60	74.63
100%+0%	0.00	244.63	74.62

注:40%+60%是指热泵承担设计负荷的 40%,而燃气锅炉承担设计负荷的 60%,其余类推。

7.4.5 带辅助热源的热泵供热方案的经济分析

地源热泵系统价格差别取决于使用的地区、建筑围护结构、建筑功能差异。根据现有实际工程测算,地下水地源热泵系统初投资约为 250~420 元/m²,其中冷热源部分投资约 150~220 元/m²;土壤源热泵系统初投资约为 300~480 元/m²,其中冷热源部分投资约为 200~270 元/m²;燃煤锅炉房供暖系统投资约 150~200 元/m²;燃气分散锅炉房供暖系统投资约 100~150 元/m²;热电联产集中供热系统投资约 200 元/m²(包括增容费)[20];采暖末端设备的初投资约 40~50 元/m²。

根据该市一期四片区试点工程(供热面积为 57 万 m²)的工程估算总投资来看,若完全采用地下水地源热泵,热源部分的总投资为 6871.82 万元,折合造价指标为 120.56 元/m²;若完全采用燃气锅炉,热源部分的总投资为 4313.70 万元,折合造价指标为 75.68 元/m²。为了简化经济分析,认为带辅助热源的地下水地源热泵系统热源部分的初投资按各自承担的设计负荷比,对每 kW 负荷造价加权平均。根据该市一期四片区试点工程的负荷情况,地下水地源热泵热源部分造价指标为 2891.94 元/kW(热负荷);燃气锅炉热源部分造价指标为 1815.38 元/kW(热负荷)。该市的能源价格为:电价 0.46 元/kWh;燃气 2.0 元/Nm³。

仍对 1 万 m² 办公建筑,不同辅助热源配置情况下初投资、运行费用及费用现值如图 7-11 所示。计算费用现值时取折现率 8%,寿命期 20a。由图 7-11 可知,随着热泵承担设计负荷比的增加,热源部分的初投资增加,而年运行费用逐渐降低。当热泵承担设计负荷比从 40% 增加到 100% 时,初投资从 119.8 万元增加到 154.3 万元;而运行费用从 13.9 万元/a 降到 11.3 万元/a。这导致费用现值先逐渐缓慢降低,而后又逐渐升高。最小费用现值出现在热泵承担 60% 的设计负荷时,为 249.3 万元。也就是说,热泵承担 60% 的设计负荷时,该带辅助热源的地源热泵供热系统可以获得最佳的经济性。

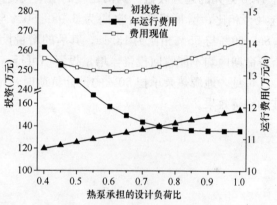

图 7-11 初投资、运行费用及费用现值

图 7-12 给出了不同辅助热源配置情况下,地源热泵+燃气锅炉的供热方式相对于燃气锅炉的供热方式,对应于折现率 8% 时的动态增量投资回收期和增量净现值。由图 7-12 可以看出,随着热泵承担设计负荷比的增加,带辅助热源的地源热泵供热系统的增量投资回收期越来越长,当热泵承担设计负荷比从 40% 增加到 100% 时,增量投资回收期从 4.3a 增加到 9.1a。

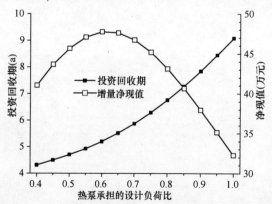

图 7-12 增量投资回收期和增量净现值

当设计负荷完全由地源热泵承担时，9.1a 的投资回收期对于投资者来说是不利的。从投资回收期的数据似乎可以认为，热泵承担的设计负荷比越小，投资回收期越短，经济性越好。其实不然，投资回收期指标虽然直观、简单，尤其是静态投资回收期，其表明投资需要多少年才能回收，便于为投资者衡量风险；但是，投资回收期用于多个方案的优选时，需要两两逐一比较增量投资回收期与基准投资回收期之间的关系，当投资回收期小于基准投资回收期时，方案可行，增量投资可以回收；否则，方案经济效果不好，增量投资不能在要求期限内按规定收益率回收，计算较为繁琐；其次投资回收期指标最大的缺点是没有反映投资回收期以后方案的情况，不能全面反映项目在整个寿命期内真实的经济效果。因而投资回收期一般用于粗略评价，需要和其他指标结合起来使用。为对比互斥备选方案间的优劣，简单而实用的方法是比较增量净现值，其判别准则为：净现值最大且大于零的方案为最优方案。如图 7-12 所示，随着热泵承担设计负荷比的增加，增量净现值均大于 0，说明方案的经济效果均可行；但增量净现值先增加后减小，其有最大值，最大值为 47.8 万元，发生在热泵承担 60% 设计负荷时，也即是地源热泵承担 60% 的设计负荷时，经济效果最优，与燃气锅炉供热方式相比，除了按 8% 的折现率回收增量投资外，还有 47.8 万元的超额收益。两两比较的增量投资回收期结果为：热泵承担 45% 的设计负荷与 40% 相比，增量投资回收期为 6.9a；50% 与 45% 相比为 8.0a；55% 与 50% 相比为 9.8a；60% 与 55% 相比为 13.1a；其后的增量投资回收期均大于 20a，也即是在项目的整个寿命期内均不能收回投资，增量投资不可行。

可见，地源热泵承担 60% 的设计负荷时，地源热泵＋燃气锅炉供热系统可以获得最佳的经济效果。

第8章 新型处理后污水源热泵的应用基础研究

8.1 概 述

城市低温废热能源主要集中在火力发电厂、污水处理厂、垃圾焚烧厂、冷冻仓库等。在这些尚未有效利用的低温能源中,城市污水因其独特的优点而被公认为是回收和利用价值较高的清洁能源。污水排热量约占城市总排热量的10%~16%[1]。

用热泵系统回收城市污水中的热能,使城市废热作为新的能源得以循环利用,从而大大提高能源利用率,降低城市对化石燃料的依赖,具有明显的节能效益、环保效益和经济效益。

本章将介绍2种新型的处理后污水源热泵系统,即用于污水生物处理法中的处理后污水/原生污水热泵、干式自除污壳管式污水热泵及其相关基础研究,其研究成果不仅适用于再生水热泵,而且也适用于以地表水(江、河、湖、海)为源或汇的热泵。

8.2 处理后污水/原生污水热泵

处理后污水/原生污水热泵是水/水热泵中的一种特例,它以处理后污水为热泵的低温热源,热泵供热目的又是加热原生污水,这样原生污水又作了热泵的热汇。这种热泵在污水处理工艺中作为加热设备用。

我国目前大多数污水处理厂最常使用的污水处理工艺是传统活性污泥法。活性污泥法是污水生物处理法的一种,污水水温是影响污水生物处理效果的最重要因素。综合研究表明,采用污水生物处理法处理污水最适宜的温度范围是25~35℃,对药厂、啤酒厂等污水处理场合,污水温度往往要求更高。为了满足污水处理的温度要求,在我国北方部分城市常采取以下措施:(1)曝气池、二沉池等池壁采用发泡保温板保温,外砌砖围护结构代替一般的池边堆土保温方式;(2)鼓风机一侧设空气预热室,将冬季-25~-30℃的冷空气预热到5~8℃;(3)适当加热污泥,包括回流污泥;(4)用加热炉或热蒸汽加热进入曝气池的污水。实践表明,无论采用以上哪种办法均大大提高了污水处理成本。另外经生物处理后的污水含有一定的热量未被利用而直接排放掉,这就使得污水处理过程中存在一个明显的能耗矛盾:一方面浪费掉大量处理过污水中的热能;一方面又需要大量热量来加热处理污水、污泥或曝气以保证污水处理效果。

为此,我们提出使用处理后污水/原生污水热泵,如图8-1所示,用热泵系统回收二级处理后污水(水温大约15~20℃)中的热能,回用于原生污水,以提高污水温度到25~30℃,保证曝气池中生物反应的正常进行。处理后污水/原生污水热泵具有如下特点:

(1)针对寒冷地区、寒冷月份污水处理过程中水温低的问题,提出用热泵系统回收处

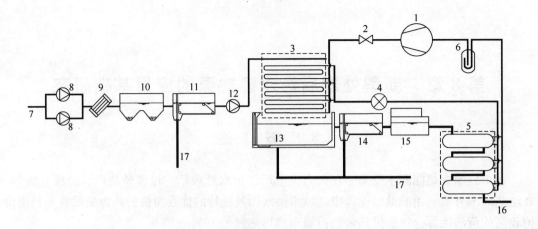

图 8-1　污水处理流程中的处理后污水/原生污水热泵系统
1—压缩机；2—单向阀；3—三级淋激式冷凝器；4—膨胀阀；5—蒸发器；6—气液分离器；
7—原生污水入口；8—污水泵（一用一备）；9—格栅；10—沉砂池；11—初沉池；12—注水泵；
13—曝气池；14—二沉池；15—消毒用接触池；16—处理后污水出口；17—污泥排放管

理后污水中的热能用于加热处理前的污水，该热泵系统在污水处理过程中的作用就是将"热量搬家"。它可彻底解决寒冷地区、寒冷月份生物处理污水水温过低，处理效果不好的问题，并且回收和使用了污水中的热能，节约了额外加热污泥、污水和曝气的能量，对污水处理厂的节能有一定意义。同时处理后污水的余热获得的地点和时间与处理污水使用热的地点和时间相吻合，且二者都属于低品位热能，能源利用效率高，热泵系统能效比也较大。

（2）由于污水水质的特殊性及结垢问题，建议在热泵中使用淋激式换热器。淋激式换热器结构简单，形式开放，制造安装方便，易于日常清洗和维护，适合处理腐蚀性流体，结垢方面的问题相对较小；喷淋在水平管上的液膜较薄，常常层流流下，换热系数较高。淋激式换热器换热系数一般高于浸没式，抗结垢和防堵塞性能优于壳管式。其传热元件可采用圆管、平板和椭圆腔板三种形式。并且污水在淋激到换热器传热元件表面时，与空气接触，起到预曝气的作用，节省了鼓风曝气量，而鼓风曝气系统是污水处理厂的耗电大户，其电耗占污水处理厂总电耗的 40%～50%[2]，减小鼓风曝气量对降低污水处理厂能耗有一定作用。

（3）根据污水处理工艺要求大温差换热的特点（$\Delta t = 10℃\sim 15℃$），在热泵中可以使用制冷剂侧并联、污水侧串联的三级淋激式换热器，以满足污水生物处理法对水温的要求。

在污水生物处理中采用处理后污水/原生污水热泵以加热待处理污水，将热泵技术引入污水处理问题中，是一项具有跨学科意义的课题，也是一项具有节能意义和工程使用价值的课题，为此，针对该系统中关键科学问题，进行了以下几个方面的研究[3]：

（1）提出淋激式换热器，并设计淋激管式换热器结构，作为寒冷地区污水生物处理过程中处理后污水/原生污水热泵的冷凝器。

（2）建立水平管降膜换热的数学模型，并对模型方程进行变量转换和无量纲化，将液膜厚度变化的不规则求解域转换为规则的矩形求解域，给出该数学模型的数值解法。

(3) 根据淋激水平管换热器管间流动状态的不同,对分滴状布液、柱状布液和膜状布液三种情况下的液膜厚度进行研究,进而分析污水源热泵的使用和工作范围的可能流型。

(4) 对淋激式换热器的降膜流动特性、换热特性以及稳定特性进行研究,得到水平管管壁表面液膜的厚度分布、速度分布和温度分布,以及无量纲液膜厚度和无量纲降膜换热系数的拟合关系式。

(5) 建立淋激管式换热器的分布参数模型及整个系统模型,预测该污水源热泵在某制药厂工况下的运行情况,并考察污垢热阻对污水源热泵系统性能的影响趋势和影响程度。

8.3 淋激式换热器水平管降膜换热模型

8.3.1 淋激式换热器

淋激式换热器,是使污水淋激到传热元件上,如水平圆管等,以液膜形式沿管壁流下,与管内制冷剂或水等介质换热。液体在重力作用下以薄膜形式沿管壁向下流动,这种流动形态称为自由降膜。液体降膜流具有流量小、传热温差小,低温传热系数高、热流密度高、结构简单开放、动力消耗小、振动小,操作稳定等特点,因而作为一项高效传热技术在热能工程、石油化工、能源材料等领域已被使用。按其应用方式可分为降膜的加热、蒸发、冷却、除湿、加湿、吸收、结晶等。作为与污水接触的换热器,瑞典已将其用于污水源热泵中。

水平管淋激式降膜换热器的特点主要有:

(1) 由于液体是在重力作用下流动,促进换热,可以在较小温差下获得较高的传热系数,用于低位热能回收十分有益,传热系数较高,所需传热面积较少,结构紧凑,负荷变化特性较好,且节省动力。

(2) 在结垢条件下仍具有较好的可靠操作能力。这种换热器最早开发就是应用于结垢严重的溶液蒸发的。分析原因:1) 结垢对液体流量、流速影响较小,不像壳管式换热器,结垢会降低管中污水的流量和流速,而流量和流速的降低进一步加速了污垢的生成。2) 在换热器工作的同时,污垢随水流有自行剥落的可能,水平传热管排列能使剥落的污垢经过管束自由落下,且剥落的污垢不会堵塞后续换热器,不会影响后续流动。3) 清洗简单可靠且高效。由于换热器为喷淋结构,可采用原理简单的喷淋清洗法,可靠和高效,其运行成本低。清洗液喷淋装置可以采用耐腐蚀的喷嘴产品实现。4) 喷淋结构的清洗方法也较多。根据水质差异,换热器表面污物状态和污染程度,定期选用不同的喷淋压力和清洗剂。5) 操作问题不像壳管式隐藏在管内难以发现,污水在管外,结垢堵塞情况易于观察和监控。

8.3.2 水平管降膜换热模型

1. 坐标系建立

对于水平管弯曲壁面外的液膜流动,基于一种特别规定的贴面坐标系,又称边界层坐标系或物面坐标系。以 O 点为原点,以沿壁面切线方向并指向流动方向为 x 轴,自壁面算起沿壁面外法线为 y 轴,见图 8-2。

设 $\{x_1, x_2, x_3\}$ 为正交笛卡尔坐标系,线性独立的函数 $q_i = q_i(x_1, x_2, x_3)$,

$i=1,2,3$，当其雅可比行列式 $J=\dfrac{\partial(q_1,q_2,q_3)}{\partial(x_1,x_2,x_3)}$ 处处都不为零和无限大时，就能建立两个坐标系数集 $\{x_1,x_2,x_3\}$ 和 $\{q_1,q_2,q_3\}$ 之间的一一变换关系。令 $h_i = \sqrt{\left(\dfrac{\partial x_i}{\partial q_1}\right)^2+\left(\dfrac{\partial x_i}{\partial q_2}\right)^2+\left(\dfrac{\partial x_i}{\partial q_3}\right)^2} = 0$，其中 $i=1,2,3$，h_i 为拉梅系数。

在正交曲线坐标系中梯度矢量 V 算符 ∇ 的表达式：

$$\nabla = \frac{\overline{n_1}}{h_1}\frac{\partial}{\partial q_1} + \frac{\overline{n_2}}{h_2}\frac{\partial}{\partial q_2} + \frac{\overline{n_3}}{h_3}\frac{\partial}{\partial q_3} \tag{8-1}$$

所以

$$\nabla \cdot V = \frac{\overline{n_1}}{h_1}\frac{\partial V}{\partial q_1} + \frac{\overline{n_2}}{h_2}\frac{\partial V}{\partial q_2} + \frac{\overline{n_3}}{h_3}\frac{\partial V}{\partial q_3} \tag{8-2}$$

又

$$V = V_1\overline{n_1} + V_2\overline{n_2} + V_3\overline{n_3} \tag{8-3}$$

$$\frac{\partial \overline{n_i}}{\partial q_i} = -\frac{1}{h_j}\frac{\partial h_i}{\partial q_j}\overline{n_j} - \frac{1}{h_k}\frac{\partial h_i}{\partial q_k}\overline{n_k},$$

$$\frac{\partial \overline{n_i}}{\partial q_j} = \frac{1}{h_i}\frac{\partial h_j}{\partial q_i}\overline{n_j} \tag{8-4}$$

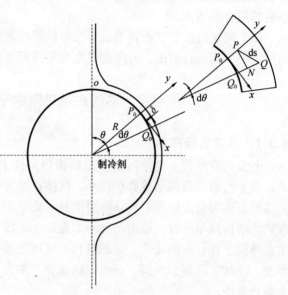

图 8-2 贴面坐标系和单管降膜模型建立示意图

所以在新坐标系中，V 的散度表达式为：

$$\nabla \cdot V = \frac{1}{h_1 h_2 h_3}\sum_{i=1}^{3}\frac{\partial}{\partial q_i}\left(\frac{h_1 h_2 h_3}{h_i}V_i\right) \tag{8-5}$$

V 的拉普拉斯算子表达式为：

$$\nabla^2 V = \nabla \cdot (\nabla V) = \Delta V = \left\{\nabla^2 V_1 + \frac{2}{h_1^2 h_2}\frac{\partial h_1}{\partial q_2}\frac{\partial V_2}{\partial q_1} - \frac{2}{h_1 h_3^2}\frac{\partial h_3}{\partial q_1}\frac{\partial V_3}{\partial q_3} + \right.$$

$$\left. \frac{V_1}{h_1}\frac{\partial}{\partial q_1}\left(\frac{1}{h_1 h_2 h_3}\frac{\partial(h_2 h_3)}{\partial q_1}\right) + \frac{V_1}{h_2 h_3}\frac{\partial}{\partial q_2}\left(\frac{h_3}{h_1 h_2}\frac{\partial h_1}{\partial q_2}\right) + \frac{V_2}{h_1}\frac{\partial}{\partial q_1}\left(\frac{1}{h_1 h_2 h_3}\frac{\partial(h_1 h_3)}{\partial q_2}\right)\right\}\overline{e}_1$$

$$+\left\{\nabla^2 V_2 - \frac{2}{h_3^2 h_2}\frac{\partial h_3}{\partial q_2}\frac{\partial V_3}{\partial q_3} - \frac{2}{h_1^2 h_2}\frac{\partial h_1}{\partial q_2}\frac{\partial V_1}{\partial q_1} - \frac{V_1}{h_1}\left[\frac{1}{h_3}\frac{\partial}{\partial q_1}\left(\frac{h_3}{h_1 h_2}\frac{\partial h_1}{\partial q_2}\right)\right.\right.$$

$$\left.\left. -\frac{h_1}{h_2}\frac{\partial}{\partial q_2}\left(\frac{1}{h_1 h_2 h_3}\frac{\partial(h_1 h_3)}{\partial q_2}\right)\right] + \frac{V_2}{h_2}\frac{\partial}{\partial q_2}\left(\frac{1}{h_1 h_2 h_3}\frac{\partial(h_1 h_3)}{\partial q_2}\right)\right\}\overline{e}_2 + \left\{\nabla^2 V_1 + \frac{2}{h_1 h_3^2}\frac{\partial h_3}{\partial q_1}\frac{\partial V_1}{\partial q_3}\right.$$

$$\left. + \frac{2}{h_2 h_3^2}\frac{\partial h_3}{\partial q_2}\frac{\partial V_3}{\partial q_3} + \frac{V_3}{h_1 h_2}\frac{\partial}{\partial q_1}\left(\frac{h_2}{h_1 h_3}\frac{\partial h_3}{\partial q_1}\right) + \frac{V_3}{h_1 h_2}\frac{\partial}{\partial q_2}\left(\frac{h_1}{h_2 h_3}\frac{\partial h_3}{\partial q_2}\right)\right\}\overline{e}_3 \tag{8-6}$$

该贴面坐标系的拉梅系数可确定如下，取液膜内一点 P，P_0 为其对应壁面上的点。故 P 点坐标为：

$$x = P_0 O, \quad y = P_0 P$$

设临近一点 Q，$PQ = \mathrm{d}s$，$\mathrm{d}s$ 在过 P 点的两条坐标线上的投影分别为：
$$\mathrm{d}s_1 = PN = h_1 \mathrm{d}x$$
$$\mathrm{d}s_2 = QN = h_2 \mathrm{d}x$$

h_1，h_2 分别为与坐标 x，y 相应的拉梅系数。R 是半径，$\mathrm{d}j$ 表示 P_0 点与 Q_0 点壁面曲率半径之间的夹角，于是：

$$\mathrm{d}s_1 = PN = (R+y)\mathrm{d}j = \left(1+\frac{y}{R}\right)\mathrm{d}x$$
$$\mathrm{d}s_2 = QN \approx QQ_o - PP_0 = \mathrm{d}y$$

所以可得：

$$h_1 = \left(1+\frac{y}{R}\right)\mathrm{d}x, \quad h_2 = 1 \tag{8-7}$$

将贴面坐标系的有关拉梅系数代入速度散度和拉普拉斯算子表达式（8-5），（8-6），写成贴面坐标系中的表达式，此时 V_1 即 u，为切向方向即 x 方向速度，V_2 即 v，为法线方向即 y 方向速度。代入后得：

$$\frac{\partial u}{\partial x} + \frac{\partial}{\partial y}\left[\left(1+\frac{y}{R}\right)v\right] = 0 \tag{8-8}$$

$$\frac{\partial u}{\partial t} = g\sin\left(\frac{x}{R}\right) + v\left[-\frac{R}{R+y}\frac{\partial^2 v}{\partial x \partial y} + \frac{\partial^2 u}{\partial y^2} + \frac{1}{R+y}\frac{\partial u}{\partial y} + \frac{R}{(R+y)^2}\frac{\partial v}{\partial x}\right.$$
$$\left. - \frac{u}{(R+y)^2} + \frac{\partial}{\partial y}\left(\frac{\partial u}{\partial y} + \frac{u}{R+y} - \frac{R}{R+y}\frac{\partial v}{\partial x}\right)\right] \tag{8-9}$$

$$\frac{\partial u}{\partial t} = -g\cos\left(\frac{x}{R}\right) + v\left[-\frac{R}{R+y}\frac{\partial^2 u}{\partial x \partial y} + \frac{R}{(R+y)^2}\frac{\partial u}{\partial x} + \frac{R}{(R+y)^2}\frac{\partial^2 v}{\partial x^2}\right.$$
$$\left. - \frac{R}{(R+y)^2}\frac{\partial}{\partial x}\left(\frac{\partial u}{\partial y} + \frac{u}{R+y} - \frac{R}{R+y}\frac{\partial v}{\partial x}\right)\right] \tag{8-10}$$

体积力为：

$$G = g\sin\left(\frac{x}{R}\right)\bar{e}_x - g\cos\left(\frac{x}{R}\right)\bar{e}_y = 0 \tag{8-11}$$

由于 $\frac{y}{R} \sim \frac{\delta}{L} \sim \frac{1}{\sqrt{R_e}} \sim 0(\delta^0)$，因而在贴面坐标系中的第一个拉梅系数：

$$h_1 = 1 + \frac{y}{R} = 1 + 0(\delta^0) \approx 1 \tag{8-12}$$

2. 模型假设

在建立水平管降膜换热模型之前，先做如下假设。

（1）液膜流动为二维层流。大多数文献上都认为，水平管液膜从管壁两侧向下流，层流到湍流转变点的 Re 很大，为 3600~4000，一般因水平管的定型尺寸是管径，管径均比较小，不会出现湍流。如将传热管按直径方向剖开展平，如图 8-3 所示，则类似于平板，对于平板上湍流边

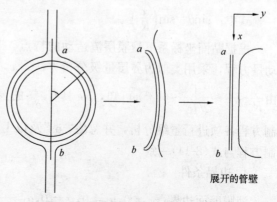

图 8-3 传热管按直径方向剖开展平

界层的研究表明[4]，当液体负荷较高时，流动应属于湍流，但湍流边界层前缘开始一段距离则仍是层流。且按该层流区长度 X_c 计算式计算 $X_c = 3.2 \times 10^5 \frac{v}{U}$，$U$ 为来流水平流速，也可以发现，合理 U 下的 X_c 都远大于水平管的半周长，从而也说明了管外降膜绕流一般情况下都为层流流动。

（2）由于管外空气流速很低，近乎静止，认为空气对液膜表面无黏滞应力作用，即液膜表面（气液界面处）无剪切力作用，即 $\left(\frac{\partial u}{\partial y}\right)_{y=\delta} = 0$。

（3）忽略气液界面处的换热，且液膜无蒸发。为防止污水气味等对环境的影响，通常淋激式换热器管束外也需外加一宽敞的壳体，也同时避免了气液交界面处的换热，即无对流换热，无蒸发或凝结换热，无辐射换热，即所有的热都用来加热液膜。

（4）因液膜较薄，忽略液膜内压力梯度。

（5）液膜无溅射。

（6）因液膜厚度远远小于管径，即 $\delta \ll d$，故忽略液膜内曲率影响。

（7）液膜表面无波动，无破裂，即为壁面完全润湿的稳定层流。考虑波动的降膜换热复杂难解，现存的模型普遍都是建立在稳定假设基础上的。

（8）为加快计算速度，水平管上温度变化对污水热物性（如导热系数 λ、黏度 ν、导温系数 a）的影响忽略不计，即每根管的入口温度是污水物性的定性温度。

（9）单管模型计算给定为定热流边界。

3. 控制方程

根据假设条件，建立贴面坐标系下的液膜控制方程如下。

连续性方程：

$$\frac{\partial u}{\partial x} + \frac{\partial v}{\partial y} = 0 \tag{8-13}$$

动量方程：

$$u\frac{\partial u}{\partial x} + v\frac{\partial u}{\partial y} = g\sin\theta + v\frac{\partial^2 u}{\partial y^2} \tag{8-14}$$

能量方程：

$$u\frac{\partial T}{\partial x} + v\frac{\partial T}{\partial y} = a\frac{\partial^2 T}{\partial y^2} \tag{8-15}$$

式中：$\sin\theta = \sin\left(\frac{x}{R}\right)$。

根据贴面坐标系下液膜层流运动的特点，若将式(8-9)～式(8-11)代入连续性方程和动量方程，采用类似边界层量级分析方法，x，u 等为 "1" 的量级，y，v 等为 "δ" 的量级。由 $\frac{y}{R} \sim \frac{\delta}{L} \sim \frac{1}{\sqrt{R_e}} \sim 0(\delta^0)$ 可知，Re 具有 $\frac{1}{\delta^2}$ 的量级，又 $Re = \frac{UR}{v}$，所以：$v \sim 0(\delta^2)$。对控制方程各项进行量纲分析，并忽略 "δ" 及以上量级各项，得到的简化的贴面坐标系下控制方程与式(8-14)一致。

4. 边界条件

液膜壁面边界：$y = 0, u = 0, v = 0, q = -\lambda\left(\frac{\partial T}{\partial y}\right)$

液膜自由表面边界：$y=\delta, \frac{\partial u}{\partial y}=0, \frac{\partial T}{\partial y}=0$

进口边界（管顶部）：$x=0, u=u_0, v=0, T=T_0$

进口温度 T_0，对顶层管为污水进口温度，对中间管为上一层管的污水出口温度。

进口速度 u_0，则与管间流动形态有关。当污水喷淋在水平管组成的多组竖直管束上时，通常可以看到 3 种流动形态：液滴状、液柱状、液膜状，如图 8-4 所示。

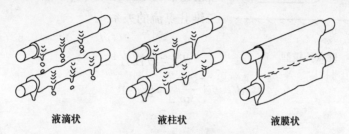

图 8-4　管间流动的 3 种典型流动形态

根据文献 [5]，u_0 需根据不同的管间流动形态进行计算。其模型如图 8-5 所示。

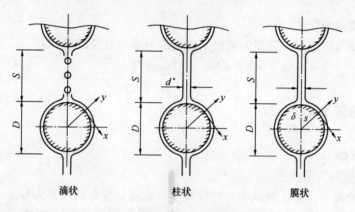

图 8-5　液膜进口速度求解示意图

(1) 管间流动为滴状

当管间流动为滴状时，液滴在脱离上一排管的底部时，作自由落体运动，到达下一排管的顶部时，其速度为：$u_s = \sqrt{2gs}$

由于液滴要与管顶部碰撞，且与顶部原来具有一定速度 u_1 的厚度 δ 的液体融合后，再沿圆周作降膜流动。因此，作降膜流动液体的初速度 u_0 并不等于 u_s，而是液体与管顶碰撞后的速度。

液滴近似看成球体，其直径为 d_p：

$$d_p = 2.75[\sigma/\rho g]^{1/2} \tag{8-16}$$

假设液滴与管顶部的有初速度为 u_1 的液体发生完全非弹性碰撞[6]，管顶部取的是液滴直径大小区域，根据动量定理有：

$$\rho \frac{\pi}{4} d_p \delta u_1 + \frac{4}{3}\rho\pi\left(\frac{d_p}{2}\right)^3 u_s = \left[\rho\frac{\pi}{4}d_p\delta + \frac{4}{3}\rho\pi\left(\frac{d_p}{2}\right)^3\right]u_0 \tag{8-17}$$

根据文献 [5] 可求初速度 u_0：

$$u_0 = (6\delta u_1 + 4d_p u_s)/(6\delta + 4d_p) \tag{8-18}$$

(2) 管间流动为柱状

当管间流动为柱状时，在液柱处，降膜流动的初速度应该是液体在管顶部驻点处的速度，这时假设管顶类似一平板，见图8-6。采用类似平板射流速度的求解方法[7]，$u_0 = Cx$。当 $s/d* \to \infty$，采用 Sparrow 和 Lee 以及 Migazani 和 Silberman 推荐的二维驻点流的关系式[8,9]：

$$(Cd^*/u_s)^{0.5} = 0.627 \tag{8-19}$$

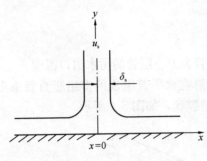

图 8-6 驻点处模型

d^* 为液柱直径：

$$d^* = \left[\frac{8\lambda\Gamma}{\pi\rho}\right]^{1/2}(2gs)^{1/2} \tag{8-20}$$

由此得：

$$u_0 = 0.413(\rho/\lambda\Gamma)^{1/2}(gs)^{3/4}d^* \tag{8-21}$$

式中：ρ 为密度；λ 为导热系数；Γ 为溶液的喷淋密度。在没有液柱处，液膜作降膜流动的初速为0。

(3) 管间流动为膜状

当管间流动为膜状时，管顶的液膜初速也为液膜在驻点处的流速，u_0 按下式计算：

$$C = 1.574\rho gs/\Gamma \tag{8-22}$$

$$u_0 = 1.574\rho gs/2\Gamma\delta_s \tag{8-23}$$

δ_s 为管间液膜厚度的 1/2：

$$\delta_s = \Gamma/(\rho u_s) \tag{8-24}$$

8.3.3 模型求解

1. 变量变换和无量纲化

以上建立的模型，其求解域中，液膜厚度 δ 是随 x 变化的，是未知量，因此方程的求解域是不规则的。在求解时，用常用的方法直接在 y 方向划分网络进行离散求解有一定困难。因此求解时定义无量纲流函数 $\eta = \psi(x,y)/\psi_E(x)$ 对方程进行变量转换，$\psi(x,y)$ 和 $\psi_E(x)$ 分别为每个节点 (x, y) 处流函数和 x 位置液膜表面流函数。

$$\psi(x,y) = \int_0^y u dy \tag{8-25}$$

$$\psi_E(y) = \int_0^\delta u dy = \Gamma/\rho \tag{8-26}$$

这样，对每个截面，η 都从 0 变化到 1。对方程进行变量转换和无量纲化，将不规则的求解域转换为规则的求解域，即矩形求解域。

根据流函数定义，连续性方程自然得到满足。

由 (x, y) 坐标系变换为 (x, η) 坐标系，动量方程和能量方程变换为：

$$\frac{\partial u}{\partial x} + \psi_E^{-1}(d\psi_E/dx)\eta\frac{\partial u}{\partial \eta} = \frac{\partial}{\partial \eta}\left[\frac{v}{\psi_E^2}u\frac{\partial u}{\partial \eta}\right] + \frac{g\sin\theta}{u} \tag{8-27}$$

$$\frac{\partial T}{\partial x} + \psi_E^{-1}(d\psi_E/dx)\eta\frac{\partial T}{\partial \eta} = \frac{\partial}{\partial \eta}\left[\frac{a}{\psi_E^2}u\frac{\partial T}{\partial \eta}\right] \tag{8-28}$$

对方程进行无量纲处理：$Re = 4\Gamma/\mu$, $Pr = \nu/a$, $Ar = D/l_c$, $u' = u/u_f$, $x' =$

$x/(D/2)$, $T' = (T-T_0)/(qD/\lambda)$

式中：液膜参考速度 $u_f = \Gamma/(\rho D)$，液膜特征尺寸 $l_c = (\nu^2/g)^{1/3}$。代入式(8-27)，(8-28)

$$\frac{\partial u}{\partial x} + b\eta \frac{\partial u}{\partial \eta} = \frac{2}{Re} \frac{\partial}{\partial \eta}\left[u \frac{\partial u}{\partial \eta}\right] + \frac{8Ar^3 \sin\theta}{Re^2 u} \quad (8\text{-}29)$$

$$\frac{\partial T}{\partial x} + b\eta \frac{\partial T}{\partial \eta} = \frac{2}{Re\,Pr} \frac{\partial}{\partial \eta}\left[u \frac{\partial T}{\partial \eta}\right] \quad (8\text{-}30)$$

式中：$b = \psi_E^{-1}(\mathrm{d}\psi_E/\mathrm{d}x)$。

边界条件的无量纲化：

$$\eta = 0, u = 0, v = 0, \partial T/\partial \eta = -\psi_E/(u_f u D)$$
$$\eta = 1, \partial u/\partial \eta = 0, \partial T/\partial \eta = 0$$
$$x = 0, u = u_0(\eta), T = T_0(\eta)$$

上述各式中　　d——淋水孔孔径，mm；
　　　　　　　D——传热管外径，mm；
　　　　　　　a——导温系数，m^2/s；
　　　　　　　g——自由落体加速度，m/s^2；
　　　　　　　l_c——液膜定性尺度，m；
　　　　　　　L——液膜厚度，mm；
　　　　　　　q——壁面热流密度，W/m^2；
　　　　　　　T——液体温度，K；
　　　　　　　T_0——液膜在淋水孔处温度，K；
　　　　　　　T_1——液膜滞止区结束即绕流区初始温度，K；
　　　　　　　u_f——参考速度，m/s；
　　　　　　　u_s——滞止区主流速度，m/s；
　　　　　　　u_0——液膜在淋水孔处速度，m/s；
　　　　　　　u_1——液膜在淋水孔滞止区结束即绕流区初始速度，m/s；
　　　　　　　x_1——液膜绕流区初始坐标，m；
　　　　　　　δ——液膜绕流区内液膜厚度，m；
　　　　　　　ν——运动黏度，m^2/s；
　　　　　　　μ——动力黏度，kg/(m·s)；
　　　　　　　θ——圆周角度，°；
　　　　　　　ρ——密度，kg/m^3；
　　　　　　　ω——液膜绕流区径向无量纲坐标；
　　　　　　ε,η——滞止区内无量纲坐标；
　　　　　　　Γ——喷淋密度，单位长度质量流率，kg/(m·s)。

2. 控制方程的离散与求解

基于有限差分法将控制方程进行离散，把物体分隔为有限数目的网格单元，把原来在空间、时间上连续的物理量的场转变为有限隔离散的网格单元节点，针对各个节点采用泰勒级数展开法或热平衡法建立离散方程，计算流程见图 8-7。

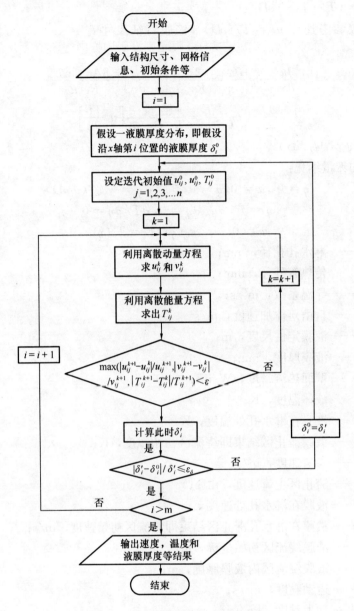

图 8-7 水平管数值模拟程序框图

8.4 水平管管间流动形态及液膜厚度的研究

对淋激式降膜换热器，其膜厚是影响和深入理解流动与传热特性的最重要因素。而膜厚的分布与管间流动形态或液膜初速度有关，因此，下面将根据实际情况分析最有可能的膜状流情况，并对该情况下的膜厚影响因素展开分析。

8.4.1 滴状布液

计算管外径为 25mm，管间距为 30mm，污水入口温度 15℃ 时，运动黏度为 $2\times10^{-6}\,\mathrm{m^2/s}$，雷诺数 $Re=50$，100，150 时滴状降膜流动的膜厚沿圆周方向的分布。计

8.4 水平管管间流动形态及液膜厚度的研究

算结果详见图 8-8。由于管外液膜流动是关于垂直直径对称的，因此只给出 $0\sim\pi$ 的变化情况。

由图 8-8 可见，水平管外滴状布液的液膜厚度沿圆周方向逐渐增大，也就是说液膜在管顶处最薄，在管底处最厚。膜厚沿圆周变化的幅度并不是不变的，而是在入口 $\theta<\frac{3}{32}\pi$，约 17°和出口 $\theta>\frac{7}{8}\pi$，约 160°的范围内，液膜厚度变化幅度大，即在入口和出口处液膜厚度迅速增加，而在 $\frac{3}{32}\pi<\theta<\frac{7}{8}\pi$ 范围内，液膜厚度增大的幅度相对较小。其原因是，在管顶部 $\theta<\frac{3}{32}\pi$ 范围内，液膜受初始流速的影响，在该区域内流速较大，液膜较薄，而由于黏性力的作用，液膜的速度逐渐减小，液膜厚度则逐渐增大，且增幅较大。而在 $\frac{3}{32}\pi<\theta<\frac{7}{8}\pi$ 范围内，黏性力的影响略大于重力，液膜流速继续减小，导致液膜厚度继续增大，但变化幅度较小。在管底部，液膜流速最小，膜厚最大。即滴状布液的液膜是管顶液膜速度大，液膜薄，管底液膜速度小，液膜厚。这说明滴状布液对水平管上液膜的影响是：液膜在管顶有加速下滑的

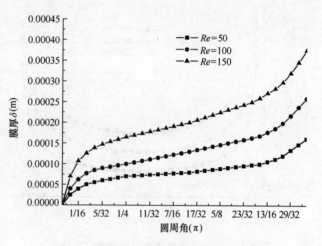

图 8-8 滴状布液液膜厚度在圆周方向的分布

趋势，而在管底有堆积的趋势，这是符合实际和大多数实验情况的。此外，液膜厚度随着液体在管外流动时的雷诺数的增大而增大，即液体喷淋密度越大，管外的液膜厚度也越大。

图 8-9 为管间距分别为 20mm、30mm 和 40mm，$Re=100$ 时液膜厚度沿圆周方向的变化情况。由图可见，管间距越大，液膜厚度越小。这主要因为，管间距大，液滴滴落在管顶部的速度就越大，液膜作降膜流动的初速度也越大，因此液膜

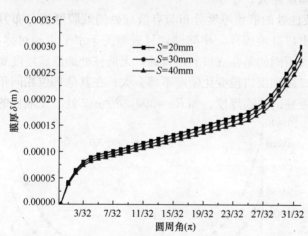

图 8-9 管间距对滴状布液液膜厚度分布的影响

较薄。但从总的结果来看，管间距对液膜厚度的影响不大。当管间距从 20mm 增加到 40mm，液膜减小的幅度最多也仅为 7.8%。

8.4.2 柱状布液

管间流动为柱状时，每隔一段距离有一个液柱。而水平管上液膜的液体来自于相邻两

个液柱,此液膜分为液柱处的降膜流动和非液柱处的,即液柱与液柱间的降膜流动两种情况。二者综合是水平管柱状布液的降膜流动的完整表述。

计算管外径为25mm,管间距为30mm,污水入口温度15℃时,动力黏度为2×10^{-6} m^2/s,雷诺数$Re=200$,250,300时柱状布液降膜流动的膜厚分布。图8-10给出有液柱处,不同雷诺数下,液膜厚度沿圆周方向的分布情况。图8-11为非液柱处,不同雷诺数下,液膜厚度沿圆周方向的分布情况。

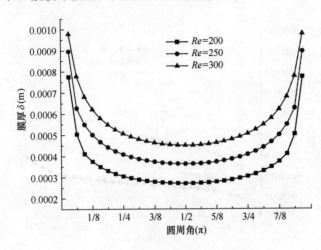

图8-10 液柱处液膜厚度沿圆周方向的分布

由图8-10可见,液膜厚度在管顶是急剧减小的,因为管顶处有液柱,其厚度在计算中呈现为无穷大,即相对于水平管上其他部位,管顶或者说管进口段的液膜非常厚。而落于管顶的液体立即向其他地方分流,所以随着圆周角的增大,膜厚急剧减小。减小到一定程度后,变化幅度减小,在接近$\pi/2$处最小,而后由于重力和黏性力作用变化,液膜厚度又逐渐增大,到管底处新的液柱即将开始,液膜厚度急剧增大。因此在整个半圆周上,液膜厚度接近以水平直径对称。此外,不同Re下的液膜具有相同的厚度分布规律,即管顶和管底厚,中间薄,且近乎关于水平直径对称。而雷诺数从200变化到300,Re越大,液膜厚度越大,在圆周上的变化幅度越大。

对比图8-11与图8-10可见,非液柱处的液膜厚度分布与有液柱处的液膜厚度分布具有大致相同的变化规律,即管进口和出口处液膜厚,中间薄,且近似关于水平直径对称,随着雷诺数增大,液膜厚度也增大。所不同的是在进口和出口处,无液柱处的液膜厚度要远远小于有液柱处的液膜厚度,且进口段和出口段变化幅度不那么大;在其他部位相同角度处,无液柱的液膜厚度也略小于有液柱的液膜厚度,如$Re=300$,$\theta=\pi/2$处,无液柱的液膜厚为0.41mm,而有液柱的为0.45mm。

图8-12为不同管间距时,$Re=250$的有液柱处和无液柱处的液膜厚度情况。由图可见,无论有无液柱处的液膜,在不同管间距下的厚度分布曲线几乎重合,最大处相差1.7%。由此说明管间距对柱状布液的液膜厚度影响很小,这主要因为管间距变化对驻点处流速影响很小,因此也对液膜做降膜流动的初速影响小。而膜状布液初速度

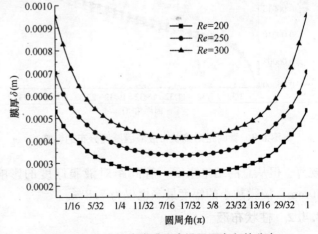

图8-11 非液柱处液膜厚度沿圆周方向的分布

也是按驻点流处理的，因此可以预见膜状流管间距对液膜厚度的影响也很小。由此图也可以看出，无液柱处的液膜厚度在进口和出口处变化幅度不如有液柱的大，在其他部位也略小于有液柱的液膜厚度。

8.4.3 膜状布液

膜状布液降膜流动是液膜完全覆盖水平管外表面，且在管与管之间也是连续液膜。图 8-13 为计算管外径为 25mm，管间距为 30mm，不同雷诺数下，膜状布液液膜厚度沿圆周方向的分布情况。图 8-14 为 $Re=600$ 时，不同管间距下的液膜厚度情况。

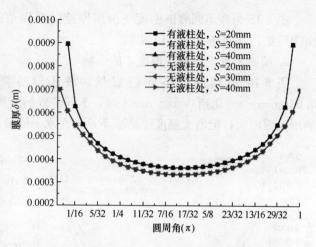

图 8-12 管间距对柱状布液液膜厚度分布的影响

由图 8-13、图 8-14 可见，膜状布液的液膜厚度分布与柱状布液有液柱处的液膜厚度分布具有相同的规律，即：（1）管进口和出口处液膜厚，中间薄，两端变化幅度大，中间变化相对平缓，且近似关于水平直径对称；（2）雷诺数增大，液膜厚度增大，在圆周上的变化幅度范围增大；（3）管间距影响很小。

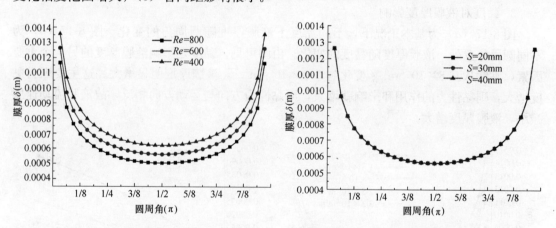

图 8-13 膜状布液液膜厚度在圆周方向的分布　　图 8-14 管间距对膜状布液液膜厚度分布的影响

比较 3 种布液方式的管外液膜流动膜厚的分布情况可知，滴状布液膜厚最小，柱状布液膜厚较大，且有液柱处比无液柱处大，膜状布液膜厚最大。柱状和膜状布液的降膜规律与滴状完全不同。而很多文献上，不加以区别，认为降膜流动就是液膜管顶薄，管底厚，管顶速度大，管底速度小，即大部分降膜流动的理论和实验针对滴状布液，并以此作为降膜流动的全部规律，这是不对的。

8.4.4 膜状布液降膜流动液膜厚度的影响因素

根据哈尔滨某制药厂的实际情况，给定一基本工况，即喷淋密度 0.289kg/(m·s)，管径 25mm，污水入口温度 15℃，动力黏度 $2\times10^{-6}\text{m}^2/\text{s}$。

1. 角度 θ 变化对液膜厚度 δ 的影响

图 8-15 为在不同喷淋密度下液膜厚度随圆周角的变化情况,其他条件同基本工况。由图可见,其规律与图 8-13 相同。

2. 喷淋密度 Γ 对液膜厚度 δ 的影响

图 8-16 为圆周上不同位置处,液膜厚度随喷淋密度的变化,喷淋密度从 0.03kg/m·s 变化到 0.5kg/m·s 时,不同位置的液膜厚度变化趋势相同,随着喷淋密度的增大而增大,但增大幅度逐渐减小,且在水平处最薄。

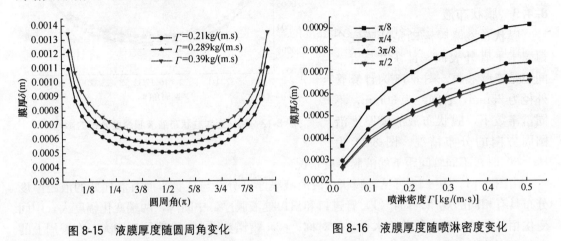

图 8-15　液膜厚度随圆周角变化　　　　图 8-16　液膜厚度随喷淋密度变化

3. 黏度对液膜厚度影响

图 8-17（a）为基本工况下,不同黏度下液膜厚度随圆周角的变化。图 8-17（b）为不同圆周位置处,液膜厚度随黏度的变化。由图可见,黏度是影响液膜厚度的另一个重要因素,黏度从 $0.8\times10^{-6} \text{m}^2/\text{s}$ 变化到 $3.3\times10^{-6} \text{m}^2/\text{s}$,液膜厚度明显增大。这主要因为黏度增大,则黏性力的作用和影响就增大,而黏性力方向与运动方向相反,故液膜流动速度减小,液膜厚度增大。

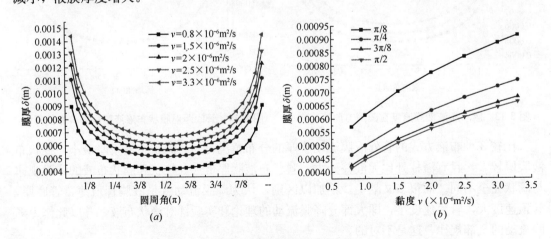

图 8-17　液膜厚度随黏度变化

4. 管径对液膜厚度的影响

图 8-18 为基本工况下,圆周上不同位置的液膜厚度随管径的变化情况,由图可见,液膜厚度随管径的增加几乎没有变化,即在该工况下,液膜厚度受管径影响很小。

8.4.5 膜状布液平均液膜厚度和无量纲液膜厚度

为方便实际参考和比较,引入平均液膜膜厚和无量纲液膜膜厚,以进行液膜厚度的拟合关系式研究。

平均液膜厚度为圆周上各点液膜厚度的平均值:$\bar{\delta} = \dfrac{1}{\pi}\int_0^\pi \delta_\theta d\theta$

无量纲液膜厚度为平均液膜厚度与液膜定性尺寸的比,即:$\delta' = \bar{\delta}/l_c$,其中 l_c 为液膜定性尺寸,$l_c = (\nu^2/g)^{1/3}$。

由于液膜厚度主要受喷淋密度和黏度的影响,给定多组喷淋密度和黏度等,计算液膜平均厚度和无量纲液膜厚度,如图 8-19~图 8-21 所示。根据最小二乘法,将计算结果拟合成无量纲液膜厚度与 Re 的函数关系如下:

$$\delta' = 1.11472 Re^{0.33908} \tag{8-31}$$

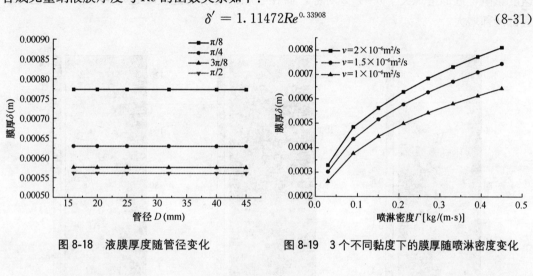

图 8-18 液膜厚度随管径变化　　图 8-19 3 个不同黏度下的膜厚随喷淋密度变化

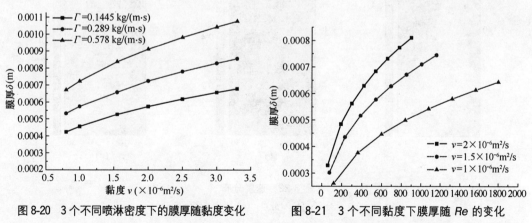

图 8-20 3 个不同喷淋密度下的膜厚随黏度变化　　图 8-21 3 个不同黏度下膜厚随 Re 的变化

8.5 水平管降膜膜状流的流动特性、传热特性及稳定特性

8.5.1 液膜内速度分布

1. 液膜内各点速度分布

图 8-22 为液膜内各点的切向速度、法向速度、总速度的分布云图,是沿圆周方向分

了128个单元,沿膜厚方向分了32个单元得到的基本工况下速度分布。由于液膜较薄,沿圆周也无法呈现,因此将半圆周上的液膜展开呈现,以直观了解液膜内不同位置处的速度分布情况。每个图中从左下角起看,向右为膜厚方向,向上为圆周方向。

由图8-22(a)可见,液膜内各点切向速度u,沿圆周方向,先增大再减小,在$\pi/2$处最大,近似呈现关于$\theta=\pi/2$对称;切向速度,沿膜厚方向增大,在贴近壁面处最小,液膜自由表面处最大。

由图8-22(b)可见,液膜内各点法向速度v,沿圆周方向,数值从零开始,以极小幅度增大,且在$\pi/2$处以后增幅略大,在$\theta>(7/8)\pi$后明显增大,到管底部区域,则迅速增大。

由图8-22(c)可见,液膜内各点总速度,沿圆周方向,数值先减小后增大,受切向速度影响,近似呈现关于$\theta=\pi/2$对称,而在管底部受法向速度迅速增大的影响,也出现底部局部增大。

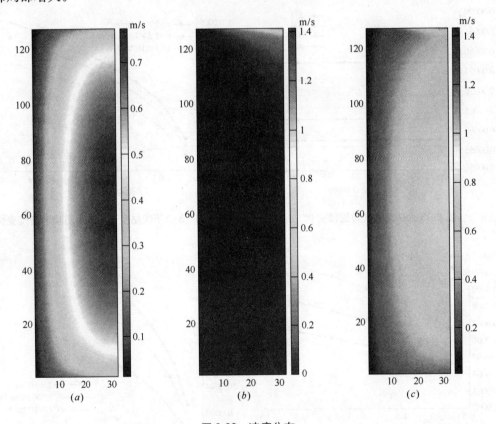

图8-22 速度分布
(a) u分布;(b) v分布;(c) 平均速度分布

2. 沿膜厚的平均速度分布

图8-23给出了液膜整体运动情况的上述三个速度沿圆周的分布情况。由图可以发现,由于法向平均速度在圆周大部分区域内数值较小,而切向速度较大,因此液膜总平均速度在大部分区域内取决于切向速度的大小,变化规律也相同。在靠近管底处,法向速度急速增大,而切向速度缓慢减小,使液膜总平均速度的变化趋势发生改变。由计算可知,基本工况下,液膜总平均速度变化趋势发生根本改变的位置在$\theta=0.96\pi$处,现将大于0.96π

的区域认为管底不规则影响区域,即在此区域内液膜容易发生加速堆积或可能发生脱落等不规则情况。

3. 喷淋密度对速度的影响

图 8-24 为液膜平均切向速度和平均法向速度在两个不同喷淋密度下的变化情况。由图可见,喷淋密度增加,切向速度和法向速度都增加,且切向速度和法向速度沿圆周方向的变化幅度随喷淋密度的增大而增大。入口法向速度为 0,切向速度(即液膜入口速度)随喷淋密度的增大而增大。

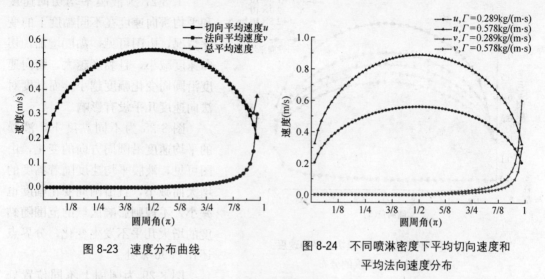

图 8-23　速度分布曲线　　　　图 8-24　不同喷淋密度下平均切向速度和平均法向速度分布

图 8-25 为两个不同喷淋密度下,液膜的平均速度沿圆周方向的变化,由图可见,液膜平均速度随着喷淋密度的增大而增大,且变化幅度也增大。不规则影响区域的范围随喷淋密度的增大仅有微弱扩大,分界点也在 0.96π 附近。

图 8-26 为圆周上不同位置处液膜平均速度随喷淋密度的变化情况,喷淋密度从 $0.03\text{kg}/(\text{m}\cdot\text{s})$ 变化到 $0.578\text{kg}/(\text{m}\cdot\text{s})$,圆周上各点的平均速度都增大。其中总平均速

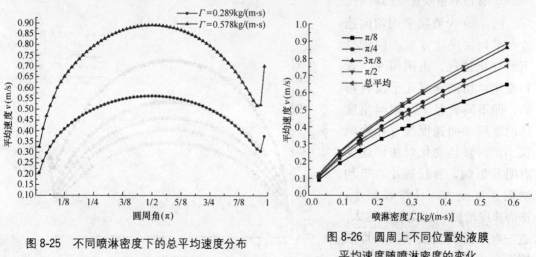

图 8-25　不同喷淋密度下的总平均速度分布　　　图 8-26　圆周上不同位置处液膜平均速度随喷淋密度的变化

度是指去掉不规则影响区域，即稳定区域的圆周上各点平均速度的总平均速度，即：

$$\overline{U} = \int_{\theta_1}^{\theta_2} U \mathrm{d}\theta$$

文献[10]指出，喷淋换热器的液膜总平均速度需达到 0.3m/s 以上能够达到较好的换热效果。因此基本工况下，喷淋密度大于 0.148kg/(m·s) 能够满足速度大于 0.3m/s 的要求。

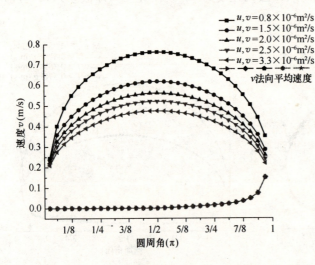

图 8-27 不同黏度下液膜切向平均速度和法向平均速度的分布

4. 黏度对速度的影响

图 8-27 为液膜平均切向速度和平均法向速度在不同黏度下的变化情况，由图可见，黏度增加，切向速度减小，且黏度越大，切向速度沿圆周变化幅度越小，而黏度对法向速度几乎没有影响。

图 8-28 为不同黏度下，液膜的平均速度沿圆周方向的变化，由图可见，液膜平均速度随着黏度的增大而减小，且沿圆周变化幅度也减小。不规则影响区域的范围随黏度的增大几乎不发生变化，分界点还在 0.96π 处。

图 8-29 为圆周上不同位置处液膜平均速度随黏度的变化情况，黏度从 0.8×10^{-6} m²/s 开始增大，圆周上各点的平均速度都减小，但减小的幅度逐渐变小，并趋于稳定。在基本工况下，黏度达到 7×10^{-6} m²/s，仍可使平均速度满足大于 0.3m/s 的要求。这主要是由于基本工况下的喷淋密度足够大，即 0.289kg/(m·s)。

5. 管径对液膜速度的影响

图 8-30 为液膜平均切向速度和平均法向速度在不同管径下的变化情况，由图可见，管径变化对切向速度几乎没有影响，即不同管径下，相同角度处的液膜切向速度受管径影响很小。而管径变化对法向速度有明显影响，管径减小，平均法向速度变大，且管径越小，法向速度沿圆周变化幅度越大。这一点从图 8-31 也可见，即圆周不同位置处的液膜法向速度随管径的变化。

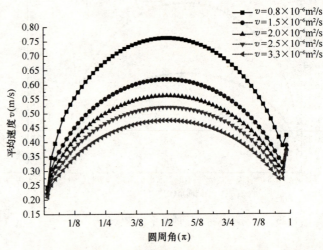

图 8-28 不同黏度下的总平均速度分布

由图 8-32 和图 8-33 可见，管径对总平均速度的影响较小，这主要因为切向速度对整体平均速度在管壁大部分区域占主导作用。但值得指出的是，管径的减小使不规则影响区域的范围扩大，且不规则影响区域内速度随管径减小而增大的幅度也增大，这说明小管径换热管的稳定性较差，而管径过小，导致不稳定区域范围更大。另一方面，管径减小，不同部位的法向速度变化更明显，这就使得液膜自由表面容易产生波动，而且可以预见波动更易出现在管的下半周。

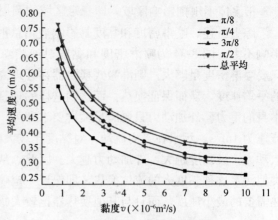

图 8-29　圆周上不同位置处液膜平均速度随黏度的变化

而波动能够加强传热，从这个角度可以得到解释降膜实验中的一个普遍现象，就是管径减小，换热有所加强[11]。其可能原因就在于管径减小，总的平均速度虽然没有大的变化，但纵向速度变化增强，因此容易出现不稳定波动，从而加强了换热。

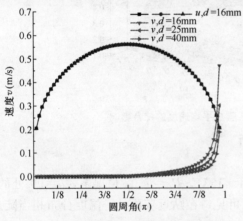

图 8-30　不同管径下平均切向速度和平均法向速度分布

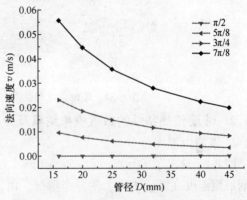

图 8-31　圆周上不同位置处液膜法向速度随管径的变化

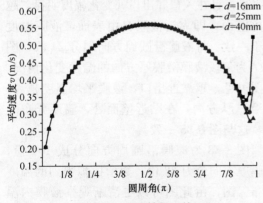

图 8-32　不同管径下的总平均速度分布

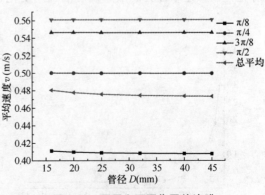

图 8-33　圆周上不同位置处液膜平均速度随管径的变化

6. 综合影响

综上所述，喷淋密度和黏度是影响液膜总平均速度的关键因素，而管径对总平均速度影响不大。图 8-34 为喷淋密度和黏度对液膜总平均速度的综合影响。由此图分析可知，只要喷淋密度足够大，则淋激式换热器在处理高黏度液体时，仍然可以达到 0.3m/s 以上的平均速度，从而保证换热。而达到这样的理想平均流速是无需外加动力的，只依靠液膜本身的重力。外加动力只要满足喷淋要求即可。而壳管式换热器要想保证换热的最低管内流速为 1m/s，污水在管内流动，对黏度比较大的污水，在管内达到此流速则需要外加较大动力，且黏度越大，外加动力越大。因此，从这个意义上来说，淋激式换热器更适合于类似污水这种黏度大的流体换热，即保证一定喷淋密度的情况下，黏度增大仍可以保证换热需要的最小速度，而且与其他换热器比较大幅节省动力消耗。

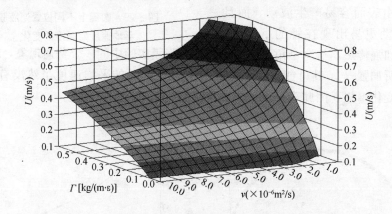

图 8-34 喷淋密度和黏度对液膜总平均速度的综合影响

8.5.2 液膜传热特性的数值模拟结果及分析

1. 液膜内温度分布

图 8-35 给出了 $D=25$mm，$Re=1200$，$T_0=15$℃，$Pr=7.02$ 情况下，$\theta=90°$ 处的无量纲液膜温度在沿 y 方向上的分布情况。由图可见，在贴近壁面处，温度分布相当陡急，而趋近液膜外表面时，趋于平缓和一致。

将液膜沿膜厚方向划分 24 层，图 8-36 为每层液膜沿圆周方向的温度变化情况。由图可见，越靠近壁面处的液膜温度沿圆周变化越明显，且在入口和出口处变化幅度明显。越远离壁面，即靠近液膜自由表面，液膜温度趋于一致。将液膜沿圆周方向划分 24 段，图 8-37 为每段液膜沿膜厚方向的温度变化情况。由图可见，越靠近出口，液膜平均温度越高，且沿膜厚方向，在贴近壁面处，温度分布陡急，这与图 8-35 一致。

图 8-38 为液膜沿圆周方向分成 104 份，沿膜厚方向分为 32 份，数值模拟得到的温度分布云图，由此图可以更清晰观察液膜内温度分布的情况。与速度分布一样，由于液膜较薄，沿圆周不易呈现，因此将其展开呈现。

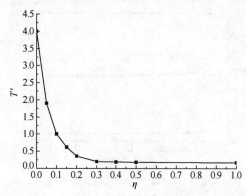

图 8-35 无量纲液膜温度在液膜方向上的分布

2. 液膜内无量纲换热系数（Nu）

以往研究的降膜换热实验结果相差较大，不同实验数据分析得到的换热特性，以及不同模型预测得到的换热特性很难比较，不同的研究者采用不同的几何尺寸、运行工况。液膜传热特性研究的关键是得到液膜换热系数，因此我们将数值模拟得到的无量纲换热系数（即努塞尔数 Nu）整理成无量纲关联式的形式，从而将数值模拟结果统一化、格式化，并与前人做过的实验结果进行对比，以考察模型和模拟结果的正确性，并作为后续整体换热器和系统模拟计算的理论基础。

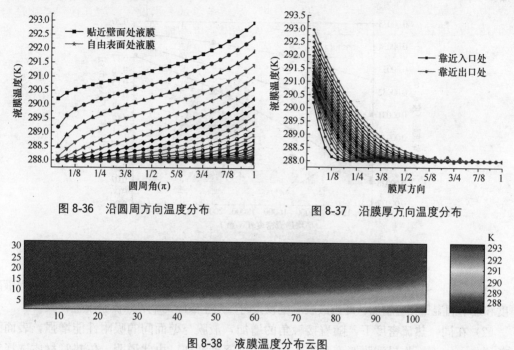

图 8-36 沿圆周方向温度分布　　图 8-37 沿膜厚方向温度分布

图 8-38 液膜温度分布云图

针对污水源热泵的使用范围，对管径从 16~45mm，污水黏度 $0.8 \sim 3.3 \times 10^{-6} \text{m}^2/\text{s}$，污水入口温度 8~15℃，喷淋密度 0.03~0.578kg/(m·s)，计算了多组不同情况下的 Nu，同时可以计算雷诺数 Re 表征流量和黏度，计算普朗特数 Pr 表示液膜物性参数，计算阿基米德数 Ar 表示换热管管径和液膜定性尺寸等几何参数：

$$Re = 4\Gamma/\mu, \ Pr = \nu/a, \ Ar = D/l_c$$

根据计算结果，仿照常用的无量纲关联式的形式，将努塞尔数 Nu 整理成雷诺数 Re、普朗特数 Pr 和阿基米德数 Ar 之间的无量纲关联式的形式，它综合反映了液膜换热特性受喷淋密度、黏度以及管径等因素的影响情况，根据计算数据拟合得到的关联式如下：

$$Nu = 0.199 Re^{0.250} Pr^{0.371} Ar^{-0.297} \tag{8-32}$$

该式使用范围：$Re<3000$。

8.5.3 液膜稳定特性及预防破裂的建议和措施

为使模型方程可解，并具有针对性，在上述研究中都是假设液膜不波动，且壁面完全润湿，即假设为稳定液膜。而实际液膜往往具有波动性，且可能出现破裂。液膜的稳定性对传热也有一定影响，因此有必要对液膜流动的稳定性进行定性分析和部分定量研究，从而全面深入认识液膜特性。

液膜稳定特性包括液膜的波动特性和破裂特性,且二者密切相关,并对传热都有影响。液膜在下降过程中,由于受小扰动因素的影响,表面出现波动,发展成波动的液膜流动。如果由此产生的波动不影响或不破坏液膜流动的连续性,波动则有强化传热的作用;如果波动过大,则有可能引起液膜局部的暂时或永久破断,则恶化传热效果。图 8-39 分别给出不同接触角和热流密度下的临界液膜厚度和最小喷淋密度的计算结果和变化规律,即接触角为 58°,66°和 78°(分别对应钛、不锈钢和紫铜)时的破断特性。由图 8-39 可知:

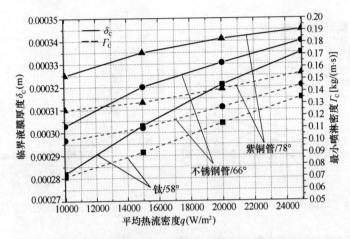

图 8-39 临界液膜厚度和最小喷淋密度随平均热流密度的变化

(1) 在同一接触角下,随热流密度的增加,因热效应引起的热毛细力逐渐增大,临界液膜厚度和最小润湿量相应增加,即当液膜流量较大时,发生破断的临界热流密度也较大。

(2) 在同一热流密度下,随着接触角的增加,液膜与壁面间的吸附性能增强,表面张力差增加,因而,临界液膜厚度和最小喷淋密度逐渐增加。由此说明,传热管材质选择对液膜稳定性也有影响。钛优于不锈钢,不锈钢优于紫铜,更不易破裂,这与三者抗腐蚀的顺序一致。

由此可见,影响热流密度和临界厚度的因素很多,有关波动特性和破裂特性的也较复杂,请参照相关文献,本节只针对污水源热泵,提出几点目前改善液膜稳定性,防止破断的切实可行的技术措施。这些措施包括:

(1) 合理设计喷淋密度和热流密度,喷淋密度过小或热流密度过大都容易造成壁面液膜破裂,确保淋激式换热器的运行参数处于大于最小喷淋密度,小于最大热流密度范围内,从而保证液膜厚度大于临界液膜厚度。

(2) 合理选择和设计污水喷淋装置,常用的喷淋装置有喷头式、排管式等,淋激式污水换热器宜使用溢流式,从而限制喷淋速度,防止溅射。合理设计布水孔的大小、密度、排列方式,以及距离首层换热管的高度,以使稳定液膜尽快形成[12]。

(3) 尽量选用接触角小的管材,有利于维持液膜稳定。

(4) 在换热管表面可涂部分热阻较小的亲水涂层,以增强壁面亲水性。

(5) 在管间加设成膜板,在壳体上设回流板,以有效控制换热器内非管空间处的液体回流或保持液膜。

（6）在换热器顶部两排管表面可包覆吸水性织物，以尽快提高换热器的表面润湿性能，对形成稳定液膜有益，并且该吸水性织物，可起到一定的过滤作用，可定期更换。

（7）对原生污水，在进入换热器之前，宜设置沉淀池、格栅、过滤器等设备，对污水进行简单初级的物理处理，去除污水中的浮游性物质，纤维状物质，大颗粒物质，如纸片、毛发、大砂砾等，以减少液膜不规则局部破裂的可能性。

8.6 淋激式换热器管束模型及热泵系统模型

8.6.1 淋激式换热器的结构设计

淋激式换热器的结构如图 8-40 所示。它主要包括淋水管和淋水管罩、水平换热管束、底部集水排放装置及框架装置等，为防止污水蒸发和环境污染，可外加宽敞壳体，壳体上

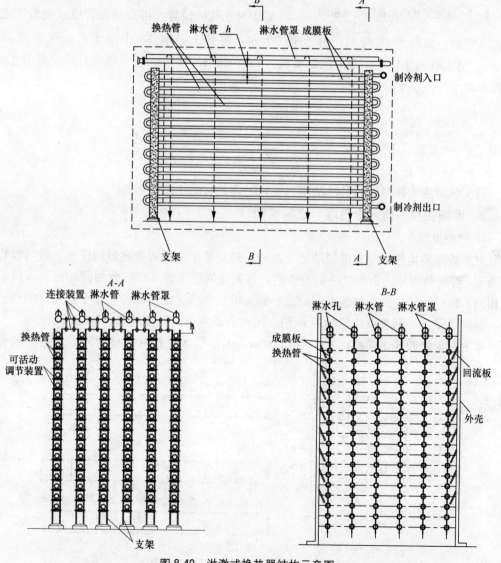

图 8-40 淋激式换热器结构示意图

可加回流板。淋水管与换热管列数相同,淋水管顶端的管壁上有一组孔径为 Φ 的淋水孔,淋水孔的孔径根据污水水质差异选择。换热管顶端与相应的淋水管底端之间预留一定距离(0.05~0.1m),淋水管和每根换热管底端外壁上沿轴线方向可固定连接有成膜板,防止水流中断或产生偏流现象,使液流从上层管落到下层管表面,更易形成稳定液膜。框架装置包括左右支架、可活动调节装置、淋水管和管罩连接装置,其中可活动调节装置用来调节管间距以及支架的宽度,可方便安装不同管径的换热管,同时还利于换热管的安装与拆卸。水平传热管材质可根据经济条件等采用紫铜、镀锌或镀铝铜、铝塑、钛、不锈钢等。为防止锈蚀,与污水接触的其他装置,如喷淋和框架装置等都采用镀锌材质。

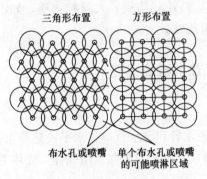

图 8-41 淋激管式换热器结构示意图

对于淋水孔的设置,可交错布置成三角形或正交布置成方形,如图 8-41 所示。淋水管 20 列,每管上开有 33 个淋水孔,淋水孔间距 88mm。淋水孔间距应不小于不稳定波长。Yun[13],Li 和 Harris[14]等人总结出适合于水、乙醇和氨水的在水平管表面的不稳定波长公式如下:

$$l = 2\pi \sqrt{\frac{n\sigma}{\rho g}} \tag{8-33}$$

式中 n——常数,水常取 2;
σ——表面张力。

有关该淋激式换热器的具体结构和设计,详见文献 [15,16]。

8.6.2 淋激式换热器(冷凝器)数学模型

1. 建模思路

以单管降膜换热模型和模拟结果为基础,建立整个淋激式换热器的模型。换热器管排数为 n,管列数为 m,由于制冷剂的分液,每列管的制冷剂入口参数相同,污水入口参数也相同,因此每列管的换热情况一致。单列管的换热情况则可以说明整个换热器的换热情况,其换热量是一列管束换热量的 m 倍。因此只研究单列管束的降膜换热模型。

单列管束降膜换热模型,如图 8-42 所示,由多根水平管纵向排列而成。把一列管束

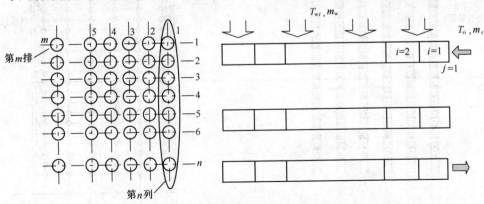

图 8-42 单列管束降膜换热模型示意图

按制冷剂流动方向分成若干微元，在每个微元内把单管降膜换热的计算结果应用其中。管束上的不同位置用 i,j 来表示。i 表示单管圆周上的不同位置，将每根管沿轴向划分 10 个单元；j 表示所在管排数。所以沿蛇管，每列管共可划分为 $i\times j$ 个微元。这是用分布参数法建模。

按污水流动方向，每排管的污水入口条件是上排管的全部微元污水出口条件的平均值；按制冷剂流动方向，每个微元的冷制冷剂出口参数为下一单元制冷剂进口参数。

入口条件为污水流量（污水喷淋密度）、污水入口温度、制冷剂质量流量、制冷剂冷凝温度、入口温度和过冷度等。计算第一根管的第一个微元，即 $i=1$，$j=1$ 处，每个微元内的计算分污水侧和制冷剂侧。然后将其制冷剂计算结果作为该传热管第 2 个微元（$i=2$，$j=1$）的入口条件进行第 2 根管的计算。

2. 微元内模型方程

(1) 换热系数的计算

1) 管外污水侧换热系数[17]

每个微元内，管外污水侧换热系数为：

$$\alpha_0 = \frac{Nu\lambda}{l_c} \tag{8-34}$$

式中 Nu 的计算见公式 (8-32)。

2) 管内制冷剂侧换热系数

按照管内制冷剂的流动形态的不同，分为过热区，两相区和过冷区，采用 Shah[18] 提出的用于水平管管内凝结换热系数公式计算。

过热区 $\qquad \alpha_S = 0.023 Re_S^{0.8} Pr_S^{0.4} \lambda_S / d_i \qquad$ (8-35)

其定性温度为过热区制冷剂气体进出口温度平均值。

过冷区 $\qquad \alpha_L = 0.023 Re_L^{0.8} Pr_L^{0.4} \lambda_L / d_i \qquad$ (8-36)

其定性温度为过冷区制冷剂液体进出口温度平均值。

两相区 $\qquad \alpha_{TP} = \alpha'_L ((1-x)^{0.8} + (3.8x^{0.76}(1-x)^{0.04})/p_R^{0.38}) \qquad$ (8-37)

式中 α'_L 计算中的定性温度为冷凝温度 t_c。

对比压力 $p_R = p_c/p_1$，即饱和压力和临界压力的比值，R22 的临界压力 $p_1 = 4.986\times 10^6 Pa$；$p_c$ 是冷凝温度 t_c 对应的饱和压力。

干度 $x=(x_1+x_2)/2$，当 x 沿管长呈线性分布，用 x 的算术平均值代入上式。计算表明，当 x 的变化 $\leqslant 40\%$，x 接近线性分布。

管内制冷剂的雷诺数：$Re = \dfrac{G\cdot d_i}{\mu}$，其中：$G = \dfrac{m_r/m}{\frac{1}{4}\pi \cdot d^2}$。

根据制冷剂入口参数、冷凝温度、过冷度可以计算三区分界点处的焓值，以此分界点焓值推进微元计算，即从第一微元开始，管内制冷剂侧换热系数按过热区计算，计算每个微元出口的制冷剂焓值，如果该焓值大于过热区和两相区分界点焓值，则进入两相区，管内制冷剂换热系数按两相区计算，同样继续逐个微元计算，当某微元出口处制冷剂焓值大于两相区和过冷区分界点焓值，则进入过冷区，直至全部微元计算完毕。

3) 传热系数 K 的计算

以外表面为基准的换热器传热系数为[10]

$$K = \left[\frac{1}{\alpha_0} + R_{o,f} + \frac{\delta_p}{\lambda_p}\frac{A}{A_m} + R_{i,f}\frac{A}{A_i} + \frac{1}{\alpha_i}\frac{A_0}{Az^i}\right]^{-1} \quad (8-38)$$

式中 $R_{o,f}$——管外污垢热阻,对污水取 $5.28\times10^{-4}m^2 \cdot K/W$；

$R_{i,f}$——管内污垢热阻,氟利昂制冷剂的 $R_{i,f}$ 可以忽略；

λ_p——管壁导热系数,对紫铜管 $\lambda_p=393W/(m \cdot ℃)$；

δ_p——管壁厚度,m;

A_o，A_i，A_m——管外、管内及管内外平均面积,m^2。

(2) 换热温差的计算

为准确起见,每个微元的换热温差也是分区计算平均温差,先计算对数平均温差：

过热区 $\quad \Delta t'_{sh} = \dfrac{(t_{r,i}-t_{w,o})-(t_c-t_{w,2'})}{ln((t_{r,i}-t_{w,o})/(t_c-t_{w,2'}))} \quad (8-39)$

两相区 $\quad \Delta t'_{tp} = \dfrac{t_{w,3'}-t_{w,2'}}{ln((t_c-t_{w,2'})/(t_c-t_{w,3'}))} \quad (8-40)$

过冷区 $\quad \Delta t'_{sc} = \dfrac{(t_c-t_{w,i})-(t_{r,o}-t_{w,3'})}{ln((t_c-t_{w,i})/(t_{r,o}-t_{w,3'}))} \quad (8-41)$

将淋激式冷凝器视为逆流型换热器计算得出上述对数平均温差,而实际污水与制冷剂的相对流动更接近于叉流,因此在对数平均温差上进行修正。F_r 为修正系数,F_r 第一级取 0.96,第二级取 0.95,第三级取 0.94[19]：

$$\Delta t = F_r \times \Delta t' \quad (8-42)$$

(3) 控制方程

由制冷剂侧流动换热和水侧流动换热两个环节组成[20]。由此可计算各微元的未知量。

制冷剂侧： $\quad Q_{r,c} = m_{con}(i_{r,c,i}-i_{r,c,o}) \quad (8-43)$

水侧： $\quad Q_{w,c} = m_w c_{p,w}(t_{w,c,o}-t_{w,c,i}) \quad (8-44)$

制冷剂侧与水侧传热方程： $\quad Q_c = KA\Delta t \quad (8-45)$

传热面积： $\quad A = m\pi d_o L \quad (8-46)$

Δt 为换热温差,由式 (8-39)～式 (8-42) 计算。

K 为传热系数,公式见式 (8-38)。

$$Q_{r,c} = Q_{w,c} = Q_c \quad (8-47)$$

对式 (8-34)～式 (8-47) 编制程序,就得到淋激式换热器的分布参数模型,并可参与整个热泵系统模型计算。

8.6.3 热泵系统仿真

1. 算法流程

结合建立的冷凝器模型、压缩机模型、膨胀阀模型、蒸发器模型,在能量守恒、质量守恒、动量守恒的基础上,建立了热泵系统的仿真模型[3],其计算流程见图 8-43。

2. 三级淋激式换热器的换热情况

该热泵的中三级淋激式换热器作为系统冷凝器,图 8-44 为三级淋激式换热器传热系数随管长的变化情况,图 8-45 为该三级换热器的每根管的换热量情况。污水淋激在该三级换热器各管后的污水温度情况见图 8-46。

由图 8-44 可见,由于管内制冷剂侧换热系数的影响,使整体传热系数也呈现明显的三区分布。沿管长入口为过热区,出口为过冷区,且二者的换热系数明显小于两相区。且

8.6 淋激式换热器管束模型及热泵系统模型

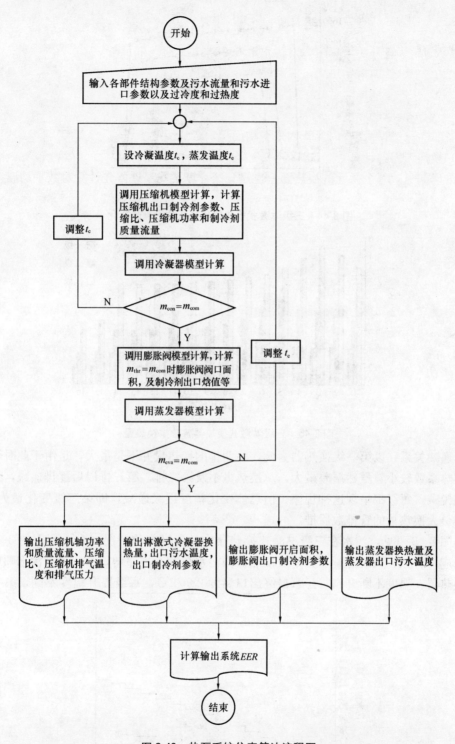

图 8-43 热泵系统仿真算法流程图

三级换热器的三区分布区间长度不同,一级两相区最长,过热区最短,其平均换热系数最大,二级三级则两相区变短,过热区变长,而过冷区三级相差不大。

由图 8-45 可见,污水淋激在换热管上,每排的换热量是明显不同的,且规律也并不

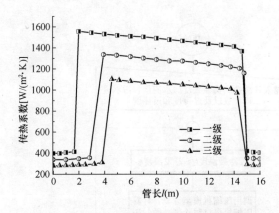

图 8-44　三级淋激式换热器传热系数沿管长变化

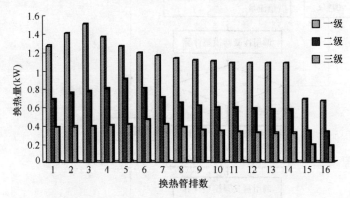

图 8-45　三级淋激式换热器各管排换热量

是简单递减关系,以第一级换热器为例,头两排的换热量并不是最大,是由于此时管内制冷剂换热系数较小,虽然温差最大,总换热量不及第三排。第三排以后逐排递减,到最后两排则锐减。每级都呈现这种规律,但总体变化幅度逐级递减,即第三级变化最为平缓,且获得最大换热量的管排数后推。

由图 8-46 可见,污水在三级淋激式换热器中的温度变化情况。由下到上的 3 条曲线分别对应一、二、三级冷凝器。每级换热器内污水温度逐排递增,由此可见污水顺序通过三级换热器,温度不断升高,污水最终出口温度 28.79℃,每级提升幅度不同,第一级温

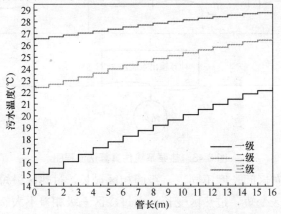

图 8-46　三级淋激式冷凝器污水温度沿管长变化

度变化最大。

有关污水源热泵处理低温污水的其他情况的模拟分析及污垢对污水源热泵系统性能影响参见文献 [16，19，21]，这里不再赘述。

8.7 干式自除污壳管式污水热泵

8.7.1 污水源热泵机组研究现状

目前，污水热泵发展迅速，但其核心部分换热器的除污问题一直不能很好地解决（海水、湖水、河水热泵也存在同样的问题），大部分换热器都采用停机人工清洗的方式来除污。总结起来，目前的污水换热器清除污物存在以下缺点：（1）拆装清洗非常不方便，耗时耗工较多，增加了人工费用。（2）循环水或制冷剂走壳程，与环境温度温差较大，热（冷）量损失多。为了回避堵塞问题，我国多数采用浸没式污水换热器，即将污水换热器直接浸泡在污水坑池中，但当工程规模较大时，浸没式方法、隔离式均不具有可操作性，占地、投资等问题都不易解决，换热池中的污物沉积与清理也难以解决。换热形式上，大部分污水源热泵系统还采用间接换热。间接利用污水系统换热温差较小，换热面积较大，且由于增加了中间换热器，不仅系统复杂，投资较高，且能源利用效率较低。而直接利用方式系统相对简单，能源利用效率比间接利用方式高 7% 左右[22]。因此，直接利用方式成为城市污水热能利用的发展方向。

目前，有个别使用直接换热的形式，但换热器采用满液式，制冷剂的充注量较大，对于价格昂贵的制冷剂来说造价太高，回油不好；污水走管内，容易冻结也易堵塞换热管，且只适用于大型场合，应用范围小，不灵活。为此，本节针对处理后污水，提出并设计了新型的自除污壳管式换热器：处理后污水-循环水壳管式换热器、处理后污水-制冷剂干式壳管式换热器，自主创新地提出了具有自除污功能的干式壳管式热泵机组，并对其进行了相关基础研究，从而为产品的研发提供了理论支持。

8.7.2 新型自动除污型污水-水换热器的提出与设计[23]

针对除污问题，我们提出了一种具有自动管外除污功能的壳管式污水换热器，其结构如图 8-47，图 8-48 所示。污水走壳程，循环水走管程。壳体中心轴上设有一根可以转动的转轴，上面刻有螺纹。折流板由两块不锈钢板和中间橡胶夹层组成。折流板设置成独立体，中间转轴和换热管穿过折流板。中间转轴与折流板以螺纹连接，换热管与折流板的胶皮夹层接触。该设备除污时转动中间转轴，在螺纹作用下折流板沿轴向移动。折流板橡胶夹层刮擦换热管实现自动除污。

由图 8-47 可知，污水-水壳管式换热器主要包括壳体、循环水转向端盖、换热管、折

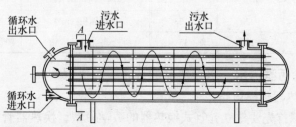

图 8-47 自除污型壳管式污水-水换热器的结构示意图

流板、管板以及中间转轴等。换热管穿过折流板并通过管箍固定在管板上，可以拆卸。折流板是由两个塑料夹板和中间的胶皮夹层组成的，上下交错依次在壳体内轴向排开。污水从壳体上侧左端进入右端流出，在壳体内受折流板的作用而上下迂回前进。循环水由管程的左下端进入换热管，经过6个管程后从右上端流出。循环水的转向是通过两端的端盖实现的，在转向腔体内循环水充分混合。两侧流体在壳体内实现污水与循环水的换热。换热管材质可根据经济条件等选用钛、铝塑、紫铜、黄铜、镀锌铜管、碳钢电镀铜合金、不锈钢等。为防止锈蚀，与污水接触的其他装置，如壳体、管板等都采用镀锌材质。

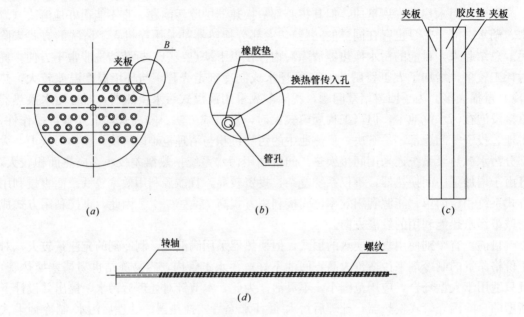

图 8-48 水-水换热器部件图

(a) 折流板；(b) 大样图 B；(c) 折流板侧视图；(d) 中间转轴

本节针对夏季运行工况设计了两种不同换热面积的污水-水壳管式换热器，见表8-1。污水进/出口温度为20/28℃，循环水设计进/出口温度为33/23℃。换热管采用紫铜光管，壳体采用不锈钢材料。

换热器的结构尺寸　　　　　　　　　　　表 8-1

名　称	换热器一	换热器二	名　称	换热器一	换热器二
壳体直径 D (m)	0.7	0.7	换热管间距 S_1 (m)	0.024	0.024
单管程长度 L (m)	4	3.51	换热管外径 d_o (m)	0.019	0.019
单管总根数 N	615	615	换热管内径 d_i (m)	0.015	0.015
折流板间距 B (m)	0.23	0.23	换热面积 (m²)	131.38	115.29
折流板数目	16	15			

8.7.3 新型自动除污型污水—水换热器的分布参数模型

1. 污水—水换热器建模思路

对换热器的模拟首先要建立壳管式换热器的数学模型。换热器管程数为 n，在每一管程有 m 根换热管。由于换热器两端循环水转向端盖的作用，同一管程中每根换热管的入口端循环水温度相同,在出口端循环水混合,温度也将一样。这样同一管程中的换热管换热特性基本一致。污水侧,轴向上通过折流板将污水分成若干程。

将模型进行微元划分,左右方向以折流板为分界线划分,划分为 j 列,上下方向污水横掠一个管程划分为一个微元,如图 8-49 中微元块 1。由于换热器除污功能的要求,第 j 列的轴向宽度为 $2B$(B 为列宽),是其他列宽度的 2 倍。第 j 列仍按微元块 1 划分,换热面积为微元块 1 的 2 倍(为方便描述以后也称为微元块 1)。在第 1 列和第 j 列分别划分为 5 个微元块 1。第 2 列至第 $j-1$ 列分别划分出 4 个微元块 1。污水流过上缺口折流板和下缺口折流板时,以微元块 2 的方式划分,如图 8-49 中微元块 2。所以共划分出 $5\times2+4\times(j-2)+(j-1)$ 个微元块。我们采取分布参数法建模。由于污水、循环水多管程多壳程交叉换热,使得模拟计算中不能按一侧流体的流向依次计算出微元块参数。因此,需同时设定各微元块参数,通过匹配同时求解。

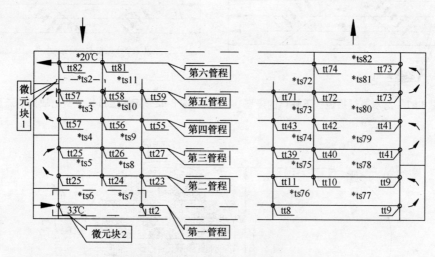

图 8-49 污水—水换热器的模型图

按循环水的流动方向,在每个微元块的进口、出口处分别设定循环水平均参数。每个微元块循环水的出口参数也是下一个微元块入口参数。在污水流动方向上,在每个微元入口、出口处分别设定污水的平均参数,每个微元块污水的出口参数也是下一个微元块污水的进口参数。入口条件包括流体的温度、流量等。在每个微元块的计算中,分为循环水侧和污水侧两部分。

2. 微元内模型方程

(1) 换热系数的计算

1) 管外污水侧换热系数[24]

微元块 1 是一个流体横掠管束的模型,如图 8-50 所示。在壳程内换热管的

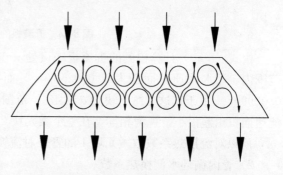

图 8-50 壳内污水横掠管束的模型

排列比较密集,污水流过换热管之间的间隙。管外污水侧的换热系数为:

$$\alpha_s = \frac{Nu\lambda_s}{d_o}$$

(8-48)

式中
$$Nu = 0.35Re^{0.6}Pr^{0.36}\left(\frac{Pr_s}{Pr_p}\right)^{0.25}\left(\frac{S_1}{S_2}\right)^{0.2} \tag{8-49}$$

微元块 2 中，污水流过折流板的下缺口和上缺口时，流型分别如图 8-51，图 8-52 所示。θ 较小，污水与循环水仅在 θ 的范围内处于顺流斜交叉流，在 $\pi-2\theta$ 的范围内处于顺流。参见图 8-53 可以求得折流板缺口弓形处的污水流通面积

$$A = A_{arc} - \frac{n\pi d_o^2}{4} \tag{8-50}$$

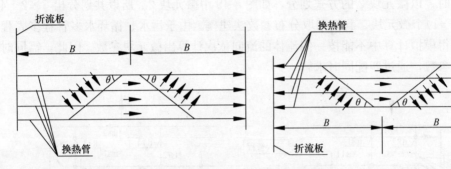

图 8-51　污水流过折流板下缺口的流型　　图 8-52　污水流过折流板上缺口的流型

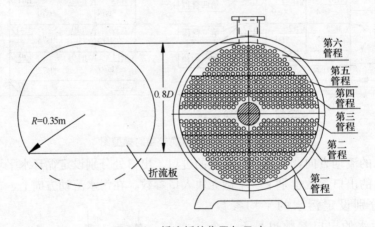

图 8-53　折流板的位置与尺寸

由式（8-50）计算得到的折流板缺口处 $\pi-2\theta$ 的范围内流通面积为 0.02587m²。在 θ 范围内，污水流通截面积大于 0.02587m²。而第二管程处微元块 1 计算的流通面积约 0.0299m²。由于在这个微元块中 θ 约 45°，范围很小，故在微元块 1 和微元块 2 中污水的流通面积相差很小，视为相等。在整个微元块 2 中，污水的流速取微元块 1 中污水的流速 w_s，所以对流换热系数取微元块 1 的管外对流换热系数。

2）管内循环水侧换热系数

$$\alpha_t = 0.023\frac{\lambda_t}{d_i}Re^{0.8}Pr_t^{0.33} \tag{8-51}$$

式中
$$Re = \frac{v_t d_i}{v_t} \tag{8-52}$$

3）传热系数 K 的计算

见公式（8-37）。

(2) 换热温差的计算

为了计算的准确性，每个微元块的换热温差取对数温差。

$$\Delta t' = \frac{(t_{t,i} - t_{s,o}) - (t_{t,o} - t_{s,i})}{\ln((t_{t,i} - t_{s,o})/(t_{t,o} - t_{s,i}))} \tag{8-53}$$

将微元块 1 和微元块 2 的换热视为逆流换热得到上述对数换热温差，而实际上污水和循环水在微元块 1 中属于垂直交叉流换热，微元块 2 中，在折流板下缺口处为交叉流与顺流换热共存，在上缺口处为交叉流与逆流换热共存。因此在对数平均温差上加以修正，见式（8-42）。修正系数 F_r 在微元块 1 取 0.96，微元块 2 折流板下缺口处取 0.94，上缺口处取 0.98[25]。

(3) 控制方程

换热过程由循环水侧流动换热和污水侧流动换热两个环节组成。由此可计算各微元的未知量。

循环水侧：
$$q_t = m_t \times c_{p \cdot t} \times (t_{t \cdot i} - t_{t \cdot o}) \tag{8-54}$$

污水侧：
$$q_s = m_s \times c_{p \cdot s} \times (t_{s \cdot o} - t_{s \cdot i}) \tag{8-55}$$

制冷剂侧与污水侧传热方程：
$$q = KA\Delta t \tag{8-56}$$

微元块 1 传热面积：
$$A = \frac{\pi(d_i + d_o)}{2} \times B \tag{8-57}$$

微元块 2 传热面积：
$$A = \pi(d_i + d_o) \times B \tag{8-58}$$

式中　B——折流板间距；

Δt——换热温差，由式（8-53）计算；

K——传热系数，见式（8-37）。

$$q_t = q_s = q \tag{8-59}$$

对式（8-48）～式（8-59）编制程序，就得到了壳管式换热器的分布参数模型。

8.7.4 新型自除污干式壳管式污水热泵的提出与设计

针对污水源热泵机组的使用形式，我们提出了一种具有除污功能的干式壳管式污水换热器，可作为蒸发器/冷凝器两用，其结构如图 8-54 所示，详见授权专利[26]。

干式壳管式蒸发器主要包括换热管、换热壳体、管板、折流板、转轴以及干式蒸发器所特有的分液器等。多根换热蛇形管盘旋于换热壳体内，形成 6 管程结构。折流板是由两个塑料夹板和中间的胶皮夹层组成的，上下交错依次在壳体内轴向排开。折流板与中间转轴采用螺纹连接，当转动中间转轴时，由于螺纹的作用，会带动折流板左右移动。折流板的中间胶皮夹层刮擦换热管，从而实现除污的作用。由于除污功能的实现是通过折流板的左右移动实现的，所以必须保证换热腔体内有足够的空间。于是，污水出水口折流板与右端管板的间距为 2 个折流板间距。工作时，污水走壳程，制冷剂走管程。换热管材质可选用钛、铝塑、紫铜、黄铜、镀锌铜管、碳钢电镀铜合金、不锈钢等。为防止锈蚀，与污水接触的其他装置，如壳体、管板等都采用防腐材质。

对于换热腔体内的换热管设置，按等边三角形布置，如图 8-54（b）、（c）。在换热管的换向处，由 U 形弯头连接。为在热泵系统中，使其换热器夏季作冷凝器，冬季作蒸发

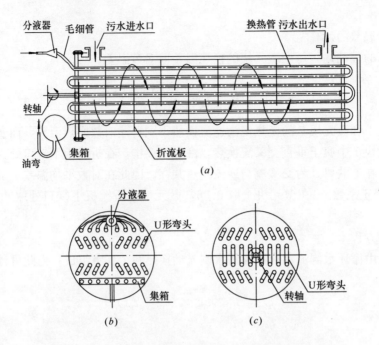

图 8-54 供污水源热泵用的干式自除污壳管式蒸发器示意图
(a) 正视图；(b) 左视图；(c) 右视图

器，我们以夏季作为冷凝器时的运行参数进行设计，污水进/出口温度为 20℃/28℃；制冷剂冷凝温度的 33℃。干式壳管式污水换热器的具体结构参数见表 8-2，实物如图 8-55 所示。

干式壳管式污水换热器的结构尺寸　　　　表 8-2

有关参数名称	数值	有关参数名称	数值
壳体直径 D (m)	0.41	折流板数目	17
单管程长度 L (m)	2.46	换热管间距 S_1 (m)	0.02
单管总根数 N	276	换热管外径 d_o (m)	0.016
折流板间距 B (m)	0.14	换热管内径 d_i (m)	0.014
管程数 n	6	换热面积 A (m²)	31.98

同时设计出干式壳管式污水源热泵机组，污水与制冷剂采用直接干式蒸发换热，其流程如图 8-56 所示，详见授权专利[27]。系统中省去了中间循环水环路，制冷剂与污水在干式壳管式污水蒸发器/冷凝器中直接换热。运行中通过四通换向阀实现制冷工况和制热工况的转换。图 8-57 为自除污型干式壳管式污水源热泵机组实验台，利用该机组提取浴池废水中的热量加热生活用水，以实现废热回收。

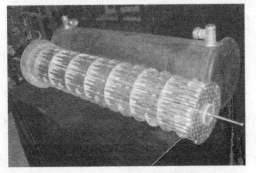

图 8-55 干式污水换热器的实物

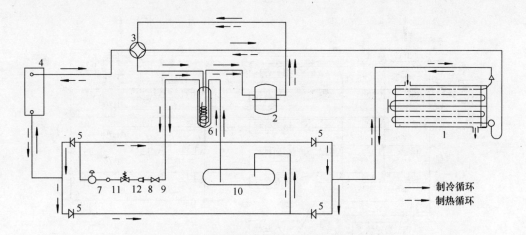

图 8-56　自除污型干式壳管式污水源热泵机组示意图

1—污水侧干式换热器；2—压缩机；3—四通换向阀；4—换热器；5—止回阀；6—带换热器的气液分离器；
7—单向膨胀阀；8—干燥过滤器；9—截止阀；10—贮液器；11—视液镜；12—电磁阀

8.7.5　新型自除污干式壳管式蒸发器的研究

1. 干式壳管式污水换热器建模思路

将模型进行微元划分，划分方法与污水—水壳管式污水换热器方法类似。划分后壳管式换热器模型如图 8-58 所示。

2. 自除污型干式壳管式蒸发器模型方程

（1）模型的假设

为了简化计算，在建立蒸发器数学模型之前，做如下相应假设：

1) 作为蒸发器时，污水侧的热量一部分被制冷剂吸收，一部分以散热的形式排到周围环境中。制冷剂所吸收的热量全部来自于污水。由于污水散热影响因素较多，计算复杂，在模型分析中仅假设了一个散热系数。制冷剂管在 U 形弯头处采用保温措施，故此处视为无热量交换；

图 8-57　自除污型干式壳管式污水源热泵机组实验台

2) 管壁径向温度一致。对于沿管长的每一个微元，制冷剂侧、污水侧、管壁的物性视为一致；制冷剂沿水平管作一维流动。在同一截面上气相和液相的压力相等；

3) 能量方程中忽略动能的影响；

4) 重力影响忽略不计。

由于在蒸发器内制冷剂主要呈环状流的形式流动[28]，故对蒸发器两相区以环状流进行建模。

（2）传热模型

如图 8-59 所示，选取节点 i 为控制体微元，根据质量守恒、动量守恒和能量守恒对其建立制冷剂工质的流动方程，详见 2.4.1。

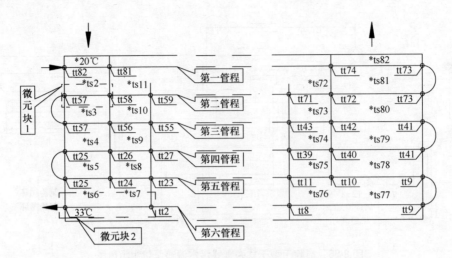

图 8-58　干式壳管式污水蒸发器的模型图

(3) 换热系数的计算：1) 管外污水侧换热系数，详见 8.7.3。2) 管内制冷剂侧的换热系数，详见 2.4.1。

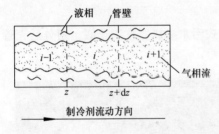

图 8-59　控制容积 i 示意图

(4) 制冷剂侧压力降，详见 2.4.5。

(5) 温差的计算

采用式（8-53）计算温差，按式（8-42）进行修正，F_r 对微元块 1 取 0.96，微元块 2 折流板下缺口处取 0.98，上缺口处取 0.94。

对制冷剂工质的换热模型进行离散化，结合污水侧换热方程，建立蒸发器的模型。

3. 自除污型干式壳管式蒸发器模型的求解

以往换热器的模拟中，两侧流体有一侧为直流或两程。这种较为简单的结构可以直接逐个微元依次求解，每个微元所得结果作为下一个微元的初始条件。对于多管程多壳程结构的壳管式换热器，两侧流体相互交叉换热，在解每个微元时由于已知参数不足，无法按常规方法求解。具体原因在于：(1) 干式壳管式换热器各个微元的制冷剂侧换热系数不是一个定值，它与微元进出口参数（未知量）有关；(2) 壳管式换热器是由多个壳程与多个管程相互耦合进行换热，而现有文献关于蒸发器的求解模型大部分都有一侧的流体为单流程的，不存在耦合换热的情况。这些特点决定了以空间位置的起始点为已知参数，然后通过逐个微元依次逼近，两侧流体依次同时得到微元的解的求解方法不再适合于本模型。

鉴于壳管式换热器的以上特点，将空间求解的思想转换为时间求解的思想。以前沿着空间坐标轴进行求解，把空间点作为求解进程的标志，现在则沿着时间坐标轴进行求解，以时间顺序逐次求解。设定初始时间一侧流体的温度分布，然后用两侧流体温度互推的方法，直到收敛到要求精度及稳态过程为止。在时间顺序求解的过程中，又含有空间位置的求解。计算流程如图 8-60 所示。

4. 自除污型干式壳管式蒸发器的模拟研究

数值模拟中，制冷剂选取 R22，制冷剂进口温度 2℃，由于从节流装置来的制冷剂在

8.7 干式自除污壳管式污水热泵

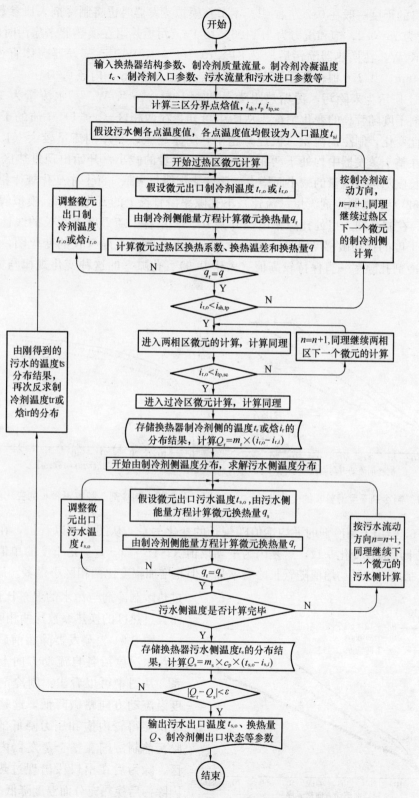

图 8-60 壳管式干式蒸发器模拟计算流程图

蒸发器入口的干度一般在 0.2 左右[29]。本节在模拟蒸发器时也将制冷剂入口参数设为 $t=2$℃，干度为 $x=0.2$，饱和压力为 $5.1406×10^5$Pa。污垢热阻在换热器未除污时取 $5.28×10^{-4}$m² · K/W，在换热器除污后取 $2.84×10^{-4}$m² · K/W[24]。蒸发器壳体直径 0.41m；单管长 2.46m，共 276 根；管程数为 6；换热管外径 0.016m，内径 0.014m。

图 8-61 所示为未除污，污垢热阻为 $5.28×10^{-4}$m² · K/W、污水流量为 14.32kg/s 时，制冷剂干度随管长的变化情况。从图中可知，在两相区（$x<1$）工质的干度随管长近似呈线性变化，制冷剂流量（流速）越小，斜率越大；制冷剂流量较大（1.896kg/s）时，工质在整个蒸发器中均处于两相区。随进口流量的减小，开始出现过热区（$x=1$），过热区的长度随进口流量的减小而增大。该变化规律与文献[30]中变化规律相符。

图 8-62 为不同制冷剂流量（流速）下孔隙率沿管长上的变化规律。模拟假设入口干度为 0.2，在制冷剂入口处孔隙率已经升到 0.932 左右。随干度沿管长的线性增加，孔隙率对于干度的扰动敏感度降低，缓慢达到 1。由孔隙率在随管长的变化图，可知在蒸发器内制冷剂孔隙率一直保持较高值（大于 0.9）。孔隙率的这种变化规律与文献[30]一致。

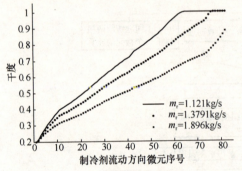

图 8-61 制冷剂干度沿管长的变化曲线

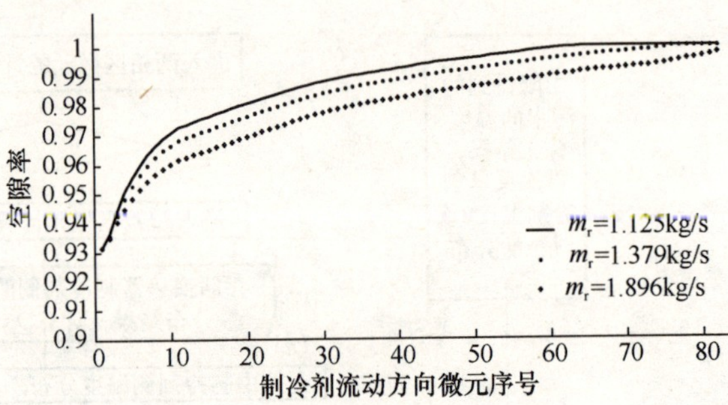

图 8-62 制冷剂孔隙率沿管长的变化曲线

图 8-63 给出了制冷剂的平均焓值随管长的变化关系。从图中可以看出，在两相区平均比焓与干度曲线变化一致，这是因为平均焓值（$i=\Delta i_{LV}x+i_L$）是干度的单值函数。在过热区，制冷剂的平均焓值随管长略有增加，但是增加幅度比两相区小得多。这是由于在过热区制冷剂与污水的温差比两相区小，而且过热区的换热系数比两相区小。

图 8-64 为蒸发器除污前后制冷剂以及污水温度沿各自流动方向上的变化关系。从图中可以看出：制冷剂的两相温度沿流动方向略微降低，这是由于存在摩擦使得管内饱和压力降低的原因。在除污前制冷剂在整个蒸发器内处于两相区，除污后在出口段出现过热区。污水因除污后换热充分而温度降低。

图 8-65 为除污前后在不同的制冷

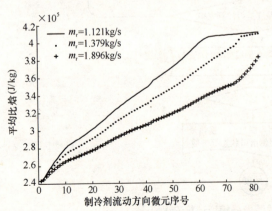

图 8-63 制冷剂平均焓值随管长的变化曲线

流量(流速)下,制冷剂两相区与过热区长度的比较。从图中可以看出随制冷剂流量的增加,两相区长度占全管长的比例越来越大,过热区所占比例越来越小。除污前:当制冷剂的流量增加到1.552kg/s时,过热区完全消失。除污后:制冷剂流量从1.379kg/s增加到1.900kg/s时,制冷剂出口均处于过热区。

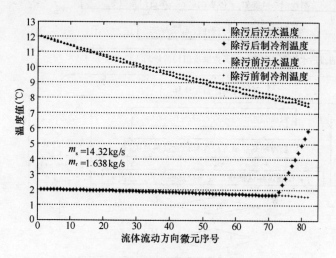

图8-64 两侧温度随流动距离的变化关系

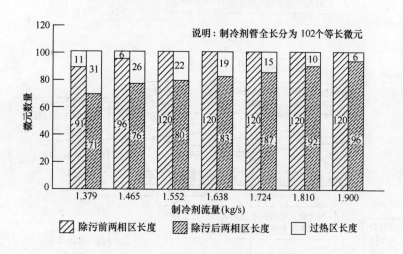

图8-65 制冷剂两相区与过热区长度

8.7.6 自除污干式壳管式蒸发器在热泵中作冷凝器用的模拟研究

管内制冷剂侧方程参见式(8-35),式(8-36),式(8-37),污水侧方程参见式(8-48),式(8-49),式(8-50)。数值模拟中,制冷剂选取R22,制冷剂进口温度68℃,处于过热区。污水入口温度设为20℃。以饱和气体焓值$i_{sh,tp}$以及饱和液体的焓$i_{tp,sc}$作为三区的分界点。污垢热阻在换热器未除污时取$5.28×10^{-4} m^2·K/W$,在换热器除污后取$2.84×10^{-4} m^2·K/W$。污水—制冷剂换热器壳体直径0.41m;单管长2.46m,共276根;管程数为6;换热管外径0.016m、内径0.014m。对其作为冷凝器时进行模拟研究,整个数值模拟的算法流程如图8-66所示。

第8章 新型处理后污水源热泵的应用基础研究

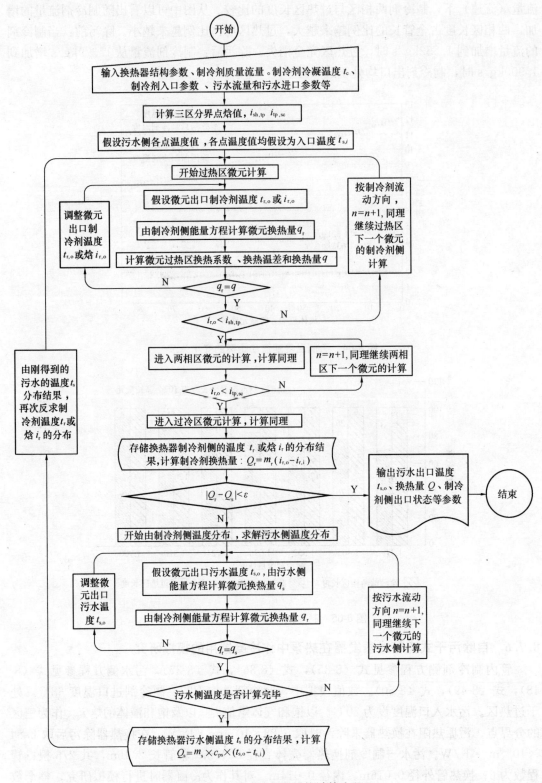

图 8-66 壳管式冷凝器模拟计算流程图

图8-67给出了除污前后制冷剂干度沿管长的变化情况。除污前,制冷剂入口一段管长内干度为1,即过热区。在第26个微元处干度开始直线下降进入两相区,直到制冷剂出口干度刚好降低到0;除污后,制冷剂入口一段管长内干度为1,即过热区。在第25个微元处干度开始直线下降进入两相区,在第82个微元处干度降为0进入过冷区,直到制冷剂出口以过冷状态流出冷凝器。结果显示,除污后制冷剂干度下降

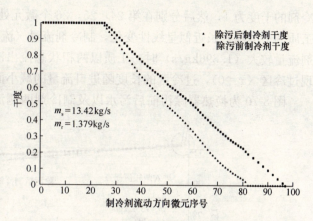

图8-67 除污前后制冷剂干度变化

速率要比除污前大,充分说明除污作用提高了换热效率,冷凝器中制冷剂得到充分冷却。

图8-68给出了过热区、两相区和过冷区在制冷剂管长度方向上的分布随制冷剂流量

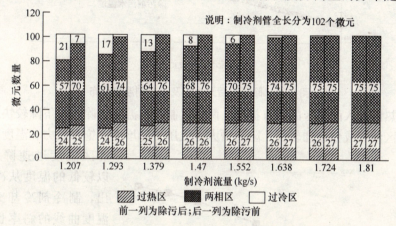

图8-68 三个区间分布随制冷剂流量变化关系

的变化关系以及除污作用对其分布的影响。从图中可以看出,随制冷剂流量的增加,过热区长度占24~27个微元,受制冷剂流量的影响很小。但随制冷剂流量的增加,两相区长度明显延长。甚至导致制冷剂出口仍处于两相区。当对换热器进行除污后,过热区稍微缩短,两相区长度缩短明显,甚至出现过冷区。

图8-69所示为除污后,污垢热阻为$2.84 \times 10^{-4} \, m^2 \cdot K/W$、污水流量为13.42kg/s时,不同制冷剂流量(流速)下干度随管长的变化情况。从图中可知,在入口段制

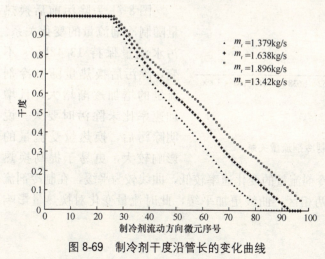

图8-69 制冷剂干度沿管长的变化曲线

冷剂的干度为1,然后分别在第24,25,26个微元处开始进入两相区,在两相区($x<1$)工质的干度随管长近似呈线性变化,制冷剂流量(流速)越大,干度缩减速率越小;制冷剂流量较大(1.896kg/s)时,工质以两相状态流出冷凝器。随进口流量的减小,开始出现过冷区($x=0$),过冷区的长度随进口流量的减小而增大。

图 8-70 为换热器除污前后污水以及制冷剂两侧流体温度分布。结果表明,在除污

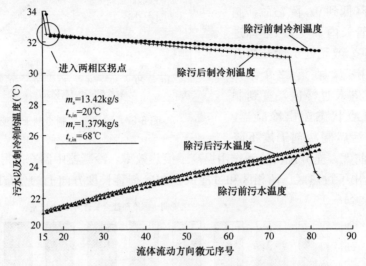

图 8-70　除污前后污水以及制冷剂温度分布

制冷剂由过热区进入两相区的拐点提前,两相区制冷剂温度比除污前下降较快。这是因为除污后两相区液相成分增加较快,阻力增大导致压力降增大,饱和压力和温度降低。在过冷区温度迅速降到 23.3℃,以较低的温度从冷凝器中流出,制冷剂冷却充分。污水温度曲线的斜率也在除污后有所增加,污水进出口温差加大,换热量增加。

图 8-71 为除污前后换热量随制冷剂流量的变化关系。污水流量保持 13.42kg/s 不变,除污后换热量随制冷剂流量的增加逐渐增大,且增加速率比未除污时要大。说明除污后,换热量受流量的影响较大,更易于提高换热

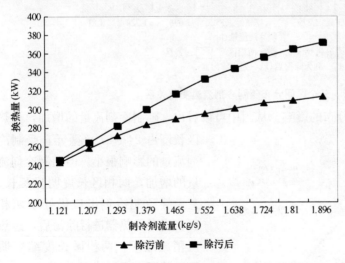

图 8-71　除污前后换热量与制冷剂流量关系

量。在未除污状态下,换热量随制冷剂流量的变化速率较低,曲线较为平缓,在制冷剂流量超过 1.379kg/s 后,出口状态为两相区,曲线更加平缓,此时流量变化对换热量影响较小。

第 9 章 地埋管换热器的热渗耦合理论与实验研究

9.1 地埋管换热器的传热模型研究现状与进展

土壤源热泵作为一项结合环境学、钻探、交换热、制冷、暖通空调等多学科知识的技术，其系统性能影响因素是多方面的，包括地下水流动、回填材料的性能、换热器周围发生相变的可能性以及沿管长土壤物性的变化等等，如何完善地埋管换热器的传热模型，使其更好地模拟地埋管换热器的真实换热情况，确定最佳地埋管换热器的尺寸是发展和推广土壤源热泵的关键因素。

地埋管系统目前尚处于研究阶段，也一直是土壤源热泵技术的难点，现有的土壤源热泵设计方法大都基于地埋管换热器的实验研究。地埋管换热器一般有三种形式，即垂直埋管、水平埋管和螺旋埋管。水平埋管通常浅层埋设，开发技术要求不高，往往初投资低于垂直埋管，但另一方面，由于水平埋管换热能力往往低于垂直埋管，而且铺设占地面积大，开挖工程量大，有时也未必经济。根据埋设方式不同，垂直埋管通常有 U 形管和套管两种，国内外土壤源热泵工程常用 U 形埋管换热器，而套管式埋管换热器虽然换热能力优于 U 形管换热器，但由于初投资大，工程应用很少，仅应用于浅层埋设方式。

地埋管换热器的设计计算理论基础主要有以下几种：

Ingersoll 和 Plass 提出的线热源理论[1~3]。该理论把地埋管换热器的埋管中心轴视为一个常热流的线热源，对于小管径、长时间运行的系统具有较高的精度，但线热源理论对于具有一定热容量的地埋管换热器，得出的结果误差较大，尤其对短时间尺度上的系统行为，不能进行直接的模拟，该理论是目前大多数土壤源热泵系统设计的理论基础。

Carslaw 和 Jaeger 提出的圆柱热源理论[1~3]（包括定壁温和定热流两种模型）。圆柱热源理论将线热源推广到具有一个恒定半径的圆柱热源，所得解较线热源理论更为精确。此后，Deerman 和 Kavanaugh[4]把这一理论发展为变热流的情况，使得对地埋管换热器长期运行工况的模拟结果更加精确，也是目前大多数数值分析模型的理论基础。

V. C. Mei 的三维瞬态远边界传热模型[5]。该模型建立在能量平衡基础上，考虑了土壤冻结以及回填土等因素的影响。

建立在能量平衡和质量平衡基础上，综合考虑传热传湿相互耦合过程的瞬态传热模型[6~10]。土壤是一个多相体系，由固体物质、水和空气组成的多孔介质。土壤中热量的传递会引起水分的迁移，同时水分的迁移也影响土壤中热量的传递过程，热湿传递的相互影响过程是一个高度非线性的耦合问题。该理论较前几种理论要复杂得多。

在地埋管换热器设计中，其一是要考虑长时间运行后地埋管换热器的取热、放热不平衡引起土壤温度的升高或降低，因此，解析法由于能够简便、快捷地得到长时间的运行结果而备受青睐，但是采用解析法在考虑进出水管、各地质层以及回填土影响等方面实现起来比较困难，因此，必须进行一些必要的简化，例如：将 U 形管等价成一个当量单管以采用柱热源理论，或将其看成无限长的线热源以采用线热源理论等。对于长期运行而言，这些简化对结果影响不大，但是对于短时间运行则不然，此时采用数值解法比较有效。因此也有一些模型综合考虑了数值和解析两种方法。从目前国外土壤源热泵研究的历史及发展来看，所建立的土壤源热泵的模型大多是基于以上前3种理论。采用解析法的设计计算模型主要有：

(1) Ingersoll 模型[11,12]

Ingersoll 模型方法是在 Kelvin 线热源理论基础上发展起来的，用来求解土壤的温度场分布。该模型假设土壤的初始温度均匀，把地埋管换热器看成是一无限长常热流的线热源或热汇。但是该模型只能近似地模拟地埋管换热器传热过程，作者也已经对其应用于实际系统设计提出了限制。

(2) 国际土壤源热泵协会（IGSHPA）模型[13]

IGSHPA（International Ground Source Heat Pump Association）模型方法是北美确定地埋管换热器尺寸的标准方法。该方法也以 Kelvin 线热源理论为基础，以年最冷月和最热月负荷为计算依据来确定地埋管换热器的尺寸，并利用能量分析的 BIN 方法计算季节性能系数和能量消耗。

(3) Hart 和 Couvillion 模型[14]

该模型利用 Kelvin 线热源连续时间的热传导理论，求解线热源周围土壤动态的温度场分布。在计算远端半径时，假设线热源的放热量瞬间被周围土壤吸收，并且远端半径之外的土壤区域不受干扰，因此定义远域半径 $r_\infty = 4\sqrt{a\iota}$，即线热源放出的热量在时间 τ 内被半径为 r_∞ 区域的土壤吸收。由于这种定义方法仅考虑了运行时间和土壤热扩散的影响，对于地埋管换热器管群来说，在初始阶段，当远端半径计算值小于管间距时，就会忽略管间影响，只有运行时间到了一定程度，远端半径等于或超过管间距时，才能涉及管与管之间的热干扰问题。

(4) Kavanaugh 模型[15]

Kavanaugh 采用圆柱热源理论来求解单管周围无限大的土壤介质中的温度场分布。在该模型中，仅考虑热传导理论，并假设管壁与土壤紧密接触，忽略邻管以及地下水流动的影响。通过实验验证，Kavanaugh 指出，如果仅注重选择最优的土壤参数且不注重运行初期的进水温度值的情况下，该模型与实验结果吻合较好。

(5) 考虑土壤冻结的 V. C. Mei 模型[16]

该模型主要是考虑热泵供暖运行时盘管周围土壤冻结对传热性能的影响。在长期连续运行时，如不考虑土壤冻结的影响，则换热器尺寸要比实际偏大 31%[17]。该模型中假设冻结与未冻结区土壤的物性参数为常数。

采用数值法的设计计算模型主要有：

(1) Mei 和 Emerson 传热模型及计算方法[18]

Mei 和 Emerson 开发了一个适用于水平管段、考虑了管周围冻土影响的数学模型。该数学模型采用有限差分法解决三个一维偏微分方程，描述管周围、冻土区以及远端区域的放射性热传导过程。此外，又在此基础上附加上管内流体沿管长方向的一维传热方程，成为拟二维模型。该模型求解时，对于管壁、冻土区采用了不同的时间步长，对于管内流体和非冻土区采用了大得多的时间步长。对于该模型，Mei 和 Emerson 也给出了 48d 的理论模拟结果和实验结果的对比。

(2) Eskilson 传热模型及计算方法[19]

Eskilson 采用一个无量纲的温度反应因子——g-函数来模拟地埋管换热器管群的温度场。将地埋管随时间变化的热流量分解成单步函数，然后再将这些单步函数叠加起来求取整个土壤区域的温度场。

(3) NWWA（National Water Well Association）模型及计算方法

该模型是在 Kelvin 线热源方程分析解的基础上建立岩土层的温度场，进而确定换热器的尺寸。该方法也是一种常用的埋地换热器计算方法，它可以直接给出换热器内平均流体温度，并采用叠加法模拟热泵间歇运行的情况[20]。

(4) GLHEPRO 与 GCHPCALC 模型

GLHEPRO 模型是在瑞典 Lund 大学的传热模型基础上建立的，可分析 1 年或多年的情况来设计垂直埋管换热器长度。这个多年的传热分析只适合于没有地下水运动、没有不平衡热吸入或放出的情况。而 GCHPCALC 模型是基于设计条件下，大地吸收或放出的热量值来计算换热器长度的[21]。

(5) Muraya 模型及计算方法[22]

Muraya 利用一个动态的、二维有限元模型分析 U 形管两脚间的热干扰问题。该模型试图通过定义换热器效率，基于土壤构成和回填土特性、两脚间距、远端和管内温度以及热扩散率来量化这种干扰问题。该模型已经得到采用常热流、常壁温两种条件的柱热源理论解析法的验证。利用该模型，可以得出取决于管几何形状的综合传热效率和回填土影响度。

(6) Rottmayer，Beckman，Mitchell 模型[23]

Rottmayer，Beckman 和 Mitchell 在 1997 年提出了一个二维的 U 形埋管换热器数值模型。在该模型中，对于每个 3m 长的管段采用极坐标网格划分以模拟侧向传热，忽略垂直方向的热传导过程，并且对于管内流体考虑其沿管长的温度变化，因此这其实是个类似于三维的传热模型。在模型验证中，发现其与解析法结果相差 5%，并将此归咎于数值模拟过程中的管几何模型为非圆形所致，因此为了解决该问题，又提出了"几何因子"（0.3~0.5 之间）来修正土体与回填土的热阻值，结果证明与解析法吻合较好。

(7) Shonder 和 Beck 模型[24]

Shonder 和 Beck 在 1999 年提出了 U 形埋管换热器的一维传热模型。在该模型中将 U 形管等量成单根管进行考虑，并假设在等价单根管外围有一薄层，用来模拟 U 形管和管内流体的比热容。假设在薄层、回填土以及周围土壤中进行着一维动态热传导过程，内外边界条件分别为：薄层内侧的变热流条件和远端等温边界条件，采用有限差分法和 Crank-Nicolson 方法求解[20]。

国内对地埋管换热器传热理论方面的研究明显滞后于实验研究，主要成果有：原重庆建筑大学结合能量守恒定律，采用 V. C. Mei 三维瞬态远边界传热模型为理论基础，建立了地埋管换热器的传热模型，对运行期和过渡期进行模拟，其计算结果与实测值均较吻合[25]；青岛理工大学建立了 U 形竖埋管周围土壤温度场的二维非稳态传热模型，计算结果与实测值吻合较好，并计算得到了 U 形埋管换热器的热作用半径[26]；同济大学建立了一维非稳态传热模型[27]；山东建筑大学也对埋管换热器模型进行了深入的研究，提出了 U 形埋管换热器中介质轴向温度的数学模型[28]。哈尔滨工业大学提出了准三维非稳态 U

形地埋管换热器传热模型,并对土壤蓄冷与土壤耦合热泵系统进行研究,模拟值与实验结果有较好的一致性[29~31]。

总之,有很多方法和商业设计软件用于地埋管换热器的设计,所有这些设计软件都建立在热传导原理以及确定了岩土导热系数和容积比热基础上的。

然而,土壤是固、液、气多孔介质,地下垂直埋管换热器会穿越各种不同性质的地质层,各地质层的性能都会极大地影响其传热过程,尤其是盘管管段大部分位于地下水位以下的土壤饱和区内,地下水流动的影响尤为重要,对于孔隙率大、渗透系数较高的含水层,作用更为明显,现有的国内外资料也已经证实了这一点。因此,考虑不同的地质层、考虑地下水流动等因素的影响是很必要的[32-34]。

土壤源热泵中地埋管换热器部分传热过程复杂,影响因素众多,一直是这项节能技术发展的关键技术环节。模拟地埋管换热器的传热过程主要是模拟垂直埋管周围土壤的温度场,但土壤是个多孔体系,地下水在其中流动。土壤主要分为未饱和区和饱和区两部分,地下水位线是两个区域的分界线,该线上的压力等于大气压。在未饱和区,孔隙部分饱和,水压小于大气压;在饱和区,孔隙完全饱和,水压大于大气压。由于垂直U形埋管管井一般都深达40~100m,会穿越不同性质的地质层,所以各地质层的导热系数、热容及含水量等都会影响地埋管的传热过程,尤其饱和区的地下水流动对地埋管换热器影响也很大,饱和区土壤传热过程是个热渗耦合过程。一般的,地下水流动会有助于垂直埋管换热器的传热过程,有利于减弱或消除由于地埋管换热器吸放热不均引起的热量累积效应,因此能够减少地埋管换热器的设计容量。而在设计计算中未考虑渗流的影响,则会造成设计容量偏大,带来经济和资源上的浪费。

9.2 热渗耦合作用下地埋管换热器的传热分析

影响土壤源热泵系统性能的因素是多方面的,包括地下水流动、回填材料的性能、换热器周围发生相变的可能性以及土壤物性的变化等,而地埋管与土壤的传热过程是土壤源热泵系统的关键研究内容之一。换热器与土壤间热量传递的多少,直接影响热泵系统的运行特性、系统的经济性与节能效果等。因此,分析地埋管换热器在土壤中的换热机理是土壤源热泵系统的基础性研究工作。

土壤是一个饱和的或部分饱和的含湿多孔介质体系。从热力学角度考虑,对于非饱和区土壤,土壤中热量的传递必然引起土壤中水分的迁移,同时水分的迁移又伴随热量的传递。因此非饱和土壤中的传热过程是一个在温度梯度和湿度梯度共同作用下,热量传递和水分迁移相互耦合的复杂热力过程。对于地下水位线以下的埋管区域,盘管周围的土壤已处于饱和状态,此时土壤热湿迁移耦合作用的影响已很弱,而地下水横向渗流的强弱成为对土壤传热的主要影响因素。有地下水渗流存在的饱和土壤的传热途径主要有:固体骨架中的热传导、孔隙中地下水的热传导以及地下水渗流产生的水平对流换热。无地下水渗流的饱和土壤的传热途径则主要是前两者,不涉及地下水渗流产生的水平对流换热问题。

9.2.1 物理模型的建立

地埋管换热器与周围土壤之间的传热是一个复杂的、非稳态的传热过程,且通常需要进行较长时间的运算,而且该过程所涉及的几何条件和物理条件也都很复杂,所以为了便于分析，须对问题作必要的简化。对于物理模型作如下近似假设：

（1）将土壤看成一个均匀、刚性、各向同性的多孔介质，忽略质量力；不考虑热辐射影响和黏性耗散；流体与固体瞬间达到局部热平衡，即 $T_f(x,y,t) = T_s(x,y,t) = T(x,y,t)$，其中，下标 f 和 s 分别对应于流体和固体。

（2）将两管脚传热相互影响的垂直 U 形管换热器等效为一当量直径的单管。

（3）土壤的冻融相变过程发生在一个小的温度范围内，并且认为在相变土壤中存在 3 个区域：冻结区、未冻结区及介于两区之间的两相共存区（称为模糊区），此两相区限制在温度为冻结温度 T_{ms} 的等温界面和温度为解冻温度 T_{ml} 的等温界面之间。在冻结区和未冻结区，土壤的热物性参数分别为常数；在模糊区，土壤的物性与温度呈线性关系，故定义无因次量一固相率 f_s 为土壤冻融相变模糊区中冻土所占的质量成分，即当 $f_s=0$ 时，土壤处于未冻结状态；当 $f_s=1$ 时处于冻结状态；而当 $0<f_s<1$ 时，土壤处于两相模糊区。同时假定固相率的增加（或减小）与土壤水相变潜热的释放（或吸收）量成正比，并且在土壤的冻融相变温度区间 $T \in [T_{ms}, T_{ml}]$ 内，土壤中水的相变潜热是均匀地与温度呈线性地释放与吸收，如图 9-1 所示[35]。

其分段线性插值函数为：

$$f_S(T) = \begin{cases} 1 & (T_s < T_{ms}) \\ \dfrac{1}{T_{ms}-T_{ml}} \cdot (T-T_{ml}) & (T_{ms} \leqslant T_s \leqslant T_{ml}) \\ 0 & (T_s > T_{ml}) \end{cases} \quad (9-1)$$

（4）埋管内流体在同一截面的温度、速度分布均匀一致。

（5）埋管与土壤接触紧密，忽略盘管与土壤间的接触热阻。

（6）钻井区域回填材料与原状土壤相同，不计回填土与原状土热特性的差异性。

（7）由于主要考虑饱和区地埋管的传热特性，因此未考虑非饱和区土壤的湿迁移问题。

9.2.2 地埋管换热器在热渗耦合作用下传热过程的数学模型[36,37]

1. 系统运行时的数学模型

（1）土壤能量方程

地埋管换热器周围土壤内发生的是热渗耦合传热过程。在有地下水渗流的土壤中，一个物质系统或空间体积内含有固体和流体两部分，如图 9-2 所示，其中为了简单起见，该

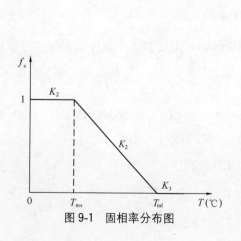

图 9-1　固相率分布图

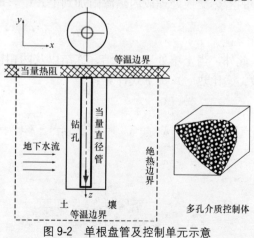

图 9-2　单根盘管及控制单元示意

图中仅给出了地埋管区域的一根内层盘管以及土壤控制单元示意。因此，若令土壤的孔隙率为 ϕ，则对于任意选取的一个控制体而言，单位体积中流体和固体占据的空间部分分别为 ϕ 和 $1-\phi$，则由能量守恒可建立如下能量方程：

1) 固体骨架的能量方程

$$(1-\phi)(\rho c_p)_s \frac{\partial T}{\partial t} = (1-\phi)\lambda_s \nabla^2 T + (1-\phi)q_s \quad (9\text{-}2)$$

2) 孔隙中流体的能量方程

$$\phi(\rho c_p)_f \frac{\partial T}{\partial t} + (\rho c_p)_f (V \cdot \nabla)T = \phi\lambda_f \nabla^2 T + \phi q_f \quad (9\text{-}3)$$

由假设可知流体与固体瞬间达到局部热平衡，并且进一步假定热容 (ρc_p) 和导热系数 λ 在每一相内、每一时刻时均为常数，则将上两式相加可得有渗流土壤区域的能量方程为：

$$\sigma \frac{\partial T}{\partial t} + (V \cdot \nabla)T = \alpha_t \nabla^2 T + \frac{q_t}{(\rho c)_f} \quad (9\text{-}4)$$

其中，总热容 $(\rho c_p)_t$、总导热系数 λ_t、总内热源强度 q_t、热容比 σ 和总热扩散系数（也称导温系数）a_t 分别为：

$$(\rho c_p)_t = \varphi(\rho c_p)_f + (1-\varphi)(\rho c_p)_s$$
$$\lambda_t = \varphi\lambda_f + (1-\varphi)\lambda_s$$
$$q_t = \varphi q_f + (1-\varphi)q_s$$
$$\sigma = \frac{(\rho c_p)_t}{(\rho c_p)_f}, a_t = \frac{\lambda_t}{(\rho c_p)_f} \quad (9\text{-}5)$$

公式（9-4）中，每一项都有明确的物理意义，等号右边第一项为扩散项，第二项为热源项；左边第一项为时间项，第二项为对流项，各项都乘以 $(\rho c_p)_f$ 后可以解释为：单位饱和多孔介质中内热源与传导进入的热能之和等于能量积累与能量流出之和。

进一步假设在所研究的整个区域上渗流速度 V 均匀且仅沿 x 方向，记为 U_x，则（9-4）式简化为：

$$\sigma \frac{\partial T}{\partial t} + U_x \cdot \frac{\partial T_f}{\partial x} = \alpha_t \cdot \nabla^2 T + \frac{q_t}{(\rho c)_f} \quad (9\text{-}6)$$

针对系统运行过程中存在的固液相变问题，采用了固相增量法[35,39]，将固液相变过程中的潜热交换处理成内热源附加到上式中，即

$$q_s = \rho_d \cdot W \cdot H_1 \cdot \frac{\partial f_s}{\partial t_s} \quad (9\text{-}7)$$

此外，当土壤处于未冻结、冻结以及两相模糊区时，上述公式中流体的相应项（导热系数 λ_f、比热 c_f）按下式计算：

$$\lambda_f = \begin{cases} \lambda_{fr} & (T_s < T_{ms}) \\ \lambda_m = \lambda_{fr} + \dfrac{\lambda_{ufr} - \lambda_{fr}}{T_{ml} - T_{ms}} \cdot (T_i - T_{ms}) & (T_{ms} \leqslant T_s \leqslant T_{ml}) \\ \lambda_{ufr} & (T_s > T_{ml}) \end{cases} \quad (9\text{-}8)$$

$$c_f = \begin{cases} c_{fr} & (T_s < T_{ms}) \\ c_m = \dfrac{c_{fr} + c_{ufr}}{2} & (T_{ms} \leqslant T_s \leqslant T_{ml}) \\ c_{ufr} & (T_s > T_{ml}) \end{cases} \quad (9\text{-}9)$$

式中 λ_{fr},λ_{ufr},λ_m——冻结区、未冻结区及模糊区土壤的导热系数,W/(m·℃);

c_{fr},c_{ufr},c_m——冻结区、未冻结区及模糊区土壤的比热容,J/(kg·℃)。

(2) 盘管壁非稳态能量平衡方程

$$\frac{\partial T}{\partial t} = \frac{\lambda_p}{(\rho c_p)_p}\nabla^2 T \tag{9-10}$$

(3) 管内流体非稳态能量方程为:

$$\frac{\partial T_{fl}}{\partial t} + u_z \frac{\partial T_{fl}}{\partial z} = \frac{q_{fl}}{(\rho c_p)_{fl}} \tag{9-11}$$

(4) 初始条件

$$T_{fl}(z,t) = T_p(x,y,t) = T_s(x,y,t) = T_0, (t=0) \tag{9-12}$$

(5) 外边界条件

$$T_s(x,y,t) = T_0 \tag{9-13}$$

(6) 流体的入口水温

$$T_{fl}(z=0,t) = T_{in}(t) \tag{9-14}$$

至此,式(9-6)~式(9-14)就构成了系统冬夏工况下运行过程的数学模型。若采用整场求解方法,可得地埋管换热器非稳态通用控制方程为:

$$\sigma_i \frac{\partial T_i}{\partial t} + U_i \cdot \frac{\partial T_i}{\partial x_i} = \alpha_i \cdot \nabla^2 T_i + \frac{q_i}{(\rho c)_i} \tag{9-15}$$

则式(9-15)与式(9-12)~式(9-14)共同构成地埋管换热器非稳态控制方程,其中,i 为 s,f_1,p,分别对应于土壤、管内流体和盘管;坐标 x_i 为 x 或 z,分别对应于土壤或管内流体;并且当 i 为 p 时,$U_i=0$。

式中 W——土壤的质量含水量,kg/kg;

u_z——管内流体流速,m/s;

H_l——水的凝结潜热,J/kg,H_l=334560J/kg;

T_0——土壤、盘管及管内流体的初始温度,℃;

T_i——各介质的温度,℃;

T_{in}——盘管的入口水温,℃;

ρ_d——土壤的干密度,kg/m³;

λ_p——盘管的导热系数,W/(m²·K);

ρ_i,$(c_p)_i$——介质 i 的密度,kg/m³ 及比热,J/(kg·℃);

2. 系统停止运行时的数学模型

当系统停止运行时,盘管内流体处于静止状态,管内流体与管壁间以导热的形式进行传热,此时管内流体的能量方程为:

$$\frac{\partial T_{fl}}{\partial t} = \frac{q_{fl}}{(\rho c_p)_{fl}} \tag{9-16}$$

即通用方程(9-15)中,当 i 为 f_1 时,$U_i=0$。

则式(9-16)与式(9-12)~式(9-14)共同构成地埋管换热器停运时的控制方程[30]。

9.3 热渗耦合模型的实验验证

9.3.1 实验的目的

对于 U 形地埋管换热器而言，管段大部分位于土壤饱和区内，盘管周围土壤内发生的是热渗耦合传热过程，为了分析埋在无地下水流动土壤、饱和土壤（土壤饱和，但水流速为零）以及有地下水流动土壤中埋管换热器实际传热的差异，研究各因素诸如地下水流速、地下水温度（即土壤初温）以及埋管负荷等对其传热的影响，力求通过实验研究得出这些相关因素的影响规律，并通过实验研究验证热渗耦合理论模型的正确性，为此，开展实验研究工作，以便今后进一步指导土壤源热泵的实践工作。

9.3.2 实验装置

为了模拟水流过程，如果按照实际水平流动方向进行模拟，则受重力的影响难以保证垂直截面上的水流均匀，此外根据实验需要，需模拟不同的地下水温、不同的渗流速度、甚至不同的土壤类型；同时还要求实验过程中能有快速恢复到初始状态的功能、或重新模拟出新的实验工况等功能。为此，根据这些要求，我们设计和建造了一套热渗耦合作用下的地埋管换热的实验装置。通过实验室的实验研究来消除以往的土壤源热泵现场实验研究的地域性问题，并为进一步研究土壤源热泵中地埋管的热渗耦合理论打下基础。

图 9-3 为所搭建实验台的系统图，图中各设备的尺寸与规格如表 9-1 所示。该实验系统主要由风冷冷水机组、温度调节控制装置、砂箱系统及温度测试装置等几部分组成。

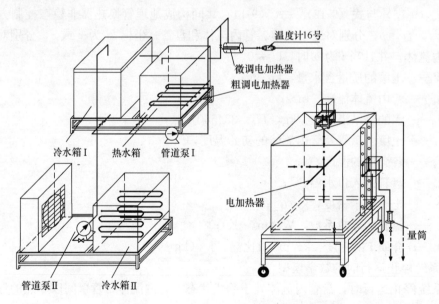

图 9-3 热渗耦合作用下的地埋管实验台系统图

1. 地下水温度控制系统

在实验过程中，由于需要模拟不同温度的地下水，因此为了更好地控制砂箱来流温度，实验装置中设有一套地下水温控制系统，该系统由热水箱、冷水箱、电加热器以及冷水机组组成，其中为了利用原有的实验设备，水温控制系统中有两个冷水箱（如图 9-3 中的Ⅰ、Ⅱ冷水箱);此外,热水箱中安装有三组电加热器,分别为1000W 两组、500W 一组,其中一组1000W 加热器可调。水温调节分3个步骤:一是控制冷、热水箱内的水温;二是通过调节冷、热水混合比控制供水温度;三是在冷热水混合水管上设有一个微调电加热器以便更精确地调节砂箱进水温度。

表 9-1 设备尺寸与规格

设 备 名 称	尺寸与规格	设 备 名 称	尺寸与规格
管道泵	流量 0.6m³/h,扬程 6m	砂箱	800mm×600mm×770mm
冷、热水箱	650mm×650mm×650mm	电加热器	0~300W
粗调电加热器	1000W×2,500W×1	铂电阻温度计	Pt100,精度 0.1℃
微调电加热器	500W×1	热电偶	铜-康铜,精度 0.1℃

2. 砂箱系统

为了模拟有地下水流过的地埋管区域,利用如图 9-3 所示的砂箱(内部尺寸为 800mm×600mm×770mm)中设置一根电加热器模拟线热源,并且砂箱体制作过程中采用了类似夹心保温形式的结构进行保温,以模拟绝热边界条件。在砂箱底部距底部 100mm 处安装了一个过滤板,以防止实验土壤流失;并且为了保证土体中渗流的稳定性和均匀性,在土体上端设置二层铁纱窗覆盖在砂体上,并且距离砂箱顶部仍留有约 100mm 的空余,以使土体上下两端都充满水而保持实验过程中压力恒定,从而获得某一恒定流速。为此,砂箱上设有两个水位恒定的水箱,一为固定水箱、另一个为移动水箱,通过移动水箱位置的变化而模拟出不同的地下水渗流速度。此外,对于模拟地下水流动的砂箱来说,密闭性也是在设计制造过程中需要更多加以考虑的地方,因此在密封盖封顶之前,分别在接触面上涂抹玻璃胶,然后压上一层胶皮,最后才用密封盖封住。

3. 测温装置

在实验过程中,为了模拟土壤温度场分布、变化规律以及进出口水温的变化,需在土壤中以及水路进出口处设置测温装置。为了减小温度测量误差,埋设于砂土中的测温元件采用复现性较好的 Pt100 铂电阻温度计,精度为 0.1℃,同时为了减小连接导线电阻随温度变化对测量精度的影响及所选用温度显示终端的接线要求,Pt100 铂电阻温度计采用三线制接法,测点布置如图 9-4 所示。

在竖直中间断面上从上到下布置 9 个间隔为 70mm 的 Pt100 铂电阻温度计测点,在水平中间断面一侧布置 4 个间隔为 80mm 的 Pt100 铂电阻温度计测点,水平断面仅布置一侧主要是考虑温度场的对称性。由于实验条件的限制,没有配置 Pt100 铂电阻温度巡回检测仪,实验中温度显示终端采用高精度铂电阻温度显示仪,该显示仪表不具有数据的自动记录与输出功能,并且一次只能显示

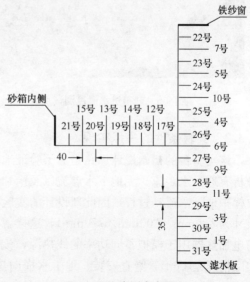

图 9-4 温度测点布置图

图 9-5 测点切换开关及温度显示终端

一个测点数据,因此在实验时利用温度测点切换开关,采用人工手动记录数据。温度显示仪表及测点切换开关如图 9-5 所示。此外,从上到下 9 个 Pt100 铂电阻温度计测点中每两个测点的中间又布置一个铜-康铜热电偶温度测点,并且在水平布置的 Pt100 铂电阻温度计测点中间也各布置一个铜-康铜热电偶温度测点,这样的布置方式一是减小测点间距离,从而更好地描绘土壤温度场分布及变化;二是间隔布置方式可以避免实验中出现某类温度计测点温度出现较大误差影响实验结果。热电偶温度计配备 WJK-E 多路数据采集仪,可以实现数据打印或将数据直接传输到计算机中,为实验提供了方便。

为测量砂箱进出水温度,在进出口位置分别安装玻璃水银温度计,入口水银温度计安装如图 9-3 所示的 16 号温度测点,出口温度计位于回水箱处。温度计最小分度为 0.1℃,量程为 0℃~50℃。其中,入口处温度计安装时为了减小测量误差,将温度计置于充满导热油的薄壁铜质套管中,并使套管中温度计的感温包位于管道的中心处,同时为了减小套管外露部分对温度测量结果的影响,对套管的外露部分作保温绝热处理,如图 9-6 所示。整个实验台外景图如图 9-7 所示。

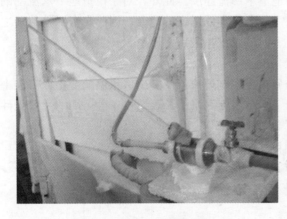

图 9-6 砂箱进水温度测试点

图 9-7 实验装置图

9.3.3 实验条件的模拟实现

该实验台的初始设计思路是为了验证地埋管换热器的热渗耦合数学模型,并通过实验分析有地下水渗流、无地下水渗流以及饱和情况下地埋管换热器的换热特性,但是由于需要模拟地下水流动过程,因此新设计的实验台考虑到规模较小(从图 9-3 可以看出,砂箱尺寸为 800mm×600mm×770mm),这样就无法排列盘管,因此在砂箱中部安装一个可调节电加热器用于模拟不同功率的线热源,该电加热器为水平安装、水流自上至下流动,而实际情况是 U 形管竖直安装、地下水横向渗流,因此为了使实验条件与实际相一致,模拟实验条件时将实验装置翻转 90°;此外,砂箱周边均采用苯板进行保温。

9.3 热渗耦合模型的实验验证

对于地埋管换热器而言，若不考虑管间影响，即仅考虑单根内层埋管时，通常将单根内层盘管的远端边界考虑成绝热、盘管上下边界考虑成等温边界条件，因此本实验台的实际状况比较接近于地埋管换热器的单根内层盘管。在验证理论模型过程中，为了使实验和模拟计算结果具有可比性，在模拟计算之前对该实验台状况做一些简化处理。

（1）忽略实验砂土的比热容及导热系数等热物参数随温度的变化，计算过程中各参数按实验前期对实验砂土各项热物参数的实测结果进行取值；

（2）由于砂箱体塑料层较薄，因此忽略砂箱体塑料材料的热阻，仅考虑苯板保温层的热阻；

（3）将与线加热器垂直的两个砂箱外表面视为等温边界条件；按照等热流法将砂箱呈方形的外表面等效至埋管周围呈圆形的外边界，且两种形状的外边界都被视为绝热边界。

至此，实验装置翻转90°、且具有绝热的远边界条件和等温的上下边界条件，与图9-2中的单根内层盘管情况是一致的，从而可以利用该实验装置验证前文所述的理论模型。

对于单位长度的盘管来说，当外边界为方形（实际测试条件）时，单位长度的外边界的传热热阻近似为：

$$R_{\text{lf}} = \frac{1}{\alpha_b A_b} + \frac{\delta_b}{\lambda_b A_b} \tag{9-17}$$

而当外边界为圆形（理论模拟计算条件）时，单位长度的外边界的传热热阻为：

$$R_{\text{ly}} = \frac{1}{\alpha_b \cdot \pi \cdot (d_i + 2\delta_b)} + \frac{\ln\left(\frac{d_i + 2\delta_b}{d_i}\right)}{2\pi \cdot \lambda_b} \tag{9-18}$$

实验砂箱及其等效砂箱截面如图9-8所示。

因此在砂箱内表面与实验室室内环境传热温差为 ΔT 时，通过方形和圆形砂箱边界的热流分别为：

$$q_{\text{lf}} = \frac{\Delta T}{R_{\text{lf}}} \tag{9-19}$$

$$q_{\text{ly}} = \frac{\Delta T}{R_{\text{ly}}} \tag{9-20}$$

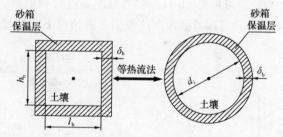

图9-8 实验砂箱及其等效砂箱截面

则由上两式相等可得出式（9-17）与式（9-18）相等，即

$$\frac{1}{\alpha_b \cdot A_b} + \frac{\delta_b}{\lambda_b \cdot A_b} = \frac{1}{\alpha_b \cdot \pi \cdot (d_i + 2\delta_b)} + \frac{\ln\left(\frac{d_i + 2\delta_b}{d_i}\right)}{2\pi \cdot \lambda_b} \tag{9-21}$$

式中 λ_b——苯板的导热系数，W/(m·℃)；

α_b——砂箱外表面对流换热系数，W/(m²·℃)；

A_b——单位长度方形砂箱内表面积且 $A_b = 2(l_b + h_b)$，m²；

δ_b——砂箱体保温层厚度，m；

d_i——等效圆形截面砂箱的内径，m。

则由式（9-21）可得等效圆形边界的内径 d_i 约为0.913m，因此在模拟实验条件时，采用线热源理论模拟单根地埋管周边的土壤温度场，其远端边界条件为绝热边界条件，远边界半径为 0.457m。

9.3.4 理论模拟与实验验证

在实验过程中，为了对比分析无渗流情况、饱和情况以及有渗流情况下地埋管换热器的换热情况，对 3 种工况分别进行了实验（详见 9.4 节），并且在首先进行的无渗流工况实验过程中，为了数据可靠，每种线热源功率（20W/0.6m，40W/0.6m，60W/0.6m，80W/0.6m，以下简称 20W，40W，60W，80W）情况下重复实验 3 次，以获得可靠的实验数据。此外，在土壤饱和情况下，也分别对 4 种线热源功率进行了实验；在有渗流情况下分别针对不同的地下水流温度，即土壤初始温度、地下水流速度、线热源功率进行了实验，下面首先对 3 种工况下的实验数据与模拟数据进行对比分析，以验证理论模型及其实现过程的正确性。

图 9-9～图 9-11 分别为无渗流、饱和及有渗流情况下地埋管周围土壤测点部位的模拟值与实测值，其中，在无渗流情况下，选取线热源功率为 20W 时、

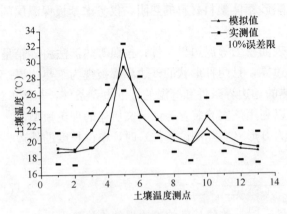

图 9-9 无渗流情况下土壤温度

持续加热 8h 后土壤的温度值来进行验证；在饱和土壤情况下选取线热源功率为 40W 时、持续加热 8h 后土壤的温度场；在有渗流情况下选取渗流速度为 250m/a、线热源功率为 40W、持续加热 8h 后土壤的温度场进行验证。从图中均可以看出，基本上模拟值都在实测值的 10% 误差限内，这说明 3 种情况下的地埋管换热器的数学模型是正确的。

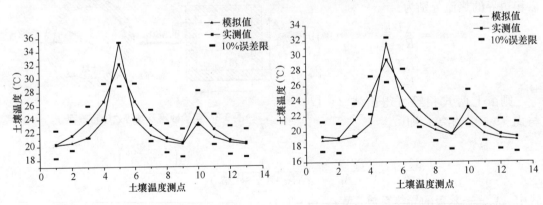

图 9-10 饱和情况下土壤温度　　　　图 9-11 有渗流情况下土壤温度

从图 9-9、图 9-10 中还可以看出温度场的对称性特点，图 9-4 中测点顺序为从上至下的 7，5，10，4，6，9，11，3，1 以及从中间至边界的 12，14，13，15，图 9-9 中的温度最高点即 5（根据图中的横坐标进行说明，以下同）点为砂箱中心点，因为离加热器最近所以温度最高；同时对于 5 点上下两侧测点也即图 9-4 中的 4 和 6 点，以及 3 与 7，2 与 8，1 与 9 点，这些对称点的模拟值计算结果都非常接近，即使稍有出入，也是由于网格

划分时三角形单元中心可能稍微偏离计算测点;而这些对称点的实测值情况则不然,点4比点6的温度稍低,这主要是由于重力作用造成土壤中水分迁移所引起的,其余点3、2、1与相应的对称点7、8、9的温度比较接近。从图9-10中可以看出饱和土壤中测点的温度情况,同图9-9比较相似,即中心点5的温度最高,两侧的对称测点温度也几近相等。

图9-11为渗流速度250m/a时土壤中的测点温度曲线,由于水流从上至下,因此虽然中心点温度依然最高,但是相应的对称点组中,上游点的温度低于相应的下游点温度,如3点温度低于7点温度,其主要是由于水流引起的对流换热使得上游区域的温度场恢复较快,下游区域的温度场则受中心点加热器的影响温升较快,所以温度场发生了变形[30]。

9.4 地埋管在热渗耦合作用下土壤温度场的实验研究[38]

9.4.1 三种工况(有渗流、无渗流及饱和土壤)下温度场对比分析

1. 中心测点温度变化分析

图9-12为加热器功率20W时,有渗流、无渗流及饱和土壤中中心测点温度随时间的变化曲线,在实验中,由于每种工况的测试终止时间是根据加热器加热后波及边界点且边界点温度都升高约0.5℃而定的,所以三种情况下加热时间各不相同,例如,有渗流情况下的加热时间最短为8h;无渗流土壤中加热时间为9.5h;而饱和土壤中加热时间最长为13.5h。

由图9-12可知,在加热初期,温度变化都比较剧烈,但随着时间延长,温度变化逐渐平缓;无渗流情况与饱和情况下中心点初始温度较为接近,但从该图中可明显看出,无渗流情况下土壤温度升高较快,在初始7h内,无渗流土壤中中心测点温升率为1.532℃/h;饱和土壤中心测点温升率为0.893℃/h;而有渗流土壤中心测点温升率为0.867℃/h。此后,虽然各种土壤中测点温升率都逐渐下降,但无渗流土壤中

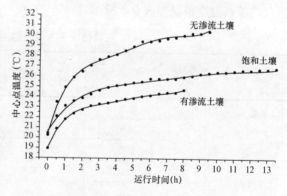

图9-12 三种情况下中心测点温度随时间的变化曲线

中心测点温升率仍然最高,为1.074℃/h;饱和土壤中测点温度变化最为缓慢,温升率为0.476℃/h;有渗流土壤中中心点温升率为0.721℃/h,超过了饱和土壤中测点温升率。温度的这种变化主要是由以下原因造成的:

(1) 土壤中水的比热容为4200J/(kg·℃)左右,土壤的比热容为2291J/(kg·℃),因此饱和土壤和有渗流土壤的总热容都比无渗流土壤的总热容大,所以无渗流土壤中测点温度变化最快。

(2) 在饱和土壤中,起主导传热作用的为土壤及水中的热传导,而对于有渗流土壤而言,起主导传热作用的是土壤及水的热传导以及水流动引起的对流换热。在加热开始后的一段时间内,由于有渗流土壤中水的对流换热增强了土壤的传热能力,因此加热器传给附近土壤区域的热量会迅速被带走,而饱和土壤相对而言传热能力较弱,加热器传给周边土

第9章 地埋管换热器的热渗耦合理论与实验研究

壤的热量会逐渐堆积,因此该段时间内有渗流土壤中心点温升没有饱和土壤中心点温升高;但随着加热时间的延长,当饱和土壤中加热器周边土壤的温度达到一定程度时,就会阻碍加热器继续向土壤中散热,而有渗流土壤中水的对流换热会使得加热器周边土壤的温度没有迅速达到极限,而是逐渐缓慢升高的,因此此时的中心测点温升会逐将高于饱和土壤中温升。

由此可知,当盘管埋在无渗流土壤中时,夏季空调工况下盘管向周围土壤排出的热量极易在盘管附近累积,长期运行后将会造成冷凝器冷凝温度逐渐升高、系统的运行效率逐渐下降,因此对于土壤源热泵应用于夏热冬冷地区或夏季冷负荷偏大的地区时,在夏季要酌情考虑采用冷却塔与之混合应用的冷却塔-土壤源热泵系统形式;此外,若盘管埋在有渗流土壤中,此时土壤的传热能力最强,盘管放出的热量会很快被转移走,而且较高的比热容不会使温升过快,比较有利于盘管长期运行,因此对于夏季冷负荷偏大地区、土壤源热泵也宜埋在渗流速度大的地区。但若盘管埋在饱和土壤中,盘管周围的土壤虽然温升不是很快,但较大的比热容与较弱的传热能力也极易使热量在盘管附近累积起来,对盘管的长期释热是不利的。

2. 周边测点温度变化分析

为了分析周边测点温度变化情况,选取上游、下游、中游的端部测点温度进行分析,但是由于最端部测点受边界条件影响很大,所以为了提高分析的准确度,选取了上游、下游、中游靠近端点第二点温度进行分析,即图9-4中的5,3,13测点,其中,6点为中心测点,各点温度情况如表9-2所示。

三种情况下上中下游测点温度（℃）　　　　　　表9-2

工况	时间(h)	测点 项目	5（上游）	3（下游）	13（中游）	6（中心）
无渗流时	0	温度	20.047	19.756	19.889	20.240
		温差	−0.193	−0.484	−0.351	
	2	温度	20.047	19.756	19.889	26.460
		温差	−6.413	−6.704	−6.571	
	5	温度	20.744	20.455	20.188	28.930
		温差	−8.186	−8.475	−8.742	
	8	温度	21.341	21.055	20.685	30.034
		温差	−8.694	−8.979	−9.349	
饱和时	0	温度	19.650	19.860	19.690	20.423
		温差	−0.773	−0.563	−0.733	
	2	温度	19.650	19.860	19.690	23.866
		温差	−4.216	−4.006	−4.176	
	5	温度	20.050	20.160	19.890	25.393
		温差	−5.343	−5.233	−5.503	
	8	温度	20.250	20.460	20.290	25.972
		温差	−5.722	−5.512	−5.682	

9.4 地埋管在热渗耦合作用下土壤温度场的实验研究

续表

工况	时间(h)	测点项目	5（上游）	3（下游）	13（中游）	6（中心）
渗流速度 250m/a	0	温度	18.553	18.461	18.494	18.950
		温差	−0.398	−0.489	−0.457	
	2	温度	18.652	18.759	18.593	22.738
		温差	−4.086	−3.979	−4.145	
	5	温度	18.752	19.357	18.893	23.866
		温差	−5.114	−4.509	−4.973	
	8	温度	18.852	19.956	19.192	24.721
		温差	−5.870	−4.765	−5.529	

表9-2中0，2，5，8h分别表示初始时刻、第2h，第5h，第8h，每一时刻对应的温差为上、下、中游测点与中心测点的温差，因为加热时中心点温度最高，所以温差值都为负值。

对于无渗流土壤而言，加热8h后上、下游测点的温升率都为0.162℃/h，而中游端部测点13的温升率为0.099℃/h，低于上、下侧端点的温升率，原因为：由上述可知，砂箱横向尺寸较纵向尺寸大，因此在布置测点时横向铂电阻测点的间距为80mm，而纵向铂电阻测点的间距为70mm，因此13测点距中心点6距离为240mm，而5，3测点距中心点6距离为210mm，二者相差30mm，因此可以说无渗流土壤中盘管截面土壤的温度场近于圆形分布。

饱和土壤中测点温度变化与无渗流土壤类似，上、下游测点5，3的温升率分别为：0.075℃/h，0.076℃/h，中游测点13的温升率为0.067℃/h，低于5、3测点的温升率。其原因亦如上所述，即上、下游测点到中心点距离较中游测点到中心点距离近30mm；但同时我们发现，饱和土壤中上、下游测点的温升率比无渗流土壤中该两测点的温升率小了0.087℃/h，仅占后者的53.63%，其原因如下：

（1）饱和土壤的总热容高于无渗流土壤的热容，因此在土壤吸收同样热量的情况下，饱和土壤的温升要小于无渗流土壤的温升；

（2）无渗流土壤中起主导传热作用的为土壤热传导，土壤的导热系数约为1.5W/(m·K)；而饱和土壤中的传热机制则主要为土壤与水的热传导以及水的自然对流，而其中土壤与水的热传导更起主导作用，但是由于水的导热系数远远小于土壤的导热系数，约为0.55W/m·K，因此饱和土壤传热能力最弱，同样条件下将加热器的热量传到边界所需的时间最长，这样会引起中心点与其他点之间的温差加大，但是实验结果仍是其温差比无渗流时要小，这充分说明饱和土壤总热容较大是饱和土壤测点温升率低于无渗流土壤中测点温升率的根本原因。

从表9-2中还可看出：有渗流土壤中下游测点3的温度变化最为显著，加热8h后温升率达到了0.187℃/h；中游测点13的温度变化次之，温升率为0.087℃/h；而上游测点5的温度变化最为缓慢，温升率仅为0.037℃/h。由此可明显看出，水自上而下流动将热量都转移到了砂箱下部，由此也可以看出盘管截面土壤温度场的变形情况。而且，上游测点5的温升率小于无渗流土壤、饱和土壤中该点的温升值，而下游测点3的温升却高于前两种情况下同一测点的温升值，这进一步说明了有渗流土壤的传热能力要高于前两种情况。

同样从表 9-2 可知，加热 2h 时，无渗流土壤中上、中、下游测点 5，13，3 的温度与中心测点 6 的温差分别为 -6.413、-6.571，-6.704℃；饱和土壤中上、中、下游测点 5，13，3 的温度与中心测点 6 的温差分别为 -4.216，-4.176，-4.006℃；而当地下水渗流速度达到 250m/a 时，上、中、下游测点 5，13，3 的温度与中心测点 6 的温差分别为 -4.086，-4.145，-3.979℃。由此可见，加热 2h 后无渗流土壤中端部测点与加热器处中心测点的温差已经达到了 -6.5℃ 左右，其绝对值远高于其他两种情况下的温差绝对值，这恰恰说明了无渗流土壤中地埋管散出的热量在土壤中分配的均匀性差，使热量累积在埋管附近的情况比较严重，不利于夏季热泵机组的运行。这一结论从加热器运行 5h 以及 8h 时的数据同样可以看出。

因此，对于夏季负荷偏大地区应用土壤源热泵时，不宜将其单独置于无渗流土壤或饱和土壤中长期运行，宜将地埋管换热器埋设在地下水流速较大的土壤区域，地下水流动引起的对流换热极大地增强了盘管周围土壤转移热量（冷量）的能力，减轻了能量累积效应，可避免土壤源热泵长期运行出现出力不足现象。

3. 有渗流土壤温度场的实验结果

当土壤中有地下水流动时，地埋管换热器周围土壤的温度场发生变形，图 9-13 为渗

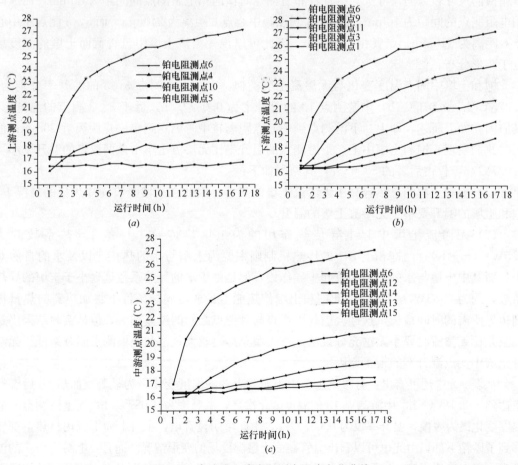

图 9-13　有渗流土壤中各测点温度变化曲线
(a) 上游测点；(b) 下游测点；(c) 中游测点

流速度500m/a、初温16.5℃、加热器功率40W情况下各测点随加热时间的变化曲线，其中，每个子图中温度变化最快的曲线都是土壤中心点的温度曲线。为了各个子图对比明显起见，故将中心测点温度变化情况显示在每幅子图上。各子图中图例都是按照各测点自中心至周边的顺序排列的，所以从中可以明显看出，各测点距离中心部位越远，温升越缓慢，且下部测点温度变化最快，加热8h后各测点温升率情况见表9-3所示。

测点温升率 表9-3

测点	上游测点（从中心至周边）			中心点
	4	10	5	6
温升率（℃/h）	0.552	0.164	0.038	1.268
测点	下游测点（从中心至周边）			
	9	11	3	1
温升率（℃/h）	1.012	0.637	0.448	0.293
测点	中游右部测点（从中心至周边）			
	12	14	13	15
温升率（℃/h）	0.626	0.273	0.151	0.103

表9-3中，中心点温升率最高为1.268℃/h，上下游相对应的对称点如4与9，其温升率分别为0.522℃/h与1.012℃/h；对称点10、11的温升率分别为0.164，0.637℃/h；此外对称点5、3的温升率分别为0.038，0.448℃/h，由此可以明显看出下游测点的温度变化较快。中间部位右侧各测点的温升率要高于相应的上游测点的温升率，但低于相应的下游测点的温升率。由此可见，地下水流动对地埋管换热器周围土壤温度场影响程度较大，在实际设计或应用中应予以考虑。

9.4.2 地下水流速、温度、加热管功率对土壤温度场的影响

在有地下水流动的土壤中，地下水流速、水温度（即土壤初温）以及地埋管的设计容量都对周围土壤温度场有较大影响，下面将根据实验结果进一步分析各因素的影响程度。

1. 地下水流速对土壤温度场的影响

图9-14为加热器功率40W情况下，不同的地下水流速时土壤内各测点的温度变化曲线，子图a～e为自上而下排列的测点温度曲线，其中子图b为中心测点温度曲线，从图可知，测点位置不同、地下水流速的影响也不同。

对于测点4，其位于中心测点之上，从子图a中曲线情况可知地下水流速越大，4点的温升越慢，当地下水流速从250m/a上升到1000m/a时，测点4的温升率从0.681℃/h降到0.316℃/h，这是因为地下水流速越大，地下水带入下游的热量越多，因此小渗流速度时4点的温度比同一时刻下大渗流速度的温度要高。

对于中心测点6（子图b），由曲线的变化情况可知在加热初期，地下水流速对该点温度影响较小，到加热中后期，水流速度的影响逐渐明晰，同样也是地下水流速越大、测点6的温升越慢，当水流速度从250m/a上升到1000m/a时，测点6的温升率从1.387℃/h降到1.111℃/h，与测点4相比该温升率相差较小，这主要是由于测点6位于加热器处，因此水流速度不同引起的温度变化相对较弱。

第 9 章　地埋管换热器的热渗耦合理论与实验研究

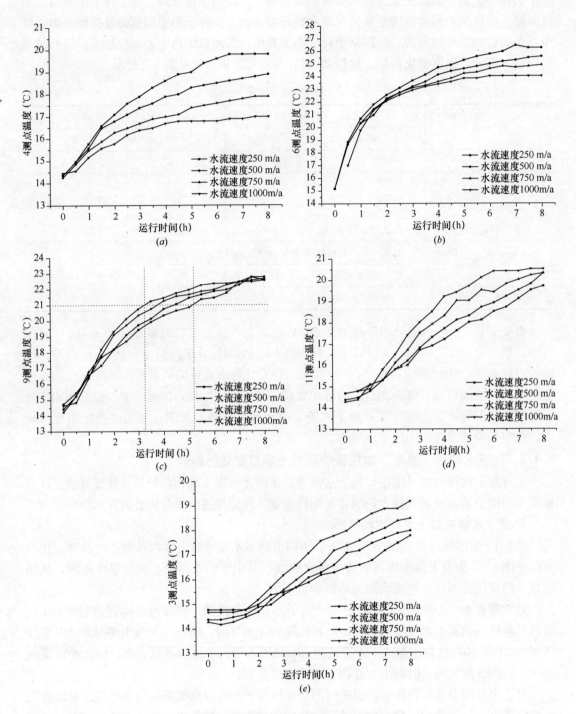

图 9-14　地下水流速对各测点温度的影响
(a) 铂电阻测点 4；(b) 铂电阻测点 6；
(c) 铂电阻测点 9；(d) 铂电阻测点 11；(e) 铂电阻测点 3

子图 c 为中心点下游第一测点 9 的温度变化曲线,在加热开始后,4 种水流速度情况下测点 9 温度都逐渐上升,且水流速度越大、测点温升越大,这是因为地下水流速越大,由地下水带入 9 点附近的热量越多,使 9 点温度升高得越快。例如,当 9 点温度升至 21℃,水流速度为 1000m/a 时需要 3.25h,而水流速度为 250m/a 时则需要 5.15h。但是随着 9 点温度的升高,地下水传递给 9 点区域土壤的热量也逐渐减少,因此在加热 7h 后,水流速度 250m/a 与 1000m/a 两种情况下测点 9 温度都达到 22.469℃,此后,水流速度 1000m/a 时的测点变化更为缓慢,9 点温度逐渐达到一个平衡态;但对于水流速度较小情况而言,测点 9 温度变化相对缓慢,而且由于水流速度较小使得此时的平衡态温度相对较高,因此要达到平衡态所需的时间也较长。

子图 d 为测点 11 的温度变化曲线,该测点位于 9 测点之下。由图可知,水流速度越大,测点 11 的温度越高,子图 e 的情况与此相同,即随着水流速度的增加、测点 3 的温度越高,但由于经过 8h 加热后不足以使该两点达到平衡,因此子图 d,e 上的温度曲线一直处于上升趋势。

由此可知,水流速度越大,盘管上游区域的土壤受盘管放热的影响越小,而下游区域的土壤受盘管放热的影响越大,从而使越大范围的土壤容纳盘管的放热量,这更有利于埋管放热。因此,将地埋管换热器埋设于水流速度大的区域较有利于提高热泵系统的运行效率。

2. 地下水温度对土壤温度场的影响

图 9-15 是在加热器功率 20W、水流速度 250m/a 时不同水流温度(或土壤初温)情况下上、中、下游测点 4,6,9 的温度变化曲线。由三幅子图可知,不同的水流温度对 3 个测点的影响规律一致,即水流温度越高、测点温度越高,且在每种水流温度情况下测点的变化曲线极为相似,这意味着相同温度(例如 37℃)的冷却水进入相同面积的地埋管换热器时,地下水温度愈高、愈难以向土壤中释放冷凝热量。因此,对于夏热冬冷地区或亚热带地区,由于夏季的地下水温度(或土壤初温)比北方地区地下水温度(或土壤初温)要高,这样夏季向地下释放相同的热量时,其土壤温度值远高于北方地区土壤的温度值,就会造成该地区系统的冷凝温度比北方地区高得多,从而降低了系统的运行效率,甚至会造成系统无法运行。

3. 加热器功率对土壤温度场的影响

图 9-16 为上、中、下游测点 4,6,9 在不同加热器功率情况下的温度曲线,其中水流速度为 250m/a、初温为 18.5℃。由图可知,加热器功率越大各测点的温度越高而且温升率也越大,对于测点 4,当加热器功率从 20W 上升到 80W 时,4 点温升率从 0.325℃/h 升高到 1.414℃/h;而对于中心测点 6,当加热器功率从 20W 上升到 80W 时,6 点温升率从 0.721℃/h 升高到 2.858℃/h,同样情况下下游测点 9 的温升率从 0.493℃/h 升高到 1.851℃/h。因此对于夏季冷负荷较大地区而言,土壤源热泵地埋管夏季的热负荷(制冷工况下的冷凝热)也较大,这样使得在相同的运行时刻时其土壤温度值很高,随之而来的冷凝温度的升高会使土壤源热泵运行时的性能系数大大降低,长期运行时更是如此,因此在实际应用中要考虑采用冷却塔—土壤源热泵的混合系统形式、或者尽量将盘管埋在地下水流速较大的区域、或者加大地埋管的面积,否则难以保证系统正常运行。

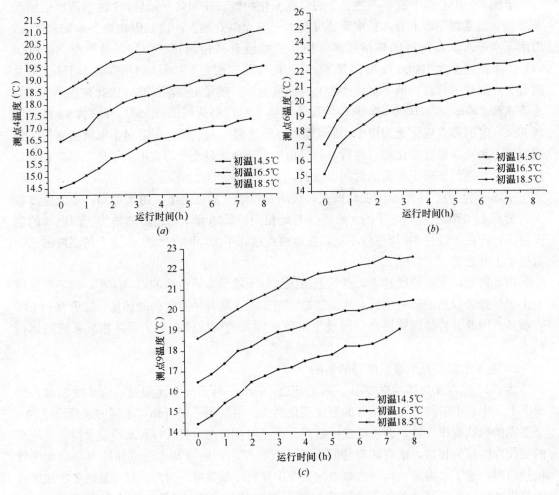

图 9-15 土壤初温对土壤温度场的影响
(a) 上游测点 4；(b) 中心测点 6；(c) 下游测点 9

9.4.3 加热及恢复时间内土壤温度场的变化

图 9-17 为加热器加热 8h 及停机后 8h 内土壤内各测点的温度变化曲线，其中，水流速度为 750m/a、加热器功率为 40W、土壤初温及来流温度为 14.5℃。图中显示了上游测点 10 和 4、中心测点 6 及下游测点 9 和 11 以及中游 4 个测点 12，14，13，15（从中心至周边）的温度变化情况。从图中可知，加热期间各测点温度都逐渐上升，且中心测点 6 的温度最高、其次是中心点下侧的 9 点与 11 点，在加热 8h 时自上游至下游各测点 10，4，6，9，11 的温升依次达到了 0.968，3.641，9.742，8.436，6.038℃；在加热器停止加热后各测点温度都逐渐降低，其中中游最右侧两测点 13 与 15 由于距离中心较远，所以温度出现降低趋势时间稍有延迟；停止加热 8h 时自上游至下游各测点 10，4，6，9，11 的温度与加热 8h 时刻的温度相比依次降低了 0.578，2.725，8.675，6.804，3.703℃，都略小于上述加热 8h 时刻各测点的温升值；与初始时刻各测点的初始温度相比，停机 8h 时各测点（自上游至下游）的温升依次为：0.390，0.916，1.067，1.633，2.334℃。由此可见，土壤中存在地下水渗流时，土壤的恢复能力是很强的，在本节的叙述条件下停机 8h

9.4 地埋管在热渗耦合作用下土壤温度场的实验研究

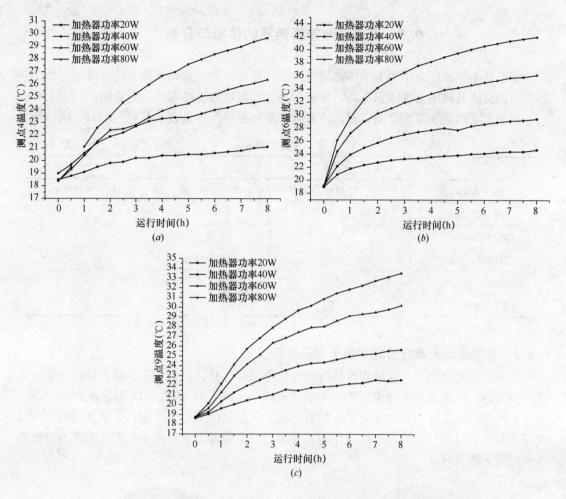

图 9-16 加热器功率对土壤温度场的影响
(a) 上游测点 4; (b) 中心测点 6; (c) 下游测点 9

后可以认为土壤温度场基本恢复,因此应用土壤源热泵时尽量选择水流速度较大的地区,这对于提高系统运行时的性能系数是很有利的。

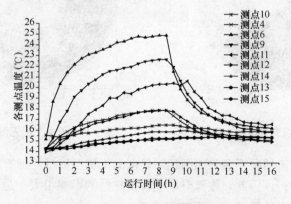

图 9-17 各测点在加热及恢复期内温度变化

9.5 单井地埋管换热器的模拟与分析[36]

本节基于热渗联合作用下的传热模型,采用整场离散、整体求解方法求得地埋管换热器、管内流体及周围土壤的温度场,分析了渗流对地埋管换热器传热的影响。

对于土壤源热泵夏季空调工况,计算时采用的各项参数见表9-4。

模拟计算参数   表9-4

项 目	参 数	项 目	参 数
盘管类型	HDPE	土壤类型	粉质黏土
埋管间距(m)	4.6	管脚间距(mm)	30
盘管埋深(m)	50	渗流速度(m/a)	300
管内流体雷诺数	2400	土壤初始温度(℃)	12
盘管内径/外径(mm)	15/20	干基含水量(kg/kg)	35
盘管入口水温(℃)	40	饱和区含水量(kg/kg)	42

注:HDPE指高密度聚乙烯管材

9.5.1 有渗流与无渗流情况下的土壤温度场

在有渗流的情况下,地埋管换热器的传热途径有2种:一是多孔介质骨架和孔隙中地下水的导热;二是地下水渗流产生的水平对流换热。图9-18和图9-19都是在夏季空调工况下,经过20d运行,第20d第24h的温度场情况。从两图可以看出,无渗流时的土壤温度场是以中心对称的,但由于渗流作用,有渗流的土壤温度场将产生变形;有渗流时管周围温度比无渗流时低。

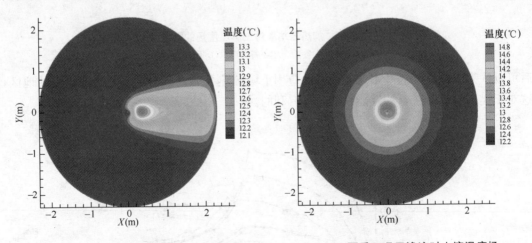

图9-18 夏季工况有渗流时土壤温度场　　图9-19 夏季工况无渗流时土壤温度场

由此可见,有渗流情况下盘管周围相对较低的土壤温度场更加有利于地埋管换热器夏季空调工况的良好运行。因此,渗流对地埋管换热器的影响很大,是不可忽略的问题。

9.5.2 渗流对盘管换热量及出水温度的影响

图9-20给出了空调工况下连续运行20d内的盘管逐时出水温度。有渗流的情况下,

系统运行3d后就已达到稳态，盘管日平均出水温度随着运行天数的增加变化不大，均在26.54℃左右；并且每天盘管逐时出水温度平均从21.80℃逐渐升高到27.63℃。而在无渗流的情况下，盘管日平均出水温度随着运行天数的增加逐渐从28.39℃升高到29.74℃，升幅达到4.53%；并且每天盘管逐时出水温度平均从24.23℃逐渐升高到30.88℃。

由图9-20可以看出：若盘管埋在有渗流的土壤中，而计算时未考虑渗流的影响，那么计算误差是很大的。如有渗流时盘管出水温度变化率是0.647℃/h左右，而无渗流时盘管出水温度变化率逐渐从0.831℃/h变为0.734℃/h，并且后者每天的盘管逐时出水温度比前者平均增加了2.83℃，增幅达到10.65%。这主要是由于地下水渗流的存在使得有渗流时的土壤恢复能力增强，因而在制冷过程中，有渗流时盘管日平均出水温度较低，并且每天盘管逐时出水温升值也较低。

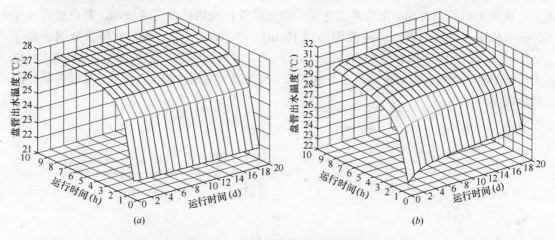

图9-20 空调工况下渗流对盘管出水温度的影响
(a) 有渗流；(b) 无渗流

地埋管换热器在整个运行期间的逐日放热量见图9-21。从该图可以看出，有渗流时地埋管换热器很快就达到稳态，运行期间日平均放热量变化很小，整个运行时间内平均值为95.13MJ；当无渗流时，随着运行天数延长日平均放热量逐渐从74.45MJ减小到65.82MJ，降幅达到11.60%；并且与有渗流情况相比，无渗流时盘管日放热量较低，平均低27.23MJ，占前者平均放热量的28.6%，这充分表明渗流有利于释放冷凝热，有利于土壤耦合热泵系统的稳定运行；而无渗流时，土壤耦合热泵系统夏季空调工况运行时难以向外排出热量。其原因也是由于地下水流动增强了地埋管换热器的传热能力以及土壤的恢复能力。

因此，如果在有渗流的地方忽略渗流的影响将会导致计算错误，会使地埋管换热器设计容量偏大，造成经济和资源浪费；从盘管出水温度角度和盘管放热量方面看，

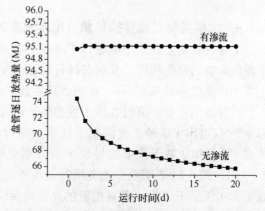

图9-21 空调工况下渗流对盘管日放热量的影响

在实际工程中，尽量将盘管埋在有渗流的土壤中是十分有利的。

9.5.3 渗流速度对盘管换热量及出水温度的影响

为了分析渗流速度对盘管换热量及出水温度的影响，选取 60m/a，150m/a，300m/a 3 种流速针对夏季工况分别进行模拟，计算时采用的各项参数同表 9-4，模拟结果见图 9-22、图 9-23。

由于有渗流时盘管逐时出水温度随着运行天数的增加变化不大，因此图 9-22 仅给出了 20d 运行值取平均后的盘管逐时出水温度。从图中可以看出，随着运行时间的增加盘管出水温度逐渐升高，但是 3 种渗流速度升高值变化不大，当渗流速度从小到大，其水温升高值依次为 6.63℃，6.59℃，5.83℃；并且渗流速度愈高其盘管出水温度愈低，对渗流速度从小到大，盘管平均出水温度分别为 28.14℃，27.38℃，26.54℃。

从图 9-23 可以看出，随着渗流速度的增加盘管日放热量也逐渐增加，若以渗流速度 60m/a 情况为基准，当渗流速度增加到 150m/a 和 300m/a 时，其日放热量分别增加了 4.88MJ，19.06MJ，增幅分别达到了 6.41%，25.07%；并且渗流速度越大，系统达到稳态所需的时间越短。由此可见，选择地下水渗流速度大的地区能大大增强地埋管换热器的换热能力。

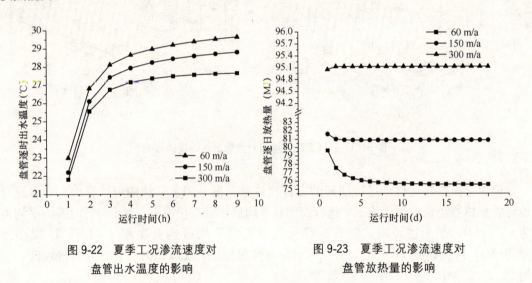

图 9-22　夏季工况渗流速度对盘管出水温度的影响

图 9-23　夏季工况渗流速度对盘管放热量的影响

9.5.4 土壤类型对盘管换热量及出水温度的影响

上述仅针对亚黏土土壤进行了渗流影响方面的模拟分析。为了分析不同土壤类型情况下渗流影响的变化规律，分别对碎石亚黏土及砾砂土壤的系统运行情况进行了研究，3 种土壤的热物性参数见表 9-5，模拟计算参数见表 9-6。

计算得出，有渗流时各种土壤类型下盘管逐时出水温度随运行天数变化都不大，因此图 9-24 仅给出了 3 种土壤情况下夏季工况时 20d 运行值取平均后的盘管逐时出水温度。从表 9-5 可知亚黏土土壤的导热系数分别是砾砂和碎石亚黏土土壤导热系数的 0.75 和 0.73 倍，图 9-24 表明亚黏土土壤时盘管平均出水温度约为 27.38℃，与后两种相比分别高了 1.42℃、1.30℃；并且前者的盘管出水温度平均变化率是 0.732℃/h，后两者的盘管出水温度平均变化率分别是 0.669℃/h 和 0.673℃/h。

9.5 单井地埋管换热器的模拟与分析

土壤的热物性参数 表9-5

土壤类型	干基/饱和含水量（kg/kg）	干密度（kg/m³）	干基/饱和导热系数 [W/(m·℃)]	干基/饱和比热 [J/(kg·℃)]
亚黏土	35/42	1600	1.54/1.75	2300.1/2576
碎石亚黏土	17/37	1800	1.71/2.34	1547.3/2377
砾砂	18/37	1800	2.18/2.41	1547.3/2341

研究土壤类型影响的模拟计算参数 表9-6

项目	参数	项目	参数
埋管间距（m）	4.6	盘管类型	HDPE
盘管埋深（m）	50	渗流速度[（m/a）]	150
盘管入口水温（℃）	40	土壤初始温度（℃）	12
盘管内径/外径（mm）	15/20	管内流体雷诺数	2400

图 9-25 给出 3 种土壤情况下的盘管日放热量。由图可见，3 种土壤情况下的盘管日放热量在运行初期逐渐降低，但很快达到稳态；在整个运行期间，亚黏土土壤时系统的平均日放热量为 80.94MJ，而碎石亚黏土和砾砂土壤情况下的平均日放热量分别为 89.29MJ、90.02MJ，与前者相比分别增加了 10.32%、11.22%。这主要是由于亚黏土相对于砾砂、碎石亚黏土土壤而言导热系数较小，所以尽管有相对较高的含水量，但是制冷能力远不如后两种土壤。此外，由于碎石亚黏土和砾砂土壤的导热系数及含水量都比较接近，所以二者的盘管逐时出水温度和放热量都相差不大。

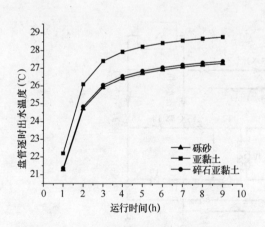

图 9-24 土壤类型对盘管出水温度的影响

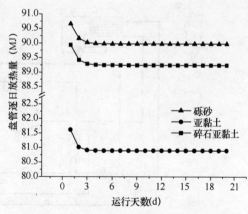

图 9-25 不同土壤类型对盘管放热量的影响

第 10 章 土壤蓄冷与土壤耦合热泵集成系统

10.1 概 述

土壤耦合热泵系统因其使用可再生的地热能,被称为是 21 世纪的一项最具有发展前途的、具有节能和环保意义的制冷空调技术。而蓄冷技术则是为缓解电力供应紧张局面,以平衡电网峰谷负荷、削峰填谷为目的迅速发展起来的一种改变电力需求侧用电方式的空调技术。因此适应国家电力需求侧宏观调控政策的蓄冷技术及符合能源的可持续发展理论、利用可再生能源的土壤耦合热泵技术成为当前暖通空调界的两大热点研究课题。

尽管土壤耦合热泵技术与传统空调技术相比具有很多优点,但其相对较大的初投资及占地面积问题已成为限制其广泛应用发展的致命弱点。而蓄冷技术也因其初投资较高、回收期较长以及运行控制管理较复杂,使得该技术的应用还不为广大业主所接受。因此,基于上述背景,提出了一种适合于以空调负荷为主、采暖负荷为辅的地区的全新的热泵型空调系统——土壤蓄冷与土壤耦合热泵集成系统(简称集成系统)。该系统在充分利用蓄冷技术及土壤耦合热泵技术优点的基础上,将二者有机地结合在一起,各取所长,互补其短,将土壤耦合热泵系统的地埋管换热器兼作蓄冷系统的蓄冷装置,使两者合二为一。系统原理如图 10-1 所示。

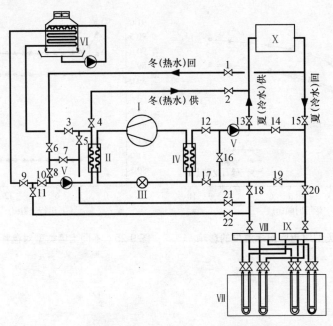

图 10-1 土壤蓄冷与土壤耦合热泵集成系统原理图

Ⅰ—压缩机;Ⅱ—冷凝器;Ⅲ—节流阀;Ⅳ—蒸发器;Ⅴ—水泵;Ⅵ—闭式冷却塔;
Ⅶ—地埋管换热器;Ⅷ—分水器;Ⅸ—集水器;Ⅹ—用户;1~22—阀门

该系统主要由三工况（供热工况、空调工况、低温工况）冷热水机组、闭式冷却塔及具有双重功效的地埋管换热器群等组成。系统通过外侧水环路的切换来实现集成系统的蓄冷、供热与供冷功能。

土壤蓄冷与土壤耦合热泵集成系统的工作原理为：夏季空调工况运行时，在电网低谷时段，开启冷水机组，制备冷量，并通过地埋管换热器将建筑物所需的冷量部分或全部地贮存到地下土壤中；而在电力高峰时段，耗电量大的冷水机组避峰停止运行，只开启循环水泵使载冷剂（乙二醇水溶液）在地下盘管中循环流动与埋管周围的土壤换热，将蓄存于土壤中的冷量提取出来供给空调系统使用；在建筑物要求供冷的过渡季节，系统按土壤耦合热泵系统的供冷工况运行，将系统的冷凝热排至土壤中，使盘管周围土壤温度场得到一定程度的恢复，补偿土壤的季节性能量收支平衡，为冬季供暖工况储备热量；而在建筑物要求供暖的季节，系统按土壤耦合热泵系统的供暖工况运行，土壤作为热泵系统的低位热源，系统通过地埋管从土壤中吸取低品位热能，向建筑物供暖。

利用土壤蓄冷来移峰填谷是蓄冷空调的一种新构想。虽然以土壤作为蓄热介质早有研究，但都是作为季节性的长期蓄热，而短期的、周期性的、以电力削峰填谷为目的的土壤蓄冷技术的研究至今尚未见有关报导。因此，对于这种全新的空调系统，其关键技术的研究内容包括：

（1）地埋管换热器结构形式与布置方式的研究

在土壤蓄冷与土壤耦合热泵集成系统中，地埋管换热器在夏季是作为电力削峰填谷的蓄冷装置，而在冬季则是作为土壤耦合热泵系统的吸热装置，二者在功能与要求上是截然不同的。地埋管换热器在作为夏季电力削峰填谷的蓄冷装置时，由于系统周期性的蓄冷、释冷运行，埋管间距的大小对系统蓄冷、释冷运行的平衡时间及系统的冷量损失将产生较大的影响（详见10.9节的分析）。在冬、夏两种不同的功能模式下，为提高系统的运行性能，对埋管间距的要求是截然不同的。在夏季要求埋管间距较小，而冬季则要求间距较大，二者相互矛盾。因此，如何布置和设计地埋管换热器，使其同时满足系统在冬、夏两种不同功能模式下的要求是主要研究内容之一。

（2）地埋管换热器换热过程的研究

土壤蓄冷、释冷过程是一个周期性的冻融相变传热过程，伴随冻融相变过程的发生，土壤中的水周期性地释放与吸收相变潜热，土壤的物性也随之发生变化，使得土壤的相变传热过程成为一个在小的温度范围内存在爆发性物性变化的非线性传热问题。同时，土壤是一个由固、液、气（汽）三相物质组成的复杂的多孔介质体系，土壤中热量的传递会引起土壤水分的迁移，水分的迁移反过来也会影响热量的传递，热湿传递的相互影响过程是一个复杂的耦合问题。因此，如何完善和建立地埋管换热器的传热模型，使其更好地模拟地埋管换热器的真实换热状况，是本技术的关键问题之一。

（3）土壤蓄冷、释冷过程的热力特性研究

土壤的蓄冷、释冷运行特性受诸多因素的影响和制约，如土壤的热物性参数（包括土壤的导热系数、比热容、含湿量、密度等）、地埋管换热器管材、地埋管的布置方式、管内流体的流量、入口水温、土壤的初始状态及系统的运行模式等。研究分析这些因素对土壤蓄冷、释冷运行特性的影响以及合理地匹配各参数对集成系统的优化设计具有重要的指导意义。

（4）土壤蓄冷、释冷过程冷量损失的研究

在该集成系统中，由于地埋管换热器管束竖直埋设于地下，管束的外层盘管直接与原状土壤相邻,因此在温差传热的作用下,盘管束区域的冷量会不断地传至周围土壤环境中,造成系统冷量损失及冷量品质的下降。系统的冷量损失主要来源于两个方面:一是由于近盘管区域土壤与盘管远边界层在温差传热的作用下所产生的冷量损失,称为冷量传递损失;二是在系统运行过程中,管束区域土壤温度降低,因土壤内能降低而产生的冷量损失,称为垫层冷量损失。冷量损失的定义与计算模型详见10.9节。土壤蓄冷、释冷过程的冷量损失问题是土壤蓄冷与土壤耦合热泵集成系统的核心问题,其冷量损失的大小直接关系到该集成系统的可行性及经济性。

10.2 集成系统的流程与特点

在集成系统中,由于其地埋管换热器充当蓄冷系统蓄冷装置及土壤耦合热泵系统地埋管换热器的双重功能,并且在集成系统的各运行时段,由于建筑物负荷的特点及系统运行控制策略等因素的影响,要求系统在不同的工作模式下运行。因此,该集成系统在系统的流程上有别于传统的蓄冷系统及土壤耦合热泵系统,而有其自身的特点。按系统的运行策略及要求实现不同的功能,即可通过控制阀门的切换,实现该集成系统的各种不同流程,以满足系统蓄冷、释冷、供冷、供暖等运行模式的功能要求。

10.2.1 土壤蓄冷、释冷流程

由于该系统充分集成了蓄冷技术及土壤耦合热泵技术的优点,因此在夏季空调工况运行时,能发挥蓄冷技术的优势,充分利用低谷时段的电力资源,避开高峰用电,削峰填谷,降低系统的运行费用,将建筑物的空调冷负荷全部或部分贮存到地下土壤中,实现空调电力负荷的转移。在低谷时段的土壤蓄冷运行模式中,三工况冷热水机组在低温工况下运行,制备低温冷冻液,通过循环水泵使低温冷冻液在地埋管换热器管路中循环流动换热,将冷量贮存到土壤中,系统流程如图10-2所示。该流程的控制为:

冷却塔侧排热环路:Ⅱ→3→Ⅵ→9→10→Ⅴ→Ⅱ,阀门4、5、8、11关闭,阀门3、9、10开启。

埋管换热器侧蓄冷环路:Ⅳ→12→Ⅴ→14→20→Ⅸ→Ⅶ→Ⅷ→18→17→Ⅳ,阀门13、15、16、19、21、22关闭,阀门12、14、20、18、17开启。

在电力高峰时段,冷水机组停机,通过开启用户侧循环水泵,使载冷剂(防冻液)在地埋管换热器中循环流动,将低谷时段贮存于土壤中的冷量提取出来,供给空调系统使用,系统流程如图10-3所示。在该土壤释冷运行流程中,其流程控制为:

Ⅴ→13→Ⅹ→15→20→Ⅸ→Ⅶ→Ⅷ→18→16→Ⅴ,阀门1、2、14、

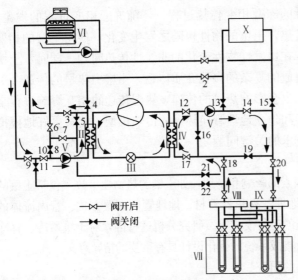

图10-2 土壤蓄冷流程图

19、17、12、21、22 关闭，阀门 13、15、20、18、16 开启。

10.2.2 冷水机组与埋管换热器的串联释冷流程

在集成系统中，为保证系统在冬、夏两季都能高效、正常地运行，地下垂直埋管换热器的埋管间距不能设置太小；同时由于土壤的导热、蓄热（冷）性能等因素的影响，地埋管换热器的单位管长热流密度（或换热率）小，导致土壤蓄冷系统在释冷运行时，其释冷出水温度不会像冰蓄冷系统那样低；并且由于其埋管间距较大（相对冰蓄冷系统蓄冰槽内盘管），近盘管与远盘管区域土壤间存在着较大的温差，在温差传热的作用下，土壤温度

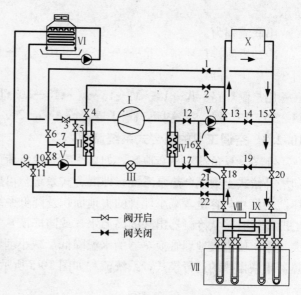

图 10-3 土壤释冷流程图

总会逐渐趋于一致。因此，即使是在总冷量储量保持不变的情况下，土壤中蓄存冷量的品质也会降低（本文中定义为冷量品质的耗散），导致系统释冷运行时的出水温度相对较高，这是土壤蓄冷系统相对冰蓄冷系统的一个显著的差异。

在传统的冰蓄冷系统中，冷水机组与蓄冰槽串联运行的模式有两种：蓄冰槽优先（制冷机下游）的运行模式及冷水机组优先（制冷机上游）运行模式。而在土壤蓄冷系统中，由于冷量质量的耗散作用，为保证空调系统要求的水温及充分发挥土壤的蓄冷容量，在集成系统的串联释冷运行模式中，宜采用冷水机组下游的运行模式，其流程如图 10-4

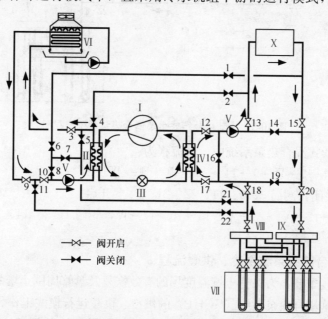

图 10-4 主机下游串联释冷流程图

所示。

串联流程为：

冷却塔侧排热环路：Ⅱ→3→Ⅵ→9→10→Ⅴ→Ⅱ，阀门4、5、6、7、8、11关闭，阀门3、9、10开启。

用户侧环路：Ⅳ→12→Ⅴ→13→Ⅹ→15→20→Ⅸ→Ⅶ→Ⅷ→18→17→Ⅳ，阀门1、2、14、16、19、21、22关闭，阀门12、13、15、20、18、17开启。

10.2.3 空调工况的混合式系统流程

在冬、夏负荷不平衡地区，如夏季空调冷负荷大、冬季热负荷小的地区，夏季采用冷却塔补偿式土壤耦合热泵系统（即混合式系统）可以减小单一土壤耦合热泵系统地埋管换热器的尺寸与容量，减小埋管的占地面积及降低系统的初投资。对于该系统，在夏季空调工况运行时，从冷凝器出来的高温水（或防冻液）先通过冷却塔，将一部分冷凝热排放至大气中，使进入地埋管换热器的水温降低，减小埋管的排热负荷，形成冷却塔与地埋管换热器串联排热的运行模式，系统流程如图10-5所示。

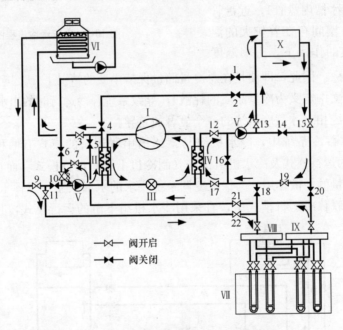

图10-5 冷却塔补偿式土壤耦合热泵系统流程图

在冷却塔补偿式混合热泵系统中，其流程为：

冷却塔侧：Ⅱ→3→Ⅵ→9→11→22→Ⅷ→Ⅶ→Ⅸ→21→7→8→Ⅴ→Ⅱ，阀门4、5、6、10、18、20关闭，阀门3、9、11、22、21、7、8开启。

用户侧：Ⅳ→12→Ⅴ→13→Ⅹ→15→19→17→Ⅳ，阀门1、2、14、16、20、18关闭，阀门12、13、15、19、17开启。

10.2.4 土壤耦合热泵系统供冷、供暖流程

在冬季及过渡季节，为保证土壤温度场的有效恢复及盘管周围土壤的能量平衡，集成系统按传统的土壤耦合热泵系统（GCHP）的供冷、供暖运行模式工作，土壤作为热泵系统的热源或热汇，系统流程如图10-6、10-7所示。在土壤耦合热泵系统供冷工况运行时，

负荷侧阀门1、2、14、16、18、20关闭,阀门12、13、15、19、17开启;冷凝器侧阀门4、3、7、8、9关闭,阀门5、21、22、11、10开启。冷凝器与地埋管换热器间形成封闭环路,通过流体在管路中的循环将冷凝热排至土壤中,土壤作为热泵系统的热汇。供暖工况运行时,负荷侧阀门3、5、7、10、13、15关闭,阀门4、2、1、6、8开启;蒸发器侧阀门16、19、21、22关闭,阀门12、14、20、18、17开启。蒸发器与地埋管换热器形成封闭环路,载热流体在地埋管换热器中循环流动,与盘管周围土壤换热,提取土壤中的低品位热能,通过热泵机组提升向建筑物供暖,此时土壤作为热泵系统的低位热源。

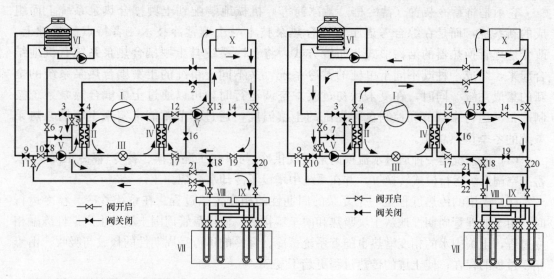

图 10-6　土壤耦合热泵系统供冷运行流程图　　图 10-7　土壤耦合热泵系统供暖运行流程图

10.2.5　集成系统的特点

集成系统中首次采用土壤蓄冷来实现电力系统的削峰填谷是蓄冷空调的原始创新;同时将蓄冷技术与土壤耦合热泵技术结合在一起,解决土壤耦合热泵系统因冬、夏负荷的不平衡性造成的系统年久出力不足问题,是土壤耦合热泵系统的一种创新与发展。在整合集成蓄冷技术与土壤耦合热泵技术各技术优势与成果的基础上,集成系统作为一种新的系统形式提出,在系统功能与特点方面是对蓄冷技术与土壤耦合热泵技术的继承与发展。集成系统的特点如下:

(1) 地埋管换热器具有双重功效。

在集成系统中,蓄冷装置与土壤耦合热泵系统的地埋管换热器合二为一。一方面,地埋管作为土壤耦合热泵系统的换热器,土壤作为热泵系统的低位热源或热汇。在土壤耦合热泵系统供冷运行时,通过地埋管换热器向土壤排放冷凝热;而在供暖运行时,从盘管周围土壤吸取低位热能;另一方面,地埋管作为蓄冷空调的蓄冷装置,取代传统蓄冷系统的蓄冰筒或蓄冰槽,土壤作为蓄冷系统的冷量贮存介质。在系统蓄冷运行时,低温的防冻液(通常为乙二醇水溶液)在埋管中循环流动,与周围土壤进行换热,向土壤贮存冷量;在释冷工况运行时,高温的空调回水进入盘管,吸取盘管周围土壤中贮存的冷量,供给空调系统使用。由于地埋管换热器具有双重功效,有效地解决了蓄冷装置占地面积大、初投资高的问题;同时也改善了土壤耦合热泵系统夏季空调工况的运行性能,解决了单一的土壤耦合热泵系统在夏热冬冷地区运行年久出力不足的问题。

(2) 为实现集成系统的各种功能，在系统中要求采用三工况冷热水机组。

由于集成系统在不同的运行时段要求在土壤蓄冷、释冷流程、土壤耦合热泵系统的供暖流程及供冷流程间切换运行，因此，为实现系统在整个运行期间内的蓄冷、空调及供暖功能，系统中冷热水机组要求具有三工况，即低温工况、空调工况和制热工况。为此，在该集成系统中提出了三工况冷热水机组的构想。

(3) 该系统是具有蓄冷功能的土壤耦合热泵新系统。

它不是将蓄冷装置（蓄冷槽、蓄冰筒等）机械地装配到土壤耦合热泵系统上而组成的新系统，而是在综合考虑土壤耦合热泵技术与土壤蓄冷技术二者特点的基础上，改变地埋管换热器的结构形式与布置方式，将蓄冷系统与土壤耦合热泵系统有机地结合起来，组成一种既不同于单纯的蓄冷系统，又不同于单纯的土壤耦合热泵系统的全新的集成系统。同时，在夏末秋初过渡季空调运行时，可以通过土壤耦合热泵系统按制冷工况运行来调节和控制盘管周围的土壤温度，通过季节蓄能来实现土壤耦合热泵系统的冬季供热功能。

(4) 该系统是一种通过水流换向来实现供冷/与供热工况转换、蓄冷/释冷工况转换、蓄冷空调系统运行模式转换等，并在系统中增设了冷却水系统。

(5) 土壤的传热过程是一个复杂的周期性的相变传热过程。在系统蓄冷、释冷运行时，由于地埋管周期性地从土壤吸热和向土壤排热，使得盘管周围土壤发生周期性冻融相变过程，土壤中水的相变潜热也随着系统蓄冷、释冷的运行呈周期性的释放与吸收。由于相变过程的存在，使土壤的传热过程更趋于复杂。

(6) 该系统既达到电力削峰填谷的目的，又实现了可再生能源在空调中的应用。一个系统同时解决了目前空调中的两个热点难题。

10.3　集成系统地埋管换热器传热过程分析

地埋管换热器是集成系统的关键部件之一，换热器与其周围土壤进行热湿交换的过程是一个复杂的传热传质问题。夏季系统进行蓄冷运行时，在夜间电力低谷时段，三工况冷热水机组制备的低温防冻液（乙二醇水溶液）在地埋管换热器中循环流动，与盘管周围潮湿的土壤换热，吸取土壤的热量，使土壤的温度降低，将冷量贮存于周围潮湿的土壤中。随着蓄冷时间的延长，盘管周围土壤的温度持续降低，当温度低至土壤水的冻结温度后，土壤中的水便开始冻结，释放潜热。在建筑物空调时段（一般为电力高峰时段），高温的空调回水进入地埋管换热器，吸取土壤中贮存的冷量。在土壤的蓄冷运行时段，盘管周围土壤已部分冻结，释冷运行时，地埋管换热器向土壤排热，土壤中冻结的水分吸收潜热逐渐解冻。由于系统进行周期性的蓄冷、释冷运行，盘管周围土壤也随之发生周期性的冻融相变，因此土壤的传热过程是一个周期性带相变的非稳态传热问题。

由于土壤水是含有各种杂质的非纯净物质，使得土壤水的相变过程不是严格地在某一特定温度下发生，而是在一个小的温度范围内发生；同时水的相变潜热很大，在土壤水发生相变的过程中，土壤的物性参数一般要发生变化，土壤中水的相变潜热要在一个小的温度范围内爆发性地释放与吸收。因此，土壤的传热过程是一个爆发性物性变化的非线性传热问题。

土壤是一个饱和的或部分饱和的含湿多孔介质体系。从热力学的角度考虑，对于非饱和土壤，土壤中热量的传递必然引起土壤中水分的迁移，同时水分的迁移又伴随热量的传递。因此非饱和土壤中的传热过程是一个在温度梯度和湿度梯度共同作用下的热量传递和水分迁移相互耦合的复杂热力过程。对于地下水位线以下的埋管区域，盘管周围的土壤已处于饱和状态，此时土壤热湿迁移耦合作用的影响已很弱，而地下水横向渗流的强弱成为影响土壤传热的主要因素[1~3]。

在集成系统中，地埋管换热器采用竖直深埋 U 形管。由于 U 形管两管脚间距很小，两管内流体的温度不同，两管脚在传热上会产生热干扰，造成两管脚间的热短路现象[4,5]。因此从严格意义上讲，地埋管换热器与土壤的传热过程是一个非对称性边界的热传导问题。

从上述对地埋管换热器与土壤的换热过程分析可知，在集成系统的蓄冷、释冷运行过程中，地埋管换热器与土壤的传热过程具有如下特点：

(1) 埋管周围存在周期性的冻融相变；
(2) 土壤中存在三个相变区域及两个随时间移动的不确定相变界面；
(3) 土壤的传热过程是一个在小的温度范围内具有爆发性物性变化的非线性热传导过程；
(4) 在非饱和土壤区，土壤的传热过程是一个在温度梯度及湿度梯度共同作用下的热湿耦合传递热力过程；而在饱和区，土壤的传热过程为在温度梯度下的热传导及水力梯度下的地下水渗流换热的耦合过程；
(5) U 形地埋管换热器的传热过程是具有热短路现象的非对称边界的热传导问题。

10.4 集成系统地埋管换热器传热过程的物理模型

根据上述对地埋管换热器传热过程的分析可知，在土壤蓄冷、释冷过程中，系统的冷量损失主要由地埋管换热器管束的外层盘管与远边界原始土壤的温差传热造成的，因此，为了减小集成系统运行过程中的冷量传递损失，在地埋管换热器管束区域土壤体积一定的条件下，应尽量减少地埋管换热器管束外层盘管的数目。基于此，竖直 U 形地埋管换热器可采用等间距正多边形排列，如图 10-8 所示的一个或多个管束群组成。由于土壤蓄冷、释冷的传热过程与地埋管在管束中的位置有关，因此在建立系统传热过程的数学模型时需对内、外层盘管分别予以考虑。对应图 10-8 管束的单根内、外层埋管换热器的控制区域及边界如图 10-9 所示。

在土壤蓄冷、释冷系统中，地埋管换热器与土壤的传热过程受诸多因素的影响，如地埋管的埋深、尺寸及地埋管周围土壤的热物特性，土壤中水分的热湿迁移，系统的蓄冷、释冷运行工况等。集成系统在蓄冷、释冷运行时，地埋管周围土壤发生周期性的冻融相变。因此，地埋管换热器与土壤的换热过程是一个复杂的带有相变的传热问题。为了使建立的数学模型能真实地描述盘管在土壤中的传热过程，并且便于问题的理论分析与求解，在建立地埋管换热器传热过程的数学模型时，在物理模型上需作如下近似假设：

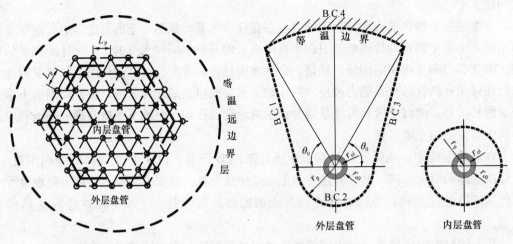

图 10-8 地埋管管束平面布置图　　图 10-9 管束内、外层单根盘管平面示意图

(1) 土壤为均质、刚性、各向同性的含湿多孔介质体。忽略土壤表面温度波动的影响，认为土壤的初始温度、含湿量均匀一致；

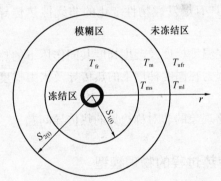

图 10-10 相变发生在一个温度区间的示意图

(2) 土壤的冻融相变过程发生在一个小的温度范围内，并且认为在相变土壤中存在三个区域：冻结区、未冻结区及介于两区之间的两相共存区（称为模糊区），此两相区限制在温度为冻结温度 T_{ms} 的等温界面和温度为解冻温度 T_{ml} 的等温界面之间，如图 10-10 所示。在冻结区和未冻结区，土壤的热物性参数分别为常数；在模糊区，土壤的物性与温度呈线性关系；

(3) 忽略土壤冻融相变过程中热湿迁移耦合作用的影响及地下水横向渗流换热的影响，认为盘管与土壤间以纯导热的形式进行热量的传递；根据 M. Piechowski[6,7] 的研究成果，当土壤的含湿量远大于其临界含湿量时，土壤中的热湿迁移作用的影响可忽略不计。在集成系统中，由于地埋管换热器垂直深埋，盘管周围土壤的含湿量一般都能满足其要求；

(4) 将两管脚传热相互影响的竖直 U 形管换热器等效为一当量直径的单管[8,9]，等效单管的当量直径为 $D_e = \sqrt{2D_0 \cdot L_g}$，$D_0$ 为 U 形管管腿外径，L_g 为 U 形管两管腿间距，如图 10-11 所示；

(5) 考虑管束相邻盘管间的热影响，相邻盘管间的界面按绝热界面处理；同时在地埋管深度方向上，由于管内流体的温度梯度较小，因此忽略地埋管深度方向（轴向）上的传热的影响。对于管束的内层盘管，只考虑地埋管径向的导热，忽略圆周方向的热量传递；而对管束的外层盘管，由于外层边界的非对称性，需同时考虑圆周方向和径向的二维热量传递；

(6) 地埋管内流体在同一截面的温度、速度分布均匀一致；

10.4 集成系统地埋管换热器传热过程的物理模型

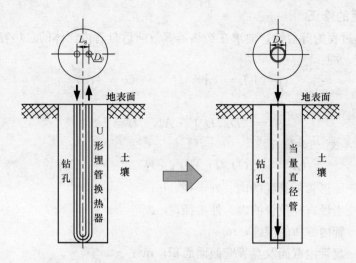

图 10-11 等效单管示意图

(7) 地埋管与土壤接触紧密,忽略盘管与土壤间的接触热阻;

(8) 钻井区域回填材料与原状土壤相同,不计回填土与原状土热特性的差异。

10.4.1 等效当量直径管的修正

在上述建立的物理模型中,根据线热源的叠加原理,将垂直 U 形管等效为一当量直径的单管。由文献 [9],单位埋深 U 形管两管脚的内部热阻为:

$$R_t = \frac{1}{2}\left[\frac{1}{2\pi r_i \alpha^\circ} + \frac{\ln(r_o/r_i)}{2\pi \lambda_p^\circ}\right] = \frac{1}{2\pi(2r_i\alpha^\circ)} + \frac{\ln(r_o/r_i)}{2\pi(2\lambda_p^\circ)} \tag{10-1}$$

对于当量直径单管,其内部热阻为:

$$R'_t = \frac{1}{2\pi(r_{ei} \cdot \alpha)} + \frac{\ln(r_{eo}/r_{ei})}{2\pi \lambda_p} \tag{10-2}$$

因此,为了保证整个管段换热过程的等效性,对等效的当量直径单管,需作如下几个方面的修正。

10.4.2 盘管参数的修正

为保证当量管与 U 形管传热过程等效,要求其内部热阻相等,即式 (10-1) 和式 (10-2) 相等:

$$\frac{1}{2\pi(2r_i\alpha^\circ)} + \frac{\ln(r_o/r_i)}{2\pi(2\lambda_p^\circ)} = \frac{1}{2\pi(r_{ei} \cdot \alpha)} + \frac{\ln(r_{eo}/r_{ei})}{2\pi \lambda_p} \tag{10-3}$$

比较式 (10-3) 等号两边各项,需同时满足如下关系式:

$$r_{ei} \cdot \alpha = 2r_i \cdot \alpha^\circ, r_{eo}/r_{ei} = r_o/r_i, \lambda_p = 2\lambda_p^\circ \tag{10-4}$$

即:

$$r_{ei} = (r_{eo}/r_o) \cdot r_i, \alpha = (2r_i/r_{ei}) \cdot \alpha^\circ, \lambda_p = 2\lambda_p^\circ \tag{10-5}$$

10.4.3 管内流体流速的修正

为了保证管内流体的温度梯度相等,即在单位管长热流率相同的情况下,要求管内流体的质量流量相等,即:

$$u/u^\circ = (D_o/D_{eo})^2 \tag{10-6}$$

10.4.4 热容量的修正

为保证换热过程的等效性,要求在换热器等效前后盘管内流体的总热容量及管材的总热容量保持不变,即:

$$(\rho c A)_k L = (\rho c A)_k^o L^o \quad (k=\text{f,p}) \tag{10-7}$$

其中:

$$A_k = (D_{eo}/D_o)^2 \cdot A_k^o, \quad L = L^o/2 \tag{10-8}$$

将式 (10-8) 代入式 (10-7) 得:

$$(\rho c)_k = 2(D_o/D_{eo})^2 \cdot (\rho c)_k^o \quad (k=\text{f,p}) \tag{10-9}$$

式中 r_i, r_o ——U 形管的管腿的内、外半径,m;

r_{ei}, r_{eo} ——当量直径单管的内、外半径,m;

u ——管内流体的流速,m/s;

A_f, A_p ——盘管内截面及盘管壁截面面积,m^2;

α ——盘管内壁对流换热系数,$W/(m^2 \cdot ℃)$;

λ_p ——盘管的导热系数,$W/(m \cdot ℃)$。

上角标 o 表示修正前的参数值,下脚标 f,p 分别表示管内流体与盘管。

10.5 土壤蓄冷、释冷过程的数学模型

土壤的蓄冷、释冷过程是地埋管换热器与土壤的周期性吸热与放热过程。在夜间电力低谷时段,通过冷水机组制备冷量储存到地下,系统在蓄冷工况下运行,土壤发生冻结相变过程;在建筑物空调的电力高峰时段,将储存于土壤中的冷量释放出来,供给建筑物的空调系统使用,此时系统在释冷工况下运行,土壤解冻。

10.5.1 土壤蓄冷、释冷运行的数学模型[10]

在土壤蓄冷、释冷运行时,载冷剂在地埋管换热器中循环流动与周围土壤进行热交换。埋管换热器管束内、外层盘管的传热模型结构示意图如图 10-12 所示。在上述物理模型的假设条件下,以能量平衡为基础,分别建立埋管管束内、外层盘管传热过程的数学模型。

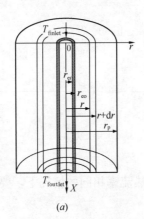
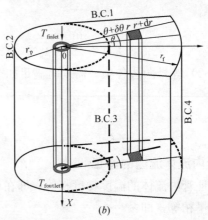

图 10-12 等效埋管换热器温度场模型

(1) 管内流体的能量平衡方程

$$\frac{\partial T_{\mathrm{f}}}{\partial t} = -u\frac{\partial T_{\mathrm{f}}}{\partial x} + \frac{2\lambda_{\mathrm{p}}}{(\rho c)_{\mathrm{f}} \cdot r_{\mathrm{ei}}} \frac{\partial T_{\mathrm{p}}}{\partial r}\bigg|_{r=r_{\mathrm{ei}}} \tag{10-10}$$

(2) 盘管壁的能量平衡方程

$$(\rho c)_{\mathrm{p}} \frac{\partial T_{\mathrm{p}}}{\partial t} = \frac{\lambda_{\mathrm{p}}}{r} \frac{\partial}{\partial r}\left(r\frac{\partial T_{\mathrm{p}}}{\partial r}\right) + j \cdot \frac{\lambda_{\mathrm{p}}}{r} \cdot \frac{\partial}{\partial \theta}\left(\frac{1}{r}\frac{\partial T_{\mathrm{p}}}{\partial \theta}\right) \quad (j=0,1) \tag{10-11}$$

(3) 土壤区域的能量平衡方程

土壤冻结区:

$$(\rho c)_{\mathrm{fr}} \frac{\partial T_{\mathrm{fr}}}{\partial t} = \frac{\lambda_{\mathrm{fr}}}{r} \frac{\partial}{\partial r}\left(r\frac{\partial T_{\mathrm{fr}}}{\partial r}\right) + j \cdot \frac{\lambda_{\mathrm{fr}}}{r} \cdot \frac{\partial}{\partial \theta}\left(\frac{1}{r}\frac{\partial T_{\mathrm{fr}}}{\partial \theta}\right) \quad (j=0,1) \tag{10-12}$$

土壤未冻结区:

$$(\rho c)_{\mathrm{ufr}} \frac{\partial T_{\mathrm{ufr}}}{\partial t} = \frac{\lambda_{\mathrm{fur}}}{r} \frac{\partial}{\partial r}\left(r\frac{\partial T_{\mathrm{ufr}}}{\partial r}\right) + j \cdot \frac{\lambda_{\mathrm{ufr}}}{r} \cdot \frac{\partial}{\partial \theta}\left(\frac{1}{r}\frac{\partial T_{\mathrm{ufr}}}{\partial \theta}\right) \quad (j=0,1) \tag{10-13}$$

在土壤两相的模糊区,由于土壤冻融相变过程的发生,土壤处于部分冻融状态。定义无因次量——固相率 f_s 为土壤冻融相变模糊区中冻土所占的质量成分,$f_s(T)$ 的计算见公式 (9-1)。

在土壤模糊区中,将土壤的相变潜热项处理成内热源,即:

$$q_{\mathrm{v}} = \rho_{\mathrm{d}} \cdot W \cdot H \cdot \frac{\partial f_s}{\partial t} \tag{10-14}$$

因此,土壤两相模糊区的能量平衡方程为:

$$(\rho c)_{\mathrm{m}} \frac{\partial T_{\mathrm{m}}}{\partial t} = \frac{1}{r}\frac{\partial}{\partial r}\left(r\lambda_{\mathrm{m}}\frac{\partial T_{\mathrm{m}}}{\partial r}\right) + j \cdot \frac{1}{r}\frac{\partial}{\partial \theta}\left(\frac{\lambda_{\mathrm{m}}}{r}\frac{\partial T_{\mathrm{m}}}{\partial \theta}\right) + \rho_{\mathrm{d}} \cdot W \cdot H \cdot \frac{\partial f_s}{\partial t} \quad (j=0,1) \tag{10-15}$$

综合式 (10-12)、(10-13) 及式 (10-15) 可得整个土壤区域的能量平衡方程为:

$$(\rho c)_s \frac{\partial T_s}{\partial t} = \frac{1}{r}\frac{\partial}{\partial r}\left(r\lambda_s \frac{\partial T_s}{\partial r}\right) + j \cdot \frac{1}{r}\frac{\partial}{\partial \theta}\left(\frac{\lambda_s}{r}\frac{\partial T_s}{\partial \theta}\right) + \rho_d \cdot W \cdot H \cdot \frac{\partial f_s}{\partial t} \tag{10-16}$$

$$(j=0,1, s=\mathrm{fr,m,ufr})$$

在上述各式中,$j=0$ 表示管束的内层盘管,$j=1$ 表示管束的外层盘管。在土壤的非相变区 (土壤完全冻结区及未冻结区),$\frac{\partial f_s}{\partial t}=0$。

(4) 初始条件

$$T_{\mathrm{f}}(t) = T_{\mathrm{p}}(r,\theta,t) = T_s(r,\theta,t) = T_0, (t=0) \tag{10-17}$$

(5) 边界条件

管内流体与盘管内壁的边界条件:

$$\alpha(T_{\mathrm{f}} - T_{\mathrm{p}})\bigg|_{r=r_{\mathrm{ei}}} = -\lambda_{\mathrm{p}}\frac{\partial T_{\mathrm{p}}}{\partial r}\bigg|_{r=r_{\mathrm{ei}}} \tag{10-18}$$

盘管外壁与土壤界面的边界条件:

$$\lambda_{\mathrm{p}}\frac{\partial T_{\mathrm{p}}}{\partial r}\bigg|_{r=r_{\mathrm{eo}}} = \lambda_s \frac{\partial T_s}{\partial r}\bigg|_{r=r_{\mathrm{eo}}} \tag{10-19}$$

$$T_{\mathrm{p}}\bigg|_{r=r_{\mathrm{eo}}} = T_s\bigg|_{r=r_{\mathrm{eo}}} \tag{10-20}$$

外边界条件：

当 $j=0$ 时：

$$\left.\frac{\partial T_s(r,t)}{\partial r}\right|_{r=r_p} = 0 \tag{10-21}$$

当 $j=1$ 时：

$$T_s(r,\theta,t) = T_0, \text{B.C.4 边界} \tag{10-22}$$

$$\left.\frac{\partial T_s(r,\theta,t)}{\partial r}\right|_{r=r_p} = \left.\frac{\partial T_s(r,\theta,t)}{\partial \theta}\right|_{r=r_p} = 0, \text{B.C.2 边界} \theta \in [-\pi,0] \tag{10-23}$$

$$\frac{\partial T_s(r,\theta,t)}{\partial r} = \frac{\partial T_s(r,\theta,t)}{\partial \theta} = 0, \text{B.C.1, B.C.3 边界} \tag{10-24}$$

边界设置如图 10-9 所示。

(6) 流体的入口水温

$$T_f(x=0,t) = T_{\text{finlet}}(t) \tag{10-25}$$

式中 W——土壤的干基质量含湿量，kg/kg；

      H——水的凝结潜热，J/kg，$H=334560$ J/kg；

      T_0——土壤的初始温度，℃；

      T_s——各相土壤的温度，℃；

      T_{finlet}——盘管的入口水温，℃；

      T_p——盘管壁的温度，℃；

      ρ_d——土壤的干密度，kg/m³；

      λ_s, c_s——土壤的导热系数，W/(m·℃) 及比热容，J/(kg·℃)，按式 (9-8)、(9-9) 计算[11]。

10.5.2 系统停止运行时的数学模型

当系统蓄冷、释冷运行停止时，管内流体处于静止状态，流体与管壁间以导热的形式进行传热，此时管内流体的能量平衡方程为：

$$\frac{\partial T_f}{\partial t} = \frac{2\lambda_p}{(\rho c)_f r_{ei}} \left.\frac{\partial T_p}{\partial r}\right|_{r=r_{ei}} \tag{10-26}$$

式 (10-26) 与式 (10-11)～式 (10-13)、式 (10-15) 及边界条件 (10-18)～(10-23) 一起构成了土壤蓄冷、释冷系统停止运行时的数学模型。

10.6 求解相变问题的固相增量法模型

集成系统中，由于土壤的蓄冷、释冷作用，盘管周围的土壤发生周期性冻融相变，伴随相变过程的发生，土壤的热物性随之发生变化。由于土壤水的相变潜热很大，相变时要求其在很小的温度范围内爆发性地释放或吸收，导致迭代计算时出现强烈的振荡，不易收敛而使计算发生困难。同时由于土壤冻融过程中三相区域的存在，使得在求解区域中存在两个随时间移动的相界面。移动界面的出现也给问题的精确求解带来了诸多不便。对于这类伴有相变的热传导问题除极少数简单情况能得到分析解外，通常只能用近似方法或数值方法求解。

目前对具有相变的导热问题的数值求解方法主要有以下几种：

(1) 直接对控制方程及边界条件离散求解，如固定步长法、变时间步长法等。固定步长法是指在整个迭代计算过程中，求解区域的空间步长及时间步长均保持不变，在这种情况下，相变界面 $S_i(t)$ ($i=1, 2$) 的位置一般不会正好落在空间网格的节点上，因此在建立离散化方程时，须对界面附近的节点进行插值处理。为使界面附近节点的离散化方程和内部节点的离散化方程具有相同的形式和精度，采用变时间步长法[12]，即采用固定的空间步长和可变的时间步长，在计算过程中通过迭代的方式来确定时间步长，一个时间步长的大小正好使相变界面移动一个固定的空间步长。

(2) 将移动区域问题化为固定区域问题求解，如热面移动法、坐标变换法。热面移动法是将土壤冻结或融化过程中土壤水潜热的释放或吸收看成是相变界面处的一个移动的平面热源，把瞬态的相变问题在形式上考虑为具有移动平面热源的瞬态导热问题[13]。自变量变换法是用自变量变换将移动区域 $(0, S(t))$ 转化为固定区域 $(0, 1)$ 来处理，这样移动的相变界面变为不动的边界，但控制方程复杂化。

(3) 将分区求解的导热问题化成整个区域上的非线性导热问题求解，如焓法[14,15]、显热容法等[16]。焓法模型中是采用焓和温度一起作为求解变量，在整个区域建立一个统一的能量方程，利用数值方法求出焓分布，然后根据焓值确定相界面的位置。显热容法是把物质的相变潜热看成是在一个小的温度范围内有一个很大的显热容，这样将分区描述的控制方程及界面守恒条件转化成整个区域上适用的单一非线性导热方程，计算区域上的温度场分布，即可确定相界面的位置。

固相增量法模型是近年来冶金领域在计算铸件冷却凝固过程中提出的处理相变潜热的模型方法[17]。该模型定义了一个无因次量——固相率 f_s（如图 9-1 所示），固相率的增加（或减小）与相变潜热的释放（或吸收）量成正比。

在土壤发生相变的温度范围 $T \in [T_{ms}, T_{ml}]$ 内，土壤温度变化 ΔT，单位质量土壤的焓增量等于土壤水的凝结潜热增量与土壤显热增量之和。即：

$$\Delta h = \Delta q + c_i \Delta T \tag{10-27}$$

而在土壤相变温度范围内，单位质量土壤所具有的相变潜热为：

$$q = WH[1 - f_s(T)] \tag{10-28}$$

因此单位质量土壤中 ΔS（％）质量的土壤发生相变后土壤所释放或吸收的潜热为：

$$\Delta q = -WH\Delta f_s(T) = -WH\Delta S \tag{10-29}$$

式中 $\Delta S = \Delta f_s(T)$ 即为固相增量[18]。文献［19］首次将固相增量法引入到土壤冻融相变过程的数值求解中，在 Matlab 语言环境中，编制计算程序，运用固相增量法模型对土壤蓄冷、释冷系统周期性的土壤冻融过程进行了数值求解。

10.7 土壤蓄冷与释冷过程实验研究

对于集成系统，为探索其在夏季空调工况下以土壤作为冷量贮存介质的蓄冷、释冷运行特性，利用现有的实验条件建立模拟土壤蓄冷、释冷过程的砂箱实验台，以验证本文对土壤蓄冷、释冷过程所建数理模型的可行性、可靠性与准确性[20]。

10.7.1 实验台简介

实验的目的只是在于验证土壤蓄冷、释冷模型的正确性，而不是进行土壤蓄冷、释冷系统运行特性的实验研究,因此在实验室现有直埋管砂箱实验台的基础上加以改造、更新,利用哈尔滨冬季室外天然的低温环境作为土壤蓄冷系统的自然冷源,免除了低温冷水机组。在此基础上,添加一定的电加热设备、温度测量装置及其他辅助设施,即可完成满足研究要求的实验台。

图10-13为所搭建实验台的系统图。图中各设备的尺寸与规格如表10-1所示。该实验系统主要由室外自然冷源部分、温度调节控制装置、砂箱蓄冷系统及温度测试装置等几部分组成。

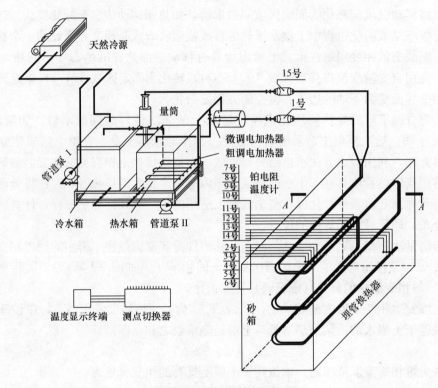

图 10-13 砂箱实验台系统图

设备尺寸与规格　　　　　　　　　　　　　表 10-1

设备名称	尺寸与规格	设备名称	尺寸与规格
风机盘管	风量 780m³/h,功率 65W	微调电加热器	500W×1
管道泵	流量 0.6m³/h,扬程 6m	砂箱	2500mm×1250mm×1800mm
水箱	650mm×650mm×650mm	埋管	PE,$D_i×\delta=12mm×2mm$
粗调电加热器	1000W×2,500W×1	铂电阻温度计	Pt100,精度 0.1℃

（1）自然冷源

该实验台利用哈尔滨冬季的天然冷源,在室外设置一个风机盘管,室内设置冷水箱构成实验台的冷源。

（2）调温装置

在系统蓄冷运行时,管道泵Ⅱ只从冷水箱抽水,此时冷水箱中乙二醇水溶液的温度通过控制管道泵Ⅰ或风机盘管风机的开启予以维持与控制。在设计工况下,土壤蓄冷系统的蓄冷入口温度为−5℃，因此，考虑到管路及管道泵Ⅱ的温升，要求水箱温度维持在−6～−5.5℃左右，而后再通过微调电加热器控制盘管的入口温度在−5℃左右，低温冷水通过盘管与砂箱中潮湿的砂土换热蓄冷后回至冷水箱中。在释冷运行时，系统设计工况的释冷入口水温为12℃。为便于温度的控制调节，在热水箱中设置了3组电加热器，用于调节与控制水箱的温度，加热器功率分别为1000W两组、500W一组，其中1000W一组可调。运行时通过控制和调节热水箱中的3组电加热器，使热水箱的水温维持在11～11.5℃左右，然后再通过调节微调电加热器的输入电压以精确调节盘管的入口水温。在水箱温度超过可控温度范围时，将盘管的部分出水回至低温的冷水箱中，使冷水箱的低温水通过溢流管自然流入热水箱，与热水箱的热水混合，从而达到控制热水箱水温的目的（冷、热水箱间设有双向溢流管）。

(3) 砂箱埋管系统

为模拟土壤蓄冷、释冷系统的运行过程，在图10-14所示的砂箱（尺寸为2500mm×1250mm×1800mm）中水平横向铺设埋管，埋管间距为0.5m。根据现有砂箱尺寸，盘管在砂箱中的铺设方式为：盘管在砂箱中绕向铺设，沿高度方向绕行3层，而在宽度方向并行2列，绕行盘管的总长度为32.90m。为减小相邻绕行盘管段

图10-14 砂箱实物图

之间的热干扰影响及保持各段埋管的外边界为圆形界面，在各横向埋管段设置三个直径为500mm的钢圈，将盘管固定于钢圈的中心处（盘管参数如表10-2所示），并用50mm厚苯板沿钢圈的外缘围成直径为500mm的保温圆筒，砂土填充于保温圆筒之中。利用实验室现有的黄砂材料作为系统的蓄冷介质，由于砂土的物性参数受其含湿量的影响较大，实验中为增强砂土的导热及蓄冷性能，在埋设盘管时对填充的砂土进行了人工加湿处理，因此为了避免系统在蓄冷、释冷运行时砂土中水分由于重力及蒸发等因素造成的散失，在各层埋管保温层外侧用塑料布包裹。在对黄砂经过人工加湿处理后，经实验测试，其物性参数如表10-2所示。为减小通过砂箱外表面由于温差传热所造成的冷量损失，在砂箱的外侧用苯板进行保温，保温层厚度为90mm。

黄砂及盘管的物性参数 表10-2

项目	单位	数值	项目	单位	数值
干密度	kg/m³	1535	导热系数	W/(m·℃)	1.19
干基含湿量	%	8.61	比热容	J/(kg·℃)	900
盘管内/外径	mm	12/16	管壁厚	mm	2
管腿间距	mm	32	管材密度	kg/m³	953
管材导热系数	W/(m·℃)	0.517	管材比热	J/(kg·℃)	2302.7

(4) 测温装置

在土壤蓄冷、释冷过程中，为了测量埋管周围土壤的温度场分布及变化规律和运行时盘管的进出口水温，需在盘管的进出口位置及埋管周围的砂土中设置温度测量装置。由于

在土壤的周期交替蓄冷、释冷运行过程中，埋管周围大部分区域的土壤温度都在 0℃ 上下附近区域波动，若采用常规的铜-康铜热电偶温度计，由于在 0℃ 左右时热电偶的输出电信号小，且复现性较差，易造成较大的测量误差。因此，为减小温度测量误差，埋设于砂土中的测温元件采用复现性较好的 Pt100 铂电阻温度计，精度为 0.1℃。同时为减小连接导线电阻随温度的变化对测量精度的影响及所选用温度显示终端的接线要求，Pt100 铂电阻温度计采用三线制接法。在布置温度测点时，在砂箱的上、中、下三层埋管中各选择一个断面，测点由 U 形管中心线开始沿径向每隔 50mm 距离等间距布置，在整个砂箱中共布置了 13 个温度测点，测点布置如图 10-15 所示。为测量盘管的进出口水温，在盘管的进出口位置分别安装玻璃水银温度计，位置如图 10-14 中的 1 号及 15 号测点，所采用的温度计最小分度为 0.1℃，量程为 −30～20℃。安装时，将温度计置于充满导热油的薄壁铜质套管中，并使套管中温度计的感温包位置处于管道的中心线处；同时为减小套管外露部分对温度测量的影响，需对套管的外露部分作保温绝热处理。

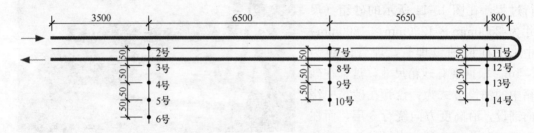

图 10-15　温度测点布置图

10.7.2　模拟与实验条件的实现与简化

为了使实验和模拟计算的结果具有可比性，在模拟计算之前需对实验台状况作一些近似简化处理：

(1) 忽略各段盘管间的热短路干扰，认为相邻盘管段间的界面为绝热界面；

(2) 忽略砂土中热湿迁移耦合作用的影响；

(3) 由于砂土的含湿量不大（$W=8.6\%$），因此认为其在冻结与未冻结状态下的物性参数相同，为常数；

(4) 考虑砂箱外表面边界温差传热的影响，将砂箱外表面的传热热阻等效至埋管区域砂土的最外层表面处。

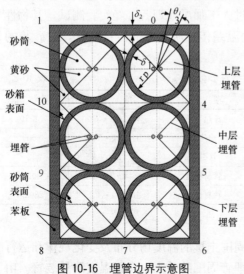

图 10-16　埋管边界示意图

为考虑砂箱外表面温差传热对系统蓄冷、释冷过程的影响，在模拟计算时，根据等热流法将砂筒外侧及砂箱外表面保温层的热阻等效地附加在各盘管段周围砂土的最外层直径为 0.5m 的圆形砂层表面上，即在砂筒的外侧附加一等效的当量热阻。由于砂箱中各段埋管铺设的对称性，在计算该附加的当量热阻时，在图 10-13 的砂箱 A-A 剖面图 10-16 所示圆周角为 $\pi/4$ 的 0～3 段边界区域为例，计算时将该段边界按圆周角无限细分，划分后的第 i 段单元边界对应圆周角为 θ_i，并假设各单元的外边界为圆弧形边界。

因此，砂筒外侧第 i 单元段边界的传热热阻为：

$$R_i = \frac{\ln\left(\frac{r_p+\delta_1}{r_p}\right)}{\theta_i\lambda_b} + \frac{\ln\left(\frac{1}{\cos(\sum_{j=1}^{i}\theta_j)}\right)}{\theta_i\lambda_s} + \frac{\ln\left(\frac{r_p+\delta_1+\delta_2}{r_p+\delta_1}\right)}{\theta_i\lambda_b} + \frac{1}{\alpha_b(r_p+\delta_1+\delta_2)\theta_i} \tag{10-30}$$

由此，在砂筒表面与室外环境传热温差为 ΔT 下通过第 i 单元段边界的热流为：

$$q_i = \frac{\Delta T}{R_i} \tag{10-31}$$

而通过 0～3 段边界的总热流为：

$$Q = \sum_{i=1}^{n} q_i = \sum_{i=1}^{n} \frac{\theta_i \cdot \Delta T}{\frac{\ln\left(\frac{r_p+\delta_1}{r_p}\right)}{\lambda_b} + \frac{\ln\left(\frac{1}{\cos(\sum_{j=1}^{i}\theta_j)}\right)}{\lambda_s} + \frac{\ln\left(\frac{r_p+\delta_1+\delta_2}{r_p+\delta_1}\right)}{\lambda_b} + \frac{1}{\alpha_b(r_p+\delta_1+\delta_2)}} \tag{10-32}$$

因此，附加在对应 0～3 段边界砂筒外表面的当量热阻为：

$$R_e = \frac{\pi r_p \cdot \Delta T}{2Q} = \frac{\pi r_p}{\sum_{i=1}^{n} \dfrac{2\theta_i}{\dfrac{\ln\left(\frac{r_p+\delta_1}{r_p}\right)}{\lambda_b} - \dfrac{\ln[\cos(\sum_{j=1}^{i}\theta_j)]}{\lambda_s} + \dfrac{\ln\left(\frac{r_p+\delta_1+\delta_2}{r_p+\delta_1}\right)}{\lambda_b} + \dfrac{1}{\alpha_b(r_p+\delta_1+\delta_2)}}} \tag{10-33}$$

式中　λ_b，λ_s——分别为苯板与黄砂的导热系数，W/(m·℃)；
　　　α_b——砂箱外表面对流换热系数，W/(m²·℃)；
　　　δ_1，δ_2——砂筒外表面及砂箱外表面的保温层厚度，m。

根据上述当量热阻的处理方法，可对图 10-16 中对应砂箱外表面的 1～10 各段外边界求得等效的当量热阻，通过在各段埋管周围蓄冷砂土的最外层直径为 500mm 的圆形边界上附加该等效的当量热阻，将砂箱内各段埋管拉直简化为如图 10-17 所示的计算模型，实际砂箱的各段外表面对应热阻在等效附加后位置关系如图所示。

10.7.3　模拟与实验验证

为验证所建立的土壤蓄冷、释冷运行过程数学模型的正确性，在前述所建立的实验台上进行了实验研究。实验从 2003 年 12 月 1 日开始，但因室外温度变化无常，时冷时暖，在室外气温较高时，风机盘管的出水温度达不到系统蓄冷所需的温度要求，迫使实验过程中断。在整个实验过程中，实验共中断了两次，其中两段实验数据可取。在这两个实验时间段中，连续运行时间最长的一次是 2003 年 12 月 12 日到 2003 年 12 月 21 日，运行时间为 9d；而另一次则是 2003 年 12 月 25 日到 2003 年 12 月 28 日，运行时间为 3d。在整个实验测试过程中，各测点的数据逐时人工记录。

在这两个实验时间段中，第一个实验阶段主要是验证系统在夏季空调工况下土壤的正

第10章 土壤蓄冷与土壤耦合热泵集成系统

常蓄冷、释冷运行工况；而第二实验阶段则是验证空调的过渡季在系统正常蓄冷、释冷运行即将结束之前，为了减小冷量损失而采取只释冷而不蓄冷时的运行工况。以下将对这两个实验时间段的情况分别进行模拟与实验的比较与分析。

（1）第一实验阶段——空调蓄冷、释冷运行工况的验证

在第一实验阶段模拟夏季空调蓄冷运行工况时，实验的运行模式为：前期对砂箱进行2d48h的预蓄冷，运行时间为2003年12月12日21:00至2003年12月14日21:00；而后为2003年12月14日21:00开始的为期7d的以日为周期的12h蓄冷、8h释冷、4h停机的正常蓄冷、释冷运行。由于室外天气变暖，系统运行至2003年12月21日21:00中断。在该实验运行时间段，系统预蓄冷运行阶段的平均流量为0.0872 L/s，对应管内流速为0.77m/s；正常蓄冷阶段的平均流量为0.0865 L/s，释冷平均流量为0.1078 L/s，对应管内流速分别为0.76m/s和0.95m/s。砂箱中各层砂土的平均初始温度分别为：上层10.0℃，中层9.4℃，下层10.8℃。

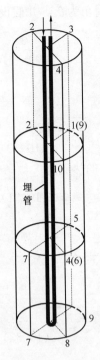

图 10-17 边界简化处理后的埋管模型

1）预蓄冷阶段模拟与实验验证

在实验过程中由于室外空气温度波动较大，室外风机盘管制备的低温冷水的温度很难达到实验设计工况的要求，因此，在实际测试时，盘管的蓄冷入口温度根据实际情况实时记录，而不加以调节。

在该实验运行阶段，盘管的逐时出水温度及其进出口温差的实测值与模拟值的比较结果如图10-18所示。由图可见，在前期两天的预蓄冷运行阶段，盘管出水温度的实测值与模拟值吻合较好，只是在个别时段偏差较大，如系统运行的初始时刻。而在系统的整个运行时段，实测值与模拟值的平均偏差为0.1℃左右。

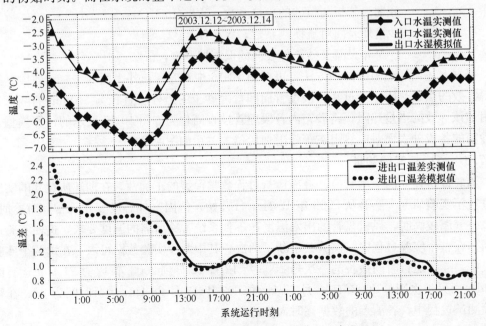

图 10-18 预蓄冷阶段盘管的逐时进出口水温

在此运行期间,盘管的进出口温差随入口水温的降低而增大,但从整个运行时间来看,盘管的出水温度随系统预蓄冷时间的延长而呈现出整体降低的趋势。并且盘管出水温度与入口水温之间的变化趋势表现出较好的一致性。

图 10-19 为系统预蓄冷实验运行阶段盘管逐时蓄冷量的实测与模拟结果的比较图。由图可知,在系统运行的大部分时刻,蓄冷量的测试值均高于模拟值,但其整体误差基本上都能控制在 10% 左右的范围内。只是在系统运行的初始时刻,实测与模拟计算的误差较大,如在预蓄冷第 1h,误差高达 22.4%。这是因为在系统蓄冷的初始时刻,砂箱中砂土的初始温度较高,砂土的蓄冷能力大,使得盘管的进出口水温差较大;同时由于系统的冷源为室外自然冷源,导致在该运行时刻冷水箱中水温波动较大,也即盘管的入口水温出现了较大的波动。但在实际的实验测试过程中,只是记录了盘管在该时间步长终了时刻的进出口水温,而该水温只是一个瞬时的入口水温,并不代表该时间步长盘管的平均入口温度,因此导致了测试与模拟结果误差的出现。由此可知,要减小测试误差,则要求盘管的入口水温保持相对恒定或使实验数据记录的时间间隔减小,以使所记录的实验数据能代表该时刻的平均值。

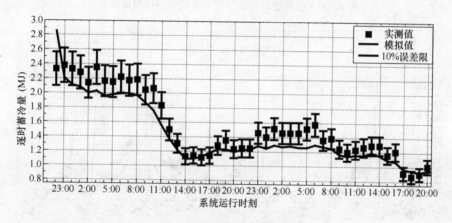

图 10-19 预蓄冷阶段盘管的逐时蓄冷量

2) 正常运行阶段模拟与实验验证。在系统的正常蓄冷、释冷运行阶段,系统的运行模式为每天 12h 蓄冷、8h 释冷、4h 停机的周期运行。由于室外气温变化的影响,对系统正常蓄冷、释冷运行阶段进行了为期 7d 的连续实验测试记录。在该运行阶段,盘管的逐时出水温度及逐时蓄冷、释冷量的实测与模拟结果如图 10-20、10-21 所示。

由图可见,盘管的逐时出水温度与盘管入口水温之间具有相同的变化规律。在系统运行的绝大多数时间内,盘管出口水温及逐时蓄冷、释冷量的实测值与模拟值吻合较好,模拟结果与实测结果在数值分布上表现出相对较好的一致性,只是在系统释冷运行的初始时刻产生了较大的偏差。在系统的整个蓄冷运行阶段,盘管逐时蓄冷量的模拟值与实测值间的相对误差最大值为 19.32%,最小值为 1.52%,平均值为 8.1%;而在释冷运行阶段,模拟值与实测值间的最大相对误差为 27.25%,最小值为 0.37%,平均相对误差为 4.68%。由此可见,模拟值与实测值除在少数点误差较大外,在绝大多数点其模拟结果是准确可信的。

由以上对系统在第一阶段为期 9d 的蓄冷、释冷运行测试结果的比较分析可知,在该实验台及其简化条件的基础上,实验测试结果与模拟结果吻合较好。因此,由实验测试结

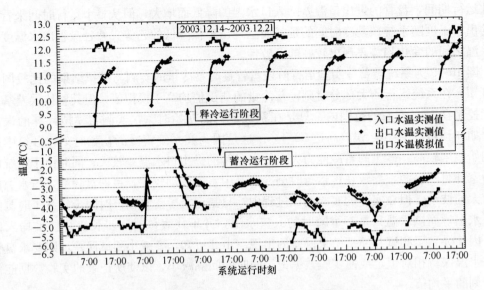

图 10-20　盘管逐时出水温度的实测值与模拟值比较

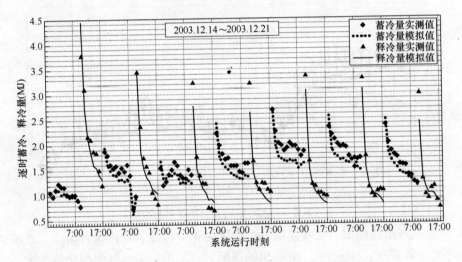

图 10-21　盘管逐时蓄冷、释冷量的实测值与模拟值比较

果证明，对集成系统的蓄冷、释冷过程所建立的数学模型是可行和可靠的，模型的数值计算结果在一定的误差范围内是正确可信的。

(2) 第二实验阶段——空调过渡季运行工况的验证

在空调过渡季节，建筑物的空调冷负荷已明显减小，此时对于空调冷媒的定流量系统，可以提高冷媒的供水温度以维持冷源侧与负荷侧的冷量平衡。为此，该实验阶段主要是验证系统在空调过渡季节土壤蓄冷、释冷工况即将结束之前，在提高释冷入口水温的情况下，连续释冷运行的特性。

在该实验阶段，系统的运行模式为：前期连续蓄冷 46h，而后分阶段逐步提高释冷入口水温连续释冷 27h。砂箱中砂土的初始温度分别为：上层 10.9℃，中层 10.6℃，下层 11.8℃。蓄冷运行时管内流体流量为 0.146 L/s，释冷运行时管内流体流量为 0.132 L/s。

在此实验工况下，盘管的逐时蓄冷、释冷出水温度如图 10-22 所示。由图可知，在系

10.7 土壤蓄冷与释冷过程实验研究

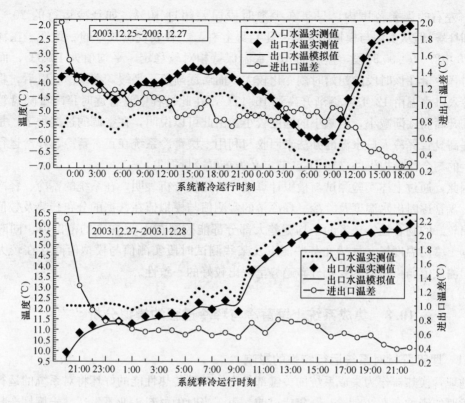

图 10-22 盘管逐时出水温度的实测值与模拟值比较

统蓄冷、释冷运行时，盘管逐时出水温度的模拟值与实测值吻合得较好。在蓄冷运行阶段，出水温度的实测值与模拟值最大偏差为 0.22℃；而在释冷运行阶段，其最大偏差为 0.26℃。在整个实验运行期间，模拟与实测结果偏差的绝对平均值也仅为 0.1℃。同时由图可见，蓄冷运行时，盘管进出口温差随入口水温的升高而逐渐减小；而在释冷运行阶段，虽然盘管的释冷入口水温在大幅度升高，但盘管进出口温差减小的幅度却很小。

图 10-23 为在该实验阶段盘管逐时蓄冷、释冷量的实测与模拟结果的比较关系曲线图。由图可知，盘管逐时蓄冷、释冷量的实测值与模拟值间的偏差在大部分时段都能控制

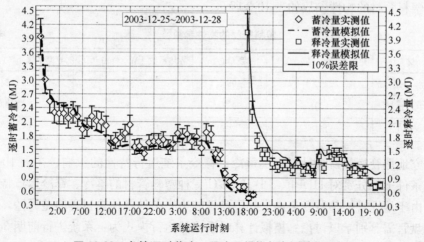

图 10-23 盘管逐时蓄冷、释冷量模拟与实测结果比较

在 10%左右的误差范围内,只是在少数时段误差超过 10%,如释冷运行的 20∶00～1∶00时段。但从实测与模拟结果的变化趋势上看,二者表现出较好的一致性。在释冷运行的 20∶00～9∶00时段,盘管的入口水温保持相对较稳定,平均值为 12.3℃,而盘管的逐时释冷量在该时段的初始时刻变化较大,而后逐渐趋于平缓。在 9∶00 以后,将盘管的释冷入口水温由 12.43℃逐渐升高到 16.45℃,在此过程中盘管逐时释冷量随盘管入口水温的升高而逐渐减小,但减小的幅度较小。由此可以说明,在空调的过渡季节,是可以通过提高盘管释冷入口水温的办法来回收与利用土壤蓄冷系统在正常蓄冷、释冷运行阶段所产生的剩余冷量损失的(在 10.9 节定义为垫层冷量损失)。

因此,通过上述实验测试与模拟计算结果的比较分析表明,在系统的蓄冷、释冷运行阶段,盘管逐时出水温度及蓄冷、释冷量的实测值与模拟值在数据的分布趋势及数值上均表现出较好的吻合性,二者的平均偏差大部分都能控制在 10%左右的范围内。同时对盘管周围土壤的温度场,虽然在某些测点及某些测试时段实测值与模拟值间存在较大的误差,但测试值与模拟值的变化分布趋势呈现出较好的一致性。

10.8 集成系统土壤蓄冷与释冷过程的模拟分析[21~23]

10.8.1 埋管管材对系统运行特性的影响

地埋管换热器作为集成系统的关键部件之一,其传热性能的好坏将对系统的运行特性产生重要的影响。在 20 世纪 50 年代以前,由于当时的材料工业不发达,土壤耦合热泵系统的地埋管换热器普遍采用金属管材。虽然金属管材的导热性能好、强度高,但其抗腐蚀能力差、寿命短、造价高。随着材料科学的发展,20 世纪 70 年代以后,金属材质埋管逐渐被塑料管材所代替[24]。虽然塑料管材的导热性能不如金属管材,但由于塑料管材的热阻与土壤的热阻比较匹配,因此金属管材与塑料管在传热性能上的差异对地埋管换热器的整体换热状况影响不是很大。采用塑料管材,极大地提高了埋管的抗腐蚀性能,延长了地埋管换热器的使用寿命,同时也降低了地埋管换热器的工程造价。在土壤耦合热泵系统中,常采用的塑料管材有聚乙烯管材(PE)、聚丁烯管材(PB)及聚氯乙烯管材(PVC)等,各种塑料管材的物性参数如表 10-3 所示。

塑料管材的物性参数[25,26]　　　　　表 10-3

管　材	热容量[J/(kg·℃)]	密度(kg/m³)	导热系数[W/(m·℃)]	导温系数[×10⁷(m²/s)]
高密度聚乙烯(HDPE)	2292.4	965	0.517	2.34
聚丁烯(PB)	2091	937	0.383	1.95
聚氯乙烯(PVC)	1510	1230	0.19	1.02

为研究地埋管换热器管材对土壤蓄冷、释冷系统运行特性的影响,在表 10-4 所示的模拟计算条件下,分别对 HDPE、PB 及 PVC 三种塑料管材的蓄冷、释冷运行特性进行模拟研究。由于地埋管换热器管束内、外层盘管的边界条件及传热过程的差异性,因此,对内、外层盘管需分别予以讨论。模拟计算时系统的运行模式为:系统进行前期3d 预蓄冷,而后进行 8h 释冷、10h 蓄冷、6h 停机的以日为周期的正常蓄冷、释冷运行。

10.8 集成系统土壤蓄冷与释冷过程的模拟分析

不同管材下的模拟计算条件　　　　　　　表 10-4

盘管内径/外径（mm）	10/15	管脚间距（mm）	30	蓄冷/释冷入口水温（℃）	-5/12
埋管间距（m）	0.50	土壤类型	砂砾	含湿量（%）	18
盘管埋深（m）	50	土壤初始温度（℃）	12	管内流体雷诺数	2400

图 10-24、图 10-25 分别为系统在前期 3d 预蓄冷、30d 正常运行期间，管束内、外层盘管的日蓄冷、释冷量与埋管管材的关系图。由图可知，在系统的前期预蓄冷阶段，系统的日蓄冷量随蓄冷时间的延长急剧减小。如对内层盘管，当管材为 HDPE 时，其日蓄冷量由第 1 天的 181.10MJ 减小到第 3 天的 94.98MJ，减幅为 47.6%；对 PB 管材则由 171.22MJ 减小到 89.36MJ，减幅为 47.8%；而对 PVC 管材，日蓄冷量由 142.54MJ 减小到 73.58MJ，减幅则为 48.4%。虽然对于 3 种不同的塑料管材其日蓄冷量的变化率相当，但由于各管材导热性能的不同，对地埋管换热器的传热能力带来了一定的影响。HDPE 管材的导热系数为 PB 管材的 1.35 倍，是 PVC 管材的 2.72 倍。以 HDPE 管材的换热量为基准，在预蓄冷阶段，采用 PB 管材时，对于内、外层盘管，其日平均蓄冷量分别降低了 5.45% 和 4.30%；而采用 PVC 管材时其日平均蓄冷量却分别降低了 20.73% 和 17.88%。由此可看出，采用 PVC 塑料管造成了埋管管壁热阻与土壤热阻的不合理匹配，增大了地埋管换热器的传热热阻。因此，选择合适的塑料管材，使之与埋管区域的土壤合理地匹配，对地埋管换热器的传热性能将会产生较大的影响。

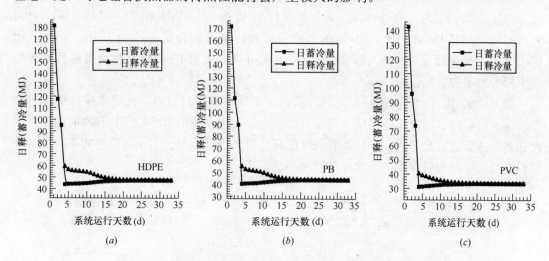

图 10-24 埋管管材对单根内层盘管日蓄冷、释冷量的影响

另一方面，由于不同塑料管材导热性能的差异，造成系统达到稳定运行状态所需的时间也各不相同。在系统周期运行状况下，对内层盘管，当地埋管换热器的日总蓄冷量与释冷量达到相等或近似相等，并且各天对应时刻盘管周围土壤温度场及盘管出水温度不发生较大的变化时，我们认为系统达到稳定运行状态。而对外层盘管，当各天对应时刻盘管的出水温度及盘管周围土壤温度场不发生较大的变化时，认为系统运行达到稳定状态。由图 10-24、图 10-25 可知，对于 3 种不同的塑料管材，内层盘管达到稳定运行状态的时间分别为：HDPE 管为 22d，PB 管为 21d，PVC 管为 20d；外层盘管达到稳定运行的时间分别为：HDPE 管为 9d，PB 管为 8d，而 PVC 管为 7d。由此可见，导热性能较好的管材，使

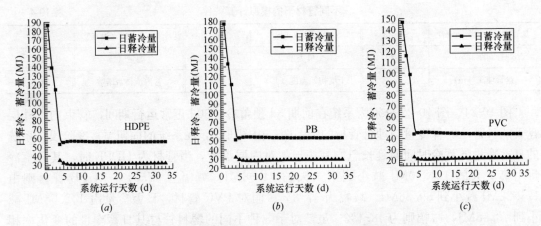

图 10-25 埋管管材对单根外层盘管日蓄冷、释冷量的影响

系统达到稳定运行状态所需的时间也较长；同时，在相同的管材条件下，外层盘管能在较短的时间内达到稳定运行状态，而内层盘管则需较长的时间才逐渐趋于稳定。

在系统达到稳定运行状态后，管束内层盘管的日平均蓄冷、释冷量分别为：HDPE 管为 47.16MJ，PB 管为 43.51MJ，PVC 管为 33.30MJ，与 HDPE 管相比，对应 PB、PVC 管材的日平均蓄冷、释冷量分别降低了 7.74% 和 29.39%。而对外层盘管，日平均蓄冷及释冷量分别为：HDPE 管为 55.29 MJ 和 31.30MJ，释冷率为 56.61%；PB 管为 52.38MJ 和 28.91MJ，释冷率为 55.19%；PVC 管为 43.85MJ 和 22.05MJ，释冷率为 50.29%。与 HDPE 管相比，PB 管的蓄冷量及释冷量分别降低了 5.26% 和 7.64%，而 PVC 管则分别降低了 20.69% 和 29.56%。由此可见，采用 PVC 管材将对换热器的传热产生较大的不利影响。

图 10-26、图 10-27 表示在稳定运行状态下不同塑料管材对内、外层盘管日平均单位埋管深度的蓄冷、释冷率的影响。在运行周期内，由于系统的蓄冷时间较释冷时间长，因此在系统达到稳定状态后，单位埋管深度的释冷量大于蓄冷量。对于导热性能不同的各种塑料管材，单位埋管深度的换热率随管材导热系数的增大而增大。

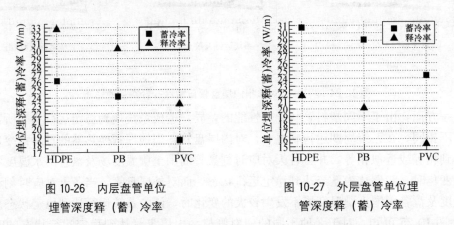

图 10-26 内层盘管单位埋管深度释（蓄）冷率

图 10-27 外层盘管单位埋管深度释（蓄）冷率

由此可见，导热性能较好的塑料管材有利于增强地埋管换热器与土壤的换热能力，提高单位埋管深度的换热率及降低系统释冷运行时的盘管逐时出水温度。因此，选择导热性

能较好的塑料管材，使其与土壤的传热能力合理地匹配，有利于提高土壤蓄冷、释冷系统的运行特性，从而充分发挥土壤的蓄能功效。

10.8.2 土壤状况对系统运行特性的影响

土壤是一个由固、液、气三相物质组成的复杂多相多孔介质体系，是集成系统贮存冷、热能量的介质。土壤的导热系数、容积热容量（或比热容）及导温系数是土壤的基本热物性参数。土壤的导热系数为单位温度梯度下在单位时间内通过单位面积土体的热量，它是表示土壤导热能力的指标；土壤的容积热容量为单位容积土壤温度改变1℃所需要的热量，它是表示土壤蓄能能力的重要指标；而导温系数为土壤中某一点在其相邻点温度变化时改变自身温度能力的指标，它是影响土壤温度场的变化速率及研究非稳态导热问题的基本指标。

1. 不同类型土壤对系统运行特性的影响

文中对亚黏土（$W=35\%$）、碎石亚黏土及砾砂3种不同土壤的蓄冷、释冷特性进行了研究。3种土壤的热物性参数见表10-5。

土壤的热物性参数[27]　　　　　　　　　　　　表10-5

土壤类型	干基含湿量 W (%)	干密度 ρ_d (kg/m³)	导热系数 $\lambda_{fr}/\lambda_{ufr}$ [W/(m·℃)]	比热容 c_{fr}/c_{ufr} [J/(kg·℃)]	导温系数 a_{fr}/a_{ufr} [×10⁷ (m²/s)]
亚黏土	35	1600	2.40/1.54	1693.7/2300.1	8.89/4.19
碎石亚黏土	17	1800	1.93/1.71	1170.9/1547.3	9.11/6.14
砾　砂	18	1800	3.05/2.18	1108.2/1547.3	15.31/7.83

对于各种不同的土壤，其模拟计算条件如表10-6所示，系统的运行模式为：前期3d预蓄冷，然后进行为期30d的8h释冷、10h蓄冷、6h停机的以日为周期的正常蓄冷、释冷运行。

不同土壤下的模拟计算条件　　　　　　　　　　表10-6

盘管内径/外径（mm）	15/20	管脚间距（mm）	30	蓄冷入口水温（℃）	-5
埋管间距（m）	0.50	盘管管材	HDPE	释冷入口水温（℃）	12
盘管埋深（m）	50	土壤初始温度（℃）	12	管内流体雷诺数 Re	2400

图10-28、10-29为地埋管换热器管束内层及外层单根盘管在前期3d预蓄冷、30d正常运行期间的日总蓄冷、释冷量变化曲线图。由图可见，对于管束的内、外层盘管，3种物性参数不同的土壤对其传热性能的影响是各有差异的。

由表10-5，在冻结和未冻结状态下，碎石亚黏土的导热系数为亚黏土的0.80倍和1.11倍，砂砾的导热系数为亚黏土的1.27倍和1.42倍。在系统达到稳定运行状态后，对于管束的内层盘管，相对亚黏土而言，当土壤为碎石亚黏土时，盘管的换热量降低了2.5%；当为砂砾土壤时，盘管的换热量增加了2.6%。而对于管束的外层盘管，同样相对于亚黏土，当土壤为碎石亚黏土时，盘管的蓄冷量及释冷量分别提高了3.2%和1.0%；对于砂砾，盘管的蓄冷量及释冷量分别增加了15.1%和7.2%。由此可见，相同的土壤对管束内、外层盘管换热能力的影响是不同的。造成这种现象的原因在于：

（1）对于内层盘管，由于其外边界为绝热边界，没有冷量传递损失，在土壤蓄冷、释

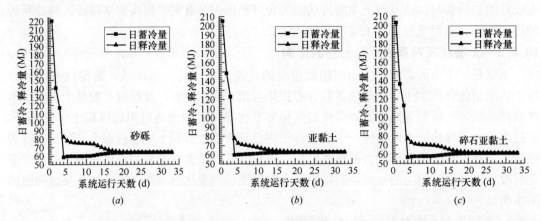

图 10-28　不同土壤条件下内层单根盘管的日蓄冷、释冷量

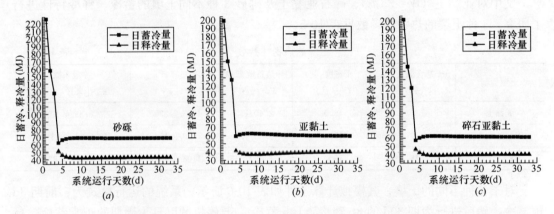

图 10-29　不同土壤条件下外层单根盘管日蓄冷、释冷量

冷过程中，土壤中存在一定区域的相变过程，此时土壤的含湿量及冻结状态下土壤的导热性能对盘管换热能力的影响较大。因此出现低含湿量的碎石亚黏土虽然在未冻结状态下的导热系数较亚黏土（$W=35\%$）高，但盘管的换热能力却降低的现象；

（2）管束外层盘管的大部分外边界与原状土壤相邻，蓄能土壤区域与周围环境土壤间存在温差传热。蓄冷运行时，外层盘管周围土壤发生冻结相变的量较少，土壤的传热过程主要为在非冻结状态下的热传导。因此，未冻结状态下的土壤物性对传热的影响起主导作用；同时由于温差传热冷量传递损失的不可逆性，使得相同的土壤对管束内、外层盘管换热能力影响的程度不同。

比较图 10-28、图 10-29 可以发现，在稳定运行状态下，对内层盘管，其日蓄冷量和释冷量几近相等；而对外层盘管，其日蓄冷量总大于释冷量，其间存在一定的差额。外层盘管的这部分冷量差额即为通过外边界由于温差传热而造成的冷量传递损失。

2. 同类型土壤不同含湿量对系统运行特性的影响

土壤的含湿量是影响土壤的蓄能及导热能力的重要因素，也是影响土壤各物性参数的指标。土壤所含有的相变潜热直接与土壤含湿量的高低有关，含湿量越高，则表明单位质量土壤中所蕴含的土壤水的相变潜能也越多；同时，土壤的导热系数、热容量是土壤干密度与含湿量的函数，在密度相同的条件下，各相土壤的导热系数及热容量随土壤含湿量的

10.8 集成系统土壤蓄冷与释冷过程的模拟分析

增加而增大。对于亚黏土在不同的干基含湿量 W 下的物性参数如图 10-30 所示。

为研究土壤含湿量对土壤蓄冷、释冷运行特性的影响，本节主要在表 10-6 的模拟条件下对管束内层盘管的运行特性进行详细的研究与分析。模拟计算结果如图 10-31 所示。

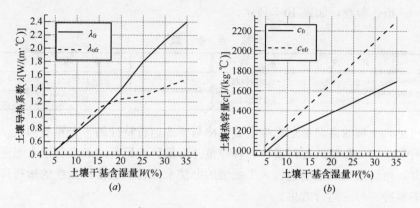

图 10-30 含湿量对土壤物性参数的影响

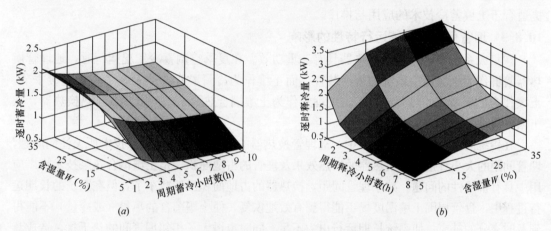

图 10-31 土壤含湿量对盘管逐时蓄冷、释冷量的影响

图 10-31 为在不同土壤含湿量下系统稳定运行时盘管的逐时蓄冷、释冷量变化关系图。由图可知，盘管的逐时蓄冷、释冷量随土壤含湿量的增加而增大，并且在低含湿量时，盘管换热量的增幅较大，随着含湿量的增加，换热量的增幅也逐渐减小。如在土壤含湿量由 $W=$ 5%增大到 15%、25% 及 35% 的过程中，盘管的日平均逐时蓄冷、释冷量分别增加了 72.9%、111.4% 和 130.0%，对应的日平均逐时蓄冷与释冷量分别为：1.29kW·h、1.57 kW·h、1.73kW·h 和 1.61kW·h、1.97kW·h、2.17kW·h。

在各不同土壤含湿量状态下，单位埋深盘管的蓄冷率与释冷率关系如图 10-32 所示，由图可见，单位埋深盘管的释冷率与蓄冷率的差值随土壤含湿量的增加而逐渐加大。在该模拟条件下，单位埋深盘管

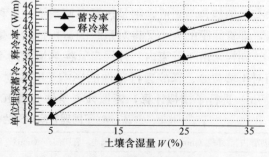

图 10-32 土壤含湿量对单位埋深盘管换热率的影响

的换热率 q_l（W/m）与土壤含湿量的关系可以拟合为如下关系式：

$$q_l = aW^2 + bW + c \tag{10-34}$$

式中 W——土壤的干基含湿量，%；

a，b，c——拟合参数，如表 10-7 所示。

拟合参数　　　　　　　　　　　表 10-7

	释冷	蓄冷		释冷	蓄冷
a	−0.02393325	−0.0191425	c	10.54766125	8.4168325
b	1.773921	1.416704			

由此可见，土壤的含湿量是影响土壤蓄冷与释冷运行特性的一个重要因素。增大土壤的含湿量有利于增加盘管的逐时蓄冷、释冷量并降低释冷运行时的盘管出水温度，因此在系统运行时，可以通过对土壤进行人工加湿的办法来改善土壤蓄冷系统的运行环境，从而获得较好的蓄冷、释冷运行效果。

综上所述，导热性能好，含水能力强的土壤有利于提高系统的蓄冷、释冷运行特性，更适合于土壤蓄冷技术的应用与推广。

10.8.3 埋管间距对系统运行特性的影响

在集成系统中，地埋管换热器具有二重功效。在夏季空调蓄冷工况运行时，地埋管换热器管群作为土壤蓄冷系统的蓄冷装置，而土壤作为冷量贮存介质；在冬季或过渡季节，土壤作为热泵系统的热源或热汇，地埋管作为土壤耦合热泵系统的吸热或排热换热器，从土壤中提取热量或释放冷凝热。

在传统的土壤耦合热泵系统中，地埋管换热器的埋管间距一直是该技术所关注的问题，埋管间距的大小直接影响换热器的换热效果及埋管的占地面积，是土壤耦合热泵技术推广应用中具有挑战性的问题。减小埋管间距，换热器的占地面积虽然减小了，但在系统的长期运行过程中，盘管周围土壤温度场不能得到有效地恢复，使土壤蕴含的热量（或冷量）不能得到及时充分的补充，使系统长期运行出力不足。同时也增大了相邻埋管间的热干扰，造成盘管间的热短路现象。而增大埋管间距，自然有利于土壤温度的恢复及土壤热量（或冷量）的补给，但因地埋管换热器单位管长持续热流密度小，埋管间距大，则要求较大的占地面积来铺设地埋管换热器使其满足建筑负荷的需要。因此，对于土壤耦合热泵系统，如何选择合适的埋管间距，应根据建筑物的负荷特点及现有的自然条件等因素来权衡确定。

采用土壤蓄冷与释冷是笔者提出的一种新技术，而将土壤蓄冷技术与土壤耦合热泵技术有机地整合与集成，则是热泵空调系统的一种创新。对于这种全新的系统形式与技术特点，埋管间距的大小又将对系统的运行特性产生怎样的影响，应予以研究与分析。

同样，由于管束内、外层盘管换热情况的不同，文中将分别予以讨论。为分析埋管间距对土壤蓄冷、释冷运行特性的影响，文中对 3 种不同的埋管间距（L_p＝0.5m、0.7m、0.9m）进行了模拟计算，模拟计算条件如表 10-8 所示。

不同埋管间距时的模拟计算条件　　　　　　　　　　　表 10-8

盘管内径/外径（mm）	15/20	管脚间距（mm）	30	蓄冷/释冷入口水温（℃）	−5/12
埋管管材	HDPE	土壤类型	砂砾	含湿量（%）	18
盘管埋深（m）	50	土壤初始温度（℃）	12	管内流体雷诺数	2400

10.8 集成系统土壤蓄冷与释冷过程的模拟分析

图 10-33 为内层盘管在不同盘管间距下的日蓄冷、释冷量变化曲线图。比较图 10-33 之 (a)、(b)、(c) 可知，对管束内层盘管，埋管间距的大小对盘管日蓄冷、释冷量的变化产生很大的影响。在前期 3d 预蓄冷的运行模式下，对于 $L_p=0.7m$、$0.9m$ 两种管间距情况，在系统的整个正常蓄冷、释冷运行阶段，日蓄冷、释冷量的变化规律为：释冷量逐日增大，而蓄冷量逐日渐小，随着系统正常周期运行时间的延长，盘管的日蓄冷、释冷量逐渐达到相等或接近相等，系统达到稳定运行状态；并且盘管间距越大，初始阶段的日蓄冷、释冷量的差值也越大，如在正常运行的第 1 天，当 $L_p=0.7m$ 时，差值仅为 2.23MJ，而当 $L_p=0.9m$ 时，其差值则达 42.61MJ。对于管间距 $L_p=0.5m$ 时的情况，在系统正常运行的初始阶段，由于前期土壤预蓄冷作用的影响，盘管的日释冷量大于蓄冷量，随后日蓄冷量逐渐增大而释冷量逐渐减小，直至达到稳定状态时相等。

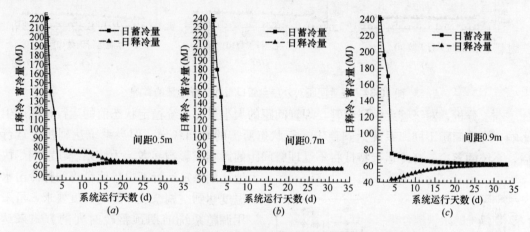

图 10-33 埋管间距对内层盘管日蓄冷、释冷量的影响

同时，在系统 3d 预蓄冷的前提下，对于不同埋管间距，系统达到稳定运行状态所需的时间也各不相同。$L_p=0.5m$ 时，需要 20d；$L_p=0.7m$ 时，则需要 10d，而当 $L_p=0.9m$ 时，在整个正常运行的 30d 内系统尚未达到平衡状态。

造成上述各种现象的原因在于盘管间距的大小决定了单根盘管区域土壤的总热容量，在没有冷量损失的情况下，为达到同等的蓄冷效果，盘管间距越大，则要求前期预蓄存的冷量越多。因此，对于不同的埋管间距，土壤的预蓄冷时间对系统的运行特性也有直接的影响。

虽然盘管间距对系统前期的运行特性产生了较大的影响，但当系统达到稳定运行状态后，对于不同的埋管间距，其日蓄冷（或释冷）量都达到接近相等的 63.42MJ，也即为在稳定状态下，埋管间距对内层盘管日蓄冷、释冷量的影响很小。

图 10-34 为管束外层盘管日蓄冷、释冷量与埋管间距之间的关系图。比较图 10-34 (a)、(b)、(c) 可以发现，在系统正常蓄冷、释冷运行阶段，对于不同埋管间距，盘管日平均蓄冷量与释冷量间的差值随埋管间距的增大而增加，日平均释冷率（释冷量与蓄冷量的比值）随埋管间距的增大而减小。当盘管间距 $L_p=0.5m$ 时，盘管日平均蓄冷、释冷量的差值为 25.82MJ，释冷率为 62.24%；间距为 0.7m 时，平均蓄冷、释冷量的差值为 33.47MJ，释冷率为 52.75%；而当盘管间距 $L_p=0.9m$ 时，差值却达 40.78MJ，释冷率仅为 44.62%。这是因为随着埋管间距的增大，盘管区域土体的总热容量增加，同时盘管

与原状土壤相接的外边界面积加大,增大了盘管通过外边界的冷量损失,造成外层盘管的日平均蓄冷量随盘管间距的增大而增大,而释冷率却随其增大而减小。

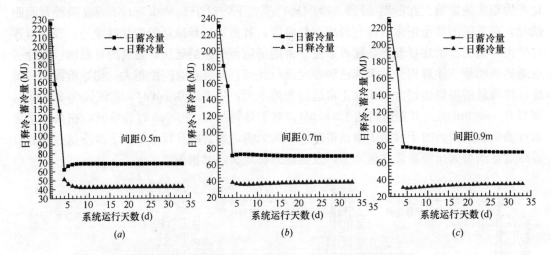

图 10-34 埋管间距对外层盘管日蓄冷、释冷量的影响

综上分析,对于管束内层盘管,埋管间距的大小只对系统稳定状态前的运行特性产生影响,埋管间距不同,系统达到稳定运行状态所需的时间各异,但当系统达到稳定运行后,系统的蓄冷、释冷运行特性将不受埋管间距的影响或影响甚微。为使系统在前期尽快地达到稳定运行工况,使盘管的释冷出水温度达到空调系统除湿的温度要求,可采用调整系统前期预蓄冷时间的方式来达到。埋管间距大,要求前期预蓄冷的时间也长;埋管间距较小,则前期预蓄冷时间也需相应的减少。如在 $L_p=0.7m$ 时,预蓄冷 3d,系统就很快达到了稳态运行。而埋管间距 $L_p=0.9m$,采用 5d 前期预蓄冷时,系统在 15d 左右就达到稳定运行状态,如图 10-35 所示。

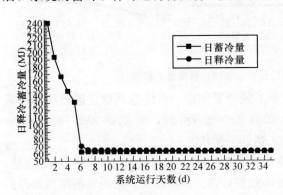

图 10-35 $L_p=0.9m$、5d 预蓄冷时内层盘管的运行特性

而对于管束外层盘管,盘管的蓄冷、释冷运行特性受埋管间距的影响较大。对于不同的埋管间距,盘管的日蓄冷量随埋管间距的增大而增大,而日释冷量则随其增大而减小,并且盘管的日蓄冷、释冷量的差额也随埋管间距的增大而增加。

10.8.4 前期预蓄冷时间对系统运行特性的影响

在集成系统夏季空调蓄冷工况运行时,由于系统运行的初期,土壤的温度较高,因此,为保证地埋管系统释冷运行时盘管的出水温度满足空调系统降温除湿的温度要求,需设法降低盘管周围土壤的温度场,以达到降低盘管出水温度的目的。对于该集成系统,由于无法采用自然降温的手段来达到显著降低土壤温度场的目的。因此,只有依赖人工制冷手段,采用系统前期预蓄冷的方式向土壤蓄冷,降低盘管周围蓄能区域土壤的温度,以保证系统在正常蓄冷、释冷运行阶段的运行特性要求。

10.8 集成系统土壤蓄冷与释冷过程的模拟分析

土壤的预蓄冷是指在系统空调蓄冷、释冷运行的前期,利用三工况冷热水机组制备低温冷水(防冻液),并通过循环水泵使其在地埋管换热器中循环流动,与周围土壤换热,向土壤蓄冷;并且在此运行阶段,系统只向土壤蓄冷而不从中提取冷量。当系统预蓄冷阶段结束后,系统才按正常的以日为周期的蓄冷、释冷运行工况运行。

在不同的土壤状况及埋管结构形式下,系统的预蓄冷时间将对系统的动态运行特性产生重大的影响。在埋管结构及其他相关条件一定的情况下,为使系统达到同等的运行效果,不同的土壤初始温度场将对系统的预蓄冷时间提出不同的要求。同时,在土壤初始状况及其他相关参数一定的条件下,不同的盘管的结构形式(如埋管间距等)也对系统的预蓄冷时间有不同的要求。

本节中主要研究系统从 0~3d 的不同预蓄冷时间条件下,管束内、外层盘管在系统整个运行期间内运行特性的变化情况。其模拟计算条件如表 10-9 所示。

不同预蓄冷时间时的模拟计算条件 表 10-9

盘管内径/外径(mm)	15/20	管脚间距(mm)	30	蓄冷/释冷入口水温(℃)	−5/12
埋管管材	HDPE	土壤初始温度(℃)	12	管内流体雷诺数	2400
盘管埋深(m)	50	土壤类型	砂砾	含湿量(%)	18
埋管间距(m)	0.5	土壤干密度(kg/m³)	1800	系统周期运行天数(d)	30
周期蓄冷时间(h)	10	周期释冷时间(h)	8	周期停机时间(h)	6

图 10-36、10-37 分别为管束内、外层盘管在不同的预蓄冷时间条件下的动态运行特性曲线。由图 10-36 可知,对于管束内层盘管,在该模拟计算条件下,在系统不预蓄冷及预蓄冷时间为 1d 时,在系统的整个运行阶段,盘管的日蓄冷量随系统运行时间的延长而逐渐减小,而日释冷量则随运行时间的延长而逐渐增大,直至达到稳定运行状态时二者相等,如图 10-36 (a)、(b) 所示。而当预蓄冷时间分别为 2d 和 3d 时,情况正好相反,在运行期间盘管的日蓄冷量随运行时间的延长而逐渐减小,而日释冷量则随运行时间的延长而逐渐增大,如图 10-36 (c)、(d) 所示。同时对于不同的预蓄冷时间,系统达到稳定运行状态的时间也各不相同,对于系统预蓄冷时间为 0~3d 的运行工况,其达到稳定运行所需的时间分别为:12d、10d、14d 及 22d。由此可见,在该模拟条件下,为使系统较快地达到稳定运行,预蓄冷时间宜为 1d 左右。当系统达到稳定运行后,在不同预蓄冷时间下,

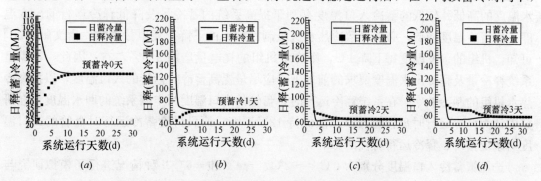

图 10-36 预蓄冷时间对内层盘管运行特性的影响

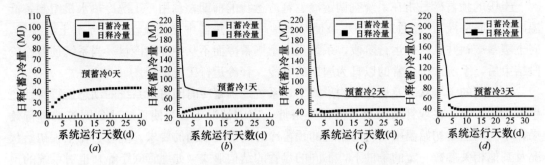

图 10-37 预蓄冷时间对外层盘管运行特性的影响

盘管的日蓄冷量与释冷量相等，均为 64.13MJ。因此在稳定运行状态下，系统预蓄冷时间对管束内层盘管的运行特性不产生影响。

对于管束的外层盘管，由图 10-37 可知，系统的运行特性受预蓄冷时间的影响不是很明显，只是在系统运行的初始阶段，其蓄冷、释冷量变化趋势有细微的变化。在系统预蓄冷 0d 和 1d 时，盘管的日释冷量开始逐渐增大，而后很快趋于平稳；而当预蓄冷时间分别为 2d 和 3d 时，盘管的释冷量变化规律是先逐渐减小而后趋于平稳。而当系统达到稳定运行后，外层盘管的日蓄冷量和日释冷量在不同的预蓄冷时间下都分别相等，日蓄冷量均为 68.2MJ，日释冷量均为 42.7MJ，稳态运行时其日平均释冷率为 62.6%。因此，孤立地对外层盘管而言，由于系统前期的运行特性受预蓄冷时间的影响很小，说明预蓄冷阶段蓄存于土壤中的冷量大部分都通过外边界散失掉了，造成不可逆的冷量传递损失。故从减小冷量损失的角度考虑，对外层盘管，预蓄冷时间不宜过长。

由上述模拟计算分析可知，系统的预蓄冷时间只对管束内、外层盘管前期的运行特性产生影响，而当系统达到稳定运行状态后，内、外层盘管的蓄冷、释冷运行特性与系统的前期预蓄冷时间无关。对于管束内层盘管，预蓄冷时间不同，则系统稳定前期的运行特性变化规律各异，系统达到稳定运行状态所需的时间也各不相同。而对管束的外层盘管，由于其外边界冷量传递损失的原因，其前期蓄冷、释冷运行特性受预蓄冷时间的影响不大。因此，从外层盘管看，预蓄冷时间以短为宜。

10.8.5 蓄冷入口温度对系统运行特性的影响

在土壤蓄冷、释冷系统中，盘管的蓄冷、释冷温度是影响系统运行特性的一个重要因素。系统蓄冷运行时盘管的入口温度直接决定着土壤蓄存冷量的多少及释冷运行时盘管出水温度的高低。较低的蓄冷入口温度有利于提高系统的蓄冷量及降低释冷运行的出水温度；而蓄冷温度降低，必然导致冷热水机组制冷效率的下降，耗电量增加，由文献[28]可知，机组的蒸发温度每下降 1℃，则冷水机组的耗电量增加 2.5% 左右。因此，在满足系统释冷量及释冷出水温度要求的前提下，应尽量提高蓄冷时盘管的入口温度，以提高冷热水机组的制冷效率。在系统释冷运行时，盘管的入口温度为空调系统的回水温度，在研究中认为释冷运行时盘管的入口水温保持 12℃不变，而只讨论蓄冷运行时盘管的入口温度对系统蓄冷、释冷运行特性的影响。

选盘管蓄冷入口温度分别为 0℃、−2℃、−4℃和−6℃几种情况进行了模拟研究与分析。计算条件列入表 10-10 中。

10.8 集成系统土壤蓄冷与释冷过程的模拟分析

不同蓄冷入口温度时的模拟计算条件 表 10-10

盘管内径（mm）	15	埋管间距（m）	0.5	土壤干密度（kg/m³）	1800
盘管外径（mm）	20	管脚间距（mm）	30	释冷入口水温（℃）	12
埋管管材	HDPE	土壤初始温度（℃）	12	管内流体雷诺数	2400
盘管埋深（m）	50	土壤类型	砂砾	含湿量（%）	18

图 10-38、10-39 分别为稳定运行状态下，管束内、外层盘管蓄冷、释冷逐时出水温度随蓄冷入口温度的变化关系图。比较图 10-38（a）与 10-39（a）可以发现，在释冷运行时，蓄冷入口温度对内层盘管逐时出水温度的影响要比外层盘管大，特别是在系统释冷运行的初始阶段。如在释冷运行的第 1h，当蓄冷入口温度从 0℃下降到 −6℃时，对于内层盘管，其释冷出水温度由 7.02℃降低到 2.25℃，下降了 4.77℃；而对管束的外层盘管，释冷出水温度则由 7.84℃降低到 5.44℃，降幅仅为 2.4℃。内、外层盘管日平均释冷出水温度随蓄冷入口温度的变化如图 10-40（a）所示，由图可知，随着蓄冷入口温度的降低，对于内层盘管，日平均释冷出水温度迅速下降；并且对应内、外层盘管出水温度的差值也逐渐增大。

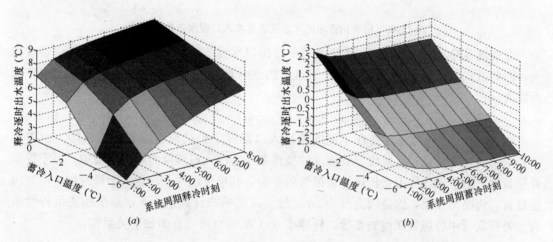

图 10-38 不同蓄冷入口温度下内层盘管蓄冷、释冷逐时出水温度

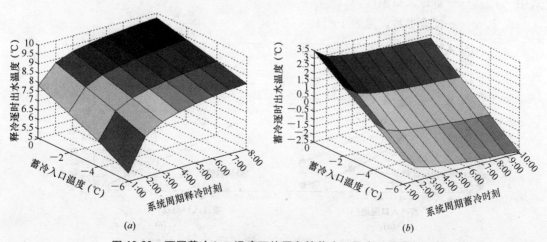

图 10-39 不同蓄冷入口温度下外层盘管蓄冷、释冷逐时出水温度

同时由图 10-38 (b) 及图 10-39 (b) 可见，在系统的蓄冷运行阶段，蓄冷入口温度对内、外层盘管出水温度的影响趋势几近相同，其整体变化规律为：内、外层盘管的出水温度随蓄冷入口温度的降低而呈线性下降；内、外层盘管日平均蓄冷出水温度的差值随蓄冷入口温度的降低而逐渐减小，见图 10-40 (b)。

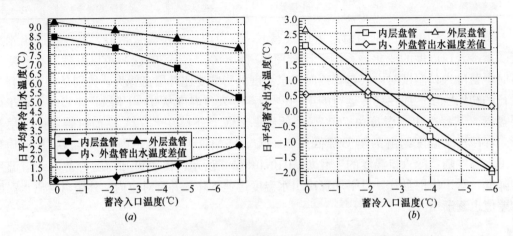

图 10-40　日平均蓄冷出水温度随蓄冷入口温度变化曲线图

在系统蓄冷、释冷运行时，由于盘管的进出口水温差随蓄冷入口温度的降低而逐渐加大，因此由式 (10-35) 可知，内、外层盘管的逐时蓄冷、释冷量随蓄冷入口温度的降低而增大。

$$q(t) = m_f \cdot c_f \cdot [T_{\text{foutlet}}(t) - T_{\text{finlet}}(t)] \tag{10-35}$$

图 10-41 为单位埋深盘管在不同的蓄冷入口温度下的热流密度变化关系图。由图可知，对于内、外层盘管，单位埋管深度的换热率随蓄冷入口温度的降低而增加。对于管束外层盘管，由于外边界温差传热冷量损失的影响，其单位埋深蓄冷量大于释冷量；而对内层盘管，情况则相反，这是因为预冷 3d 之故。在此模拟计算条件下，系统稳态运行管束内、外层盘管单位埋管深度的蓄冷、释冷率 q_l (W/m) 可拟合为如下关系式：

$$q_l = aT_{\text{sfinlet}}^2 + bT_{\text{sfinlet}} + c \tag{10-36}$$

式中　T_{sfinlet}——蓄冷入口温度，℃；

　　　a,b,c——拟合参数，见表 10-11。

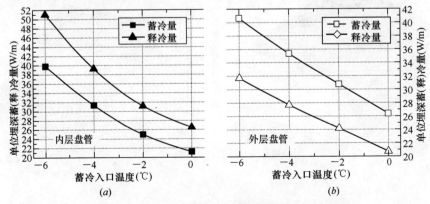

图 10-41　蓄冷入口温度对单位埋深盘管换热率的影响

拟 合 参 数　　　　　　　　　　　　　表 10-11

	内 层 盘 管		外 层 盘 管	
	蓄 冷	释 冷	蓄 冷	释 冷
a	0.29406875	0.4449	0.056149375	0.03522625
b	−1.3426525	−1.41566	−2.03098925	−1.6138255
c	21.171305	26.51937	26.4038885	20.737611

因此，盘管的逐时出水温度随蓄冷入口温度的降低而降低，而逐时蓄冷及释冷量随蓄冷入口温度的降低而增大。在保证系统蓄冷、释冷量及释冷出水温度的要求下，应尽量提高盘管的蓄冷入口温度，以提高冷水机组的制冷效率[18]。

10.9 集成系统冷量损失的模拟分析

10.9.1 集成系统冷量损失的构成

集成系统作为一种新型的蓄能型热泵空调系统形式，虽然其具有电力削峰填谷和利用可再生能源等方面的优点。但该集成系统的地埋管换热器直接铺设于地下土壤中，无法对管束外层盘管的远边界进行人为保温绝热处理。因此，在电力低谷时段空调蓄冷运行时，通过消耗高品位的电能制备冷量向土壤蓄冷，盘管周围土壤温度降低，在温差传热的作用下（土壤无渗流作用），冷量会不断地散失至周围土壤中，造成集成系统冷量的损失，并且由温差传热所造成的冷量损失会一直伴随整个土壤蓄冷、释冷过程的始终。系统的冷量损失问题是集成系统的关键研究内容之一，也是土壤蓄冷系统区别于传统蓄冷空调系统的显著特征之一，冷量损失的多少直接关系到该集成系统的可行性和运行的经济性，是影响该集成系统应用成败的关键要素之一。因此，研究集成系统的冷量损失对于地埋管换热器结构与系统运行模式的优化具有重要的指导意义。

在集成系统中，双重功效的地埋管换热器管束由数根内、外层单管等间距对称排列组成。在土壤蓄冷与释冷运行过程中，由于传热的对称性，管束内相邻盘管间的界面可认为是绝热界面。因此对于管束的内层盘管，由于其周围边界为绝热界面，故与周围环境土壤间无温差传热作用；而对于管束的外层盘管，其外层边界直接与原状土壤相邻，在温差传热的作用下，蓄存于盘管周围土壤中的冷量会源源不断地传至外层的环境土壤中，同时由于温差传热过程的不可逆性，造成了集成系统冷量的传递损失。

在夏季空调期，当集成系统按土壤蓄冷、释冷工况运行时，由于运行初期土壤的初始温度较高，因此为保证盘管释冷运行时有较低的出水温度，以满足空调系统降温除湿的要求，必须通过对土壤进行人工蓄冷的方式来降低盘管周围土壤的温度，使管内流体与其周围土壤间保持一定的传热温差。而在系统释冷运行阶段，由于盘管进出口水温的限制，盘管周围区域土壤的温度场不可能恢复到系统蓄冷、释冷运行前期的初始温度状态。这是保证蓄冷、释冷过程实施的必要条件。因此，必然会造成盘管周围区域土壤温度的降低而使该区域土壤的内能减小。而被减小的这部分内能是以来源于冷水机组制备的冷量消耗为代价，虽然它以冷量形式贮存土壤中，但在正常的蓄冷、释冷运行阶段，如不改变盘管释冷运行时的进出口水温，这部分冷量是不能被直接利用的。因此，它也是一种冷量损失。但与温差传热所造成的冷量损失相比,这部分冷量损失可以在空调的过渡季节通过提高盘管释冷运行的进出口水温或通过土壤耦合热泵制冷的方式得以回收与利用。所以它是一项先期投资,为此,作者将它定义为垫层冷量损失。

综上所述,在集成系统的土壤蓄冷、释冷运行过程中,系统的冷量损失主要由以下两部分组成:

(1) 管束内、外层盘管周围土壤区域温度降低导致土壤内能的减小而产生的垫层冷量损失 Q_n,它是一个取决于土壤初始和终了状态的状态量,也称为状态量冷量损失。

(2) 在温差传热的作用下,管束外层盘管外边界与周围环境土壤间的不可逆传热所造成的温差传热损失被定义为冷量传递损失 Q_b,它是一个伴随整个系统运行进程的过程量,又称为过程量冷量损失。

在集成系统的蓄冷、释冷运行过程中,系统不仅存在着冷量的损失,而且土壤中蓄存的冷量质量也发生变化。在向土壤进行蓄冷时,是通过冷水机组消耗高品位电能制备的 $-2\sim-5$℃冷水向地下土壤蓄存冷量,此时蓄存的冷量品位较高;而在空调释冷运行阶段,由于管束相邻盘管间距及蓄存冷量的土壤体积较大,在管壁及土壤传热热阻的影响下,除在释冷运行的初始几小时外,盘管的出水温度一般较高,与蓄冷温度相比相差甚大,特别是对管束的外层盘管。释冷出水温度越高则表明冷量质量下降的程度越大。

因此土壤蓄冷与释冷过程是一个伴随冷量损失及冷量质量降低的不可逆传热过程。

10.9.2 集成系统蓄冷、释冷过程的冷量损失模型

由上述分析可知,在土壤蓄冷与释冷过程中,系统的冷量损失由垫层冷量损失和温差传热冷量损失两部分组成。对于管束的内层盘管,由于其外边界为封闭的绝热界面,因此其冷量损失主要为系统蓄冷过程中土壤初始和终了状态发生改变而产生的垫层冷量损失;而对于管束的外层盘管,由于其部分外边界为开放的等温边界,在蓄冷、释冷过程中存在温差传热作用,因此其冷量的损失主要由通过外边界的温差传热冷量损失和蓄冷土壤区域自身内能降低产生的垫层冷量损失两部分组成。

图 10-42、10-43 分别为土壤蓄冷和释冷过程中蓄冷土壤区域的冷量平衡关系图。

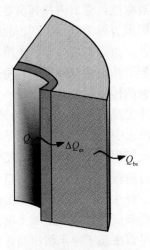 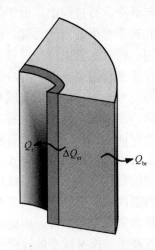

图 10-42 蓄冷过程　　　　图 10-43 释冷过程
　　冷量平衡关系图　　　　　冷量平衡关系图

由图可知，在系统蓄冷与释冷运行过程中，其冷量平衡关系分别为：

$$Q_s = \Delta Q_{es} + Q_{bs} \tag{10-37}$$

$$\Delta Q_{es} = Q_r + \Delta Q_{er} + Q_{br} \tag{10-38}$$

所以由式（10-42）及式（10-43）可得：

$$Q_s - Q_r = Q_b + \Delta Q_{er} \tag{10-39}$$

$$Q_b = Q_{bs} + Q_{br} \tag{10-40}$$

式中　Q_s，Q_r——盘管的蓄冷与释冷量，J；

Q_{bs}，Q_{br}——盘管在蓄冷与释冷过程中通过外边界的温差传热冷量损失，J；

ΔQ_{es}，ΔQ_{er}——蓄冷、释冷过程蕴含于土壤中的冷量，J；

Q_b——盘管在蓄冷、释冷过程的总冷量传递损失，J。

(1) 温差传热冷量损失模型

在系统的蓄冷与释冷运行过程中，管束外层盘管的远边界与原状环境土壤间的不可逆温差传热造成了系统的冷量传递损失。在地埋管换热器中，取出管束的外层单根盘管，其外边界如图10-44所示。

因此，在系统从开始运行至 t_o 时刻通过盘管外边界的冷量传递损失为：

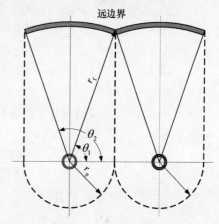

图 10-44　外层盘管远边界示意图

$$\begin{aligned} Q_b \Big|_0^{t_o} &= \int_0^{t_o} A_f \cdot \lambda_s \cdot \frac{\partial T_s(r,\theta,t)}{\partial r}\Big|_{r=r_f} \cdot dt \\ &= \int_{\theta_1}^{\theta_2} \int_0^L r_f \cdot d\theta \cdot dx \int_0^{t_o} \lambda_s \cdot \frac{\partial T_s(r,\theta,t)}{\partial r}\Big|_{r=r_f} \cdot dt \end{aligned} \tag{10-41}$$

由图中盘管的平面布置关系可知：

$$\begin{cases} \theta_1 = \arccos\left(\dfrac{r_p}{r_f}\right) \\ \theta_2 = \pi - \arccos\left(\dfrac{r_p}{r_f}\right) \end{cases} \tag{10-42}$$

将式（10-47）代入式（10-46）可得：

$$Q_b \Big|_0^{t_o} = \int_{\arccos(r_p/r_f)}^{\pi-\arccos(r_p/r_f)} \int_0^L r_f \cdot d\theta \cdot dx \int_0^{t_o} \lambda_s \cdot \frac{\partial T_s(r,\theta,t)}{\partial r}\Big|_{r=r_f} \cdot dt \tag{10-43}$$

因此通过外边界的逐时冷量传递损失率为：

$$q_b(t) = \int_{\arccos(r_p/r_f)}^{\pi-\arccos(r_p/r_f)} \int_0^L r_f \cdot \lambda_s \cdot \frac{\partial T_s(r,\theta,t)}{\partial r}\Big|_{r=r_f} d\theta \cdot dx \tag{10-44}$$

式中　r_p，r_f——分别为埋管半间距及远边界半径，m；

L——盘管埋深，m。

(2) 垫层冷量损失模型

在土壤蓄冷与释冷过程中，系统的垫层冷量损失存在于管束的内、外层盘管周围土壤中。根据系统释冷运行终了土壤的温度状况，系统的垫层冷量损失由土壤的显内能降低产生的冷量损失及土壤水发生相变导致的潜内能损失两部分组成。

1) 系统的显内能降低产生的冷量损失

在系统释冷运行终了时刻，盘管周围土壤的温度相对于原状土壤的初始温度有所降低，因此使得土壤的显内能减小，而降低土壤显内能的这部分冷量来源于土壤的蓄冷过程。在正常的蓄冷、释冷运行阶段，如不改变盘管释冷运行的进出口水温，贮存于土壤中的这部分冷量是无法得到有效的利用的。因此，这部分冷量在系统的正常运行阶段便形成了一种固有的冷量损失。

对于管束的内层盘管，其内能降低产生的冷量损失为：

$$Q_{ei}(t_o) = Q_{ef}(t_o) + Q_{ep}(t_o) + Q_{esi}(t_o) \tag{10-45}$$

式中 $Q_{ef}(t_o)$，$Q_{ep}(t_o)$，$Q_{esi}(t_o)$ 分别为管内流体、盘管壁及盘管周围土壤区域的内能降低产生的冷量损失，各项的计算分别如下：

$$Q_{ef}(t_o) = \int_{V_f} (\rho c)_f \cdot [T_o - T_f(x, t_o)] \cdot dV$$

$$= \pi r_i^2 \int_0^L (\rho c)_f \cdot [T_o - T_f(x, t_o)] \cdot dx \tag{10-46}$$

$$Q_{ep}(t_o) = \int_{V_p} (\rho c)_p [T_o - T_p(x, r, t_o)] \cdot dV$$

$$= 2\pi \int_{r_i}^{r_o} r \int_0^L (\rho c)_p [T_o - T_p(x, r, t_o)] \cdot drdx \tag{10-47}$$

$$Q_{esi}(t_o) = \int_{V_s} [(\rho c)_{s,T_o} \cdot T_o - (\rho c)_{s,T_s(t_o)} \cdot T_s(x, r, t_o)] \cdot dV$$

$$= 2\pi \int_{r_o}^{r_p} r \int_0^L [(\rho c)_{s,T_o} \cdot T_o - (\rho c)_{s,T_s(t_o)} \cdot T_s(x, r, t_o)] \cdot dxdr \tag{10-48}$$

对管束的外层盘管，其内能降低产生的冷量损失为：

$$Q_{eo}(t_o) = Q_{ef}(t_o) + Q_{ep}(t_o) + Q_{eso}(t_o) \tag{10-49}$$

其中 $Q_{ef}(t_o)$，$Q_{ep}(t_o)$ 的计算同式（10-52）及式（10-53），而盘管周围土壤区域的内能降低所产生的冷量损失为：

$$Q_{eso}(t_o) = 2\int_{r_o}^{r_p} rdr \int_{-\frac{\pi}{2}}^{0} d\theta \int_0^L [(\rho c)_{s,T_o} \cdot T_o - (\rho c)_{s,T_s(t_o)} \cdot T_s(x, r, \theta, t_o)] \cdot dx$$

$$+ 2\int_0^{\arccos(r_p/r_l)} d\theta \int_{r_o}^{r_p/\cos(\theta)} rdr \int_0^L [(\rho c)_{s,T_o} \cdot T_o - (\rho c)_{s,T_s(t_o)} \cdot T_s(x, r, \theta, t_o)] \cdot dx$$

$$+ 2\int_{r_o}^{r_l} rdr \int_{\arccos(r_p/r_l)}^{\pi/2} d\theta \int_0^L [(\rho c)_{s,T_o} \cdot T_o - (\rho c)_{s,T_s(t_o)} \cdot T_s(x, r, \theta, t_o)] \cdot dx \tag{10-50}$$

式中 $(\rho c)_{s,T_o}$，$(\rho c)_{s,T_s(t_o)}$——分别为对应初始温度 T_o 及 t_o 时刻温度 $T_s(t_o)$ 时的土壤容积热容量 [J/(m³·℃)]。

2) 潜内能降低产生的冷量损失

在系统释冷运行终了时刻，盘管周围部分土壤的温度场可能处于土壤的相变温度区间（冻结区或模糊区）。此时与原状土壤相比，蓄冷区域的土壤不仅存在着显内能的降低，而且由于土壤是含湿的多孔介质体系,在土壤水冻结相变的影响下,蕴含于土壤中水的潜热减小。而土壤水潜热的减小是由蓄冷过程中蓄存的冷量所造成,因此在正常蓄冷、释冷运行阶段,这部分冷量便形成了冷量损失。

对于管束的内、外层盘管,由于土壤中相变过程的存在,因此分别定义内、外层盘管区域土壤的固相率为:

内层盘管:

$$f(x,r,t_o) = \begin{cases} 0 & T_s(x,r,t_o) \geqslant T_{ml} \\ \dfrac{T_{ml} - T_s(x,r,t_o)}{T_{ml} - T_{ms}} & T_{ms} \leqslant T_s(x,r,t_o) < T_{ml} \\ 1 & T_s(x,r,t_o) < T_{ms} \end{cases} \qquad (10\text{-}51)$$

外层盘管:

$$f(x,r,\theta,t_o) = \begin{cases} 0 & T_s(x,r,\theta,t_o) \geqslant T_{ml} \\ \dfrac{T_{ml} - T_s(x,r,\theta,t_o)}{T_{ml} - T_{ms}} & T_{ms} \leqslant T_s(x,r,\theta,t_o) < T_{ml} \\ 1 & T_s(x,r,\theta,t_o) < T_{ms} \end{cases} \qquad (10\text{-}52)$$

因此管束内、外层盘管区域由于土壤潜内能减少所产生的冷量损失为:

$$Q_{hi}(t_o) = 2\pi \int_{r_o}^{r_p} r\,dr \int_0^L f(x,r,t_o) \cdot \rho_d \cdot W \cdot H \cdot dx \qquad (10\text{-}53)$$

$$\begin{aligned} Q_{ho}(t_o) =\; & 2\int_{r_o}^{r_p} r\,dr \int_{-\frac{\pi}{2}}^{0} d\theta \int_0^L f(x,r,\theta,t_o) \cdot \rho_d \cdot W \cdot H \cdot dx \\ & + 2\int_0^{\arccos(r_p/r_1)} d\theta \int_{r_o}^{r_p/\cos(\theta)} r\,dr \int_0^L f(x,r,\theta,t_o) \cdot \rho_d \cdot W \cdot H \cdot dx \\ & + 2\int_{r_o}^{r_1} r\,dr \int_{\arccos(r_p/r_1)}^{\pi/2} d\theta \int_0^L f(x,r,\theta,t_o) \cdot \rho_d \cdot W \cdot H \cdot dx \end{aligned} \qquad (10\text{-}54)$$

由上所述,在系统蓄冷、释冷运行终了时刻 t_o,对于管束的内、外层盘管,其垫层冷量损失分别为:

$$Q_{ni}(t_o) = Q_{ei}(t_o) + Q_{hi}(t_o) \qquad (10\text{-}55)$$

$$Q_{no}(t_o) = Q_{eo}(t_o) + Q_{ho}(t_o) \qquad (10\text{-}56)$$

而对于管束的外层盘管,在系统蓄冷、释冷运行过程中的总冷量损失为:

$$Q_{to}(t_o) = Q_{no}(t_o) + Q_b(t_o) \qquad (10\text{-}57)$$

10.9.3 系统平均释冷率模型[22]

为了衡量土壤在蓄冷、释冷过程中的取冷效率,定义日平均释冷率 ADF(Average Discharged Factor)为盘管的日释冷量与日蓄冷量的比值,即

$$ADF = Q_r/Q_s \qquad (10\text{-}58)$$

式中 Q_r、Q_s——分别为日总释冷量与日总蓄冷量,MJ。

系统日蓄冷量、日释冷量及日平均释冷率随运行时间的变化关系如图 10-45、图 10-46 所示。在两种运行模式下,系统运行至 20d 左右时,系统的日蓄冷量与释冷量达到近似平

衡。系统的日平均释冷率 ADF 在预冻结模式下由初期的 145.4% 减小到稳定状态的 100%，而系统在总的运行时间内的释冷率为 84.2%，其冷量损失为 15.8%，主要用于初期土壤温度的降低，以保证释冷运行时的出水温度要求。而在未预冻结模式下，系统的日平均释冷率由 26.3% 增加到稳定状态时的 100%，总的释冷率为 84.8%，但在系统运行初期出水温度较高。由此可见，系统的预冻结时间只对系统初期的运行特性产生影响，而当系统达到稳定运行状态后，预冻结时间对系统的影响已基本消除。

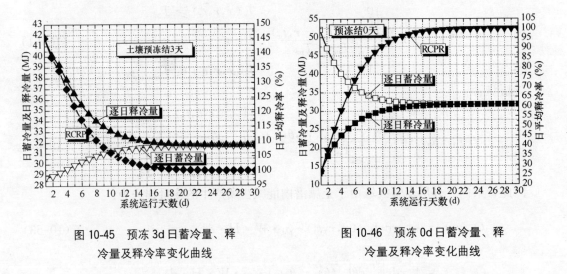

图 10-45　预冻 3d 日蓄冷量、释冷量及释冷率变化曲线

图 10-46　预冻 0d 日蓄冷量、释冷量及释冷率变化曲线

10.10　地下水渗流对集成系统运行特性的影响[29]

对于埋在无渗流土壤中的埋管换热器或位于土壤未饱和区内的部分管段而言，其周围土壤的传热过程是一个在温度梯度和湿度梯度共同作用下的、热量传递与水分迁移相互耦合的复杂传热传质过程；而对于埋在有渗流土壤中的埋管换热器或位于土壤饱和区内的部分管段而言，其周围土壤的传热过程是一个在温度梯度和水力梯度共同作用下的热传导与对流换热相互耦合的传热过程。这种热渗耦合传热过程，主要由土壤与水中的热传导以及地下水流动带来的对流换热两部分组成。其中，地下水流动有利于地埋管换热器的传热，也有利于减弱或消除由于地埋管换热器吸放热不平衡而引起的热量累积效应，因此分析地下水流动对土壤耦合热泵系统运行特性的影响至关重要，可以使得地埋管换热器设计更加精确、运行更加优化，从而极大地降低能源消耗。尤其对于集成系统而言，分析地下水流动对其冬、夏季工况的影响更有利于该集成系统的发展，并加速其应用于实际工程的进程。

10.10.1　有无地下水流动对系统运行特性的影响

为了分析地埋管换热器埋在有渗流与无渗流土壤两种情况下盘管的运行特性，在表 10-12 所示的模拟条件及渗流速度分别为 0、30m/a 情况下，对集成系统的冬天供热工况、夏天空调工况分别进行计算分析，具体运行模式如下：对于冬天供热工况，系统连续运行 60d、每天供暖 10h；对于夏天工况，采用了 15d 预蓄冷，然后正常运行 90d、每天 10h 蓄冷、8h 释冷、6h 停机的运行模式。

10.10 地下水渗流对集成系统运行特性的影响

模拟计算条件　　　　　　　　　　表 10-12

项　　目	参　　数	项　　目	参　　数
盘管类型	HDPE	孔隙率	0.389
埋管间距（夏）(m)	0.6	土壤类型	亚黏土
供热入口水温（冬）(℃)	5	盘管埋深 (m)	50
管内流体雷诺数（蓄/释）	2400/1920	土壤初始温度（℃）	12
蓄冷/释冷入口水温（夏）(℃)	−5/12	盘管内径/外径 (mm)	15/20

1. 夏季工况影响分析

（1）有渗流与无渗流情况下的土壤温度场

在有渗流的情况下，地埋管换热器的传热途径有 2 种：一是多孔介质骨架和孔隙中地下水的导热；二是地下水渗流产生的对流换热。图 10-47 描绘了夏季工况下是否有渗流两种土壤情况下，集成系统前期预蓄冷第 15 天第 24 小时的土壤温度场。从该图可以看出，若盘管埋在无渗流的土壤中，其盘管周围土壤的温度场是近于中心对称的，但对于埋在有渗流土壤中的地埋管换热器，其周围土壤的温度场产生了变形，由此可以很明显看出地下水流动对土壤传热过程的影响，由于地下水流动的存在，其将蓄进的冷量都聚集到水流下游、甚至是带出盘管区域，因而不利于土壤蓄存冷量。但是，从图中还可以看出两种情况下系统经过预蓄冷运行后部分盘管周围的土壤已经发生冻结，因此比较有利于这种夜蓄日供系统的良好运行。

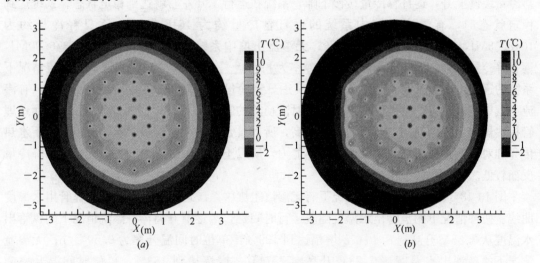

图 10-47　夏季工况有无渗流时预蓄冷 15d 后土壤温度场
(a) 无地下水渗流；(b) 有地下水渗流

（2）渗流对盘管换热量及出水温度的影响

图 10-48 (a) 为夏季空调工况下有无渗流土壤中地埋管换热器的逐日蓄冷量、逐日释冷量曲线。从该图可以看出，不论土壤中是否有地下水渗流存在，系统在前期预蓄冷期间的日蓄冷量都逐渐降低。在有渗流土壤中，系统前期预蓄冷量从最初的 2667.85MJ 降低到最后一天的 1330.84MJ，降幅达到 50.11%；在无渗流土壤中，系统前期预蓄冷量从

最初的 2452.42MJ 降低到最后一天的 1243.59MJ，降幅达到 49.29%。二者虽然降低幅度相当，但是前者日蓄冷量明显高于后者，与后者相比，前者平均高出 7.90%。

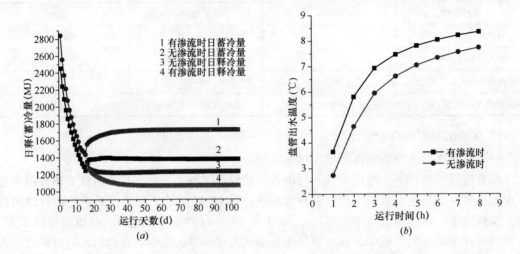

图 10-48　夏季工况有无渗流时盘管的日蓄、释冷量及出水温度
(a) 地埋管换热器的日蓄、释冷量；(b) 地埋管换热器出水温度

进入正常运行期间后，对于有渗流土壤情况，系统初期逐日蓄冷量逐渐增加，逐日释冷量逐渐减小，在运行 26d 后达到稳定状态。然而，对于无渗流土壤状况，系统初期逐日蓄冷量缓慢上升，逐日释冷量缓慢下降，系统在运行 13d 左右就达到稳定状态。系统达到稳定状态时，有渗流土壤中系统的逐日蓄冷量约为 1618.77MJ，逐日释冷量约为 1048.43MJ，其日释冷率为 64.77%；无渗流土壤中系统的逐日蓄冷量约为 1376.90MJ，逐日释冷量约为 1224.53MJ，其日释冷率为 89.10%。与无渗流情况相比，有渗流情况下系统的逐日蓄冷量升高了 17.57%，而其逐日释冷量却降低了 14.38%，其原因为：有渗流土壤中其传热过程受地下水热传导和对流换热的影响，土壤的传热能力增强，因而地埋管换热器与土壤之间的换热能力得到提高，所以日蓄冷量相对较多，但同样由于地下水热传导和对流换热过程增加了土壤的传热能力，所以土壤区域的冷量损失较大，其日释冷量反而较低。

图 10-48(b) 为夏季空调工况下有无渗流土壤中系统运行达到稳态后的盘管出水温度曲线。两种情况下的盘管出水温度随着运行时间延长都逐渐升高，有渗流情况下的盘管出水温度从 3.65℃ 升高到 8.36℃，增幅达到 129%，单位时间温升率为 0.59℃/h；无渗流情况下的盘管出水温度从 2.73℃ 升高到 7.74℃，增幅达到 183%，单位时间温升率为 0.63℃/h。并且有渗流情况下的盘管平均出水温度比无渗流情况下的平均值高出 13.43%。

但总的来说，对于这种新的夏季运行方式，即夜蓄日供方式来说，无论盘管埋在有渗流的土壤中还是无渗流的土壤中，夏季运行时日释冷率都较高，但有渗流情况下的地埋管换热器在夏季空调工况下的运行情况要劣于无渗流情况[30,31]。

2. 冬季工况影响分析
(1) 有渗流与无渗流情况下的土壤温度场

图 10-49 描绘了冬季工况下系统正常运行 60d 后、第 60 天第 24 小时时的土壤温度场，同样，无渗流情况下的土壤温度场是近于中心对称的，有渗流情况下的土壤温度场也发生了变化，这也是地下水流动引起的对流换热影响的结果。此外，由于地下水流动的存在也增强了土壤的传热能力，提高了土壤的热恢复能力，避免了热量累积效应，因此埋在有渗流土壤中的盘管其周围土壤温度相对较高，更有利于冬季供热工况下满足建筑物热负荷要求。

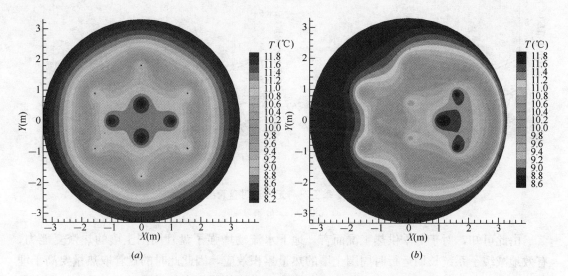

图 10-49 冬季工况有无渗流时正常运行 60d 后土壤温度场
(a) 无地下水渗流；(b) 有地下水渗流

(2) 渗流对盘管换热量及出水温度的影响

图 10-50 为有无渗流两种情况下地埋管换热器的逐日取热量曲线图，从该图可以明显看出，在系统供热运行初期，盘管逐日取热量急剧下降，随着运行时间延长，取热量下降趋势逐渐变缓。对于有渗流土壤中的盘管而言，其逐日取热量从最初的 304.30MJ 降低到第 60 天的 196.78MJ，降幅达到 35.33%；而对于无渗流土壤中的盘管而言，其逐日取热量从最初的 282.21MJ 降低到第 60 天的 147.29MJ，降幅达到 47.81%，由此可以看出无渗流土壤中盘管的取热能力下降较快，运行 60 天后盘管取热量仅为初期取热量的 50% 左右，可见无渗流土壤的热恢复能力较差。

图 10-51 为有无渗流两种情况下地埋管换热器的逐时出水温度。该图清晰地表明了随着运行时间的延长，盘管出水温度在逐渐下降，对于有渗流土壤中的盘管其日平均出水温度从 7.52℃ 降到 6.63℃，降幅为 11.84%；对于无渗流土壤中的盘管其日平均出水温度从 7.34℃ 降到 6.22℃，降幅为

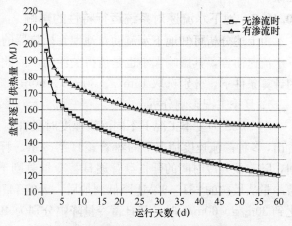

图 10-50 冬季工况有无渗流时盘管日供热量

15.22%。由此可进一步看出：无渗流土壤的热恢复能力较差，所以其盘管日平均出水温度降幅较大；同时有渗流土壤中盘管的日平均出水温度要比无渗流土壤中盘管的日平均出水温度高 4.30%。

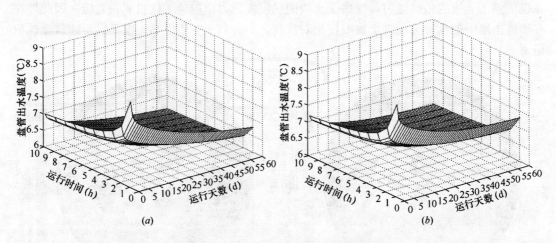

图 10-51　冬季工况有无渗流时盘管出水温度
(a) 无渗流时；(b) 有渗流时

由此可知，对于冬季供热工况而言，地下水流动增强了盘管周围土壤的热恢复能力，有效地减缓了系统长期运行时周围土壤的热量累积效应，因此此时的盘管取热量要高于埋在无渗流土壤中的盘管取热量；并且由于有渗流土壤传热能力的增强，此时的盘管更容易达到稳态供热工况，供热能力较强。因此，对于传统的土壤源热泵的运行方式和该集成系统的冬季运行方式而言，有地下水流动的土壤可以有效地增强盘管换热能力，在实际工程应用中可以考虑将其埋在有地下水流动的区域。

综合冬夏运行结果可知，对于集成系统夏季蓄/释运行而言，地下水流动增加了土壤蓄存冷量的损失，因而降低了盘管的释冷量；但是对于该集成系统的冬季供热工况或传统的土壤源热泵冬夏运行方式而言，地下水渗流增强了土壤的传热能力，也即提高了土壤的热（冷）量恢复速度，从而可有效避免热泵系统长期运行后出现出力不足现象。

10.10.2　地下水流速对系统运行特性的影响

由上述分析可知地下水流动对地埋管换热器的运行特性影响很大，但是对于不同的地下水流速而言，其影响大小也是值得关注的。因此对于冬、夏 2 种工况，在表 10-12 所示的计算条件下，分别选取 15m/a、30m/a、60m/a 3 种渗流速度情况进行对比分析。

1. 夏季工况影响分析

图 10-52 为夏季工况下不同渗流速度时盘管逐日蓄冷量、释冷量曲线图。从该图可以看出，3 种渗流速度情况下的盘管逐日蓄冷量、释冷量变化规律相同，在前期预蓄冷期间，随着预蓄冷时间的延长盘管逐日蓄冷量急剧下降，例如当渗流速度为 15m/a 时，日蓄冷量从最初的 2810.82MJ 降低到最后一天的 1473.58MJ，降幅达到 47.57%，当流速变化到 30m/a、60m/a 时，其日蓄冷量降幅分别为 49.47%、51.36%。

当系统进入正常的蓄冷、释冷运行时段后，初期盘管的逐日蓄冷量逐渐增加，逐日释

10.10 地下水渗流对集成系统运行特性的影响

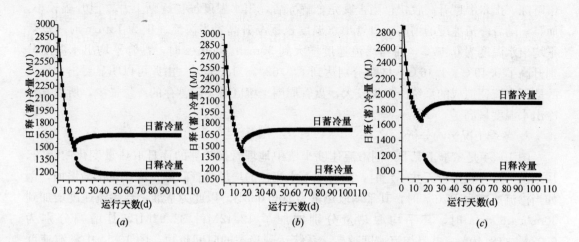

图 10-52 渗流速度对盘管日蓄、日释冷量的影响
(a) 渗流速度为 15m/a；(b) 渗流速度为 30m/a；(c) 渗流速度为 60m/a

冷量逐渐降低，最后达到稳定状态。随着渗流速度的增加，系统达到稳态的时间依次为27d、26d、22d。并且在系统进入稳态运行后，当渗流速度为 15m/a 时，其日蓄冷量为1651.51MJ，日释冷量为 1174.74MJ，日释冷率达到 71.13%；以此为基础，当渗流速度增加到 30m/a 时，系统日蓄冷量增加了 4.3%、日释冷量降低了 8.8%，日释冷率为64.77%；而当渗流速度增加到 60m/a 时，日蓄冷量增加了 14.96%、日释冷量降低了18.40%，日释冷率仅为 50.49%。由此可知，不同渗流速度对系统的运行特性的影响是不同的，究其原因主要在于：

（1）随着渗流速度的增高，地下水对流换热强度增强，则盘管周围土壤的蓄冷能力得以增强，因此渗流速度增加时日蓄冷量也增加；但同样由于土壤传热能力的提高，渗流速度大的土壤区域的冷量损失也较大，因此此时的日释冷量较低。

（2）渗流速度较高时带来的土壤冷量损失较大，因此在空调工况运行初期，渗流速度为 60m/a 情况下的盘管日蓄冷量、日释冷量变化率最大，因此该种情况下系统达到稳态运行时所需的时间最短。

由上述可知，对于集成系统的夏季运行方式，实际应用中应考虑尽量将地埋管换热器埋在渗流速度低的土壤中，虽然此时系统达到稳态运行所需时间相对较长，但可以通过调整预蓄冷时间来使系统尽快达到稳态运行。

图 10-53 为 3 种渗流速度情况下、系统达到稳态运行时的盘管逐时出水温度变化曲线。由图可知，盘管出水温度随着运行时间的延长而逐渐升高，并且在释冷初期，由于盘管周围部分土壤发生冻结，所以出水温度较低，但随着土

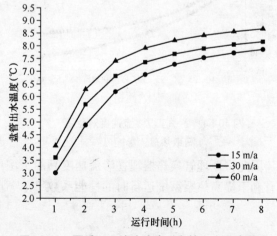

图 10-53 夏季工况渗流速度对盘管出水温度影响

壤解冻，出水温度升高较快；当土壤完全解冻后，出水温度虽仍逐渐上升，但升幅较小。而且，随着渗流速度的增高，盘管出水温度也逐渐升高。当渗流速度为15m/a时，盘管平均出水温度为6.43℃，而当渗流速度增大到30m/a、60m/a时，盘管平均出水温度分别升高了0.49℃、1.16℃，增幅分别达到了7.62%、18.30%。由此可以明显看出，较大的地下水流速造成的系统冷损失较大，盘管周围土壤区域实际蓄存的冷量最少，所以其释冷出水温度最高。

2. 冬季工况影响分析

图10-54是冬季工况下不同渗流速度土壤中地埋管换热器的逐日取热量变化曲线图。从该图可知，在运行天数一定时，随着地下水流速的增加盘管的逐日取热量逐渐增加，例如当渗流速度为15m/a时，其平均取热量为206.08MJ，以此为基准，当渗流速度增加到30m/a、60m/a时，其平均取热量分别增加了12.42MJ、32.92MJ，其增幅分别为6.03%、18.40%。并且渗流速度越高，系统达到稳态的时间越短，图10-54中渗流速度为60m/a土壤中的地埋管换热器已经进入了稳态运行，而渗流速度为15m/a时盘管的逐日取热量仍然在显著降低。其原因主要为，渗流速度大的土壤传热能力得到显著提高，因此埋在其中的地埋管换热器取热量最大，而且由于土壤的温度场恢复能力较强，所以其更容易达到稳定运行状态。

图10-55为3种渗流速度情况下地埋管换热器日平均出水温度变化曲线图。随着渗流速度增高，盘管出水温度依次升高。当渗流速度为15m/a时，盘管平均出水温度为6.71℃，当渗流速度增大到30m/a、60m/a时，盘管平均出水温度分别升高了1.53%、4.68%，出水温度的升高可改善热泵的制热性能系数，同时高渗流速度对于提高系统的总取热量也是有益的。

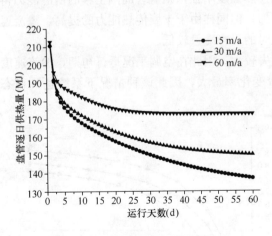

图10-54 冬季工况渗流速度对盘管日取热量的影响

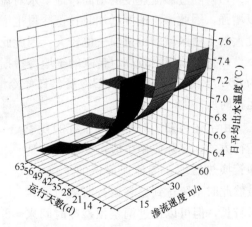

图10-55 冬季工况渗流速度对盘管日均出水温度的影响

因此将地埋管换热器埋在渗流速度高的土壤中能够增强其在冬季运行时的换热能力，更有利于提高热泵系统运行时的性能系数[29]。

10.11 集成系统全年运行特性模拟分析[32]

为了进一步研究该集成系统在我国夏热冬冷地区以及亚热带地区的应用问题,对集成系统在该地区的全年运行特性进行模拟分析是很必要的。

10.11.1 建筑概况

选定上海地区的某一栋办公楼为研究对象,建筑共 4 层,层高为 3.6m,窗墙比为 0.25。围护结构如下:外墙(从外到里)采用 20mm 厚水泥砂浆、30mm 厚聚苯板保温层、190mm 厚混凝土空心小砌块以及 20mm 厚水泥砂浆,传热系数为 0.99W/(m^2·K);屋顶采用 20mm 厚钢筋混凝土、50mm 厚聚苯板保温层、再加 130mm 厚钢筋混凝土以及 20mm 厚水泥砂浆,传热系数为 0.75W/(m^2·K);外窗采用塑钢窗,传热系数为 3.2W/(m^2·K),遮阳系数为 0.83。

采用清华大学开发的 DesT 软件对该办公楼的全年负荷进行了计算,建筑物逐时负荷结果如图 10-56 所示。此外,文献 [33] 对于夏热冬冷地区如何划分空调期、除湿期以及采暖期进行了研究,提出了如下的划分方法:对于过渡区(在气候区划分上属于夏热冬冷地区)东部城市在室外气温低于 7℃时进入采暖区;进入空调期的条件为:

$$0.44t_{wmax} + 0.56t_{wmin} > 28 \quad (10\text{-}59)$$

式中 t_{wmax}——室外日最高温度,℃;

t_{wmin}——室外日最低温度,℃。

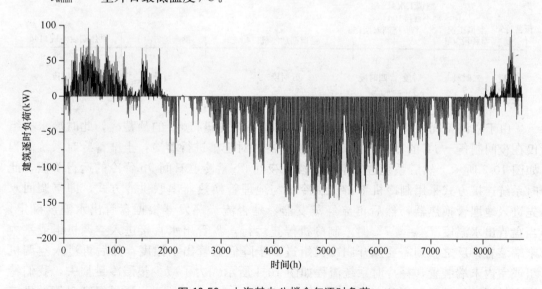

图 10-56 上海某办公楼全年逐时负荷

进入除湿期的条件为:

$$0.44t_{wmax} + 0.56t_{wmin} \leqslant 28$$
$$d_w > 17.38 \quad (10\text{-}60)$$

式中 d_w——室外空气含湿量,g/kg。

根据上述条件进行划分,上海地区的空调期为 37d,除湿期为 24d(即夏季总空调期为 61d,以下均称为空调期),采暖期为 61d。根据具体的建筑负荷情况,选取 1 月 1 日~

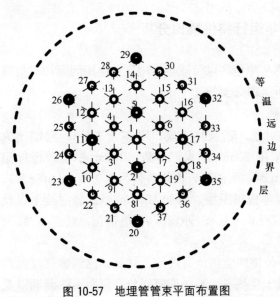

图 10-57 地埋管管束平面布置图

2月26日以及12月25日～12月28日为采暖期，共61d，采暖期建筑总热负荷为13145.21kWh；选取6月26日～8月25日为空调期，共61d，空调期建筑总冷负荷为57922.43 kWh，由此可以看出冬夏负荷的严重不平衡特点，与冬季总热负荷相比，夏季总冷负荷增加了340.6%。此外，全年最大建筑日冷负荷为163.70kW，根据土壤饱和区内单位管长盘管日释冷量计算公式[29]，可以计算得出所需的地埋管深度为134m，因此决定采用两个如图10-57所示的管群换热器组合，每个换热器埋管深度为67m，在实际模拟计算中假设两个管群换热器相距较远，二者互不干扰。

10.11.2 系统运行模式

系统全年运行包括如下阶段：预蓄冷段、空调工况时段（包括蓄冷、释冷和空调末期时段）、停机时段以及供热工况时段，如图10-58。

图 10-58 系统全年运行各时段

由于空调工况初期建筑冷负荷较小，因此系统先进行5d的预蓄冷，此时冷水机组仅在夜间制备-5℃的冷媒流入地埋管换热器，对土壤进行蓄冷，土壤蓄冷时系统流程如图10-2所示。然后系统进入空调时段，夜间5h蓄冷、日间9h释冷的运行阶段，此时系统连接方式采用制冷机下游、制冷机与地埋管换热器串联供冷方式，即空调回水先进入地埋管换热器，然后再流经蒸发器，是否流经蒸发器根据盘管出水温度确定，当盘管出水温度$T_{ESWT} \leqslant 7℃$时，制冷机停止运行，盘管出水直接进入空调机组或室内末端装置，反之，则需要加开制冷机组进一步降低盘管出水温度，然后再进入空调机组或室内末端装置，释冷时系统流程如图10-4所示。为了减少垫层冷量损失，我们特意安排了系统的只释不蓄空调阶段（第三时段），在这一时段里，通过提高盘管的进口水温来继续从土壤中吸取冷量，使系统仍按照释冷运行方式运行，从而使垫层冷量损失得以回收与利用。

因此在空调工况蓄释阶段后进入只释不蓄阶段时，此时由于建筑冷负荷较前期相比略有降低，因此采取如下的运行控制方式：当地埋管出水温度$T_{ESWT} \leqslant 10℃$时，停开制冷机，将地埋管出水直接送入空调机组或室内末端装置，空调机组的回水重新返回地埋管。通过这种运行模式可以有效地提取蓄释时段蓄进土壤的垫层冷量，以减少冷量损失；当释冷量小于空调负荷（$T_{ESWT}>10℃$）时，开启制冷机组进一步降低地埋管出水温度，然后再将其送入空调机组或室内末端装置，释冷时系统流程如图10-4所示。

之后，系统进入空调末期运行，采用传统的土壤源热泵运行方式，即停止冷却塔的运行，将冷凝热释放到土壤中，以起季节蓄能的作用。此时地埋管周围相对较低的土壤温度有效地降低了制冷机组的冷凝温度，从而可以降低冷水机组的运行能耗；同时采用传统的土壤源热泵运行方式可以将冷凝热放入地下，从而进一步提高土壤温度，以备冬季供热工况下系统的良好运行。在确定空调末期天数时，为了在系统全年运行后尽量减少对土壤温度场的影响，避免长期运行后引起土壤温度逐年升高或降低，因此根据空调末期建筑总冷负荷等于供热时段建筑总热负荷条件确定空调末期天数为15d。

在系统进入正常的供热工况时段后，系统采用传统的土壤源热泵冬季运行方式，即在日间进行10h供热。

10.11.3 全年运行特性模拟分析

1. 夏季运行结果分析

（1）夏季空调工况前三个运行时段。夏季空调工况运行时前三个运行时段包括5d预蓄冷段、36d夜蓄日释段以及10d不蓄只释段，3个运行时段的盘管日蓄冷量、日释冷量以及建筑日冷负荷情况示于图10-59中。从该图可以看出，在前期预蓄冷期间，随着蓄冷时间的延长，盘管日蓄冷量逐渐下降，其主要是由盘管周围土壤区域的温度逐渐降低所致。随后，由于土壤开始释冷，所以日蓄冷量有所回升，整个期间盘管日蓄冷量都随着建筑日冷负荷的变化而变化，当建筑日冷负荷较低时，盘管日蓄冷量也较小，虽然降低幅度不是很大，但仍然可以看出变化趋势，例如在运行第8天、第9天、第15天、第16天以及第23天，日冷负荷相对较低，则盘管日蓄冷量也有所降低；反之，当建筑日冷负荷较高时，盘管日蓄冷量也随之较高，从图中可以明显看出在蓄冷后期，也即运行第31～41d期间，盘管日蓄冷量上升趋势明显，而此时也是建筑冷负荷相对最大的阶段。

运行期间盘管日释冷量与建筑日冷负荷变化规律一致，但普遍略低于日冷负荷值，此时未足的冷量部分由加开的制冷机补偿。从图中可以看出，当建筑冷负荷较高时，其与盘

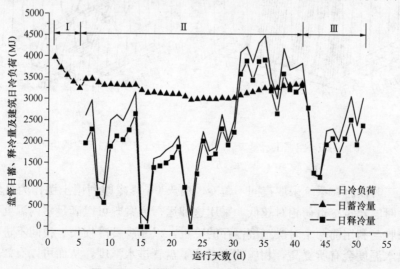

图10-59 空调工况前三时段运行结果分析

管日释冷量的差值较大，此时制冷机补偿部分也随之增加；当在夜蓄日释运行中期建筑冷负荷较低时，二者的差值最小，即盘管的出水温度几乎可以直接满足空调冷冻水要求，所需制冷机补偿部分很小。在系统进入不蓄只释阶段运行时，虽然系统不再进行夜间蓄冷，但前期蓄进土壤中的冷量也几乎能满足建筑要求，其冷量不足部分同样也由加开的制冷机进行补偿，但由于此时提高了盘管进水温度，所以可以有效提取前期土壤中蓄存的冷量，从而降低土壤的冷损失。

图 10-60 为空调工况第二、三时段盘管逐时进、出水温度变化情况。其中，当建筑冷负荷较小而使系统停运时令盘管进出水温度为零。从图 10-60（a）可知，每天盘管逐时出水温度随着运行时间的延长而逐渐升高，对于第二时段运行，一般在盘管开始释冷的初始时刻甚至在第二时段中后期的前二个时刻，盘管的出水温度都低于 7℃，此时将盘管出水直接供给空调使用，制冷机未开启。当盘管出水温度不满足空调用水要求时，则加开制冷机进一步降低冷水温度使之满足要求。即使当盘管出水不能满足空调用水要求时，此时的盘管出水温度亦不是很高，从图中可以看出，第二时段盘管逐时出水温度最高仍未达到 10℃，其日平均出水温度变化范围为 7.314~9.645℃。并且，在盘管开始释冷初期，由于前面对土壤进行了 5d 的预蓄冷，所以盘管逐时出水温度很低，第一天盘管逐时出水温度变化范围为 6.678~9.342℃；在释冷中期，盘管逐时出水温度相对最低，例如第 19 天盘管逐时出水温度的变化范围为 5.375~8.360℃，其原因为经过了一段时间的夜间蓄冷积累，所以土壤区域蓄存的冷量逐渐增多，而且此时的建筑冷负荷相对不高，所以该阶段盘管逐时出水温度相对最低，冷水机组停开时间最长；在第二时段后期，由于该阶段的建筑冷负荷较高，所以盘管逐时出水温度比中期时的盘管逐时出水温度略高。

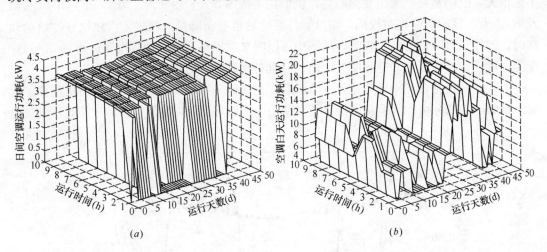

图 10-60 空调工况第二、三时段两种运行方式下白天空调功耗
(a) 当前运行方式；(b) 传统运行方式

进入第三时段时，系统采取夜间不蓄冷、白天 9h 释冷即利用土壤作为自然冷源的运行方案，此时的建筑冷负荷相对较低，采用这种运行方案既可以满足室内温度要求，并通过进一步回收与利用前两个时段土壤蓄存的冷量，以减少蓄冷损失。夜间不进行蓄冷后相应的盘管出水温度会有所提高，相应的也提高了盘管进水温度，从而可以有效提取土壤中的冷量，第三时段盘管的日平均进水温度变化范围为 20.837~22.629℃。

10.11 集成系统全年运行特性模拟分析

在一、二、三时段，土壤总蓄冷量为133115.7 MJ，在夜蓄日释阶段，土壤的总释冷量为76310.17 MJ，通过后期不蓄只释阶段的运行，土壤的总释冷量增加了20002.8MJ，因此使得总释冷量达到了96312.25MJ，这样空调工况下土壤季节损失率（（土壤总蓄冷量-土壤总释冷量）/土壤总蓄冷量）仅为27.64%。若将蓄冷的运行模式改为按负荷的大小来控制蓄冷量（或蓄冷时间）的多少，这样夜间土壤的蓄冷量既可以满足第二天空调负荷的需求，又可以避免蓄冷量过多造成能耗增大与冷量损失增加，从而可以进一步降低土壤的总冷量损失，降低土壤季节损失率。

在空调工况运行第二、三时段，系统采用前述的运行方式运行时白天空调运行耗功情况见图10-60（a），其中，当系统停运时耗功为0，另外，所述耗功均未计及水泵功耗，仅考虑压缩机功耗。二、三时段共46d运行期间白天空调总运行耗功为4609.22MJ。由于集成系统的运行方式就是基于考虑降低白天高峰用电量、利用夜间低谷电力达到移峰填谷的目的，因此为了对比分析采用夜间蓄冷方式后白天空调耗功情况的转移量，又针对空调工况运行第二、三时段建筑负荷，采用传统的土壤源热泵夏季空调运行方式进行了运行计算，其中，白天空调运行耗功情况见图10-60（b），建筑冷负荷与机组制冷量情况见图10-61。采用传统方式运行时白天空调运行总耗功为16716.362 MJ，与图10-59运行方式结果相比高了11566.926 MJ，增幅达到71.505%，因此可以说采用图10-59的运行方式相当于将白天用电转移了71.505%到夜间低谷电力时段，达到了移峰填谷的目的。

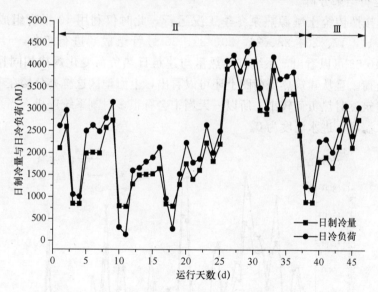

图10-61 空调工况第二、第三时段采用传统方式运行结果

（2）夏季空调第四运行时段。在空调工况运行第四时段，系统按照传统土壤源热泵夏季空调工况方式运行。对于空调工况，理论冷凝热等于建筑物的冷负荷、热泵机组的耗功和水泵的能耗之和，在对比分析中都未考虑水泵的能耗；实际冷凝热等于由实际盘管进出水温差与管内流体流量计算得出的排向土壤中的热量。

第四时段系统的理论冷凝热、实际冷凝热以及日冷负荷、日制冷量示于图10-62中，由图可知：理论冷凝热与实际冷凝热变化规律一致，而且由于计算实际冷凝热时未考虑进口部位管段温降，因此同一天内实际冷凝热值要略小于理论冷凝热值。整个第四时段系统总共向土壤实际释放冷凝热 63199.29MJ。此外，从该图中还可看出日冷负荷与日制冷量变化规律较一致。

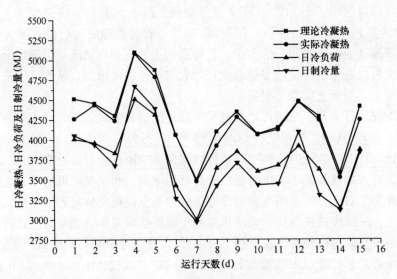

图 10-62 空调工况第四时段运行结果

2. 冬季运行结果分析

系统冬季按照传统土壤源热泵冬季工况运行，此时仅利用 10 根管组成管群换热器（即由 2、5、11、17、20、23、26、29、32、35 号管组成）进行工作，计算结果见图 10-63。从图 10-63 可以看出，系统日供热量与建筑日热负荷变化规律相同且略低于相应的建筑日热负荷。且从建筑热负荷图上还可以看出，上海地区这栋办公楼在冬季供热期内某些时刻的建筑逐时热负荷较小，所以一天当中会有很多时刻系统停机，当系统停机的时候令盘管出水温度、进水温度为 0。

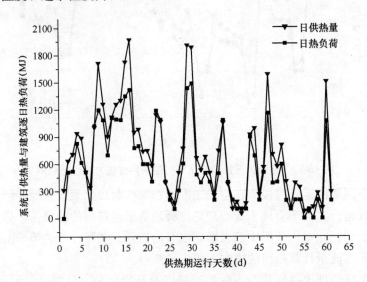

图 10-63 供热工况运行结果

综上，在系统全年各运行时段中，土壤中有时失热量有时得热量。失热量是指向土壤中蓄进的冷量或从土壤中取出的热量；而得热量是指从土壤中取出的冷量或向土壤中释放的热量。系统全年运行中土壤的能量交换情况列入表 10-13 中。

从表 10-13 可知，集成系统全年运行后，土壤的全年净能量交换量为 3715.607MJ，占全年总冷量的 2.28%。从前述可知，该栋建筑冬夏负荷不平衡较明显，供热期建筑总热负荷为 13145.21kW，空调期建筑总冷负荷为 57922.43 kW，后者是前者的 4.406 倍，由此可知系统采用的夜间蓄冷方式不仅利用了低谷时段的电力，达到了电力移峰填谷，而且还减轻了建筑冬夏负荷的不平衡造成的土壤温度的逐年升高或降低问题。

系统全年运行中土壤的能量交换情况（MJ） 表 10-13

	第一时段	第二时段	第三时段	第四时段	第五时段	汇总
失热量	17879.37	115236.4	0	0	30111.4	163227.1
得热量		76310.17	20002.08	63199.29	0	159511.5
差　值						3715.607

第 11 章 空调冷凝废热的回收与利用

11.1 概　述

自 19 世纪末纺织厂空调和剧院空调问世以来,空调技术随着经济的发展获得了飞速的提高,进入 21 世纪后,人们追求更高的物质文化生活水平,要求创造舒适而健康的室内空气环境和热水供应,空调和热水供应已成为现代建筑中不可或缺的设备与系统。因此,在现代建筑中通常独立设置热水供应和空调,它们之间相互独立、互不干扰,冷源与热源分别满足空调与热水供应的不同需求。

众所周知,制冷过程永远伴随热量产生的,空调系统通过冷却水系统向空气释放大量的冷凝热(一般冷凝热为空调冷量的 1.2～1.3 倍),冷却水温度一般在 30～37℃之间,而夏季生活热水的温度一般在 45℃左右,因此,只要稍微提高冷水机组的冷却水的温度,其冷凝热完全有可能作为热水供应的热源。这样,既避免了将冷凝热排入大气,引起对环境的热影响,又可节省热水供热热源的能量消耗和空调冷却水系统的电耗与水耗。因此,在实际工程中,对空调冷凝废热的回收与利用,将会对建筑节能减排起到积极的推动作用。但应注意,在对空调冷凝热回收与利用的过程中,要有很好的热回收条件,方可收到事半功倍的效果。即:

(1) 空调冷凝废热排出时间同用户用热时间尽量吻合;不吻合时应采用蓄热技术措施。
(2) 空调冷凝废热排出地点同用户用热地点尽量吻合。
(3) 热用户用热品位与空调冷凝废热的品位应尽量相近。
(4) 空调冷凝废热的数量要满足用户用热量的基本要求。

基于上述原则,在实际工程中,早已开始回收与利用空调冷凝废热。例如:

(1) 1965 年,Healy 等人[1]首先提出将冷凝热作为免费热源进行热水供应的可行性,并通过实验研究表明,每年可节约 70% 的热水供应耗热量,在 5 月到 10 月之间,可节约 93% 的热水供应量。
(2) 双管束冷凝器热回收式冷水机组的开发与应用。
(3) 制冷系统同时供人工冰场冷量与游泳池热量的联合系统。
(4) 空调冷凝热免费热水供应系统。
(5) 回收工业冷冻装置的冷凝热用于热水供应。如:牛奶厂冷藏冷凝热的回收,大型冷库冷凝热的回收与利用。

本章主要介绍我校在空调冷凝热回收与利用方面所开展的一些研究工作与成果。

11.2 应用辅助冷凝器作为恒温恒湿机组的二次加热器[2]

这种空调系统是由哈尔滨建筑工程学院徐邦裕教授、吴元炜教授领导的科研小组在

11.2 应用辅助冷凝器作为恒温恒湿机组的二次加热器

1965年提出的,由哈尔滨建工学院和哈尔滨空气调节机厂联合设计。1966年由哈尔滨空气调节机厂生产出了第一台样机并被命名为 LHR-20A 型空气调节机。

经过鉴定和长期运行考验证明该机组的技术性能先进并且使用效果良好。虽然是老机组,但流程首创而独特。为缅怀徐邦裕教授对推动我国热泵技术发展所起的作用,特撰写本节。

11.2.1 问题的提出

众所周知,为了能精确地同时控制室内温湿度,常用而简单的空气处理方法是:首先把被处理空气冷却到某一固定露点,然后使空气再热,这样,通过调节二次加热器的加热量就可以把空气出口温度控制在某一定值上。尽管此法很简单,但是它会使冷热相互抵消从而造成能量的浪费。

在全年运行的空调系统中,在某些地区的雨季,所需要的冷负荷往往达到最大值。在我国的东南、西南和中南地区的一些省份,人口众多,一年中潮湿气候持续的时间很长,因此,在这些地区,不仅要消耗大量的空调用冷量,而且二次加热器用热量也是很大的。尤其是在这些潮湿地区,冬季的室外气温一般并不太低,它并不需设置单独的采暖设备和锅炉。在这种情况下,通常都用电加热器为房间采暖,但是由此却带来大量的电能消耗。

制冷过程永远伴随热量产生的。于是会提出这样的问题:是否可以根据热泵原理,利用一部分冷凝器作为二次加热热源?这样做,在技术上和经济上是否可行?让我们从以下角度来研究一下这个问题:

(1) 作为二次加热来说,这一热量是否够用?

(2) 它的温度范围是否合适?

(3) 它的调节精度是否与要求相一致?

(4) 分挡的二次加热器与冷凝器是否能正常运行,是否会由于压差造成相互干扰?

通过简单的理论分析和下面将述及的实验,上述问题会得到肯定的回答。很清楚,这一设计方案在技术上是可行的。但是,它是经济上是否有充分的根据呢?这一问题将在本节的最后加以讨论。

11.2.2 系统和工作原理

所设计的机组与一般的立柜式空调机组相似,如图11-1所示。

唯一不同的是用辅助冷凝器代替通常的电加热器。辅助冷凝器是肋片

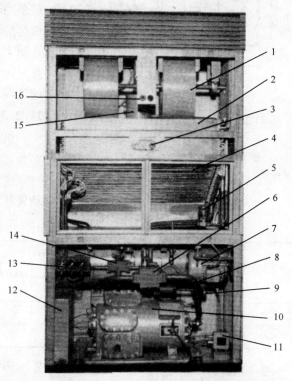

图 11-1 LHR-20A 型立柜式空调机组

1—风机;2—二次加热器;3—开关;4—蒸发器(制冷工况);5—电磁阀;6—四通换向阀;7—电动机(驱动风机);8—干燥过滤器;9—水冷冷凝器(制冷工况);10—半封闭压缩机;11—高低压力控制器;12—电气柜;13—压力表;14—双向热力膨胀阀;15—加湿器;16—指示灯

357

第11章 空调冷凝废热的回收与利用

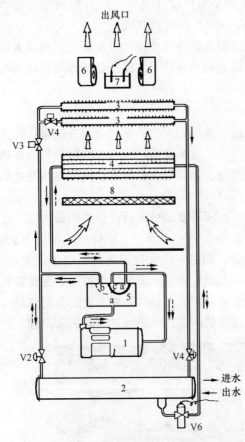

图11-2 用辅助冷凝器件作二次加热的恒温恒湿空调机组的系统原理图

1—半封闭压缩机；2—壳管式冷凝器；3——挡和二挡二次加热器；4—蒸发器；5—四通换向阀；6—风机；7—电加湿器；8—空气过滤器

管换热器，分两组。同时，管路系统必须相应地改变。图11-2是机组的管路系统图。

机组中的半封闭压缩机是特殊设计的，用两速电动机。R12的热蒸气由压缩机出来后，通过四通阀V5的孔a和孔b，而后分成两路，一路经V2到壳管式冷凝器2；另一路经电磁阀3到两组二次加热器。这两组二次加热器用电磁阀V4调节。R12在二次加热器中冷凝成液体后，再回到冷凝器2中。积聚在冷凝器底部的液体，通过双向恒温膨胀阀V6进入空气冷却器4中蒸发成蒸气。R12蒸气通过四通阀V5的孔d和c，再回到压缩机1中。这就是制冷剂的循环路线。而空气，首先通过过滤器8，再依次经空气冷却器4和二次加热器3，最后由风机6送入房间。

在上述系统中，也可以变为以水作热源的热泵循环。当机组用在它的供热能力大于设计负荷的场所时，可以取消采暖设备。循环路线在图11-2上用虚线表示，只是把四通阀中的半月形阀改变到虚线位置即可，并且将恒温膨胀阀反向使用，则就能成为热泵向房间供热。

11.2.3 机组的特性和现场测定

机组试制完成后，在实验室中进行了多次实验，其实验结果基本与设计相符合。

空气和水的参数见表11-1。制冷压缩机电动机功率7.5kW，风机功率1.1kW。

空气和水的参数　　　　　　　　　　　　　　表11-1

	室外空气			室内空气		新风比（%）	处理空气温差（℃）	水	
	干球温度（℃）	湿球温度（℃）	相对湿度（%）	干球温度（℃）	相对湿度（%）			温度（℃）	流速（m/s）
夏季	35	29.2	65	20	55±10	15	−6	28	1.05
冬季	−12	−13.5	49	20	55±10	15	—	10	1.15

实验结果风量为1.4kg/s：夏季，冷量22.6kW，除湿能力3.3kg/h，二次加热量6.3kW；冬季加热量19.1kW（低速），加湿量：2kg/h（低速）。

上述数据是在实验室中获得的实验结果。

同时也对安装在黑龙江省大庆油田某机修车间的机组作了现场实验。车间的面积：8m×5m，高5m，车间里安装一台高精度的坐标锉床和一台LHR-20A空调机组。在三个不同季节里（即过渡季、夏季和冬季）记录了恒温和恒湿控制精度以及气流流场。图11-3

11.2 应用辅助冷凝器作为恒温恒湿机组的二次加热器

和图 11-4 分别给出了各个季节中具有代表性的温度和相对湿度的波动值。图 11-5 表示二次加热器电磁阀关闭、开启时冷凝压力、蒸发压力、室内温度波动状态。从图可以看出，当关闭二次加热器一挡后，室温在 1min 或 2min 内继续上升 0.1～0.2℃，然后开始下降；同样，当二次加热器一挡开启时，室温在大约 1min 内仍继续下降 0.1～0.2℃。

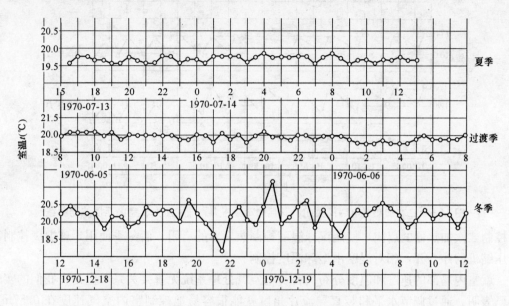

图 11-3　精加工车间室内温度曲线

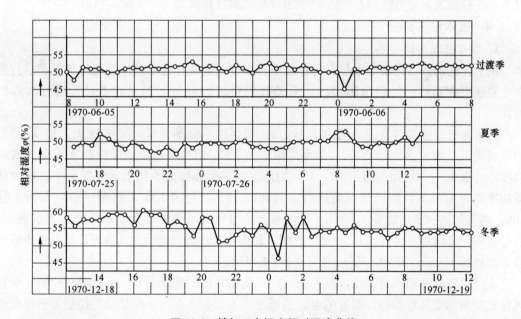

图 11-4　精加工车间内相对湿度曲线

综上所述，其结论是：除冬季外，在所有的其余季节中机组均能保证温度被控制在 ±1℃ 范围内，而相对湿度被控制在 ±5% 范围内，在冬季是因为局部加热的干扰所致。

上述实验中使用了最简单的控制方法，即温度双位调节。换言之，夏季使用干球温度

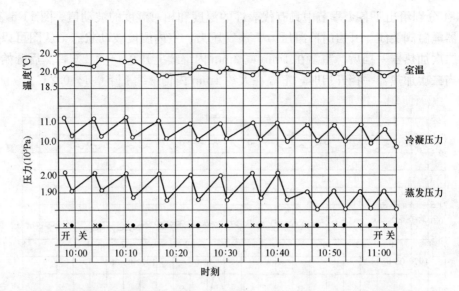

图 11-5 二次加热器电磁阀关闭、开启时冷凝压力、蒸发压力、室内温度波动曲线

计控制二次加热器的启闭,使用湿球温度控制蒸发器的启闭,而冬季使用干球温度控制制冷压缩机的停、开,相对湿度由湿球温度控制。

就室内局部的速度和温度分布而言,与空气处理系统无直接关系。但是在我们的实验中已表明:通过调节水平和竖直导流片角度就能很容易地控制室内空气速度在 0.57m/s 以下,并且最大温差被控制在 +0.2~−0.7℃ 之间(高度为 1.2m 和 2.0m)。

11.2.4 技术经济分析

1. 节省电能消耗

用上述的加热器代替电加热器每年能节省多少电能呢?这取决于各地的气候和运行条件,要作出准确的回答是很困难的,但是我们可以假定一定的设计条件,进行大致的估算。

假定通过二次加热器的风量为 1.4kg/s,根据国家标准 TS19-75 的规定,精度 +1℃ 的房间送风温差为 $\Delta t = 4 \sim 10℃$,取平均值 $\Delta t = 7℃$。则当室内温度维持在 20℃ 时,送风温度不低于 13℃。机组的露点为 10℃,因此,在夏季和过渡季机组需要的最小二次加热器功率约为 4.2kW,相当于压缩机动力消耗的 56%。假定工作天数为 200d,每天工作 10h,则每年将节省电能 8400kWh。这仅是为了避免送风温度过低所需要的二次加热量。在过渡季,送风温度可能高达 20℃,此时,最大的二次加热量可达 14kW,相当于压缩机动力消耗的 190%。但是,具体的运行时间难以确定。

上述比较仅适用于定露点控制方法。如果使用其他的控制方法,(变露点控制、变新风量比控制和变风量控制)节省的电能消耗量将不会有这么大。但是这些控制方法在空调机组中很少使用。

2. 节省水量

由于一部分冷凝热被二次加热器带走,因此,冷凝器需要的水量可能减少。根据上述的节省的热量,并假定冷却水温差为 4℃,那么,每年节省的水量至少有 20000t。这个估算值还不包括过渡季期间,由于二次加热量的增加而节省的水量。

11.2 应用辅助冷凝器作为恒温恒湿机组的二次加热器

3. 在冷却运行期间，节省压缩机的能量消耗

众所周知，在一定的蒸发温度下，冷凝压力降低必然导致制冷功率消耗的减少。由于使用二次加热器，而且通过加热器的空气温度必然很低，因此，冷凝压力较低，结果是压缩机的动力消耗降低。二次加热量越大，动力消耗减少越多，这一点可以由图11-6看出。

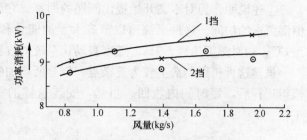

图11-6 制冷功率消耗和风量之间的关系

图示表明了使用一挡加热和二挡加热时，动力消耗和通过加热器风量的关系。由图可见，使用一挡加热时动力消耗高于使用两挡加热时的动力消耗，平均差2%~3%。

进一步做了关闭两挡加热器，仅用水冷冷凝器的实验。这时动力消耗比只用一挡加热器的动力消耗进一步增加2.5%。

如果使用风冷凝器，这个优点将更加突出。因为一般风冷冷凝器的冷凝压力比水冷冷凝器更高。

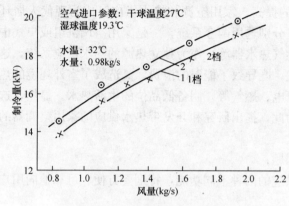

图11-7 制冷量和风量之间的关系

4. 机组的制冷量增加

在一定的蒸发温度下，冷凝压力降低将导致制冷量增加。因此，由于使用二次加热器，机组的制冷量也增加，如图11-7所示。

由图可见，使用一挡加热和两挡加热时，制冷量随风量的增加而上升。更进一步比较可以发现，使用两挡加热比使用一挡加热时，制冷量增加3.6%~5.9%。此外，从另一个实验也得到，当关闭两挡加热器时，比使用一挡加热器时，机组制冷量降低2.5%。

如上所述，当使用风冷冷凝器时，这一优点将更加突出，制冷量增加的范围可能更大。

5. 加热器和冷凝器之间压力的互相影响

作了不同进口水温和二次加热器、冷凝器压力之间关系的实验，实验结果见图11-8。

由于管路的阻力，这些压力不相等，而且它们之间不相互干扰，相反的在运行中，它们相互之间关系非常一致。当水温达到比较高的数值时，冷凝压力也迅速上升，引起机组制冷量有较大的降低。但是并没有观察到反常的现象。

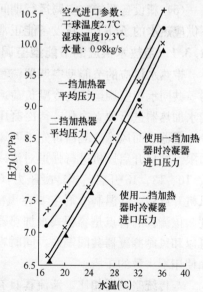

图11-8 一挡加热器、两挡加热器及冷凝器平均压力随冷却水温度变化关系

上述说明作为对本文开始提出问题的回答。它证明,我们提出的系统适于用在有恒温恒湿要求的房间。这种系统可以节省大量的能量和水量,而且可以使温度控制精度达到±1℃,相对湿度达到±5%。随着自动化系统的改善,还可预期达到更高的控制性能。

虽然这种机组制造上较为复杂点,但是所增加的制造费用是微不足道的,而且可以在机组运行后,短时间内收回。当然,安装这样的机组可能需要稍多一点的维护和管理工作。

11.3 带热水供应的节能型空调器[3~6]

进入21世纪后,随着人民生活水平的提高,家用空调和热水供应已成为现代人居环境中不可缺少的设备。目前,国内通常是分别选用两套系统,一是家用空调机组或户式中央空调系统,二是热水器(电热水器、燃气热水器等)作为独立热源的热水供应系统。这样,每天空调的冷凝热要白白地排入大气,既导致了能源的浪费,又造成了室外环境的热污染;同时又要消耗一定量的高品位能(电、燃气等)制备低品位的生活热水。显然,这种用能方式不符合可持续发展的要求。为此,提出研究和开发带热水供应的家用空调器的研究课题,并拟研究下述问题:

(1) 新设备流程的可行性与可靠性问题;
(2) 新设备要同时具备空调和热水供应的两种不同功能,特别要方便、可靠地向用户提供热水;
(3) 研究人居环境空调负荷变化规律和热水供应负荷变化规律,并在此基础上解决好空调冷凝热与热水供应在时间和数量上的不一致问题;
(4) 研究蓄热水箱的蓄热特性、容积大小及其优化;
(5) 新设备要能在空调运行期间和停机期间内,随时向用户提供热水,并且要保证在不供应热水的条件下,新设备能正常运行,创造健康而舒适的人居环境。

11.3.1 带热水供应的节能型空调器流程[7]

带热水供应的节能型空调器流程如图11-9所示,新流程中风冷冷凝器3同水冷冷凝器5共同承担空调运行的冷凝负荷。夏季运行时,由压缩机1排出的高温制冷剂先由容积式水加热器进行独立冷却,待冷凝压力(或压缩机排气温度)超过设定值以后,再开启风冷冷凝器,而风冷冷凝器可先不开风机进行自然对流冷却,若冷凝压力(或排气温度)仍超限,则再开启风机进行强迫对流冷却。系统运行时,电磁阀11、12、14关闭,电磁阀9、10、13、15开启,当冷凝压力(或排气温度)超限时,电磁阀12开启,13关闭。当风机开启后,高温制冷剂主要在风冷冷凝器中冷却,而在容积式水加热器中去除其过热度。该流程的特点是容积式水加热器既可受冷凝压力(或排气温度)的控制单独工作,又可以和风冷冷凝器共同工作,同时容积式加热器具有一定的蓄热能力,可以缓解热水生产和使用不一致的矛盾。

与传统空调器相比,新流程具有以下特点:
(1) 将空调器与热水器合二为一,无需分别购置空调器和热水器;
(2) 在保持原有空调器正常供冷功能的前提下,兼有热水供应的功能;
(3) 从能源利用的角度看,性能系数得以提高。

11.3 带热水供应的节能型空调器

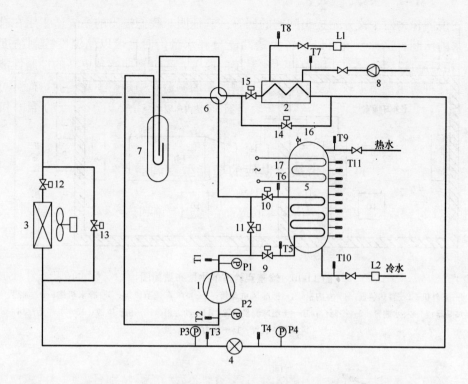

图 11-9 带热水供应的节能型空调器的实验流程原理图

1—压缩机；2—蒸发器；3—冷凝器；4—节流机构；5—容积式水加热器；6—四通换向阀；
7—气液分离器；8—水泵；9、10、11、12、13、14、15—电磁阀；16—安全阀；17—电加热器

11.3.2 实验样机与实验装置

实验样机是根据图 11-9 所示的原理来研制的。样机中涡旋压缩机的额定输入功率为 2.83kW；容积式水加热器采用并联浸没式盘管，圆柱形立式蓄热水箱，盘管为 $\Phi 12mm \times 1mm$ 的紫铜管，形状为螺旋形，水箱的净容积为 130L；室外风冷冷凝器采用肋片管簇，并配用功率为 35W 的轴流风机；室内换热器采用板式换热器；节流机构采用热力膨胀阀。同时，在蓄热水箱的外表面覆有厚度为 50mm 的保温玻璃丝棉。

实验是在某厂的标准焓差实验台［根据国家标准（GB/T 17758—1999）搭建］上进行，其实验装置如图 11-10 所示，实验测点见图 11-9。

11.3.3 带热水供应的节能型空调器流程的可行性实验研究

通常，在新流程运行过程中通过运行参数（冷凝压力、蒸发压力、排气温度、热水平均温度等）是否正常来描述新流程运行的可行性。若运行参数正常，则新流程可行，否则，不可行。为此，在实验中，在系统不用热水工况（此时为最不利工况）下，启动样机进行实验，分别测出维持室内温度为 25℃，室外环境温度 28℃、35℃时的冷凝压力 p_c、蒸发压力 p_e、排气温度 t_p 和热水平均温度 t_{wp} 的变化，以此评价新流程的可行性。实验结果见图 11-11～图 11-13。

由图 11-11～图 11-13 可以看出：

（1）新流程先投入容积式水加热器，其次再投入自然冷却的风冷冷凝器，最后投入风机变强迫对流冷却的运行模式，是一种既加快热水加热速度，又尽量节省运行能耗的运行模式。

第 11 章 空调冷凝废热的回收与利用

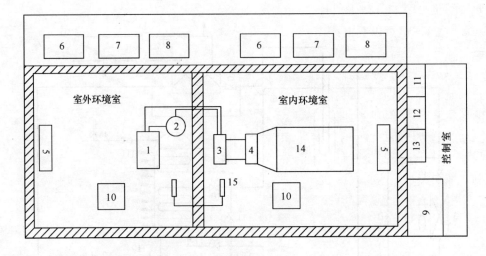

图 11-10 焓差实验室的平面布置简图

1—室外机；2—蓄热装置；3—室内机；4—标准风机盘管；5—空气再调节机组；6—冷水机组；7—加热、加湿器；8—补水装置；9—控制台；10—干湿球测量装置；11—动力柜；12—稳压电源；13—电器柜；14—风量测量装置；15—压力平衡装置

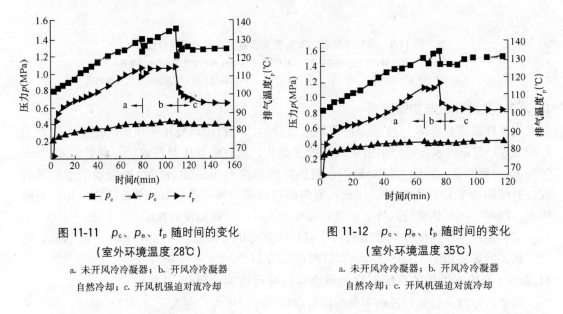

图 11-11 p_c、p_e、t_p 随时间的变化
（室外环境温度 28℃）
a. 未开风冷冷凝器；b. 开风冷冷凝器自然冷却；c. 开风机强迫对流冷却

图 11-12 p_c、p_e、t_p 随时间的变化
（室外环境温度 35℃）
a. 未开风冷冷凝器；b. 开风冷冷凝器自然冷却；c. 开风机强迫对流冷却

(2) 在保证将热水加热到 45℃的情况下，样机的运行参数（p_c、p_e、t_p）始终保持在正常值范围内，充分表明新流程运行的可行性。

(3) 新流程在室外环境温度高的情况下，更有利于热水加热速度的提高。

11.3.4 带热水供应的节能型空调器流程的可靠性实验研究

为了验证新流程的可靠性，开展了新流程的可靠性实验研究，其实验是在室内温度为 25℃、室外环境温度为 35℃的条件下，让系统处于长时间（本实验取 15h）的连续运行且不使用热水的极限情况下，考察系统的冷凝压力 p_c、压缩比 p_c/p_e、排气温度 t_p 和容积式水加热器里热水平均温度 t_{wp} 随运行时间的变化情况。

实验结果见图 11-14～图 11-17。由图 11-14～图 11-17 可以看出：

（1）风冷冷凝器运行之前，系统的冷凝压力、蒸发压力和压缩比及排气温度上升都比较快。从实验数据的分布和曲线的形状来看，随着运行时间的延长这种增加的趋势还将继续。

（2）当打开风冷冷凝器且让其自然冷却时，在初始很短的一段时间，冷凝压力、压缩比及排气温度都有一定程度的减小，但随后又开始上升，且上升速度也很快。

（3）最后开启风机进行强迫对流冷却，则冷凝压力、蒸发压力、压缩比及排气温度均下降，并在长达 15h 内分别

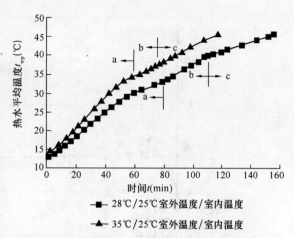

图 11-13　不用水时，热水的平均温度随时间的变化
a. 未开风冷冷凝器；b. 开风冷冷凝器
自然冷却；c. 开风机强迫对流冷却

维持在 1.58MPa、0.45MPa、3.4 及 100℃附近稳定不变。从实验数据的分布和实验曲线的形状来看。冷凝压力、蒸发压力、压缩比及排气温度没有增大的趋势，表明系统可以长时间稳定运行。

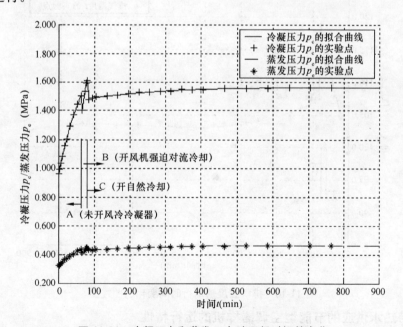

图 11-14　冷凝压力和蒸发压力随运行时间的变化

（4）而从图 11-17 中可以看出，在开启风冷冷凝器后，容积式水加热器内热水平均温度随运行时间的延长缓慢升高。这主要是因为容积式水加热器继续吸取制冷剂过热度的热量大于其散失给环境的热量，从而也反映出容积式水加热器保温效果良好。但是为了防止水汽化，在水温达到 95℃时，则可以开启旁通电磁阀 11，关闭 9 和 10（图 11-9 所示）、旁通容积式水加热器使水温回落。

第11章 空调冷凝废热的回收与利用

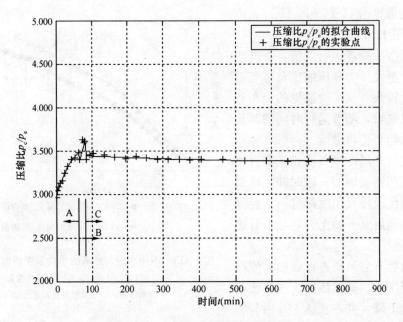

图 11-15 压缩比随运行时间的变化

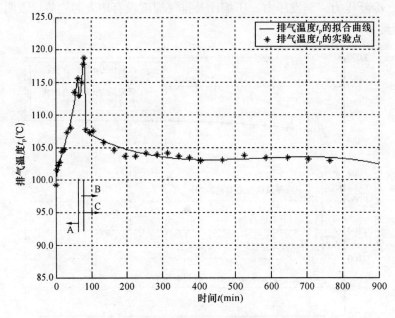

图 11-16 排气温度随运行时间变化的曲线图

11.3.5 带热水供应的节能型空调器样机的运行特性

以实验方法作为研究方法,对带热水供应的节能型空调器的运行特性作进一步研究与分析,即研究节能型空调器热水供应量、机组的制冷量、机组的耗功、系统的 COP 值与供水温度、蒸发压力以及环境温度之间的相互关系。

1. 带热水供应的节能型空调器热水供应量特性

图 10-18 给出了维持室内环境温度为 25℃,并维持一定的蒸发压力下(本实验蒸发压力维持在 0.397MPa),在不同的热水出水温度下,热水供应量随室外环境温度变化的关

11.3 带热水供应的节能型空调器

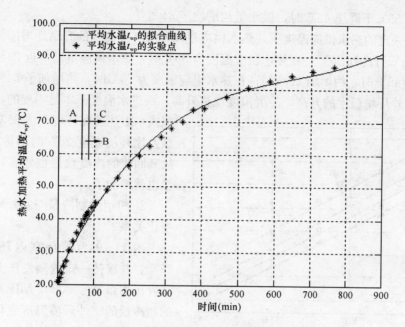

图 11-17 热水平均温度随运行时间的变化

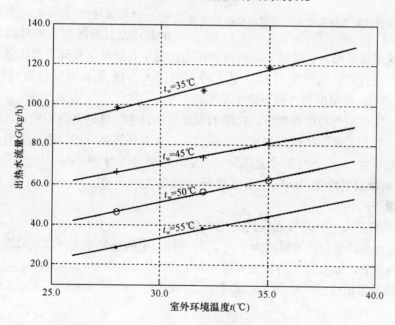

图 11-18 热水供水量随室外环境温度变化的关系

系曲线图。从图 11-18 中可以看出：

(1) 在一定的室外环境温度下，热水供水量随供水温度的降低而增加。在室外环境温度为 28℃时，其热水供水温度从 45℃降至 35℃，供热水量约增加了 44.9%；从 55℃下降至 45℃时，供水量约增加了 132.9%。而在室外环境温度为 32℃时，热水供水温度从 45℃降至 35℃，供热水量约增加了 45.6%；从 55℃下降至 45℃，供水量约增加了 91.0%。在室外环境温度为 35℃，热水供水温度从 45℃降至 35℃，供热水量约增加了

45.9%；从55℃下降至45℃时，供水量约增加了84.3%。

(2) 在一定的热水供应温度下，热水供应量随室外环境温度的升高而增加。当室外环境温度从28℃升高到35℃，在热水供应温度为35℃时，热水供应量增加近23%；在热水供应温度为45℃时，约增加22.2%；在热水供应温度为55℃时，约增加了54%。这也表明，随着室外环境温度的升高，冷凝温度也将升高，而进水温度基本是不变的，从而使容积式水加热器在环境温度35℃时的传热温差比环境温度28℃时的传热温差大，故其回收的冷凝热量也较多，热水供应量也就增加了。

2. 机组的制冷量与室外环境温度的变化关系

图 11-19 为维持室内环境温度为 25℃，并维持一定的蒸发压力（本实验蒸发压力维持在 0.397 MPa）下，机组的制冷量随室外环境温度变化的关系曲线图。从图 11-19 可以看出：

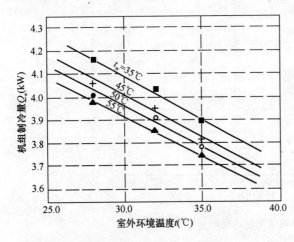

图 11-19 机组的制冷量随室外环境温度变化的关系

(1) 无论热水供水温度如何，系统的制冷量总是随着室外环境温度的升高而减小的。这主要是因为在保证一定的蒸发压力前提下，随着室外环境温度的升高，系统的冷凝压力随之升高，从而使其制冷量下降。当供水温度为 45℃时，室外环境温度从 28℃上升至 35℃，机组的制冷量下降了 6%。

(2) 在一定的室外环境温度下，机组的制冷量随供水温度的升高而降低。这是因为供水温度越高，容积式水加热器内热水温度就越高，从而使得系统的冷凝压力有所提升（但上升幅度不是很大），机组的制冷量减少。当室外环境温度为 28℃时，供水温度从 45℃上升至 55℃，制冷量下降约 2.5%；当室外环境温度为 35℃时，供水温度从 45℃上升至 55℃，制冷量下降约 2%。

3. 机组的耗功与室外环境温度的变化关系

图 11-20 为维持室内环境温度为 25℃，并维持一定的蒸发压力（本实验蒸发压力维持在 0.397MPa）下，机组的耗功随室外环境温度变化的关系曲线图。从图 11-20 可以看出：

(1) 无论热水供应温度如何，系统的耗功总是随着室外环境温度的升高而增大。对于供水温度为 45℃时，室外环境温度从 28℃上升至 35℃，机组的耗功将增加 16.6%；

(2) 在相同的室外环境温度下，随着热水供应温度的升高，耗功也增大。在室外环境温度为 28℃时，供水温度从 45℃

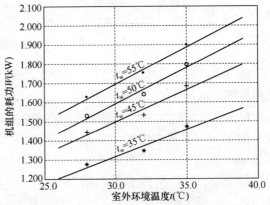

图 11-20 机组的耗功随室外环境温度变化的关系

上升至55℃，耗功增加12.6%；当室外环境温度为35℃时，供水温度从45℃上升至55℃，耗功增加12.8%。

4. 系统的 COP 与室外环境温度的变化关系

图 11-21 为维持室内环境温度为25℃，并维持在一定的蒸发压力（本实验蒸发压力维持在0.397 MPa）下，系统的 COP 随室外环境温度变化的关系曲线图。

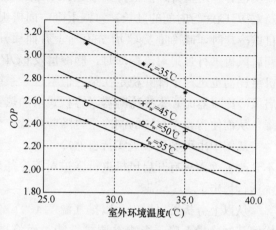

图 11-21 系统的 COP 随室外环境温度变化的关系

从图 11-21 中可以看出：

（1）无论热水供水温度如何，系统的制冷性能系数 COP 总是随着室外环境温度的升高而减小的。当供水温度为45℃，室外环境温度从28℃升高到35℃，COP 约下降16.7%。

（2）在一定的室外环境温度下，系统的 COP 随供水温度的升高而降低。当室外环境温度为28℃时，供水温度从45℃升至55℃，COP 将减少13.6%；当室外环境温度为35℃时，供水温度从45℃升至55℃，COP 将减少11.4%。

11.3.6 带热水供应的节能型空调器样机的动态特性[8]

通过实验，研究样机从开启到运行平稳这段时间内，样机制冷量、耗功量及 COP 值随运行时间的变化情况。

1. 系统不用水时，制冷量 Q_e、机组耗功 W 及 COP 的变化

图 11-22、11-23 分别给出了维持室内温度25℃、室外环境温度分别为28及35℃时，系统在不用水运行时的制冷量 Q_e、机组耗功 W 及 COP 随运行时间的变化关系。

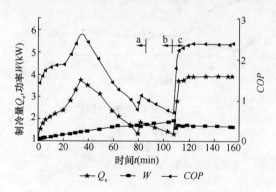

图 11-22 Q_e、W 及 COP 随时间的变化
（室外环境温度28℃）
a. 未开风冷冷凝器；b. 开风冷冷凝器自然冷却；c. 开风机强迫对流冷却

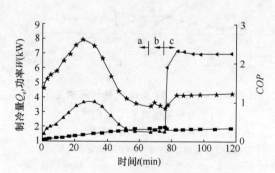

图 11-23 Q_e、W 及 COP 随时间的变化
（室外环境温度35℃）
a. 未开风冷冷凝器；b. 开风冷冷凝器自然冷却；c. 开风机强迫对流冷却

从图 11-22，11-23 可以看出，无论室外环境温度如何，系统运行时的制冷量、机组耗功及 COP 随运行时间的变化趋势是一致的。从图 11-23 中可以看出，不开启风冷冷凝

器时，系统在启动后约 25min 内，制冷量及 COP 都随运行时间的延长而急剧增大，机组耗功也有一定上升，但上升幅度远没有制冷量上升的幅度大。在而后的 40min 内制冷量及 COP 随运行时间的延长又急剧下降，而机组耗功却一直上升。在开启风冷冷凝器使其自然冷却时，制冷量及 COP 先有所上升而后开始下降，而机组耗功却先下降再上升。当开启风机进行强迫对流冷却时，制冷量及 COP 迅速上升并稳定在某一值附近。与此同时，机组耗功也迅速下降并稳定在某一值附近，系统运行稳定。造成这种状况的原因是在未开启风冷冷凝器时，水冷冷凝器（容积式水加热器）随着热水温度的升高而冷却能力急速下降，从而使得整个系统的制冷量也随着降低，然而功率却在上升，COP 值急剧下降。

从图中也可看到，当实行自然冷却时，冷却效果仍然不好，故制冷效果和运行性能得不到改善，而只有开启风机进行强迫对流冷却后，制冷效果和运行性能才得到了改进，系统运行稳定。

从以上分析可以看出，以排气温度 120℃ 作为控制风机启、停的信号是不合理的，这样使其制冷量下降，影响空调机性能；而将排气温度定为 100℃（正常运行时的排气温度）时开启风机进行强迫对流冷却，则可改善系统运行性能。

2. 系统用水时，制冷量 Q_e、机组耗功 W 及 COP 的变化

图 11-24、11-25 分别给出了维持室内温度 25℃，室外环境温度分别为 28℃ 及 35℃，系统用水运行时的制冷量 Q_e、机组的耗功 W 及制冷性能系数 COP 随运行时间的变化关系。

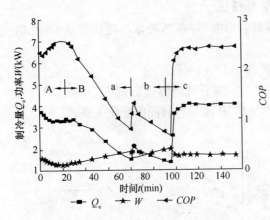

图 11-24　Q_e、W 及 COP 随时间的变化
（室外环境温度 28℃ 且用水）

A. 用水；B. 停水；a. 未开风冷冷凝器；b. 开风冷冷凝器自然冷却；c. 开风机强迫对流冷却

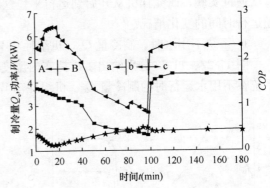

图 11-25　Q_e、W 及 COP 随时间的变化
（室外环境温度 35℃ 且用水）

A. 用水；B. 停水；a. 未开风冷冷凝器；b. 开风冷冷凝器自然冷却；c. 开风机强迫对流冷却

从图 11-24、图 11-25 中可以看出，在用水阶段（图中 A 段），不论环境温度如何，系统的制冷量和功耗都随用水时间的延长有不同程度的减少。制冷量在用水初始阶段减少较快，但之后下降较为缓慢并维持在某一值；而功耗在整个用水过程中下降速度都较快。造成这种状况的原因是在初始用水阶段，容积式水加热器内水温较高，且关闭了风冷冷凝器，此时，仅用容积式水加热器作为系统的冷凝器，其冷凝面积显得过小，故此阶段的制冷量有所下降。随着用水时间的延长，水加热器内的水温下降较快，此时冷却效果增强，

因此，制冷量不再下降或下降较为缓慢，如何解决用水初期系统制冷量减小的问题应引起重视。根据上述实验，可采取的技术措施有：用水时，风冷冷凝器投入运行，加大热水加热器的换热面积。

从图11-25中可以看到，在用水的初期COP有小幅度的下降，而造成这种下降的原因是制冷量在这段时间内的下降幅度大于功率的下降幅度。但在随后的大部分用水过程中，由于制冷量的下降幅度要明显小于功率的下降幅度，故系统的COP开始上升，这种上升的过程贯穿于之后的整个用水过程。从整个用水过程来看，虽然在用水初期制冷量有所下降，但是系统的功耗也在下降，且下降的幅度在大部分时间内是大于制冷量下降幅度的，况且COP值几乎在整个过程中都大于原有系统的COP值。由于现在家庭用热泵空调器的供冷量都远大于室内的冷负荷，因此，在用水过程中制冷量的略微下降是不会影响到室内正常的供冷需求的。更何况系统运行时功耗下降，COP上升，同时还可停开风机，比原系统节约了电能。

11.3.7 带热水供应的节能型空调器中容积式水加热器[9]

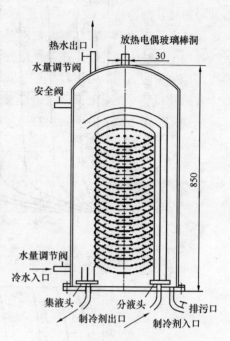

图 11-26 容积式水加热器的示意图

图11-26给出样机中容积式水加热器的示意图，其结构见表11-2。

水加热器结构一览表　　　　表 11-2

名 称	规 格	单 位	备 注
换热面积 F_r	6.31	m²	$F_r=Q_c/q_F$，$q_F=1400W/m^2$
紫铜管型号	$\varphi 12\times 1$	mm	
紫铜管长度 L_r	167	m	$L_r=F_r/(\pi \cdot d_r)$，管外径 $d_r=12mm$，分3组盘管
壳体尺寸	$\varphi 542\times 850$	mm	直径×高
壳体材料	2.0	mm	厚度为2mm的冷轧钢板
保温材料	50	mm	玻璃丝棉
自动放气阀	$\varphi 15$	mm	
排污管	$\varphi 20$	mm	

在容积式加热器热水的进、出口及容器内均匀布置13个温度采集点（用铜-镍铜热电偶）来测试温度（见图11-9），以研究容积式加热器内各层水温的变化：

（1）系统不使用热水时，容积式加热器内各层水温的变化

图11-27和图11-28分别给出了室外环境温度为28℃和35℃，室内温度为25℃条件下，蓄热水箱内各层水温度随加热时间的动态变化关系图。从图中可以看出，蓄热水箱内的热水温度分层比较明显，高温水始终在加热器的上部，低温水始终在加热器的下部。同时，也可看到这种分层界限在蓄热水箱高度为20cm处十分明显，在20cm处以下分层显著，在0～20cm最大温差可达到10℃；而在20cm处以上分层温度只不过为1～2℃。热

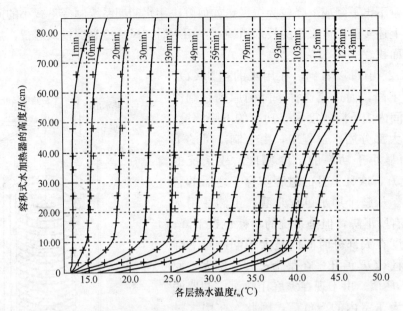

图 11-27 室外温度 28℃ 容积式水加热器内各层水温的变化关系

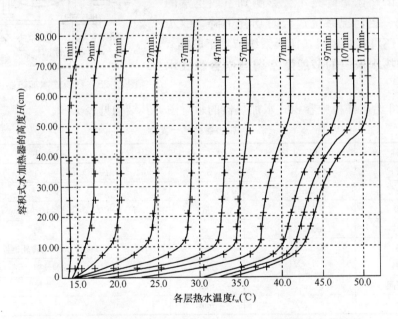

图 11-28 室外温度 35℃ 容积式水加热器内各层水温的变化关系

水的出水口设在加热器的上部，进水口在加热器的下部，依靠自来水的进口压力将热水挤出来，故用户所得到的水始终是高温水，这对于用户用水是有利的。

（2）系统使用热水时，容积式加热器内各层水温的变化

图 11-29、11-30 给出了在室外环境温度为 28℃ 及 35℃、室内温度为 25℃ 下，蓄热水箱内各层水温度随用水时间的变化的情况。

图中 t_{w1}、t_{w4}、t_{w7}、t_{w10} 和 t_{w12} 分别代表离蓄热水箱底部距离为 75cm、48cm、30cm、16.5cm 和 7.5cm 处的水温度，t_{w1} 也是热水的出水温度。从图中的变化趋势可以看出，当

11.3 带热水供应的节能型空调器

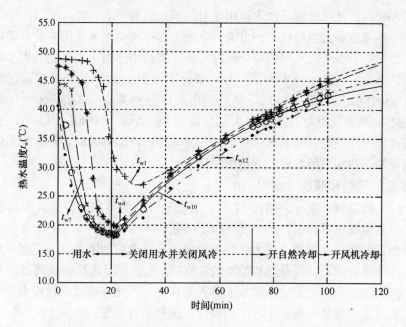

图 11-29 室外 28℃ 且用水时各层热水温度与加热时间的关系

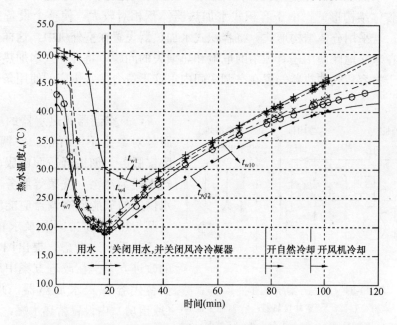

图 11-30 室外 35℃ 且用水时各层热水温度与加热时间的关系

热水出水温度加热到 50℃时，足以满足淋浴所需要的热水温度。在 0 时刻开始模拟淋浴用水（淋浴用水量 6.5L/min[10]），大约经过 20min 后，热水的出水温度由原来的 50℃经过一段较稳定平衡的过渡后，迅速降至 30℃左右。当热水出水温度降至 30℃后，已不能满足淋浴的要求，故必须关闭用水，待重新加热至合适的温度后才可继续使用。而这段时间持续了近 20min，也就是说流出了约 130L 的热水，而热水温度在使用的大部分时间内都在 45℃以上，热水量及热水温度都可以满足夏季一个人的淋浴量——107～160L/人[11]（45℃热水）及淋浴温度。从图中可知，若需再使用热水则要等上 1h 左右，故只要能够合理地安排用水时间,就可以解决产水和用水时间不一致的矛盾。

为了进一步考察本机组的热水产出力,在做了上述模拟热水使用实验(即在保证一定的热水流量的前提下,考察水温的变化情况)外,实验中还做了在一定的出水温度下的出水流量实验。维持室内环境为25℃、室外环境分别为28℃和35℃,并保证正常的制冷前提下,当出水温度保持45℃不变时,其连续出水量分别为66.63kg/h和91.40kg/h;当出水温度保持50℃不变时,其连续出水量分别为46.25kg/h和68.50kg/h。通过此项实验,可以清楚地得知该设备的热水供应出力,便于今后产品开发时,针对于不同用户的需要,合理地设计蓄热水箱的容积,方便用户用水。

11.3.8 存在的问题和解决方案[4]

基于上述实验研究,充分表明图11-9新流程是可行而可靠的方案,并具有良好的运行特性。但是在商品化过程中,还应解决以下问题:

(1) 空调器的普及率虽高,但大多数用户出于运行费用的考虑,一年之中真正运行空调器的时间却非常有限,仅在最热和最冷的2~3个月中使用热泵式空调器,其余时间空调器都处于闲置状态。而家用热水基本上每天都在用,因此在商品化过程中应充分考虑其独立供应热水(空气源热水器)工况下的设计匹配和运行问题。

(2) 带热水供应的节能型空调器的结构形式是商品化过程中应重点考虑的问题。图11-9若采用整体结构形式,由于容积式水加热器体积相对较大,使整个设备庞大,管路也变得复杂。若采用分体结构形式,将容积式水加热器设置在室外机中,这样会使室外机安装困难,在寒冷地区使用还有冻结的危险和热损失的问题,将容积式水加热器设置在室内侧,这等于将容积式加热器安置在空调房间内,这不符合热水供应的使用条件,显然是不合适的。

(3) 空调器和热水器的应用场合与服务对象是不一样的。空调器为客厅、卧室服务。创造舒适而健康的环境;而热水器为沐浴、洗菜等服务。因此带热水供应的节能型空调器应能满足用户对空调与热水供应的不同要求和使用习惯。

基于上述考虑,提出图11-31所示的改进方案。在改进方案中用板式换热器替代容积式水加热器,并在沐浴间(或厨房)内设置蓄热水罐,二者之间以水管连接,形成热水循环回路。采用变容量旁通调节方法,在单独制备热水时,将压缩机排除的气体旁通一部分到节流阀与分液器之间,以保持压缩机连续运行所必需的最低吸气压力。

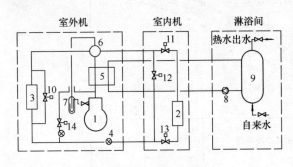

图11-31 改进方案原理图
1—压缩机;2—室内换热器;3—室外换热器;4—双向节流阀;5—板式换热器;6—四通换向阀;7—气液分离器;8—水泵;9—蓄热水罐;10、11、12、13、14—电磁阀

改进方案可通过电磁阀的开与闭,实现同时制冷供冷水、同时制热供热水、单独制备热水(空气源热泵热水器)、单独制热、单独制冷五种运行模式。用户可以根据需要,先手动确定运行模式,然后启动运行。模式的变换见表11-3。

改进方案的运行模式 表11-3

运行模式	四通换向阀	电磁阀的状态				水泵运行状态	室外风机运行状态
		阀11	阀12	阀13	阀14		
同时制冷供冷水	不通电	开	关	开	关	开（高速、低速）	开（高速）
同时制热供热水	通电	开	关	开	关	开（低速）	开（高速）
单独制热水	通电	关	开	关	开	开（高速）	开（低速）
单独制热	通电	开	关	开	关	停机	开（高速）
单独制冷	不通电	开	关	开	关	停机	开（高速）

由于单独制备热水时，压缩机容量与板式换热器容量不匹配，难于正常运行。在关闭电磁阀14的情况下，启动样机运行，在10min后，由于排气温度高于110℃，4min后样机再次启车，由于此时热水温度高达30℃，因此运行4min后排气温度又超过110℃而停车。

为解决上述问题，开展了开启电磁阀14采用变容量旁通调节方法的独立制备热水的实验研究，实验结果见图11-32和图11-33。由图11-32和11-33可以看出，采用改进方案独立制备热水是可以正常运行的。在不用热水的情况下，样机运行20min后停机，蓄热水罐内热水平均温度已高于45℃，完全可供使用。当然，最好的解决办法是采用变容量制冷机。在独立制备热水时，减小制冷机的容量，使其与板式冷凝器相匹配，以保证机组在独立制备热水工况下正常运行。

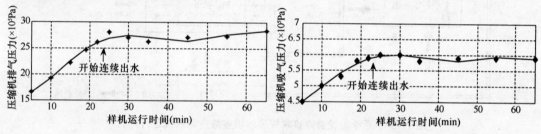

图11-32 独立制备热水时压缩机吸、排气压力随时间的变化
（室外干球温度21℃，湿球温度15℃）

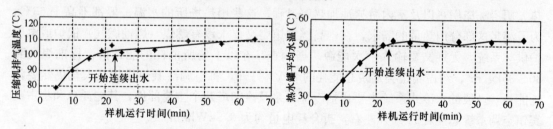

图11-33 独立制备热水时热水平均温度及排气温度随时间的变化
（室外干球温度21℃，湿球温度15℃）

11.4 中高档旅馆免费热水供应系统[12]

11.4.1 中高档旅馆常规系统存在的问题

常规系统是指在中高档宾馆中通常存在的空调系统与热水供应系统，图11-34是该系

统的运行图示,从中我们可以发现以下的问题:

(1) 空调冷凝热的直接排放造成的能量浪费问题

空调冷凝热是空调系统制冷量与制冷机输入功率之和。从图 11-34 中,我们可以清晰地看到,夏季输入宾馆类建筑的能量大部分以冷凝热的形式排出,其中包括围护结构传热量、新风热量、太阳辐射得热量(属于外扰),照明、空调用电、人体散热等(属于内扰)。空调设计中对于中高档宾馆,一般取冷负荷指标为 $100\sim150W/m^2$,而冷凝热量一般为冷负荷的 1.25 倍左右,可见空调冷凝热量从数量上看相当庞大。因此,冷凝热直接排入大气势必造成大量宝贵能源的浪费。

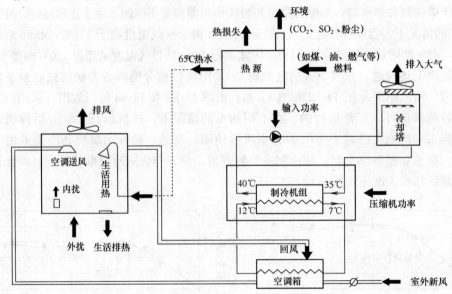

图 11-34 夏季旅馆类建筑常规热水供应与空调系统运行方式

(2) 常规系统中的能耗问题

在夏季冷凝热直接排放的同时,人们依旧有热量的需求,如生活热水供应、洗衣房用热、厨房洗涤用热以及室内游泳池加热等过程,这些用热场所的水温一般都不高于 65℃,为了满足这部分用热量的需求,在中高档宾馆中又要求设有燃煤(燃油燃气)锅炉或电锅炉供热系统,无疑又要输入一次能源,据调查,在以上场所消耗的能量折合标准煤达到 $30\sim35kg/m^2$,约占宾馆类建筑总能耗的 8%。另外,将空调冷凝热排放至大气仍然要消耗能量,一般的水冷式系统主要包括冷却水泵及冷却塔两个主要部件,其能耗总和将占到宾馆空调系统总能耗的 10% 左右,折合耗电量约为 $6.5kWh/m^2$。

(3) 常规系统对环境的影响

图 11-34 中,我们可以看出,夏季宾馆类建筑中常规热水供应系统与空调系统所造成的环境污染主要有两方面因素。其一,是如前所述燃料燃烧排出大量的 CO_2、SO_2 和粉尘等有害物,会导致生态环境的破坏(如全球温暖化、酸雨等);其二,近年来,随着工业化社会的加剧,在夏季另一种环境问题越来越引起了人们的注意,那就是所谓的"热岛效应"。据调查,世界各主要城市市区与郊外存在着温度差,市区内被较高温度的大气层笼罩着,温度差别年平均可达 $0.6\sim1.1℃$,发达国家中的热岛效应更加明显,日本东京市繁华中心区与郊区的温差可达 8℃。由于环境温度的升高,还恶化了分体式空调机组和窗机的工作环境,导

致系统COP值下降，空调能耗增加。气温每升高1℃，相应空调系统的设备容量增加6%，而制冷机冷凝热与锅炉房废热的直接排放是造成这种热污染现象的主要因素之一。

(4) 热水供应系统运行费用问题

在环保要求高的许多大城市中，已经严格限制燃煤锅炉房的使用。例如上海市，内环线以内不允许新建燃煤锅炉房；北京市，5环内逐步取消和不允许新建燃煤锅炉房；西安市，从1997年7月1日以后也不再批建燃煤锅炉房。因此，在中高档宾馆中，以燃气、燃油、电锅炉为热源的供热系统在逐年增多，而伴随其来的又是高额的运行费用。一般来讲，燃油、燃气锅炉供热系统的运行费用将达到燃煤锅炉房的2.5~3倍，而电锅炉供热系统将达到燃煤锅炉房的3.5倍左右。因此，热水供应的能耗费用问题已经直接影响到了中、高旅馆类建筑的经济效益。

11.4.2 中高档旅馆免费热水供应系统

回收空调冷凝热用于热水供应，是在不降低建筑物使用功能和舒适性标准的前提下，将两个常规的独立性、单向性系统，改造成一个整体性、可循环性系统。由于省去了常规锅炉房热水供应系统，取而代之的是空调冷凝热回收系统进行热水供应，因此可以说该系统所供应的热量是免费的，故称免费热水供应系统（HRWH）。运行方式如图11-35所示，该系统主要具有以下几方面优点：

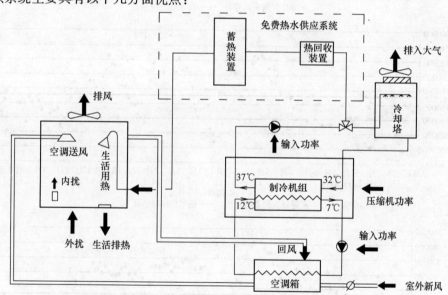

图11-35 空调冷凝热免费热水供应系统

(1) 热水供应系统的热量来自空调冷凝热，节省了原来设置锅炉房热水供应系统的能源消耗，对于改造后的空调系统，输入基本相同的电能，不仅可以为建筑物提供空调负荷，而且同时也提供了热水供应负荷，大幅提高了空调系统的能耗利用率，可以说是一举两得。

(2) 取消或减小了图11-34中的燃煤（燃油燃气）锅炉，从而消除了由热水供应消耗一次能源而引起的环境污染。

(3) 回收了一部分有价值的冷凝热量，缓解了原系统中的能源浪费问题，并且减少了冷凝热直接排放所造成的环境热污染。

(4) 减少了原空调系统中冷却水系统冷却塔的规模及其运行费用。

11.4.3 免费热水供应系统（HRWH）在我国应用节能效果的初步评价[13]

为了在我国大力推广应用免费热水供应系统（HRWH），选择香港、上海、西安、北京、乌鲁木齐、哈尔滨六个典型城市的气象资料为计算依据，将具有相同使用功能的宾馆标准双人房间作为研究对象，通过对空调冷凝热与热水供应耗热量逐时分布值的计算和HRWH系统在我国应用的模拟分析，给出新系统在我国应用的节能效果的初步评价。其计算结果见图 11-36 和表 11-4。

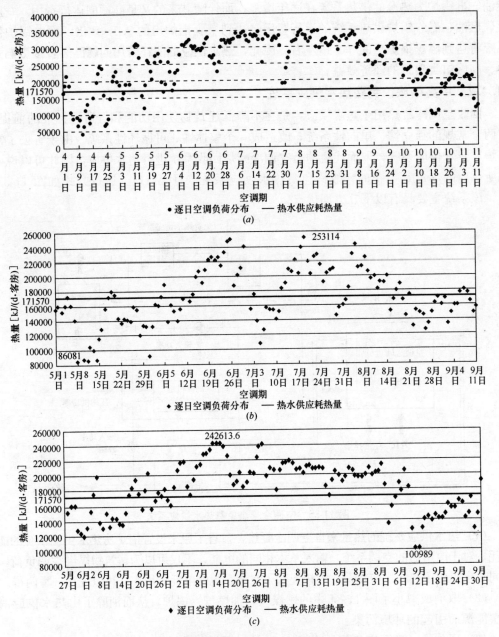

图 11-36　各地区冷凝热与生活热水用热量逐日分布图（一）

(a) 香港地区冷凝热与生活热水供应热量逐日分布值；(b) 西安市冷凝热与生活热水供应热量逐日分布值；
(c) 上海市冷凝热与生活热水供应热量逐日分布值；

11.4 中高档旅馆免费热水供应系统

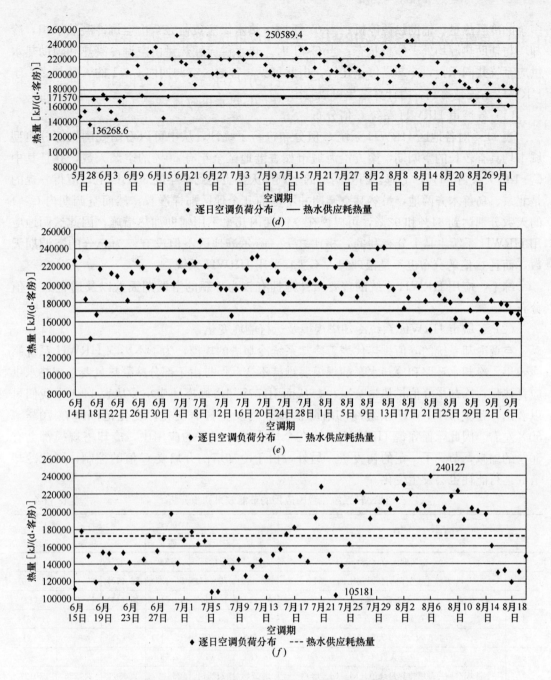

图 11-36 各地区冷凝热与生活热水用热量逐日分布图（二）
(d) 北京市冷凝热与生活热水供应热量逐日分布值；(e) 乌鲁木齐市冷凝热与生活热水供应热量逐日分布值；
(f) 哈尔滨市冷凝热与生活热水供应热量逐日分布值

首先定义一个参数 C，即逐日冷凝热能力系数，定义为：

$$C = Q_c/Q_H$$

逐日冷凝热能力系数 C 是中高档旅馆日总冷凝热量与所需热水供应耗热量的比值，它代表各地区宾馆空调系统逐日冷凝热供热能力，同时也控制着 HRWH 系统在空调期内的运行模式。当 $C>1$ 时，热水供应负荷完全由空调冷凝热承担，还要启动冷却塔，排出多余的冷凝热量；辅助热源停机；当 $C=1$ 时，热水供应负荷完全由空调冷凝热承担，冷却塔与辅助热源均处于停机状态；当 $C<1$ 时，热水供应耗热量由空调冷凝热和辅助热水供应系统共同承担，冷却塔停止运行。由此可见，各地区空调期内 $C\geqslant1$ 的天数越多，于 HRWH 系统越有利。由计算结果可以看出：

(1) 各城市 HRWH 系统 C 值分布

表 11-4 对各地区 HRWH 系统 C 值分布进行了统计，从中可以看出我国大部分典型城市均具有较长的空调期，南方沿海城市如香港地区全年有 60% 的空调天数，并且其中 $C\geqslant1$ 的天数占 64%，上海、西安两地的空调期天数也达到全年的 30% 以上，值得一提的是北京、乌鲁木齐两地，虽然其空调期并不像前几个地区那样漫长，然而空调期内 $C\geqslant1$ 的天数分别达到 84% 和 92%，可以说在空调期内几乎不用辅助加热措施，因此这两地应用 HRWH 系统也是十分有利的。相比之下，哈尔滨地区不但没有较为充分的空调期天数，而且 C 值的分布也不是很理想，不适宜采用 HRWH 系统。

综上，应用 HRWH 系统的首要条件是拥有较为理想的空调期天数以及适宜的 C 值分布。

(2) 各城市 HRWH 系统冷却塔规模及运行能耗变化

空调冷却系统的峰值排热代表着冷却系统冷却塔的规模，为了不影响 HRWH 系统制冷效果，冷却水环路和冷却水泵的规模要维持不变，但是由于部分冷凝热量要承担热水供应耗热量，冷却塔峰值排热量会减少，从而引起冷却塔规模的变小。从表 11-4 中我们可以看出，各城市 HRWH 系统冷却塔峰值排热均发生显著变化，变化范围都在 70%～80% 左右。因此，保守说 HRWH 系统在全国大部分城市的应用中，冷却塔规模都会有 50% 的缩减，节约了一定的初投资。另外，由于冷却塔的开启受 C 值的控制，因此冷却塔的运行能耗也会发生变化。

HRWH 系统在我国应用的节能效果初步分析　　　　表 11-4

	项目	地点					
		香港	上海	西安	北京	乌鲁木齐	哈尔滨
1	空调期天数（天）	225	127	134	108	87	67
2	$C>1$ 天数［占空调期总天数比例（%）］	103 (46)	72 (57)	50 (37)	76 (70)	69 (79)	24 (36)
3	$C=1$ 天数（%）	41 (18)	14 (11)	19 (14)	15 (14)	11 (13)	8 (12)
4	$1>C\geqslant0.8$ 天数（%）	52 (23)	28 (22)	43 (32)	14 (13)	7 (8)	21 (31)
5	$0.8>C\geqslant0.6$ 天数（%）	23 (10)	11 (9)	15 (11)	3 (3)	—	14 (21)
6	$C<0.6$ 天数（%）	6 (3)	2 (1)	7 (6)	—	—	—
7	常规空调冷却塔排热量峰值［kJ/（d•房）］	220748	242614	253114	250589	247235	240127
8	HRWH 冷却塔排热量峰值［kJ/（d•房）］	49178	71044	81544	79019	75665	68557
9	HRWH 冷却塔规模减少百分比（%）	77.7	70.7	67.8	68.5	69.4	71.4
10	空调期常规热水供应系统耗热量（GJ/房）	38.60	21.79	22.99	18.53	14.93	11.50
11	空调期 HRWH 系统辅助加热量（GJ/房）	2.58	1.14	2.12	0.42	0.13	1.18
12	HRWH 系统节约能量（GJ/房）	36.02	20.65	20.87	18.11	14.80	10.32
13	节约能量折合标准煤量（kg/房）	1225.28	702.36	709.88	615.97	503.29	350.86
14	节约能量占常规系统能耗百分比（%）	93.32	94.77	90.78	97.73	99.13	89.13
15	各地区节能效果比较	3.49	2.00	2.02	1.76	1.43	1.00

(3) 各城市 HRWH 系统热水供应耗热量及节能效果分析

HRWH 系统主要节能点就在于它能提供免费的热水供应耗热量，从表 11-4 中可以看出，香港地区空调期内平均每间客房可节约标准煤 1.22t，其节能效果是哈尔滨的 3.49 倍，上海、西安也可以收到 2 倍的节能效果。北京、乌鲁木齐在空调期内辅助加热量接近于零，通过适当的蓄热手段，这两个地区有希望在空调期内彻底杜绝锅炉房及辅助热源的启用，因此，北京、乌鲁木齐使用 HRWH 系统也是非常有利的。该系统虽然在哈尔滨地区同样能收到一定的节能效果，但是由于其短暂的空调期以及 $C<1$ 的天数过多，系统在空调期内要频繁启动辅助热源，增添了系统运行复杂程度，得不偿失。

11.4.4 既有中高档旅馆免费热水供应系统改造方案[14,15]

通过上述的分析，将免费热水供应系统用于既有中高档旅馆建筑节能改造中是一项实用而可行的方案。但是在既有建筑节能改造的实际推广中应注意解决好以下 3 个问题：

(1) 通常空调冷源选用水冷冷水机组，其冷却水系统中水温在 30～37℃左右，而中高档旅馆备用场所（客房热水供应、洗衣房、厨房等）水温一般在 65℃左右，两者品位存在较大的差异。

(2) 前面分析了空调冷凝热与热水供应用热量的季节不同步性。除此之外，二者每天也存在着日逐时负荷不同步性（详见文献 [14]）。通常有四种情况：

1) 日逐时空调负荷可以完全满足热水供应负荷的需求。

2) 日空调负荷在总量上仍远远高于热水供应负荷，但在热水供应系统用热峰值段内，空调负荷却不能满足。

3) 日空调负荷总量与热水供应负荷相近，但两者在日逐时负荷上不平衡；

4) 空调负荷明显减小，不能满足热水供应负荷的需求。仅在热水供应的低谷阶段冷凝热可能有少量富余，远不能满足热水供应峰值负荷的需求，需要启动辅助热源供热。

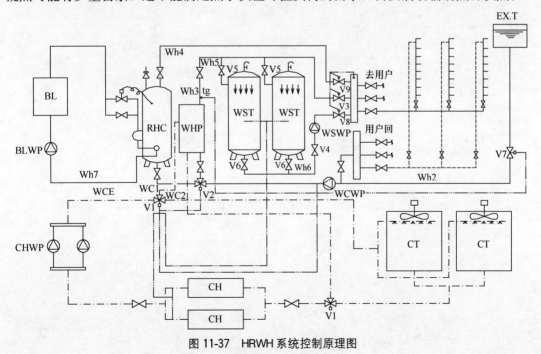

图 11-37 HRWH 系统控制原理图

(3) 目前，中高档旅馆中均设有独立的完善的空调系统和热水供应系统。在其节能改造中，如何充分考虑利用好原有的空调和热水供应系统，这是既有建筑节能改造中重要的原则。

在充分研究与分析上述 3 个问题之后，提出了既有中高档旅馆免费热水供应系统改造方案（见图 11-37）。

图 11-37 在充分利用原有空调系统和热水供应系统基础上，采取如下技术措施：

(1) 增设高温水/水热泵机 WHP。原空调系统的冷却水系统作它的低温热源，为此在原冷却水系统中增加 2 个三通调节阀 V1，并在原热水系统中增加 V2 三通调节阀，使高温水/水热泵与原有环路呈并联方式。

(2) 在热泵机组的出水口处，增设两个蓄热水罐，蓄存 65℃的高温水，以解决空调日逐时负荷与热水热负荷不平衡性问题。两个蓄热罐呈并联方式设置。

(3) 原系统的热源（如锅炉房）继续保留，在改造方案中作为辅助热源用。

文献 [15] 对上述改造方案做了模拟分析，模拟结果表明，免费热水供应系统是一种集节能、环保、降低运行费用等多项优良性能于一身的新型系统，具有较高的应用价值。

参 考 文 献

第 1 章

[1] 马最良,姚杨,姜益强. 热泵技术必将在暖通空调中兴盛 [J]. 制冷空调工程技术, 2005 (2): 4-7.
[2] 马最良,姚杨,姜益强,等. 热泵在我国应用与发展的实证性研究 [C] // 2005 年全国空调与热泵节能技术交流会论文集. 大连, 2005: 28-33.
[3] 本刊调研组. 水源/地源热泵市场总结报告 [J]. 机电信息, 2007, 163 (25): 16-27.
[4] 本刊调研部. 水源/地源热泵发展是否过热? [J]. 机电信息, 2007, 163 (25): 9-15.
[5] 孙晓光. 地源热泵技术城市级应用初探 [J]. 地源热泵导刊, 2009 (4): 14-16.
[6] James Brodrick. Energy consumption characteristics of commercial building HVAC system [M] // DOE: Energy Savings Potential, Volume III, 2002.
[7] 张积太. 空气源热泵冷热水机组在胶东地区的设计尝试及技术经济分析 [J]. 暖通空调, 1997, 27 (6): 17-20.
[8] 连之伟,张欧. 风冷热泵机组在西安地区的运行效果测定及分析 [J]. 暖通空调, 1998, 28 (6): 65-67.
[9] 李文哲,王屹南. 风冷热泵采暖在我国北方地区应用分析 [J]. 供热制冷, 2001 (4): 34-36.
[10] 马最良,姚杨,姜益强,等. 地下水源热泵若不能 100% 回灌地下水将是子孙后代的灾难 [J]. 制冷技术, 2007 (4): 5-8.
[11] 徐邦裕,陆亚俊,马最良. 热泵 [M]. 北京: 中国建筑工业出版社, 1988.
[12] 邬小波. 地下含水层储能和地下水源热泵系统中地下水回路与回灌技术现状 [J]. 暖通空调, 2004, 34 (1): 19-22.
[13] 倪龙,马最良. 地下水地源热泵回灌分析 [J]. 暖通空调, 2004, 36 (6): 84-90.
[14] 武晓峰,唐杰. 地下水人工回灌与再利用 [J]. 工程勘察, 1998 (4): 37-39.
[15] 马最良,吕悦. 地源热泵系统设计与应用 [M]. 北京: 机械工业出版社, 2006.
[16] 汪训昌. 关于发展地源热泵系统的若干思考 [J]. 暖通空调, 2007, 37 (3): 38-43.
[17] Irls P. 224 户住宅利用太阳能与地热采暖 [J]. 李芝芳, 译. 国外建筑文摘, 1984 (2).
[18] 董菲,倪龙,姚杨,等. 浅层岩土蓄能加浅层地温能才是地源热泵可持续利用的低温热能 [J]. 暖通空调, 2009, 39 (2): 70-72.
[19] 倪龙,荣莉,马最良. 含水层储能的研究历史及未来 [J]. 建筑热能通风空调, 2007, 26 (1): 18-24.
[20] 马最良,姚杨,杨自强,等. 水环热泵空调系统设计 [M]. 北京: 化学工业出版社, 2005.
[21] Von 库伯 H L, 斯泰姆莱 F. 热泵的理论与实践 [M]. 王子介, 译. 北京: 中国建筑工业出版社, 1986.
[22] 基恩 H., 哈等费尔特 A. 热泵 (第二卷) 电动热泵的应用 [M]. 耿惠彬, 译. 北京: 机械工业出版社, 1987.
[23] 杨灵艳. 三套管蓄能型太阳能与空气源热泵集成系统实验与模拟 [D]. 哈尔滨: 哈尔滨工业大学, 2009.
[24] 徐邦裕. 应用辅助冷凝器作为恒温恒湿机组的二次加热 [C] // 哈尔滨建筑工程学院. 空调文集,

1980（1）：1-8.

[25] 空调研制小组（陆亚俊执笔）. 新型的 HR-20 热泵式恒温恒湿机组的研制［C］// 哈尔滨建筑工程学院. 空调文集，1980（1）：51-55.

[26] 陆亚俊，马最良，陈晖. 带热水供应的节能型冷藏柜流程的实验研究［J］. 制冷学报，1989（3）：42-46.

[27] 陆亚俊，马最良，陈晖. 带热水供应的节能型冷藏柜运行特性的实验研究［J］. 哈尔滨建筑工程学院学报，1990（2）：36-39.

[28] 马最良，杜伟. 燃气水—水热泵机组的运行特性实验研究［C］// 第七届全国余热制冷与热泵技术学术会议论文集，1994.

[29] 徐邦裕，陆亚俊，马最良. 热卡实验台［C］// 哈尔滨建筑工程学院. 空调文集，1980（1）：22-43.

[30] 路煜，马最良. 分体式房间空调器的实验研究［J］. 哈尔滨建筑工程学院学报，1984（4）：88-94.

[31] 陆亚俊，马最良. 对日本部分窗式空调器的剖析［J］. 暖通空调，1985，15（1）：19-24.

[32] 赵建成. 我国空气—空气热泵供热季节性能系数的研究［D］. 哈尔滨：哈尔滨建筑工程学院，1984.

[33] 渠谦. 小型空气—空气热泵除霜问题的研究［D］. 哈尔滨：哈尔滨建筑工程学院，1985.

[34] 马最良. 关于房间热平衡法实验装置用途开拓问题的探讨［C］// 1982 年全国暖通空调制冷学术交流年会论文集，1982.

[35] 马最良，陆亚俊，刘祖忠. 用房间热平衡法测试风机盘管机组热工性能［J］. 暖通空调，1986，16（4）：23-27.

[36] 马最良，陆亚俊，朱林. 房间热平衡法多功实验台的研制［J］. 通风除尘，1991（3）：29-31.

[37] 陆亚俊，马最良，孙海峰. 关于提高标定型房间量热计实验装置测量精度的探讨［J］. 家电科技，1989（4）：26-27.

[38] 韩英. 小型空气—空气热泵室外换热器的研究［D］. 哈尔滨：哈尔滨建筑工程学院，1987.

[39] 韩英，徐邦裕. 空气—空气热泵换热器的研究［C］// 1988 年全国暖通空调制冷学术交流年会论文集，1988.

[40] 林福军. 空气—空气热泵换热器优化分析与改进［D］. 哈尔滨：哈尔滨建筑工程学院，1988.

[41] 吴金波. 空气—空气热泵蒸发器结霜工况性能的数学模拟［D］. 哈尔滨：哈尔滨建筑工程学院，1988.

[42] 马最良，曹源. 闭式环路水源热泵空调系统及评价［J］. 通风除尘，1996（1）：6-11.

[43] 马最良，曹源. 闭式环路水源热泵空调系统运行能耗的静态分析［J］. 哈尔滨建筑大学学报，1997，30（6）：68-74.

[44] 马最良，曹源. 闭式环路水源热泵空调系统运行能耗的计算机模拟分析［J］. 哈尔滨建筑大学学报，1998，31（3）：57-63.

[45] 马最良，曹源. 对闭式环路水源热泵空调系统运行能耗影响因素的分析［J］. 暖通空调，1997，27（6）：1-4.

[46] 马最良，曹源. 闭式环路水源热泵空调系统在我国应用的评价［J］. 空调设计，1997（2）：59-61.

[47] 马最良，杨辉. 太阳能开式水环热泵空调系统［J］. 应用能源技术. 1997（3）：41-44.

[48] 马最良，杨辉. 太阳能水环热泵空调系统在我国应用的预测分析［C］// 2000 年全国暖通空调制冷学术年会文集. 北京：中国建筑工业出版社，2000：132-138.

[49] 马最良，刘永红. 热泵站的现状及在我国的应用前景［J］. 暖通空调，1994，24（5）：6-10.

[50] 马最良，刘永红. 在我国应用电动热泵站的经济评价（一）—热泵站的节能效果［J］. 哈尔滨建筑大学学报，1995，28（3）：71-76.

[51] 马最良,刘永红. 在我国应用电动热泵站的经济评价(二)—热泵站的经济效益[J]. 哈尔滨建筑大学学报, 1995, 28(4): 57-62.

[52] 马最良,赵伟. 在我国应用吸收式热泵站的能耗分析[C]//1998年全国暖通空调制冷学术年会文集. 北京:中国建筑工业出版社, 1998: 185-190.

[53] 马最良,赵伟. 在我国应用吸收式热泵站的经济分析[C]//1998年全国暖通空调制冷学术年会论文集, 1998: 715-718.

第2章

[1] 孙玉清,吴桂涛,刘惠枝. 抑制换热器湿空气侧结霜的研究[J]. 工程热物理学报, 1997, 18(1): 95-98.

[2] 孙玉清,刘惠枝,舒宏纪. 结霜的理论、控制及应用[M]. 大连:大连海事大学出版社, 1997.

[3] 赵兰萍,徐烈,任世瑶. 冷壁面上结霜机理研究中的几个问题[J]. 制冷学报, 2000(2): 45-48.

[4] 蔡亮,王荣汉,侯普秀,等. 霜层冰晶体的生长模拟及其导热系数的计算[J]. 化工学报, 2009, 60(5): 1111-1115.

[5] Na B, Webb R L. A fundamental understanding of factors affecting frost nucleation[J]. Int J Heat Mass Transfer, 2003, 46(20): 3797-3808.

[6] Na B, Webb R L. Mass transfer on and within a frost layer[J]. Int J Heat Mass Transfer, 2004, 47(5): 899-911.

[7] Na B, Webb R L. New model for frost growth rate[J]. Int J Heat Mass Transfer, 2004, 47(5): 925-936.

[8] Ameen F R. Study of frosting of heat pump evaporators[G]//. ASHRAE Trans, 1993, 99(1): 61-71.

[9] Martinez-Frias J, Aceves S M. Effects of evaporator frosting on the performance of an air-to-air heat pump[G]//. ASME Trans, 1999, 121(1): 60-65.

[10] 王剑锋,陈光明. 风冷热泵运行特性研究[C]//. 1995年全国空调冷热源技术交流会论文集, 1995: 56-60.

[11] 王剑峰. 空气热源热泵冬季结霜特性研究[J]. 洁净与空调技术, 1997(1): 24-27.

[12] 黄虎,束鹏程,李志浩. 风冷热泵冷热水机组结霜工况下工作过程动态仿真及实验验证[J]. 流体机械, 2000, 28(3): 49-52.

[13] 黄虎,李志浩,束鹏程. 提高风冷热泵冷热水机组结霜工况下性能的途径[J]. 建筑热能通风空调, 2000, 19(1): 38-40.

[14] 夏清,周振宇,周兴禧. 霜形成对肋片管式蒸发器性能影响的研究[J]. 工程热物理学报, 1997(6): 717-720.

[15] 张绍志,陈光明,王剑锋. 以R407C为工质的肋片式蒸发器结霜过程模拟[J]. 低温工程, 2001(1): 21-26.

[16] 刘志强,汤广发,张国强. 空气源热泵蒸发器结霜过程仿真研究[J]. 暖通空调, 2004, 34(9): 20-24.

[17] 罗超,黄兴华. 肋片管式蒸发器结霜性能的仿真与实验研究[J]. 热科学与技术, 2008, 7(1): 23-29.

[18] 张哲,田津津. 肋片管式蒸发器结构对结霜特性影响的研究[J]. 低温与超导, 2008, 35(1): 69-72.

[19] Kondepudi S N, O'Neal D L. Performance of finned-tube heat exchangers under frosting conditions: I. simulation model[J]. Int J of Refrig, 1993, 16(3): 175-180.

[20] Kondepudi S N, O'Neal D L. Performance of finned-tube heat exchangers under frosting condi-

tions: Ⅱ. comparison of experimental data with model [J]. Int J of Refrig, 1993, 16 (3): 181-184.

[21] Senshu T, Yasuda H. Heat pump performance under frosting conditions: part Ⅰ: —heat and mass transfer on cross-finned tube heat exchangers under frosting conditions [G] //. ASHRAE Trans, 1990, 96 (1): 324-329.

[22] Senshu T, Yasuda H. Heat pump performance under frosting conditions: part Ⅱ: simulation of heat pump cycle characteristics under frosting conditions. [G] ASHRAE Trans, 1990, 96 (1): 330-336.

[23] Oskarsson S P, Krakow K I, Lin S. Evaporator models for operation with dry, wet, and frosted finned surfaces part Ⅰ: heat transfer and fluid flow theory [G] //. ASHRAE Trans, 1990, 96 (1): 373-380.

[24] Oskarsson S P, Krakow K I, Lin S. Evaporator models for operation with dry, wet, and frosted finned surfaces part Ⅱ: evaporator models and verification. [G] ASHRAE Trans, 1990, 96 (1): 381-392.

[25] Tso C P, Cheng Y C, Lai A C K. Dynamic behavior of a direct expansion evaporator under frosting condition, part I: distributed model [J]. Int J Refrigeration, 2006, 29 (4): 611-631.

[26] Tso C P, Cheng Y C, Lai A C K. An improved model for predicting performance of finned tube heat exchanger under frosting condition, with frost thickness variation along fin [J]. Applied Thermal Engineering, 2006, 26 (1): 111-120.

[27] Yang D K, Lee K S, Song S. Modeling for predicting frosting behavior of a fin-tube heat exchanger [J]. Int J Heat Mass Transfer, 2006, 49 (7/8): 1472-1479.

[28] Raju S P, Sherif S A. Frost formation and heat transfer on circular cylinders in cross-flow [J]. Int J of Refrig, 1993, 16 (6): 390-402.

[29] Sherif S A, Raju S P. A semi-empirical transient method for modelling frost formation on a flat plate [J]. Int J of Refrig, 1993, 16 (5): 321-329.

[30] Lee Y B, Ro S T. An experimental study of frost formation on a horizontal cylinder under cross flow [J]. Int J of Refrig, 2001, 24: 468-474.

[31] O'Neal D L, Tree D R. A review of frost formation in simple geometries [G] //. ASHRAE Trans, 1985, 91 (2): 267-281.

[32] Ismail K A R, Salinas C S Modeling of frost formation over parallel cold plates [J]. Int J of Refrig, 1999, 22 (5): 425-441.

[33] Ismail K A R, Salinas C, Goncalves M M. Frost growth around a cylinder in a wet air Stream [J]. Int J of Refrig, 1997, 20 (2): 106-119.

[34] Kondepudi S N, O'Neal D L. The effects of different fin configurations on the performance of finned-tube heat exchangers under frosting conditions [G] //. ASHRAE trans, 1990, 96 (2): 439-444.

[35] Rite R W, Crawford R R. The effect of frost accumulation on the performance of domestic refrigerator-freezer finned-tube evaporator coils [G] // ASHRAE Trans, 1991, 97 (2): 428-437.

[36] Kondepudi S N, O'Neal D L. Effect of growth on the performance of louvered finned tube heat exchangers [J]. Int J of Refrig, 1989, 12 (5): 151-158.

[37] Xia Y, Zhong Y, Hrnjak P S, et al. Frost, defrost, and refrost and it's impact on the airside thermal-hydraulic performance of louvered-fin, flat-tube heat exchangers [J]. Int J Refrig, 2006, 29 (6): 1066-1079.

[38] 罗超, 黄兴华, 陈江平. 肋片管蒸发器结霜过程动态性能的实验研究 [J]. 流体机械, 2008, 36

(2): 5-9.

[39] 田津津, 张哲. 风冷热泵结霜工况下的实验研究 [J]. 制冷与空调, 2008, 8 (1): 88-90.

[40] 郭宪民. 空气源热泵结霜问题的研究现状及进展（Ⅰ）[J]. 制冷与空调, 2009, 9 (2): 1-6.

[41] 姚杨. 空气源热泵冷热水机组冬季结霜工况的模拟与分析 [D]. 哈尔滨: 哈尔滨工业大学, 2002.

[42] Yao Yang, Jiang Yiqiang, Deng Shiming, et al. A study on the performance of the airside heat exchanger under frosting in an air source heat pump water heater /chiller unit [J]. International Journal of Heat and Mass Transfer, 2004, 47 (17/18): 3745-3756.

[43] Sami S M, Duong T. Mass and heat transfer during frost growth [G] // ASHRAE Trans, 1989, 95 (1): 158-165.

[44] Wang H, Touber S. Distributed and non-steady-state modelling of an air cooler [J]. Int J of Refrig, 1991, 14 (2): 98-111.

[45] Turaga M, Guy R W. Refrigerant side heat transfer and pressure drop estimates for direct expansion coils. a review of work in north american use [J]. Int J of Refrig, 1985, 8 (3): 134-142.

[46] Eckels S J, Pate M B. A comparison of R-134a and R-12 in-tube heat transfer coefficients based on existing correlations [G] // ASHRAE Trans, 1990, 96 (1): 256-265.

[47] Turaga M, lin S, Fazio P P. Correlations for heat transfer and pressure drop factors for direct expansion air cooling and dehumidifying coils [G] // ASHRAE Trans, 1988, 94 (2): 616-630.

[48] Shah M M. Chart correlation for saturated boiling heat transfer: equations and further study [G] // ASHRAE Trans, 1982, 88 (1): 185-196.

[49] Jung D, Radermacher R. Prediction of evaporation heat transfer coefficient and pressure drop of refrigerant mixtures in horizontal tubes [J]. Int J of Refrig, 1993, 16 (3): 201-209.

[50] Jung D S. Prediction of pressure drop during horizontal annular flow boiling of pure and mixed refrigerants [J]. Int J Heat Mass Transfer, 1989, 32 (12): 2435-2446.

[51] Rice C K. The effect of void fraction correlation and heat flux assumption on refrigerant charge Inventory predictions [G] //. ASHRAE Trans, 1987, 93 (1): 341-367.

[52] Chan C Y, Haselden G G. Computer-based refrigerant thermodynamic properties, part 1: basic equations [J]. Int J of Refrig, 1981 (4): 7.

[53] Chan C Y, Haselden G G. Computer-based refrigerant thermodynamic properties, part 2: program listings [J]. Int J of Refrig, 1981 (4): 52.

[54] Cleland A C. Computer Subroutines for rapid evaluation of refrigerant thermodynamic properties [J]. Int J of Refrig, 1986 (9): 346-351.

[55] 姚杨, 马最良. 空气源热泵冷热水机组空气侧换热器结霜模型 [J]. 哈尔滨工业大学学报, 2003, 35 (7): 781-783.

[56] 姚杨, 姜益强, 马最良. 空气源热泵冷热水机组结霜工况下数学模型的建立与求解 [J]. 湖南大学学报: 自然科学版, 2006, 33 (1): 29-32.

[57] 姚杨, 姜益强, 马最良. 空气源热泵冷热水机组空气侧换热器结霜规律 [J]. 哈尔滨工业大学学报, 2002, 34 (5): 660-662.

[58] 徐邦裕, 陆亚俊, 马最良. 热泵 [M]. 北京: 中国建筑工业出版社, 1988.

[59] Чиренко Л. А. Приближенная Математическая Модель Процесса Инееобразования на Воздухоохладителях [J]. ХОЛОДИЛЬНАЯ ТЕХНИКА, 1984 (4): 25-27.

[60] 姚杨, 姜益强, 马最良. 空气源热泵冷热水机组空气侧换热器结霜工况的动态模拟 [C] // 2002年全国暖通空调制冷学术年会文集, 2002: 142-147.

[61] Gatchilov T S. 肋片式空气冷却器表面结霜的特性 [M] //制冷学报编辑部. 第十五届国际制冷大会论文译丛（中册），1981：359-362.

[62] 姜益强，姚杨，马最良. 空气源热泵结霜除霜损失系数的计算 [J]. 暖通空调，2000，30（10）：24-26.

[63] 程卫红，姚杨，马最良. 空气源热泵空气侧换热器结构参数对结霜特性的影响 [J]. 沈阳建筑大学学报：自然科学版，2006，22（3）：458-461.

[64] 姚杨，姜益强，马最良. 肋片管换热器结霜时霜密度和霜厚度的变化 [J]. 工程热物理学报，2003，24（6）：1040-1042.

[65] 王洋，江辉民，马最良，等. 增大蒸发器面积对延缓空气源热泵冷热水机组结霜的实验与分析 [J]. 暖通空调，2006，36（7）：83-87.

[66] 井上宇市. 空气调节手册 [M]. 范存养，钱以明，秦慧敏，等，译. 北京：中国建筑工业出版社，1986.

[67] 马最良，杨自强，姚杨，等. 空气源热泵冷热水机组在寒冷地区应用的分析 [J]. 暖通空调，2001，31（3）：28-31.

第3章

[1] Sanders CT. Frost formation: the influence of frost formation and defrosting on the performance of air coolers. [D]. Technische Hogeschool, Delft, Netherlands. 1974.

[2] Niederer DH. Frost and defrosting effects on coil heat transfer [G] // ASHRAE Trans, 1976, 82 (1): 467-473.

[3] O'Neal DL, Peterson KT et al. Refrigeration system dynamics during the reverse cycle defrost [G] // ASHRAE Trans, 1989, 95 (2): 689-698.

[4] Krakow KI, Yan L, Lin S. A model of hot-gas defrosting of evaporators-part 1: heat and mass transfer theory [G] // ASHRAE Trans, 1992, 98 (1): 451-461.

[5] Hoffenbaker N, Klein SA, Rendl DT. Hot gas defrost model development and validation [J]. International Journal of Refrigeration, 2005, 28 (1): 605-615.

[6] 史建春. 两种不同节流系统对融霜的影响 [J]. 流体机械，1994，22（7）：60-63.

[7] 吴贵森. 热泵除霜特性分析 [J]. 福建能源开发与节约，2002（1）：17-19.

[8] 黄东，袁秀玲，陈蕴光. 节流机构对风冷热泵冷热水机组逆循环除霜时间的影响 [J]. 西安交通大学学报，2003，37（5）：512-518.

[9] 黄东，袁秀玲，张波，等. 节流机构对风冷热泵逆循环除霜性能的影响 [J]. 哈尔滨工业大学学报，2004，36（5）：697-700.

[10] O'Neal DL, Peterson K. A comparison of orifice and txv control characteristics during the reverse-cycle defrost [G] // ASHRAE Trans, 1990, 96 (1): 337-342.

[11] O'Neal DL, Peterson K. Effect of short-tube orifice size on the performance of an air source heat pump during the reverse-cycle defrost [J]. International Journal of Refrigeration, 1991, 14 (1): 52-57.

[12] 仲华，唐双波，陈芝久. 轿车空调蒸发器除霜实验研究 [J]. 流体机械，2001，29（1）：44-46.

[13] Krakow KI, Lin S, Yan L. An idealized model of reversed-cycle hot gas defrosting-part 1: theory [G] // ASHRAE trans, 1993, 99 (2): 317-328.

[14] Krakow KI, Lin S, Yan L. An idealized model of reversed-cycle hot gas defrosting-part 2: experimtenal analysis and validation [G] // ASHRAE Trans, 1993, 99 (2): 329-338.

[15] 黄虎，李志浩，虞维平. 风冷热泵冷热水机组除霜过程仿真 [J]. 东南大学学报，2001，31（1）：52-56.

[16] 刘志强,汤广发,赵福云. 风冷热泵除霜过程动态特性模拟和实验研究 [J]. 制冷学报,2003,(3):1-5.

[17] 刘志强. 空气源热泵机组动态特性及性能改进研究 [D]. 长沙:湖南大学,2003.

[18] Stoecker WF, Lux JJ, et al. Energy consideration in hot-gas defrosting of industrial refrigeration coils [G] //ASHRAE Trans, 1983, 89 (2A):549-573.

[19] 陆亚俊,马最良. 低温空气调节机组 [J]. 哈尔滨建筑工程学院学报,1983 (4):70-79.

[20] Baxter D, Moyers JC. Field-measured cycling, frost and defrosting losses for a high efficiency air source heat pump [G] //ASHRAE Trans, 1985, 91 (2B-2):537-554.

[21] Al-Mutawa NK, Sherif SA. Determination of coil defrosting loads:part 1:experimental facility description [G] // ASHRAE Trans, 1998, 104 (1):268-288.

[22] Al-Mutawa NK, Sherif SA. Determination of coil defrosting loads:part 2:instrumentation and data-acquisition systems [G] //ASHRAE Trans, 1998, 104 (1):289-302.

[23] Al-Mutawa NK, Sherif SA. Determination of coil defrosting loads:part 3:testing procedures and data reduction [G] //ASHRAE trans, 1998, 104 (1):303-312.

[24] Al-Mutawa NK, Sherif SA. determination of coil Defrosting loads:part 4:refrigeration/defrost cycle dynamics [G] //ASHRAE trans, 1998, 104 (1):313-343.

[25] Al-Mutawa NK, Sherif SA Determination of coil defrosting loads:part 5:analysis of loads [G] // ASHRAE trans, 1998, 104 (1):344-355.

[26] 任乐,陈旭峻,袁秀玲. 关于风冷热泵除霜问题的研究 [J]. 制冷,2003,22 (3):13-16.

[27] 陈旭峰,任乐,袁秀玲. 能量分析法在空气源热泵除霜中的应用 [J]. 制冷空调与电力机械,2003,24 (2):11-14.

[28] 罗鸣,谢军龙,沈国民. 风冷热泵机组中的热气除霜方法 [J]. 节能,2003 (5):12-14.

[29] 刘井龙. 风冷热泵冷热水机组融霜控制方法的研究 [J]. 流体机械,2003,31 (12):53-55.

[30] 景步云,谷波,黎远光. 基于模型的热泵空调化霜控制方法研究 [J]. 流体机械,2004,32 (1):46-48.

[31] 何志龙,黄东,袁秀玲. 衡量结霜时间的指标——湿温比 [J]. 流体机械,2000,28 (7):55-57.

[32] 朱裕君,麦丰收,叶志勇. 热泵式冷暖空调器除霜控制的新方法 [J]. 电子控制技术,2001 (5):33-34.

[33] 罗鸣,谢军龙,沈国民. 风冷热泵冷热水机组除霜研究 [J]. 建筑热能通风空调,2002 (6):15-17.

[34] 刘启芬,黄虎. 空气源热泵模糊除霜控制的实验研究 [J]. 南京理工大学学报,2003,27 (6):763-765.

[35] 符建坤,欧阳海生,刘凤珍. 高湿地区风冷热泵蒸发器除霜控制研究 [J]. 流体机械,2003,31 (10):44-47.

[36] 吴斌. 分体热泵空调新化霜控制模式的开发应用 [J]. 电机电器技术,2003 (5):30-31.

[37] 朱裕君,麦丰收,叶志勇. 热泵式冷暖空调器除霜控制的新方法 [J]. 电子控制技术,2001 (5):33-34.

[38] 夏清,周兴禧,周振宇. 不同参数对翅片管式蒸发器性能影响及热泵化霜周期的优化 [J]. 上海交通大学学报,1998,32 (7):114-116.

[39] 王铁军,唐景春,刘向农. 风源热泵空调器除霜技术实验研究 [J]. 低温与超导,2003,31 (4):65-68.

[40] 陈汝东,许东晟. 风冷热泵空调器除霜控制的研究 [J]. 流体机械,1999,27 (2):55-57.

[41] 雷江杭,丁小江. 热泵空调器除霜分析 [J]. 制冷,1999,18 (4):26-28.

参考文献

[42] Allard J, Heinzen R. Adaptive defrost [J]. IEEE Transactions on Industry Application, 1988, 24 (1): 39-42.

[43] Nutter, Darin W, O'Neal DL. Impact of the suction line accumulator on the performance of an air-source heat pump with a scroll compressor [G] // ASHRAE Trans, 1996, 102 (1): 284-290.

[44] Nutter, Darin W, O'Neal DL. Shortening the defrost cycle time with active enhancement within the suction-line accumulator of an air source heat pump [G] // proceedings of the ASME Advanced Energy Systems Division, 1996: 59-67.

[45] 唐黎明, 董志明. 热泵机组制冷剂充注量充补偿对化霜的改进 [J]. 制冷空调与电力机械, 2003, 24 (6): 19-22.

[46] Anand NK, Schliesing JS, O'Neal DL. Effect of outdoor coil Fan pre-start on pressure ransients during the reverse cycle defrost of a heat pump [G] // ASHRAE Trans, 1989, 95 (2), 699-704.

[47] Toshio Aihara, Taku Ohara, et al. Heat transfer and defrosting characteristics of a horizontal array of cooled tubes immerged in a very shallow fluidized bed [J]. Int. J. Heat Mass Transfer, 1997, 40 (8): 1807-1815.

[48] Vance Payne, O'Neal D L. Examination of alternate defrost strategies for an air source heat pump: multi-stage defrost. American Society of Mechanical Engineers, Advance Energy systems Division (publication) AES, v28, Recent Research in Heat Pump Design, Analysis, and application, 1992: 71-77.

[49] 王少为, 刘震炎, 赵可可, 等. 蓄能和热水器复合空调器的冬季运行实验研究 [J]. 流体机械, 2004, 32 (9): 45-48.

[50] Richard J W, O'Neal, DL, et al. Effect of fin staging on frost/defrost performance of a two-row heat pump evaporator under heavy frosting conditions [G] // ASHRAE Transa, 2001, 107 (1), 250-258.

[51] Sung Jhee, Kwan-Soo Lee, et al. Effect of surface treatments on the frosting/defrosting behavior of a fin-tube heat exchanger [J]. International Journal of Refrigeration, 2002, 25: 1047-1052.

[52] Payne V, O'Neal DL. Defrost cycle performance for an air source heat pump with a scroll and a reciprocating compressor [J]. International Journal of Refrigeration, 1995, 18 (2): 107-112.

[53] 韩志涛, 姚杨, 姜益强, 等. 空气源热泵热气除霜问题研究现状与进展 [J]. 流体机械, 2007, 35 (7): 67-72.

[54] 马最良, 陆亚俊, 朱林. 房间热平衡法多功能实验台的研制 [J]. 通风除尘, 1991 (3): 29-31.

[55] 韩志涛. 空气源热泵常规除霜与蓄能除霜特性实验研究 [D]. 哈尔滨: 哈尔滨工业大学, 2008.

[56] 韩志涛, 姚杨, 马最良等. 空气源热泵蓄能热气除霜新系统与实验研究 [J]. 哈尔滨工业大学学报, 2007, 39 (6): 901-903.

[57] 柴沁虎, 马国远. 空气源热泵低温适用性研究的现状与进展 [J]. 能源工程, 2002, (5): 25-31.

[58] 何雪冰, 刘宪英. 空气源热泵冷热水机组设计选型 [J]. 暖通空调, 2004, 34 (3): 55-58.

[59] 韩志涛, 姚杨, 马最良, 等. 空气源热泵误除霜特性的实验研究 [J]. 暖通空调. 2006, 36 (2): 15-19.

第 4 章

[1] 徐邦裕, 陆亚俊, 马最良. 热泵 [M]. 北京: 中国建筑工业出版社, 1988.

[2] 姜益强, 姚杨, 马最良. 空气源热泵冷热水机组供热最佳能量平衡点的研究 [J]. 哈尔滨建筑大学学报, 2001, 34 (3): 83-87.

[3] 姜益强. 空气源热泵冷热水机组供热最佳平衡点的研究 [D]. 哈尔滨: 哈尔滨建筑大学, 1999.

[4] 巨永平. 京津地区小型空气—空气热泵供热性能研究及使用可行性分析 [D]. 天津: 天津大

学，1988.
- [5] 姜益强，姚杨，马最良. 空气源热泵结霜除霜损失系数的计算 [J]. 暖通空调，2000，30 (5)：24-26.
- [6] 雷炳成. 风冷热泵机组在武汉地区的应用与分析 [J]. 华中暖通空调，1997 (1)：16-19.
- [7] 殷民. 比负荷系数法—选用风冷热泵机组的新方法 [C] // 全国暖通空调制冷 1998 年学术年会文集，1998：293-297.
- [8] 吴有筹. 风冷热泵应用简析 [J]. 暖通空调，1995，25 (5)：8-10.
- [9] 刘向东. 四类民用建筑设计冷负荷概算的研究 [D]. 哈尔滨：哈尔滨建筑大学，1996.
- [10] 马最良，杨自强，姚杨，等. 空气源热泵冷热水机组在寒冷地区应用的分析 [J]. 暖通空调，2001，31 (3)：28-31.
- [11] 姚杨. 暖通空调热泵技术 [M]. 北京：中国建筑工业出版社，2008.
- [12] 石文星，田长青，王森. 寒冷地区用空气源热泵的技术进展 [J]. 流体机械，2003，31 (增刊)：43-48.
- [13] 马最良. 替代寒冷地区传统供暖的新型热泵供暖方式的探讨 [J]. 暖通空调新技术，2001 (3)：31-34.
- [14] 王洋，江辉民，马最良，等. 增大蒸发器面积对延缓空气源热泵冷热水机组结霜的实验与分析 [J]. 暖通空调，2006，36 (7)：83-87.
- [15] 汪厚泰. 低温环境下热泵技术问题探讨 [J]. 暖通空调，1998，28 (6)：34-37.
- [16] 马最良，姚杨，姜益强. 双级耦合热泵供暖的理论与实践 [J]. 流体机械，2005，33 (9)：30-34.
- [17] 王洋，江辉民，马最良，等. 单、双级混合式热泵系统切换条件的实验研究 [J]. 暖通空调，2005，35 (2)：1-3.
- [18] 喻银平. 双级耦合热泵在我国寒冷地区应用的预测分析 [D]. 哈尔滨：哈尔滨工业大学，2002.
- [19] 马最良，姚杨，喻银平. 双级耦合热泵系统在我国"三北"地区应用的预测分析 [J]. 暖通空调，2005，35 (1)：6-10.
- [20] 王洋. 单、双级混合式热泵供暖系统的流程实验研究 [D]. 哈尔滨：哈尔滨工业大学，2003.
- [21] 马最良，姚杨，王洋，等. 混合式系统中空气源热泵的实验研究 [J]. 哈尔滨工业大学学报，2005，37 (2)：164-166.
- [22] 王伟，马最良，姚杨，等. 双级耦合式热泵供暖系统在北京地区实际应用性能测试与分析 [J]. 暖通空调，2004，34 (10)：91-95.
- [23] Wang W, Ma Z, Jiang Y, Field test investigation of a double-stage coupled heat pumps heating system for cold regions [J]. International Journal of Refrigeration, 2005, 28 (5): 672-679.
- [24] 姜益强. 空气源热泵冷热水机组故障分析与诊断建模 [D]. 哈尔滨：哈尔滨工业大学，2002.
- [25] 姜益强，姚杨，马最良. 基于神经网络的空气源热泵机组的故障诊断 [J]. 哈尔滨工业大学学报，2002，34 (6)：770-772.

第 5 章

- [1] 殷平. 地源热泵在中国 [G] //. 现代空调—空调热泵设计方法专辑，2001，(3)：1-8.
- [2] Hatten MJ Morrison WB. The commonwealth building: Groundbreaking history with a groundwater heat pump [J]. ASHRAE Journal, 1995, 37 (7): 45-48.
- [3] 王芳，范晓伟，周光辉，等. 我国水源热泵研究现状 [J]. 流体机械，2003，31 (4)：57-59.
- [4] Office of Geothermal Technologies. DOE/GO-10098-653 Environmental and energy Benefits of geothermal heat pumps [s]. Produced for the US Department of Energy (DOE) by the National Renewable Energy Laboratory, a DOE national laboratory, 1999.

参考文献

[5] Freedman GM, Dougall RS. Monitoring of residential groundwater-source heat pumps in the Northeast [G] // ASHRAE Trans, 1988, 94 (1A): 839-862.

[6] Lienau PJ, Boyd TL, Rogers RL. Ground-source heat pump case studies and utility programs [R]. Prepared For: US Department of Energy Geothermal Division, 1995: 1-5.

[7] Raffery K. A capital cost comparison of commercial ground-source heat pump system [G] //. ASHRAE Trans, 1995, 101 (2): 1095-1100.

[8] Cane D, Morrison A, Ireland CJ. Maintenance and service costs of commercial building ground-source heat pump systems [G] //. ASHRAE Trans, 1998, 104 (2A): 699-706.

[9] 王景刚,张万平,王侃宏. 资源环境可持续发展的热泵应用技术研究 [C] //. 全国热泵和空调技术交流会议论文集. 宁波,2001: 155-164.

[10] 倪龙. 单井循环地下换热系统 [C] // 第三届地热能开发利用与热泵技术应用专题交流会. 上海,2008.

[11] O'Neill ZD, Spitler JD, Rees SJ. Performance analysis of standing column well ground heat exchanger Systems [G] //. ASHRAE Trans, 2006, 112 (2): 633-643.

[12] Lee JY. Current status of ground source heat pumps in Korea [J]. Renewable and Sustainable Energy Reviews, 2009, 13 (6/7): 1560-1568.

[13] Sorensen SN, Reffstrup J. Prediction of long-term operational conditions for single-well groundwater heat pump plants [C] //. Proceedings of the 27th Intersociety Energy Conversion Engineering Conference. San Diego, CA, USA, 1992.

[14] 徐生恒. 井式液体冷热源系统: 中国 00123494. 3 [P]. 2002.

[15] Xu S, Rybach L. Utilization of shallow resources performance of direct use system in Beijng [G] //. Geothermal Resource Council Transactions, 2003, 27: 115-118.

[16] 杨自强,曲满洪. 单井抽灌技术在我国的应用与发展 [J]. 暖通空调,2006,36 (增刊): 208-210.

[17] Rees SJ, Spitler JD, Deng Z, et al. A study of geothermal heat pump and standing column well performance [G] //. ASHRAE Trans, 2004, 110 (1): 3-13.

[18] Yuill GK, Mikler V. Analysis of the effect of induced groundwater flow on heat transfer from a vertical open-hole concentric-tube thermal well [G] //. ASHRAE Trans, 1995, 101 (1): 173-185.

[19] Orio CD, Johnson CN, Rees SJ, et al. A survey of standing column well installations in North America [G] //. ASHRAE Trans, 2005, 111 (2): 109-121.

[20] Orio CD. Geothermal heat pump applications industrial / commercial [J]. Energy Engineering, 1999, 96 (3): 58-79.

[21] Collins PA, Orio C, Smiriglio S. Geothermal heat pump manual [M]. New York City Department of Design and Construction (DDC), 2002.

[22] Yavuzturk C, Chiasson AD. Performance analysis of u-tube, concentric tube, and standing column well ground heat exchangers using a system simulation approach [G] //. ASHRAE Trans, 2002, 108 (1): 925-938.

[23] 李志浩. 全国暖通空调制冷 2004 年学术年会综述 [J]. 暖通空调,2004,34 (10): 5-12.

[24] 倪龙,封家平,马最良. 地下水源热泵的研究现状与进展 [J]. 建筑热能通风空调,2004,24 (2): 26-31.

[25] Andrew CB. The impact of the use of heat pumps on ground-water temperatures. [J] Ground Water, 1978, 16 (6): 437-443.

[26] Warner DL, Algan U. Thermal impact of residential ground-water heat pumps [J]. Ground Water, 1984, 22 (1): 6-12.

[27] Relstad GM, McMahon WR. Heat pump design for aquifer seasonal heating-only thermal energy storage systems [G] //. ASHRAE Trans, 1984, 90 (2B): 119-136.

[28] 郭建辉, 韩玲. 地下水源热泵系统性能的实验与模拟研究 [J]. 制冷空调与电力机械, 2005, 26 (4): 8-11.

[29] 辛长征, 朱颖心. 深井回灌式水源热泵井群运行的地下含水层传、蓄热性能模拟研究 [C] //. 全国暖通空调制冷学术文集. 珠海, 2002.

[30] 王理许, 方红卫. 水源热泵空调系统应用对地下水环境影响研究 [R]. 北京市水利科学研究院, 清华大学, 2004.

[31] 郑凯, 方红卫, 王理许. 地下水水源热泵系统中的细菌生长 [J]. 清华大学学报: 自然科学版, 2005, 45 (12): 1608-1612.

[32] 刘立才, 王金生, 张霓, 等. 北京城市规划区水源热泵系统应用适宜性分区 [J]. 水文地质工程地质, 2006 (6): 15-17.

[33] 张远东, 魏加华, 李宇, 等. 地下水源热泵采能的水-热耦合数值模拟 [J]. 天津大学学报, 2006, 39 (8): 907-912.

[34] 张远东, 魏加华, 汪集旸. 井对间距与含水层采能区温度场的演化关系 [J]. 太阳能学报, 2006, 27 (11): 1163-1167.

[35] 张远东, 魏加华, 王光谦. 区域流场对含水层采能区地温场的影响 [J]. 清华大学学报: 自然科学版, 2006, 46 (9): 1518-1521.

[36] 张毅. 水源热泵系统中抽灌两用井的应用研究 [D]. 长春: 吉林大学, 2003.

[37] Zhao Z, Zhang S, Li X. Cost-effective optimal design of groundwater source heat pumps [J]. Applied Thermal Engineering. 2003, 23 (13): 1595-1603.

[38] 王芳. 地下水源热泵系统的实验与模拟研究 [D]. 西安: 西安建筑科技大学, 2003.

[39] 张震, 张超, 周光辉, 等. 地下水源热泵系统换热器匹配性研究 [J]. 低温与超导, 2006, 34 (3): 220-223.

[40] Rafferty KD. Dual set point control of open-loop heat pump systems [G] //. ASHRAE Trans, 2001, 107 (1): 600-604.

[41] 张远东. 单 (多) 井抽灌对浅部地温场的影响研究 [D]. 北京: 中国科学院, 2004.

[42] Mikler V. A theoretical and experimental study of the "Energy Well" Performance [D]. Pennsylvania State University, 1993.

[43] Lund JW. Foundation house, New York, heat pump system [J]. Geo-Heat Center Quaryterly Bulletin, 2005, 18 (3): 5.

[44] Orio CD. Geothermal heat pumps and standing column wells [G] //. Geothermal Resources Council Transactions, 1994, 18: 375-379.

[45] Deng Z. Modeling of standing column wells in ground source heat pump systems [D]. Oklahoma State University, 2004.

[46] Deng Z, Rees SJ, Spitler JD. A model for annual Simulation of standing column well ground heat exchangers [J]. HVAC&R Research, 2005, 11 (4): 637-655.

[47] Al-Sarkhi A, Abu-Nada E, Nijmeh S, et al. Performance evaluation of standing column well for potential application of ground source heat pump in Jordan [J]. Energy Conversion and Management, 2008, 49 (4): 863-872.

[48] 李旻, 刁乃仁, 方肇洪. 单井回灌地源热泵地下传热数值模型研究 [J]. 太阳能学报, 2007, 28 (12): 1394-1401.

[49] 刘惠, 刁乃仁, 方肇洪. 单井回灌地源热泵地下换热器流动模型及分析 [J]. 山东建筑大学学报,

2008, 28 (3): 230-234.

[50] 刘涛, 张于峰, 牛宝联, 等. 单井循环热泵系统冬季运行特性的数值模拟 [J]. 煤气与热力, 2007, 27 (4): 65-69.

[51] 薛禹群, 谢春红, 吴吉春. 地下水数值模拟和电模拟中存在的问题 [J]. 水文地质工程地质, 1996 (6): 49-51.

[52] 雅·贝尔. 地下水水力学 [M]. 许涓铭. 北京: 中国地质出版社, 1985.

[53] 陈崇希, 林敏. 地下水动力学 [M]. 武汉: 中国地质大学出版社, 1999.

[54] Chen C, Jiao JJ. Numerical simulation of pumping tests in multilayer wells with non-darcian flow in the wellbore [J]. round Water, 1999, 37 (3): 465-474.

[55] Deleglise M, Simacek P, Binetruy C, et al. Determination of the thermal dispersion coefficient during radial filling of a porous medium [J]. Journal of Heat Transfer, 2003, 125 (10): 875-880.

[56] 姜培学, 王补宣, 罗棣庵. 单相流体流过饱和多孔介质的流动与换热 [J]. 工程热物理学报, 1996, 17 (增刊): 90-94.

[57] Xue Y, Xie C, Li Q. Aquifer thermal energy storage: a numerical simulation of field experiments in China, Water Resources Research, 1990, 26 (10): 2365-2375.

[58] 杜建华, 胡雪蛟, 吴伟, 等. 多孔介质单相渗流的热弥散模型 [J]. 机械工程学报, 2001, 37 (7): 9-11.

[59] Alazmi B, Vafai K. Analysis of variable porosity, thermal dispersion, and local thermal nonequilibrium on free surface flows through porous media [J]. Journal of Heat Transfer, 2004, 126 (6): 389-399.

[60] 倪龙, 马最良, 孙丽颖. 同井回灌地下水源热泵热力特性分析 [J]. 哈尔滨工程大学学报, 2006, 27 (2): 195-199.

[61] Mei VC, Emerson CJ. New approach for Analysis of ground-coil design for applied heat pump systems. ASHRAE Trans, 1985, 91 (2B-2): 1216-1224.

[62] Mei VC, Fischer SK. Vertical concentric tube ground-coupled heat exchangers [G] //. ASHRAE Trans, 1983, 89 (2B): 391-406.

[63] 顾中煊, 吴玉庭, 唐志伟, 等. U型管地下换热系统非稳态传热数值模拟 [J]. 工程热物理学报, 2006, 27 (2): 313-315.

[64] 王欣, 俞亚南, 高庆丰. 地源热泵垂直套管式换热器传热研究 [J]. 暖通空调, 2005, 35 (6): 16-19.

[65] 魏唐棣, 胡鸣明, 丁勇, 等. 地源热泵冬季供暖测试及传热模型 [J]. 暖通空调, 2000, 30 (1): 12-14.

[66] 孙纯武, 张素云, 刘宪英. 水平埋管换热器地热源热泵实验研究及传热模型 [J]. 重庆建筑大学学报, 2001, 23 (6): 49-55.

[67] Moyne C, Didierjean S, Souto HPA, et al. Thermal dispersion in porous media: one-equation model [J]. International Journal of Heat and Mass Transfer, 2000, 43 (20): 3853-3867.

[68] Chevalier S, Banton O. Modeling of heat transfer with the random walk method Part 1 application to thermal energy storage in porous aquifers [J]. Journal of Hydrology, 1999, 222 (1/2/3/4): 129-139.

[69] 郁伯铭. 多孔介质输运性质的分形分析研究进展 [J]. 力学进展, 2003, 33 (3): 333-346.

[70] Cheng P, Hsu CT. Application of van driest's mixing length theory to transverse thermal dispersion in a packed bed with bounding walls [J]. International Communications in Heat and Mass Transfer, 1986, 13 (6): 613-625.

[71] Hunt ML, Tien CL. Effects of thermal dispersion on forced convection in fibrous media [J]. International Journal of Heat and Mass Transfer, 1988, 31 (3): 301-309.

[72] Kuwahara F, Nakayama A, Koyama H. A numerical study of thermal dispersion in Porous meadia [J]. ASME Journal Heat Transfer, 1996, 118 (10): 765-771.

[73] Hsu CT, Cheng P. Thermal dispersion in a porous medium [J]. Interational Journal Heat Mass Transfer, 1990, 33 (8): 1587-1597.

[74] 郁伯铭. 分形介质的传热与传质分析 [J]. 工程热物理学报, 2003, 24 (3): 481-483.

[75] Chou FC, Su JH, Lien SS. A reevaluation of non-darcian forced convection in cylindrical packed tubes [J]. ASME, Heat Transfer Division, 1992, 193 (Fundamentals of Heat Transfer in Porous Media - 1992): 57-66.

[76] Doughty C, Hellstrom G, Tsang CF, et al. A dimensionless parameter approach to the thermal behavior of an aquifer thermal energy storage system [J]. Water Resource Research, 1982, 18 (3): 571-587.

[77] Sauty JP, Gringarten AC, Menjoz A, et al. Sensible energy storage in aquifers 1 theoretical study [J]. Water Resource Research, 1982, 18 (2): 245-252.

[78] Walton WC. Practical aspects of groundwater modeling-flow, mass and heat transport and subsidence and computer models [M]. 2nd Edition. New Jersey, USA: McGraw-Hill Book Company, 1985.

[79] Sauty JP, Gringarten AC, Fabri H, et al. Sensible energy storage in aquifers 2 field experiments and comparison with theoretical results [J]. Water Resource Research, 1982, 18 (2): 253-265.

[80] Tsang CF, Buscheck T, Doughty C. Aquifer [J] thermal energy storage: a numerical simulation of Auburn University field experiments [J]. Water Resource Research, 1981, 17 (3): 647-658.

[81] 倪龙, 马最良. 热弥散对同井回灌地下水源热泵的影响 [J]. 建筑热能通风空调, 2005, 24 (4): 7-10.

[82] 倪龙, 马最良. 地下水地源热泵回灌分析 [J]. 暖通空调, 2006, 36 (6): 84-90.

[83] 倪龙, 马最良. 同井回灌地下水源热泵地下水渗流理论研究 [J]. 太阳能学报, 2006, 27 (12): 1219-1224.

[84] 倪龙, 马最良. 井参数对同井回灌地下水源热泵的影响 [J]. 流体机械, 2006, 34 (3): 65-69.

[85] 倪龙, 姜益强, 姚杨, 等. 循环单井与含水层的原水交换 [J]. 太阳能学报, 2010.

[86] 王竹溪, 郭敦仁. 特殊函数概论 [J]. 北京: 北京大学出版社, 2000.

[87] 何满潮, 刘斌, 姚磊华, 等. 地热单井回灌渗流场理论研究 [J]. 太阳能学报. 2003, 24 (4): 197-201.

[88] 何满潮, 刘斌, 姚磊华, 等. 地热水对井回灌渗流场理论研究 [J]. 中国矿业大学学报, 2004, 33 (3): 245-248.

[89] 何满潮, 刘斌, 姚磊华, 等. 地下热水回灌过程中渗透系数研究 [J]. 吉林大学学报: 地球科学版, 2002, 32 (4): 374-377.

[90] 倪龙, 姜益强, 姚杨, 等. 单井循环地下换热系统正常运行的关键 [J]. 暖通空调, 2008, 38 (增刊): 228-231.

[91] 倪龙, 姜益强, 姚杨, 等. 单井循环地下换热系统健康运行的研究 [J]. 流体机械, 2009, 37 (4): 64-68.

[92] 徐伟, 张时聪. 我国地源热泵技术现状及发展趋势 [J]. 智能建筑, 2007 (9): 43-46.

[93] 徐伟. 中国地源热泵情况调查与分析 [C] //第二届中国地源热泵技术城市级应用高层论坛. 北京, 2007: 24-30.

[94] 王贵玲, 刘云, 蔺文静等. 我国地下水源热泵应用适宜性评价 [G] // 地温资源与地源热泵技术应

用论文集（第二集），西安，2008：19-26.

[95] 王亚斌，张海涛，郭淑娟，等. 天津市水源热泵系统水文地质条件适宜性评价方法研究 [J] // 地温资源与地源热泵技术应用论文集（第一集）. 北京，2007：72-79.

[96] 许苗娟，姜媛，谢振华，等. 基于层次分析法的北京市平原区水源热泵适宜性分区研究 [J]. 城市地质，2009，4（1）：18-21.

[97] 杨保安，张科静. 多目标决策分析理论、方法与应用研究 [M]. 上海：东华大学出版社. 2008.

第 6 章

[1] 倪龙，马最良. 单井循环地下换热系统及其应用前景 [J]. 中国建设信息·供热制冷，2008，（11）：26-30.

[2] 倪龙，马最良，徐生恒，等. 北京某同井回灌地下水地源热泵工程现场实验研究 [J]. 暖通空调，2006，36（10）：86-92.

[3] 王新娟，谢振华，周训. 北京西郊地区大口井人工回灌的模拟研究 [J]. 水文地质工程地质，2005（1）：70-72.

[4] 刘家祥，蔡巧生. 北京西郊地下水库研究 [M]. 北京：地质出版社，1988.

[5] Molz FJ, Parr AD, Andersen PF, et al. Thermal energy storage in a confined aquifer: experimental results [J]. Water Resource Research, 1979, 15 (6): 1509-1514

[6] Molz FJ, Warman JC, Jones TE. Aquifer storage of heated water: part I-a field experiment [J]. Ground Water, 1978, 16 (4): 234-241.

[7] 王理许，方红卫. 水源热泵空调系统应用对地下水环境影响研究. 北京市水利科学研究院，清华大学，2004.

[8] 张远东. 单（多）井抽灌对浅部地温场的影响研究 [D]. 北京，中国科学院，2004.

[9] 张远东，魏加华，李宇等. 地下水源热泵采能的水-热耦合数值模拟 [J]. 天津大学学报，2006，39（8）：907-912.

[10] 李照州，郑小兵，吴浩宇等. 新型智能温度传感器在辅亮度标准探测器温控系统中的应用 [J]. 量子电子学报，2005，22（5）：806-809.

[11] 何满潮，乾增珍，朱家岭. 深部地层储能技术与水源热泵联合应用工程实例 [J]. 太阳能学报，2005，26（1）：23-27.

[12] 刘雪玲，李宁. 低温地热水源热泵供暖技术 [J]. 煤气与热力，2004，24（10）：567-569.

[13] 刘雪玲，朱家玲. 水源热泵在冬季供暖中的应用 [J]. 太阳能学报，2005，26（2）：262-265.

[14] 刘雪玲，朱家玲，雷海燕. 地下水地源热泵夏季运行的测试与分析 [J]. 暖通空调，2006，36（7）：110-111.

[15] 倪龙，马最良，孙丽颖. 同井回灌地下水源热泵热力特性分析 [J]. 哈尔滨工程大学学报，2006，27（2）：195-199.

[16] 倪龙，姜益强，姚杨，等. 循环单井井管-井孔-含水层传热模型 [J]. 哈尔滨工程大学学报，2009，30（11）：1228-1233.

[17] Chen C, Jiao JJ. Numerical simulation of pumping testsin multilayer wells with non-Darcian flow in the wellbore [J]. Ground Water, 1999, 37 (3): 465-474.

[18] 陈崇希，林敏，叶善士，等. 地下水混合井流的理论及应用 [M]. 武汉：中国地质大学出版社，1998.

[19] 张明江，门国发，陈崇希. 渭干河流域三维地下水流数值模拟 [J]. 新疆地质，2004，22（3）：238-243.

[20] Chen C, Wan J, Zhan H. Theoreticaland experimental studiesof coupled seepage-pipe flow to a horizontal well [J]. Journal of Hydrology, 2003, 281 (1/2): 159-171.

[21] 陈崇希，万军伟．地下水水平井流的模型及数值模拟方法—考虑井管内不同流态［J］．地球科学—中国地质大学学报，2002，27（2）：135-140.

[22] 陈崇希，万军伟，詹红兵，等．"渗流-管流耦合模型"的物理模拟及其数值模拟［J］．水文地质工程地质，2004，（1）：1-8.

[23] Manadili G. Replace implicit equations with signomial functions［J］. Chemical Engineering-New York, 1997, 104（8）：129.

[24] Romeo E, Royo C, Monzón A. Improved explicit equations for estimation of the friction factor in rough and smooth pipes［J］. Chemical Engineering Journal, 2002, 86（3）：369-374.

[25] Sorensen SN, Reffstrup J. Prediction of long-term operational conditions for single-well groundwater heat pump plants［C］// Proceedings of the 27th Intersociety Energy Conversion Engineering Conference, San Diego, CA, USA, 1992.

[26] 陈崇希，唐仲华．地下水流动问题数值方法［M］．武汉：中国地质大学出版社，1990.

[27] Walton WC. Practical aspects of groundwater modeling-flow, mass and heat transport and subsidence and computer models［M］. 2nd Edition. New Jersey, USA：McGraw-Hill Book Company, 1985.

[28] Orio CD, Johnson CN, Rees SJ, etal. A survey of standing column well installations in north america［G］// ASHRAETrans, 2005, 111（2）：109-121.

[29] 清华大学 DeST 开发组．建筑环境系统模拟分析方法—DeST［C］//．北京：中国建筑工业出版社，2005.

[30] 倪龙，姜益强，姚杨，等．单井循环地下换热系统健康运行的研究［J］．流体机械，2009，37（4）：64-68.

[31] 倪龙，姜益强，姚杨，等．单井循环地下换热系统正常运行的关键［J］．暖通空调，2008，38（增刊）：228-231.

[32] 倪龙，姜益强，姚杨，等．循环单井的传热特性［J］．天津大学学报，2009，42（11）：1034-1039.

[33] 汪训昌．关于发展地源热泵系统的若干思考［J］．暖通空调，2007，37（3）：38-43.

[34] Wang H, Qi C. Performance study of underground thermal storage in a solar-ground coupled heat pump system for residential buildings［J］. Energy and Buildings, 2008, 40（7）：1278-1286.

[35] Han Z, Zheng M, Kong F, etal. Numerical simulation of solar assisted ground-source heat pump heating system with latent heat energy storagein severely cold area［J］. Applied Thermal Engineering. 2008, 28（11/12）：1427-1436.

[36] Wang H, Qi C, Wang E, etal. A case study of underground thermal storage in a solar-ground coupled heat pump system for residential buildings［J］. Renewable Energy, 2009, 34（1）：307-314.

[37] 倪龙，马最良．含水层参数对同井回灌地下水源热泵的影响［J］．天津大学学报，2006，39（2）：229-234.

[38] 倪龙，马最良．热弥散对同井回灌地下水源热泵的影响［J］．建筑热能通风空调，2005，24（4）：7-10.

[39] 倪龙，马最良．井参数对同井回灌地下水源热泵的影响［J］．流体机械，2006，34（3）：65-69.

[40] 倪龙，马最良．热负荷对同井回灌地下水源热泵的影响［J］．暖通空调，2005，35（3）：12-14.

第 7 章

[1] Hatten M J. Groundwater heat pumping：lessons learned in 43years at one building［G］// ASHRAE Trans, 1992, 98（1）：1031-1037.

[2] Hatten M J, Morrison W B. The commonwealth building：groundbreaking history with a groundwater heat pump［J］. ASHRAE Journal, 1995, 37（7）：45-48.

参考文献

[3] Knipe E C, Raffery K D. Corrosion in low temperature geothermal application [G] // ASHRAE Trans, 1985, 91 (2B-1): 81-91.

[4] Kroeker J D, Chewing R C. Heat pump in an office Building [G] // ASHVE Trans, 1948, 54: 221-238.

[5] Kroeker J D, Chewing R C. Costs of operating the heat pump in the equitable building [G] // ASHVE Trans. 1954, 60: 157-176.

[6] Raffery K. A capital cost comparison of commercial ground-source heat pump system [G] // ASHRAE Trans, 1995, 101 (2): 1095-1100.

[7] 龚宇烈, 赵军, 李新国, 等. 地源热泵在美国工程应用及其发展 [G] // 全国热泵和空调技术交流会议论文集, 2001. 北京: 中国建筑工业出版社: 249-253.

[8] Hughes P J. Survey of water-source heat pump system configurations in current Practice [G] // ASHRAE Trans, 1990, 96 (1): 1021-1028.

[9] Mathen D V. Performance monitoring of select groundwater heat pump installations in north dakota [G] // ASHRAE Trans, 1984, 90 (1B): 290-303.

[10] Singh J B, Foster G, Hunt A W. Representative operating problems of commercial ground-source and groundwater-source heat pumps [G] // ASHRAE Trans, 2000, 106 (2): 561-568.

[11] Lund J W. International course on geothermal heat pumps, chapter 24-design of closed-loop geothermal heat exchangers in the US International summer school on direct implication geothermal energy. 2005, 134-146.

[12] Lund J W. Direct-use of geothermal energy in the USA [J]. Applied Energy, 2003, 74 (1-2): 33-42.

[13] Sanner B. Ground heat sources for heat pumps (classification, characteristics, advantages). International Summer School on Direct Implication Geothermal Energy. 2005, 1-8.

[14] Rybach L, Sanner B. Ground-source heat pump systems the european experience. Geo-Heat Center Quaryterly Bulletin, 2000, 13 (3): 16-26.

[15] 高青, 于鸣. 效率高、环保效能好的供热制冷装置—地源热泵的开发与利用 [J]. 吉林工业大学自然科学学报, 2001, 31 (2): 96-102.

[16] Rybach L, Kohl T. The geothermal heat pump boom in Switzerland and its background [C]. International Geothermal Conference, Reykjavik, 2003. Session #3 Paper 108: 47-52.

[17] Clauser C. Geothermal energy use in germany -status and potential [J]. Geothermics. 1997, 26 (2): 203-220.

[18] 孙友宏, 胡克. 岩土钻掘工程应用的又一新领域—地源热泵技术 [J]. 探矿工程（岩土钻掘工程）, 2002, (增刊): 7-11.

[19] 徐伟. 中国地源热泵发展研究报告 (2008) [M]. 北京: 中国建筑工业出版社, 2008.

[20] 徐伟, 张时聪. 我国地源热泵技术现状及发展趋势 [J]. 智能建筑, 2007 (9): 43-46.

[21] 陈建平, 贾宏刚. 北京市浅层地温（热）资源利用情况与相关规定介绍 [C]. 地温资源与地源热泵技术应用论文集（第2集）. 西安: 地质出版社, 2008: 8-13.

[22] Chen C, Sun F L, Feng L, et al. Underground water-source loop heat-pump air-conditioning system applied in a residential building in Beijing [J]. Applied Energy, 2005, 82 (4): 331-344.

[23] 王新北, 梁云发. 沈阳市推广应用地源热泵工作情况 [C]. 地温资源与地源热泵技术应用论文集（第2集）. 西安: 地质出版社, 2008: 14-18.

[24] Cane D, Morrison A, Ireland C J. Operating experiences with commercial ground-source heat pumps-part 2 [G] // ASHRAE Trans. 1998, 104 (2A): 677-686.

[25] 徐伟. 中国地源热泵情况调查与分析 [C]. 第二届中国地源热泵技术城市级应用高层论坛, 北京,

2007：24-30.

[26] 何俊仕，杨菲，吴法伟．沈阳城区地下水地源热泵运行状况调查及分析 [J]．暖通空调，2008，38 (11)：41-44.

[27] 倪龙，封家平，马最良．地下水源热泵的研究现状与进展 [J]．建筑热能通风空调，2004，24 (2)：26-31.

[28] 徐伟．地源热泵、太阳能热泵的发展及相关问题的思考 [J]．工程质量，2005，(12)：32-34.

[29] 孙颖，苗礼文．北京市深井人工回灌现状调查与前景分析 [J]．水文地质工程地质，2001，(1)：21-23.

[30] Sachs H M, Dinse D R. Geology and the ground heat exchanger: what engineers need to know [G] // ASHRAE Trans, 2000, 106 (2): 421-433.

[31] 武晓峰，唐杰．地下水人工回灌与再利用 [J]．工程勘察，1998 (4)：37-39.

[32] Rafferty K. Ground water issues in geothermal heat pump systems [J]. Ground Water, 2003, 41 (4): 408-410.

[33] Buik N A, Snijders A L. Clogging rate of recharge wells in porous media [C] // Proceedings of the 10th international conference on thermal energy storage - ECOSTOCK, New Jersey, 2006 (CD-ROM).

[34] 何满潮，刘斌，姚磊华等．地下热水回灌过程中渗透系数研究 [J]．吉林大学学报（地球科学版），2002，32 (4)：374-377.

[35] 刘久荣．地热回灌井堵塞的原因和防治 [C] // 全国油区城镇地热开发利用经验交流会论文集，2003．北京：冶金工业出版社：204-208.

[36] Rafferty K D. Water chemistry issues in geothermal heat pump system [G] // ASHRAE Trans, 2004, 110 (1): 550-555.

[37] 陈矛人，周春风，叶瑞芳．关于地源水环热泵中央空调系统设计的讨论 [J]．建筑热能通风空调，2002，(3)：64-70.

[38] 赵忠仁．回灌井暂时性堵塞物的形成及其排除过程变化机制分析 [J]．水文地质工程地质，1988，(5)：39-42.

[39] 薛玉伟，李新国，赵军，等．地下水水源热泵的水源问题研究 [J]．能源工程，2003，(2)：10-13.

[40] 王卫平．水源热泵相关的水源问题 [J]．现代空调，2001，3：112-117.

[41] Rafferty K D. Large tonnage groundwater heat pumps-Experience with two systems [G] // ASHRAE Trans, 1992, 96 (2): 587-592.

[42] ASHRAE. 地源热泵工程技术指南 [M]．徐伟，译．北京：中国建筑工业出版社，2001.

[43] Cane D, Garnet J. Commercial/institutional heat pump systems in cold climates. CADDET Analyses, 2000：27.

[44] 何满潮，乾增珍，朱家岭．深部地层储能技术与水源热泵联合应用工程实例 [J]．太阳能学报，2005，26 (1)：23-27.

[45] 刘雪玲，朱家玲，雷海燕．地下水地源热泵夏季运行的测试与分析 [J]．暖通空调，2006，36 (7)：110-111.

[46] Warner D L, Algan U. Thermal impact of residential ground-water heat pumps [J]. Ground Water, 1984, 22 (1): 6-12.

[47] Collins P A, Orio C, Smiriglio S. Geothermal heat pump manual. new york City Department of Design and Construction (DDC), 2002.

[48] Rafferty K. Groundwater heat pump systems: experience at two high schools [G] // ASHRAE Trans. 1996, 102 (1): 922-928.

参考文献

[49] Rackliff G B, Schabel K B. Groundwater heat pump demonstration results for residential applications in new york state [G] // ASHRAE Trans, 1986, 92 (2A): 3-17.

[50] 戴晓丽. 地源热泵空调系统的特性研究 [D]. 长沙: 湖南大学, 2005.

[51] 傅允准, 林豹, 张旭. 变频技术在地下水源热泵系统中的应用 [J]. 沈阳建筑大学学报（自然科学版）, 2005, 21 (3): 250-252.

[52] Kavanaugh S. Design Considerations for ground and water source heat pumps in southern climater [G] // ASHRAE Trans, 1989, 95 (1): 1139-1149.

[53] Sorensen S N, Reffstrup J. Prediction of long-term operational conditions for single-well groundwater heat pump plants [C] // Proceedings of the 27th Intersociety Energy Conversion Engineering Conference, San Diego, CA, USA, 1992.4.109-4.114.

[54] Xu S, Rybach L. Utilization of shallow resources performance of direct use system in beijng [G] // Geothermal Resource Council Transactions, 2003, 27: 115-118.

[55] Xu S, Yang Z. Development and application of an innovative shallow groundwater heat pump system [C] // 8th International Energy Agency Heat Pump Conference, Las Vegas, Nevada, USA, 2005: 4-13 (CD-ROM).

[56] 杨自强, 曲满洪. 单井抽灌技术在我国的应用与发展 [J]. 暖通空调, 2006, 36 (增刊): 208-210.

[57] Ni L, Jiang Y, Yao Y, et al. Groundwater heat pump with pumping & recharging in the same well in China [C] // 6th International Conference for Enhanced Building Operations, Shenzhen, China, 2006.

[58] 北京市统计局信息咨询中心. 中央液态冷热源环境系统冬季运行分析报告 [R]. 2004: 1-6.

[59] Rees S J, Spitler J D, Deng Z, et al. A study of geothermal heat pump and standing column well performance [G] // ASHRAE Trans, 2004, 110 (1): 3-13.

[60] O'Neill Z D, Spitler J D, Rees S J. Performance analysis of standing column well ground heat exchanger systems [G] // ASHRAE Trans, 2006, 112 (2): 633-643.

[61] Orio C D, Johnson C N, Rees S J, et al. A survey of standing column well installations in north america [G] // ASHRAE Trans, 2005, 111 (2): 109-121.

[62] Lund J W. Foundation house, new york, heat pump system. Geo-Heat Center Quaryterly Bulletin. 2005, 18 (3): 5.

[63] Orio C D. Geothermal heat pump applications industrial/commercial [J]. Energy Engineering, 1999, 96 (3): 58-79.

[64] Orio C D, Johnson C N, Poor K D. Geothermal standing column wells: ten years in a new england school [G] // ASHRAE Trans, 2006, 112 (2): 57-64.

[65] Lee J-Y. Current status of ground source heat pumps in Korea [J]. Renewable and Sustainable Energy Reviews, 2009, 13 (6-7): 1560-1568.

[66] Yavuzturk C, Chiasson A D. Performance analysis of U-tube, concentric tube, and standing column well ground heat exchangers using a system simulation approach [G] // ASHRAE Trans, 2002, 108 (1): 925-938.

[67] 张军. 地表水源热泵的发展现状以及面临问题 [J]. 制冷空调与电力机械, 2007 (6): 12-14.

[68] Asano T, Maeda M. Wastewater reclamation and reuse in Japan: overview and implementation examples [J]. Water Science Technology, 1996, 34 (11): 219-226.

[69] 王刚. 瑞典区域供冷技术对中国的启示 [J]. 建筑热能通风空调, 2004 (3): 24-29.

[70] 张文宇, 龙惟定. 上海世博园地表水源热泵的应用及环境影响分析 [J]. 暖通空调, 2007, 37 (2): 10-11.

[71] 吕悦，杨立平，周沫，等．国内地源热泵应用情况调查报告［J］．工程建设与设计，2005（6）：5-10．

[72] 陈超，王陈栋，伍品．地下水地源热泵系统设计与应用讨论［J］．暖通空调，2008，38（7）：86-92．

[73] 王旭升，刘立才．地下水源热泵的水文地质设计［J］．水文地质工程地质，2007（5）：50-54．

[74] 牛权森，顾冬梅，许斌．水源热泵取注水井设计方法初探［J］．地下水，2002，24（1）：25-27．

[75] 马最良，吕悦．地源热泵，系统设计与应用［M］．北京：机械工业出版社，2007．

[76] 刘立才，王理许，丁跃元，等．水源热泵抽灌井布局及其运行过程中地下温度变化［J］．水文地质工程地质，2007（6）：1-5．

[77] 张远东，魏加华，李宇，等．地下水源热泵采能的水-热耦合数值模拟［J］．天津大学学报，2006，39（8）：907-912．

[78] 陈崇希，林敏．地下水动力学［M］．武汉：中国地质大学出版社，1999．

[79] 中华人民共和国国家标准．GB 50296—99 供水管井技术规范．

[80] 楼世竹，徐帆．地下水地源热泵系统应用的若干技术问题［J］．中国建设信息·供热制冷，2008，（11）：34-36．

[81] Lippmann M J, Tsang C F. Ground water use for cooling: associated aquifer temperature changes [J]. Ground Water, 1980, 18 (5): 452-458.

[82] 谢汝镛．地源热泵系统的设计［J］．现代空调，2001，（3）：33-74．

[83] 蒋能照，刘道平．水源·地源·水环热泵空调技术及应用［M］．北京：机械工业出版社，2007．

[84] 马最良，姚杨，姜益强．暖通空调中的热泵技术［M］．北京：中国建筑工业出版社，2008．

[85] 余建祖．换热器原理与设计［M］．北京：北京航空航天大学出版社，2006．

[86] 徐伟．地源热泵的经济性分析［J］．中国建设信息·供热制冷，2007，（6）：10．

[87] Cane R L D, Clemes S B, Morrison A. Operating experiences with commercial ground-source heat pumps-part 1 [G] // ASHRAE Trans, 1996, 102 (1): 911-916.

[88] 李新国，赵军，朱强．地源热泵供暖空调的经济性［J］．太阳能学报，2001，22（4）：418-421．

[89] 姜宝成，王永镖，李炳熙．地源热泵的技术经济性评价［J］．哈尔滨工业大学学报，2003，35（2）：195-198．

[90] Kaygusuz K. Performance of solar-assisted heat-pump systems [J]. Applied Engineering, 1995, 51 (2): 93-105.

[91] 何耀东，孟震．地源热泵中央空调的多种设计方案及其特性分析［J］．制冷技术，2009（2）：7-11．

[92] 李元伟，李俊梅．西安某公建工程地源热泵空调系统设计［J］．建筑热能通风空调，2009，28（3）：89-92．

[93] 黄武刚，郭旭晖，黄丽娟，等．某公共建筑闭式冷却塔辅助冷却的土壤源热泵系统设计［J］．铁道标准设计，2008，（增刊）：81-84．

[94] 清华大学 DeST 开发组．建筑环境系统模拟分析方法—DeST［M］．北京：中国建筑工业出版社，2005．

第 8 章

[1] Yoshii T. Technology for utilizing unused low temperature difference energy [J]. Journal of the Japan Institute of Energy, 2001, (8): 696-706.

[2] 王富康，王曙光，李小平．工业废水和城市污水处理技术经济手册［M］．北京：清华大学出版，1992：372-381．

[3] 宋艳．处理后污水—原生污水热泵的淋激式换热器研究［D］．哈尔滨：哈尔滨工业大学，2008．

[4] 王致清．黏性流体动力学［M］．哈尔滨：哈尔滨工业大学出版社，1990：195．

[5] Sideman S, Homa H, Maron D M. Transport charaeteristies of flowing over horizontal smooth tubes

参考文献

[J] Int. J. Heat Mass Transfer, 1978, 21 (2): 285-298.

[6] Wassenaar R H. simulation of film flow on a horizontal tube feeded by falling droplets [C] // 18th Int. Symp. On Heat and Mass Transfer in Cryogenies and Refrigeration, 1986: 277-284.

[7] Van der Wekken B J C, Wassenaar R H. Simultaneous heat and mass transfer accompanying absorption in laminar flow over a cooled wall [J]. Int J Refrig, 1988, 11: 271-276.

[8] Kashiwagi T, Kurosaki Y, Nikai I, et. al. A study of steam absorption into the aqueous solution of Li-Br using holographic interferometry [C] // Proc of 15th Int Congress of Refrig, 1983: 184-189.

[9] Grossman G. Simultaneous heat and mass transfer in film absorption under laminar flow [J]. Int J Heat Mass Transfer, 1983, 26 (3): 357-371.

[10] 秦叔经, 叶文邦. 换热器 [M]. 北京: 化学工业出版社, 2002.

[11] 许莉. 水平管降膜海水淡化多效蒸发传热的研究 [D]. 天津: 天津大学, 1999.

[12] 宋艳. 污水源热泵中多级淋激式换热器的设计及系统模拟 [D]. 哈尔滨工业大学, 2004: 23-24.

[13] Yun D, Lorentz J J, Ganic E N. Vapor/liquid interaction and entrainment in falling film evaporators [J]. Heat Transfer, 1980, 102: 20-25.

[14] Li R Q, Harris R. On the dominant unstable wavelength during film boiling on a horizontal cylinder of small diameter [J]. Heat Transfer, 1993, 115: 498-501.

[15] 姚杨, 马最良, 宋艳. 寒冷地区处理后污水—原生污水热泵系统: 中国, ZL200510010384.6 [P].

[16] 姚杨, 宋艳. 污水源热泵系统中多级淋激式换热器的设计与分析 [J]. 暖通空调, 2007, 37 (3): 63-67.

[17] 张祉佑. 制冷原理与设备 [M]. 北京: 机械工业出版社, 1987: 185-187.

[18] 葛云亭. 冷凝器动态数学参数模型的建立与理论计算 [J]. 制冷学报, 1995, 10 (3): 17-26.

[19] 姚杨, 宋艳, 那威. 污水源热泵处理低温污水的模拟分析 [J]. 中国给水排水, 2006, 22 (13): 70-73.

[20] 丁国良, 张春路. 制冷空调装置仿真与优化 [M]. 北京: 科学出版社, 2001: 31-35.

[21] 姚杨, 宋艳, 那威. 污垢对污水源热泵系统性能影响的研究 [J]. 哈尔滨工业大学学报, 2007, 39 (4): 599-603.

[22] 李亚峰, 陈平. 利用热泵技术回收城市污水中的热能 [J]. 可再生能源, 2002 (6): 23-24.

[23] 姜益强, 姚杨, 马最良, 等. 具有快速除污功能的完全可拆装的管壳式换热器: 中国, 200810064925.7 [P].

[24] 吴荣华, 孙德兴, 张承虎, 等. 热泵冷热源城市原生污水的流动阻塞与换热特性 [J]. 暖通空调, 2005, 35 (2): 86-88.

[25] 幡野佐一, 等. 换热器 [M]. 北京: 化学工业出版社, 1987: 79-88.

[26] 姜益强, 姚杨, 马最良, 等. 具有快速除污功能的干式管壳式换热器: 中国, ZL200810136804.9 [P].

[27] 姜益强, 姚杨, 马最良, 等. 具有快速除污功能的干式管壳式污水源热泵机组: 中国, ZL200810136842.4 [P].

[28] 周强泰. 两相流动与热交换 [M]. 北京: 水利电力出版社, 1990: 20-23.

[29] 姚杨, 马最良. 空气源热泵冷热水机组空气侧换热器结霜模型 [J]. 哈尔滨工业大学学报, 2003, 35 (7): 781-783.

[30] 何汉峰, 季杰, 裴刚, 等. 基于稳态分布参数模型的光伏蒸发器的数值模拟 [J]. 太阳能学报, 2007, 28 (11): 1173-1178.

第 9 章

[1] Carslaw H S, Jaeger J C. Conduction of heat in solids [M]. Oxford: Claremore Press, 1947: 260-265.
[2] Ingersoll L R, Zobel O J, Ingersoll A C. Heat conduction with engineering, geological and other applications [M]. New York: McGraw-Hill Co, 1948: 45-53.
[3] Carslaw H S, Jaeger J C. Conduction of heat in solids [M]. Second Edition. Oxford University Press, 1959: 260-265.
[4] Deerman J D, Kavanaugh S P. Simulation of vertical U-tube ground-coupled heat pump systems using the cylindrical heat source solution [G] //. ASHRAE Trans, 1997, 103 (1): 287-295.
[5] Mei V C, Baxter V D. Performance of a ground-coupled heat pump withmultiple dissimilar U-tube coils in series [G] //ASHRAE Trans, 1986, 92 (2A): 30-41.
[6] Leong W H, Tarnawski V R, Aittomaki A. Effect of soil type andmoisture content on ground heat pump performance [J]. International Journal Refrig, 1998, 21 (8): 595-606.
[7] Couvillion R J, Hartley J, G. Low-intensity heat andmoisture transfer in moist soils-cuuuentmodels [G] //ASHRAE Trans, SF-86-16: 756-775.
[8] Tarnawski V R. Effect of snow cover on ground heat pump performance and soil moisture freezing [J]. International Journal Refrig, 1989, 12: 71-76.
[9] Piechowski M. Heat and mass transfer model of a ground heat exchanger: theoretical development [J]. International Journal of Energy Research, 1997, 21: 860-872.
[10] Piechowski M. Heat and mass transfer model of a ground heat exchanger: validation and sensitivity analysis [J]. International Journal of Energy Research, 1998, 22: 965-979.
[11] Ingersoll L R, Plass H J. Theory of the ground pipe heat source for the heat pump [J]. HPAC, 1948, 20 (7): 119-122.
[12] Ingersoll L R, Zobel O J, Ingersoll A C. Heat conduction with engineering, geological and other applications [M]. New York: McGraw2Hill Co, 1954.
[13] IGSHPA. Design and installations standards (Bose, J. E., ed.) [S]. Stilwater, Oklahoma: International Ground Source Heat Pump Association, 1991.
[14] Hart D P, Couvillion R. Earth coupled heat transfer. 1986.
[15] Kavanaugh S P. Simulation and experimental verification of vertical ground-coupled heat pump systems: [D]. Stillwater, Oklahoma: Oklahoma State University, 1985.
[16] Mei V C. New approach for analysis of ground coil design for applied heat pump systems [G] // ASHRAE Trans, 1985, 91 (2): 1216-1224.
[17] Kafadar A D, Fieldhouse I B, Budenholzer R A. Influence of freezing on heat pump ground coil capacity [G] //Proceedings ofmidwest Power Conference, 1951: 477-487.
[18] Mei V, C, J Emerson C. New approach for analysis of ground-coil design for applied heat pump systems [G] //ASHRAE Trans, 1985, 91 (2): 1216-1224.
[19] Eskilson P. Thermal analysis of heat extraction boreholes [D]. Lund: University of Lund, Department of Mathematical Physics, 1987.
[20] Cane R L D. Modeling of GSHP performance [G] // ASHRAE Trans, 1991, NY-91-17-5: 909-925.
[21] ASHRAE. Commercial/institutional ground-source heat pump (GSHP) engineering manual, 1995.
[22] Muraya N K, O' Neal D L Heffington W M. Thermal interference of adjacent legs in a vertical U-tube heat exchanger for a ground-coupled heat pump [G] //ASHRAE Trans, 1996, 102 (2): 12-21.

[23] Rottmayer S P, Beckman W A, Mitchell J W. Simulation of a single vertical U-tube ground heat exchanger in an infinite medium [G] // ASHRAE Trans, 1997, 103 (2): 651-659.

[24] Shonder J A, Beck J V. Determining effective soil formation thermal properties from field data using parameter estimation technique [G] // ASHRAE Trans, 1999, 105 (1).

[25] 刘宪英, 胡鸣明, 魏唐棣. 地热源热泵地埋管换热器传热模型的综述 [J]. 重庆建筑大学学报, 1999 (4): 106-111.

[26] 李芃, 仇中柱. 垂直埋管式土壤源热泵埋管周围土壤温度场的数值模拟 [J]. 建筑热能通风空调, 2000, 19 (4): 1-4.

[27] 张旭. 土壤源热泵的实验及相关基础理论研究 [M]. 现代空调. 北京: 中国建筑工业出版社, 2001: 75-87.

[28] 曾和义, 方肇洪. U形管地热换热器中介质轴向温度的数学模型 [J]. 山东建筑工程学院学报, 2002, 17 (1): 7-11.

[29] 余延顺. 土壤蓄冷与土壤耦合热泵集成系统的研究 [D]. 哈尔滨: 哈尔滨工业大学, 2004: 31-45.

[30] 范蕊. 土壤蓄冷与热泵集成系统热渗耦合理论及实验研究 [D]. 哈尔滨: 哈尔滨工业大学, 2006.

[31] 范蕊, 马最良. 地埋管换热器传热模型的回顾与改进 [J]. 暖通空调, 2006, 36 (4): 25-29.

[32] Witte H J L, van Gelder A J, Serrão M Comparison of design and operation of a commercial Uk ground source heat pump project [G] // 1st International Conference on Sustainable Energy Technologies, 2002.

[33] ASHRAE. ASHRAE handbook, fundamentals [G] // Atlanta, GA. American Society of Heating Refrigeration and Air-Conditioning Engineers, Inc, 1998.

[34] Witte H J L. Geothermal response tests with heat extraction and heat Injection: example of application in research and design of geothermal ground heat exchangers, 2001.

[35] 孔祥谦. 有限单元法在传热学中的应用 [M] 3版. 北京: 科学出版社, 1998: 204-205.

[36] 范蕊, 马最良. 热渗耦合作用下地埋管换热器的传热分析 [J]. 暖通空调, 2006, 36 (2): 6-10.

[37] 余延顺, 马最良. 土壤耦合热泵系统地埋管换热器传热模型的研究 [J]. 暖通空调, 2005, 35 (1): 26-30.

[38] 范蕊, 马最良, 姚杨等. 地下水流动对地埋管换热器影响的实验研究 [J]. 太阳能学报, 2007, 28 (8): 874-880.

[39] 余延顺, 马最良, 姚杨. 固相增量法在土壤蓄冷与释冷过程数值模拟中的应用 [J]. 暖通空调, 2005, 35 (8): 20-24.

第10章

[1] ANDREW D CHIASSON. Advances in modeling of ground-source heat pump systems [D]. Oklahoma State University, 1999: 24-33.

[2] Chiasson A, C, Rees S, J, SPitler J, D. A preliminary assessment of the effects of ground-water V on closed-loop ground-source heat pump systems [G] // ASHRAE Trans, 2000, 106 (l): 380-393.

[3] Frivik P, E, Comini G. Seepage and heat flow in soil freezing. Journal of Heat Tansfer, 1982, 104 (1): 323-328.

[4] Catanese L, . An energy analysis of low-temperature air distribution system and reduced economize-cycle cooling [G] // ASHRAE Trans, 1991, 97 (1): 848-853.

[5] Norman K, Muraya, Dennis L O'Neal, Warren M, Heffington. Thermal interference of adjacent legs in a vertical U-tube heat exchanger for a ground coupled heat pump [G] // ASHRAE Trans,

1996, 102 (2): 12-21.

[6] Piechowski M. Heat and mass transfer model of a ground heat exchanger: theoretical development [J]. International Journal of Energy Research, 1997, 21: 860-872.

[7] Piechowski M. Heat and mass transfer model of a ground heat exchanger: validation and sensitivity analysis [J]. International Journal of Energy Research, 1998, 22: 965-979.

[8] Yian Gu, Dennis L O' Neal. Development of an equivalent diameter expression for vertical U-tube used in ground-coupled heat pumps [G] // ASHARE Trans, 1998, 104 (2): 347-355.

[9] Yian Gu, Dennis L O' Neal. Modeling the effect of backfills on U-tube ground coil performance [G] // ASHRAE Trans, 1998, 104 (2): 356-365.

[10] 余延顺, 马最良, 姚杨. 土壤蓄冷与耦合热泵集成系统中土壤蓄冷的模拟研究 [J]. 太阳能学报, 2004, 25 (6): 820-825.

[11] 孔祥谦. 有限单元法在传热学中的应用 [M]. 3版. 北京: 科学出版社, 1998: 204-205.

[12] Gupta R, S, Kumar, D. Variable time methods for one dimensional stefan problem with mixed boundary condition [J]. International Journal of Heat & Mass Transfer, 1981, 24: 251-259.

[13] 王补宣. 工程传热传质学 (上) [M]. 北京: 科学出版社, 1998: 208-216.

[14] Voller V, Cross M. Accurate solutions of moving boundary problems using the enthalpy method [J]. International Journal of Heat & Mass Transfer, 1981, 24: 545-556.

[15] Shamsunder N, Sparrow E M. Analysis of multidimensional conduction phase change via the enthalpy model [J]. ASME, Journal of Heat Transfer, 1975, 97: 333-340.

[16] Goodrich L, E. Efficient numerical technique for one-dimensional thermal problems with phase change [J]. International Journal of Heat & Mass Transfer, 1978, 21: 615-621.

[17] 刘高琠. 温度场的数值模拟 [M]. 重庆: 重庆大学出版社, 1990: 27-30.

[18] 余延顺. 土壤蓄冷与耦合热泵集成系统蓄冷与释冷特性研究 [D]. 哈尔滨: 哈尔滨工业大学, 2004.

[19] 余延顺, 马最良, 姚杨. 固相增量法在土壤蓄冷与释冷过程数值模拟中的应用 [J]. 暖通空调, 2005, 35 (8): 20-24.

[20] 余延顺, 马最良, 姚杨, 等. 土壤蓄冷与释冷过程的数值模拟与实验验证 [J]. 太阳能学报, 2006, 27 (10): 1063-1068.

[21] 余延顺, 马最良, 姚杨. 土壤蓄冷与土壤耦合热泵集成系统中土壤蓄冷与释冷过程的特性研究 [J]. 暖通空调, 2004, 34 (5): 1-6.

[22] 余延顺, 马最良, 姚杨. 土壤蓄冷与土壤耦合热泵集成系统的模拟研究 [J]. 暖通空调, 2005, 35 (6): 1-5.

[23] 余延顺, 马最良. 土壤蓄冷与释冷过程的模拟研究 [J]. 太阳能学报, 2005, 26 (4): 487-492.

[24] Ball D, A, Fischer R, D, Hodgett D, L. Design methods for ground-source heat pumps [G] // ASHRAE Trans, 1983, 89 (2B): 416-440.

[25] 钱知勉. 塑料性能应用手册 (修订版) [M]. 上海: 上海科学技术文献出版社, 1987.

[26] http: // www. thheat. com.

[27] 徐学祖, 王家澄, 张立新. 冻土物理学 [M]. 北京: 科学出版社, 2001: 87-90.

[28] 吴喜平. 蓄冷技术和蓄热电锅炉在空调中的应用 [H]. 上海: 同济大学出版社, 2000.

[29] 范蕊. 土壤蓄冷与热泵集成系统热渗耦合理论及实验研究 [D]. 哈尔滨: 哈尔滨工业大学, 2006.

[30] Rui Fan, Yiqiang Jiang, Yao Yang. A Study on the performance of a geothermal heat exchanger under coupled heat conduction and groundwater advection [J]. Energy, 2007, 32 (11): 2199-2209.

[31] Rui Fan, Yiqiang Jiang, Yao Yang. Theoretical study on the performance of an integrated ground-source heat pump system in a whole year [J]. Energy, 2008, 33 (11): 1671-1679.

[32] 范蕊,马最良. 土壤蓄冷与土壤耦合热泵集成系统全年连续运行特性分析 [J]. 暖通空调, 2008, 38 (10): 18-22.

[33] 付祥钊. 夏热冬冷地区建筑节能技术 [J]. 新型建筑材料, 2000 (6): 13-17.

第 11 章

[1] Cook R E. Water storage tank size requirements for residential heat pump/air-conditioner desuquper-heater heater recovery [G] // ASHRAE Trans, 1990, 96, (2): 715-719.

[2] Bang-Yu X, Fu-sheng G, Lian M, Zhi Hilfskondensator als Nachwarmer zur regelung der temperatur and feachtigkeit in einem Klmagerat. KiKlima-Kalte-Heizung. 1983, (4): 173-177.

[3] 江辉民. 带热水供应的节能型空调器的实验研究 [D]. 哈尔滨:哈尔滨工业大学, 2003.

[4] 胡燚. 新型多功能热泵空调器实验研究 [D]. 哈尔滨:哈尔滨工业大学, 2007.

[5] 江辉民. 带热水供应的热泵空调器的运行特性研究 [D]. 哈尔滨:哈尔滨工业大学, 2006.

[6] Huimin Jiang, Yiqiang Jiang, Yang Wang, et al. An experimental study on a modified air conditioner with a domestic hot water supply (ACDHWS) [J]. Energy, 2006, 31 (12): 1453-1467.

[7] 江辉民,王洋,马最良,等. 带热水供应的节能型空调器运行特性的实验研究 [J]. 建筑热能通风空调, 2005, 24 (2): 5-8.

[8] 江辉民,王洋,马最良,等. 带热水供应的节能型空调器动态特性的实验研究 [J]. 暖通空调, 2005, 35 (9): 125-130.

[9] 江辉民,王洋,马最良,等. 蓄热水箱的设计与实验分析 [J]. 建筑热能通风空调, 2006, 25 (2): 74-78.

[10] Ying W, M. Performance of room air conditioner used for cooling and hot water heating [G] // ASHRAE Trans, 1989, 95 (2): 441-444.

[11] 陈耀宗. 建筑给水排水设计手册 [M]. 北京:中国建筑工业出版社, 1995: 239-244.

[12] 王伟. 中高档旅馆免费热水供应系统在我国应用的预测与评价 [D]. 哈尔滨:哈尔滨工业大学, 2002.

[13] 王伟,马最良. 中高档旅馆免费热水供应系统在我国应用节能效果的初步评价 [C] // 2002 年全国暖通空调制冷学术年会文集:172-180.

[14] 王伟,马最良. 空调冷凝热回收热水供应系统方案研究 [J]. 哈尔滨工业大学学报, 2004, 36 (11): 1531-1533.

[15] 王伟,马最良. 空调冷凝热回收热水供应系统计算机模拟分析 [J]. 哈尔滨工业大学学报, 2005, 37 (2): 252-254.